Manfred von Ardenne

Erinnerungen, fortgeschrieben.

Manfred von Ardenne

Erinnerungen, fortgeschrieben.

Ein Forscherleben im Jahrhundert des Wandels der Wissenschaften und politischen Systeme

Statt eines Nachworts: Friedrich Dieckmann

Droste Verlag

Die Deutsche Bibliothek – CIP-Einheitsaufnahme

Ardenne, Manfred von:
Erinnerungen, fortgeschrieben: ein Forscherleben im Jahrhundert des Wandels der Wissenschaften und politischen Systeme / Manfred von Ardenne. – Vom Autor durchges., aktualisierte und erg. Neuaufl. 1997 (11. Gesamtaufl.) der zuletzt 1990 bei F. A. Herbig-Verl.-Buchh., München u. d. T.: »Die Erinnerungen« erschienenen Autobiographie. – Düsseldorf: Droste, 1997
    ISBN 3-7700-1088-4

© 1997 Droste Verlag GmbH, Düsseldorf
Schutzumschlag: Helmut Schwanen
unter Verwendung eines Fotos von Rolf Grosser
Gesamtherstellung: Clausen & Bosse, Leck
ISBN 3-7700-1088-4

Ein Wissenschaftler muß den Mut haben,
die großen ungelösten Probleme seiner Zeit
anzugreifen, und ihre Lösungen müssen
durch Ausarbeitung unzähliger Experimente
ohne kritische Zeitverluste
vorangetrieben werden.
Otto Warburg

Inhalt

1. Buch: Jugendjahre 1907–1928

Blick in Vergangenheit und Zukunft	9
Mein Elternhaus	16
Ein Junge bastelt	32
Vom technischen Hobby zur Forschung	80

2. Buch: Berlin-Lichterfelde 1928–1945

Bis zum Forschungsergebnis Elektronisches Fernsehen	107
Das Laboratorium wächst zum Institut	134

3. Buch: Sowjetunion 1945–1955

Das Forschungsinstitut A bei Suchumi	231
Neue Pläne und Vorbereitung der Rückkehr	292

4. Buch: Dresden 1955–1990

Das Institut auf dem Weißen Hirsch	315
Die große Reise	349
Für die DDR	360
Physikalisch-technische Forschungen und Entwicklungen	399
Medizinische Forschungen an großen ungelösten Problemen unserer Zeit	411
Reisen und Begegnungen	468
Endphase der Aufrüstung, Abrüstung und Konversion	502

Politische Aktivitäten von der Ulbricht-Zeit
 bis zur Wende 510
Reformvorschläge und andere Beiträge zur politischen
 Wende in der DDR 525

5. Buch: Die Jahre nach der Wiedervereinigung Deutschlands 1990–1995   551

6. Buch: Rückblick und Erfahrungen   571

Auszeichnungen 588
Statt eines Nachworts: Ein Mann des Jahrhunderts
 (*Friedrich Dieckmann*) 590
Personenregister 597
Bildnachweis 607

# 1. Buch
Jugendjahre
1907–1928

Blick in Vergangenheit und Zukunft

Dresden heute

1997. Viel ist geschehen, seit das Manuskript für die erste Auflage dieser Autobiographie entstand und sich auch aus vielen früheren Aufzeichnungen zusammenfügte. Warum sich heute nicht dessen erinnern und zitieren, was damals für den Anfang dieses Buches niedergeschrieben wurde:

Hochsommerwetter mit Fernsicht im Mai – das ist auch im milden Dresden eine Seltenheit. Ich sitze im Garten vor unserem Haus. Der Flieder blüht und duftet. Von hier, von meinem schönsten Grundstück auf dem Weißen Hirsch, blicke ich hinunter in das Elbtal und weiter auf die berühmte Silhouette der Stadt. Sie erscheint fast wie einst. An diesem warmen Sonnentag mit Föhn-Wetterlage sieht ohnehin alles wie verzaubert aus.

In einem solchen Augenblick begreift man, daß Bernardo Bellotto, der sich Canaletto nannte, als er 1746 mit sechsundzwanzig Jahren aus Venedig nach Dresden kam, von dem Ort ergriffen war. Zahlreiche seiner weltberühmten Dresdner Veduten hängen heute in der Gemäldegalerie. Nach dem Inferno der Nacht vom 13. auf den 14. Februar 1945, in der amerikanische und britische Bomberverbände weite Teile der Stadt dem

Erdboden gleichmachten, hätte man denken mögen, allein Bernardo Canalettos Bilder könnten die Vorstellung des einstigen Dresden wachhalten, denn selten gab es Maler, die wie er poetisches Empfinden mit topographischer Genauigkeit verbanden.

Der Kunsthistoriker Fritz Löffler – geboren in Dresden, 1937 wegen »Förderung entarteter Kunst« aus dem Stadtmuseum verbannt, nach 1946 über zwei Jahrzehnte für die Denkmalpflege aufopfernd wirkend – hat in einem Beitrag an das erinnert, was einst Corrado Ricci über die venezianischen Bilder, die Bernardo Canalettos Onkel und Lehrer, Antonio Canaletto, gemalt hat, sagte: »Wenn Venedig vom Erdboden verschwände – quod Zeus avertat –, so würden seine Bilder genügen, um es für uns ewig unvergeßlich zu machen.« Und Fritz Löffler fügt hinzu: »Diese Worte sind, betrachtet man heute Dresden und die Dresdner Veduten Bernardo Canalettos, zum Teil bittere Wahrheit geworden.«

Heute, am Sonntag, war die ganze Familie um den Mittagstisch versammelt: unsere Tochter, unsere drei Söhne, eine Schwiegertochter und der Schwiegersohn, und zwischen meiner Frau und mir saßen drei Enkel, die jetzt schlafen. Es ist ganz still im Haus. Ich genieße die Ruhe, denn werktags herrscht hier reges Leben, da das Gebäude, in dem wir wohnen, zugleich Bibliothek, Konferenzraum, Direktionsbüro und den Hauptteil der medizinischen Laboratorien des Forschungsinstituts enthält.

Sonst geht es bei Gesprächen im Kreis der Familie meist um Fragen der Arbeit, die wir alle sehr lieben: Unsere Tochter und drei Söhne sind im Institut tätig, die zwei ältesten als Dr.-Ing. und Dr. rer. nat. im Bereich der Elektronenphysik. Heute mittag war das Thema ausnahmsweise einmal mein Erinnerungsbuch, das als Manuskript vorliegt. Die Familie übte in liebevoller Zurückhaltung Kritik. Und so habe ich mir vorgenommen, das Manuskript noch einmal durchzusehen. Mir lag daran, die jungen Bürger unserer Republik für den technischen Fortschritt und die Naturwissenschaften zu begeistern.

Darüber sinne ich nach.

Immer wieder wandern meine Gedanken. Das Gespräch mit meiner Frau und den Kindern über meinen Lebensweg weckte viele Erinnerungen. Habe ich alles wahrheitsgemäß und aufrichtig geschildert? Ich hoffe, es ist mir einigermaßen gelungen.

Die Welt, aus der ich komme und die mich geprägt hat, ist vergangen. Jedoch versteht es sich, daß ich viele Erlebnisse und Begegnungen vor allem aus meiner Kindheit und Jugend in einer mich beglückenden Erinnerung habe. Allerdings kann ich das, was der große Theatermann Fritz Kortner in seinen nachgelassenen Schriften sagt, nämlich daß im Alter der Rückblick die einzig geziemende Blickrichtung ist, für mich nicht gelten lassen.

Ich lebe und wirke in der Gegenwart und hoffe, für die Zukunft noch einiges leisten zu können. Ich schätze meine fast fünfhundert Mitarbeiter, freue mich über ihre oft beispielgebende Einsatzbereitschaft und empfinde Dankbarkeit gegenüber der Stadt Dresden, die uns zur Heimat geworden ist. Eng bin ich meinem Staat verbunden und fühle mich für ihn nicht weniger mitverantwortlich als für meine geliebte Familie. Und auch mit meinen nächsten Menschen, vor allem mit den Enkeln, heute vier Jungen und sechs Mädchen, gehen die Gedanken in die Zukunft. Daß das Leben der Kinder von heute glücklicher verlaufe ohne die Umwege und schmerzlichen Verirrungen, die viele Angehörige meiner Generation überwinden mußten, dafür sind wir Älteren verantwortlich. Die stürmische Entwicklung seit Oktober 1989 vertieft diese Hoffnung auf eine gute Zukunft, besonders auch für die Jugend in unserem Land.

Meinen Enkeln war der Mordanschlag auf die Elbmetropole vor Kriegsende nur noch Bestandteil des Geschichtsunterrichts. Sie sehen in Dresden wieder die Stadt Canalettos, die traditionsreiche Residenz- und Barockstadt, die Stadt der Künste – der Malerei, der Musik, der Literatur –, die Gartenstadt, das Elbflorenz. Aber Dresden ist auch die Stadt, in der sich die wissenschaftlich-technische Revolution dokumentiert. In den neuen großen Sachbauten, die neben der Wiederauferstehung des Dresden von einst der Stadt von morgen Sinn und Zielrichtung geben werden, kündigt sich die durch den technischen Fortschritt im Dienste der Humanitas geprägte Zukunft an.

Vielleicht sollte ich aber doch – und abermals gehen die Gedanken zurück – den Enkeln, soweit sie es verstehen, die Bilddokumente zeigen, auf denen der Stadtkern ihres Dresden sich als versteinerte Ödlandschaft darbietet, die unter sich Abertausende Menschen begrub. Sie sollen die Vergangenheit nicht nur mit Canalettos Augen sehen. Vielleicht könnte man für kommende Generationen einmal in einer gesonderten Ausstellung den Bildern Canalettos Aufnahmen nach der Katastrophe als Menetekel gegenüberstellen und diese dann durch die schönsten Farbaufnahmen des wieder- und des neuerstandenen Dresden ergänzen.

Wie die Elbmetropole dereinst auch aussehen wird: Der Strom, nicht mehr goldgelb, wie E. T. A. Hoffmann ihn beschrieb, sondern von dunkler Schönheit, wird das Stadtbild weiterhin bestimmen. Von meinem Garten aus blicke ich der Elbe nach, die, sich immer weiter öffnend, den Jahrtausendstädten Meißen, Magdeburg und Hamburg zuströmt.

Sich erinnern. Das bedeutet auch 1997: zurückholen, wiederholen. Es sei mit diesem jetzt neu aufgelegten Buch gestattet, und es sei um neue Erfahrungen, Ereignisse und Erkenntnisse ergänzt.

Geburtsjahr 1907

In Hamburg bin ich geboren. An einem Sonntag, am 20. Januar 1907. Was für ein Jahr war das? In meiner Geburtsstadt eröffnete Carl Hagenbeck seinen berühmten Tierpark. In Wien hob Oscar Straus seinen »Walzertraum« aus der Taufe. Und die damaligen Klatschtanten hatten ihre Sensation, als die ehemalige Kronprinzessin von Sachsen den Geiger Enrico Toselli heiratete.

Es war das Deutschland Wilhelms II., deutscher Kaiser und König von Preußen. Reichskanzler Bernhard von Bülow hatte den Reichstag, der den Nachtragsetat für die grausame Niederschlagung des Aufstandes der Hereros und Hottentotten in Südwestafrika abgelehnt hatte, aufgelöst und Neuwahlen festgesetzt. Der Wahlkampf wurde von seiten der Regierung mit chauvinistischer Demagogie und antisozialistischer Pogromhetze geführt. Bülows Wahlparole lautete: »Für Ehre und Gut der Nation, gegen Sozialdemokraten, Polen, Welfen und Zentrum.«

Als »Hottentottenwahlen« gingen diese Reichstagswahlen in die deutsche Geschichte ein.

Sie brachten der Regierung den gewünschten Erfolg. Die Sozialdemokratie verlor achtunddreißig von einundachtzig Mandaten. Im Wahljubel erinnerte Reichskanzler von Bülow an Bismarcks Wort: »Setzen wir Deutschland in den Sattel! Reiten wird es schon können« und fügte in unbegreiflicher Arroganz hinzu, die Welt werde nun erkennen, daß das deutsche Volk fest im Sattel sitzt »und alles niederreitet, was sich seiner Wohlfahrt, seiner Größe in den Weg stellt«.

Seit 1871 hätte die preußische Geschichte allmählich in die deutsche Geschichte übergehen sollen. Tatsächlich aber beherrschte noch lange über die Jahrhundertwende hinaus Preußen Deutschland. Diese Verpreußung war ein großes Verhängnis. Das Preußische Außenministerium hatte sich nur namentlich in das Auswärtige Amt des Kaiserreiches verwandelt, die Preußische Marine in die Reichsmarine. Der Preußischen Armee wurden die Heereskontingente der übrigen Staaten – außer Bayern – mehr oder weniger angegliedert. Und auch wirtschaftlich hatte Preußen das Übergewicht: Deutschlands Schwerindustrie – Ruhrgebiet, Oberschlesien, Saarland – lag in Preußen. Ein Problem besonderer Art war die Machtstellung des höheren Adels, speziell der Großgrundbesitzer in den preußischen Ostprovinzen. Sie versuchten jede Demokratisierung zu verhindern. Nicht zuletzt durch ihren Einfluß herrschte in Preußen zu dieser Zeit noch das »Dreiklassenwahlrecht«, das Wilhelm II. niemals aufgegeben hat. Erst nach dem verlorenen Ersten Weltkrieg, nachdem die Monarchie beseitigt war, wurde es abgeschafft.

Der Klassenkampf, den so viele Menschen nicht wahrhaben wollten, manifestierte sich ebenfalls in der herrschenden Justiz, die eine Klassenjustiz war. Als Beweis möchte ich nur zwei Prozesse nennen, die in meinem Geburtsjahr sensationell wirkten.

In einem war der Herausgeber der Zeitschrift »Die Zukunft«, Maximilian Harden, der Angeklagte. Harden war mit dem Großvater meiner Frau, dem Dichter Wilhelm Meyer-Förster, befreundet. Er hatte Fürst Philipp zu Eulenburg, nach dem die Affäre als Eulenburg-Prozeß in die Geschichte der Justiz einging, »abartige Neigungen« vorgeworfen. Eulenburg war ein bevorzugter Freund des Kaisers, und dem Publizisten Harden ging es darum, die geheimen Günstlinge bloßzustellen, die mit dem Fürsten zum engsten Hofkreis gehörten und diesen ständig auf byzantinische Art in wichtigen Fragen beeinflußten.

Als Wilhelm II. schließlich nicht umhin kam, Eulenburg fallenzulassen, schrieb die »Militärisch-Politische Korrespondenz« das nicht etwa Hardens Polemik in seiner Zeitschrift »Die Zukunft« zu, sondern: »Erst das offene Manneswort des von jungen, vornehm denkenden Offizieren unterrichteten Kronprinzen hat den notwendigen Wandel in den wenig würdigen Zuständen am Hof erwirkt.« Harden mußte vor dem Berliner Amtsgericht freigesprochen werden.

Das wahre Gesicht der Monarchie zeigte sich aber in dem eigentlichen »Prozeß des Jahres«: dem Hochverratsprozeß gegen Karl Liebknecht, der im Oktober 1907 vor dem Reichsgericht in Leipzig stattfand. Liebknecht, Vertreter der Linken in der Sozialdemokratie, war als Wortführer der antimilitaristischen Kräfte in dem hochgerüsteten Land aufgetreten. Er hatte in seiner Schrift »Militarismus und Antimilitarismus« den preußischen Militarismus angeprangert. Das Reichsgericht verurteilte Karl Liebknecht zu eineinhalb Jahren Festungshaft.

Der Kampf gegen Militarismus und Krieg war im August

1907 auch das Hauptthema auf dem Kongreß der II. Internationale in Stuttgart, an dem Delegierte aller Kontinente teilnahmen. Was wäre der Menschheit alles erspart geblieben, wenn sich diese Bestrebungen damals hätten erfolgreich durchsetzen lassen. Auch heute, gegen Ende dieses Jahrhunderts, stehe ich der Sozialdemokratie und ihren sozialen Grundsätzen nahe. Sie hat eine große Aufgabe in der Geschichte erfüllt. Ohne den kämpferischen Druck, der über fast ein Jahrhundert von der Sozialdemokratie und vom Sozialismus ausging, wäre es freiwillig wohl kaum zu den sozialen Errungenschaften und Gesetzen (Gewerkschaften, Unterstützung für Arbeitslose, kranke und alte Menschen usw.) in den Industrieländern gekommen.

Wohin bin ich mit meinem Grübeln gekommen: in die Welt, die vergangen ist, in die Welt, die mich geprägt hat, in das Jahr 1907, eine Zahl, die ich noch heute, wenn ich dieses oder jenes Behördenformular auszufüllen habe, immer wieder schreiben muß.

Mein Elternhaus

Eltern und Geschwister

Für meine Eltern war das Jahr 1907 ein Jahr des Friedens und des Glücks. Voller Stolz zeigten sie die Geburt ihres ersten Sohnes an. Ich bin das älteste von fünf Kindern gewesen.

Mein Vater, Egmont Baron von Ardenne, war Offizier. Als Oberstleutnant schied er 1919 aus dem Heeresdienst aus und wurde später Regierungsrat. Mit gütigem Herzen und, wenn es darauf ankam, klugem Rat und viel Verständnis stand er mir in den Jahren meiner Jugend zur Seite. Er gewährte mir außergewöhnlich viel Freiheit, auch später, als es darum ging, für mich den richtigen Beruf zu finden. Tiefe Dankbarkeit erfüllt mich, wenn ich an ihn, der im Glück seiner Kinder das Hauptziel seines Lebens sah, zurückdenke.

Meine Mutter, Adela, eine geborene Mutzenbecher, konzentrierte ihre unermüdliche Bereitschaft zur Hilfe stets auf jenes ihrer fünf Kinder, das ihres Schutzes gerade am meisten bedurfte oder sich in einer kritischen Phase befand. So habe ich ihre liebevolle Art besonders in den frühen Jahren empfunden. Wir waren ihr vielleicht manchmal sogar wichtiger als der Ehemann! An strenge Maßnahmen meiner Eltern kann ich mich kaum erinnern. Sie bemühten sich stets, uns Vorbild zu sein im Leben und dadurch erzieherisch zu wirken.

Nachdem ich die üblichen physiologischen Funktionen erlernt hatte, soll die frisch erworbene Fähigkeit, auf Stühle und Tische zu steigen, meine Eltern wiederholt in ärgste Schrecken versetzt haben. Kurze Zeit später sah meine Mutter ihren Sohn auf dem äußeren Sims des offenen Fensters der im vierten Stock gelegenen Wohnung am Grindelhof 56 in Hamburg balancieren. Seit dieser Zeit wurden an allen Fenstern der Kinderzimmer Gitter angebracht.

Zwei Verbote trafen mich in meiner frühen Kindheit offen-

Hamburg 1912: mit der Mutter Adela Baronin von Ardenne und der zwei Jahre jüngeren Schwester Magdalena.

bar tief, denn bis heute haben sie Erinnerungsspuren hinterlassen. Ich durfte nicht an einer Bootsfahrt auf der Alster teilnehmen – einem Lieblingsvergnügen. Das war die Strafe dafür, daß ich einer Fliege, einem dicken Brummer, ein vorzeitiges Ende bereitet hatte. Ein anderes Mal wurde mir untersagt, abends mit auf den Balkon des großväterlichen Hauses an der Alster 8 zu gehen, von dem aus wir sonst das Feuerwerk bestaunten, das im Sommer einmal wöchentlich am Harvestehuder Fährhaus abgebrannt wurde. Dies war die elterliche Reak-

»Vier Generationen«, 1908: mit dem Vater, Egmont Baron von Ardenne, dem Großvater, Dr. Matthias Mutzenbecher, und dem Urgroßvater, Heinrich Freiherr von Ohlendorff.

tion auf mein Bemühen, das physikalische Verhalten eines kolloiden Gemenges auf besondere Art und Weise festzustellen: Ich hatte versucht, den Inhalt einer Hautcremedose mittlerer

Größe möglichst gleichmäßig auf der Tapete des großväterlichen Gästezimmers zu verteilen. Die gleiche abwegige Neigung für die Verwendung von Salben konstatierte ich fünfunddreißig Jahre später bei meinen eigenen Kindern und einundachtzig Jahre später bei meinem zweijährigen Enkel Benjamin.

Beim Großvater

Im Hause meines Großvaters, an der Alster Nr. 8 (heute Prems-Hotel), imponierten mir besonders die verschiedenen Sprechrohre zwischen den einzelnen Stockwerken und der Küche, welche die Aufgabe des heutigen Haustelefons erfüllten. Durch Blasen in eine Pfeife am Sprechtrichter konnte der Partner an das andere Ende der Rohrleitung gerufen werden.

Und noch ein weiteres Erlebnis bei Großvater Mutzenbecher hat sich in meiner Erinnerung erhalten: 1912 sahen wir Kinder vom Gartenzaun aus den Kaiser durch die von einer dichten Menschenmauer umsäumte Straße fahren. Es war die Fahrt, auf der der Kaiser vergeblich versuchte, den Oberbürgermeister der Hansestadt, Burghard, einen Freund meines Großvaters, für den Posten des Reichskanzlers zu gewinnen.

Etwa um diese Zeit übrigens soll zwischen meinen Eltern und Herrn Blohm, dem Inhaber der Hamburger Werft Blohm und Voss, im Scherz mein späterer Eintritt als Ingenieur in die Firma vereinbart worden sein.

In Rendsburg

Eine militärwissenschaftliche Vortragsreihe meines Vaters, in der er Vorschläge entwickelte, die dann im Ersten Weltkrieg verwirklicht wurden, brachte seine Beförderung zum Brigadeadjutanten der kleinen Garnison Rendsburg. Ich war damals fünf Jahre alt. Unsere neue Wohnung in der Wilhelmstraße lag unmittelbar am Nord-Ostsee-Kanal. Diesem Umstand verdanke ich mancherlei Eindrücke technischer Art. Es gab viel zu sehen: die Bagger, die kleine Feldbahn hinter dem Haus, eine alte Drehbrücke und vor allem die Hochbrücke, die gerade über den Kanal gebaut wurde. Das alles trug dazu bei, ein erstes Interesse für technische Dinge in mir wachzurufen. Auch die Kriegsschiffe im engen Kanal mit ihren bizarren Aufbauten, der Klang ihrer Sirenen und das nächtliche Spiel ihrer Scheinwerfer hatten eine große Anziehungskraft.

Basteln, meine erste Leidenschaft

Es war bei solcher Umwelt naheliegend, mit den Nachbarskindern aus Balken und Brettern ein floßartiges Gebilde zu zimmern und zu erproben. Vom guten Gelingen unseres Werkes konnte mein Vater sich überzeugen, als er bei seiner Rückkehr vom Dienst seinen des Schwimmens unkundigen Sohn auf einer Art Floß in der Mitte eines Nebenkanals entdeckte. Unter mehr oder weniger gütigem Zureden gelang es ihm schließlich, mich an das sichere Ufer zu lotsen.

Meine Freude am Basteln erhielt durch ein Weihnachtsgeschenk, wie es heute leider nur selten zu finden ist, kräftigen Auftrieb: Es bestand aus einem Kasten mit etwa hundert Vierkanthölzern und Brettchen aus Kiefernholz, einem Paket passender Nägel, einem leichten Hammer und einer kleinen Säge. Nach beigefügten Vorlagen oder auch nach eigener Phantasie ließen sich aus diesen Elementen stabile Brücken, Lauben oder Häuser aller Art herstellen.

Wir ziehen nach Berlin

Kurz vor dem Ersten Weltkrieg wurde mein Vater nach Berlin in das preußische Kriegsministerium versetzt. Er hatte dort im Allgemeinen Kriegsdepartement die technischen und militärischen Aspekte geheimer Waffen zu prüfen. Aus der ersten Berliner Zeit ist mir vor allem ein Besuch in der Wohnung des Kriegsministers General von Falkenhayn, eines Freundes meiner Familie, nahe dem Leipziger Platz im Gedächtnis. Im Spielzimmer der ältesten Tochter Erika von Falkenhayn, die später den im Zusammenhang mit dem 20. Juli 1944 zu Tode gekommenen Henning von Tresckow heiratete, imponierte uns Kindern besonders ein mehrstöckiges Puppenhaus mit elektrischer Beleuchtung. Ebenso wirkte die feierliche Atmosphäre in den großen Räumen des Kriegministeriums nachhaltig auf unsere Kindergemüter.

Im gleichen Jahr fand in Gegenwart des Kaisers die letzte Parade der preußischen Garderegimenter auf dem Tempelhofer Feld statt. Von unserem offenen Wagen aus, den Frau von Falkenhayn meiner Mutter zur Verfügung stellte, hatten wir einen guten Blick auf das bunte, optisch wirkungsvolle militärische Bild. Deutlich entsinne ich mich des Vorbeimarsches des 1. Garderegiments mit den hohen Helmen der friderizianischen Zeit und an den Vorbeiritt der Kürassiere. Auch die Gruppe der Generale zu Pferd mit ihren federgeschmückten Helmen um Wilhelm II. hat sich mir eingeprägt. Wieviel Leid sich hinter dieser glänzenden Fassade verbarg, sollten wir in den bald folgenden Kriegsjahren erfahren.

Der große Komet und eine Sonnenfinsternis

Von den verschwommenen Kindheitseindrücken aus den Jahren vor dem Ersten Weltkrieg heben sich nur wenige markante Ereignisse ab. Das waren das Erscheinen des Halleyschen Kometen im Jahr 1910 und einige Jahre später eine Sonnenfinsternis. Daran erinnere ich mich gut: die Menschen auf der Straße, die zum Himmel starrten, wir selbst an den Fenstern unseres Hauses, ausgerüstet mit Fernrohren und geschwärzten Gläsern. Und dann das seltsame, bedrohliche Gefühl, als sich der helle Tag verfinsterte.

Dagegen muß das Bild des großen Kometen, den ich mit seinem den Nachthimmel überspannenden Schweif so deutlich vor mir sehe, sich wohl mehr aus den Erzählungen der Erwachsenen und aus Abbildungen geformt haben. Zumindest hat sich dem Dreijährigen unauslöschlich eingeprägt, wie eine solche unabwendbare Naturerscheinung die sonst so festgefügte Umwelt in Unruhe versehen konnte. 1986 kam dieser Komet wieder in Sonnennähe.

Die Welt kann auf dem Kopf stehen!

Viel nachhaltiger als diese beiden kosmischen Ereignisse wirkten meine Erlebnisse in den Sommerferien 1912 in Bayrischzell, im heute noch bestehenden Sanatorium Tannerhof der Familie von Mengershausen.

Noch jetzt, beim Schreiben, empfinde ich etwas von der brennenden Neugier, der prickelnden Unruhe, die mich packten, nachdem mir ein Bekannter meiner Eltern seinen Fotoapparat überließ. Wir hatten einen herrlichen Ausflug zum Sudelfeld gemacht, verschiedentlich war fotografiert worden – verbunden mit den damals noch notwendigen umständlichen Zeremonien. Als ich dann endlich den geheimnisvollen Kasten selbst in der Hand hielt und entdeckte, daß auf der Mattscheibe des Apparates der sichtbare Teil der Welt auf dem Kopf steht, geriet einiges in mir in Bewegung. Man versuchte mir zu erklären, aufgrund welcher optischen Gesetze das Wunder erfolgte. Was ich davon gleich begriff, weiß ich nicht mehr, aber ganz deutlich entsinne ich mich noch der vielen Fragen, die sich im Zusammenhang damit stellten. Ich habe wohl damals begonnen, der Beantwortung solcher Probleme nachzuspüren, und glaube heute noch, daß zu dieser Zeit ein Samenkorn für mein frühes Interesse an naturwissenschaftlichen Experimenten gelegt wurde. Ein unscheinbares Ereignis – doch meinen Lebensweg hat es entscheidend mitbestimmt.

Am 16. April 1915 schrieb seine Schwester Margot an Egmont von Ardenne, meinen Vater, über mich: »Mir fällt stets von neuem auf, mit welch leidenschaftlicher Inbrunst er sich den Dingen hingibt. Wenn er das beibehält, muß er in seinem Fach einstmals Außergewöhnliches leisten!«

Mein erstes Instrumentarium

Erste Folge meines erwachten optischen Interesses war der von den Eltern genehmigte Kauf eines mit einer Lupe verschlossenen Gläschens, wie sie seinerzeit in Geschäften angeboten wurden. Man konnte damit in mäßiger Vergrößerung kleine Insekten und Pflanzenteile untersuchen. Dieses unzulängliche Hilfsmittel wich aber bald einem Schülermikroskop, das mir mein Großvater Mutzenbecher, der 1914 nach Weimar übergesiedelt war, bei einem meiner jährlichen Besuche – es wird um 1916 gewesen sein – schenkte. Mit dem Instrument war es möglich, Fliegenflügel, Bienenstachel und ähnliches in etwa hundertfacher Vergrößerung zu betrachten. Außerdem ließen sich seine Grundelemente zu einem kleinen Fernrohr kombinieren. Mein Interesse an physikalischen Dingen muß aufgefallen sein, denn der älteste Bruder meiner Mutter, Dr. Franz Matthias Mutzenbecher, schenkte mir 1918, kurz vor seinem Tode, ein Physikbüchlein, das ich mit ausdauerndem Fleiß las und bald bis in alle Einzelheiten kannte. Auf der Titelseite dieses Büchleins stand der Name Warburg: ein Name, der fast ein halbes Jahrhundert später eine große Rolle in meinem Leben spielen sollte. Etwa um die gleiche Zeit schickte mir Professor Paul Hermann Scherrer, der spätere bedeutende Physiker der eidgenössischen Technischen Hochschule Zürich, nach einem Besuch bei meinen Eltern ein Paket mit Glasröhrchen verschiedener Durchmesser, Reagenzgläsern und einfachen Linsen. Die Glasröhrchen hatte ich nicht lange, denn statt für physikalische Versuche benutzte ich sie dazu, Erbsen gegen Fensterscheiben und in offene Fenster der Nachbarn zu pusten. Gar so ernsthaft kann mein Forschertrieb also noch nicht gewesen sein.

Methodisch vorgehen

Wie methodisch ich bestimmten Problemen gegenüber reagierte, beweist ein anderes Erlebnis: meine erste selbständige Reise, die ich in den Ferien 1917 zusammen mit meiner zwei Jahre jüngeren Schwester Magdalena von Berlin nach Münster am Stein antrat. Von meinen geistigen Vorbereitungen auf dieses Ereignis zeugt ein zufällig erhalten gebliebenes Schulheft. Darin befinden sich die Abschrift des Fahrplans, die dem »Baedeker« entnommenen wichtigsten Einzelheiten über die auf der Fahrt berührten größeren Städte, eine abgezeichnete Landkarte der unmittelbaren Umgebung unseres Reiseziels sowie eine weitere in größerem Maßstab mit der Reiseroute. Daneben waren die Auf- und Untergangszeiten von Sonne und Mond und aus dem Hundertjährigen Kalender eine Art langfristige Wettervorhersage für die Ferienzeit eingetragen.

Zwei Jahre lang erhielt ich Privatunterricht. Dann kam ich in das Realgymnasium in Neutempelhof und mußte den weiten Weg über das noch unbebaute Tempelhofer Feld zur elterlichen Wohnung in der Neuköllner Hasenheide zu Fuß zurücklegen. So wurden die Straßenbahnkosten eingespart.

Ich hätte Astronom werden können

Während meiner Schulzeit habe ich, angeregt durch die damals weitverbreiteten Bastelbücher, aber auch direkt durch den Unterricht, sehr viel gebastelt und experimentiert. Wir verwendeten zum Beispiel in der Geographiestunde einen Sextanten, den ich aus selbstgeschnittenen kleinen Spiegeln und Zigarrenkistenholz gebaut hatte. Aus Brillengläsern, Gardinenstangen und Kistenholz entstanden mehrere bis zu zwei Meter lange Fernrohre, durch die man Mondkrater, Sonnenflecken, Venusphasen und den Jupiter mit seinen vier größten, von Nacht zu Nacht ihre Stellung ändernden Monden betrachten konnte.

Die Astronomie muß mich leidenschaftlich bewegt haben.

Eines Nachts ertappte meine Mutter mich, als ich eine recht detailreiche Mondkarte abzeichnete. Ich schreckte auch nicht davor zurück, astronomische Abbildungen aus allen mir erreichbaren Büchern und Konversationslexika herauszuschneiden.

Das Rumpelkammer-Labor wird gegründet

Mit den Astrobildern tapezierte ich die Wände einer Kammer, die meine Eltern mir für meine Basteleien zur Verfügung gestellt hatten.

In diesem Raum mit seinen vier Quadratmetern Bodenfläche konzentrierte sich während der nächsten Jahre alles, was mich wirklich beschäftigte. Das ging bald so weit, daß ich mir schon während der Schulstunden das Programm für die Versuche und Arbeiten aufstellte, die ich am Nachmittag machen wollte. Und nach Schulschluß war ich ausschließlich von dem Gedanken beherrscht, möglichst rasch in mein »Labor« zurückzukehren. Leider wirkte sich dieser Eifer auf die Unterrichtsergebnisse absolut nicht immer günstig aus. Dennoch gibt es für handwerklich oder technisch interessierte Kinder nichts Schöneres als einen Platz, an dem sie sich ihren Wünschen und Neigungen entsprechend ganz selbständig entfalten können. Mehr als große Festgeschenke kann dieser dazu beitragen, Selbständigkeit, Wissen und Können zu fördern.

Wissenschaft kostet Geld

Brillengläser, Okulare und Materialien, wie ich sie für meine Fernrohre und zum Ausbau der sich ständig erweiternden fotografischen Ausrüstung benötigte, kosteten Geld, das verdient sein wollte. Also graste ich als »Berufsfotograf« das weite Feld von Familie, Bekanntschaft und Hauspersonal ab. Auf Verlangen fertigte ich in meinem zeitweilig zur Dunkelkammer umgerüsteten Raum Vergrößerungen von Porträts bis fast zum Originalmaßstab an. Ein weitere Geldquelle scheine ich mir auch durch den Verkauf selbstgebauter Fotoapparate erschlossen zu haben, denn als mich fünfzehn Jahre später der Hochfrequenzphysiker Dr. H. E. Hollmann besuchte, brachte er als Antrittsgeschenk einen solchen Apparat und das Original der von mir quittierten Rechnung mit; nach diesem »Dokument« hatte seine Frau, die gegen Ende des Ersten Weltkrieges zu unserer Spielgemeinschaft gehörte, den »Fotoapparat« für RM 1,10 (einschließlich Linse und Nägel!) erworben.

Alarmanlagen interessieren mich noch heute

Größere Einnahmen erzielte ich aber vor allem durch die Installation von Einbruch-Alarmanlagen. Sie wurden vom Wechselstrom-Lichtnetz gespeist und bestanden im wesentlichen aus der Reihenschaltung einer Glimmlampe und einer Telefon-Wechselstrom-Klingel. Bei geschlossener Haustür wurde die Klingel mit Hilfe eines Kontaktes elektrisch überbrückt, so daß die Anlage schwieg. Öffnete man die Tür nur ganz wenig, war die Überbrückung aufgehoben – und die Klingel schrillte. Eine solche Einrichtung hat die Wohnung eines Nachbarn fast zwei Jahrzehnte lang geschützt. – Bis heute habe ich übrigens eine gewisse Vorliebe für Installationen dieser Art behalten. Daher sichern hochempfindliche Strahlenalarmsysteme unseren gemeinsamen Wohn- und Institutskomplex auf dem Weißen Hirsch in Dresden.

Altmetall besonderer Art

Ausgezeichnet bewährte sich auch eine andere Methode, den Kassenbestand aufzufüllen. Hinter unserem Haus in der Hasenheide lagen Schießstände. 1919 waren Blei und Messing sehr knapp, die Altwarenhändler der Umgebung zahlten dafür gute Preise – was lag also näher als kleine Expeditionen auf verbotenes Gelände. Recht erhebliche Mengen dieser Metalle haben wir durch systematisches und ausdauerndes Sammeln von Messingpatronenhülsen und durch fleißiges Suchen im Kugelfang der Scheibenstände zusammengebracht. Später schmolzen wir die spitzen Geschosse aus und setzten die so gewonnenen Bleibarren in dringend benötigtes Geld um. Allerdings war es bei diesen Ausflügen notwendig, rechtzeitig vor Beginn der Schießübungen zu verschwinden. Ich hatte eine Statistik angelegt, die uns ein Zusammentreffen mit den periodisch auf dem Gelände patrouillierenden Wachposten und Feldwebeln zu vermeiden half.

Die Schießstände in der Berliner Hasenheide

Wir Kinder führten auf dem Areal der damaligen Schießstände in der Berliner Hasenheide ein Dasein mit ungewöhnlichen Freiheiten. Das große Gelände durfte nur mit einem Ausweis, der einen Militärstempel trug, betreten werden, und gerade das gab uns gegenüber normalen Zivilpersonen das Gefühl völliger Sicherheit. Wie viele andere Offiziersfamilien hatten auch meine Eltern dort einen Garten gepachtet, der als sicherer Hafen für unsere Streifzüge diente. Zur Stadt hin wurde das Gebiet von einem hohen Holzzaun begrenzt, an den sich Hinterhöfe und die häßlichen Rückseiten vierstöckiger Mietshäuser anschlossen. Es machte uns wenig aus, beispielsweise durch Astlöcher in der Bretterwand mit einem weitreichenden Luftdruckgewehr die Fenster jener Wohnung zu beschießen, von der bekannt war, daß sie einem besonders würdevollen katholischen Pfarrer gehörte. – Im Winter gaben Hügel auf diesem Gelände gute Möglichkeiten zum Rodeln und Ski laufen.

In den Flegeljahren

Damals war ich mitten in den sogenannten Flegeljahren. Streiche zu ersinnen und durchzuführen – aus pädagogischen Gründen sollte ich eigentlich nicht darüber reden – gehörte zu den Höhepunkten und Hauptbeschäftigungen dieser Zeitspanne. Wichtigster Gesichtspunkt blieb dabei stets, sich nicht erwischen zu lassen. Die schlimmsten meiner Tollheiten müssen wirklich mit dem Mantel des Schweigens umhüllt bleiben.

Da es heute jedoch bei uns in den Papiergeschäften keine Knallkorken für Schreckschußpistolen mehr gibt, darf ich erzählen, daß wir diese Dinger in Abständen von zehn Metern auf die Straßenbahnschienen legten. Durch die Fenster der Haustore beobachteten wir dann die Reaktionen bei Schaffnern und Fahrgästen.

Kleine mit Schwefelwasserstoff gefüllte Glaskügelchen, sogenannte Stinkbomben, die damals ebenfalls in Papiergeschäften angeboten wurden, warf ich, unterstützt von gleichaltrigen Kumpanen, in Süßwarenläden. – Die Lateinstunde schien uns dadurch attraktiver, daß wir in besonders geeigneten Augenblicken einen kleinen elektrischen Summer betätigten. Über feine, für den kurzsichtigen Lehrer nicht erkennbare Kupferdrähte stellten wir Kontakte unterschiedlicher Dauer mit einer Batterie her. Später, in der Zeit von Klausurarbeiten, führten wir auf ähnliche Weise einen hilfreichen Nachrichtenaustausch mit Morsezeichen durch.

Diese Beispiele mögen genügen, um gewisse Mängel meines Charakters in jenen Jahren zu beleuchten. Vielleicht hatten derartige Unternehmungen auch ein positives Moment: Sie regten dazu an, erfinderisch zu sein, freilich auf den alleruntersten Stufen der Skala.

An der Neuköllner Seite wurden die Schießstände durch den historischen Turnplatz von Friedrich Ludwig Jahn und an der entgegengesetzten Tempelhofer Seite durch einen abgeschlossenen Übungsbereich für Pioniere begrenzt. Das Betreten dieses Komplexes war strengstens verboten. Hier gab es richtige

Kampfanlagen mit Schützengräben, tiefen Unterständen und kleinen Bunkern. Der Einsatz von Flammenwerfern, Tretminen, Granat- und Minenwerfern wurde frontmäßig erprobt. Die ausgebauten Stellungen dieses Geländes übten einen unwiderstehlichen Reiz aus. Prompt gerieten wir denn auch gelegentlich einmal in eine militärische Übung und lernten Granat- und Mineneinschläge aus knapp zwanzig Meter Entfernung kennen.

Die Sache mit dem kleinen Feuer

Vorsichtiger wurden wir erst, als eines Tages bei einer unserer Exkursionen fast ein Unglück passiert wäre. Wir hatten eine noch nicht detonierte Granate von ungefähr acht Zentimeter Kaliber gefunden. Schnell war ein Reisighaufen zusammengetragen, angezündet und der Explosivkörper hineingeschoben. Sekunden später lagen wir vorschriftsmäßig in Deckung. Da tauchte etwa dreihundert Meter vor mir die Patrouille der Wachmannschaften auf. Sie kam auf uns zu, und mir war sofort klar, daß sie nichtsahnend in höchste Lebensgefahr geriet, sobald sie sich – was zu vermuten stand – anschickte, das Feuer zu löschen. Blitzschnell faßten wir daher einen Entschluß, stürzten auf das Feuer zu, rissen die Granate vor den Augen der Patrouille aus den Flammen, warfen sie beiseite und rannten davon – allerdings nicht planlos, sondern sternförmig auseinanderstiebend, wie das unserem taktischen Reglement für solche Fälle entsprach. Wir machten uns damals keine Gedanken darüber, daß solche »Experimente«, wie leider auch heute noch viele Beispiele zeigen, einen schlimmen Ausgang nehmen können. Wie viele junge Menschen sind besonders nach dem Zweiten Weltkrieg durch unbedachten Umgang mit Fundmunition getötet oder verkrüppelt worden!

Mit dem Maschinengewehr gegen das Mädchenlyzeum

Als 1918 das Kaiserreich zusammenbrach, gewann das Schießstandgelände für uns noch mehr Reiz. Hatten wir früher jede Begegnung mit Patrouillen zu vermeiden gesucht, so bemühten wir uns jetzt darum, mit ihnen zusammenzutreffen. Die Soldaten fanden nämlich gar nichts dabei, elfjährige Jungen in einigen für dieses Alter sonst nicht üblichen Fertigkeiten zu unterrichten. Sie lehrten uns, mit Handgranaten zu werfen, Tannenzapfen mit den verschiedenen Infanteriewaffen herunterzuschießen und sogar ein schweres Maschinengewehr zu bedienen. So angeleitet, brachten wir beim Einzug der von der Front heimkehrenden Truppen in Berlin ein herrenlos auf der Straße zurückgebliebenes Maschinengewehr nach Einbruch der Dämmerung unbemerkt in die elterliche Wohnung eines unserer Freunde und demolierten in Tempelhof, nachdem seine Eltern ausgegangen waren, die Turmuhr des gegenüberliegenden Mädchenlyzeums mit mehreren gut gezielten Feuerstößen. Bei den damaligen verworrenen Zuständen hatte das aber keine unmittelbaren Folgen für uns. Tatsächlich sammelten wir »Kriegserfahrungen« und »-eindrücke«, die vom Pfeifen der Querschläger bis zum Anblick Verwundeter reichten. Während einer dieser Unternehmungen, von denen unsere Eltern natürlich nichts wußten, mündete zum Beispiel der letzte Teil der Flugbahn eines kleinkalibrigen Geschosses unmittelbar hinter meinem linken Ohr.

Meine Interessen verlagern sich

Die leichte Verwundung führte zu näherer Bekanntschaft mit einem in unserem Hause wohnenden Chirurgen, dessen Röntgenlabor mich sehr fesselte und dessen Funkeninduktor für 30 cm Schlagweite ich zwei Jahre später erwarb. Bald darauf verlagerte sich der Schwerpunkt meiner Interessen von Fotografie und Astronomie auf Physik, Elektrotechnik und Chemie.

Mit Hilfe zweier gegeneinander rotierender und mit Metallfolien belegter Schallplatten wollte ich mir eine »Influenzmaschine« bauen. Der Versuch mißlang jedoch, weil ich gewisse Elektroden mangelhaft isoliert hatte.

Der Herr mit dem schwarzen Vollbart

Daraufhin erregte eine Influenzmaschine mit großem Scheibendurchmesser im Schaufenster eines kleineren, nahe gelegenen Elektrogeschäftes meine stärkste Aufmerksamkeit. Kurz vor Weihnachten verschwand dieser auf meinem »Wunschzettel« dreimal unterstrichene Apparat leider aus dem Schaufenster, und auf meine Nachfrage erfuhr ich, daß er von einem Herrn mit schwarzen Vollbart gekauft worden sei. Da es keinen solchen Mann in unserem Familien- und Bekanntenkreis gab und ich das vorsorgliche Täuschungsmanöver meiner Eltern, die ihren Sohn kannten, nicht erwartete, war ich doppelt überrascht, die ersehnte Maschine auf dem weihnachtlichen Gabentisch zu finden.

Ein Junge bastelt

Der Experimentator macht sich ans Werk

Kurz nach Neujahr konnten die üblichen Versuche der Elektrostatik mit Influenzmaschine, Isolierschemeln, selbstgebauten Leydener Flaschen, Funkentafeln, Blattelektrometern, springenden Holundermarkkugeln, Spitzenentladungen und Geißlerröhren nichts Neues mehr bieten.

Als nächstes untersuchte ich das luftelektrische Potentialfeld an der Außenfront unseres Hauses. Die Versuchsanordnung war einfach: Eine lange Wachskerze befestigte ich an einem Besenstiel und steckte diesen möglichst weit aus einem Fenster hinaus. Um die Kerze, die gleichzeitig als Isolator diente, war ein feiner Draht gewunden, der ein Stückchen in die Flamme eintauchte. Das andere Drahtende wurde mit einem Blattelektrometer verbunden. Da die Flamme durch ihre ionisierende Wirkung das Potential der umgebenden Luft annahm, zeigte das Instrument wirklich eine Spannung an. Besonders aufregend fand ich es, die Schwankungen der Ausschläge vor und nach Blitzen bei örtlichen Gewittern zu beobachten.

Vom hochgespannten Gleichstrom der Influenzmaschine führte der Weg zum hochgespannten Wechselstrom. Bald erfüllten Funkeninduktoren allmählich zunehmender Schlagweite, Geißlerröhren, Lumineszenzröhren, Röntgenröhren und Leuchtschirme sowie Elektrisierapparate meine Kammer. Aus dem Fenster hingen Antennen in den Hof, und ich machte erste funkentelegrafische Versuche mit Fritter und selbstgebauten Relais. Die Gegenstation hatte ich in der entferntesten Ecke der Wohnung aufgebaut.

Meine Umwelt ist gefährdet

Tanten oder andere Besucher waren zu dieser Zeit gewissen Gefahren ausgesetzt. Legten sie ahnungslos die Hand auf die Türklinke meines Bastelraumes, sprühten tückische Funken, und es gab kräftige elektrische Schläge.

Mit ähnlichen physikalischen Erlebnissen sahen sich Straßenpassanten konfrontiert, die ein von mir vor das Haus gelegtes Portemonnaie aufzuheben versuchten. In der Dämmerung konnten sie den 0,1-mm-Kupferdraht nicht sehen, der zum ungeerdeten Pol eines Funkeninduktors führte, den ich auf dem Balkon des vierten Stockes in Tätigkeit setzte.

Röntgendurchleuchtungen und Tesla-Versuche

Mit Hilfe eines kleinen, von einem Akkumulator betriebenen Funkeninduktors, der Funkenentladungen von drei Zentimeter Länge lieferte, und einer der damals handelsüblichen Versuchsröntgenröhren mit kalter Kathode gelangen mir auch bald die ersten Durchleuchtungen und Röntgenaufnahmen von Händen. Deutlich erinnere ich mich noch, wie stark mich die geheimnisvolle Durchdringungsfähigkeit der Röntgenstrahlung faszinierte.

Große Freude bereiteten mir ebenfalls die berühmten, von dem Kroaten Nikola Tesla im Jahre 1890 angegebenen Versuche mit hochfrequenten Tesla-Strömen. Das Spiel der Funkengarben, die im Dunkeln magisch leuchtenden und sich verästelnden Lichtbüschel sowie die im Hochfrequenzfeld elektrodenlos angeregten Leuchtröhren zogen mich in ihren Bann. Die Anlage wurde schließlich so weit ausgebaut, daß bei einem Leistungsumsatz von mehreren Kilowatt und sorgfältiger Abstimmung der Kreise Funken und Lichtbüschel von über fünfzig Zentimeter Länge erzielt werden konnten. Die Mitbewohner unseres Hauses sahen sich zu jener Zeit von ebenso unangenehmen wie rätselhaften elektrischen Störungen belästigt, denn die von den Tesla-Entladungen abgehenden Wanderwellen lösten im Leitungsnetz ihrer Wohnungen stromstarke Überschläge aus, die auch die stärksten Sicherungselemente durchbrennen ließen.

Ein lebensgefährlicher Hochfrequenzunfall

Bei einem der Versuche mit dieser Hochfrequenzanlage kamen meine Hände mit den Hochfrequenzelektroden in Berührung. Es war ein Unfall mit sehr hoher Gefahr für mein Leben. Eine Rettung ergab sich dadurch, daß ich seitlich von meinem Stuhl abstürzte und die Hände von den Hochspannung führenden Elektroden abgerissen wurden. Ich hatte die Schrecken des in Amerika für Hinrichtungen bestimmten elektrischen Stuhls erlebt. Die vorzeitige Beendigung meines Lebens im Alter von 15 Jahren hatte an diesem Unglückstag eine Wahrscheinlichkeit von etwa 50%. Tiefbewegt erinnere ich mich in diesem Augenblick an den fast gleichartigen Hochfrequenzunfall meines Mitarbeiters Horst Wachtel im Oktober 1966, der zu seinem Herztod geführt hatte.

Keine Zeit für Höflichkeit

Wie kostbar mir damals meine Freizeit schien, mag folgende Episode zeigen, die bezeichnend für meinen grenzenlosen Eifer war, mehr und mehr zu lernen, zu erforschen und zu entdecken: Meine Eltern hatten mich beauftragt, unsere hochverehrte »Effi Briest«-Großmutter Else von Ardenne bei ihrer Abreise zu begleiten und ihren Koffer zum Bahnhof zu bringen. Die Erledigung dieses Auftrages hätte etwa anderthalb Stunden in Anspruch genommen. Was tat ich, der ich mitten in der Endphase eines »hochwichtigen« neuausgedachten Experiments steckte? Zum berechtigten Entsetzen der Erwachsenen bat ich darum, meine Begleiterpflichten einem Gepäckträger übertragen zu dürfen. Und es wurde dann wirklich ein Träger auf meine Kosten engagiert, da meine Großmutter nach anfänglichem Befremden rasch Verständnis für meine spezielle Lage zeigte.

Im Hinblick auf meinen späteren Beruf habe ich den damaligen Versuchen viel zu verdanken. Durch sie lernte ich nämlich: Bei physikalischen Anlagen genügt es nicht, sie richtig zusammenzufügen, sondern sie müssen optimiert werden, das heißt, alle beteiligten Elemente exakt so zu bemessen, daß die beste Wirkung eintritt.

Klingelstrom ist für alle da

Ebenso schulte die Erweiterung meiner Interessen auf die Gebiete der Schwachstromtechnik und Elektronik mein physikalisches Denken, wobei ich selbstverständlich auch hier mein neuerworbenes theoretisches Wissen in praktische Nutzanwendung umzusetzen mich bemühte. Geschädigter war unser Hauswirt, denn ich zapfte die Klingelleitung an und speiste die Nachttisch-Schwachstrombeleuchtung kostenlos aus der zentralen Klingelbatterie. Das gleiche galt für eine telefonische Verbindung zwischen meiner Arbeitskammer und der Küche, deren Mikrofone ich aus Bogenlampenkohlen und Zigarrenkisten gebaut hatte und die glänzend funktionierte. Etwa zu dieser Zeit lernte ich, einen Mithörapparat an die Stadtfernsprechleitung so anzuschließen, daß die Telefonierenden nichts davon bemerken konnten.

Sehr schnell erreichte mein Experimentieren eine Intensität, die meine Eltern veranlaßte, mir die Erlaubnis zu geben, die zweite Toilette der Wohnung für meine Versuche umzubauen und zu benutzen. Diese Räumlichkeit eignete sich mit ihren Armaturen und der zufälligen Nähe eines Gashahnes hervorragend als provisorisches chemisches Laboratorium.

Schwarzbrennen

Bald hatte ich dort eine Dauer-Versuchsvorrichtung aufgebaut, die das Angenehme mit dem Nützlichen verband. Die Anlage war einfach und sehr ergiebig: Sie destillierte aus unbesteuertem, daher billig in der Drogerie erhältlichem Ameisenspiritus reinen Alkohol. Der wurde mit gutem Gewinn verkauft. Diese recht erheblichen Summen dienten dem weiteren Ausbau der chemischen Abteilung. Alles unter dem Motto: Der Zweck heiligt die Mittel.

Mein Lehrer in den Fächern Physik, Chemie und Mathematik bemerkte den Fortschritt meiner Kenntnisse und traf eine ganz ungewöhnliche Entscheidung: Er überließ mir nach kurzer Vorbesprechung Aufbau und Durchführung der für die nächste Unterrichtsstunde vorgesehenen Experimente. Außerdem erhielt ich die Erlaubnis, mit den Schulapparaten im Vorbereitungszimmer private Versuche abzuwickeln.

Alles kann man nicht wissen

Natürlich blieb es nicht ohne nachteilige Folgen, daß ich mich so einseitig nur für die Naturwissenschaften interessierte. Im Laufe der Jahre verschlechterten sich meine Noten in den anderen Fächern, vor allem in den Sprachen, ständig. Außerdem hatte ich kurz vor dem sogenannten Einjährigen-Examen das Pech, zum Direktor zitiert zu werden. Durch eine heftige Natriumexplosion war mein Tintenfaß zerstört worden. Ort und Urheber des Ereignisses ließen sich infolge der dabei entstandenen »Farbmarkierung« nicht verheimlichen. Das Zusammenwirken beider Momente hatte zur Folge, daß ich die Prüfung nicht bestand, obwohl mein Physik-, Chemie- und Mathematiklehrer im Konzilium mit größtem Nachdruck für mich eingetreten sein soll. Noch kurz vor seinem Tode durfte ich diesem Lehrer, Studienrat Dr. Böttcher, bei seinem Besuch im Lichterfelder Laboratorium meine Dankbarkeit beweisen.

Der Mißerfolg im Examen veranlaßte meinen Vater, mich aus der Tempelhofer Schule herauszunehmen. Ich mußte in das Friedrich-Realgymnasium, das in der Nähe unserer Wohnung lag, überwechseln. Immerhin wurde durch diese Maßnahme der Zeitverlust, der entstanden war, weil ich nicht in die nächsthöhere Klasse aufrücken durfte, von einem auf ein halbes Jahr reduziert.

Auf jeden Fall war die Einseitigkeit meiner Kenntnisse ans Tageslicht gekommen, und die Familie bemühte sich jetzt, dem abzuhelfen.

Literaturinteressierte Kusinen

Ein Jugendzirkel wurde eingerichtet, in dem allwöchentlich Stücke von Shakespeare, Schiller und anderen Klassikern mit verteilten Rollen gelesen wurden. Die Frau des Philosophen Eduard von Hartmann, eine ältere Freundin unseres Hauses, nahm diesen Kreis unter ihre Fittiche. Ihr Mann, in jüngeren Jahren Offizier, durch ein hartes Schicksal an beiden Beinen gelähmt, hatte die Kraft aufgebracht, sich zu einem bekannten Philosophen zu entwickeln. Einige seiner Werke, so auch seine »Philosophie des Unbewußten«, fand ich 1954 in der persönlichen Bibliothek Lenins, die im Moskauer Lenin-Museum am Roten Platz gezeigt wird und die mich stark interessierte. Lenin hat sich unter anderem in seinem Werk »Materialismus und Empiriokritizismus« kritisch mit der idealistischen Philosophie Hartmanns auseinandergesetzt. Eduard von Hartmann starb 1906. Nach seinem Tode gab Frau von Hartmann verschiedene Schriften ihres Mannes heraus. Für diese Leistung wurde ihr von einer englischen Universität die Würde eines Dr. phil. honoris causa verliehen.

Man sollte meinen, daß eine Persönlichkeit solcher Prägung uns vierzehnjährigen Jungen einen tiefen Eindruck vom Wesen und von der Schönheit der behandelten Werke hätte vermitteln können. Aber leider – wir waren wohl noch nicht reif genug –

interessierte uns viel mehr, ob bestimmte, sonst schwer erreichbare Kusinen die abendlichen Lesestunden besuchten.

Mit einem der Jugendfreunde aus diesem Zirkel, dem Internisten Dr. Berthold Kern, einem Enkel Eduard von Hartmanns, traf ich nach fast einem halben Jahrhundert wieder zusammen. Er ist ein Kämpfer gegen den Herzinfarkt, eine der häufigsten Todesursachen unserer Zeit, geworden, aber er hatte einen Fehler begangen. Er hatte aus dem Schatz seiner Erfahrungen als praktischer Arzt im wesentlichen richtige Thesen abgeleitet und sie gegen die geltende medizinische Lehrmeinung etwa zwanzig Jahre zu früh vertreten. Wir führten 1970 eine gemeinsame Arbeit durch, als sich herausstellte, daß die von uns entdeckte lysosomale Zytolyse-Kettenreaktion auch als Fundamentalprozeß in der zweiten Phase des Herzinfarkts betrachtet werden muß.

Die alte Berliner »Urania«

In jungen Jahren sind Aufnahmefähigkeit, Einfallsreichtum und Vitalität so groß wie nie wieder im Leben. Zeit ist in diesen Jahren ein besonders kostbares Gut, auf dessen optimale Nutzung es ankommt. Mein Interesse wurde bald von einer Bildungsstätte des alten Berlin leidenschaftlich gefesselt, der ich und manche meiner Altersgenossen viel viel verdanke: der 1888 von dem Industriellen Werner von Siemens und von dem Astronomen Max Wilhelm Meyer gegründeten Urania in der Taubenstraße. Die Experimental-Vorträge, die Vortragsreihen, die dort über fast alle Fachrichtungen der Naturwissenschaften in populärer Form von bedeutenden Wissenschaftlern gehalten wurden, hatten hohes Niveau. Noch heute erinnere ich mich lebhaft an die Ausführungen der Professoren Donath und Spieß über Röntgenstrahlen, Spektralanalyse, Optik, elektrische Gasentladungen, Radium sowie an die Vorträge des Ingenieurs Otto Nairz über drahtlose Telegrafie.

An beide Seiten des großen Vortragssaales der Urania

schlossen sich Experimentiersäle an, die man vor den Vorträgen und während der Pausen aufsuchte. Die wichtigsten Grundversuche aus Mechanik, Wärmelehre, Akustik, Optik und Elektrotechnik waren dort so aufgebaut, daß der Besucher, angeleitet durch eine Tafel mit erläuterndem Text, den Versuch selbst durchführen und Beobachtungen anstellen konnte. Die Experimentiersäle der alten Berliner Urania waren für Oskar von Miller und seine Mitarbeiter ohne Zweifel Vorbild für die Gestaltung des einzigartigen Deutschen Museums in München gewesen. Da ich mit dem Wächter des Saales für Elektrotechnik bald auf vertrautem Fuß stand, wurde mir die Neuanfertigung schadhaft gewordener Erläuterungstafeln übertragen. Dem Bildungszentrum war eine kleine wissenschaftliche Buchhandlung angegliedert, in der man unter anderem die Fachliteratur zum Thema des jeweiligen Vortrages einsehen und kaufen konnte.

Leider ist die Urania 1925 an den Folgen der Inflationszeit eingegangen. Eine von mir übernommene Vortragsreihe mit Experimenten über Rundfunktechnik und die damals neue elektrische Aufnahme von Schallplatten gehörte zu den letzten Veranstaltungen dieser Einrichtung. Dankbar erinnerte ich an das Wirken der alten Urania, als mir 1988 vom Präsidium der DDR-Urania die Ernst-Haeckel-Medaille verliehen wurde.

Die Ausbildung der Jugend als politisches Problem

Das Kräftepotential moderner Staaten hängt zu einem großen Teil – die Zeit nach 1945 hat uns das gelehrt – von den Fähigkeiten ihrer Bürger ab, auf wissenschaftlicher Grundlage zu handeln und zu entscheiden. Für die Entwicklung von Industrie, Landwirtschaft und Medizin sind die naturwissenschaftlich-technischen Kenntnisse von großer Wichtigkeit. Das Niveau der Leistungen läßt sich dadurch beträchtlich heben, daß die heranwachsende Generation frühzeitig mit den Aussichten und den Arbeits- und Denkmethoden der entsprechenden Fachsparten vertraut gemacht wird. Das sind Faktoren, deren Bedeutung für die Gestaltung der Nachwuchsförderung durch den Staat kaum überschätzt werden kann. Auf diesen Erkenntnissen beruhen einige Maßnahmen zur frühen Anregung der naturwissenschaftlich-technischen Betätigung in der Deutschen Demokratischen Republik und nicht zuletzt auch die Regelungen, mit denen sich längere Pausen zwischen Schulabschluß und Beginn des Hochschulstudiums speziell der naturwissenschaftlichen Fachrichtungen vermeiden lassen, denn allzu lange Unterbrechungen führen leicht dazu, daß beispielsweise die Schulkenntnisse in Mathematik teilweise in Vergessenheit geraten und dann die Voraussetzungen zum gründlichen Studium aller mathematisch fundierten Disziplinen fehlen.

Der Einfluß von Institutionen nach Art der Berliner Urania und vor allen Dingen des Deutschen Museums in München auf die Jugend ist meiner Meinung nach außerordentlich groß. Und gerade in einer Zeit, in der Naturwissenschaft und Technik so wichtig sind wie in der unsrigen, liegt es im Staatsinteresse, den jungen Menschen frühzeitig reiche wissenschaftlich-technische Bildungsmöglichkeiten zu erschließen, ohne eine gute Allgemeinbildung zu vernachlässigen.

Bei uns wurde zu DDR-Zeiten dieser Forderung z. B. durch Arbeitsgemeinschaften unterschiedlichen Charakters, Stationen junger Techniker, Wettbewerbe für junge Forscher und auch durch unsere, die Phantasie anregende umfangreiche Kinder- und Jugendbuchliteratur Rechnung getragen. In Zukunft sollten z. B. 6-Tage-Reisen von Schulklassen zum Deutschen Museum nach München in den Lehrplan aufgenommen werden.

Auf das gleiche Ziel war die 1959 von mir angeregte und betreute Sendereihe »Fernsehstudio Naturwissenschaften« gerichtet, und ihm dienten viele weitere seither gestartete Sendungen naturwissenschaftlich-technischer, gesellschaftswissenschaftlicher und allgemeinbildender Thematik im Fernsehen der Deutschen Demokratischen Republik. Auch die Gesellschaft zur Verbreitung wissenschaftlicher Kenntnisse und die neue Urania trugen ihr Teil zur Weiterbildung der Bevölkerung aller Altersstufen bei. Künftig sollte im vereinigten Deutschland noch viel mehr berücksichtigt werden, daß Experimental-Vorträge im Farbfernsehen vor Millionen Teilnehmern viel größere Auswirkungen haben als Vorträge gleicher Art in Hörsälen.

Auswahl und Förderung von außergewöhnlichen Talenten:
Gegenwartsaufgabe von schicksalhafter Bedeutung
für die kommenden Generationen in Europa

Im Herbst 1980 war an der Technischen Universität Dresden eine große Diskussion im Gange. Dort wurde daran erinnert, daß die DDR seit mehr als zweieinhalb Jahrzehnten riesige Investitionen in Wissenschaft und Technik vornahm, aber es seien kaum Spitzenleistungen von Weltrang erzielt worden, kein Nobelpreis sei an Mitbürger der Deutschen Demokratischen Republik vergeben worden. Die Frage der Organisation höchster Leistungen in Wissenschaft und Technik, die um 1960 von mir in Forschungsrat-Reden und verschiedenen Schriften behandelt worden war, gewann zunehmend an Aktualität. Offenbar genügt die große Breite, das heißt die große Zahl von Wissenschaftlern und Technikern, aus der sich die Talente über das Mittelmaß erheben, allein nicht.

Zum Entstehen von Spitzenergebnissen tragen in erster Reihe außergewöhnliche Talente und Könner mit starkem Leistungswillen bei. Die Findung der besten Methoden für Auslösung, Selektion und Förderung hervorragender Talente ist nicht nur ein deutsches Problem allein, es ist ein europäisches Problem.

Man denke an das Beispiel Japan. In erstaunlich kurzer Zeit ist Japan zu der Industriemacht herangewachsen, die heute das Wirtschaftsleben in vielen europäischen Staaten stark beeinflußt. Ich erinnere mich noch gut daran, es war etwa vor vierzig Jahren, als von den Japanern die erste Kleinbildkamera, die berühmte »Leica«, fast ohne Abänderungen nachgebaut wurde. Der Sohn und Nachfolger des 1920 verstorbenen Firmengründers Ernst Leitz, Ernst Leitz II, wie er respektvoll genannt wurde, den ich noch persönlich kannte, beklagte sich bei mir über den ideenlosen Nachbau! Wie schnell sind aus diesem Nachbau der »Leica« die hervorragenden neuen elektronischen Kameras mit automatischer Belichtungs- und Entfernungseinstellung geworden. Fünfzig Jahre genügten Japan, um aus einem unterentwickelten industriellen Stadium zu einem industriellen Niveau vorzudringen, das schärfste Konkurrenz im Ursprungsland bedeutet.

Spitzenkräfte zu entwickeln erfordert in erster Linie die Selektion und Förderung außergewöhnlicher Talente aus der heranwachsenden akademischen Jugend. Dann gilt es, Ausnahmeregelungen für die Ausgewählten zu treffen und sie schließlich in eine Umwelt zu bringen, wo sie sich voll auswirken können. Stets sollten die so begünstigten jungen Menschen durch die Erkenntnis zu innerer Bescheidenheit geführt werden, daß Talent oder Genialität kein Verdienst, sondern eine Gnade und eine Verpflichtung ist.

Jugend muß kämpfen. Es darf ihr nicht wie zur Zeit der SED-DDR am Anfang zu leicht gemacht werden. Sie sollte nicht gleich in den untersten Stufen große Gehälter erhalten. Sie sollte sich Gehaltserhöhungen durch gute Leistungen stets erkämpfen müssen. Erst durch das Kämpfen entstehen die Waffen, die im Leben zum echten Können führen. – Die Jugend ist die Kraftquelle der Zukunft. Auf dem Gebiet des Sports haben wir es zu DDR-Zeiten verstanden, das Entstehen von Welt-Spitzenleistungen unserer Jugend zu organisieren. Die beim Sport bewährten Grundprinzipien sollten mit einer außergewöhnlichen Aktion in den Bereich Wissenschaft und Technik übertragen werden unter Vermeidung von Schematisierung und Bürokratisierung. Die Prinzipien wären dabei nur wenig zu modifizieren:

Frühe Auswahl der Talente, Zusammenführung gleichartig Begabter in spezialisierten »Trainings«-Zentren, wechselseitige Ansporung, Gehalt nach Leistung, Forderung nach immer neuer Bewährung, Rückstufung bei Nichtbewährung, das heißt der Zwang zum Kämpfenmüssen, Anerkennung von Leistung und Können durch Übertragung von Verantwortung sowie Gewährung von hohen Aufgaben und weiterer persönlicher Förderung, Entwicklungsbegünstigung durch Ausnahmeregelungen und angepaßte Umweltbedingungen sowie Ermöglichung von Reisen (Kontakten) zu führenden Wissenschaftlern ihres Fachgebietes.

Um mit größerer Häufigkeit und immer wieder weit herausragende Leistungen einzelner oder kleiner Gruppen entstehen zu lassen, gilt es, die Talente durch Persönlichkeiten, die dazu fähig sind, früh zu erkennen und dann durch Ausnahmeregelungen und stimulierende Umweltbedingungen uneigennützig zu fördern. Die wirksamste Form der Förderung sehe ich darin, *die jungen Talente an gut ausgesuchte interessante Themen und Aufgaben heranzuführen.* Es kommt darauf an, nüchtern die Schlußfolgerungen aus der Realität zu ziehen, daß höchste Leistungen in Wissenschaft und Technik in der Regel von Menschen getragen werden, die ausgezeichnet sind durch schöpferische Neugier, Phantasie, kombinatorisches Denken, Mut zur Tat, außergewöhnlichen Fleiß, nicht erlahmende Ausdauer und kooperative Arbeitsweise. Gleichzeitig muß bei unseren Mitbürgern die Bereitschaft entstehen, außergewöhnliche Leistungen nicht nur zu tolerieren, sondern zu wünschen und auszuzeichnen.

Wir brauchen echte Bahnbrecher der Wissenschaft und Technik. Wir brauchen Schrittmacher von solchem Format nicht nur für die Gestaltung fortwirkender, dem deutschen Ansehen dienender kultureller Leistungen, sondern vor allem für die Stärkung unserer Volkswirtschaft und für die weitere Erschließung des Weltmarktes. Sich auf ihm angesichts heute nahezu allseitiger Konkurrenz zu behaupten, ist eine lebenswichtige Aufgabe. Ein Merkmal vieler Talente ist die große Einseitigkeit der Begabungen. Die *Einseitigkeit* muß am Anfang nicht nur in Kauf genommen, sondern durch *bundesweit orientierte Förderungen berücksichtigt werden.* Einseitigkeit in der Schule bedeutet oft sehr gute Zensuren in den interessanten Fächern der künftigen Berufsrichtung, aber auch meist schlechte Zensuren in den anderen Fachrichtungen.

Eine Schlußfolgerung sollte aus den vorausgehenden Überlegungen sofort gezogen werden. Die Zulassung zur Universitäts- bzw. Hochschulausbildung dürfte nicht wie früher in der DDR von der Durchschnittszensur über alle Fächer abhängig gemacht werden. Man sollte in der Zukunft vielmehr gerade *diejenigen delegieren und durch Sonderregelungen fördern, welche auffallend gute Zensuren (unter Umständen allein) in den Fächern des künftigen Berufes aufweisen.* Dieses Merkmal könnte auch eine zur Selektion von Talenten maßgebende Größe werden. Ein Handeln auf dieser Linie wird stark dazu beitragen, daß echte Talente mit sehr viel größerer Wahrscheinlichkeit und Häufigkeit in die gewünschte Bahn gelenkt werden.

Zu den Methoden für die Förderung außergewöhnlicher Talente in Schule, Hochschule und postgradualer Tätigkeit habe ich aus Anlaß meiner Ehrenpromotion an der Pädagogischen Hochschule Dresden einen 3-Phasen-Plan ausgearbeitet. Seine weitere Erörterung an dieser Stelle würde jedoch zu weit führen.

Mehr tun für mehr Talente

In der kulturpolitischen Wochenschrift »Die Weltbühne«, nach dem Krieg wiederbegründete Nachfahrin des berühmten Organs der bürgerlich-republikanischen Opposition zur Zeit der Weimarer Republik, hatte ich 1986 die Ansicht geäußert, daß es oft möglich sei, die Entwicklung zu Talenten auszulösen. Als Mittel dazu empfahl ich, Kindern im Alter zwischen acht und zwölf Jahren begeisternde Erlebnisse (zum Beispiel Experimente) aus dem später gewünschten zukunftsreichen Beruf zu vermitteln. Zu dieser Auffassung war ich aus dem Studium der Biographien erfolgreicher Menschen und aus dem eigenen schicksalhaften Erleben im Alter von zehn Jahren mit dem Hören von Morsezeichen des Eiffelturmsenders auf der Wetterstation bei Münster am Stein gelangt. Hier zeichnet sich eine Herausforderung von Eltern, Erziehern und Lehrern zu einem erfolgreichen pädagogischen Handeln ab.

*Noch ungelöste Probleme
der wissenschaftlichen Ausbildung*

Als ich 1925 an der Berliner Universität die Vorlesung von Max Planck über »Thermodynamik« hörte, waren wir zehn Studenten, also ein Professor für zehn Studenten! Unter den Verhältnissen der Gegenwart ist der so wichtige persönliche Kontakt zwischen Lehrer und Schüler völlig verlorengegangen. Es gilt, der eingetretenen Vermassung durch Entwicklung neuer differenzierender Ausbildungsmethoden im Hochschulwesen entgegenzutreten. Erste Versuche, welche dieses Ziel haben, hat der Verfasser 1988 bei einem Besuch der privaten Universität Herdecke kennengelernt.

Ein Beitrag zur Lösung dieses Problems wäre die Gruppierung hochtalentierter Studenten gleicher Fachrichtung, um bedeutende Forscherpersönlichkeiten desselben Faches auszubilden. Dabei würden Leistungen von höchstem Rang nicht nur durch Vorlesung und persönlichen Einfluß des Lehrers beziehungsweise Forschers entstehen, sondern vor allem durch wechselseitige geistige Stimulierung der hochtalentierten Schüler außerhalb der Vorlesungszeit, also in den Nachmittags- und Abendstunden. In der Regel kommt es auf diese Weise zur Bildung von Wissenschaftsschulen mit weltweiter Ausstrahlung. Beispiele hierfür sind aus der ersten Hälfte dieses Jahrhunderts die Schulen von Arnold Sommerfeld, München, Max Born, Göttingen, Niels Bohr, Kopenhagen, Ernest Rutherford, Cambridge, und Abraham Joffé, Leningrad.

Adolf Butenandt zum gleichen Problem

Zu der vorigen Problematik formulierte Nobelpreisträger Professor Dr. Adolf Butenandt 1966:
»Man hört häufig, die Zeit der großen Gelehrten, die einsam in der Studierstube und im Laboratorium um neue Erkenntnisse ringen oder denen sich – wie Helmholtz von sich selbst sagte – die Erleuchtung besonders gern einstellt, wenn sie an einem sonnigen Tag langsam einen Hügel hinaufgehen, sei vorüber, und Fortschritte der Wissenschaft seien nur noch durch Zusammenarbeit vieler Spezialisten an einem vorgegebenen Problemkreis zu erzielen. Ich halte diese Auffassung für einen bedenklichen Irrtum, der zweifellos vorliegende Gegebenheiten auf Teilgebieten der Wissenschaft unzulässig verallgemeinert. Auch heute werden die entscheidenden ersten Impulse zum Fortschritt der Erkenntnis von einzelnen geliefert, und auch die moderne Gesellschaft benötigt den Gelehrten mit weitem Horizont, der befähigt ist, immer wieder Neues zu erfassen und zu ersinnen, der ganz durchdrungen ist von seiner Berufung.«

Über Quellen der Fortschritts

Quantitative Vorteile sind dort gegeben, wo aus dem ganzen Volk und nicht nur aus relativ kleinen privilegierten Schichten planmäßig der wissenschaftliche Nachwuchs herangebildet wird.

In der Vergangenheit wirkte der schöpferische Genius oft in strenger Abgeschiedenheit, ja in Einsamkeit. Etwa so, wie Albert Einstein die nach ihm benannten, zum Teil überraschend einfachen revolutionierenden Gleichungen und Gesetzmäßigkeiten fand, als er allein segelte oder wanderte, im permutierenden Gedankenspiel aller jeweiligen Lösungsmöglichkeiten. Und doch, trotz der Isoliertheit des Schöpfungsaktes, wären die großen Taten der Heroen des Geistes in früheren Zeiten nicht denkbar gewesen, ohne daß bedeutende Vorgänger und stimulierende Vorbilder Pate gestanden hätten. Die umwälzenden Entdeckungen und Erfindungen entstehen aus ihrer Zeit und im Wechselspiel mit einer begünstigenden Umwelt, in Wechselwirkung mit dem Leben. In jener wunderbaren Bescheidenheit, die wirkliche Größe oft kennzeichnet und erhöht, sagt Albert Einstein zu unserer Thematik: »Jeden Tag denke ich daran, daß mein äußeres und inneres Leben auf der Arbeit der jetzt lebenden sowie der schon verstorbenen Menschen beruht, daß ich mich anstrengen muß, um zu geben, im gleichen Ausmaß, wie ich empfangen habe und noch empfange.«

In der Gegenwart haben sich die Quellen für wissenschaftlich-schöpferische Leistungen und der Schöpfungsakt selbst gewandelt. Seltener waltet hierfür der Genius in stiller Abgeschiedenheit. Immer häufiger stellen sich die zündenden Ideen, das Erkennen bewegender Ausgaben und ihrer Lösungen in Wechselwirkungen beziehungsweise im Wechselgespräch mit klugen Diskussionspartnern, oft Vertretern anderer, aber beteiligter Fachrichtungen, ein. Der wachsenden Kompliziertheit wird durch das Wirken im Team, in der DDR nannte man es Kollektiv, Rechnung getragen. Geblieben ist, daß die schöpferische Tat in Harmonie mit ihrer Zeit und als Fortsetzung der Leistung von Menschen, die den Boden bereitet haben, erwachsen muß. Geblieben ist, daß diese kostbare und seltene Pflanze eines begünstigenden Umweltklimas bedarf und daß sie dort am häufigsten blüht, wo die Gestaltung einer fördernden Umwelt am besten gelingt.

Auch unter den Bedingungen der wissenschaftlich-technischen Revolution, die es dem einzelnen durch die Informationsexplosion unmöglich macht, die beteiligten Fachgebiete ganz zu überschauen und daher die kollektive Arbeitsweise immer mehr an Bedeutung gewinnen läßt, wird die überragende, weite Gebiete beherrschende Forscherpersönlichkeit nicht an Bedeutung verlieren. Eher steigt sie noch im Rang, denn als erster im Kollektiv trägt der leitende Wissenschaftler eine besondere Verantwortung für alle Entscheidungen. Um diese schwere Pflicht optimal erfüllen zu können, muß er in ständigem Gedankenaustausch mit den Mitgliedern seiner Arbeitsgruppe stehen und ihre Anregungen aus anderen Fachsparten, Vorschläge, Kritiken und Arbeitsergebnisse laufend kennenlernen. Bei einer solchen Arbeitsweise bestehen die besten Voraussetzungen dafür, daß er selbst immer wieder durch starke schöpferische Impulse seine Mitarbeiter als »Primus inter pares« zu großen Leistungen anspornt.

Beispiel Sowjetunion und die Dahlemer Institute

Als es galt, den Weltfrieden durch beschleunigte Entwicklung der sowjetischen Kernwaffen zu stabilisieren, sind in der damaligen Sowjetunion einige der hier skizzierten Prinzipien zur Förderung des Fortschritts angewendet worden. Die bedeutendsten Forscher der jüngeren Generation wurden 1945 ausgewählt. Sie erhielten für ihre Arbeit nahezu ideale Bedingungen. Jeder konnte sich sein Institut nach eigenen Vorstellungen bauen und einrichten lassen. Jeder konnte sich seine Mitarbeiter selbst wählen. Die Organisationsprinzipien waren damals die gleichen wie am Anfang dieses Jahrhunderts bei der Gründung der so erfolgreich gewesenen Berlin-Dahlemer Kaiser-Wilhelm-Institute: Außergewöhnliche junge Talente wurden in eine Umwelt gesetzt, die sie sich selbst für möglichst effektive und kreative Fortschritte gestalten konnten. – Nach diesen allgemeinen Gedanken zur so notwendigen Erhöhung des kreativen Könnens in unserer Gesellschaft ist es an der Zeit, wieder auf die Ereignisse an der eigenen Lebensbahn zurückzukommen.

Phosphoreszenz, Fluoreszenz und die Folgen

Jahre hindurch bin ich mit einigen Schulfreunden ein- bis zweimal in der Woche Gast der alten Urania gewesen. Die Experimente, die wir dort sahen, wurden nach Möglichkeit mit häuslichen Mitteln wiederholt.

Das galt auch für einen Urania-Vortrag von Professor Donath über Phosphoreszenz und Fluoreszenz. Meine Versuche auf diesem Gebiet hatten allerdings nachteilige Folgen für einen vorübergehend in meinem Schlafzimmer einquartierten jüngeren Vetter, dessen Ängstlichkeit auf mich wohl herausfordernd gewirkt hatte. Damals waren die erst im Zweiten Weltkrieg wegen der Verdunkelungsmaßnahmen überall eingeführten Leuchtfarben weiten Kreisen noch völlig unbekannt. Durch Zufall kam ich in den Besitz eines mit frommem Spruch versehenen Leuchtfarbenkreuzes, das mich zu einem Streich verführte. Ich weckte eines Nachts vorsichtig meinen Vetter und ließ das in bläulich-magischem Licht strahlende Kreuz lautlos auf komplizierten Bahnen über seinem Bett schweben, fast auf Griffnähe herankommen, urplötzlich verschwinden und nach einigen Sekunden an anderer Stelle ebenso unvermittelt wieder auftauchen. Grauenerfüllte Schreie meines Vetters alarmierten die Familie. Die Erscheinug klärte sich schnell auf. Ich hatte jenes Kreuz mit einer Taschenlampe unter der Bettdecke so lange anstrahlt, bis es kräftig zu phosphoreszieren begann, und fest an einen Besenstiel gebunden. Das ermöglichte mir nicht nur eine verhältnismäßig frei schwebende Führung, ich konnte auch nach einer schnellen Drehung die nicht mit der Farbe bestrichene Rückseite ins Blickfeld bringen, wodurch die Erscheinung verschwand. Mein starkes Interesse für das Gebiet der Lumineszenz ist bis heute geblieben und spiegelt sich wider in vielen Veröffentlichungen und Patenten über spezielle Anwendungen von Leuchtstoffen in Elektronenstrahl- und Ionenstrahlgeräten aller Arten, in der Röntgenphysik und im Unterricht mit astronomischen Leuchtfarben-Lehrbildern von außergewöhnlichem, fast natürlich wirkendem Kontrastumfang. Um 1930 stellte ich durch Mischung von Fluoreszenz-Kristallen der drei Grundfarben den ersten in weißer Farbe leuchtenden Schirm einer Fernseh-Bildröhre her.

Spiele nie mit dem Gewehr!

Wenige Tage nach dem Streich mit dem Leuchtkreuz bewahrte mich übrigens eine Erziehungsmaßnahme unseres Vaters davor, meinen damals sieben Jahre alten Bruder Ekkehard zu erschießen. Wir hatten das Schlafzimmer der Eltern durchstöbert und dabei ein Infanteriegewehr gefunden. In der Annahme, die Waffe sei nicht geladen, zielte ich auf meinen Bruder. Aber noch rechtzeitig erinnerte ich mich an den immer wieder betonten väterlichen Grundsatz, Schußwaffen niemals auf Menschen zu richten. Bevor ich abdrückte, hielt ich das Gewehr beiseite. Die unerwartete Explosion hinterließ bei mir mit den nachhaltigsten Eindruck dieser Lebensepoche.

Der weiße Sport und ein Mädchen namens Bettina

In den großen Ferien der Jahre 1920 und 1921 hatte ich das Glück, zunächst in Kopenhagen und dann in Den Haag bei befreundeten Familien aufgenommen zu werden, die beide begeistert Tennis spielten. Seit jenen Tagen gehört dem weißen Sport ein großer Teil meiner freien Zeit. Ich übte ihn erst in den Berliner Klubs »Blau-Weiß« und »Rot-Weiß« aus, dann auf dem eigenhändig mitgebauten Platz in der Sowjetunion und schließlich in der Sportgemeinschaft auf dem Weißen Hirsch bis fast zum heutigen Tag. Dem Tennissport verdanke ich unendlich viel: So sah ich 1936 bei einem internationalen Turnier des Tennisklubs »Blau-Weiß« im Grunewald auf dem kleinen M-Platz ein Mädchen, Bettina Bergengruen, deren Charme, Gestalt und Spielweise mich faszinierten. Auch die Einblicke, die ihr weißes Miniröckchen für Bruchteile von Sekunden bei Schmetterbällen oder beim Ballaufheben gewährte, dürften zu dieser Faszination beigetragen haben. Zwei Jahre später wurde dieses Mädchen meine Frau. –

Vermutlich hat das regelmäßige Tennisspielen über mehr als sieben Jahrzehnte stark zu Erhaltung unserer Gesundheit beigetragen wegen des damit verbundenen Trainings des Herzmuskels sowie der dabei langzeitig eintretenden guten Durchblutung und Sauerstoffversorgung aller Gewebe. Diese periodische Verbesserung des O_2-Stoffwechsels hat ja besondere Bedeutung bei bewegungsarmer Arbeitsweise an Schreib-, Lese-, Labor- und Konferenztischen.

Das war gefährlich

1921 in Den Haag ergab sich die Gelegenheit zu sprengtechnischen Versuchen. Wenn ich mich an folgenden Vorgang erinnere, erkenne ich mit Schrecken, daß sich meine naturwissenschaftlichen Neigungen allzu häufig in gefährlichen Kindereien ausdrückten. Ich habe mich in dieser Hinsicht sicher nicht von anderen Jugendlichen unterschieden – allerdings waren es gleichzeitig auch immer Nebenprodukte einer viel ernsthafteren Tätigkeit und eines nie ermüdenden Lerneifers. Und manchmal konnte ich sogar bei späteren großen Forschungsaufgaben das verwerten, was ich viele Jahre früher im Spiel bei meinen vielen kleinen Experimenten kennengelernt hatte.

Solche Früchte hat folgendes Ereignis allerdings bestimmt nicht getragen: Ich hatte im Kinderzimmer der Familie eine Spielzeugpistole stabiler Ausführung gefunden, aus der mit Hilfe von Zündplättchen ein Gummigeschoß abgefeuert werden konnte. Die massive Bauart brachte mich auf den Gedanken, die Zündplättchen selbst nicht als Treibladung, sondern nur zur Entzündung eines von vorn in den Lauf eingebrachten Gemisches von Kaliumchlorat, Schwefel und Zucker zu benutzen. Außerdem wollte ich den Gummistopfen durch eine aus ausgeschmolzenen Bleisoldaten gefertigte Kugel ersetzen.

Beim ersten Versuch hatte ich die drei Bestandteile offenbar mangelhaft gemischt, denn das Geschoß verließ nur mühsam den Lauf. Beim zweiten Mal füllte das nunmehr gut durchgerührte Pulver etwa die Hälfte der Pistole. Als ich abdrückte, gab es einen donnernden Knall, und für Sekunden schwang ein lautes Surren in der Luft. Etwa einhundert Meter seitlich ging eine Fensterscheibe in Trümmer, ich hielt nur noch den Griff in der Hand, der davongeflogene Lauf blieb unauffindbar. Die gegossene Bleikugel aber hatte vorschriftsmäßig in Zielrichtung ein drei Zentimeter starkes Brett durchschlagen. Wieder einmal war mir das Glück treu geblieben: niemand wurde verletzt.

Harmonie im Freundeskreis

Das Familienleben der Den Haager Freunde wurde durch diesen Vorfall nicht getrübt. Dazu wären andere Ereignisse nötig gewesen. Selten habe ich eine Familie erlebt, deren Mitglieder so gut miteinander harmonierten. Sicher war der Grund dafür in der Persönlichkeit des Familienvaters zu suchen. Stets war dieser angesehene Hamburger Großkaufmann zu allen erdenklichen Streichen mit seinen Kindern aufgelegt.

Es konnte geschehen, daß er beim sonntäglichen Frühstück gemeinsam mit seinen Söhnen den allzu tief geratenen Ausschnitt im Sommerkleid der wohlgerundeten Mutter begutachtete, in der damaligen Zeit ein wohltuender Beweis unkonventioneller Lebensart. Er schreckte aber auch nicht davor zurück, mit uns kräftige Bogenlampenscheinwerfer zusammenzustellen, die dann nach Einbruch der Dunkelheit auf gegenüberliegende offene Schlafzimmerfenster befreundeter Ehepaare gerichtet wurden, bis die Bewohner zur allgemeinen Freude beunruhigt am Fenster erschienen.

Der Scheinwerfer und Großvaters große Glaslinse

Die auf diese Weise 1921 in Holland begonnenen Scheinwerferversuche setzte ich nach meiner Rückkehr aus einem Fenster unserer Wohnung in der Berliner Hasenheide mit stärkeren Mitteln fort. Auf Anraten eines Elektromonteurs, zu dem ich engere Verbindung aufgenommen hatte, prüfte ich die Art der Schaltung des Elektrizitätszählers. Was ich gehofft hatte, fand ich bestätigt: Er war nur einpolig angeschlossen. Das hieß, ich konnte vom anderen Pol gegen die Erdleitung bei einer Spannung von 110 V nach Einsetzen entsprechend starker Sicherungen Stromstärken bis zu 50 A entnehmen. Diese Schaltung verschaffte mir bei kaltem Wetter eine kostenlose Heizung der Laborkammer, und außerdem ließ sich ein Bogenlampenscheinwerfer betreiben, der so stark war, daß man damit noch auf dem Turm einer ein Kilometer entfernten Kirche eine deutliche Aufhellung erkennen konnte. Zur Strahlensammlung diente eine etwa zwanzig Zentimeter große Glaslinse mit relativ kurzer Brennweite. Bis ich sie meinem inzwischen zu uns gezogenen Großvater Mutzenbecher abspenstig machte, hatte dieser sie vorzugsweise dazu benutzt, Fotos früherer Reisen zu betrachten.

Die Zeiten waren damals recht unruhig. Wie groß mag daher das Entsetzen meines Vaters gewesen sein, als er an einem früh dunkelnden Winterabend auf dem Heimweg vom Büro schon kilometerweit entfernt Strahlenkegel aus einem Fenster seiner Wohnung dringen sah. Er kam vor unserem Hause gerade noch rechtzeitig an, um zu erleben, wie sich das Lichtbündel senkte und eine Menschenmenge grell beleuchtete, die sich vor dem Haus angesammelt hatte und fasziniert nach oben starrte. Ein striktes Verbot beendete meine lichttechnischen Versuche mit 5-kW-Bogenentladungen, die sich vier Jahrzehnte später in der Konzeption unseres »Plasmafeinstrahlbrenners« ausgewirkt haben dürften.

Chemie wird mir verboten

Noch ein zweites Mal griff die väterliche Autorität steuernd in den Wirkungsbereich meines Rumpelkammer-Labors ein – und entschied damit endgültig meine spätere Fachrichtung. Diverse heftige Explosionen in Anwesenheit würdiger Gäste und die Schädigung von Zink-Fensterbrettern durch Salzsäure hatten eines Tages seinen durchaus berechtigten Unwillen erregt. Vielleicht wäre mir das noch verziehen worden. Als aber kurz darauf bei Leucht-Beschriftung der Küchenwand à la Belsazar mit weißem Phosphor ein nur schwer zu löschender Phosphorbrand unsere Kücheneinrichtung gefährdete, wurde mir unwiderruflich jede weitere praktische Tätigkeit auf dem Gebiet der anorganischen Chemie untersagt.

Geheimnisvolle Morsezeichen vom Eiffelturmsender und ihre schicksalhaften Folgen

Chemikalien, Retorten und Bechergläser der chemischen Einrichtung mußte ich verkaufen. Um nicht wieder den Ärger meiner Umwelt auf mich zu ziehen, entschloß ich mich, möglichst lautlos und unsichtbar zu arbeiten. Dafür bot sich die drahtlose Telegrafie an, deren Fortschritte ich mit leidenschaftlicher Anteilnahme verfolgte, seit ein freundlicher Meteorologe der Wetterstation bei Münster am Stein mich 1917 die geheimnisvollen Morsezeichen des Eiffelturmsenders im Kopftelefon hatte hören lassen. Der kinderliebe Wetterwart konnte damals nicht ahnen, welch ein zukunftsträchtiges Samenkorn er mit seinem Handeln in das so aufnahmebereite Gehirn eines zehnjährigen Kindes senkte.

Seit diesem Erlebnis wurde alles, was mit drahtloser Telegrafie zusammenhing, zum Schwerpunkt meiner jugendlichen Interessen. Heute sind Radio- und Fernsehgeräte unserer Jugend zu elektronischen Haushaltsgegenständen geworden, über die es sich kaum nachzudenken lohnt.

*Anfänge meiner Radiobastelei in der Zeit
vor Beginn des Rundfunks*

Damals, 1921, gab es in einem bestimmten Charlottenburger Elektrogeschäft (CMG) die verschiedensten Teile aus Heeresbeständen für den Bau von Empfangs- und Sendegeräten billig zu kaufen. Ich investierte einiges Geld, doch die Abhörversuche mit einer Antenne, die unter dem Dach unsichtbar verspannt war, einem Silizium-Detektor und einem hochohmigen Hörer blieben zunächst erfolglos. Also fuhr ich mit dem »Detektor-Empfänger« und zwei Schulfreunden zur Großfunkstelle nach Nauen und nahm dort fast unmittelbar unter den Antennen des Senders das von der Tonfunkstation regelmäßig kurz vor dreizehn Uhr ausgesandte Zeitzeichen auf. Mein erster drahtloser Empfang im selbstgebauten Gerät!

Bei Führungen und im Anschluß an eigene Vorträge ist Nauen später noch oft das Ziel meiner Ausflüge gewesen. Über diese Station, die im Ersten Weltkrieg die Nachrichtenverbindung mit den deutschen Kolonien und den Vereinigten Staaten von Nordamerika ermöglichte, lief auch bis zum Zweiten Weltkrieg ein großer Teil des Nachrichtenverkehrs Deutschlands mit den außereuropäischen Ländern. Das im Takt der Morsezeichen modulierte Singen der Hochfrequenzmaschinen und Frequenzwandler muß man gehört und die über zweihundert Meter hohen, auf einer Spitze stehenden Antennenmaste von unten betrachtet haben, um zu verstehen, welch nachhaltige Eindrücke in ihrer romantischen Entwicklungsphase befindliche Techniken hinterlassen können.

Nach einigen Schaltungsvariationen gelang es mir, das Zeitzeichen des Nauener Tonfunksenders in der elterlichen Wohnung zu empfangen, wenn auch vorerst die Laustärke noch sehr zu wünschen übrigließ. Bald kam ich aber dahinter, wie ich die Vorteile der Resonanzabstimmung des Schwingungskreises, einer guten Detektoreinstellung, des günstigsten Membranabstandes und guter Magnetisierung des Telefonhörers ausnutzen konnte. Nachdem ich die Anlage so auf höchste

Empfindlichkeit getrimmt hatte, wurde das Abhören der Eiffelturm-Station und des Schiffsverkehrs auf Ost- und Nordsee vor allem im Bereich der 600-m-Welle zu einem immer neuen aufregenden Erlebnis. Oft waren auf dieser Welle die Morsezeichen der Küstenfunkstellen kav-Norddeich und kaw-Swinemünde laut hörbar. Das Verstehen der einfachen und oft wiederholten Rufzeichen dieser Stationen führte fast zwangsläufig zum Studium des »Morsens«. Wie leicht wird das Lernen in einem solchen Falle! Schon nach wenigen Wochen verstand ich den Inhalt der Telegramme zwischen Küstenstationen und Schiffen. Wieviel Romantik war damals mit dem Verfolgen von lauten Anrufen der Küstenstationen und leisen Antworten der auf hoher See befindlichen Schiffe verbunden! Einmal war sogar der SOS-Notruf eines Schiffes zu hören und ließ sofort die Stimmen aller anderen Schiffe auf der 600-m-Welle verstummen. Eine Rekordleistung dieser Etappe war wohl der gelegentliche nächtliche Empfang der afrikanischen Funkstation in Massaua mit Hilfe einer guten Hochantenne und eines fein eingestellten Detektors. Sicher ein Ergebnis, das in der heutigen Zeit hochgezüchteter Transistorgeräte nur belächelt wird. Mir scheint es jedoch ein Beispiel dafür zu sein, daß man sogar mit geringen Mitteln, wenn sie nur zur optimalen Wirkung gebracht werden, beträchtliche Resultate erzielen kann.

Der erste Röhrenempfänger

Als die Möglichkeiten des Detektor-Empfängers erschöpft schienen, fing ich an, eine Anlage mit Glühkathodenröhren zu bauen. In der Nachbarschaft wohnte ein Ingenieur, der mir die Röhren beschaffte, allerdings zu Preisen, die mit der Kapazität meiner Kasse nicht zu vereinbaren waren. Ein Ausweg fand sich erst, nachdem es mir gelang, einen Bekannten aus begütertem Hause für ähnliche Basteleien und damit für den Erwerb solcher Materialien zu interessieren. Ich ließ ihn den doppelten Preis zahlen und erhielt so immer einen Röhrensatz kostenlos für mich. Mit einem auf diese Weise zusammengetragenen Satz, einigen billigen Spulen, Kondensatoren und Widerständen sowie einer Gruppe hintereinandergeschalteter Taschenlampenbatterien entstand in hartnäckiger Arbeit der erste Empfänger dieses Typs. Welche Tragik, als durch eine Fehlschaltung der mühevoll erworbene Röhrensatz kurz vor der ersten Inbetriebnahme durchbrannte! Glücklicherweise hatte besagter Freund noch weiteren Bedarf, und der Schaden konnte behoben werden.

Mir jedoch hat sich die äußerst nachteilige Wirkung von Fehlschaltungen für alle Zeiten eingeprägt! Eine gründliche Schaltungskontrolle vor Herstellung von Verbindungen zu dem Stromquellen gehört seitdem zu meinen Prinzipien.

Einsame Erfolge

Nach längeren vergeblichen Versuchen funktionierte endlich auch die »Rückkopplung«. Damit steigerten sich Empfindlichkeit und Selektivität, und das Röhrengerät empfing nun zum ersten Mal die Morsezeichen einer großen Anzahl auch entfernterer Stationen. Eines Abends – meine Eltern waren schon ins Bett gegangen – vernahm ich im Telefonhörer die Klänge einer französisch gesungenen Oper. Welch ein Höhepunkt nach den vorausgegangenen Mühen und Rückschlägen war das damals! Dieses aufregende Ereignis mehrere Jahre vor Beginn des Rundfunks wollte ich trotz der späten Stunde natürlich meiner Umwelt mitteilen. Doch meine Eltern verließen in diesem großen Augenblick die wärmende Hülle ihres Bettes nicht. Das traf mich sehr und führte dazu, daß ich sie in der Folgezeit über die Ergebnisse meiner physikalischen Experimente kaum noch unterrichtete. Ich selbst habe aus diesem Vorgang und seinen Rückwirkungen Konsequenzen für mein eigenes Verhalten unseren Kindern gegenüber in ähnlichen Situationen gezogen.

Unkonventionelle Methoden

Da mein neuer Apparat täglich viele Stunden in Betrieb war, tat die Taschenlampen-Anodenbatterie nur wenige Wochen ihre Dienste. Eine neue Batterie war mir zu teuer, also versuchte ich, den Empfänger aus dem Lichtnetz zu speisen.

Dieser Entschluß setzte eine gewisse Kühnheit voraus, denn für die Ausnutzung des Wechselstroms in unserer Wohnung standen keine Gleichrichter-Bauelemente zur Verfügung. Den erforderlichen 220-V-Gleichstrom konnte ich nur von der gegenüberliegenden Straßenseite beziehen, die zufällig an das Gleichstrom-Netz der Stadt Berlin angeschlossen war. Allerdings erwies es sich als recht schwierig, zum Zimmer eines Freundes auf der gegenüberliegenden Seite der Hasenheide eine elektrische Verbindung herzustellen. Die Straße war ungefähr fünfundsiebzig Meter breit, und es herrschte ein reger Verkehr mit Straßenbahnen, Pferdefuhrwerken und Autobussen. Nur mit den Mitteln der Raketentechnik schien die Aufgabe lösbar. Also beschaffte ich in einem pyrotechnischen Spezialgeschäft mehrere größere Raketen. Eine Drachenschnur von hundert Meter Länge war vorhanden. Nach einem vergeblichen Abschußversuch, der beträchtliches Aufsehen erregte, weil das Geschoß zu tief flog und deswegen auf die gegenüberliegende Häuserwand prallte, gelang es, mit einer weiteren Rakete hinreichender Schubkraft ein Ende der Schnur über das Dach des gegenüberliegenden Hauses zu tragen, wo mein Versuchspartner sie sofort sicherte. An der straff über die Straße gespannten Leine wurde ein geeignetes Kabel nachgezogen. Alles Weitere war eine Kleinigkeit, meine Gleichstromquelle zunächst gesichert.

Der Aufwand sollte sich aber leider nicht lohnen, denn unglücklicherweise nahmen wir wenige Tage später mit einem weittragenden Luftdruckgewehr Schießübungen auf die Einholtaschen nichts Böses ahnender Straßenpassanten vor. Ein Schuß ging fehl und traf die Hand einer über seltene Ausdauer verfügenden Frau. In nervenaufreibender Weise sondierte diese Dame, ängstlich von uns beobachtet, alle Einzelheiten der Umgebung und erblickte schließlich zwar nicht den Schützen, wohl aber das über die Straße gespannte Kabel. Einem herbeigerufenen Polizisten erklärte sie, von dem Draht sei etwas auf ihre Hand gefallen. Das wiederum veranlaßte den Beamten, bei uns zu erscheinen und die sofortige Entfernung der Leitung zu verlangen. So kann zuweilen auch eine falsche Theorie auf den richtigen Weg führen.

Handel hilft mir

Dieses Unternehmen war also mißlungen. Ich sah mich gezwungen, verschärft darüber nachzusinnen, wie ich mehr Geld bekommen könnte. Mit einem Zuschuß aus der sowieso knappen Haushaltskasse war nicht zu rechnen. Meine Mutter hatte bereits ihr möglichstes getan und mir kurz zuvor zur Konfirmation ein teures Lehrbuch über Radiotelegrafie geschenkt, das »Radiotelegrafische Praktikum« von Dr. Rein und Professor Wirtz. Mein Spürsinn kam mir zu Hilfe. Auf den Streifzügen durch die Elektrogeschäfte Berlins hatte ich nämlich festgestellt, daß von Geschäft zu Geschäft ganz ungewöhnliche Preisunterschiede zwischen den aus Heeresbeständen stammenden Teilen früherer Funkstationen bestanden. Das machte ich mir zunutze, kaufte ein, verkaufte und betrieb einen florierenden Handel mit allen möglichen funktechnischen Ersatzteilen. Es waren meine ersten tastenden Schritte zu einer »freien Marktwirtschaft«.

Natürlich mußte das alles außerhalb der Schulstunden geschehen und bedeutete im Grunde genommen harte Arbeit, doch dafür füllte sich die Laboratoriumskammer schnell mit neuen Apparaten, ja es stellte sich sogar ein gewisser Wohlstand ein.

Ich lerne wirtschaftlich denken

Vielleicht habe ich damals den Grundstein zu meinem späteren Forschungslaboratorium und Forschungsinstitut gelegt. Bestimmt aber lernte ich bei dieser kaufmännischen Tätigkeit – es war zudem noch in der Inflationszeit – sozusagen von der Pike auf, wirtschaftlich zu denken. In den Jahren der Weimarer Republik half das entscheidend mit, mein Laboratorium durch schwerste Wirtschaftskrisen hindurchzusteuern. Dazu hat allerdings auch ein ganz unkonventionell hohes Arbeitstempo beigetragen, das es uns später ermöglichte, bei geeignet ausgewählten Sonderproblemen selbst über längere Zeiträume hinweg mit den großen staatlichen und industriellen Forschungsinstituten im In- und Ausland Schritt zu halten. Ich hatte zwar durch den privaten Charakter meines Laboratoriums die Wahl, mir die für mich ergiebigsten Themen zu suchen, aber die Konkurrenz der großen Unternehmen zwang mich ständig zu harter und intensiver Arbeit, um durch »Innovationen« und Erfindungen meine Existenz zu erhalten.

Je tiefer ich in die Praxis der drahtlosen Technik und Elektronik eindrang, desto mehr häuften sich die offenen Fragen. Niemand konnte mir Auskunft geben, zumindest niemand von den Leuten, die ich kannte. Und was das schlimmste war: Eine allgemeinverständliche populärwissenschaftliche Literatur über Funkwesen und Elektronik gab es zu dieser Zeit ebenfalls noch nicht.

Eine wichtige Bekanntschaft: Dr. Siegmund Loewe

Von einem meiner Handelspartner, dem Inhaber eines kleinen Kellergeschäftes in der Blücherstraße nahe dem Halleschen Tor, erfuhr ich schließlich, daß ein gewisser Dr. Siegmund Loewe, dem ein größeres Hochfrequenzlaboratorium gehörte, dort des öfteren persönlich Einkäufe tätigte. Da ich den Namen im Register meines »Radiotelegrafischen Praktikums« fand, stand für mich fest: Es muß sich um einen bedeutenden Wissenschaftler handeln.

Ich bemühte mich, durch häufigen Besuch des Kellergeschäftes mit diesem Herrn zusammenzutreffen, und stand ihm endlich im Dezember 1922 gegenüber. Die Fülle und Vielfalt der aufgespeicherten Fragen, mit denen ich ihn überfiel, müssen ihn stark beeindruckt haben, denn bevor er das Geschäft verließ, stellte er mir frei, sein Laboratorium so oft zu besuchen, wie ich wollte. Welch einem Menschen war ich begegnet. Aber es war kein reiner Zufall!

Damit begann eine zehnjährige harmonische Verbindung mit einem gütigen, klugen und erfinderischen Industriellen. Ich habe ihm sehr viel zu verdanken. Von ihm lernte ich gründliche systematische Arbeit bei der Überwindung technischer Schwierigkeiten, die Fehlerortbestimmung in physikalischen Anlagen, die Vakuum-Röhrentechnik, und besonders weihte er mich in jene Probleme ein, die mit der Massenfertigung von Elektronenröhren und Elektronengeräten zusammenhängen. Bei diesem großen Praktiker erlebte ich, wie Erfindungen eigentlich entstehen, wie sie mit großem Fleiß praktisch realisiert und schließlich wirtschaftlich durchgesetzt werden müssen.

Rückschauend bereitet es mir Genugtuung und Freude, daß auch Dr. Loewe und seinem Unternehmen (Loewe-Opta) aus unserer späteren Zusammenarbeit Vorteile erwachsen sind, welche die Entwicklung der Firma mehrmals entscheidend beeinflußten.

Die großzügige Einladung zum Besuch des Laboratoriums befolgte ich schon am nächsten Tag, und von da an war ich ständiger Gast in den Arbeitsräumen in der Gitschiner Straße. Meine Eltern hatten nichts dagegen einzuwenden, nachdem sie meinen neuen Bekannten kennengelernt hatten, als er das kleine Rumpelkammer-Laboratorium mit seinen Einrichtungen und Apparaten in unserer Wohnung besichtigte.

Zu dritt geht es besser

Ich bekam Kontakt mit zwei Altersgenossen, die sich in ähnlichen Kammern wie ich leidenschaftlich mit der drahtlosen Nachrichtentechnik befaßten. Damit hatte ich Gesinnungsgenossen gefunden, und nun begann eine Zeit fieberhafter Tätigkeit, bei der wir uns gegenseitig stimulierten. Wir tauschten Apparateteile und Erfahrungen aus, experimentierten Tag und Nacht und brachten so die Leistungsfähigkeit unserer Empfänger auf einen Höchststand.

Welch ein Triumph, als die neuen Freunde eines Tages mit meiner selbstgebauten Anlage erstmals die Signale der nordamerikanischen Funkstationen New Brunswick, Rocky Point und Annapolis hörten und dies anhand des ständig wiederholten Rufzeichens wii, wqk und nss bestätigen konnten! Die Aufnahme erfolgte durch eine im Flur der Wohnung in Ost-West-Richtung fest angebrachte Rahmenantenne von etwa zehn Quadratmetern Fläche. Nach weiterer Entwicklungsarbeit gelang später der Hörempfang, ja sogar der von Funkzeichen mit Morseschreiber von zwölftausend Kilometer entfernten Groß-Stationen Ipz (Buenes Aires) in Südamerika und pkx (Malabar) auf Java. Bald gab es im Äther kaum noch einen in Berlin zu empfangenden Sender, dessen Rufzeichen, Wellenlänge und Eigenart in unserem Kreise nicht genauestens bekannt gewesen wäre.

Wir übten weiter fleißig morsen und konnten nach kurzer Zeit einen großen Teil des Telegrammverkehrs aus Übersee kontrollieren. Unser besonderer Ehrgeiz bestand darin, die Telegramme selbst dann noch zu entziffern, wenn die Antworten der offiziellen postalischen Empfangsstation in Geltow bei Potsdam Aufnahmeschwierigkeiten erkennen ließen.

Gespräche im Äther

Später erlebten wir auf diese Weise auch die Anfangszeit des Telefonverkehrs nach Amerika. Während der ersten Gegensprechversuche zwischen Nauen und Rio de Janeiro hörten wir zum Beispiel eine Unterhaltung zweier Tausende Kilometer voneinander entfernter Brüder namens Muth. Sie hoben auch die Bildtelegrafie mit aus der Taufe. Von diesen Versuchen verdient die lakonische Äußerung eines der beiden Brüder Muth festgehalten zu werden. Telefunken, 1903 als Tochter von AEG und Siemens & Halske gegründet, das führende deutsche Unternehmen der Funktechnik, wurde damals von einem Generaldirektor Schapira geleitet, der sich in den Kreisen der Mitarbeiter recht unbeliebt gemacht hatte. Das Bild ebendieses Generaldirektors diente als Unterlage bei den Bildsendeversuchen zwischen Nauen und Rom. Den negativen Ausfall eines Bildübertragungsversuches teilte der eine Bruder Muth den Herren in Nauen durch Funktelegramm mit: »Direktor Schapira völlig unbrauchbar.«

Die Feuerwehr kommt

Ständig waren wir bestrebt, die Leistungen unserer Empfänger zu verbessern. Wir erprobten die verschiedensten Arten von Antennen. Für die Aufnahme längerer Wellen schienen die bei dem damaligen Entwicklungsstand des Telefonwesens noch oberhalb der Dächer verlegten kilometerlangen Drähte besonders geeignet. Das Anzapfen solcher Leitungen war natürlich strengstens verboten, denn wenn man nicht die von uns benutzte kapazitive Ankopplung anwandte, gab es schwere Störungen. Als der älteste unserer Freunde eines Tages aus der Schule heimkam, erwartete ihn bereits ein Kriminalbeamter, der ihm einen Draht mit der Frage entgegenhielt, ob er ihn kenne. Tags zuvor hatte er damit die unerlaubte Verbindung zu den oberirdischen Leitungen des Telefonamtes hergestellt.

Eine Nachbarin hatte ihn beobachtet und angezeigt. Dieser ersten Berührung mit der Berliner Polizeibehörde sollten weitere folgen.

Schon vorher war mir ein ähnliches Unternehmen mißlungen. Wenige Minuten nachdem ich meinen Draht angeschlossen hatte, brauste eine Feuerwehr zu dem in der Nähe installierten Feuermelder, stellte dessen Unversehrtheit fest und läutete schließlich unverrichteter Dinge wieder davon. Inzwischen war mir klargeworden, daß die angezapften Leitungen auf roten Isolatoren verspannt waren und daher wohl Feuermelder und Feuerwache miteinander verbanden.

Wir senden – wenn auch illegal

Nach all diesen Experimenten spürten wir den dringenden Wunsch, nicht nur zu empfangen, sondern auch zu senden. Unser Traum war, eine eigene Verbindung zwischen uns zu schaffen. Diese Verlockung war so groß, daß wir nicht davor zurückschreckten, mit den Staatsgesetzen in Konflikt zu kommen, die das Nachrichtenmonopol des Reiches sicherten. Und wir hatten Erfolg. Trotz der Kontrolle des Äthers durch die Telegrafen-Überwachungsstelle der Reichspost konnten wir uns länger als ein Jahr unbehelligt fast täglich per Funk miteinander verständigen.

Folgenden Trick hatten wir uns zu unserer Sicherheit ausgedacht: Zunächst baute jeder mit den Mitteln seines Laboratoriums, das heißt mit den dort vorhandenen Funkeninduktoren oder Röhren, eine Sendeanlage zusammen, deren charakteristischer Ton in einem Empfänger aus der Entfernung abgehört wurde. Danach suchten wir unter den zahlreichen uns bekanntnen Funkstellen eine, deren Zeichen einen möglichst ähnlichen akustischen Eindruck hinterließen. Der eigene Sender wurde auf diese Welle abgestimmt, und unser individueller Nachrichtenverkehr über Berlin erfolgte dann mit dem Originalrufzeichen und möglichst in der Landessprache der ermittelten Station. Auf diese Weise tauchten unsere Sendungen im Stimmengewirr des Äthers unauffällig unter, obwohl wir Wellen benutzten, die heute im Bereich jedes Rundfunkgerätes liegen.

Allen Vorsichtsmaßnahmen zum Trotz ist unser Treiben den amtlichen Stellen schließlich doch aufgefallen. Einige Jahre später sprach mich nach einem meiner Vorträge über Rundfunktechnik ein Zuhörer an und stellte sich als Beamter der staatlichen Überwachungsstelle vor. Lachend erzählte er mir von seinen Beobachtungen und Peilergebnissen in bezug auf unsere Sendungen in der Vorrundfunkzeit: »Von einer Weitergabe des Tatbestands hat man seinerzeit abgesehen, um den Werdegang heranwachsender Kollegen nicht zu stören!«

Mein Sender wurde von einem Funkeninduktor betrieben, dessen Unterbrecher hohe und regelmäßige Funkenfolgen zuließ. Der daraus resultierende hohe Ton ähnelte dem einer französischen Küstenstation. Zur Verbesserung der Reichweite war in möglichst großer Höhe zwischen den Schornsteinen des Hauses eine etwa dreißig Meter lange Antenne verspannt worden. Sobald der Sender in Betrieb war, wies diese in der benutzten Schaltung eine Spannung von etwa 5000 V gegen Erde auf.

Es war ein großes Glück im Unglück, daß jener Dachdecker zufällig angeseilt war, der bei seiner Arbeit während unseres Funkbetriebs die Zuführung meiner Sendeantenne berührte!

Die Nachteile der Erdtelegrafie

Auch mit weniger gut ausgerüsteten Freunden der unmittelbaren Nachbarschaft stellte ich eine Nachrichtenverbindung zum Kammer-Laboratorium her, und zwar mit Hilfe sogenannter Erdtelegrafen, die aus Heeresbeständen billig zu erhalten waren. Das Prinzip dieser Einrichtung bestand darin, daß zum Beispiel zwischen Gas- und Wasserleitung kräftige tonfrequente Wechselströme im Morse-Rhythmus geleitet wurden. Mehrere hundert Meter entfernt konnte man dann möglicherweise ebenfalls zwischen Gas- und Wasserleitung die Zeichen mit Hilfe eines Verstärkers unter den vagabundierenden Strömen der Straßenbahn noch gut heraushören und mit einer analogen Einrichtung antworten. Allerdings stellte sich bald heraus, der gesamte Telefonverkehr in den beteiligten Häusern war lahmgelegt, solange unsere kräftigen Erdtelegrafeneinrichtungen arbeiteten.

Funksprüche eines Freundes von hoher See

Der älteste aus unserem technischen Freundeskreis war mittlerweile Bordfunker auf einem Schiff geworden, das zwischen Hamburg und Spanien verkehrte. Nach allem Vorausgegangenen lag es nahe, mit ihm zu verabreden, daß er auf hoher See zu bestimmter Zeit Funksprüche und, was glücklicherweise nie ans Tageslicht kam, sogar kurze Telegramme an uns abgab.

Mit fieberhafter Spannung erwarteten wir jedesmal zu später Stunde zum veinbarten Zeitpunkt die Stimme des Freundes im Äther und verfolgten mit höchstem Interesse von Nacht zu Nacht das Schwächerwerden der Rufzeichen seiner Station, wenn sein Schiff sich mehr und mehr vom Heimathafen entfernte.

Jede Wissenschaft durchläuft ein romantisches Stadium

Welche Romantik liegt doch zuweilen in der Forschung verborgen! Jeder Wissenschaftszweig, jedes technische Gebiet durchläuft am Beginn seiner Entwicklung ein Jugendstadium, in dem sich häufig von einem Tag zum anderen überraschende Ausblicke und unbekannte Möglichkeiten oft großer Tragweite erschließen. Glücklich jene Pioniere, die nicht nur eine solche zeitlich meist eng begrenzte Etappe miterleben durften, sondern die mitgestaltend darüber hinaus jenes Hochgefühl gespürt haben, das nach vorausgegangenen, manchmal lange durchgehaltenen Bemühungen das Gelingen von Entdeckungen, Erfindungen, Konstruktionen, das Erkennen neuer Gesetzmäßigkeiten und neuer Wege im schöpferischen Menschen auslöst!

Auch in späteren Entwicklungsstadien, wenn ein Fachgebiet bereits zu einem geschlossenen Ganzen geworden ist und seltener durch zumeist mühselig erkämpfte Einzelfortschritte bereichert wird, liegt noch viel Reizvolles hinter der scheinbar nüchternen Fassade versteckt, denn was jene Pioniere beim großen ersten Schöpfungsakt empfanden, kann im Augenblick des Vertrautwerdens mit einem neuen Wissenschaftsbereich im Kleinen nachvollzogen werden. Vielleicht ist ein Erleben dieser Art auf jene Menschen beschränkt, die ein leidenschaftliches Interesse für ein Fach empfinden und deren Arbeit dadurch für sie selbst zur Quelle sich ständig erneuernder Freuden wird.

Unvergeßliche Momente

Ich habe nicht nur einmal in der Vorrundfunkzeit die aufregende Phase einer Technik miterlebt. Auf anderen Gebieten durfte ich ebenfalls in ihrem romantischen Stadium gestaltend mitmachen. Unvergeßliche Stunden dieser Art waren es, als ich 1924 die erste elektronische Aufnahme einer Schallplatte für den Lindström-Konzern durchführte, und als es im Lichterfelder Laboratorium am 14. Dezember 1930 zum ersten Mal gelang, Fernsehbilder mit Hilfe selbstentwickelter Elektronenstrahlröhren vom einen Ende des Arbeitszimmers zum anderen zu übertragen; als 1934 mit dem von mir erfundenen elektronenoptischen Bildwandler Sehen bei völliger Finsternis unter Infrarotbestrahlung möglich wurde; als 1938 in dem von mir konzipierten Elektronen-Rastermikroskop die Abbildung von Diatomeen mit einzigartiger Tiefenschärfe und guter Auflösung erfolgte; als im Winter 1939/40 mein Elektronen-Stereomikroskop von bisher unbekannten Welten Raumbilder mit höchster Auflösung lieferte; als 1942 bei der Erprobung der Atomumwandlungsanlage über zwei Meter lange Blitze machtvoll die Fertigstellung des Hochspannungsteiles verkündeten; als 1949 die Nutzung unserer feinen Elektronensonde als masseloses Mikrowerkzeug (Bohrungen, Gravierungen) gelang und wir 1958 die ersten Elektronen-Anlagerungs-Massenspektren von negativen undissoziierten Molekülionen organischer Substanzen erhielten; als mit unserem 1959 gebauten 60-kW-Elektronenstrahl-Mehrkammerofen das Umschmelzen und Entgasen großer Metallblöcke im Hochvakuum gelang und ganz besonders, als in den Jahren 1968 bis 1989 unsere multidisziplinären medizinischen Forschungen zu so überraschenden Entdeckungen und weitreichenden Ergebnissen auf mehreren zentralen Gebieten der Medizin führten.

Drahtlose Telefonie vom Schornstein aus

Doch wieder zurück zum Funkbetrieb in den Jahren 1922 und 1923. Die vereinzelten Telefonsendungen, die wir gelegentlich abhörten, lösten natürlich den Wunsch nach Umstellung unseres Morseverkehrs auf Telefonverkehr aus, und schon bald waren Versuche in dieser Richtung erfolgreich. Nachdem wir zwei 5-W-Senderöhren eingebaut und eine Antenne am Schornstein befestigt hatten, erklangen unsere auf einer Welle des heutigen Rundfunkbereichs ausgestrahlten Mundharmonikakonzerte aus dem primitiven Lautsprecher des etwa drei Kilometer entfernten Empfängergerätes meines Freundes.

Das beste Zimmer der Wohnung

Inzwischen hatten die bedrohlich zunehmende Enge in der Laborkammer und mein stetiger wirtschaftlicher Aufstieg dazu geführt, daß die Eltern mir das beste Zimmer der Wohnung, einen Raum von etwa 30 Quadratmetern, vermieteten. Bald

Das Laboratorium in der elterlichen Wohnung 1925 mit einem Funkeninduktor, einer Meßeinrichtung zur Aufnahme der Arbeitskennlinien von Widerstandsverstärkerstufen, einem elektrostatischen Lautsprecher, einem Fadenelektrometer-Meßplatz, einer Rahmenantenne für Langwellenempfang, einem Bild mit in diesem Raum aufgenommenen Morsetelegrammstreifen, einem Wellenmesser und einem Radioempfänger.

trug von hier aus ein Telefonie-Röhrensender die Klavierübungen meiner Schwester durch den Äther dem über Berlin verteilten Freundeskreis zu.

Physik im Spiel gelernt

Seit 1916 hatte ich fast jede nicht von der Schule beanspruchte Minute zum Basteln und Experimentieren verwendet. So habe ich seit dem neunten Lebensjahr Physik gewissermaßen im Spiel gelernt. Dadurch entwickelte sich früh das Gefühl für die naturwissenschaftliche Arbeitsweise. Und doch sind mir die späteren Erfolge in der beruflichen Laufbahn nicht als Geschenke Fortunas zugefallen. Fleiß, gezieltes, präzise auf die jeweilige Aufgabe ausgerichtetes Studium, Ausdauer, Hinwendung der ganzen Gedankenwelt auf das Arbeits- oder Forschungsziel kennzeichnen diesen früh begonnenen und sich eigentlich über mein ganzes Leben erstreckenden Lernprozeß.

Beim Studium halfen mir zunächst zahlreiche Bücher über Physik, Elektrotechnik, Nachrichtentechnik und Chemie, die ich bei einem Trödler zu Altpapierpreisen erwarb. Daß ihr Erscheinen meist schon Jahrzehnte zurücklag, spielte in dieser Phase der Entwicklung keine Rolle. Jedes der Werke las ich lückenlos. Um schnell mit der gerade interessierenden Problematik vertraut zu werden, benutzte ich schon damals die Methode, mich über die gleiche Gesetzmäßigkeit, die gleiche Naturerscheinung, das gleiche Experiment oder die gleiche Apparatur in möglichst vielen verschiedenen Büchern zu orientieren. Auf diese Weise wurde der Gegenstand jeweils aus der unterschiedlichen Blickrichtung mehrerer Autoren betrachtet und daher gründlicher erkundet.

Radiovorführung für Reichspräsident Ebert

Noch als Schüler wirkte ich im März 1923 bei Bemühungen mit, die für die Entwicklung des europäischen Rundfunks geschichtliche Bedeutung erlangt haben. Der Techniker B. Wienecke und ich erhielten eines Nachmittags den Auftrag, den kleinen Röhrensender im Loeweschen Laboratorium in Betrieb zu setzen. Er wurde dann einige Stunden später mit Schallplattenmusik und Sprache moduliert. In der Wilhelmstraße hörten der damalige Reichspräsident Ebert sowie mehrere Reichsminister und Staatssekretäre dieser Sendung zu. Ebert sollte durch einen kurzen Vortrag für den Gedanken des Rundfunks gewonnen werden. Über diese Vorführung für den Reichspräsidenten durch Dr. S. Loewe, O. Kappelmeyer und

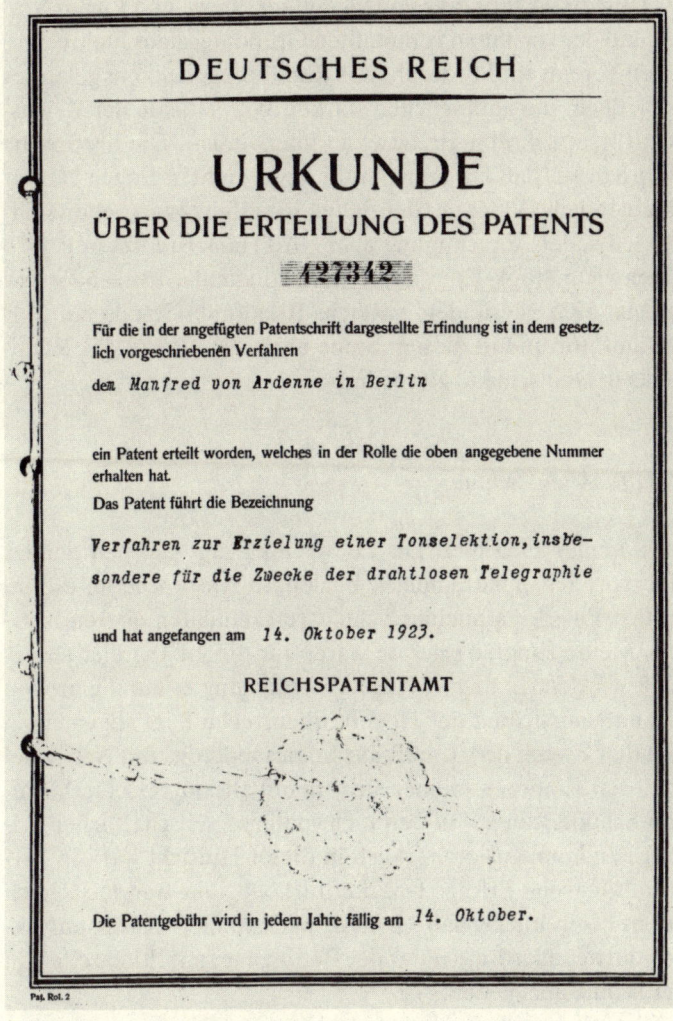

Die Urkunde über die Erteilung des ersten Patentes 1923.

mich berichtet übrigens der bekannte, 1961 verstorbene Rundfunkpionier Dr. E. Nesper in seinen Lebenserinnerungen.

Dank dieser Initiative von Siegmund Loewe und Eugen Nesper und der von ihnen veranlaßten Gründung eines funktechnischen Vereins zur Förderung des Rundfunkgedankens gelang es schließlich, die anfänglichen starken Widerstände der Reichspost (Staatssekretär Bredow) zu überwinden. Die historische Wahrheit ist, daß Dr. Siegmund Loewe und Dr. Eugen Nesper als eigentliche Väter des deutschen Rundfunks anzusehen sind. Mit jedweder Berechtigung aber wird Hans Bredow, seit 1926 Reichs-Rundfunk-Kommissar und Vorstandsvorsitzender der im Mai 1925 gegründeten Reichs-Rundfunk-Gesellschaft, als Organisator und in diesem Sinne auch als »Vater« des Rundfunks in Deutschland gewürdigt.

Rundfunk und Schule

Im Sommer 1923 hielt Dr. Loewe über den gleichen Sender eine von Schallplattenmusik begleitete Ansprache an die im großen Physiksaal meiner Schule versammelten oberen Klassen. Meine Empfangsgeräte waren für diesen Tag hier aufgestellt worden. In dem »Radio«-Vortrag ging es um die großen Zukunftsaussichten der Hochfrequenztechnik im allgemeinen und den Zweck des Rundfunks im besonderen. Ein Nebenziel war, den Eindruck meiner sich unaufhaltsam verschlechternden Schulleistungen in den nicht-naturwissenschaftlichen Fächern zu kompensieren. Auch in dieser Hinsicht war die Veranstaltung ein Erfolg. Das Lehrerkollegium war tatsächlich derart beeindruckt, daß ich in die nächsthöhere Klasse aufrücken durfte, allerdings unter der Bedingung, mit Primareife von der Schule abzugehen.

Eigentlich war diese Entwicklung der Dinge gar nicht so nachteilig, denn ich verließ die Lehranstalt gerade rechtzeitig, um an der im Herbst 1923 beginnenden Rundfunkentwicklung aktiv teilnehmen zu können. Noch bevor ich ausschied, hatte ich mein erstes – später erteiltes – Patent angemeldet und meinen ersten Artikel für eine Fachzeitschrift geschrieben.

Der geheime Sender und die Konsequenzen

Das letzte Schuljahr hatte für die Familie noch einige Aufregungen gebracht. Unsere regelmäßigen Telefoniesendungen auf den Wellen um vierhundert Meter waren schließlich den Beamten mehrerer staatlicher Funkstationen aufgefallen. Sie ließen uns anpeilen.

Wir wurden abgehört, und der Zufall wollte es, daß die Klavierkunst meiner Schwester gerade bei der fraglichen Sendung nicht zur Verfügung stand. Dafür hatten wir den Text eines Zeitungsartikels ausgestrahlt, in dem wiederholt die Stadt Moskau vorkam. Sofort vermutete man einen illegalen kommunistischen Sender, und die politische Abteilung des Berliner Polizeipräsidiums erhielt die Anweisung, die geheimnisvolle Angelegenheit aufzuklären. An einem Sonntagmorgen wurde unser Haus umstellt. Ein Leutnant, gefolgt von sechs Mann mit vorgehaltener Waffe, verlangte stürmisch Einlaß in die Wohnung der zu dieser Stunde noch friedlich schlummernden Eltern. Nach eingehender Hausdurchsuchung versiegeltgen sie sämtliche Türen und Schränke meines Laborzimmers. Ich selbst sollte am folgenden Tag im Polizeipräsidium, Abteilung der politischen Polizei, am Alexanderplatz erscheinen.

Es bedurfte keiner weitreichenden Phantasie, um vorauszusehen, daß die Polizei die Anlagen endgültig einziehen würde. Damit standen die technische Arbeit und der wirtschaftliche Ertrag von Jahren auf dem Spiel. Ein Ausweg mußte gefunden werden. Ich alarmierte meine Freunde, nutzte alle meine Beziehungen aus. Tatsächlich gelang es, innerhalb von wenigen Stunden einen Berg von defekten Bauteilen, durchgebrannten Röhren und veralteten, auf alle Fälle aber technisch aussehenden Gegenständen zusammenzutragen. Mit Hilfe von Wasserdampf lösten wir die polizeilichen Siegel vorsichtig und ersetzten in fieberhafter Tätigkeit die hochwertigen Anlagen und Röhren durch entsprechende Attrappen. Konnten wir nicht ganze Anlagen austauschen, wechselten wir wenigstens die Drehkondensatoren, Spulen, Widerstände und ähnliche wertvolle Teile gegen schadhafte aus. Schließlich wurden die Siegel wieder angeklebt.

Während Helfer die geretteten Anlagen über die Hintertreppe in die Wohnung benachbarter Freunde schleppten, erschienen auf der Vordertreppe bereits die ersten Polizeibeamten in Zivil, um den Abtransport des »Geheimsenders« in das Polizeipräsidium einzuleiten. Zwei Jahre später sah ich die rechtzeitig »entwerteten« Objekte zu meinem Vergnügen auf einer Polizei-Austellung wieder, versehen mit einem Schild: »Geräte eines Schwarzhörers«. So sind sie sogar noch zu etwas nütze gewesen.

Im Anschluß an eingehende Verhöre im Berliner Polizeipräsidium brachte die Post eines Tages eine Vorladung zur Verhandlung beim Neuköllner Jugendgericht. Nach dem Sachverständigengutachten und der Verteidigungsrede, die mein Vater übernommen hatte, plädierte der Staatsanwalt für endgültige Einziehung aller beschlagnahmten Geräte und eine hohe Geldstrafe, da der Jugendliche bereits erhebliche Honorare aus seinen Beiträgen in der Tagespresse (Beweis sei ein soeben erschienener Aufsatz in der »BZ am Mittag«) bezöge! Nach dieser Verkündung des Urteils ließ der mit den Ermittlungen beauftragte Kriminalkommissar der politischen Abteilung schmunzelnd durchblicken, daß ihm die Ablösung der polizeilichen Siegel nicht unbekannt geblieben sei. Immerhin war ich glücklich, das »Laboratorium« nach diesen dramatischen Zwischenfällen weiterbetreiben zu können.

Mein erstes Buch

Wie schon in manchem vorausgegangenen Jahr verbrachte unsere Familie auch 1923 einen Sommermonat auf dem Gut Borstel meines Onkels Graf Baudissin in Holstein. Unvergessen sind die damaligen Spaziergänge in den Wäldern der Umgebung mit meinem Vetter Wolf Graf Baudissin, der nach dem Zweiten Weltkrieg den Neuaufbau der Bundeswehr mitgestaltete und dann 1971 als Sozialdemokrat Gründungsrektor des Hamburger Instituts für Friedensforschung und Sicherheitspolitik wurde. Nach mehr als fünfzig Jahren haben wir uns öfters wiedergetroffen. Jedesmal waren die Gespräche mit ihm ein Geschenk für die ganze Familie.

Früher hatte ich, um Mittel für den Ankauf meiner Apparate zu schaffen, in Borstel wiederholt einige Wochen in der Landwirtschaft mitgearbeitet. Seit dieser Zeit empfinde ich uneingeschränkte Hochachtung vor den Leistungen und harten Pflichten der auf dem Lande tätigen Menschen. Diesmal nutzte ich die Reise zur Niederschrift meiner ersten Buchveröffentlichung. Das »Funk-Ruf-Buch« enthielt eine Zusammenstellung aller in Berlin zu empfangenden Funkstationen einschließlich ihrer Rufzeichen und Wellenlängen auf Grund unserer Beobachtungen in den vorausgegangenen Jahren. Im Gegensatz zu den amtlichen Verzeichnissen, die auch die unbenutzten Ausweichwellen nannten und ebenso die in Deutschland nicht aufzunehmenden Sender, spiegelte sich in meiner Schrift das Bild der Wellenverteilung so, wie es im Bereich zwischen zweihundert und zwanzigtausend Metern damals von Berliner Empfangsstationen tatsächlich wahrgenommen wurde. Bei dem empirischen Weg, der zu den Ergebnissen in meiner Schrift führte, hatte ich – zunächst – auch die streng geheimen Sendestationen der Reichswehr und der Polizei in den Listen mit angegeben. Diese Lückenlosigkeit meiner Aufstellung beunruhigte gleichzeitig mehrere Ministerien. Ich wurde wieder eingehend verhört, und ein Postrat, der das amtliche Verzeichnis betreute und zu dem ich zitiert wurde, legte mir dringend nahe, die Veröffentlichung zurückzuziehen. Doch ich folgte seinem »Rat« nicht, schon weil ich mit dem Buchhonorar lange notwendige Neuanschaffungen für mein Laboratorium bestreiten wollte. Auch diesmal ging es gut.

1923. Die damalige Beschäftigung mit dem Lichtmikroskop wurde zum Ausgangspunkt für die 14 Jahre später einsetzende Arbeit am Elektronenmikroskop und am Raster-Elektronenmikroskop.

Sieben Goldstücke

Ende 1923. Die Inflation hatte den Kurs für 1 US-Dollar auf 4,2 Billionen Mark getrieben. Löhne und Gehälter wurden in Waschkörben zum nächsterreichbaren Geschäft geschleppt, um dem nächsten Sturz des deutschen Geldes blitzschnell zuvorzukommen. Ein Brot kostete zuletzt 399 Mrd. Mark, eine Straßenbahnfahrt 50 Milliarden. Es gab fast 3,5 Millionen Arbeitslose und über 2 Millionen Kurzarbeiter. Da hatte ich eine für die galoppierende fürchterliche Inflation ungewöhnliche Einnahme. Gerlach in Königs Wusterhausen und Herzog in Eberswalde führten damals wöchentlich zu bestimmten Zeiten Versuchssendungen durch, und wer einen Empfänger hatte, konnte auf drahtlosem Weg übertragene Musik hören. Eine Sensation! Das veranlaßte einen gutsituierten Geschäftsmann am Kurfürstendamm, mir den Auftrag zu erteilen, eine Empfangsanlage mit vier Röhren zu bauen. Vereinbarter Preis: sieben Goldstücke. Ich machte mich an die Arbeit, lieferte das Gerät fristgemäß ab und war froh, daß es einwandfrei arbeitete.

Von einem der sieben Goldstücke kaufte ich jenes hochempfindliche Meßinstrument, mit dem anderthalb Jahre später die für den Aufstieg des Laboratoriums und für die Empfängertypen der Rundfunkindustrie in den Jahren 1925 bis 1928 richtungweisend gewordenen Kennlinien-Messungen in Widerstands-Verstärker-Stufen durchgeführt wurden. – Im November 1923 war die neue Währung, die sogenannte Rentenmark, eingeführt worden. Der erwähnte erste und zugleich so beträchtliche finanzielle Erfolg auf dem Gebiet der Herstellung von Apparaten trug wohl zur Entscheidung bei, bald darauf den Handel mit Heeres-Funkgeräten aufzugeben und die für meine Experimente notwendigen Einkäufe aus der Fertigung und später aus der Entwicklung von Industriegeräten zu erschließen.

Meine Urgroßeltern feiern eiserne Hochzeit

Am 4. September 1923 fand ein Familienereignis statt, wie man es selten feiern kann: die eiserne Hochzeit meiner Urgroßeltern Heinrich und Elisabeth von Ohlendorff mit Kindern, Enkeln und Urenkeln im großen Hammer Haus in Hamburg. Heinrich Freiherr von Ohlendorff war ein Freund Bismarcks gewesen und hatte zur Unterstützung von dessen Politik die »Norddeutsche Allgemeine Zeitung« (die spätere DAZ) gegründet. Bismarck hat ihn mehrmals in Hamm besucht, und er war wiederholt in Friedrichsruh. Deshalb war es für mich ein freudiges Ereignis, als ich im Zusammenhang mit unserer Krebsforschung von seinem Urenkel, dem heutigen Fürsten Bismarck, eine Einladung nach Friedrichsruh erhielt. Ein Ereignis aus den jüngeren Jahren meines Urgroßvaters Ohlendorff hat mich tief ergriffen. Am Beginn seiner Laufbahn war seine Firma mit einer Million Mark Schulden in Konkurs geraten. Zehn Jahre später zahlte er aus den Gewinnen einer neuen Firma an die Gläubiger des Konkurses den genannten Betrag in voller Höhe zurück. Ähnliches war wohl bis dahin in der Hamburger Kaufmannsgeschichte nie vorgekommen.

Der 90. Geburtstag des Urgroßvaters am 17. März 1926 war eine glanzvolle Festlichkeit, die noch einmal die große Familie dieses erfolgreichen Hamburger Kaufmanns vereinte. Ich erlebte diese Feier im Alter von 19 Jahren. Die Urgroßeltern hatten in Erwartung der Gratulanten in der großen Veranda ihres Hammer Hauses Platz genommen. Die Familie war in der Veranda verteilt. Dann erschien als erster Gratulant Admiral von Karpf, der die Glückwünsche des Kaisers aus dem niederländischen Doorn überbrachte, dem Exil Wilhelms II. seit seiner Abdankung am 9. November 1918. Anschließend folgten die Glückwünsche der Bismarcks aus Friedrichsruh, des Hamburger Oberbürgermeisters Dr. Petersen und vieler großer Bürger aus der vorangegangenen Blütezeit Hamburgs. Bei jeder dieser Begegnungen empfand ich die tiefe Verehrung und die freundschaftlichen Gefühle, welche die Gäste meinem Urgroßvater entgegenbrachten. Am Abend fand ein Essen im Festsaal des Hammer Hauses mit 100 Freunden und Familienmitgliedern statt, bei dem der 90jährige eine Tischrede mit vielen Erinnerungen an frühere Zeiten hielt. An diesem Tage wurde mir mein Urgroßvater zum Leitbild, dem ich in meinem Leben bis zur Gegenwart nachzueifern versuchte.

Von 1871–1872 verfügte er in Hamburg über eine Flotte von 140 Schiffen für den Import von Guano als künstlichen Dünger für die Landwirtschaft. Nach seinem Tode habe ich mich bemüht, Kunstschätze und Gemälde aus seinem großen Hammer Haus zu erwerben. Sie erinnern noch heute in Dresden an diesen Vorfahren. Ihm gehörten u. a. Geschäftshäuser in Hamburg und ein großer Teil des die Hamburger Vorstadt Volksdorf umfassenden Gutes. Fast sein ganzer Nachlaß wurde durch die Luftangriffe im Zweiten Weltkrieg vernichtet. Heute erinnern nur noch der Ohlendorff-Park in Volksdorf und das ungewöhnliche Mausoleum der Urgroßeltern und der engeren Familie auf dem Friedhof Ohlsdorf an diesen großen Hanseaten.

In den letzten Jahren vor seinem Tode interessierte sich der alte Herr übrigens sehr für die damals gerade aufkommenden ersten Radios. Die Rundfunkvorträge seines jungen Urenkels und die Bücher, die unter meinem Namen erschienen, sollen ihm besondere Freude bereitet haben. Heinrich von Ohlendorff starb im Juli 1928, drei Monate nach dem Tode der Urgroßmutter.

Vom technischen Hobby zur Forschung

*Mitwirkung bei den ersten Radiosendungen
des Vox-Haus-Senders*

Im Winter 1923/24 wurde es ernst mit dem Rundfunk. Experimental-Vorträge vor funktechnischen Vereinen und Rundfunk-Vorträge mit technischem Inhalt machten mich in den entsprechenden Kreisen bekannt, und bald hatte ich zahlreiche Verbindungen zu maßgebenden Ingenieuren und Wissenschaftlern der Hochfrequenztechnik. Es sprach sich herum, daß ich bei meinen Vorträgen sogar den Lautsprecher-Empfang der Langwellen-Station pkx (Malabar) auf Java vorführte – für die damalige Zeit eine Art Empfangsrekord. Außerdem verschaffte die schnell anwachsende publizistische Tätigkeit in der Tages- und Fachpresse meinem Namen eine gewisse Geltung.

Siebzehn Jahre war ich damals alt. Infolge meiner Publikationen öffneten sich mir die Tore zu den Laboratorien des werdenden Rundfunks. Bald besuchte ich häufig die technischen Räume des ersten deutschen Senders im Vox-Haus, Potsdamer Straße 4. Auf Holztischen waren dort im Dachgeschoß primitive Sendeanlagen aufgebaut. Hier konnte ich meine Kenntnisse und Erfahrungen praktisch verwerten. Zusammen mit dem damaligen technischen Leiter Weichart probten und veranstalteten wir die erste Übertragung aus der berühmten Berliner Philharmonie. Dabei dienten aus folgendem Grunde Geräte von mir als Mikrofonverstärker:

Bei dem damaligen Entwicklungsstand der Technik bereitete die gleichmäßige Verstärkung aller Frequenzen von den tiefsten bis zu den höchsten Tönen des Hörbereichs Schwierigkeiten. Eine Anordnung, die ich entwickelt hatte, sicherte eine gleichmäßige Verstärkung aller Frequenzen des Hörbereichs. Ich nahm die Verstärkung der Mikrofonströme nicht in einem

Niederfrequenz-, sondern – nach vorausgegangener Modulation eines kleinen Hilfssenders – indirekt in einem breitbandigen Hochfrequenz-Verstärker vor. Dieses Prinzip wurde später unter anderem in der Fernsehtechnik, in der die Forderung nach gleichmäßiger Verstärkung der sehr breiten Frequenzbänder noch viel schwerer zu erfüllen war, mit geringen Abwandlungen unter dem Namen »Träger-Frequenz-Verfahren« bekannt und gehört heute zu den Elementarmethoden der Elektronik.

Die elektrische Aufnahme von Schallplatten leitet eine große Entwicklung ein

Den Vox-Haus-Sender hatte Ingenieur Schäffer gebaut, der vom Laufburschen sich zum Leiter des Sendelaboratoriums von Telefunken »qualifiziert« hatte. Zur gleichen Zeit wie ich war Ingenieur Schäffer auf die naheliegende Idee gekommen, die schlechte Qualität der damaligen rein mechanischen Aufnahme von Schallplatten durch Umstellung auf die elektrische Aufnahme mit Mikrofon, Verstärker und elektromagnetisch gesteuertem Schneidstift entscheidend zu verbessern. Er tat dies bei Elektrola, der Verfasser bei dem Schallplattenkonzern Lindström. Die erste 1923 elektrisch aufgenommene Lindström-Platte ist über die Wirren der Zeiten erhalten geblieben und steht heute in der Museumsecke unserer Bibliothek. – Nur wenig später führte Dr. Hausdorf die erste elektrisch aufgenommene Langspielplatte vor. Es waren die Anfänge eines großen Industriezweiges.

Praktikantenzeit

Um meine manuellen Fertigkeiten zu steigern, war ich bald nach Verlassen der Schule als Praktikant in eine mechanische Versuchswerkstatt eingetreten und hatte dort bis zum Beginn meiner Tätigkeit in der Hochfrequenztechnik gearbeitet. Eine unentbehrliche Lehrzeit, wenn ich sie unter den Aspekten meines späteren Berufs betrachte. Ich wurde mit den wichtigsten handwerklichen Arbeiten vertraut, gewann eine hohe Achtung vor dem universellen Können erfahrener Feinmechaniker und begriff die Bedeutung guter Werkstatteinrichtungen für die experimentelle Arbeit. Und noch eine wichtige Sache lernte ich: die voraussichtliche Stundenzahl für die Ausführung bestimmter Arbeiten abzuschätzen.

Mit siebzehn Jahren selbständig

1924 beendete ich meine Praktikantenzeit, und von da an, seit meinem siebzehnten Lebensjahr, bestritt ich meinen Unterhalt und die weiteren Kosten meiner beruflichen Ausbildung selbst. Meinen Eltern zahlte ich die Miete für das große Zimmer, das sie mir überlassen hatten – und ich war sehr froh, ihren Haushalt in dieser Weise entlasten zu können. Ganz bestimmt war es für sie nicht leicht, mit dem Gehalt eines Regierungsrates fünf Kinder mit allem Notwendigen zu versehen und ihre berufliche Ausbildung vorzubereiten.

Die notwendigen Mittel erhielt ich weitgehend aus den Honoraren für meine ersten Bücher, für radiotechnische Veröffentlichungen und schließlich auch aus dem Erlös technischer Entwicklungen und Erfindungen. Es war mir immer eine Genugtuung – ich kann das nicht verhehlen –, daß ich mir meinen Weg ins Leben ohne finanzielle Unterstützung von irgendeiner Seite selbst gebahnt habe.

*Mein den Beruf vorbereitendes Universitätsstudium –
vier Semester*

In meinem ersten »Rundfunkjahr« beschränkte sich meine Tätigkeit im großen und ganzen auf die Erprobung und Variation von Hochfrequenzschaltungen – im Grunde genommen auf eine Art Basteltätigkeit. Ein Physiker, den ich damals kennenlernte, äußerte sich sehr abfällig über diese Beschäftigung mit Hochfrequenzproblemen. Er war der absolut richtigen Meinung, man könne mit dieser Methode nur Teilergebnisse erzielen, ein wirklicher Fortschritt sei aber erst auf Grund sorgfältiger Messungen und genauer Kenntnisse der theoretischen Zusammenhänge zu erreichen. Da ich diese Ansicht auch schon von anderer Seite gehört hatte, faßte ich den Entschluß, meine Arbeitsweise grundsätzlich zu ändern. Ich durfte mich unter Befürwortung durch den Nobelpreisträger Geheimrat Professor Walther Nernst und Graf Arco, dem technischen Direktor von Telefunken, an der Berliner Universität immatrikulieren und besuchte vier Semester lang die grundlegenden Vorlesungen über Physik, Chemie und Mathematik. Erhaltene Zeugnisse aus den beiden Jahren 1925 und 1926 sind unter anderen die Testate von Planck (Thermodynamik), Nernst (Experimentalphysik), Schlenk (Experimentalchemie) und die der Mathematiker Bieberbach, von Mises, Schmidt, Szegö in meinem »Anmeldebuch«. In zweifacher Hinsicht bin ich sehr froh, dieses kurze »Grundlagenstudium« als Vorbereitung auf meinen Beruf absolviert zu haben: Einmal verschaffte es mir das für den ernsten Beginn notwendige theoretische Wissen, zum anderen erhielt ich einen unerhört starken Impuls durch das lebendige Vorbild der großen Wissenschaftler, die damals die Berliner Universität auszeichneten: Albert Einstein, Max Planck, Max von Laue, Walther Nernst, Peter Pringsheim, Arthur Wehnelt und Wilhelm Westphal.

Nach meinen vier Semestern »Grundlagenstudium« – ich kann es mit Recht als Studium bezeichnen, da ich mich dem Inhalt der Vorlesungen mit außergewöhnlichem Ernst und in ständigem Austausch mit zwei befreundeten Kommilitonen widmete – setzte ich meine wissenschaftliche Ausbildung auf eine recht ungewöhnliche Weise fort: Ich begann das »Spezialstudium«, in enger Beziehung zu den jeweils vorliegenden Aufgaben und Problemen. Das war meine eigentliche Berufsausbildung. Diese bis zum heutigen Tage, über mehr als 65 Jahre fortgesetzte Methode erwies sich bei dem besonders ausgeprägten Wechsel der Themen und Fachgebiete für mich als äußerst effektiv. Ein solches »Studium in Permanenz« hat dann auch einen großen Teil meiner Freizeit so restlos ausgefüllt wie bei anderen Zeitgenossen ein mit Leidenschaft betriebenes Hobby.

Die »Wissensspeicher-Bücher«

Nach Jahrzehnten, als sich wichtige Bereiche der grundlegenden Fächer immer mehr erweiterten und in unserer Forschung weitere große Wissenszweige dazukamen, begann ich, mir ein Instrument zu schaffen, das es mir ermöglichte, die Merkkapazität meines Gehirns wesentlich zu entlasten und außerdem mein vorhandenes Wissensfundament ständig zu aktualisieren: Ich verfaßte meine »Wissensspeicher-Bücher«, zum Beispiel »Tabellen zur angewandten Physik«, drei Bände, 1956 bis 1971; »Tabellen zur medizinischen Elektronik«, 1962; Tabellen in »Grundlagen der Krebs-Mehrschritt-Therapie«, 1971; »Sauerstoff-Mehrschritt-Therapie«, 1978 bis 1987, und wurde Mitherausgeber des Buches »Effekte der Physik«, 1988.

Postgraduales Spezialstudium in Permanenz:
der schnellen Veränderung der Wissenschaften
in unserer Zeit Rechnung tragen

Auf das permanente Spezialstudium in Verbindung mit konkreten Projekten und auf den ständigen Nutzen, den ich aus den Wissensspeicher-Büchern mit ihren vielen tausend Informationsspeicher-Tabellen zog, führe ich die meisten Erfolge meiner wissenschaftlichen und technischen Lebensarbeit zurück. Sicher erwarben sich meine Kommilitonen von 1925, die nach vier grundlegenden Semestern ihr Studium in klassisch-akademischer Weise bis zur Doktorprüfung fortsetzten, ein lückenloses theoretisches Wissen in ihren Spezialfächern. Vielleicht wurden sie klüger als ich – aber über das ganze Leben gesehen habe ich bestimmt nicht weniger geleistet als sie.

Das mag auch darauf zurückzuführen sein, daß die Aus- und Weiterbildungsprinzipien, die ich praktizierte, in nahezu idealer Weise dem vehementen Fortschritt der Naturwissenschaften seit 1925 und der Vielfalt der immer neu hinzukommenden, für unsere Forschung wichtigen Fächer Rechnung trugen. Niemals hätte ich 1925 bei der Programmierung meiner Ausbildung berücksichtigen können, daß Jahrzehnte später ganze Wissenskomplexe aus Gebieten wie denen der Mikroelektronik, Elektronenoptik, Plasmaphysik, Vakuumphysik, Biologie, Physiologie, Medizin, Informatik für den Erfolg unserer Arbeiten entscheidende Bedeutung erlangen würden. Manche dieser Fächer existierten damals noch gar nicht, andere lagen weitab von meinen ursprünglichen Interessensgebieten.

Die Rationalisierung und Verbesserung der wissenschaftlichen Ausbildung, die schon im Kapitel »Ein Junge bastelt«, angesprochen wurde, stellt eines der großen Probleme unserer Zeit dar. Vorstöße in dieser Richtung deuten sich heute bereits in Reformen des deutschen Hochschulwesens an.

Aus dem Testat-Buch des Sommersemesters 1925 und des Wintersemesters 1926/27 u. a. mit den Veranstaltungen bei Walther Nernst und Max Planck.

Hoch- und Fachschulausbildung für die Zeit nach dem Jahr 2000

Vielleicht darf ich unter diesen Aspekten meine früheren Betrachtungen noch ergänzen: Mit Sicherheit läßt sich sagen, daß ein einmaliger Hoch- und Fachschulabschluß von heute nicht ausreicht, wenn man sich mit einiger Phantasie jene Aufgaben vor Augen führt, die im Laufe der nächsten dreißig Jahre vor unserer heutigen Jugend stehen. Schon im kommenden Jahrzehnt, mehr noch in den darauffolgenden, werden viele Disziplinen durch den enormen Fortschritt tiefgreifenden Veränderungen unterworfen sein. Neue Fachgebiete kommen hinzu, die Einsatzfelder verschieben sich, und die Hoch- und Fachschulausbildung muß mit dieser Entwicklung Schritt halten. Sicher ist es erforderlich, dazu die Ausbildung in den grundlegenden Naturwissenschaften – Mathematik, Physik, Chemie, Informatik – weiter zu optimieren. Ich glaube, das Spezialstudium sollte nur – dann allerdings mit höchstem persönlichen Einsatz des Studenten – in Verbindung mit konkreten Forschungs- und Entwicklungsaufgaben betrieben werden. Die

Nutzung elektronischer Schnellrechner und weit entwickelter Speicher dürfte auch in der Ausbildung stark zunehmen.

Multidisziplinäre Forschung und kollektive Arbeitsweise

Auch das spätere Berufsleben wird die Forderung nach einer Weiterbildung in Verbindung mit konkret zu lösenden Problemen immer stärker erheben. Im Wechsel der Forschungs- und Entwicklungsthemen wird sich dabei ganz zwangsläufig der Schatz an Wissen und Erfahrungen stetig erweitern. Die Notwendigkeit, das postgraduale Studium im Zusammenhang mit dem aktuellen Arbeitsfeld erheblich zu intensivieren, ergibt sich auch daraus, daß die Quelle des Fortschritts immer häufiger an den Grenzen zwischen den verschiedenen Fachdisziplinen liegt. Hieraus folgt die noch ständig wachsende Bedeutung der multi- beziehungsweise interdisziplinären Forschung und der kollektiven Arbeitsweise.

Forschungsstudium in angeregtem Zustand

Durch das Studium neuer Gebiete, neu hinzugekommener Fachbereiche oder sogar berufsfremder Disziplinen genau zu dem Zeitpunkt, an dem das Wissen zur schöpferischen Lösung einer konkreten aktuellen Aufgabe eingesetzt werden kann, ergeben sich große Vorteile. So entwickelt sich zum Beispiel das Vorstellungsvermögen unter der Bedingung einer exakten

Problemstellung viel besser. Das Gelernte prägt sich tiefer ein, man studiert mit besonderer Intensität und Gründlichkeit, weil das geistig Erworbene ja unmittelbar genutzt wird. Vor allen Dingen ist man aber in dem Augenblick, in dem man versucht, in eine neue Problematik einzudringen, nicht jenem gefährlichen Moment der »Betriebsblindheit« ausgesetzt. Das Wesentliche des neuen Fachs wird schärfer gesehen. Tatsächlich denkt und handelt man in einer solchen Phase in einer Art angeregtem Zustand, der den Willen zu hoher Aktivität auslöst und der viel leichter zu bedeutenden schöpferischen Leistungen führt.

Die geschilderte zielorientierte und polydisziplinäre Weiterbildung im Beruf ist geradezu eine Voraussetzung für die erfolgreiche Leitung von Forschungs- und Entwicklungsgruppen in der Zukunft. Aber sie ist auch für die einzelnen Mitglieder des Arbeitsteams zu fordern, weil erst sie ein gutes wechselseitiges Verstehen zwischen den Vertretern der verschiedenen Fachrichtungen sichert. Ein permanentes Studium kann allerdings nicht oder doch nicht allein auf Kosten der Arbeitszeit gehen. Für das mit dem konkreten Thema korrelierende Spezialstudium sollte ein Teil der Freizeit genutzt werden. Das dürfte um so unproblematischer sein, je mehr das fortwährende Lernen unseren jungen Menschen zum echten Bedürfnis und zum Hobby wird.

Meine erste wissenschaftliche Arbeit führt zum Widerstands-Ortsempfänger

Ich habe schon gesagt, daß mich 1924 die Kritik an meiner damaligen Arbeitsweise tief beeindruckt hatte und ich allen Ehrgeiz daransetzte, künftig ähnlichen negativen Beurteilungen vorzubeugen. Als erste wissenschaftliche Aufgabe nahm ich die Messung von Arbeitskennlinien an Verstärkerstufen mit Widerstandskopplung in Angriff. Die theoretische und technische Auswertung meiner Ergebnisse ließ die billiger herzustellenden und verzerrungsfreier arbeitenden Widerstandsverstärker in bezug auf Verstärkungsgrad gegenüber den bis 1924 fast ausschließlich benutzten Niederfrequenz-Verstärkern mit Kopplung der Röhrenstufen über die teuren Transformatoren konkurrenzfähig werden. Es war nur notwendig, eine neue Röhrentype mit ungewöhnlich kleinem sogenannten Durchgriff zu entwickeln. Diese Spezialröhre wurde dann schnell auf Weisung von Siegmund Loewe gebaut. Zu den Messungen wurde ich durch die zunächst rätselhafte Beobachtung angeregt, daß sich bei einem meiner Empfänger immer dann besonders hohe Lautstärken ergaben, wenn die Kathoden der Verstärkerröhren sehr schwach geheizt wurden, so schwach, daß sie nur ein Hundertstel der sonst gegebenen Emission haben konnten. Diese Untersuchung führte zu einer 1925 gemeinsam mit H. Heinert abgefaßten wissenschaftlichen Arbeit, die wir im »Jahrbuch der drahtlosen Telegraphie und Telephonie«, der späteren »Zeitschrift für Hochfrequenztechnik«, veröffentlichten. Außerdem fanden meine Erkenntnisse ihren Niederschlag in einer Patentanmeldung, die nach Jahren, unter dem Einfluß der Gegnerschaft fast der ganzen europäischen Rundfunkindustrie, zu Fall gebracht wurde (Begründung: eigene Vorveröffentlichung).

Meine Arbeit wurde ein großer Erfolg, weil der aus ihr resultierende Fortschritt für die damalige Rundfunkindustrie von höchster Aktualität war. Ich schlußfolgerte daraus: Es kommt darauf an, eine Aufgabe von hohem Rang scharf zu erkennen und zu einer Zeit zu lösen, da ihre Bedeutung gerade noch nicht offensichtlich ist.

Auch mehrere andere Radiofirmen bauten den in einem einfachen Mahagonikasten eingefügten ersten Widerstands-Ortsempfänger nach, der schnell in großen Stückzahlen auf den so aufnahmefähigen Rundfunkmarkt kam! Zum Beispiel erschien dieses Gerät bei Telefunken unter der Bezeichnung »Arcolette«. Der eingetretene geschäftliche Erfolg war für die Firma Loewe-Radio von entscheidender Bedeutung, denn das junge Unternehmen befand sich zu diesem Zeitpunkt in großen finanziellen Schwierigkeiten.

Widerstands-Ortsempfänger mit Dreifachröhre (1926). Dieses in mehreren Millionen Exemplaren von der Firma Loewe gebaute billige Gerät bahnte dem Rundfunk für alle den Weg. 1973 erinnerte die Bundespost durch eine Briefmarke an den Empfänger.

Der zunächst auf den Empfang stärkerer Rundfunksender beschränkte Ortsempfänger war die Vorstufe zu einer Entwicklung, die weniger leicht von der Konkurrenz nachzubauen war. Gemeinsam mit Dr. Loewe konnte ich ein Jahr später dieses Gerät durch den Einbau von drei Verstärkerröhren mit ihren Kopplungsgliedern in einen einzigen Glaskolben erheblich vereinfachen.

Meine Dreifachröhre senkte den Preis
für Rundfunkgeräte dieser Leistung auf ein Drittel.
Der erste »integrierte Schaltkreis«

Die Theorie der Spannungsverstärkung mit Widerstandskopplung lehrte, daß um so höhere Verstärkungsgrade ohne kritischen Verstärkungsrückgang bei hohen Tonfrequenzen erzielbar sind, je besser es gelingt, die Eigenkapazität in Röhrenstufen und Kopplungsgliedern herabzusetzen. Dies brachte mich auf den Einfall, Siegmund Loewe vorzuschlagen, alle Röhrensysteme und Kopplungsglieder mit kürzesten Verbindungen in einem einzigen Glaskolben unterzubringen. Ich rief sofort Siegmund Loewe an, von dem ich wußte, daß er stets bis spät in die Nacht in seinem Laboratorium arbeitete. Loewe erkannte gleich die Tragweite des Konzeptes, und dank seiner außergewöhnlichen Tatkraft entstand schon bald nach unserem nächtlichen Telefongespräch die Loewe-Dreifachröhre, die dann in mehreren Millionen Exemplaren gebaut wurde. Die Dreifachröhre repräsentierte den ersten integrierten Schaltkreis der Elektronik.

Bei der Aufnahme ihrer Produktion ahnten wir noch nicht, welche Fülle technischer Detail- und Kontrollarbeit zu leisten war, um in der Massenfertigung die Ausschußquote niedrig zu halten. Der 1926 in den Handel gebrachte einfache Ortsempfänger dieser Bauart senkte die Preise für dreistufige Rundfunkempfänger auf dem europäischen Markt auf etwa ein Drittel. Das Gerät wurde in einer Stückzahl von mehreren Millionen abgesetzt. Lange vor dem erst 1933 kreierten »Volksempfänger« hat unsere Dreifachröhre dem Rundfunk den Weg ins Volk gebahnt. 1973 wurde von der Bundespost eine Briefmarke mit dem Bild unseres Dreifachröhren-Ortsempfängers herausgegeben.

Mir selbst flossen aus einem Vertrag dem Absatz proportionale, erhebliche Beträge zu. Sie wurden zur Rückzahlung der Schulden, zum Ausbau des Laboratoriums und zur Intensivierung der Arbeit verwendet.

Die Nutzung von Forschungsergebnissen durchsetzen

Vor Abschluß meines Vertrages mit der Firma Loewe hatte ich mich monatelang vergeblich bei verschiedenen kleineren Unternehmen darum bemüht, das gleiche Gedankengut zu verwerten und diese zur Aufnahme einer Fabrikation des neuen Empfängertyps zu überreden. Als ich dann zu Dr. Loewe kam, erkannte dieser im Laufe der ersten halben Stunde die Tragweite der ihm vorgelegten Meßergebnisse, und bereits wenige Tage später war die Vereinbarung unterzeichnet. Aus diesen und ähnlichen Vorgängen in späterer Zeit kristallisierte sich die Erfahrung, daß es um so leichter gelingt, die Nutzung eines Forschungsergebnisses durchzusetzen, je größere fachliche Fähigkeiten die gegenüberstehenden Persönlichkeiten haben, sofern das betreffende Gedankengut einen wirklichen Fortschritt erschließt.

Die Begegnung mit bedeutenden Persönlichkeiten gehört zu den Geschenken, die das Leben solchen Menschen gewährt, die selbst Wesentliches für die Gesellschaft leisten. Vielfach ergibt sich die Bekanntschaft ganz zwanglos und automatisch bei der Arbeit. Das Zusammentreffen mit einflußreichen Menschen – abgesehen von meinen wenigen Begegnungen mit Nazigrößen zwischen 1933 und 1945 – stimuliert nicht nur die eigene charakterliche und geistige Entwicklung, sondern ist auch ein besonders schönes, tief befriedigendes Nebenergebnis der beruflichen Leistung. Es war für mich eine Quelle unendlicher Freude, im Laufe der Jahre, sei es im Lichterfelder Haus, im Sinoper Institut oder auf dem Weißen Hirsch, viele führende Persönlichkeiten, die entscheidend zum Fortschritt der Naturwissenschaften und der Technik beigetragen haben, kennenzulernen und mit ihnen oft lange Unterhaltungen über Themen zu führen, die uns interessierten.

Hier sei an die Erfahrung von Hermann von Helmholtz erinnert, der meinte, wer einmal mit einem oder einigen Männern ersten Ranges in Berührung gekommen sei, dessen geistiger Maßstab sei für das Leben verändert. Zugleich sei eine solche Berührung das Interessanteste, was das Leben bieten könne.

Namen aus meinem Gästebuch

Ich denke dabei besonders an unvergeßliche Stunden mit den Klassikern der Naturforschung des 20. Jahrhunderts – mit Planck, Hahn, Heisenberg, Nernst, von Laue, Sommerfeld, Abderhalden, Warburg, dem Engländer Watson-Watt und den Amerikanern de Forest, Ives und Zworykin. An das Zusammensein mit Forschern wie Artzimovich, Baird, Barkhausen, Bothe, von Braun, Bürger, Butenandt, Debye, Druckrey, de Duve, Flügge, Friedrich-Freksa, Geiger, Hertz, Joffé, Kurtschatow, Lohmann, Lüst, Mattauch, Meitner, Meyerhof, Möllenstedt, Parin, Paton, Pirani, Pohl, Ruska, Schröter, Steenbeck, Thirring, von Weizsäcker, Weksler, Westphal, um nur einige Namen aus meinem Gästebuch herauszugreifen. Als Sternstunden empfinde ich rückschauend auch die Begegnungen mit Pionieren der Technik unserer Zeit, wie mit Erwin Braun, Kurt Körber, Heinz Nixdorf, Hans Vogt, Felix Wankel, Konrad Zuse und anderen. Über viele von ihnen, über ihre Persönlichkeiten, ihren Weg und ihr Wirken habe ich unlängst in dem Buch »Ich bin ihnen begegnet« berichtet.

Nur weniges ist dem Fortschritt von Wissenschaft und Technik so förderlich wie das Gespräch und der Erfahrungsaustausch mit anderen Forschern und vor allem mit international führenden Spezialisten. Man erfährt von noch nicht veröffentlichten Arbeiten, man erhält die Informationen mit Wichtung, und man hört konstruktive Kritik von Freunden. Ohne diese Informationsquelle wird ein Forscher schnell steril. Für diesen Informationsaustausch ist oft die in westlichen Industrieländern häufig gegebene Bindung von Wissenschaftlern und Technikern an privat-wirtschaftliche Interessen hinderlich. Der Konkurrenzkampf zwischen den einzelnen Firmen errichtet meistens nur schwer übersteigbare Schranken und erlaubt daher keine offene gegenseitige Information. Dadurch muß sich das Entwicklungstempo zwangsläufig verlangsamen. Das habe ich besonders in den Anfangszeiten der Fernsehtechnik beobachtet. Damals lag die Arbeit fast ausschließlich in den Händen der Privatfirmen, deren Laboratorien sich auf Weisung der Werkdirektoren ängstlich gegeneinander abschirmen mußten. Hätte man die Konstruktionen und Erfahrungen aller beteiligten Forschungsstellen zusammengefaßt, wären sicher einige Jahre bei der Entwicklung des Fernsehers eingespart worden.

Der erste Breitband-Verstärker kam zu früh

Schon kurz bevor die bereits erwähnte Niederfrequenz-Dreifachröhre herauskam, war 1925 aus der Arbeit meines kleinen Laboratoriums in der Hasenheide die Zweifachröhre für aperiodische Hochfrequenzverstärkung und damit der erste Breitband-Verstärker der Elektronik mit einer Bandbreite von ungefähr einer Million Hertz entstanden. Die Grenze der aperiodischen Verstärkung wurde in der Zweifachröhre durch einen besonders kapazitätsarmen Aufbau in Verbindung mit Doppelgitterröhren großer Kennliniensteilheit um einen Faktor größer als 100 in Richtung höherer Frequenzen hinausgeschoben. 1925 fand die Konstruktion kaum Beachtung, sie war zu früh vorgelegt worden. Erst fünf Jahre später gehörte der

Breitband-Verstärker zur Voraussetzung der Fernsehtechnik, der Elektronenstrahl-Oszillographen-Technik und weitere fünf Jahre danach auch der Radartechnik und der modernen Nachrichtentechnik mit Übertragungskanälen großer Bandbreiten (Richtfunkstrecken, Fernseh-Relaisstrecken, Breitband-Kabelverbindung und so weiter).

Der richtige Zeitpunkt einer Forschungsaufgabe

Aus dieser und weiteren später gesammelten Erfahrungen folgte die Erkenntnis, daß Forschungsergebnisse, Erfindungen und Konstruktionen nur dann erfolgreich sind, wenn sie einem aktuellen Bedürfnis der gesellschaftlichen oder wissenschaftlich-technischen Entwicklung entsprechen, also wenn sie zu einem ganz bestimmten Zeitpunkt entstehen. Das bedeutet eine starke Einschränkung, welche die zeitgerechte Aufgabenstellung zu einem für den Erfolg so entscheidenden Faktor werden läßt. Ist das Gedankengut seiner Zeit zu weit voraus, kann es noch keine Anwendung finden und gerät in Vergessenheit. Entsteht es dagegen zu spät, sind bereits andere als Pioniere tätig gewesen. Die Wahl des richtigen Augenblicks erfordert ein besonders gutes Vertrautsein mit dem wirklichen Weltstand von Wissenschaft und Technik, das heißt eine gute Kenntnis der Literatur und einen möglichst guten Kontakt mit den besten Fachkollegen.

Die Erklärung dafür, daß den meisten Erfindungen von Laien oder Anfängern kein Erfolg beschieden ist, liegt in den geschilderten Zusammenhängen. Aber auch der Spezialist sollte stets daran denken, wenn ihm Erfindungen und Konstruktionen vorgeschlagen werden, die er schon längst kennt, und nicht überheblich die vergeblichen Bemühungen belächeln. Er müßte vielmehr prüfen, ob die ihm vorgelegten Arbeiten die Fähigkeit zu schöpferischer Tätigkeit verraten, und – bei positivem Urteil – den Urheber fördern.

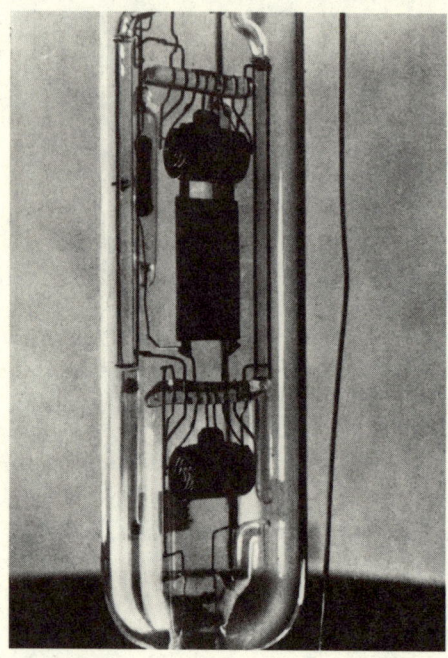

Der erste Breitband-Verstärker der Elektronik 1925: eine Loewe-Zweifachröhre mit zwei Doppelgitterröhren hoher Steilheit und besonders kapazitätsarmem Aufbau der Systeme, zugleich der erste integrierte Schaltkreis der Elektronik.

Graf Arco

Nachdem ein Vertrag mit der Firma Loewe über die neue Empfängertype mit Widerstandsverstärker abgeschlossen war, interessierte sich auch die Großfirma Telefunken für die Konstruktion. Der technische Direktor Graf Georg Arco suchte mich 1925 in Begleitung Dr. W. Runges, eines seiner engsten Mitarbeiter, im Laborzimmer in der Hasenheide auf. Für mich war das ein großes Ereignis, kannte ich doch schon als Junge alle erreichbaren Lebensbeschreibungen dieses fortschrittlich gesinnten Mannes in- und auswendig. Als Folge des Besuches nahm Telefunken die Fertigung meines Gerätes (Arcolette) auf. Graf Arco, unter dessen technischer Führung Telefunken zu einer Weltfirma geworden war, ist mir durch seine positive und tolerante Einstellung zu jedem technischen Fortschritt, durch die Sicherheit seines Urteils, die Originalität seiner Gedanken und seinen Charakter stets als Idealgestalt eines Leiters wesentlicher technischer Projekte erschienen.

Wie groß ist doch die Bedeutung, die den leitenden Persönlichkeiten eines Industriewerkes zukommt! Ihre Qualität beeinflußt nachhaltig das Zusammenspiel der Leitung mit den anderen Wissenschaftlern und der übrigen Belegschaft und hemmt oder fördert die Entwicklung des Werkes. Von ihrer Menschenkenntnis hängt es meist ab, ob die geeigneten Mitarbeiter gefunden und an den richtigen Platz gestellt werden. Die Fähigkeiten des technischen Leiters tragen entscheidend dazu bei, ob neue technische Möglichkeiten rechtzeitig erkannt und ausgenutzt werden. Die Energie und Erfahrung des verantwortlichen Leiters sind ausschlaggebend dafür, daß alle auf dem Weg liegenden Schwierigkeiten schnell überwunden werden. Durch seine Vorbildwirkung kann er die Arbeitsmoral und den Leistungswillen seiner Mitarbeiter stark anheben.

Viele Jahre nach meiner ersten Begegnung mit Graf Arco hatte ich kurz vor Ausbruch des Zweiten Weltkrieges das Glück, mit ihm gemeinsam einen Erholungsurlaub an der italienischen Riviera zu verbringen. Bald darauf starb er. Vielleicht sind mir gerade deshalb die abendlichen Unterhaltungen in San Remo unvergeßlich. Kuriose Geschichten wußte er von dem Pionier der drahtlosen Nachrichtentechnik, dem Italiener Marconi, zu berichten. Beispielsweise: Das Ehepaar Marconi nutzte die erzwungene ländliche Einsamkeit beim Bau der englischen Großfunkstation Carnavon ernstlich und erfolgreich dazu, Gänsen das Seiltanzen auf ausgespannten Drähten beizubringen.

Graf Arco war damals vom Ausbruch eines neuen großen Krieges überzeugt und sagte die Zerstörung Deutschlands durch den Hitlerfaschismus voraus.

*Aufsätze und Vorträge als Mittel,
das Neue durchzusetzen*

Als es darum ging, den Markt für den Mehrfachröhren-Ortsempfänger zu erschließen, begriff ich: Das Tempo, mit dem sich eine Neukonstruktion durchsetzt, kann stark erhöht werden, wenn die für den Absatz maßgebenden Kreise durch Vorträge und möglichst viele Aufsätze in Fachzeitschriften schnell über die wesentlichen Merkmale unterrichtet werden. So sind von mir mehr als fünfzig Artikel über das neue Gerät in den europäischen Rundfunk-Zeitschriften erschienen, und Vortragsreisen führten mich in die meisten größeren Städte Deutschlands. Besonders häufig bedachte ich Bielefeld mit Besuchen, wohnte doch dort eine von mir sehr verehrte Kusine.

Pionierarbeit zur späteren Hi-Fi-Technik

Das nächste, über mehrere Jahre bearbeitete Hauptthema meines Laboratoriums war die Verbesserung der Klangqualität bei der Wiedergabe von Rundfunk- und Schallplattendarbietungen. Diese die heutige Hi-Fi-Technik einleitenden Arbeiten umfaßten wegweisende Veröffentlichungen über Theorie und Praxis der Endverstärkung, die Entwicklung von Schwebungsgeneratoren und Röhrenvoltmetern für Messungen im Bereich der Tonfrequenzen, Arbeiten an Mikrofonen für Meßzwecke und an Lautsprechersystemen.

Aus dieser Tätigkeit ist mir jene freudige Stimmung gegenwärtig geblieben, die ich 1927 empfand, als ich Graf Arco meine Hi-Fi-Anlage vorführte. Es war der Augenblick, als unter Einsatz meines 50-W-Endverstärkers erstmals in einem einwandfreien elektrodynamischen Lautsprecher mit großem Schallschirm die Bässe mitübertragen wurden und dann mit Hilfe eines parallel betriebenen elektrostatischen Lautsprechers auch die Tonfrequenzen am oberen Ende des Hörbereiches das Klangbild ergänzten. Die abfällige Kritik über die

Qualität der damaligen Rundfunk- und Schallplattenmusik durch Berufsmusiker war der spezielle Anlaß für die Aufnahme von Forschungen auf diesem seinerzeit noch völlig unerschlossenen Gebiet gewesen.

Reise in die USA

Anfang 1927 begannen mich gewisse Einzelheiten der amerikanischen Rundfunk-Empfängertechnik zu interessieren. Um sie zu studieren, reiste ich nach Nordamerika. Im Verlauf dieser Fahrt und während verschiedener längerer Aufenthalte in England habe ich recht gute englische Sprachkenntnisse erworben, die mir später für das Studium der amerikanischen und englischen Fachliteratur und für die vielen Diskussionen mit Fachkollegen dieser Länder äußerst nützlich geworden sind. Schon während meiner Reise in die Vereinigten Staaten konnte ich genügend Englisch, um vor dem Mikrofon einer der New-Yorker Rundfunkstationen bestehen zu können und um einen wissenschaftlichen Vortrag über meine Breitband-Verstärker vor dem Institute of Radio Engineers zu halten.

Auf der Überfahrt nach New York hatte ich dank eines mitgenommenen Empfangsgeräts noch einmal Erlebnisse, die an die früheren Zeiten im Rumpelkammer-Laboratorium erinnerten. Ich hörte – unerlaubt – Telegramme der Küstenfunkstelle Norddeich mit zum Teil recht kuriosem Inhalt an die mitreisende jungverheiratete Frau meines in Europa zurückgebliebenen Verlegers ab, verfolgte das langsame Schwächerwerden der europäischen Sender und das allmähliche Einsetzen und Stärkerwerden des Empfangs der amerikanischen Rundfunk- und Küstenstationen.

Unser Schiff legte zur gleichen Stunde am Pier in Manhattan an, als Lindbergh nach seinem ersten Flug über den Atlantik aus Paris zurückkehrte. So wurde ich kurz nach der Landung in New York auf dem Broadway Zeuge der Triumphfahrt dieses Pioniers der Luftfahrt durch die begeisterte Menge.

Eine versäumte Gelegenheit

Bei dieser Schiffsreise verpaßte ich zum ersten-, allerdings wohl auch zum letzten Mal in meinem Leben eine vielversprechende Gelegenheit. Es war Tradition, gegen Ende der damals neuntägigen Fahrt die Passagiere durch ein Bordfest mit improvisierten Kostümen zu verabschieden. Vor Beginn der Feier wurde ich von einer hübschen jungen Schwedin, einer Reisebekanntschaft, die großen Eindruck auf mich gemacht hatte, in ihre Kabine gebeten und lächelnd ersucht, ihr beim Pudern ihres Rückenausschnittes zu helfen. Ich tat dies mit lückenloser Sorgfalt – aber ich tat auch nicht mehr. Aus dem Zeitpunkt dieser Episode ersieht man wohl, daß ich – zumindest in bezug auf meine Beziehungen zur ach so holden Weiblichkeit – ein ausgesprochener Spätentwickler gewesen bin; wahrscheinlich nicht zum Schaden meines beruflichen Werdeganges. – Später folgte ich dann in der Regel einer Empfehlung von Curt Goetz: »Man überwindet eine Versuchung am besten, indem man ihr nachgibt!«

Fünfzig Jahre danach nahm diese fortschrittliche Dame erneut Kontakt zu mir auf. Wieder kam es zu nichts, aber diesmal aus ganz anderen Gründen.

Dr. Lee de Forest

Nebenziel meines Aufenthaltes in Amerika 1927 war die Lieferung einer verzerrungsarmen Verstärkeranlage für Tonfilmzwecke an Dr. Lee de Forest, den 1961 verstorbenen berühmten Erfinder der Radioröhre (Hochvakuum-Elektronenröhre mit Gitter). Seit 1920 hatte de Forest – ähnlich wie die deutschen Erfinder Vogt, Engl, Massolle (Triergon–Gruppe) – an der Pionierentwicklung der Tonfilmtechnik gearbeitet. Ich war ihm schon 1922 als Schüler begegnet. In New York saß ich ihm nun auf dem hohen Barstuhl in der kleinen, seinem Tonfilm-Laboratorium benachbarten Eisdiele gegenüber und hörte seinen mit sprühendem Geist vorgetragenen Voraussagen über die kommende Entwicklung des Tonfilms und des Fernsehens zu. Ähnlich wie in Edison, dessen Biographie ich während der USA-Reise las, sehe ich in der Persönlichkeit Lee de Forests, der neben seiner revolutionären Radioröhre rund 300 weitere Patente entwickelte, eine der Idealgestalten unter den Erfindern unseres Zeitalters. Leider haben die Welt und insbesondere die Vereinigten Staaten es versäumt, ihm zu Lebzeiten die verdiente Würdigung angedeihen zu lassen.

Die Industrie muß sich spezialisieren

Mit Sorge um die europäische Technik und Zukunft sah ich damals in Amerika die außerordentlich weit fortgeschrittene Spezialisierung und damit Rationalisierung der industriellen Produktion. Für fast jede Gruppe von Bauelementen gab es besondere Fabriken mittlerer und kleinerer Größe. Sehr groß war die Leistungsfähigkeit von Fabrikationsstraßen für Meßinstrumente und Meßeinrichtungen. Diese Tatsachen sind dann entscheidend gewesen für das schnelle Tempo der amerikanischen Forschung und industriellen Entwicklung seit 1927.

Die weitgehende Aufgliederung der Fertigung ist um so stärker möglich, je größer das zugeordnete Wirtschaftsgebiet und damit die Absatzchancen sind. Die günstige Industriestruktur mit sehr vielen mittelständischen Betrieben wurde in der SED-DDR 1972 durch die Enteignung der privat oder halbstaatlich gebliebenen Betriebe fast lückenlos beseitigt. Hierdurch wurde der Niedergang der DDR-Wirtschaft seit 1972 stark beschleunigt.

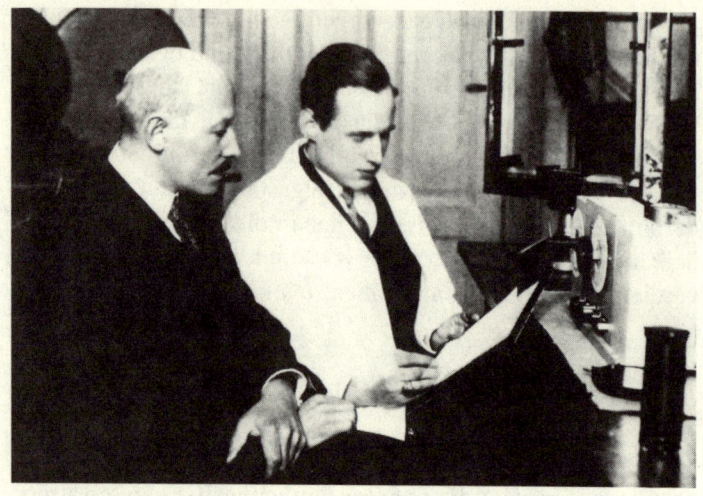

Besprechung im Jahre 1928 mit Dr. Siegmund Loewe (links) über die Probleme des im Bild rechts sichtbaren Breitband-Verstärkers.

Warum ich Berlin liebte

Wir schrieben das Jahr 1928. Ich war jetzt einundzwanzig Jahre alt. Kein Zweifel, Berlin hatte mich geformt, denn ich war noch nicht schulpflichtig gewesen, als ich in diese Stadt gekommen war. Die psychologische Wissenschaft allerdings würde meine Auffassung in Zweifel ziehen, da sie ja zu wissen glaubt, daß die entscheidenden Kindheitseindrücke in die ersten drei Lebensjahre fallen. Aber in meinem Bewußtsein ist, von wenigen geschilderten frühen Erinnerungen abgesehen, Berlin die Stadt, die mit meiner Kindheit, Jugend und den ersten großen Erfolgen für immer verbunden bleiben wird. Die nüchternen Berliner habe ich in mein Herz geschlossen, ihre Sprache lieben gelernt; ja, auch ihren Dialekt und Mutterwitz. Ihr Humor vollbringt kleine Wunder: Jeder Fremde beginnt sich bald als Berliner zu fühlen.

In der U-Bahn kann es passieren, daß ein Arbeiter grinsend an seine Mütze tippt und sagt: »Frollein, ab nechste Haltestelle müssense aber uff Ihre eijnen Beene stehn, meine brauch ick zum Aussteijen.«

Überhaupt, die U-Bahn: Mit ihr bin ich aufgewachsen. Sie gab es in Berlin schon, als ich in Hamburg noch nicht geboren war. Berlin entwickelte sich damals zu einer Riesenstadt und steuerte, während ich im ersten Jahr zur Schule ging, schon auf die vier Millionen Einwohner zu. Sie wurde zum Magneten – auch für die ernsten und die heiteren Künste.

Berliner Theater

Großen Eindruck machte auf mich das Theater. In den Jahren zwischen 1932 und 1934 war ein Neffe des großen Schauspielers und Regisseurs Max Reinhardt, der 1933 Deutschland verließ, Laborant meines Lichterfelder Instituts. Durch ihn bekamen wir des öfteren Logenplätze im Deutschen Theater. Am stärksten sind meine Erinnerungen an Aufführungen mit dem berühmten Charakterdarsteller Werner Krauss, der mich später durch seine Mitwirkung am »Jud Süß«-Film von 1940 enttäuschte. 1931 hatte er mich als Wilhelm Voigt in Zuckmayers »Der Hauptmann von Köpenick« zum Lachen und Weinen gebracht. Es war unglaublich, wie dieser Schauspieler sich in die Rolle des Schusters hineinlebte. Schwankhafte, märchenhafte, köstliche Szenen, über die man sich vor Lachen ausschütten mußte, verdichteten sich in Werner Krauss zur Satire auf Uniform-Fetischismus und zur sozialen Anklage gegen das kaiserliche Deutschland.

Ich war von dem Stück so angetan, daß ich es mir Monate später noch einmal ansah. Die Hauptrolle war umbesetzt worden. Max Adalbert spielte jetzt den Hauptmann. Er war ein außerordentlich beliebter Volksschauspieler, dem das Publikum sonst in allen möglichen und unmöglichen Possen zujubelte. Den Schuster Voigt gestaltete er ganz anders als Werner

Krauss, aber nicht weniger überzeugend als dieser. Er spielte die Rolle verhaltener, war eine etwas traurigere Schusterfigur; vielleicht kam er der Wirklichkeit aus dem Jahre 1906, die für Zuckmayer die Vorlage zu seinem Stück bildete, sogar noch näher als Krauss. Für mich war es ein ganz besonderes Erlebnis zu sehen, wie verschieden man eine Rolle anlegen kann, ohne den dichterischen Gehalt zu verletzen.

Wenn meine Frau und ich von den vergangenen Theaterjahren sprechen, klingt es für unsere Kinder geradezu phantastisch, uns mehr als dreißig Bühnen nennen zu hören, auf denen über Jahrzehnte Abend für Abend in Berlin Theater gespielt wurde. Eine Aufführung mit Krauss als Faust und Gründgens als Mephisto im damaligen Staatstheater ist mir in einzelnen Szenen noch heute gegenwärtig. Stärkere Gegensätze als diese beiden Schauspieler sind schwer vorstellbar. Das Publikum wußte nicht, wem es den größeren Beifall zollen sollte.

Wir genossen aber auch weniger ernste Darbietungen, ließen uns von Fritzi Massary und der heiteren Kunst der Operette ebensogern hinreißen wie von den amüsanten Komödien, die Curt Goetz – ein entfernter Verwandter meiner Frau – schrieb und in denen er selbst spielte. Curt Goetz war ein Meister des Dialogs und vielleicht sogar der beste deutsche Konversationsschauspieler seiner Zeit, ein Künstler der leichten Muse, der Noblesse hatte. Mich beeindruckte immer besonders, wenn er, der Stückeschreiber, als Schauspieler auf der Bühne stand. Ich glaube, keiner wäre imstande gewesen, die von ihm erdachten Pointen so zu servieren, wie er es vermochte.

Filmvergnügen

Im Kino habe ich eigentlich immer nur – ich muß es bekennen – geistige Entspannung, Unterhaltung und Vergnügen gesucht. Ein Film, der bei den ersten Fernsehversuchssendungen der Reichspost immer wieder gezeigt wurde, hieß »Der Kongreß tanzt« mit Lilian Harvey und Willy Fritsch. Er spielt zur Zeit des Wiener Kongresses, und ich möchte einfügen, daß man ihn natürlich nicht an ernsthaften Maßstäben messen darf. Aber wenn man von der Bagatellisierung der historischen Tatsachen absah, konnte man sich bezaubern lassen. Hinreißend war die Fahrt von Lilian Harvey als Handschuhverkäuferin durch das sommerliche Wien, die Straßen, die Vorstadt, über das Land, in das Schloß. Ununterbrochene Bewegung: eine Fahrt, ein Tanz, ein Jubel; auch filmtechnisch eine Glanzleistung. Bedenke ich, wie wenige Unterhaltungsfilme mir in Erinnerung geblieben sind, läßt sich daraus eigentlich folgern, daß gute Unterhaltung gar keine leichte Sache ist. –

Die »goldenen zwanziger Jahre« brachten für mich auch schwere Probleme. Wegen meiner intensiv auf die Forschung gerichteten Interessen empfand ich die großen wirtschaftlichen Krisen als äußerst störend; hatte ich doch selber finanziell mit ihnen fertig zu werden.

2. Buch
Berlin-Lichterfelde
1928–1945

Bis zum Forschungsergebnis Elektronisches Fernsehen

Ich kaufe ein Haus

Ende 1927 hatte ich bereits mehrere angestellte Mitarbeiter, und mit den erweiterten Aufgaben waren auch die Meßanlagen und Apparaturen angewachsen. Dabei bestand das ganze Laboratorium noch immer aus dem einen Raum in der Wohnung meiner Eltern. Im Januar 1928 löste ich dieses Raumproblem auf eine mir heute sehr riskant erscheinende Art mit einem großen Sprung. Ich mietete also in Berlin-Lichterfelde Ost, Jungfernstieg 19, ein großes mehrstöckiges Haus, das dann siebzehn Jahre meine Arbeits- und Wohnstätte war.

Bei Abschluß des Vertrages, der eine Optionsklausel für den späteren Ankauf des Gebäudes und des fünftausend Quadratmeter großen Grundstückes enthielt, war ich noch nicht mündig. Mein Vater mußte mit unterschreiben. Schon ein Jahr später wurde ich, obwohl ich eigentlich einen langjährigen Mietvertrag hatte, von dem Vermieter vor die Wahl gestellt, entweder Haus und Grundstück in kürzester Frist zu erwerben oder aber mich nach anderen Räumlichkeiten umzusehen. Natürlich hatte ich bereits viele Installationen und Einbauten vorgenommen. Ein Umzug hätte erhebliche Verluste an Zeit und Geld verursacht. Was blieb mir also anderes übrig – ich ent-

Das Forschungsinstitut in Berlin-Lichterfelde 1928: Die Labore lagen in der zweiten Etage, in der Dachetage und in einem Nebengebäude, die Werkstätten im Keller und unsere Wohnung in der ersten Etage.

schloß mich, ohne über Mittel zu verfügen, schweren Herzens zum Kauf des Hauses.

Schulden über Schulden

Alle Einnahmen, die ich bis zu diesem Tag gehabt hatte, waren für Verbesserungen der Laboratoriumseinrichtung verwandt worden. So kam es, daß ich 1929, im zweiundzwanzigsten Lebensjahr, eine Gesamtschuld von über 200000 RM auf mich nahm. 50000 RM lieh mir die Firma Loewe kurzfristig. Allerdings hatte Dr. Siegmund Loewes Bruder David als Mitinhaber der Loewe-Radio-Werke die Forderung gestellt, im Falle meiner Zahlungsunfähigkeit zu den festgelegten Rückzahlungsterminen solle eine Übereignung des Laboratoriums an seine Firma erfolgen. Mir blieb keine andere Möglichkeit, als diese harte Bedingung zu akzeptieren und im Vertrauen auf mich selbst das große Risiko einzugehen. Bereut habe ich das nie, aber es waren doch sehr schwere Jahre, die ich durchzustehen hatte. Unter einem eisernen Zwang mußte ich lernen, noch mehr als bisher streng wirtschaftlich zu denken. Fehler konnte ich mir nicht leisten, besonders wenn es darum ging, die richtige Auswahl unter den möglichen Angeboten zu treffen, die aus den Bereichen der Forschung, Entwicklung und Produktion auf mich zukamen.

Ein großer Auftrag der Reichspost

David Loewe, den der Nimbus eines fast zu geschäftstüchtigen Leiters des Unternehmens umgab, hat mir nie verziehen, daß ich den geliehenen Betrag fristgemäß zurückgezahlt habe. Glücklicherweise war ich dazu in der Lage, weil ein Vortrag über die neuen aperiodischen Verstärker (Breitband-Verstärker) mit Zweifachröhren mir auf Veranlassung des 1933 von Hitler verabschiedeten Staatssekretärs im Postministerium Dr. Kruckow einen sehr lukrativen Meßgeräteauftrag der Reichspost einbrachte. Später erzählte mir Dr. Kruckow, daß er mir damit in Kenntnis meiner Lage bewußt helfen wollte. – Er war der erste, dem ich am Weihnachtsabend 1930 unsere Fernsehbild-Übertragungen mit Elektronenstrahlröhren zeigte. Dr. Kruckow ist es gewesen, der große Verdienste um die weitere zügige Verbreitung der Selbstwähltechnik in unser Telefonwesen hatte.

Trotz dieses Auftrags und trotz der beträchtlichen Lizenzsummen, die mir aus dem großen Absatz unserer Geräte und Mehrfachröhren zuflossen, waren meine Mittel in diesen Zeiten so knapp, daß ich über anderthalb Jahre in einem fast leeren Schlafzimmer ohne Tapeten hausen mußte. Der Eindruck dieser Schlafstätte scheint sehr deprimierend gewesen zu sein, denn als mich der erwähnte Herr David Loewe einmal während einer Krankheit mit einem Rosenstrauß in der Hand besuchte, traten Tränen der Rührung in seine sonst bedeutend härter blickenden Augen.

Vorstöße in neue Fachbereiche

Dafür entwickelte sich das Laboratorium ausgezeichnet. Meßgeräte und Apparaturen für die Untersuchung von Lautsprechern wurden gebaut, Einrichtungen zur Durchmessung von Rundfunk-Empfängern, Feldstärkenmeßgeräte und Werkstätten. Mit Hilfe stroboskopischer Lichtquellen gelang es, die Art des Schwingens von Lautsprecher-Membranen unmittelbar sichtbar zu machen, und durch Kombination mit der optischen Schlierenmethode war bei starker Erregung sogar die Ablösung der Schallwellen zu beobachten.

Da die erforderlichen Meßgeräte im Handel noch nicht zu erhalten waren, mußten sie im Laboratorium selbst entwickelt, hergestellt und geeicht werden; eine Tätigkeit, die Schweiß kostete und viel Zeit zusätzlich beanspruchte. In meinem 1929 erschienenen Buch »Verstärkermeßtechnik« fanden die dabei gesammelten Erfahrungen ihren Niederschlag. – Dieses Buch bewirkte, daß mein Rat oft bei speziellen elektronischen Meßproblemen eingeholt wurde. Zu den Ratsuchenden gehörten damals auch Niels Bohr und mehrere Physiologen, wie Schäfer, Asher und Steinhausen. Die Erforschung von Nervenaktionspotentialen und damit die medizinisch-elektronische Meßtechnik hatte begonnen.

Ein Problem, die Messung der Oberflächenrauhigkeit von Metallen mit Abtastkopf, Verstärker und Elektronenstrahl-Oszillograph, führte in diesen Jahren dazu, daß mich Dr. Franz Skaupy, einer der Pioniere der Sintermetallurgie, besuchte.

Infrarottransparente Damenbekleidung

Dr. Skaupy, der sich unter anderem große Verdienste um die Entwicklung der Glühlampentechnik erworben hat, beschäftigte sich mit der Durchlässigkeit von Gläsern und anderen Stoffen für Strahlen der verschiedenen Wellenlängen. Dabei fand er eine für kurzwelliges Infrarot völlig transparente Textilfaser. Dieses Forschungsergebnis soll Skaupy auch in seiner privaten Sphäre ausgewertet haben – es heißt, daß er aus diesem Material modische Damenbekleidung und Unterkleidung herstellen ließ und bei Partys von einigen Anwesenden vorführen ließ. Anschließend machte er mittels der gerade bekanntwerdenden Infrarot-Fotografie eine Gruppenaufnahme. Das fotografische Ergebnis, das die Infrarot-Transparenz des Skaupyschen Spezialgewebes eindrucksvoll bewies, soll später erhebliche Turbulenz zwischen Partygästen und Gastgeber verursacht haben.

Elektrische Gedankenübertragung funktionierte nicht

Durch die Entwicklung der Hochfrequenz-Zweifachröhren verfügte mein Institut von 1925 bis 1930, das heißt fast fünf Jahre lang, als einzige Stelle über sogar fabrikationsmäßig gefertigte Breitband-Verstärker im heutigen Sinne. Da lag es nahe, neben der Ausnutzung für den Rundfunk-Empfang nach weiteren Gebieten zu suchen, auf denen wissenschaftliches oder technisches Neuland mit Hilfe dieser Einheiten erschlossen werden konnte.

Eine Möglichkeit vermutete ich in der Physiologie. Aus verschiedenen Veröffentlichungen schien damals hervorzugehen, daß in der Umgebung lebender Wesen eigenartige elektrische Felder bestehen. Die Erforschung der gehirnelektrischen Ströme (Elektroenzephalographie) durch den Neurologen und Psychiater Hans Berger (1929) hatte zu dieser Zeit noch nicht begonnen. Bekanntlich rollt beim Träumen manchmal innerhalb weniger Sekunden ein außerordentlich komplizierter Gedankeninhalt ab. Diese Tatsache und die immer wieder behaupteten Gedankenübertragungen konnten zu dem Schluß führen, dem Denken des Menschen seien höherfrequente elektrische Vorgänge zugeordnet, bei denen dann eine Fernwirkung erklärlich, ja zu erwarten gewesen wäre. Gegen diese Auffassung sprach eine praktische Erfahrung: Niemals hatten sich Einwirkungen auf den Denkprozeß bei Bedienungsmannschaften starker Sender, die intensiven Hochfrequenzfeldern ausgesetzt waren, gezeigt.

Trotzdem machten wir einen Versuch mit einem Abschirmkäfig für die Versuchsperson, einer Elektrode zur Potentialabnahme am Kopf und kräftiger Verstärkung des Frequenzbereiches von wenigen Hertz bis 1 Million Hertz. Bei einem positiven Versuchsverlauf hätten sich ungeheure Auswirkungen für die menschliche Zukunft ergeben. Eine elektrische Gedankenübertragung einstellbarer Stärke, eine neue Form des Unterrichts mit Denkverbindung vom Lehrer zum Schüler, neue Wege zur Arbeitsanleitung und zur Aufklärung von Verbrechen wären mit dieser Methode denkbar gewesen.

Es zeigten sich jedoch selbst bei den höchsten Verstärkungsgraden und stark periodischen Denkbemühungen keinerlei zugeordnete mittel- und hochfrequente Wechselspannungen. Nur schwache, undefinierbare, sehr niederfrequente Ströme, die besonders durch Augenschließen und Muskelbewegungen stimuliert wurden, waren zu beoabchten.

Verpaßte Gelegenheit mit dem EEG

Für diese Erscheinungen interessierte ich mich aber wegen der geschilderten Zielsetzung nicht weiter – leider! –, denn ich stand hier wohl unmittelbar vor der Entdeckung des Elektroenzephalogramms (EEG). Man soll eben auch und gerade dann weiter forschen, wenn etwas gefunden wird, was nicht gesucht wurde. Diese Lehre hat sich mir tief eingeprägt, als einige Jahre danach die von Berger in Jena erzielten Ergebnisse bekanntwurden. Die Weiterentwicklung der gehirnelektrischen Forschung ergab später, daß die elektrischen Vorgänge vorwiegend aus Komponenten mit extrem niedrigen Frequenzen zusammengesetzt sind, die von unserem Gerät nur schwach erfaßt wurden. So hinderte uns ein zufällig gegebener Verlauf der Frequenzkurve des Verstärkers daran, die Wahrnehmungen deutlicher zu beobachten und vielleicht schon im Jahre 1928 das Tor zur heutigen Elektroenzephalographie zu öffnen.

*Die konzipierte Breitband-Nachrichtentechnik
bleibt 1930 nur ein Projekt*

Ein anderer Versuch zur Ausnutzung meiner Breitband-Verstärker hatte wohl nur deshalb keinen durchschlagenden Erfolg, weil die Firma Loewe, mit der ich ja zusammenarbeitete, nicht groß oder, besser gesagt, nicht mächtig genug war, die später so umwälzend gewordene Technik durchzusetzen. Die erste Anwendung der konzipierten Breitband-Nachrichtentechnik sah ich in einer Form, die besonders den ärmeren Bevölkerungsschichten zugute gekommen wäre. Der Ausgangsgedanke der durch Messungen, Vorversuche, Konstruktion und Detailerfindungen fundierten Vorschläge bestand in folgendem: Außerhalb der Großstädte – wo bekanntlich auch entfernte Rundfunkstationen verhältnismäßig störungsfrei aufgenommen werden können – war eine zentrale Empfangsanlage vorgesehen. Von hier aus sollten die Hochfrequenzen aller beziehungsweise der wichtigsten Sender des Wellenbereiches entweder über ein Hochfrequenzkabel mit zwischengeschalteten Breitband-(Pegel-)Verstärkern oder über eine Breitband-Ultrakurzwellenverbindung (Richtfunkstrecke) unmittelbar einer zentralen Verteilungsstelle in der Mitte der Großstadt zugeführt werden. Diese sollte durch Wiederausstrahlung der Originalhochfrequenzen oder besser mit Hilfe eines Ultrakurzwellensenders die Sendung der entfernten Stationen relativ einfachen Empfängern in der Großstadt mit geringem Störpegel zuleiten.

Auf diese Weise wäre auch im Zentrum der Großstädte ein einwandfreies Radiohören gewährleistet, und die durch die hohe Konzentration elektrischer Anlagen bedingten zahlreichen Störungen wären weitgehend ausgeschaltet gewesen. Man hätte außerdem volkswirtschaftlich viel einsparen können, da durch den gewissermaßen zentralen Hochfrequenzverstärker radikal vereinfachte Rundfunkapparate ausgereicht hätten.

Am 21. Oktober 1930 hielt ich über meine Messungen und Vorschläge ein Referat, dessen Inhalt in der »Elektrotechnischen Zeitschrift« (51, 1619, 1930) und in der Zeitschrift »Elektrische Nachrichtentechnik« des gleichen Jahres erschien. Ein großer Konzern, dessen leitende Wissenschaftler in vielen Diskussionen vorher mitgeholfen hatten, die meinem Vortrag zugrundeliegenden Ideen weiterzuentwickeln, war noch wenige Tage zuvor bereit gewesen, das Projekt durchzusetzen und zu realisieren.

Ein gutes Projekt wird wegen Gefährdung des Absatzes
teurer Radiogeräte abgelehnt

In letzter Minute kam der Generaldirektor Schapira dieses Unternehmens (Telefunken) dann plötzlich zu der Einschätzung, das Rundfunkgeschäft könne stark zurückgehen, da bei der vorgeschlagenen Zentralisierung der Hochfrequenzverstärkung die Empfänger wesentlicher billiger würden. Daher erlebte ich eine große Überraschung. Dieselben Herren, die mich vorher unterstützt hatten, traten nach dem von Profitstreben diktierten Frontwechsel ihres Konzerns in der Aussprache auf höheren Befehl als Gegner der neuen Methode auf.

Freunde und Feinde – damals

Vor Beginn der Veranstaltung wurden zum allgemeinen Befremden am Saaleingang von meinen Gegnern Flugblätter verteilt; ebenso war die polizeiliche Schließung wegen Überfüllung für eine wissenschaftliche Zusammenkunft im größten Hörsaal der Berliner Technischen Hochschule einigermaßen ungewöhnlich. Leider gelang es nicht, den mit dem Konzern eng verbundenen Reichs-Rundfunk-Kommissar Dr.-Ing. e. h. Hans Bredow für einen Großversuch zu gewinnen. Es blieb beim Diskutieren. Das Projekt wurde auch von ihm scharf abgelehnt.

Nur wenige Wissenschaftler, unter ihnen die Professoren Heinrich Barkhausen, Dresden, und Hans Georg Möller, Hamburg, die mir nach meinen Ausführungen gratulierten, erkannten damals die technische Bedeutung der vorgetragenen Ideen und insbesondere ihre universelle Anwendbarkeit in der Nachrichtentechnik an.

Bei dem sechzigjährigen Jubiläum der Loewe-Opta-Werke in Kronach 1983, wo ich den Festvortrag mit den Erinnerungen an die Anfangszeit des Unternehmens übernommen hatte, wiesen mich der Chefredakteur der Fachzeitschrift »Elektronik«, Günther Klasche, und unser alter Freund aus der Rundfunkzeit, Professor Karl Tetzner, darauf hin, daß mein Projekt aus dem Jahre 1930 gegenwärtig eine Renaissance erlebt. Sie meinten, daß bei Nutzung von Satelliten zur Ultrakurzwellen-Abstrahlung mein altes Vorhaben nur wenig abgewandelt realisiert wird und u. a. zur Versorgung großer unerschlossener Gebiete (Sibirien, China, Brasilien) mit Rundfunksendungen dient.

Durch das Echo, das meine Vorschläge seinerzeit in der Fach- und Tagespresse auslösten, hatte ich mir eine ganze Schar von Feinden geschaffen. Gleichzeitig gewann ich allerdings auch die Sympathie einiger wichtiger Persönlichkeiten, zum Beispiel des Leiters des Reichspostzentralamtes Dr. Wilhelm Ohnesorge, des späteren Reichspostministers.

Rückschauend muß ich hier an die Worte denken, die der Freund und Nachfolger Michael Faradays, der irische Physiker John Tyndall, vor mehr als hundert Jahren der Rechtfertigung seiner Rede von Belfast voranstellte: »Einigen Trost gewährt mir indes jener Ausspruch des Diogenes, den Plutarch uns übermittelte: Wer ein vollkommener Mensch sein will, muß gute Freunde oder erbitterte Feinde haben, wer aber beides besitzt, dem wird es am besten ergehen.« – Dieses Zustandes durfte ich mich damals zweifellos rühmen. Und um eine Erfahrung war ich auch reicher geworden; daß nämlich die Großfirmen den technischen Fortschritt bremsen, wenn er ihren Gewinn zu reduzieren droht.

Spätere Anwendung unserer Breitbandmethoden,
aber keine Anerkennung

Viele Jahre später hatte ich dann die Genugtuung, die von mir 1930 zur gleichzeitigen Übertragung der modulierten Hochfrequenzen des ganzen Rundfunkwellenbereiches von einer zentralen Empfangsstation zur Großstadt vorgeschlagene Methode (Breitband-Richtfunkstrecke, Breitband-Kabel mit Breitband-Relaisverstärker, Vielfach-Trägerfrequenztelefonie) zur Grundlage der modernen Hochfrequenz-Nachrichtentechnik werden zu sehen. Außer in Patentakten und Patentprozessen ist diese Tatsache kaum bemerkt und kommentiert worden. Darüber braucht sich niemand zu wundern, denn es stand keiner der großen Elektrokonzerne hinter mir und meinen Patenten. Und in solchen Fällen versagt das Erinnerungsvermögen der großen Industriebetriebe.

Die Fernsehtechnik beschäftigt mich

Daß diese für den Fortschritt der Nachrichtentechnik geleistete Pionierarbeit durch die zuständigen Stellen nicht beachtet wurde, verstimmte mich sehr. Ich beschloß, mich sofort einer neuen Aufgabe solcher Art zu widmen, die von vornherein Diskussionen über Wert oder Unwert der Arbeitsergebnisse ausschloß. Dafür schien mir die Übertragung von Fernsehbildern mit Elektronenstrahlröhren geeignet zu sein. Fernsehbilder konnten auch die einflußreichsten Generaldirektoren und Reichs-Rundfunk-Kommissare nicht wegdiskutieren, waren sie doch für jedermann sichtbar und selbst für Laien von der Bildqualität her zu beurteilen.

Vorzüge der Fernsehtechnik mit Elektronenstrahlen

Alle an der Entwicklung des Fernsehens maßgeblich beteiligten europäischen Stellen bedienten sich 1930 ohne Ausnahme mechanischer Methoden zur Bildzerlegung und -zusammensetzung. Mit zunehmender Bildfeinheit mußte der mechanisch-optische Weg zu sehr lichtschwachen Bildern und zu sehr teuren präzisionsmechanischen Bauelementen führen, die dann ein Hindernis für die allgemeine Durchsetzung des Fernsehens gebildet hätten. Ich sah, daß dieser Weg in einer Sackgasse enden mußte. Demgegenüber hatte die Bildsynthese mit abgelenkten Elektronenstrahlen den grundsätzlichen Vorteil, daß bewegte mechanische Teile ganz wegfielen und höchste Präzision der Bildschreibung allein aufgrund einer einmaligen elektronenoptischen Entwicklung erreichbar schien. Ein weiterer prinzipieller Vorteil bestand, wie ich aus theoretischen Erwägungen erkannte, in der viel höheren Helligkeit bei großer Bildfeinheit (das heißt der für allgemeine Nutzung notwendigen hohen Bildpunktzahl). Diese grundsätzliche Überlegenheit des Fernsehens auf rein elektronischer Basis in den genannten entscheidenden Punkten erwies sich bald nach unseren öffentlichen Demonstrationen 1931 als ausschlaggebend. Heute werden Fernseheinrichtungen mit mechanischer Bildzerlegung überhaupt nicht mehr verwendet. Man kann sie nur noch in Museen studieren.

*Entwicklung der Elektronenstrahlröhre
mit Lichtsteuerelektrode*

Der Einsatz von Elektronenstrahlröhren für Fernsehversuche war für mich naheliegend, weil ich 1929 im Lichterfelder Laboratorium für die Untersuchung hoch- und niederfrequenter Schwingungsvorgänge die erste abgeschmolzene Elektronenstrahlröhre mit Glühkathode und Lichtsteuerungselektrode für Anodenspannungen von etwa 3000 V entwickelt hatte. Bei dieser bestand gegenüber den bis dahin bekannten und im Handel befindlichen Braunschen Röhren (Wehnelt-Rohr, Western Electric-Rohr) eine auf das über 200fache erhöhte Fluoreszenzfleckhelligkeit. Diese Steigerung und die Einführung der negativ vorgespannten »Lichtsteuerelektrode« dürfen rückblickend als die entscheidenden Voraussetzungen für den späteren allgemeinen Einsatz der Elektronenstrahlröhre in der Oszillographentechnik, in der Radartechnik und beim Fernsehen angesehen werden. Die Lichtsteuerelektrode, welche das elektrostatische Feld vor der Glühkathode beeinflußte, wurde negativ vorgespannt, um die vom Anodenfeld abgesaugten Elektronen zu richten. Außerdem wurde an diese Elektrode die Steuerspannung angelegt, welche die Helligkeit des Fluoreszenzfleckes regelte oder modulierte. Diese Elektrode, der ich zu Ehren meines Lehrers an der Berliner Universität Arthur Wehnelt den Namen Wehnelt-Elektrode gab, erhielt damit eine Doppelfunktion.

Deutlich erinnere ich mich noch heute an den aufregenden Augenblick, als plötzlich auf dem Schirm unseres Versuchsrohres nach Formierung der Haarnadel-Oxydkathode, negativer Vorspannung der Steuerelektrode und Anlegung der Anoden-

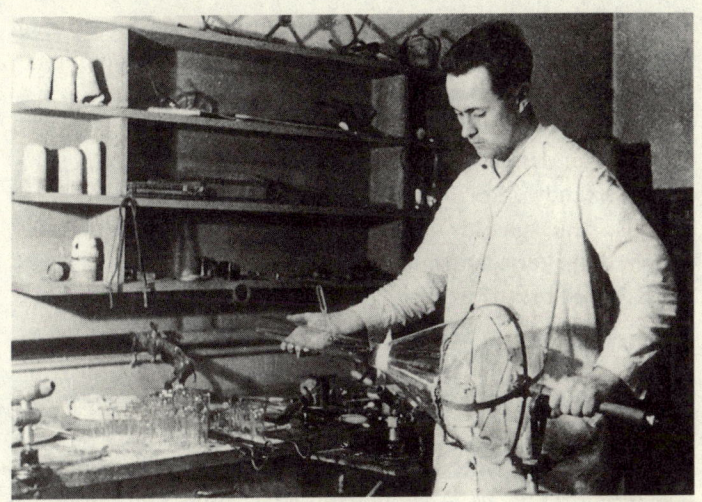

Mein unvergessener Mitarbeiter Emil Lorenz 1932 bei der Herstellung einer Fernsehröhre mit 30 cm Schirmdurchmesser.

spannung von 3000 V ein scharfer Leuchtfleck in strahlender Helligkeit auf dem Fluoreszenzschirm sichtbar wurde.

Mein Glasbläser Emil Lorenz

Bei diesem ersten Versuch im Jahre 1928 war außer mir nur noch mein Glasbläser Emil Lorenz zugegen, der das Versuchsrohr hergestellt und auf den Pumpstand angeschmolzen hatte. Er war zuvor bei dem Physiologen und Biochemiker Prof. Otto Meyerhof in Dahlem tätig gewesen. Als er in mein Labor überwechseln wollte, versuchten Otto Meyerhof und Prof. Fritz Haber, der Direktor des Kaiser-Wilhelm-Instituts für Physikalische Chemie in Berlin, Nobelpreisträger des Jahres 1918, die seine Tüchtigkeit schätzengelernt hatten, ihn für das Dahlemer Kaiser-Wilhelm-Institut für Biologie zurückzuhalten. Emil Lorenz kam aber trotzdem zu mir und war von 1928 bis zu seinem

Tode 1971 in Dresden, also über dreiundvierzig Jahre, einer meiner engsten Mitarbeiter. Am Anfang unserer Zusammenarbeit, er war damals zwanzig, ich einundzwanzig Jahre alt, wurde mir zum ersten Mal richtig klar, wie sehr ein Erfinder oder Wissenschaftler der harmonischen Ergänzung durch besonders befähigte Handwerker bedarf. Wenn beide zusammen, wie wir damals, begeistert für ein großes Forschungsthema ihr Bestes geben, dann kann man mit hoher Wahrscheinlichkeit ein positives Resultat erwarten.

Ich werde Produzent von Elektronenstrahl-Oszillographen

Für das Haus in Lichterfelde Ost waren vierteljährlich unerbittlich sehr erhebliche Abzahlungen zu leisten. Die laufenden Einnahmen reichten dafür nicht entfernt aus, zumal auch die Gehälter und Löhne der Mitarbeiter pünktlich gezahlt sowie die Laborerweiterungen finanziert werden mußten. Die Notlage zwang mich schließlich dazu, in den Jahren 1929 bis 1934 die Glasbläserei und die Werkstätten des Laboratoriums mit zur Fertigung von Elektronenstrahl-Oszillographen zu benutzen. In diesen Jahren lernte ich im eigenen Haus die Freuden und Leiden eines Unternehmers bzw. Produktionsleiters kennen. Zum Beispiel, wenn die Post Aufträge über fünfzig bis hundert Elektronenstrahlröhren von Robert Alexander Watson-Watt aus England brachte, dem damaligen Chef der Radio Research Station in Slough, später als Pionier der britischen Radar-Ortung berühmt und geadelt; oder von General-Radio aus den USA oder aus Moskau von Abram Joffé, dem Schüler Wilhelm Conrad Röntgens, unter Lenin Gründer der Sowjetischen Akademie der Wissenschaften, Professor in Leningrad und später als Nestor und Lehrer der führenden Kernphysiker der Sowjetunion mitbeteiligt an der Entwicklung der ersten sowjetischen Wasserstoffbombe, die 1953 zur Explosion gebracht wurde. Aufregend war es, wenn unser Betrieb auf vollen Touren arbeitete und dann plötzlich – etwa durch einen

Glasbruch – fünf Elektronenstrahlröhren auf einem der Pumpgestelle gleichzeitig zum Ausschuß wurden. Immerhin gelang es, mit Hilfe des wirtschaftlichen Ertrages aus der Oszillographen-Fertigung sowie aus der schon erwähnten Meßgeräte-Herstellung alle finanziellen Forderungen termingerecht zu befriedigen und dabei noch die Einrichtungen des Laboratoriums laufend zu verbessern.

Ich sammelte in dieser Lebensphase die Erfahrung, daß der Kunde nicht nur als Auftraggeber die Hauptperson darstellt, sondern auch als Anreger für Verbesserungen und Innovationen wichtig ist. Weiter lernte ich, daß für echte Spitzen- bzw. Pioniererzeugnisse der ganze Weltmarkt offensteht. Solche fast selbstverständlichen Erfahrungen hätten nach meiner Meinung bei den nach der Wende von 1989 im östlichen Teil Deutschlands so notwendigen und erfreulichen Neugründungen und Übernahmen durch mittelständische Betriebe schon bei der Konzeption des Unternehmens nocht stärker und breiter berücksichtigt werden sollen.

1934 waren meine Schulden im wesentlichen zurückgezahlt. Um mich wieder ganz der Forschung widmen zu können, erfolgte die Gründung der Leybold-von-Ardenne-Oszillographen-Gesellschaft mit Sitz anfangs in Köln, später Berlin. Wegen des schnell wachsenden Kapitalbedarfes wurde diese Gesellschaft einige Jahre später in den Besitz von Siemens übergeleitet. Meine Zusammenarbeit mit Leybold ist ein halbes Jahrhundert später auf dem Gebiet der Magnetron-Hochrate-Zerstäubungsquellen mit Leybold Hanau fortgesetzt worden.

Ökonomie und Nutzeffekt in der Forschung

Die Erfahrungen, die ich schon in diesen jungen Jahren bei der Verbindung wissenschaftlichen und ökonomischen Denkens zum Teil sogar in den kritischen Zeiten der sogenannten »Brüningschen Notverordnungen« in den Jahren der Weltwirtschaftskrise, der Massenarbeitslosigkeit und der innenpolitischen Krise der Weimarer Republik sammelte, haben mir drei Jahrzehnte später geholfen, als es 1962 bei Tagungen des Forschungsrates und des 6. Nationalkongresses – an denen hohe Staatsfunktionäre der Deutschen Demokratischen Republik teilnahmen – darum ging, Wege zur wirksamen weiteren Stärkung der ökonomischen Grundlagen unseres damaligen Staates zu erschließen. Rationelle wissenschaftlich-technische Spitzenleistungen anzusteuern stand dabei im Vordergrund. Leider führten die meisten meiner Vorschläge nicht zu Taten. Nur bei der Leitung unseres Forschungsinstituts auf dem Weißen Hirsch wurden sie berücksichtigt.

Als die Filme sprechen lernten
Meine Elektronenstrahl-Tonfilm-Aufzeichnungsröhren,
das Triergon-Patentmonopol der Tobis und das Fernsehen

Um 1930 begann der Siegeszug des Tonfilms – von den USA aus. Zwar hatte der ehemalige kaiserliche Bordfunker Hans Vogt gemeinsam mit dem vormaligen Marineunteroffizier Joseph Massolle und dem Radiotelegraphisten Dr. J. B. Engl in Berlin mit einer Fülle eigener Erfindungen und Patente schon bald nach dem Krieg ihr Triergon-Tonfilmverfahren entwickelt. Und schon 1922 begeisterte eine zweistündige Tonfilm-Matinee in Berlins größtem Filmpalast Alhambra am Kurfürstendamm. Aber die deutsche Filmindustrie spielte nicht mit. Es kam zum Notverkauf der Patente in die Schweiz. Dann gingen sie an William Fox in Hollywood. Als teure Lizenz waren sie von dort schließlich in den Besitz der Tobis-Film AG gelangt. Um dieses Monopol zu brechen, waren die Inhaber des bekannten Filmkamera-Werkes Arnold und Richter, München, an mich mit der Bitte herangetreten, eine Elektronenstrahl-Aufzeichnungsröhre für Tonschrift nach dem Intensitätsverfahren zu entwickeln. Es entstand die Tonfilm-Aufzeichnungsröhre mit Lichtsteuerelektrode und Zylinderlinsen-Elektronenoptik. Auf dem Fluoreszenzschirm ergab sich ein feiner leuchtender Strich, dessen Helligkeit im Rhythmus der Schallschwingungen schwankte. Mit dieser Röhre gelang es Arnold und Richter, das Tobis-Patentmonopol zu umgehen.

Anfang 1930 hatte ich schon durch Vorführungen bzw. durch ein Referat vor Fachleuten in der Technischen Hochschule Charlottenburg und durch einen Aufsatz in der Zeitschrift »Fernsehen« auf die Vorteile der neuen Elektronenstrahlröhre mit negativ vorgespannter Lichtsteuerelektrode für den Fernsehempfang aufmerksam gemacht. Wenige Tage nach dem geschilderten, negativ verlaufenen Hochschulvortrag über die Verbesserung des Rundfunkempfanges in der Großstadt wurde mir plötzlich klar, daß eigentlich im Lichterfelder Laboratorium fast alles betriebsbereit zur Verfügung stand, um einen ersten Versuch zur Übertragung von Diapositiven unter Verwendung der Elektronenstrahlröhre auf der Sende- und Empfangsseite vorzunehmen.

In den Jahren von 1925 bis 1930 hatte ich aus unterschiedlichen Gründen die wichtigsten Grundelemente der künftigen Fernsehtechnik entwickelt. Es waren dies der erste Breitband-Verstärker (primär für die Meßtechnik), die Elektronenstrahlröhre mit hellem, scharfem und in seiner Helligkeit steuerbarem Leuchtfleck (primär für Oszillographentechnik), die Hochspannungs-Netzgeräte zum Betrieb dieser Röhren (mit 3000 Volt und negativer Vorspannung für die Lichtsteuerelektrode) und Kippschwingungsgeräte für synchronisierbare Frequenzen zwischen etwa 5 bis 5000 Hz (zur elektrostatischen Ablenkung des Elektronenstrahls in X- und Y-Richtung).

Ausgelöst wurde der Einsatz dieser Elemente für das elektronische Fernsehen dann im Dezember 1930 durch meine Erfindung des Leuchtfleck-Bildabtasters (Flying spot scanner) und meinen Ärger über die unfreundliche Ablehnung meines Vorschlages für einen störungsarmen, kostengünstigen Vielfach-Rundfunk auf einer Ultrakurzwelle im Oktober 1930 bei der Jahrestagung der Heinrich-Hertz-Gesellschaft in Berlin. Das Fernsehen war eine in fünf Jahren erarbeitete Erfindung, die am 14. Dezember 1930 durch die Erfindung des Leuchtfleck-Bildabtasters ihren Abschluß fand.*

Ich erklärte Emil Lorenz meinen Plan. Jene Begeisterung packte uns, die man nur manchmal und meist vor großen Ereignissen empfindet. In fieberhafter Eile entnahmen wir dem Fertigungslager zwei Elektronenstrahlröhren, stellten zwei Einrichtungen zur Erzeugung der Ablenkspannungen aus Bestandteilen des Niederfrequenz-Labors zusammen, brachten einen der Breitband-Verstärker in Betriebsbereitschaft und entlehnten dem optischen Labor eine Linse hoher Lichtstärke und eine Photozelle geringer Trägheit.

Noch am gleichen Abend, am 14. Dezember 1930, hatten Emil Lorenz und ich ein entscheidendes Erlebnis. Ich hielt eine Schere vor den Schirm meines »Leuchtfleck-Abtasters« und sah tatsächlich, wie ihre Konturen am anderen Ende des Zimmers auf dem Leuchtschirm der Empfängerröhre erschienen. Wir wiederholten den Versuch mit einem Diapositiv und erzielten einen noch viel eindrucksvolleren Erfolg.

Der Leuchtfleck-Abtaster, der an diesem Tag von mir konzipiert und erstmalig experimentell realisiert wurde, ist später unter der englischen Bezeichnung »flying spot scanner« zum vielbenutzten Element der Fernseh- und Computertechnik sowie der Elektronik geworden. Sic transit gloria mundi!

Schon am 24. Dezember 1930, am Weihnachtsabend, besuchte mich der Staatssekretär im Postministerium Dr. Kruckow, um das neue Fernsehsystem kennenzulernen. Der Eintrag dieser bedeutenden Persönlichkeit in mein Gästebuch ist eine bleibende Erinnerung an dieses wichtige Ereignis.

---

* Weitere Einzelheiten siehe Manfred von Ardenne, Entstehen des Fernsehens, Persönliche Erinnerungen an das Entstehen des heutigen Fernsehens mit Elektronenstrahlröhren. Verlag für Historische Technik und Literatur, Herten 1996.

Geburtsstunde des elektronischen Fernsehens

Jetzt wurde es aufregend. Wir experimentierten, gingen bei der Elektronenstrahlablenkung zu sogenannten Kippschwingungen über, wandelten die Mechanik eines Kinoprojektors ab, machten Kontrollversuche, veränderten nach den Erfahrungen die Elektrodensysteme unserer Elektronenstrahlröhren, probierten neue Photozellen und Breitband-Verstärker ... Schließlich gelang im Frühjahr 1931 die Übertragung von Kinofilmen mit der damals von den Fernsehern auf mechanischer Grundlage gerade erreichten Qualität von 10000 Bildpunkten, aber mit viel größerer Bildhelligkeit. Die Vorführung der Anlage im Herbst 1931 während der Berliner Funkausstellung wurde vierzig Jahre später in zahlreichen europäischen und amerikanischen Fach- und Tageszeitungen als »Weltpremiere des elektronischen Fernsehens« bezeichnet. Fünfzig Jahre später, auf der Berliner Funkausstellung 1981, wurde ich zu einer Jubiläumsfeier dieses Ereignisses als Ehrengast und zu einer Pressekonferenz eingeladen. – Im Herbst 1931 hatten wir gegenüber dem Frühjahr dadurch eine wesentlich höhere Bildqualität erreicht, daß wir bei den Empfängerröhren mit axialsymmetrischen Elektrodensystemen variabler Spannung die Fleckschärfe bei gleichzeitig herabgesetztem Vakuum verbessern konnten. Abbildungssysteme dieser Art sind Jahre später, nachdem das Fachgebiet Elektronenoptik herangewachsen war, als »elektrostatische Immersionslinsen« bezeichnet worden. Interessanterweise stand an dem Drehknopf unseres auf der Ausstellung gezeigten Empfängers für die Potentialeinregelung der Voranode bereits die Bezeichnung »Fleckschärfe«. Wir benutzten schon Elektronenlinsen zur Strahlfokussierung, ohne es zu wissen.

Der Leuchtfleck-Abtaster (flying spot scanner) ist infolge seiner Einfachheit noch heute die Methode zur Abtastung von Filmen.

Ein Unglück vor Eröffnung der Funkausstellung 1931 gefährdet unsere Vorführung des elektronischen Fernsehens

Als wir am Nachmittag des Tages vor Eröffnung der Berliner Funkausstellung noch einen letzten Probelauf unserer Fernsehanlage durchführten, brannten infolge einer Fehlschaltung die Kathode der Leuchtfleck-Abtaströhre und danach auch die

Kathoden der beiden Reserveröhren durch. Es war eine Katastrophe; aber wir waren jung! Noch in der Nacht wurden die drei defekten Röhren in Lichterfelde mit neuen Kathoden versehen, evakuiert und formiert. Dann ging es in schneller Fahrt zum Funkturmgelände, und zehn Minuten vor Eröffnung der Funkausstellung lief die Anlage wieder mit hellen, guten Bildern auf dem Leuchtschirm der Elektronenstrahl-Empfängerröhre. Kurz nach Eröffnung der Ausstellung gratulierte mir als erster der damalige preußische Innenminister Carl Severing zur Qualität der gezeigten Bilder. Hinterher hatten mein unvergessener Glasbläser und Vakuumtechniker Emil Lorenz und ich das tiefe Zufriedenheit auslösende Bewußtsein, in einem wichtigen Lebensaugenblick durch schnelles Handeln eine schwere Krise überwunden zu haben.

Das elektronische Fernsehen setzt sich durch

Die Anlage, die im Herbst 1931 während der Berliner Funkausstellung von der Eröffnungsstunde bis zum Schluß laufend in Betrieb gezeigt wurde, bewies, daß die elektronische Methode bereits im Anfangsstadium ihrer Entwicklung den von allen Stellen gezeigten mechanischen Fernsehern weit überlegen war. Als Auswirkung unserer Demonstration stellten sich sämtliche interessierte europäische Firmen und Laboratorien außergewöhnlich schnell auf das elektronische Fernsehen um. Schon 1932 war dieser Prozeß fast überall vollzogen. Ohne unbescheiden zu sein, darf ich für mich in Anspruch nehmen, diese schnelle Entwicklung durch meine Bereitschaft gefördert zu haben, allen Fachkollegen jeden gewünschten Einblick in die Methoden und Ergebnisse meiner Arbeit zu gewähren. Für manche gab es dabei unvergeßliche Augenblicke.

So sahen nach ihren eigenen Worten der englische Fernsehpionier John L. Baird, der Leiter der Fernsehentwicklung von Telefunken, Professor Schröter, die technischen Leiter der Fernseh-AG sowie die für dieses Gebiet zuständigen Stellen

Am 21. Januar 1932 sieht der englische Fernsehpionier John L. Baird in Lichterfelde zum ersten Mal ein helles und scharfes Fernsehbild auf dem Leuchtschirm einer Elektronenstrahlröhre.

der Deutschen Reichspost damals in Lichterfelde zum ersten Mal ein helles, scharfes Bild mit Halbtönen auf dem Leuchtschirm einer Elektronenstrahlröhre.

Mit dem englischen Fernsehpionier John L. Baird, der die ersten Fernsehübertragungen in der Welt mit Hilfe der rotierenden Nipkowscheibe als Bildzerleger realisierte, hatte ich mehrere Begegnungen. Die ersten zwei fanden auf den Berliner Funkausstellungen 1928 und 1931 statt und die letzte Begegnung in meinem Lichterfelder Institut laut Gästebuch am 21. Januar 1932. Beim ersten Treffen auf der Funkausstellung hatte ich versucht, John Baird von den großen Vorteilen unserer neuen Elektronenstrahlröhren mit Lichtsteuerelektrode und hellem Brennfleck gegenüber seiner mechanischen Nipkowscheiben-Anordnung für die Gewinnung heller Bilder hoher Auflösung zu überzeugen. Mein Ziel war dabei, ihn als

Käufer unserer Elektronenstrahlröhren und Zusatzgeräte zu gewinnen. Für mich selbst war es ein Glück, daß John L. Baird sich damals nicht überzeugen ließ. So kam es dann bald nach diesem Gespräch zu unserem eigenen Fernsehversuch mit Elektronenstrahlröhren auf Geberseite und Empfangsseite am 14. Dezember 1930. Es liegt eine erhebliche Tragik darin, daß die englische Baird Television Development Company später als eine der letzten Fernsehgesellschaften ihre Technik von der Bildzerlegung mit mechanischen Mitteln zur elektronischen Bildzerlegung umstellte. Kurz danach gingen der englischen Baird-Gesellschaft die finanziellen Mittel aus; die Umstellung war zu spät erfolgt. Die geschilderten Vorgänge sind ein Beispiel dafür, daß zukunftsreiche Wege von den Experten häufig nicht erkannt werden.

Dr.-Ing. e. h. Walter Bruch, der Erfinder des PAL-Farbfernsehsystems, gibt in seinem 1967 erschienenen Buch »Kleine Geschichte des deutschen Fernsehens« aus eigenem Erleben folgende Schilderung der damaligen Ereignisse:

Aus der Geschichte des elektronischen Fernsehens

»Fritz Schröter, einer der Vorkämpfer des Fernsehens, erkannte die Bedeutung der Braunschen Röhre für dieses Gebiet schon frühzeitig und schrieb darüber. Aber er konnte selbst seine eigenen Laboratorien noch nicht überzeugen. Da kam von einer ganz anderen Seite ein neuer Impuls. Der ›deus ex machina‹ war der junge Berliner Erfinder Manfred von Ardenne, Berlin-Lichterfelde. Vor einer Villa am Jungfernstieg entsteigen am 10. Januar 1930 Fritz Schröter, Otto von Bronk und andere Fernsehexperten einem Auto, das hinter einem Mercedes-Kompressor-Sportwagen hält. Manfred von Ardenne hat die Herren eingeladen, um ihnen erste Halbtonfernkinobilder auf einer Braunschen Röhre zu zeigen. Der nur wenig über zwanzig Jahre alte Autodidakt hatte trotz seiner Jugend schon eine erstaunliche Karriere gemacht. 1925, noch als Schüler, konnte er den damaligen Inhaber der Firma Radio AG D. S. Loewe, Siegmund Loewe, von der Bedeutung des Breitband-Widerstandsverstärkers überzeugen und anregen, seine Mehrfachröhren zu bauen. Viel Geld bekommt von Ardenne dafür. Er kann sich ein Laboratorium einrichten – das Haus am Jungfernstieg – und fährt jenen Mercedes-Kompressor-Wagen. Er versammelt um sich eine Reihe junger, strebsamer Ingenieure – auch ich war damals für kurze Zeit in diesem Laboratorium tätig –, und er untersucht alle Randgebiete des Rundfunks. Seine publizistische Begabung und das Wissen, daß man nur durch Offenbarung seiner Arbeiten wieder Geld für neue erhalten kann, helfen ihm, bekannt zu werden. In seinem Labor wird auch viel fotografiert, und es liegt deshalb nahe, daß ihn die Braunsche Röhre als Oszillograph interessiert, denn sie verspricht auf einfache Weise gute Schirmbildaufnahmen. Unbekümmert geht er an die Entwicklung solcher Röhren heran und erzielt erstaunliche Erfolge. So findet er, daß man an einer zusätzlichen Elektrode mit einer regelbaren Spannung gut die Fleckschärfe einstellen kann, braucht dazu also nicht mehr als die zusätzliche Konzentrierspule. Ferner benutzt er den sogenannten ›Wehneltzylinder‹, der von Arthur Wehnelt an der Universität Berlin zur Konzentration des elektronischen Strahlenbündels eingeführt worden war, für die Helligkeitssteuerung des Schirmlichtpunkts. Zusammen mit der Vakuumfirma Leybold u. Co. wird eigens eine Gesellschaft gegründet, Leybold und von Ardenne Oszillographengesellschaft. Sie fabriziert Zubehörteile und diese Röhren. Auf dieser Grundlage ist es für von Ardenne leicht, seine Röhre schnell auf Fernsehen umzustellen. Viele Bausteine können hierfür vom Lager der Firma Leybold und von Ardenne entnommen werden. Genau wie Manfred von Ardenne selbst, sind auch seine jungen Mitarbeiter vom mechanischen Fernsehen nicht historisch vorbelastet. Ihnen allen liegen elektrische Schaltungen näher als mechanische Gebilde. Im Mai 1930 kann er auf der Braunschen Röhre Bilder wiedergeben. Noch kommen die Bilder vom mechanischen Geber.

Aber auch dieser mechanische Geber ist von Ardenne und seinen Mitarbeitern ein Dorn im Auge, und so versucht er, für die senderseitige Abtastung die Braunsche Röhre ebenfalls zu verwenden. Noch im selben Jahr, am 24. Dezember 1930, kann er der Fachwelt das *erste* vollelektronische Fernsehbild in Europa zeigen, ja das *erste* Bild der Welt überhaupt, das von einem Leuchtfleck-Abtaster ausgeht, wie hinfort die Braunsche Röhre als Abtaster heißen sollte. Vermerken wir, daß noch heute fast alle Film- und Diapositiv-Übertragungen in unserem Fernsehen von Leuchtfleck-Abtastern, ›flying spots‹, wie sie jetzt auf gut deutsch heißen, kommen. Manfred von Ardenne hat diese *ersten* Fernsehbilder fotografiert, und so können wir uns jederzeit wieder einen Begriff davon machen, wie die damaligen Bilder aussahen. Die Kornstruktur des Leuchtschirmes war noch stark sichtbar, das Nachleuchten des Abtastschirmes führte zu Verwischungen. Erst später sollten die Engländer Bedford und Puckle einen Weg zeigen und Karolus einen anderen, wie man das Nachleuchten ›entzerren‹ kann. Auf der Funkausstellung des Jahres 1931 demonstrierte von Ardenne, zusammen mit der Firma Loewe, ein vollelektronisches Fernsehen mit 100 Zeilen. *Es war die erste öffentliche Vorführung dieser Art auf der Welt.*

Diese Ardenne-Vorführung spornte die anderen Firman an, in ihren Laboratorien die Entwicklung der Braunschen Röhre für den Fernsehempfänger, der ›Bildröhre‹, wie sie von nun an heißen sollte, voranzutreiben.«

Was die Konzerne nicht wahrhaben wollten

Soweit die Erinnerungen von Walter Bruch. In vielen älteren Aufsätzen über die Entwicklungsgeschichte des Fernsehens, in offiziellen Ausstellungen der Industrie und in den Museen zur Geschichte der Technik sind meine in den Jahren 1925 bis 1935 entstandenen Beiträge zur Entwicklung des rein elektronischen Fernsehens oft übergangen oder unrichtig dargestellt worden. Bestimmte Konzerne wollten es eben nicht wahrhaben, daß ihnen, den Riesen auf ihrem Gebiet, von einem erst dreiundzwanzig Jahre jungen Physiker der Weg in die Zukunft einer wichtigen Technik gewiesen wurde.

Vladimir Kosma Zworykin entwickelt die erste Kameraröhre

Wir lagen mit unserer internen Vorführung der rein elektronischen Fernsehtechnik vor Spezialisten Ende 1930 bis April 1931 bzw. mit unserer öffentlichen Vorführung auf der Berliner Funkausstellung 1931 um etwa ein Jahr früher als der Fernsehpionier V. K. Zworykin, Physiker und Elektroingenieur russischer Herkunft in den USA. Dies ergab sich aus Gesprächen bei unserem Besuch des Ehepaars Zworykin 1975 in Princeton. Durch diese Tatsache werden die großen Verdienste Dr. Zworykins nicht geschmälert, denn er hatte sich die schwierige Aufgabe gestellt, eine Kameraröhre, sein Ikonoskop, auf der Geberseite einzusetzen. Der Bau dieser ersten Kameraröhre, des ersten brauchbaren elektronischen Bildabtasters, war in der damaligen Zeit, 1923–24, ein sehr kompliziertes technologisches Problem. Die Entwicklung des Ikonoskops dauerte etwa 1,5 Jahre. Unser Leuchtfleck-Abtaster war in einem Tag zu realisieren. Daraus resultierte unser zeitlicher Vorsprung.

Hochzeilenfernsehen (HDTV) und Satelliten-Fernsehen in naher Zukunft

Die Entwicklung der Fernsehtechnik ist zum Teil durch große Sprünge gekennzeichnet. Hierbei ist nicht nur an den großen Sprung 1954 in den USA, ab 1967 in der Bundesrepublik Deutschland und 1969 in der DDR beim Wechsel von der Schwarzweiß- zur Farbbild-Technik gedacht, sondern an jene Phasen, da eine Erhöhung (meist Verdoppelung) der Zeilenzahl pro Bild stattfand. Als die Fernsehtechnik in die Sackgasse mechanischer Methoden (Nipkowscheibe, Spiegelräder) geraten war, betrug die Zeilenzahl nur 30 bis 45. Erst durch den Übergang zu 90 Zeilen beim Beginn mit der Elektronenstrahl-Technik wurde das Fernsehen diskutabel. Bei den folgenden Umstellungen der Norm auf 180, 360 und schließlich 625 Zeilen vervierfachte sich jedesmal die Zahl der Bildelemente pro Bild. Wer diese Umstellungen und die ihnen zugeordnete sehr große Steigerung der Bildqualität miterlebt hat, der sieht mit großen Erwartungen einem Ereignis entgegen, das wahrscheinlich in wenigen Jahren stattfindet. Gemeint ist die Umstellung der Farbfernsehtechnik auf zum Beispiel 1250 Zeilen, in solcher Form, daß auch die bisherigen Empfänger mit der 625-Zeilen-Norm das 1250-Zeilen-Bild aufnehmen können (Wahrung der Kompatibilität). Auf die Tatsache, daß die Zeit für eine solche Umstellung heranreift, habe ich schon am 24. Oktober 1977 in Briefen an Max Grundig und V. K. Zworykin, den alten Freund aus der Pionierzeit der Fernsehtechnik, aufmerksam gemacht. In diesen Briefen wies ich darauf hin, daß die für eine Verdoppelung der Zeilenzahl notwendigen Technologien (zum Beispiel Bildröhren mit stabilen HDTV-Bildschirmmasken, Elektronik der breiten Frequenzbänder) bereits entwickelt sind. Seit einigen Jahren wird diese Umstellung, besonders in Verbindung mit der Satelliten-Übertragungstechnik, international diskutiert. Erste sehr überzeugende Vorführungen des HDTV (High Definition)-Farbfernsehens fanden 1983 auf einer internationalen fernsehtechnischen Konferenz statt. Die Einführung eines (kompatiblen) Hochzeilenfernsehens wird durch eine Reihe günstiger Momente erleichtert: Ein neuer großer Markt wird erschlossen, die Computertechnik benötigt ebenfalls die Hochzeilen-Bildausgabe, und die Fortschritte der Satelliten-Kommunikationsmethoden stellen gute Lösungen bei der Einführung in Aussicht.

Das Laboratorium wächst zum Institut

Meine Arbeitsmethoden

Damals wirkte sich mein Alleingang mit dem kleinen Privatlaboratorium trotz aller erfolgreichen Arbeiten an und mit der Elektronenstrahlröhre schon nach kurzer Zeit nachteilig aus. Bei der nun einsetzenden stürmischen Entwicklung des Fernsehens lagen bald nur noch die vielköpfigen Arbeitsgemeinschaften staatlicher Laboratorien oder großindustrieller Forschungsstätten im Rennen. Ich wurde mir meiner begrenzten Möglichkeiten bewußt und mußte einsehen, daß ich unter den gegebenen Verhältnissen die im richtigen Augenblick gefundenen Problemlösungen nur dann günstig verwerten konnte, wenn es mir gelang, die Unterstützung einer genügend großen Institution zu gewinnen.

Es gelang mir unter den zum Teil recht schwierigen Wirtschaftsbedingungen im Vorkriegsdeutschland und trotz der Konkurrenz der Großindustrie, mein Lichterfelder Laboratorium über alle Krisen hinwegzubringen und weiter auszubauen zu einem kleinen Institut. Das verdanke ich meinem Grundsatz, möglichst permanent ein hohes Arbeitstempo einzuhalten. Folgende Prinzipien, die ich auch heute noch im Forschungsinstitut auf dem Weißen Hirsch zu befolgen versuche, dienten diesem Ziel:

Niemals eine Arbeit auf den folgenden Tag verschieben, die gleich erledigt werden kann. Briefe, wenn es sich machen läßt, sofort bei ihrem Empfang beantworten. Möglichst viele Standardteile und Grundelemente auf Lager halten. Unverzügliche Beschaffung darüber hinaus benötigter Geräte, Teile und Materialien durch telefonische Vorausbestellung. Sofortige Bezahlung der Rechnungen und – falls nötig – auch Einsatz der persönlichen Beziehungen zu den Werkleitungen. Durch direkte Kontakte mit den international führenden Spezialisten immer über die Entwicklung in anderen Ländern auf dem laufenden sein. Systematische Aufarbeitung und Speicherung der wesentlichen wissenschaftlich-technischen Informationen und Resultate, zum Teil in Form von Tabellen und Kurven für die Haupt- und Nebengebiete unserer Arbeit. Aufbau der Laboranlagen – soweit durchführbar – in betriebsbereitem Zustand. Schnelle Beschlußfassung über die zu treffenden wissenschaftlichen und wirtschaftlichen Entscheidungen. Günstige Grund- und flexible dynamische Struktur der Institution. Rasche Überleitung der Ergebnisse in die Praxis. Wahl möglichst solcher Entwicklungsthemen, welche die Erreichung einer internationalen Spitzenleistung oder multivalente Nutzung der Ergebnisse in Aussicht stellen.

Für ein permanent hohes Arbeitstempo waren die Bedingungen sowohl in Berlin als auch später in Dresden ungewöhnlich günstig. Spezialisten fast aller Fachrichtungen standen in diesen beiden Städten zur Verfügung, wissenschaftliche Literatur des Auslandes ließ sich oft im Laufe von Stunden beschaffen, Forschungsinstitute für viele Fachsparten befanden sich am Ort, und außerdem konzentrierten sich hier Industriebetriebe jeder Größenordnung. Teilweise gestatteten unsere Arbeitsergebnisse uns, neben den laufenden physikalischen Forschungen und den wissenschaftlichen und sonstigen Veröffentlichungen über längere Zeit im Durchschnitt ein bis zwei Patente pro Woche anzumelden.

Mercedes-Sportwagen 180 PS

Wichtige Dienste leistete mir das Auto. Zunächst war ich gezwungen, einen Wagen zu benutzen, um meine vielen Verpflichtungen schnell erledigen zu können – aber bald machte mir das Autofahren auch großen Spaß. Sicher trug dazu bei, daß der Bruder des Rennfahrers Manfred von Brauchitsch von 1925 bis 1932 die Geschäfte meines Sekretariats wahrnahm. Seine Erzählungen und ein zufälliger Besuch des Schweizer Ingenieurs Jaray, des Konstrukteurs der Stromlinienform, verführten mich zum Kauf eines 180-PS-Mercedes-Sportwagen – des gleichen Typs, mit dem Manfred von Brauchitsch seine Rennen austrug. Vor allem lernte ich, in den Kurven rennmäßig so mit Vollgas zu fahren und zu schleudern, wie es das sportliche Modell mit tiefer Schwerpunktlage ermöglichte. Die Kenntnis dieser Fahrtechnik hat mich später manche Gefahrensituation unfallfrei überwinden lassen. Ich stand kurz davor, selbst aktiv an Rennen teilzunehmen. Aber – mein eigentliches Hobby war eben doch die Arbeit.

Kauf und Betrieb des 7-Liter-Mercedes-Kompressor-Wagens – er benötigte dreißig Liter Benzin auf einhundert Kilometer – überstiegen meine damaligen wirtschaftlichen Verhältnisse. Deshalb erwarb ich bald darauf noch einen gebrauchten kleinen BMW. Dieser Typ war aus dem Zwergauto Dixi hervorgegangen und ganz billig zu unterhalten. Wenn wenig Geld in der Kasse war, benutzte ich den kleinen Wagen, im umgekehrten Fall den großen. Ich erinnere mich, lange Zeit vorwiegend den BMW gesteuert zu haben.

Mein Verhältnis zum Auto führte etwa dreißig Jahre später dazu, daß wir im Institut auf dem Weißen Hirsch mehrjährige Untersuchungen zur Physik des Unfallschutzes für Kraftfahrzeuginsassen anstellten.

Physikalische Ortung eines Autodiebes

Eines Abends im Jahre 1931 war mein geliebter kleiner BMW-Wagen verschwunden. Natürlich ärgerte ich mich sehr, schließlich hatte ich ihn sauer genug verdienen müssen. Wenige Tage später wurde bei einem geheimnisvollen Telefonanruf die Rückgabe des Autos gegen Zahlung einer bestimmten Summe in Aussicht gestellt. Allerdings hatte der Dieb nicht mit den technischen und organisatorischen Möglichkeiten unseres Labors gerechnet.

Ich veranlaßte den Unbekannten, einige Stunden später

noch einmal anzurufen. Inzwischen verabredete ich mit dem Fernsprechamt einen der damaligen Technik angepaßten Trick: Sobald der Autodieb sich wieder meldete, sollte kurzzeitig mit einem unserer Transformatoren sehr kräftige Schallplattenmusik auf die Telefonleitung übertragen werden. Diese Musik mußte dann durch das sogenannte Übersprechen bei dem betreffenden Amt sofort den zugeordneten Klappenschrank kenntlich machen und damit ermöglichen, die benutzte Verbindung schnell zu finden.

Das funktionierte ausgezeichnet. Des Diebes Verwunderung über die Geräuschkulisse bei Gesprächsbeginn legte sich bald. Mit vorbereiteten Themen dehnte ich die telefonische Verhandlung auf fünfzehn Minuten aus. Dann meldete die Stimme eines Polizei-Offiziers am anderen Ende die Festnahme meines Gesprächspartners. Die Zeitspanne hatte genügt, um den Standort des Apparates herauszufinden, von dem angerufen wurde, und eine Polizeistreife dorthin zu dirigieren. Der Spitzbube hatte eine Fernsprechzelle am Potsdamer Platz benutzt. Bald darauf befand sich das gestohlene Auto wieder in meiner Garage.

Begegnung mit Fritz von Opel

Die Entwicklung der Elektronenstrahl-Oszillographen führte im Mai 1930 zu einem Besuch des technisch sehr versierten Industriellen Fritz von Opel, dem Enkel des Firmengründers Adam Opel. Wir unternahmen damals gemeinsame Versuche zur Aufzeichnung der Druck-Zeit-Diagramme in den Zylindern von Otto-Motoren mit Elektronenstrahlröhren. Solche Aufzeichnungen wurden bald darauf zu einer Routinemethode der Automobiltechnik. Fritz von Opel, ein Unternehmer, Konstrukteur und Initiator mit ungewöhnlichen Ideen, war sehr bekannt als erfolgreicher Autorennfahrer und durch seine Fahrversuche 1928 auf der Berliner Avus mit von Raketen angetriebenen Fahrzeugen. Weniger bekannt, aber von mir miterlebt, wurden seine etwas verrückten Versuche zur elektronischen Fernsteuerung von Autos. Dabei steuerte er einen Opelwagen ohne Insassen durch den Berliner Verkehr von einem in etwa zehn Meter Abstand folgenden Auto aus. Die grenzenlose Verwunderung über das intelligente, aber leere Auto, welche sich in den Gesichtern der Passanten und Verkehrsteilnehmer widerspiegelte, blieb für Fritz von Opel die Hauptbelohnung für die aufgewendete Mühe. Wenige Monate bevor wir uns zur Zusammenarbeit trafen, hatte er mit dem Gleitflugzeug »Rak 1 Friedrich« den wohl ersten bemannten Raketenflug in der Geschichte der Luftfahrt gewagt: 80 Sekunden, rund 3 km weit reichte der Schub.

Sternstunden

Gegen Ende des gleichen Jahres war die inzwischen auf dem Dach des Lichterfelder Hauses errichtete Sternwarte mit einem parallaktisch montierten Spiegel-Fernrohr von 25 cm freier Öffnung ausgestattet worden. Heute befindet sich übrigens dieses wertvolle – von dem bekannten Astro-Optiker B. Schmidt konstruierte – Goerz-Instrument nach verschiedenen Abenteuern während des Zweiten Weltkriegs und danach im Kaukasus in der Sternwarte des Ostseebades Heringsdorf.

Ich verbrachte jetzt wieder, wie schon als Schüler, manche Nachtstunde bei der eingehenden Betrachtung der Sterne. Wie deutlich werden die berühmten Objekte des Himmels durch ein Instrument dieser Größe, langbrennweitige Okulare und binokulare Beobachtungsmöglichkeit sichtbar! Welch unvergeßliches Bild bieten bei klarem Himmel ein Objekt wie der Orionnebel oder die Sternhaufen im Perseus und der Kugelsternhaufen im Herkules dem Auge des Menschen! Wie stärkt sich in solchen besinnlichen Momenten am Fernrohr der Blick für das Wesentliche!

Amateurastronomen in »klassenloser« Gesellschaft

Das Interesse für Astronomie brachte mich damals mit einer Vereinigung in Berührung, in der sich drei Jahrzehnte lang Berliner Liebhaber dieser Wissenschaft zusammenfanden. Die Freude an der Sternkunde verband hier den Nachtwächter, der zwischen seinen Rundgängen Jupiterbeobachtungen anstellte, mit dem pensionierten Bergwerksdirektor, die Apothekergestalt Spitzwegscher Prägung mit dem Schüler und den Arbeiter einer Maschinenfabrik mit dem Chirurgen. In dieser einzigartigen Gesellschaft hörte ich Vorträge über die Berechnung von Kometenbahnen von einem Mann, der tagsüber aus Pappmaché Maikäferbeine für Schokoladenfabriken stanzte, und Berichte über die Korrektur kompliziertester Linsensysteme von einen Händler in Fischereigeräten. Begeisterung für die Naturwissenschaften traf man in dem Zirkel in gerade jener Stärke und Reinheit, die alle erfüllen muß, die forschend dieses Feld durchstreifen wollen.

Dieser Kreis wurde von dem 1957 verstorbenen Astronomen und Optiker Dr. Gramatzki, dem Erfinder der Zoomoptik, sogar über den Zweiten Weltkrieg hinaus fest zusammengehalten. Er, der in jüngeren Jahren Persönlichkeiten wie Albert Einstein und Rabindranath Tagore durch seine Gedanken zu fesseln gewußt hatte, vereinigte vielseitige Interessen mit einer außergewöhnlich tiefen geistigen und wissenschaftlich-technischen Bildung. Stets war er bestrebt, die behandelten Fragen auch philosophisch zu durchdringen. Das ließ sowohl das Gespräch mit ihm als auch seine Vorträge zu unvergeßlichen Erlebnissen werden. Bis zum Ende des Zweiten Weltkriegs gehörten Gramatzkis zu unseren engeren Freunden. Manche Anregung zur Thematik meiner Arbeit schöpfte ich aus den abendlichen Plaudereien mit ihnen.

Anfang 1932 hatte ich das Alter erreicht, in dem andere junge Menschen meines Jahrgangs ihr Hochschulstudium beendeten. Dieser Zeitpunkt darf daher mit einiger Berechtigung auch als Ende meiner Lehrjahre betrachtet werden.

Menschenkenntnis gehört auch dazu

Im Laufe des Jahres 1932 lernte ich mehr über die Schwächen menschlicher Charaktere als in dem ganzen vorausgegangenen Jahrzehnt. Zu jener Zeit neigte ich aufgrund meiner frischgesammelten Lebenserfahrungen dazu, die Menschen in Kategorien einzuteilen, abgestuft nach der Höhe der Geldsumme, die sie vom rechten Weg abbringen konnte. Ich mußte mitten in der Wirtschaftskrise erleben, wie langjährige Mitarbeiter weniger hundert Mark wegen plötzlich meine Gegner wurden, wie angesehene Kaufleute und Rechtsanwälte sehr ehrlich waren, solange es nur um kleine Beträge ging, aber mit ausgeklügelten Tricks bedenkenlos die Grenze zum Kriminellen überschritten, wenn sie die Möglichkeit sahen, einige zehntausend Mark für sich abzuzweigen.

Ein seltsamer »Ingenieur« mit Namen Kassner

Diese Art der Menschenbeurteilung ergab sich aus der Begegnung mit einer der merkwürdigsten Gestalten, die je auf dem weiten Feld der Physik ihren Lebensunterhalt gesucht haben. Ein Ingenieur Kassner hatte eineinhalb Jahre vorher verschiedene Meßgeräte für das Gebiet extrem kurzer elektrischer Wellen in meinem Laboratorium entwickeln lassen. Anfang 1932 erschien er dann mit Ergebnissen, die viele Protokollhefte füllten und denen Fotografien hervorragend ausgestatteter Laboratorien beigelegt waren. Hierauf konnten wir auch unsere Geräte erkennen. Da die Messungen des Ingenieurs mit den von uns selbst in Lichterfelde hergestellten Instrumenten durchgeführt worden waren – so dachte ich wenigstens –, hatte ich zu den vorgelegten Resultaten Vertrauen.

Nach diesen Daten mußte ihm auf dem Wellenbereich zwischen ein und hundert Zentimeter Länge eine große Entdeckung gelungen sein. Im Gegensatz zu der bekannten Theorie Debyes sollten bei vielen zusammengesetzten Flüssigkeiten, zum Beispiel beim Blutserum, außerordentlich scharfe Resonanzen gewisser molekularer oder übermolekularer Bestandteile im Bereich der Zentimeterwellen vorkommen. Unter Einwirkung von Hochfrequenzfeldern, die auf einer der gefundenen Resonanzwellen abgestimmt waren, ergab sich angeblich eine Reihe neuer physikalischer und biologischer Effekte.

Ein phantastisches Projekt

Ein Weg zur Beeinflussung von Lebensvorgängen mit Hilfe richtbarer Kurzwellenstrahlen schien gefunden, ebenso eine neue Möglichkeit zur elektrischen Analyse des menschlichen Serums und anderer Körperflüssigkeiten – sowie noch vieles mehr.

Natürlich war ich zunächst kritisch, mein Vertrauen zu den Ergebnissen Kassners wurde aber schließlich durch zahlreiche auf seinen Namen lautende, gedruckte Patentschriften über elektronische Rechenmaschinen aus den dreißiger (!) Jahren gestärkt. Außerdem beeindruckten mich seine hervorragenden mathematischen Kenntnisse und auch einige geniale Konstruktionsideen, die ein Jahrzehnt später tatsächlich realisiert wurden. Kurz und gut – ich entschloß mich, seine Vorschläge zu akzeptieren und mit ihm gemeinsam die Forschungen auf dem angedeuteten Grenzgebiet zwischen Physik und Medizin aufzunehmen.

Wie es bei meinem engen Zusammenwirken mit Dr. Loewe selbstverständlich war, machte ich ihn sofort mit der Person und den Arbeiten Herrn Kassners bekannt und versuchte, ihn dafür zu interessieren. Ich war bestürzt, als er jede Beteiligung ablehnte; andererseits gab mir das die Freiheit, selbständig zu handeln. Nach zwei Monaten gelang es mir trotz äußerst ungünstiger Wirtschaftskonjunktur, den Schweizer Industriellen Max Stoffel für das Projekt zu gewinnen. Fazit: eine Gesellschaft mit einem Aktienkapital von einer Million Schweizer Franken kam zustande.

Gründung einer merkwürdigen Aktiengesellschaft

Diese Gründung brachte damals für alle, die mit ihr zu tun hatten, einige Unruhe mit sich. Der Anwalt des Schweizer Finanziers verschaffte sich gegen die Interessen seines einflußreichen Auftraggebers zusätzliche Besitzanteile, und mein wirtschaftlicher Berater schmuggelte ohne Skrupel in den Gründungsvertrag für sich erstaunliche Beteiligungen an zukünftigen Gewinnen hinein. Ja, es fehlte nicht viel, und ich hätte durch mein Vertrauen zu diesem Menschen das gesamte Laboratorium in Lichterfelde verloren, versuchte er doch, mich zur Errichtung eines zweiten Laboratoriums zu veranlassen. Dies hätte es meinem früheren Vertragspartner ermöglicht, eine bereits für diesen Fall vorbereitete einstweilige Verfügung wegen Vertragsverletzung zu erwirken. Damit wäre das Lichterfelder Institut bis zur Klärung vor dem Reichsgericht, das heißt bis zu meinem wirtschaftlichen Ruin, lahmgelegt worden.

Irgendwie ahnte ich drohendes Unheil und glaubte Anzeichen dafür zu bemerken, daß unsere Existenz, das Ergebnis aller Arbeit in den vorausgegangenen Jahren auf dem Spiel standen. Diese Lage rechtfertigte ungewöhnliches Handeln.

Katastrophe in letzter Minute abgewendet

Durch die Dechiffrierung eines Telegramms, welches 1916 für den Ausgang der Skagerrakschlacht im Ersten Weltkrieg zwischen der deutschen Hochseeflotte unter Vizeadmiral Scheer und der britischen Großen Flotte maßgebend gewesen sein soll, hatte Ingenieur Kassner ausgezeichnete Beziehungen zu damals führenden Persönlichkeiten, unter anderem zum Bruder des Außenministers Curtius und dem bald darauf, im Dezember 1932, zum Reichskanzler berufenen und später von der SS im Zusammenhang mit dem sogenannten Röhm-Putsch ermordeten General Kurt von Schleicher. Das nutzte ich in dieser Situation für mich aus. Ein Besuch bei von Schleicher führte zu der außergewöhnlichen Erlaubnis, die Spionageabteilung der Reichswehr einschalten zu dürfen. Von da an rollte eine Handlung wie in einem modernen Fernsehkrimi ab: Im Wannseer Golfklub fiel in einem bestimmten Personenkreis mit dem kaufmännischen Direktor von Loewe scheinbar zufällig mein Name. Provozierende Bemerkungen wurden gemacht – und bald waren die Pläne gegen mich ausgeplaudert.

Noch am gleichen Abend erfuhr ich von ihnen. Ich war kaum mehr überrascht zu hören, daß mein wirtschaftlicher Berater mit meinen Gegnern unter einer Decke steckte. In der Folgezeit tat ich dann jeweils das Gegenteil von dem, was er mir riet. Dadurch gelang es mir, die sehr ernst gewordene Gefahr abzuwenden.

Bald nach Gründung der Schweizer Aktiengesellschaft Dipol AG entstand in Arbon unmittelbar am Ufer des Bodensees eine Forschungsstätte, deren Einrichtungen und Werkstätten das damalige Lichterfelder Institut weit in den Schatten stellten. Jetzt endlich war die Gelegenheit zur Nachprüfung der Meßergebnisse Herrn Kassners und der behaupteten neuen Effekte gegeben.

Mit dem ganzen ihm zu Gebote stehenden Ideenreichtum versuchte er, gerade das immer wieder zu verhindern oder zu verzögern. Als der wahre Sachverhalt mir gegenüber schließlich nicht mehr zu verschleiern war und seine Daten sich schlankweg als Fälschungen erwiesen, hatte Kassner schon vorsorglich den Schweizer Finanzier vor mir gewarnt. Daher glaubte mein eidgenössischer Partner mir nicht, als ich ihm reinen Wein einschenkte, sondern forderte mich auf, meine Anteile an der gemeinsamen Gesellschaft abzugeben. Hätte jener Industrielle mir damals vertraut, würde er sein investiertes Geld sicher nicht verloren haben. Ohne Zweifel wären manche der vielen erfolgreichen späteren Projekte, zum Beispiel Elektronenstrahl-Oszillographen, Elektronenmikroskope, in den schönen neuen Laboratorien und Fertigungsstätten der Dipol AG zu industriellen Produktionen herangereift. Im Zusammenhang mit unserer Krebsforschung erhielt ich 1970 von Max

Stoffel einen liebenswürdigen Brief, der mir Freude bereitete. Kurz vor seinem Tode besuchten wir ihn in seinem schönen Haus in Liechtenstein. Es waren harmonische Stunden mit übereinstimmender Beurteilung des Vergangenen. Die Zeit heilt Wunden.

Aus der Krise in einen neuen Vertrag

Bedingt durch das Projekt mit Herrn Kassner, hatte ich meine Bindungen mit der Firma Loewe gelöst. Nachdem nun das Vorhaben in der Schweiz fehlgeschlagen war, stand ich mitten in der Wirtschaftskrise vor dem Zwang, eine neue Finanzierungsgrundlage für das Lichterfelder Institut und die Rückzahlung der noch verbliebenen Schulden zu finden. Meine Bemühungen führten 1933 zum Abschluß eines Vertrages mit der C. Lorenz AG, in dessen Rahmen dann in den folgenden Jahren die Fernseh-Abteilung dieses Betriebes aufgebaut wurde. Die Glasbläserei meines Laboratoriums war damals weitgehend auf die Herstellung von Fernsehröhren mit Kolbendurchmessern bis zu fünfunddreißig Zentimeter spezialisiert.

Die Entwicklungsarbeit an der Kathodenstrahlröhre und ihre Anwendung vor allem in der Meßtechnik, die in einem 1933 erschienenen Buch ihren Niederschlag fand, brachte mich nach und nach mit vielen bedeutenden Persönlichkeiten – zum Beispiel aus der Elektronik, der Medizin, der Industrie – in Berührung und verschaffte mir tiefe Einblicke in gerade aktuelle Problemstellungen der verschiedensten Forschungsgebiete aus Naturwissenschaft, Medizin und Technik.

Professor Watson-Watt

Zu den interessantesten Begegnungen aus dieser Zeit gehört jene mit dem Leiter der Radio Research Station in Slough, Professor Watson-Watt. Dieser englische Forscher besuchte zwischen 1929 und 1933 mehrmals das Lichterfelder Institut, um sich über technische Fortschritte zu informieren und – nicht zuletzt – große Aufträge auf Elektronenstrahlröhren zu erteilen, die über manche Schwierigkeiten jener Tage hinweghalfen. Seit 1935, und besonders auch im Zweiten Weltkrieg, hatte dieser Wissenschaftler das Vertrauen der englischen Regierung. Seine persönlichen Leistungen auf dem Gebiet der Radartechnik mit Elektronenstrahlröhren trugen im Krieg entscheidend zur erfolgreichen Abwehr des Unterseeboot-Krieges und der Luftangriffe des faschistischen Deutschland gegen England bei. Er wurde in den Adelsstand erhoben und von Churchill im Unterhaus als Sieger in der Luftschlacht um London 1940/41, der »Battle of Britain«, vorgestellt. Leider entwickelte Sir Watson-Watt dann auch das unten besprochene Panorama-Radargerät, welches die Zielmarkierung bei den Bombenteppich-Luftangriffen gegen die deutschen Städte ermöglichte.

Englische Elektronenphysiker

Einige Reisen nach London und Gegenbesuche in Lichterfelde führten zu einem engeren Kontakt mit fast allen maßgebenden englischen Elektronikfachleuten, besonders mit den Physikern Bedford und Puckle der Cossor-Werke sowie mit Pocock, dem Herausgeber der Fachzeitschriften »Wireless Engineer« und »Wireless World«. Puckle übersetzte später mein Buch »Fernsehempfang« ins Englische.

Werbung war notwendig

Um meinem Laboratorium auf internationaler Ebene einen Platz zu sichern, habe ich bis zum Beginn des Zweiten Weltkrieges stets den größten Wert darauf gelegt, auch in den Fachzeitschriften des Auslands zu publizieren. Ich mußte stets selbst die finanzielle Grundlage meines Instituts sichern und war daher gezwungen, ständig eine Art Werbung zu betreiben. Diese propagandistische Note, die vor allem in den Jahren, in denen es für mich um die nackte Existenz ging, bei manchen Veröffentlichungen unvermeidlich war, ist mir oft sehr verübelt worden. Dabei liegt doch auf der Hand, daß ein Institutsleiter, dem in Zeiten schlechter Wirtschaftskonjunktur schon die Gehälter der Mitarbeiter Sorgen bereiten, vor einer gänzlich anderen Situation steht als sein Kollege, der vom Staat oder von seiner Firma ein gesichertes Gehalt bezieht.

Mein Vater verweigerte sich den Nazis

Als das Jahr 1933 begann, hatte ich mir mit meinem Institut schon ein festes wirtschaftliches Fundament geschaffen, und ich hätte eigentlich zufrieden sein können. Dennoch spürte ich ein gewisses Unbehagen, das allerdings nicht in meiner fachlichen Arbeit, sondern in der politischen Entwicklung begründet lag. Mein Vater, der alle Geschehnisse sehr aufmerksam verfolgte, äußerte sich immer häufiger besorgt über das Aufkommen der Hitlerpartei. Er hatte schon 1932 eine grundsätzliche, auch mich nachhaltig beeinflussende Entscheidung getroffen. In seiner Eigenschaft als Regierungsrat im Versorgungsamt lernte er Hermann Göring kennen, der im August 1932 Reichstagspräsident wurde. Göring forderte ihn kategorisch auf, in die NSDAP einzutreten. Das war Vorbedingung für eine leitende Position, in der mein Vater die Betreuung aller Wehrmachtsangelegenheiten der Partei hätte übernehmen sollen.

Im richtigen Gefühl für die gefährlichen Ziele und die Hemmungslosigkeit der NS-Führung lehnte mein Vater diese Aufforderung ebenso kategorisch ab. Auch in der Folgezeit ist er von dieser Grundeinstellung nie abgegangen, obwohl es für ihn beispielsweise leicht gewesen wäre, seine aus dem Ersten Weltkrieg stammende Bekanntschaft mit dem späteren Postminister Ohnesorge für die eigene Karriere auszunutzen. Mit seiner Entscheidung beeinflußte mein Vater das Schicksal unserer ganzen Familie während und nach der Hitlerzeit. In tiefer Dankbarkeit denke ich an seine nie schwankende Haltung gegen Hitler zurück.

Das Jahr 1933

Sicherlich war ich damals politisch noch unerfahren und ganz mit meinen technischen Aufgaben beschäftigt. Auf jeden Fall aber hatte ich mir viel zuwenig Gedanken über politische Probleme gemacht, um das Ausmaß dessen auch nur zu ahnen, was im Jahre 1933 begann. Gleich in den ersten Januartagen verhandelten Hitler und von Papen mit dem Bankier von Schroeder und bereiteten die unmittelbare Regierungsübernahme durch Hitler vor. Am 30. Januar war es soweit. Die SA marschierte im Fackelschein durch das Brandenburger Tor. Dann brannte am Abend des 27. Februar der Reichstag; es wurde von Massenverhaftungen gemunkelt. »Die Rote Fahne«, die am 23. Oktober 1930 meine Rundfunkarbeiten gewürdigt hatte, erschien nicht mehr. Wenige Tage später, am 5. März, traten wir an die Wahlurnen. Als die einundachtzig Mandate der Kommunisten im Reichstag annulliert wurden, fragte ich mich, ob das noch mit Recht und Demokratie zu vereinbaren sei. Die Verfälschung des 1. Mai durch die Hitlerregierung wurde mir in diesen Tagen noch nicht so recht bewußt. Viel später, als mir zufällig Egelhaafs »Historisch-politische Jahresübersicht für 1933« in die Hände fiel, las ich darin auf Seite 127: »In hinreißender Weise verkündete Hitler das Ideal der Volksgemeinschaft am 1. Mai. Dieser Tag, bisher ein Feiertag der klassenkämpferischen Arbeiterschaft, wurde durch Beschluß des Kabinetts zum ›Feiertag der nationalen Arbeit‹ erhoben.«

Als ich dieses Buch in der Hand hielt, hatte ich schon manche Stunde in Gesprächen über politische und historische Fragen verbracht. So wurden mir viele Unwahrheiten klar, welche die Grundlage für die Agitation der braunen Machthaber bildeten. Schon einen Tag nach dem 1. Mai 1933 wurden die Gewerkschaften verboten und ihr Vermögen beschlagnahmt. Am 10. Mai brannten auf dem Opernplatz in Berlin und in anderen deutschen Universitätsstädten Bücher humanistischen und fortschrittlichen Inhalts. In dieser Zeit gingen viele der bedeutendsten Vertreter des deutschen Geisteslebens und der Kunst, die ich hoch verehrte, in die Emigration. Zu denen, die nicht mehr in einem faschistischen Deutschland leben wollten oder konnten, gehörten die Physiker Albert Einstein, Max Born, Hans Bethe u. a., die Schriftsteller und Künstler Johannes R. Becher, Bert Brecht, Marlene Dietrich, Lion Feuchtwanger, Lea Grundig, die Brüder Mann, Anna Seghers und Arnold Zweig. Andere wie Egon Erwin Kisch, Erich Mühsam, Ernst Niekisch, Ludwig Renn oder Günter Weisenborn wurden ins Zuchthaus oder in die neueingerichteten Konzentrationslager geworfen. Durch die »Reichskulturkammer« sollte das gesamte kulturelle Leben gleichgeschaltet werden.

Das alles entsprach so gar nicht meinen Vorstellungen. Dennoch, der Papst schloß mit dem Reichskonkordat 1933 seinen Frieden mit den Exponenten dieses offen terroristischen und reaktionären Regimes, und manches schien wirklich nicht schlecht zu sein, was geschah. Die Arbeitslosenzahl nahm ab, man begann – die Avus in Berlin und die Strecke Köln-Bonn gab es schon zur Weimarer Zeit – Autobahnen zu bauen, und die NS-Organisation »Kraft durch Freude« konnte doch auch nur Gutes bringen, wenn sie hielt, was sie versprach, und den arbeitenden Menschen schöne Reisen und nette Erlebnisse vermittelte. Zu diesem Zeitpunkt begann ich, gerade aus meinen später erwähnten Gesprächen mit dem Staatsrechtler in der Reichskanzlei, Richard Wienstein, die wahre verhängnisvolle Zielstellung dieser Maßnahmen zu erkennen. Mein leidenschaftliches Interesse galt jedoch vor allem den technisch-wissenschaftlichen Problemen, die auf mich einstürmten. Sie zu lösen und bei der Durchsetzung ihrer Nutzung mitzuwirken war mein Streben.

Mitarbeit am Entstehen der Radartechnik

Die Arbeit an der Elektronenstrahlröhre führte unmittelbar nach dem Machtantritt der Nationalsozialisten im Rahmen des erwähnten C.-Lorenz-Vertrages zu intensiven weiteren Bemühungen meines Laboratoriums auf dem Gebiet der elektronischen Fernsehtechnik und vor allem zu wesentlichen Beiträgen für die werdende Radartechnik (Funkmeßtechnik). Ich entwickelte 1936 das Polarkoordinaten-Elektronenstrahlrohr, und mein Institut lieferte die ersten Apparaturen zur Erprobung mit Breitband-Verstärkern und Elektronenstrahl-Oszillographen an die Versuchsstationen von Telefunken, Luftfahrt und Marine sowie an andere Entwicklungsstellen der Radartechnik.

Fernsehausstellung 1933

Alljährlich nahm ich an den Fernsehausstellungen der Deutschen Reichspost teil. 1933 führte ich das Elektronenstrahl-Fernsehsystem nach der »Liniensteuerungsmethode« vor, bei dem die Schreibfleckhelligkeit durch Änderung der Abtastgeschwindigkeit gesteuert wurde. Während der Ausstellung wurde ich auf der Berliner Funkausstellung am Stand unserer Versuchsanlage durch den Postminister Ohnesorge mit besonders freundlichen Worten über meine bisherigen Arbeiten Hitler vorgestellt. Bei dieser Gelegenheit erhielt ich einen unmittelbaren Eindruck von diesem Menschen, der in solchen Fällen auf hypnotisierende Wirkung bedacht war. Er erinnerte mich darin an General Ludendorff, den ich 1919 als zwölfjähriger Junge in seiner geheimen Berliner Wohnung kennengelernt hatte.

Am Rundgang Hitlers nahm ein großer Kreis von höheren Staats- und Postbeamten teil. Es war für mich lehrreich – und auch unterhaltend – zu beobachten, wie eine Anzahl mir bis dahin sehr kühl gegenüberstehender Beamter nach meiner bevorzugten Behandlung augenblicklich ihre Einstellung zu mir änderten – und dies möglichst lebhaft bekundeten.

Gleich nachdem Hitler die Fernsehhalle verlassen hatte, implodierte auf dem benachbarten Ausstellungsstand des Reichspostzentralamtes eine große 35-cm-Kolben-Fernsehröhre mit einem explosionsartigen Knall. Wenige Minuten waren vergangen, seit er unmittelbar davorstand. Die Glassplitter blieben zum Teil in den umgrenzenden Wänden stecken. Wie hätten die schwerbewaffnete SS-Begleitmannschaft und Hitler selbst auf diese Röhrenimplosion reagiert? Jedenfalls hielten meine Fachkollegen nachher eine Art Dankgottesdienst ab.

Neuer Auftritt Kassners

Ein paar Monate später besuchte mich Professor Philipp aus dem Kaiser-Wilhelm-Institut für Chemie, einer der Mitarbeiter Professor Otto Hahns, und unterrichtete mich von der Absicht Görings, eine größere Forschungsgesellschaft (Kapital: eine Million Reichsmark) mit einem gewissen Ingenieur Kassner zu gründen. So erhielt ich davon Kenntnis, daß dieser Herr, nachdem die Gelder der Schweizer Dipol AG in Arbon aufgebraucht waren, im Begriff stand, ein neues Unternehmen auf unreeller Grundlage aufzuziehen.

Inzwischen hatte ich überdies erfahren, er habe nacheinander verschiedene Mitglieder des Düsseldorfer Industrie-Klubs und eine Wiener Finanzgruppe um Beträge von insgesamt nahezu einer Million Mark erleichtert, Professor Philipp waren in bezug auf einige wissenschaftliche Angaben Kassners Zweifel gekommen, die er in einer Rücksprache mit mir klären wollte. Diesmal hatte der sich an der Grenze zwischen physikalischer Dichtung und Wahrheit bewegende Ingenieur allzu große Dreistigkeit entwickelt. Ich berichtete auf Verlangen von Ohnesorge bei Göring offen über die mir bekannten Schwindeleien Kassners und verhinderte damit die beabsichtigte Gründung. Während unseres Gespräches schien Göring sich in einem leichten Rauschzustand zu befinden.

Das Patent auf den Bildwandler

Anfang 1934 richtete Minister Ohnesorge, den ich im Oktober 1930 im Anschluß an meinen Vortrag an der Technischen Hochschule kennengelernt hatte, mir im Reichspostzentralamt ein Labor für Dezimeterwellen ein, in dem dann bald darauf meine Erfindung des elektronenoptischen Bildwandlers praktisch realisiert wurde. Damals legte man mir sehr nahe, Mitglied der NSDAP zu werden. Ich lehnte es ab; genau wie zuvor mein Vater.

Mein Patent auf den elektronenoptischen Bildwandler, am 25. Februar 1934 unter der Bezeichnung »Anordnung zur Umformung von Bildern aus einem Spektralgebiet in ein anderes« angemeldet, erhielt ich übrigens erst am 28. Januar 1954 unter der Patentschriften-Nr. 902 890, also erst nach zwanzig Jahren, ein Kuriosum im Bereich des Patentwesens.

Nur dem Umstand, daß ich die Rechte am Bildwandler vertraglich an Siemens abgetreten hatte, verdanke ich die – wenn auch späte – Erteilung dieses Grundpatents gegen die Einsprüche vieler Weltfirmen. So stand die Siemens & Halske AG hinter der Anmeldung. Ein Privatmann hätte unmöglich zwanzig Jahre lang diesen Kampf durchhalten können. Hier zeigt sich eine prinzipielle Schwäche der Patentgesetzgebung.

Die Erfindung des Bildwandlers – ein Gedankenblitz

An den Augenblick, wo die zündende Idee des elektronenoptischen Bildwandlers mir bewußt wurde, erinnere ich mich noch heute sehr genau. Das mich damals tief aufregende kreative Erlebnis hatte ich während einer abendlichen Unterhaltung in Lichterfelde mit unserem Freunde, dem Astronomen Dr. Gramatzki. Ich wies auf die Möglichkeit hin, eine lichtempfindliche Photokathode elektronenoptisch auf einem Leuchtschirm abzubilden, um Bilder aus einem Spektralbereich unsichtbarer Strahlung (Röntgenstrahlung, Infrarotstrahlung, Ultraviolettstrahlung) in sichtbare Bilder zu verwandeln. In diesem Moment kam blitzartig die Erkenntnis, daß die Voltgeschwindigkeit der von der Kathode emittierten Photoelektronen ($\sim$ 1 Volt) durch einfache Beschleunigung mit hohen Anodenspannungen (10000 Volt und darüber) auf mehr als den zehntausendfachen Wert erhöht werden kann. Ein faszinierender Weg zur Energieverstärkung der Photoelektronen zeichnete sich ab. Dieser Energieverstärkung verdanken die heutigen Röntgenbildwandler, Nachtsichtgeräte und Infrarotbildwandler ihre hohe Lichtausbeute. 1935 setzten wir in meiner kleinen Sternwarte den Bildwandler an das Okularende des 10-Zoll-Cassegrain-Fernrohres. Heute findet sich diese Kombination in allen Sternwarten der Welt. Zu dieser Zeit hatte ich auch an die Nutzung der Photoelektronen-Energieverstärkung für den Bau einer »Elektronenkamera« extremer Lichtempfindlichkeit gedacht. Aber die dafür notwendigen Technologien spezieller Photokathoden und vakuumtechnischer Elemente standen noch nicht bereit. In diesem Zusammenhang ist es interessant, daß 1984 die Wiederentdeckung des Halleyschen Kometen in einer amerikanischen Sternwarte mit einer Elektronenkamera gelang, als der Komet erst die Helligkeit der 26. Größenklasse erreicht hatte.

Die Feuerwehr hat keinen Zutritt

Zu dem geheimen, mir von Ohnesorge in einem der Gebäude des Tempelhofer Reichspostzentralamtes eingerichteten Laboratorium hatte übrigens außer meinen Mitarbeitern niemand Zutritt. Weder der Präsident des Reichspostzentralamtes noch die Feuerwehr konnten in die Räume. Das stellte sich heraus, als eines Abends die Einrichtung für die Aufheizung der Bildwandlerröhren nicht ausgeschaltet wurde. Diese flexibel angeschlossene Einrichtung brannte sich erst ein Loch durch den Labortisch und schließlich durch den Fußboden des im ersten Stock gelegenen Raumes. Nur durch diesen günstigen Verlauf gelang es der Feuerwehr schließlich, vom unteren Raum aus das Feuer zu löschen.

Meine Erfindung des Bildwandlers findet keine Beachtung

Ich war fest davon überzeugt, daß der elektronenoptische Bildwandler auf vier – einander ganz fernliegenden – Gebieten größte Bedeutung erlangen würde: bei der Röntgendiagnostik, in der beobachtenden Astronomie, für das Sehen in der Nacht und für die Abwehr von Luftangriffen. Ohne mir über mögliche politische und militärische Folgen meiner Bemühungen Gedanken zu machen, war ich bestrebt, seine Anwendung in einfacher oder in Kaskadenausführung durchzusetzen. Daher besuchte ich gemeinsam mit dem späteren Leiter der Forschungsanstalt der Deutschen Reichspost, Dr. Banneitz, den Chef der Forschungsabteilung im Heereswaffenamt, Professor Schumann. Dieser Herr, ein unfähiger Mann an wichtiger Stelle, erkannte den Wert des Bildwandlers nicht. Daher wurden wirklich einsatzfähige Konstruktionen, gefertigt in kleinsten Stückzahlen, erst im März 1945 auf der dritten Sitzung des Kuratoriums für Hochfrequenzforschung im Reichsforschungsrat einem kleinen Kreis gezeigt.

Vorschlag für einen Wissenschaftsrat

Die Unterredung mit Professor Schumann hatte mich sehr deprimiert. Deshalb benutzte ich meine Bekanntschaft mit einem häufigen Tennispartner, dem damaligen Chef des Ministeramts im Reichswehrministerium und späteren Generalfeldmarschall von Reichenau, um auf die schnell wachsende Bedeutung von

Naturwissenschaft und Technik aufmerksam zu machen. Ich schlug vor, der Führung von Wirtschaft und Wehrmacht ein beratendes Gremium aus schöpferischen Persönlichkeiten der Wissenschaft und Technik an die Seite zu stellen. 1934 hatte ich noch die Hoffnung, daß es einem solchen Rat – mit Forschern wie Planck, von Laue, Gerlach, Heisenberg, Warburg – auch gelingen könnte, manches Unheil abzuwenden und manchem Verstoß gegen die Menschenrechte wirksam entgegenzutreten. Von Reichenau stand meinem Anliegen völlig verständnislos gegenüber.

Zum engeren Stab von von Reichenau gehörte damals der spätere Generalfeldmarschall Paulus. Mit ihm, der nach seiner Entlassung aus der sowjetischen Kriegsgefangenschaft bis zu seinem Tode 1957 auf dem Weißen Hirsch in Dresden wohnte, habe ich mich über diese Episode öfter unterhalten.

Meine Erfahrungen mit von Reichenau waren übrigens die gleichen, die Professor G. Thomson machte, der mich noch kurz vor seinem Tode besucht hatte. Professor Thomson war schon im November 1933 mit einer Denkschrift »Über die Gefahr der Zurückdrängung der exakten Naturwissenschaften an den Schulen und Hochschulen« bei der Staatsführung für eine großzügige Förderung der Naturwissenschaften eingetreten. Und wie mir Geheimrat Max Planck später erzählte, war er in seiner Unterredung mit Hitler, die einige Zeit nach dem Machtantritt der Nazis stattfand, in dieser Hinsicht ebenfalls auf taube Ohren gestoßen.

In ihrem maßlosen Herrenmenschentum, mit ihrer inhumanen Ideologie und ihrer Ignoranz glaubten Hitler und seine Gefolgschaft, nicht auf die Ratschläge der Wissenschaftler, die einer vernünftigen Weiterentwicklung dienen sollten, angewiesen zu sein. Rückblickend bin ich dem Schicksal dankbar, daß es in Hitlerdeutschland nicht zu einer stärkeren Einflußnahme der Naturwissenschaftler kam. Das verbrecherische Regime hätte ihre Vorschläge doch nie dazu benutzt, den Krieg zu verkürzen oder gar zu verhindern, sondern ihn zu verlängern.

Denkwürdiges Gespräch mit Richard Wienstein

Beim Tennis im »Blau-Weiß«-Klub hatte ich den Ministerialdirektor in der Reichskanzlei, Richard Wienstein, kennengelernt, mit dem mich bald eine außerordentlich enge und nur durch seinen frühen Tod jäh abbrechende Freundschaft verband. Den vertraulichen Gesprächen mit ihm verdanke ich entscheidende Hinweise zur Beurteilung leitender Persönlichkeiten der Weimarer Republik und des nationalsozialistischen Staates. Besonders interessant waren seine Bemerkungen über Gustav Stresemann, den Reichskanzler, Außenminister und Friedensnobelpreisträger, der 1929 starb, und über Heinrich Brüning oder Hitler. Er kannte sie aus seiner langjährigen Tätigkeit als Staatsrechtler der Reichskanzlei und konnte seine Meinung über sie mit einer Fülle von Einzelheiten belegen. Über Stresemann äußerte er sich sehr positiv. Hieran habe ich mich fünfzig Jahre später erinnert, als bei einer privaten Begegnung Bundeskanzler a. D. Helmut Schmidt im Gespräch formulierte: »Stresemann, der einzige Staatsmann der Weimarer Republik.« – Das Urteil Wiensteins über Hitler war vernichtend. Alle Äußerungen Wiensteins standen unter diesem Aspekt und waren erfüllt von der Sorge um die Zukunft Deutschlands.

Noch ist mir jener Grunewald-Spaziergang gegenwärtig, den wir in den Tagen unternahmen, als Hitler 1935 von den britischen Ministern John Simon und Anthony Eden besucht wurde. Sie brachten ein Angebot mit, welches nach meiner Erinnerung etwa darauf hinauslief, Deutschland solle in Europa die zweite Stelle nach und mit England einnehmen. Hitler lehnte das Angebot arrogant ab. Wir spürten damals beide, daß eine Chance von historischem Rang verpaßt worden war und befürchteten, die anmaßende Kompromißlosigkeit Hitlers bei diesen Verhandlungen werde unvorstellbares Unheil über Deutschland heraufbeschwören. Diese Unterhaltung mit Wienstein wirkte lange nach und erzeugte bei mir eine starke innere Ablehnung des Nationalsozialismus. Tiefes Mißtrauen gegen die großen und kleinen Führer dieser Ära erfaßte mich.

Produzent oder Forscher

Im Laufe des Jahres 1934 hatte sich der Absatz unserer Elektronenstrahlröhren und -Oszillographen ganz erheblich erhöht. Jetzt stand ich vor der Wahl, mich entweder ausschließlich auf die Fertigung dieser Einheiten zu spezialisieren und damit Hersteller von elektronischen Meßgeräten, also Unternehmer zu werden oder aber den Fabrikationssektor abzutrennen und meine Kräfte auf die reine Entwicklungs- und Forschungstätigkeit zu konzentrieren.

Ich entschied mich für die zweite Variante und habe diesen Entschluß später nie bereut. Nun hatte ja auch die Produktion ihre Aufgaben erfüllt. Mit ihrer Hilfe war es mir gelungen, die hohen, durch den Hauskauf entstandenen Schulden abzutragen und dem Laboratorium eine gesunde wirtschaftliche Grundlage zu geben.

Im ganzen betrachtet, war diese Periode für das Laboratorium sehr nutzbringend. Es hatte sich zu einem kleinen Institut entwickelt. In kürzester Zeit mußten wir Arbeitsmethoden und größere Werkstätteneinrichtungen schaffen, die für die weitere – oft an mehreren Problemen gleichzeitig betriebenen – Forschungs- und Entwicklungstätigkeit ausreichten.

Die Abtrennung des Fertigungssektors führte 1934 zur Gründung der Leybold und von Ardenne Oszillographengesellschaft in Köln und dann in Berlin. Obwohl die Einrichtungen und Räume dieser Gesellschaft wiederholt stark erweitert wurden, konnte sie den ständig wachsenden Anforderungen des Marktes schon nach wenigen Jahren nicht mehr nachkommen. Aus diesem Grund wurde sie 1937 Siemens & Halske angegliedert.

Physikertagung 1933

Die Physikertagung 1933 verlief mit einiger Dramatik. Der mit Philipp Lenard befreundete Nobelpreisträger Johannes Stark, Propagandist einer »Deutschen Physik« antisemitischer Prägung, nutzte seinen politischen Einfluß aus und versuchte in seiner Rede Anhänger für seine Pläne zu gewinnen, welche den Bau riesiger physikalischer Institutionen an der Berliner Heerstraße vorsahen. In dieser Rede waren auch Ausfälle gegen den emigrierten Albert Einstein enthalten. Max von Laue trat dann in seiner berühmten Rede, die mit dem Galilei-Wort endete: »Und sie bewegt sich doch!«, für Einstein und seine das physikalische Weltbild verändernden Ansichten ein. Lange anhaltender Beifall belohnte ihn für seine mutigen Worte.

Ich selbst hatte auf dieser Physikertagung über meinen Polarkoordinaten-Oszillographen vorgetragen, welcher von der Leybold und von Ardenne Oszillographengesellschaft auf den Markt gebracht wurde.

*Geheimrat Nernst und der fürsorgende
ungarische Hotelportier*

Nach meinem Vortrag über den neuen Oszillographentyp setzte sich der Nobelpreisträger Geheimrat Nernst neben mich und lud mich zu einem Besuch auf seinem Rittergut Zibelle bei Bad Muskau ein. Jahre waren vergangen, seit ich seine Vorlesungen über Experimentalphysik an der Berliner Universität, die er mit Anekdoten über seine Freunde Edison, Rathenau u. a. belebte, gehört hatte. Große Tragik für Deutschland lag darin, daß einer der besten Nernst-Schüler, F. A. Lindemann, der spätere Viscount Cherwell, den britischen Premierminister Churchill zu den Bombenteppichangriffen auf die deutschen Großstädte verleitete.

Das war meine letzte Begegnung mit dieser glänzenden Persönlichkeit, denn Nernst starb am 18. November 1941.

In den mittleren Jahren seines Lebens, zu einer Zeit, da dem herausragenden Physiker, Physikochemiker und technischen Erfinder immer wieder neue große Ideen kamen, hatte er die Angewohnheit, diese Gedanken sofort auf seinen gestärkten Manschetten zu notieren. Seine Frau mußte diese Notizen vor der Wäsche abschreiben, damit sie nicht verlorengingen.

Etwa in diesen früheren Jahren muß jene Geschichte passiert sein, die mir Max Vollmer erzählte: Nernst war allein zu einer wissenschaftlichen Veranstaltung in Budapest eingetroffen und in einem der vornehmsten Hotels abgestiegen. Bei der Begrüßung stellte ihm der Hotelportier die fürsorgliche Frage: »Wünschen Euer Exzellenz einen Mensch für die Nacht oder wünschen Euer Exzellenz zu pausieren?« Die Antwort von Nernst hat Vollmer verschwiegen. Als ich selbst ein halbes Jahrhundert später zum ersten Mal Budapest besuchte, gehörten Hotelportiers dieser Qualifikation schon lange der Vergangenheit an – leider.

Ich heirate Bettina Bergengruen

Das Jahr 1938 brachte erhebliche Dramatik in mein Privatleben. Mit einiger Turbulenz und nicht ohne schwere innere Erschütterungen endete meine im Alter von einundzwanzig Jahren geschlossene, kinderlos gebliebene erste Ehe. Im gleichen Jahr heiratete ich Bettina Bergengruen, eine 1916 in Berlin geborene Enkelin des »Alt Heidelberg«-Dichters Wilhelm Meyer-Förster und zugleich Nichte des Schriftstellers Werner Bergengruen.

Zu der Befriedigung, die ich in der Arbeit fand, gesellte sich von damals bis zur Stunde der Niederschrift dieser Zeilen eine wohl seltene Harmonie der ehelichen und häuslichen Sphäre. Welche Fülle unvergleichlicher Freuden und welche Kraft zum beruflichen Handeln habe ich dieser Übereinstimmung, diesem Verständnis meiner Frau zu verdanken! Wie sehr hat unsere innige Verbindung dazu beigetragen, schwere Stunden im

Am 23. Oktober 1938 heirate ich Bettina Bergengruen.

und nach dem Kriege leichter zu ertragen. Die Wahl des Ehepartners ist sicher ein Schicksalsaugenblick im Leben jedes Menschen, der oft für seinen weiteren Werdegang ausschlaggebend wird.

Der liebe Augustin und unsere Hochzeitsreise

Auf unser privates Denken und Handeln hatte übrigens das Buch von Horst Wolfram Geißler: »Der liebe Augustin«, das wir in unserer Verlobungszeit lasen, einen nachwirkenden Einfluß. Diese liebenswürdige Geschichte eines leichten Lebens bestärkte uns darin, die Dinge dieser Welt – soweit es eben möglich ist – von der heiteren Seite zu betrachten. Auch entnahmen wir dem Buch die Einsicht, daß der jeweils heutige Tag der wichtigste Tag des Lebens ist. Mich lehrte es, den Wert besinnlicher Stunden im menschlichen Dasein, Augenblicke innerer Einkehr, die im Wirbel meines Alltags so selten geworden waren, höher einzuschätzen.

Von unserer Hochzeitsreise will ich nur verraten, daß wir den Abschiedsschmerz der Schwiegereltern mit Hilfe der damaligen Fernseh-Sprech-Verbindung Deutsches Museum München-Berlin wesentlich reduzierten. Auf diese Weise konnten sich die in Berlin Zurückgebliebenen vom Wohlbefinden der Tochter überzeugen und ein am gleichen Tag fälliges Geburtstagsgeschenk im 180-Zeilen-Fernsehbild bewundern. Wissenschaftler bringen es anscheinend auch während der Flitterwochen nicht fertig, auf ihrem Gebiet ganz untätig zu sein.

Meine Familie

In den folgenden Jahren erschlossen sich uns die ständig neuen großen und kleinen Freuden, die mit dem Heranwachsen gesunder eigener Kinder seit Urzeiten verbunden sind. Welch tiefes Glück umgab uns zuweilen selbst in den Zeiten der Bombennächte über Berlin, wenn wir die Gesichter der schlafenden Kinder betrachteten. Übrigens nahmen wir den Kleinen die Angst vor den Fliegeralarmen und den meist damit verbundenen nächtlichen Störungen auf ganz einfache Weise: Wir gaben ihnen die Süßwarenzuteilungen grundsätzlich nur während dieser Stunden.

Zu meinen Schwiegereltern, insbesondere zur 1942 allzufrüh verstorbenen Schwiegermutter, gewann ich ein ungewöhnlich herzliches Verhältnis. Auch manchen Impuls zu beruflichen Entschlüssen verdanke ich den abendlichen Plaudereien am Kamin über die Ereignisse des Tages. Stets nahm der kleine Kreis, in dem ich zu Hause war, an meinen Problemen, meinem Alltagsleben Anteil. Heute hat sich meine Familie zur Großfamilie auf dem Weißen Hirsch weiterentwickelt mit vier Kindern, acht Enkeln und schon drei Urenkeln.

Ein Rat für junge Väter und jung gebliebene Großväter

Nicht ganz zufällig erschien in unserer Familie im Abstand von etwa drei bis fünf Jahren ein neues Baby. Diese Art von »Familienplanung« wurde auch in der zweiten Generation fortgesetzt. Daher war es mir über Jahrzehnte möglich, zuerst als Vater, später als Großvater und dann ganz regelmäßig zur Kaffeestunde ein jeweils jüngstes Kind oder Enkelkind für etwa zehn Minuten auf den Arm zu nehmen. Mit ihm schlenderte ich dann langsam durch die Wohnung. Vor allem, was das Kinderseelchen interessierte, blieben wir eine Weile stehen, und ich gab passende Hinweise: vor Gemälden, Spieluhren, Glöckchen, Figuren, Geräten usw. Ein Rundgang dieser Art dient gleichzeitig einer guten Entwicklung des Gemütslebens der Kleinen, aber auch der Väter bzw. Großväter. Wenn man den Rundgang stets zur gleichen Stunde macht, strecken sich die kleinen Ärmchen schon nach wenigen Tagen dem Ankommenden erwartungsvoll entgegen. Ich habe nie einsehen können, warum solche schönen Augenblicke des Lebens nur den Müttern vorbehalten bleiben sollen.

Etwa zur Zeit meiner Rundgänge durch die Wohnung mit dem jeweils jüngsten Enkel auf dem Arm passierte folgende Geschichte mit meiner Enkelin Pia, die gerade das Sprechen lernte. Ich wollte einen Nagel in die Wand unseres Flures schlagen, um dort ein Bild aufzuhängen. Der Nagel fiel runter und war verschwunden, die Aufhängung mußte unterbleiben. Am folgenden Tag kam ich mit meiner Enkelin wieder an die gleiche Stelle im Flur und sie setzte sich zu meinen Füßen auf den Boden. Plötzlich ertönte ein triumphierender Schrei »Pia Nagel fundet«. Sie hatte die Nagelsuche vom Vortage erfolgreich fortgesetzt und das Bild konnte nun an seinen Platz kommen. Vielleicht war dieser entzückende Vorgang ein früher Hinweis auf spätere Lebenstüchtigkeit.

Elisabeth Baronin von Ardenne, geb. Edle Freiin von Plotho (26. 10. 1853–5. 2. 1952), in ihrer Düsseldorfer Zeit. Ihr Schicksal hat Theodor Fontane 1894/95 seinem Roman »Effi Briest« zugrunde gelegt.

Großmutters tragische Liebe

Kurz vor dem Zweiten Weltkrieg geschah es, daß auf einer Gesellschaft bei einem Prinzen Bentheim das Schicksal der Eltern meines Vaters aus ferner Vergangenheit in mein Blickfeld gerückt wurde. Ein weißhaariger Herr begrüßte mich mit den Worten: »Ihr Großvater hat meinen Onkel im Duell erschossen.« Er war ein Neffe des Düsseldorfer Amtsgerichtsrates E. Hartwich, um dessentwillen Else von Ardenne, geborene von Plotho, jenes Schicksal widerfuhr, das Theodor Fontane seinem Roman »Effi Briest« zugrunde gelegt hat.

Beim neunzigsten Geburtstag meiner Großmutter im Jahre 1943 in Lindau, als sich ihre Freundin, Frau Viktorie von Weizsäcker (Großmutter des Bundespräsidenten Richard von Weizsäcker) von ihr verabschiedet hatte, lenkte ich das Gespräch auf ein Buch, das nach einem halben Jahrhundert über sozialhygienische Arbeiten Hartwichs erschienen war, und versuchte ihr begreiflich zu machen, wie sehr ich diesen Mann schätze.

Meine Worte: »Ich hätte damals genauso gehandelt wie du!« rührten sie tief. Nach einigen Wochen schickte sie mir ein kleines Päckchen. Es enthielt die Briefe Hartwichs aus den Jahren 1883 bis 1885 an meine Großmutter – eben jene, die den Anlaß zu dem tragischen Duell im Jahre 1886 gebildet hatten. Sie schrieb mir dazu: »Du bist der einzige, der mich nach ihm gefragt hat. So sollst Du auch das Wenige bekommen, das ein hartes Schicksal mir von dem strahlenden Menschen gelassen hat. Daß Dir die Freude wurde, durch einen Verwandten in ein gerechtes gutes Licht den Mann gerückt zu sehen, der unendliches Leid, aber auch unendliches Glück in mein Leben gebracht hat, war mir ein Geschenk. Deshalb lege ich Euch die leichten Briefe bei, die einen Einblick gewähren in den Frohsinn und die Unbeschwertheit unseres Sonnendaseins – damals.« Diese Briefe hüte ich als einen besonderen Schatz für unsere Kinder und die Fontane-Forschung.

Noch im hohen Alter war ihr Gesicht von einer berückenden, edlen Schönheit. Ein kluger Mann hat einmal gesagt, eine Frau, die mit sechzehn Jahren schön ist, verdiene keinerlei Bewunderung. Ist sie es aber noch mit sechzig Jahren, dann dankt sie dies ihrer Seele. Der Ausspruch kommt mir beim Betrachten ihres Bildes in den Sinn, und ich sehe diesen Gedanken auch durch die Autobiographie des Düsseldorfer Malers Wilhelm Beckmann bestätigt, der über meine Großmutter schrieb: »Indem sie in ihrer Natürlichkeit und Sicherheit sich in ungebundener Freiheit gab, wirkte sie durch ihr ganzes Wesen und ihre intensiven geistigen Anregungen auf uns alle in einer beglückenden Weise dergestalt ein, daß ein jeder von dem Zeitpunkt an, wo er in ihren Bannkreis trat, fühlte, wie seine Schaffenskraft gesteigert wurde.«

Im Alter von etwa fünfzig Jahren bestieg sie als erste Frau den an der Schweizer Grenze, dicht bei Liechtenstein gelegenen 2970 m hohen Berg Schesaplana, zu dessen Gipfel meine Frau und ich 1969 bei einem Abstecher nach Klosters mit bewunderndem Erinnern emporblickten. Mit sechzig Jahren lernte sie Ski laufen und mit achtzig Jahren radfahren. Am 4.

Februar 1952 starb sie neunundneunzigjährig in Lindau am Bodensee als älteste Bürgerin dieser Stadt.

Ihr Lebensweg, ihre tiefe Menschlichkeit und Lebensweisheit machten aus meiner Großmutter eine der verehrungswürdigsten Frauengestalten, die späteren Generationen in schweren und leichten Tagen unendlich viel geben können.

Großvaters Karriere

Vom Wirken meines Großvaters, Armand von Ardenne, finden sich Nachklänge in Biographien aus den Kreisen der Düsseldorfer Künstlerschaft der achtziger Jahre des vorigen Jahrhunderts und von den Heerführern des Ersten Weltkrieges. Obwohl er als Lehrer an der Preußischen Kriegsakademie, als Historiker der Zieten-Husaren und schließlich als Divisions-General in Magdeburg – sein unmittelbarer Vorgesetzter dort war von Hindenburg – den Höhepunkt der militärischen Laufbahn im damaligen Deutschland erreichte, fand er im Ersten Weltkrieg keine Verwendung. Er war beim Kaiser in Ungnade gefallen und wurde vorzeitig verabschiedet. Ein von General von Hindenburg aus diesem Anlaß an meinen Großvater geschriebener Abschiedsbrief trägt das Datum 16. März 1904.

Armand von Ardenne zog den kaiserlichen Unwillen durch ein Gutachten auf sich, in dem er sich für das von Heinrich Ehrhardt in der Rheinischen Metallwarenfabrik entwickelte Rohrrücklaufgeschütz und gegen die traditionelle Krupp-Kanone ausgesprochen hatte. Technisch befand er sich, wie die weitere Entwicklung bestätigte, völlig im Recht, aber der Kaiser war mit Krupp liiert.

Zu den Hintergründen bei der vorzeitigen Verabschiedung meines Großvaters schreibt der durch seine Zukunftsromane so bekannt gewordene Hans Dominik in seinen Lebenserinnerungen »Vom Schraubstock zum Schreibtisch« (Scherl, Berlin 1942): »Die von Heinrich Ehrhardt geleitete Rheinische Metallwarenfabrik war im Laufe des letzten Jahrzehnts dazu übergegangen, auch Kanonen herzustellen, und dadurch eine Konkurrenz von Krupp in Essen geworden. Ehrhardt hatte sich aber nicht darauf beschränkt, Geschütze der hergebrachten Art zu erstellen, sondern er hatte auch sofort sehr energisch das Problem in Angriff genommen, wie man den beim Abfeuern eines Geschützes auftretenden Rückstoß unschädlich machen könne, und hatte als erster ein Rohrrücklaufgeschütz in Verbindung mit einer die Rückstoßarbeit vernichtenden Flüssigkeitsbremse entwickelt. Das Verhältnis zwischen den beiden großen Firmen war infolge dieses Wettbewerbes einigermaßen gespannt, und der Kaiser nahm für die älteste und größte Waffenschmiede Deutschlands, für das Krupp-Werk, gegen Ehrhardt Partei. Es war dann aber doch so, daß unsere Artillerie trotz dieser Unstimmigkeiten bis zum Weltkriege noch mit einem brauchbaren Rohrrücklaufgeschütz ausgerüstet wurde, aber mehrere hohe Offiziere, die sich rückhaltlos für das Ehrhardt-Geschütz einsetzten, unter anderen der Generalleutnant Baron von Ardenne, hat ihr pflichtgemäßes Verhalten die Karriere gekostet.

Herr von Ardenne, mit dem ich befreundet war, hat mir später seine Geschichte erzählt. Er hatte eine Batterie von Ehrhardt-Geschützen zur Erprobung bekommen und gab darüber einen Bericht, der naturgemäß nur lobend ausfallen konnte. Darauf stellte ihn der Kaiser mit den Worten: ›Sie wissen doch, Exzellenz, daß ich nichts von diesen Geschützen halte.‹ Ardenne erwiderte: ›Es war meine Pflicht, Majestät, über meine eigenen Erfahrungen zu berichten, und das habe ich getan.‹ Darauf sah ihn der Kaiser starr an, drehte sich, ohne ein Wort zu sagen, um und ging fort. Drei Monate später hatte Herr von Ardenne seinen Abschied und wurde auch während des Weltkrieges nicht reaktiviert.

Als ich die Sache 1914 von Exzellenz von Ardenne hörte, wollte ich sie immer noch nicht recht glauben. 1921 kam ich aber zu dem alten Geheimrat Ehrhardt nach Zella-Mehlis, um ihm bei der Abfassung seiner Lebenserinnerungen behilflich zu sein, und erhielt von ihm die Bestätigung dieser Angelegenheit.«

Dieser Vorfahr hatte offensichtlich die technische Überlegenheit der neuen Konstruktion frühzeitig erkannt. Vielleicht habe ich nach den Mendelschen Gesetzen von ihm die Neigung zu Physik und Technik geerbt. Jedenfalls sind mir von meinen anderen Verwandten ausgesprochen technische Interessen nicht bekannt.

Zwei Forscher mit fast immer gleichen Erfindungsgedanken

Ende 1937 hatte ich im Auftrag des Reichspostministers Ohnesorge einen Vertrag mit der Forschungsanstalt der Deutschen Reichspost geschlossen, der unserer Fernseh-Forschung und meinem Laboratorium ein stabiles wirtschaftliches Fundament gab. Aus den im Rahmen dieser Vereinbarung und mit Unterstützung der Deutschen Forschungsgemeinschaft am Elektronenmikroskop geleisteten Arbeiten entstanden 1938 einige Erfindungen, die teilweise sehr schnell – auch in England und Amerika – verwertet wurden.

Im Rahmen der dazu nötigen Verhandlungen kündigte der bekannte Fernsehpionier und spätere Vizepräsident der Radio-Corporation of America, Dr. Zworykin, im Juli 1939 seinen Besuch für Ende September an. Schon 1936 hatte ich die Freude gehabt, diesen bedeutenden Forscher als Gast im Lichterfelder Institut zu begrüßen. Als er damals meinen Bildwandler sah, stellten wir fest, daß wir beide fast zu derselben Zeit und ohne daß einer von den Arbeiten des anderen wußte, die gleichen Gedanken gehabt und folglich auch einander Entsprechendes erfunden hatten. Ebenso war es uns bei der Verwendung der Elektronenstrahlröhre für das Fernsehen ergangen.

Das sollte sich um 1940 bei der Erschließung des Elektronenmikroskops und um 1957 bei der Entwicklung des verschluckbaren Intestinalsenders zur Druck- und pH-Wert-Signalisierung aus dem Magen-Darm-Trakt noch zweimal wiederholen. Unsere Gehirnstrukturen waren einander offenbar sehr ähnlich, denn wir zogen aus den wissenschaftlich-technischen Entwicklungen unserer Zeit stets fast die gleichen Schlußfolgerungen für die eigene Erfindertätigkeit. Ein Beweis dafür, daß sich der Erkenntnisprozeß aus der Umwelt heraus formt und es die Aufgabe der Forscher und Erfinder ist, die Zeichen der Zeit zu deuten und ihnen praktisch verwertbare Form zu geben.

Ich erinnere mich in diesem Zusammenhang an einen Brief mit Datum 4. Februar 1960, den ich vom damaligen Senator und späteren Vizepräsidenten der Vereinigten Staaten, Hubert H. Humphrey, erhalten habe. Der Brief war Anstoß zu einem Gespräch, das Dr. Zworykin, ein Freund Humphreys, und ich in Prag führten und bei dem es um die Frage einer Umprofilierung der vorzugsweise für militärische Zwecke arbeitenden elektronischen Industrie in eine dem Wohle der Menschen dienende medizinische Elektronik ging. (Zworykin war damals Präsident der Internationalen Föderation für Medizinische Elektronik.) Deutlich entsinne ich mich, mit welcher Freude wir unsere Phantasie bemühten und eine Vision dessen entwarfen, was sein könnte. Weitergehende Gedanken zu diesem heute hochaktuellen Thema »Konversion« befinden sich im 4. Buch.

Vom Werden einer »Erfindung«

Im Trubel unserer Arbeit blieb wenig Zeit übrig für Rückblicke oder Aufzeichnungen zur Historie der entstandenen Erfindungen. Heute bedauere ich dies, nicht nur, weil einige Geisteskinder, die in Berlin-Lichterfelde das Licht der Welt erblickten, inzwischen zu eigenen Fachsparten mit umfangreicher Spezialliteratur und Spezialistenkongressen herangewachsen sind, sondern weil aus der Analyse des Schöpfungsaktes Lehren gezogen werden können. Diese erreichen einen um so allgemeingültigeren Charakter, je mehr Einzelanalysen ihnen zugrunde liegen. Hier handelt es sich um eine aktuelle Thematik, deren systematische Bearbeitung Antwort geben kann auf Fragen wie »Durch welche Maßnahmen läßt sich die Entstehungswahrscheinlichkeit von Erfindungen und Innovationen erhöhen?«, »Ist das Erfinden erlernbar?«, »Kann man Erfindungen planen?« und so weiter.

Zu den Erfindungen, an die ich mich noch heute genau in allen Einzelheiten ihres Entstehens erinnere, gehört das Raster-Elektronenmikroskop (scanning electron microscope). Der Hauptgedanke, das mikroskopische Objekt mit einem durch mehrere elektronenoptische Verkleinerungsstufen hergestellten extrem feinen Elektronenfleck zeilenweise, wie bei einem Fernsehbild, abzutasten und die vom Objektelement ausgehende (sekundäre Elektronen-)Strahlung zur Modulation eines synchrongeschriebenen Elektronenbildes zu benutzen, stellte sich in einer stillen Stunde des Nachdenkens über die verschiedenen Abbildungsfehler ein, welche in ihrem Zusammenwirken das Auflösungsvermögen des normalen Durchstrahlungs-Elektronenmikroskops limitieren. Ich sinnierte darüber, auf welche Weise der bei ihm durch unterschiedliche Abbremsung der primären Elektronenstrahlung im Objekt entstehende sogenannte »chromatische Bildfehler« vermieden werden kann. Die Erfindungsthematik ergab sich in diesem Falle im Rahmen einer quantitativen Analyse der Einflüsse, welche die Schärfe der elektronenmikroskopischen Objektabbildung verschlechtern.

Der konkrete Weg zur Lösung der Aufgabe, die zündende schöpferische Idee, resultierte dann aus der Kombination einer fremden und einer eigenen elektronenoptischen Anordnung. Es war dies der von Max Knoll beschriebene Testbildgeber mit Abtastung eines Klischees durch einen noch relativ groben Elektronenstrahl von einigen Zehntel Millimetern Durchmesser (also keine mikroskopische Abbildung) und die von mir kurz zuvor erdachte Anordnung zur Herstellung submikroskopisch feiner Elektronen-Brennflecke durch ein- oder mehrstufige Verkleinerung mit Hilfe kurzbrennweitiger (magnetischer) Elektronenlinsen (Umkehrung des Strahlenganges im Elektronenmikroskop). Die skizzierte Lösungsidee erhielt wenige Minuten nach ihrer Konzeption ihre Ergänzung durch den weiteren Gedanken, die an der Objektoberfläche ausgelö-

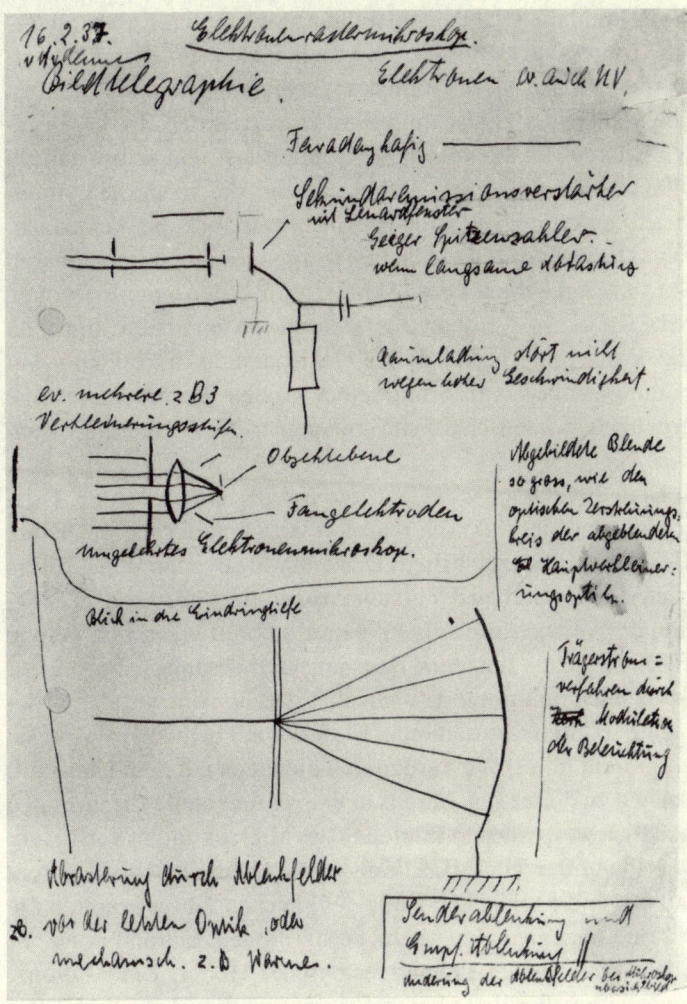

Erste Fixierung der Grundgedanken des Raster-Elektronenmikroskops (scanning electron-microscope) Mitte Februar 1937. Betriebsweisen für die Abbildung von Oberflächen oder von durchstrahlbaren Mikroobjekten.

ste sekundäre Elektronenstrahlung durch einen »Sekundär-Elektronen-Vervielfacher« um viele Zehnerpotenzen zu verstärken und zur Modulation des synchron abgelenkten Elektronenstrahles der Bildschreibröhre zu verwenden. In dieser guten Stunde des Nachsinnens strömten fast von selbst nahezu alle Lösungsprinzipien herbei, welche die modernen, industriell gefertigten Raster-Elektronenmikroskope kennzeichnen. Die wichtigsten Gedanken wurden in einer unscheinbaren Skizze festgehalten. Diese Skizze zum Werden einer Erfindung habe ich seit 1937 aufbewahrt, weil ich von der ersten Stunde an die Vorstellung hatte, dieses elektronenmikroskopische Abbildungsprinzip würde mit seiner großen Tiefenschärfe eine erhebliche wissenschaftliche und industrielle Bedeutung erlangen.

Eine Erfindung wird erst dadurch zu einem echten Fortschritt, daß sie praktisch realisiert wird und der menschlichen Gesellschaft Nutzen bringt. Deshalb wurde schon wenige Tage nach dem Entstehen der ersten Prinzipskizze mit der Konstruktion des Versuchsmodells auf dem Reißbrett und schon wenige Wochen später mit dem Bau der Versuchsanlage begonnen. Schließlich funktionierte dann alles gut, und die einzelnen Elemente spielten so zusammen, wie ich es mir in meiner Phantasie vorgestellt hatte. Wir verdankten dies auch mit dem Umstand, daß wir zu dieser Zeit bereits über experimentelle Erfahrungen mit allen wesentlichen Bauteilen des Mikroskoptyps verfügten. Die Phase der Verwirklichung wurde ebenfalls schnell durchlaufen, und noch gegen Ende des gleichen Jahres konnten die ersten überzeugenden Versuche stattfinden. Daran hatten vor allem mein unvergessener technischer Helfer, Emil Lorenz, und die am Bau beteiligten Feinmechaniker Anteil. Vor Beginn der Ausführungsarbeiten hatte ich sie für das interessante Ziel unserer gemeinsamen Arbeit begeistert.

Das geschilderte Beispiel »Vom Werden einer Erfindung« zeigt, daß im Pionierstadium einer jungen Wissenschaft, auch unter den Bedingungen der Gegenwart, von einem einzigen Forscher der entscheidende Impuls ausgehen kann. Aber auch für seinen Erfolg waren Elemente Voraussetzung, die andere vor ihm geschaffen hatten. In späteren Stadien einer Wissenschaft und Technik, besonders jedoch beim Werden bedeutender »Entwicklungen«, ist es nur noch selten ein einzelner Forscher allein, von dem die entscheidenden Impulse stammen. Meist sind diese Impulse Vektoren von Komponenten, an denen mehrere Partner, zum Beispiel Partner eines Entwicklungsteams oder einer Forschungsabteilung, beteiligt sind. Wie an anderer Stelle noch näher diskutiert wird, entspringt die Intuition, speziell wenn mehrere Fachdisziplinen zusammenwirken müssen, in der Wechselwirkung mit Partnern anderer Fachsparten. Bei großen komplexen Entwicklungen kommt hinzu, daß oft eine ganze Kette von Erfindungen und Lösungen zu durchlaufen ist, bei der ein Glied auf das andere aufbaut. Hier bildet es fast die Regel, daß der schließlich erzielte Fortschritt der fleißigen und ausdauernden Zusammenarbeit einer Gemeinschaft zu verdanken ist.

Das Raster-Elektronenmikroskop

Im Februar 1937 begann mit der geschilderten Erfindung des Raster-Elektronenmikroskops für uns die Arbeit auf einem neuen wissenschaftlichen Gebiet. Von da an bis zum Ende des Zweiten Weltkrieges wurden etwa fünfzig Prozent unserer Arbeitskapazität für Entwicklung und Anwendung des Elektronenmikroskops und der Elektronenmikroskopie in Anspruch genommen.

Bei dem ersten Raster-Elektronenmikroskop wurde das Objekt durch einen Elektronenstrahl (Elektronensonde) mit etwa 10 nm (1/100000 mm) Durchmesser in nebeneinanderliegenden Zeilen abgetastet und das Objektfeld durch einen synchron gesteuerten, in seiner Intensität von der Objektstruktur (zum Beispiel Sekundärelektronenausbeute) modulierten Elektronenstrahl stark vergrößert auf den Leuchtschirm einer Fernsehbildröhre oder auf eine Fotoschicht geschrieben. Dieser Mi-

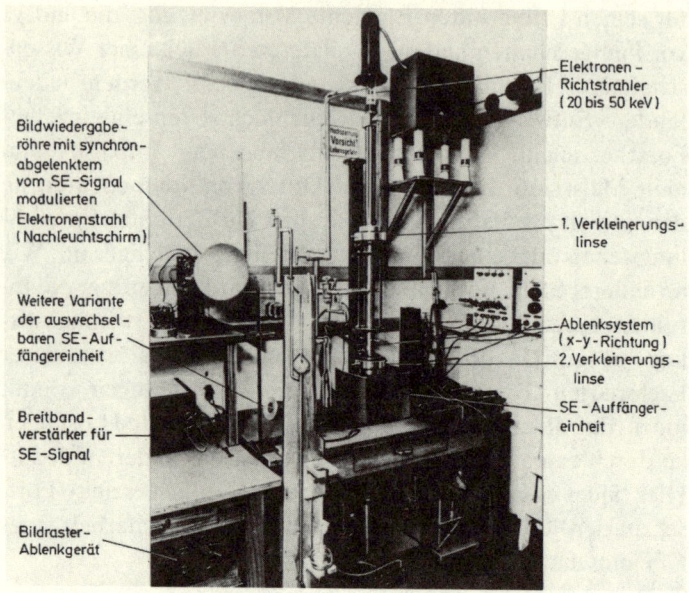

Das erste Raster-Elektronenmikroskop zur Untersuchung von Oberflächen mit hoher Tiefenschärfe und Auflösung. Bei der Anlage, die 1937 in Lichterfelde entstand, erfolgte die Abbildung der mit einer feinen Elektronensonde abgetasteten Oberfläche des Mikroobjekts auf dem Schirm der im Bild links sichtbaren Fernsehröhre. Die am Objektelement ausgelösten Sekundärelektronen steuerten die Helligkeit des Schreibflecks der Bildröhre mit Nachleuchtschirm. Während des Zweiten Weltkrieges wurde die Anlage durch einen Bombenangriff vernichtet und dadurch die zukunftsträchtige Entwicklung der Raster-Elektronenmikroskopie für zweieinhalb Jahrzehnte unterbrochen.

kroskoptyp wurde etwa fünfundzwanzig Jahre später in England durch den Arbeitskreis um McMullen unter der Firmenbezeichnung »Stereo-Scan« auf den Markt gebracht. Ein weiterer verbesserter Mikroskoptyp dieser Art mit höherer Auflösung wurde fünfunddreißig Jahre später von Siemens entwickelt und angeboten. Man verwendet das Raster-Elektronenmikroskop allgemein für die Oberflächenuntersuchung von Metallen, Halbleitern, Fasern, medizinischen und biologischen Objekten und so weiter. Seit 1967 werden laufend eindrucksvolle Oberflächenbilder in den wissenschaftlichen Zeitschriften und Büchern vieler Fachsparten veröffentlicht. Durch ihre extrem große Tiefenschärfe, ihre Plastik und gute Auflösung vermitteln sie neue Einblicke in den Mikrokosmos. So erhielt ich 1970 von dem Amerikaner A. V. Crewe die Mitteilung, ihm sei mit dem Raster-Elektronenmikroskop durch die auch von mir vorgesehen gewesene Kombination mit einem Feldemissions-Elektronenstrahler die Abbildung einzelner schwerer Atome gelungen.

1937 erzielte ich erstmals mit dem Rastermikroskop – ich wandte dabei den schon erwähnten Kunstgriff mehrstufiger elektronenoptischer Verkleinerung an – Elektronenstrahlen beziehungsweise Elektronenflecke mit Durchmessern bis herab zu 10 nm. Neue Möglichkeiten zur punktweisen Mikroanalyse der Objekte mit dem Raster-Elektronenmikroskop begannen sich abzuzeichnen. Nicht zuletzt durch die Nutzung dieser Möglichkeiten, das heißt durch differenzierte Signalgewinnung aus den am Objekt ausgelösten charakteristischen Strahlungen, hat in der Naturforschung das Raster-Elektronenmikroskop etwa die gleiche Bedeutung erlangt wie das Durchstrahlungs-Elektronenmikroskop (Physik-Nobelpreis 1986 für G. Binnig, H. Rohrer und E. A. F. Ruska). Es war naheliegend, nach weiteren Einsatzmöglichkeiten für diese feinen Strahlen zu suchen. In der Folgezeit entstanden bereits bei uns Einrichtungen zur Mikroanalyse des Objektes, zur Feinstrahl-Beleuchtung in normalen Durchstrahlungs-Elektronenmikroskopen, das Elektronen-Schattenmikroskop und das Röntgenstrahlen-Schattenmikroskop.

Vertrag mit Siemens

Die Erfindung und Entwicklung des Raster-Elektronenmikroskops führte zu einem Vertrag mit Siemens. Damals begann diese Firma gerade, in Zusammenarbeit mit Dr. B. von Borries und Dr. E. Ruska eine elektronenmikroskopische Abteilung aufzubauen. Einer Abmachung dieses Vertrages folgend, bot ich sowohl das Elektronen-Schattenmikroskop als auch das Röntgenstrahlen-Schattenmikroskop zur Verwertung an. Das Elektronen-Schattenmikroskop ergab bei unseren Experimenten saubere Elektronenbilder auf Einkristall-Leuchtschirmen. Von Borries und Ruska beurteilten es jedoch so negativ, daß ich sogar von einer Publikation unserer Versuche absah. Ein Jahr später erschien dann die Veröffentlichung von Dr. Boersch über das Elektronen-Schattenmikroskop, die Beachtung in der Fachwelt fand.

Man soll seinem eigenen Urteil folgen

Ähnlich erging es mir mit dem Röntgenstrahlen-Schattenmikroskop, dem der Siemens-Kreis ebenfalls keinerlei Zukunftsaussichten zubilligte. In diesem Fall schrieb ich wenigstens zwei Publikationen über den Grundgedanken und verschiedene Ausführungsformen. Später sind dann in den Vereinigten Staaten von Amerika und in England Röntgenstrahlen-Schattenmikroskope industriell hergestellt worden, deren Bauweise und Daten ziemlich weitgehend mit den von mir veröffentlichten Unterlagen übereinstimmten. 1956 wurde in Cambridge (England) sogar ein Symposium »Microscopy with X-Rays« unter Leitung von Professor Cosslett abgehalten, das zu einem großen Teil der Röntgenstrahlen-Schattenmikroskopie gewidmet war.

Die Erfahrungen, die ich im Zusammenhang mit der Beurteilung meiner beiden Schattenmikroskope sammelte, lehrten mich: Auch das Urteil sehr anerkannter Fachkollegen kann unrichtig sein. Wenn man glaubt, einen neuen Weg gefunden zu haben, sollte man ihn selbst so weit beschreiten, bis seine Grenzen erkennbar und in einer wissenschaftlichen Abhandlung darstellbar werden. – Auch über das Raster-Elektronenmikroskop hatten die Siemens-Spezialisten von Borries/Ruska 1937 ein Gutachten abgegeben, dessen sehr negativer Inhalt mir allerdings erst nach Ende des Zweiten Weltkrieges bekannt wurde, als die Akten des Siemens-Forschungslabors als Kriegsbeute in der Sowjetunion und in unserem Institut landeten.

Meine Elektronen-Mikrosonde

Aus der Arbeit mit der feinen Elektronensonde ergaben sich noch 1938 im Lichterfelder Institut die Feinstrahl-Elektronen-Beugung und die ersten gelungenen Materialbearbeitungsversuche mit dieser Mikrosonde extrem großer Energiedichte. Aus diesen Versuchen sind heute weite Fachgebiete herangewachsen. Ferner entstand der Elektronen-Mikrooszillograph. Dieses Gerät schreibt die Oszillogramme in mikroskopischer Feinheit und mit sehr großer Geschwindigkeit auf feinkörnige fotografische Schichten. Der Mikrooszillograph ist in den Vereinigten Staaten während des Zweiten Weltkrieges in großer Stückzahl industriell gefertigt worden und hat dort zur Entwicklung der Dezimeterwellentechnik beigetragen.

In der Folgezeit wurde unsere feine Elektronensonde auch beim Feinstrahlkondensor der Elektronenmikroskopie sowie bei den Röntgen-Mikroanalysatoren nach Cosslett-Duncumb und anderen vielfach angewandt.

Grundelemente der Elektronenstrahl-Technologie

Jahrzehnte später war die Elektronen-Mikrosonde das Grundelement einer sich schnell ausweitenden Technik, der Elektronenstrahl-Technologie. Ab 1966 halfen die in unserem

Institut auf dem Weißen Hirsch entwickelten Elektronenstrahl-Mikrobearbeitungsautomaten mit Programmiereinrichtung unter anderem entscheidend, die Dünnschicht-Mikroelektronik durch Großserienherstellung von Schaltkreisen mit passiven und sogar aktiven Elementen bei Taktzeiten von nur wenigen Sekunden industriell aufzubauen.

Diese Aufzählung der verschiedenen Anwendungsgebiete der durch elektronenoptische Verkleinerung hergestellten feinen Elektronensonde zeigt wohl deutlich, wie eine ursprünglich nur für eine ganz bestimmte Aufgabe erarbeitete Anordnung viele kaum voraussehbare weitere Möglichkeiten erschließen kann.

So ist es sehr oft in der Forschung. Hat man neue Methoden und Anordnungen gefunden, ist es meist sehr lohnend und reizvoll, gründlich darüber nachzudenken, in welcher Richtung sie noch erfolgreich eingesetzt werden könnten. Dazu gehören allerdings viel Phantasie, gute Fachliteraturkenntnisse, hohe Konzentrationsfähigkeit und nicht zuletzt auch Diskussionen mit Fachkollegen, aus denen sich oft wichtige Anregungen ergeben.

Das Universal-Elektronenmikroskop

In einer Arbeit, die ich 1938 über »Die Grenzen für das Auflösungsvermögen des Elektronenmikroskops« in der »Zeitschrift für Physik« veröffentlichte, begründete ich, daß mit dem Durchstrahlungs-Elektronenmikroskop ein Auflösungsvermögen von mindestens 1 nm erreichbar sein müßte. Gegenüber dieser Schätzung zeigten die besten elektronenmikroskopischen Aufnahmen zu jenem Zeitpunkt kaum eine Auflösung von 10 nm. Danach war also wenigstens noch eine Steigerung der spezifischen Bildpunktzahl elektronenmikroskopischer Aufnahmen im Verhältnis 100:1 möglich.

Diese Erkenntnis veranlaßte mich, zunächst ohne Unterrichtung des Siemens-Kreises ein Durchstrahlungs-Elektronenmikroskop für höchste Auflösung, das Universal-Elektronenmikroskop, zu entwickeln. Ende 1939 war es betriebsbereit, und schon die ersten, Anfang 1940 gewonnenen Bilder ließen einen sehr bedeutenden Schärfegewinn gegenüber den besten Aufnahmen anderer Elektronenmikroskope erkennen. Sie gestatteten zum Teil Einblick in bis dahin unbekannte Bereiche des Mikrokosmos, zum Beispiel die Morphologie der Rauche, unentwickelter und entwickelter Bromsilberkörner, der Katalysatoren, der Fasern sowie die ersten Bilder von Teilungsvorgängen der Bakterien und von definierten chemischen Molekülen. In einem Aufsatz für die Zeitschrift »Die Naturwissenschaften« faßte ich Abbildungen und Technik zusammen.

Meine Reaktion auf monopolistische Bestrebungen

Die geheime Entwicklung des Universal-Elektronenmikroskops war meine Reaktion auf monopolistische Bestrebungen von E. Ruska, der im Siemens-Raster-Elektronenmikroskop-Vertrag einen Passus einfügen ließ, welcher mir ausdrücklich Entwicklungsarbeiten am Durchstrahlungs-Elektronenmikroskop untersagte.

Erst durch die eindrucksvollen elektronenmikroskopischen Aufnahmen hoher Auflösung in meinem Aufsatz erfuhr Siemens davon, daß ich heimlich und mit großem Erfolg die Entwicklung eines normalen Durchstrahlungs-Elektronenmikroskops durchgeführt hatte. Wenige Tage nach Veröffentlichung des Aufsatzes meldete sich Dr. Hermann von Siemens, der damalige Chef von Siemens, zusammen mit seinen Elektronenmikroskopikern Dr. E. Ruska und Dr. B. von Borries zum Besuch in Lichterfelde an. Als ich mit den Herren auf dem Wege zu dem im zweiten Stockwerk aufgestellten Instrument war, äußerten sie starke Verwunderung darüber, daß mein Mikroskop zur Vermeidung von Erschütterungen nicht im Keller und dort auf einem Betonblock montiert sei. So war es nämlich bei den damaligen Siemens-Geräten, wo trotz dieser Baumaß-

Am 1939 entwickelten hochauflösenden Universal-Elektronenmikroskop für Hellfeld-, Dunkelfeld- und Stereobilder. Als Weiterentwicklung entstand danach das 200-kV-Universal-Elektronenmikroskop mit Objekterhitzung bis 2000°C und der ersten Vakuum-Filmkamera zur Aufzeichnung der Objektveränderungen.

nahme die Fluoreszenzbilder immer noch vibrierten. Die Verwunderung meiner Besucher steigerte sich noch, als sie beim Blick auf den Leuchtschirm meines Instrumentes ein völlig ruhig stehendes Bild sahen. Ich holte dann einen Hammer und schlug gegen das Instrument. Objekt und Abbildung rückten dabei um ein kleines Stück weiter und blieben dann schwingungsfrei und völlig ruhig in ihrer neuen Lage. All dieses war das Ergebnis meines einfachen Konstruktionsprinzips, den elektronenmikroskopischen Objektträger fest gegen die zugekehrte Fläche des Objektivs zu drücken. Auf diese naheliegende Weise wurde die Unschärfe bei den hochvergrößerten elektronenmikroskopischen Fotos bedeutend herabgesetzt und ein großer Fortschritt im praktischen Auflösungsvermögen erreicht. Darüber hinaus war es gelungen, die Auflösung auch noch durch die Entwicklung besserer magnetischer Objektive mit herabgesetzter Öffnungsfehlerkonstante zu steigern. Ich konnte an diesem Tage auch die ersten mit dem Instrument gewonnenen elektronenmikroskopischen Stereobilder sowie elektronenmikroskopische Dunkelfeldbilder von bis dahin nicht gekannter Auflösung zeigen. Anfang 1940 hatten wir einen für die Siemens-Entwicklung nicht ungefährlichen Vorsprung in der Bauweise und Leistung des Standard-Durchstrahlungs-Elektronenmikroskops erreicht, der zum Teil durch Patentanmeldungen abgesichert war. Ich stellte Dr. von Siemens vor die Entscheidung: Entweder wir schließen mit Siemens einen Ergänzungsvertrag ab, durch den auch die Entwicklung des Universal-Elektronenmikroskops gebilligt und mitfinanziert wird, oder ich leite ein Zwangslizenzverfahren ein, dessen positiver Ausgang für mich wegen der Größe des zu demonstrierenden technischen Fortschrittes klar vorauszusehen war, und beginne mit einer Fabrikation unseres Instrumententyps. Die Entscheidung von Siemens spiegelte sich in dem Abschluß eines Ergänzungsvertrages bald nach diesem Besuch wider. So ergab es sich, daß bis zum Ende des Zweiten Weltkrieges alle unsere Erfindungs- und Konstruktionsgedanken dieser Thematik in die von B. von Borries und E. Ruska geleiteten Entwicklung der von Siemens produzierten Elektronenmikroskope einflossen. In seinem Nobelpreis-Vortrag von 1986 hat E. Ruska diese Tatsache leider mit keinem Wort erwähnt.

Hohes Entwicklungstempo durch Baukastenprinzip

Beim Universal-Elektronenmikroskop war ein Konstruktionsprinzip angewendet worden, welches wir auch später immer wieder befolgten: Das in Metall angefertigte Instrument wird so gebaut, daß alle für seinen Betrieb wesentlichen Bestandteile bequem, ohne Demontage oder Umbau des Gerätes, ja sogar ohne Verjustierung der übrigen Teile, herausgenommen und ausgewechselt werden können.

Wir wandten dieses Baukastenprinzip – aus der modernen naturwissenschaftlichen Forschung ist es nicht mehr wegzudenken – an, weil es eine schnelle Realisierung neuer Ideen und Methoden erlaubt, etwa durch kurzfristigen Neubau der auswechselbaren Einzelelemente (z. B. Objekt-Objektiv-System), ohne das Gesamtinstrument umkonstruieren zu müssen. Ein viel rascheres Entwicklungstempo ist die Folge.

Bilder, die das menschliche Auge noch nie sah

Im Fall des Universal-Elektronenmikroskops kamen wir relativ schnell zu einer Fülle von Ergebnissen: Die übergroße Empfindlichkeit des Gerätes gegen mechanische Erschütterungen war beseitigt und im wesentlichen dadurch Anfang 1940 das Auflösungsvermögen von vorher etwa 10 nm auf zunächst 3 nm gesteigert worden. Aus der Überlegung, daß die sehr hohe Tiefenschärfe des Elektronenmikroskops für das Stereoverfahren große Vorteile gegenüber den Verhältnissen beim Lichtmikroskop bietet, entstanden eine Einrichtung für die Aufnahme stereoskopischer Teilbilder und die schon erwähnten *ersten elek-*

tronenmikroskopischen Stereoaufnahmen. Wir rüsteten das Objektivsystem mit in Betrieb zentrierbaren hochgereinigten Blenden von wenigen μm-Durchmesser aus. Dadurch erreichten wir die ersten Dunkelfeld-Elektronenbilder mit übermikroskopischer Auflösung. Nachdem wir ein Objektivsystem mit einer Objektabschattungseinrichtung geschaffen hatten, wurden die ersten übermikroskopischen Bildpaare vom Ablauf bestimmter Lebensvorgänge gewonnen. Weiter bauten wir in Verbindung mit dem 1941 entwickelten 200-kV-Universal-Elektronenmikroskop ein Objektivsystem mit Objekterhitzungseinrichtung, das zusammen mit einer Vakuum-Filmkamera Platzwechsel und Sintervorgänge bei einstellbaren, definierten Objekttemperaturen bis über 1500 °C kinematografisch festzuhalten gestattete und den Weg zur späteren Elektronenmikroskopie mit sehr viel höheren Spannungen wies. Schließlich gelang es noch während des Krieges durch Verstärkung des Objektiv-Magnetfeldes und Objektivlage nahe dem Feldmaximum (Vorläufer der heutigen Kondensor-Objektiv-Einfeldlinse), das Auflösungsvermögen auf 1,2 nm (12 Å) zu steigern. Als Anfang 1940 diese Verbesserung und mit ihr die erste Abbildung definierter chemischer Moleküle glückte, als darüber hinaus wenige Wochen später die ersten stereoskopischen Bilder von Welten hergestellt werden konnten, die dem menschlichen Auge bis dahin verschlossen waren, verwirklichte sich ein Traum meiner Jugendjahre. Gemeinsam mit dem inzwischen verstorbenen Physiologen Hans H. Weber gelang 1941 die erste Abbildung der Fadengestalt des Muskeleiweißes Myosin. Kurz vorher war mir die erste Abbildung von chemischen Molekülen gelungen.

*Max von Laue besichtigt
mein Universal-Elektronenmikroskop*

Der erste Besucher, der im Dezember 1939 mein Universal-Elektronenmikroskop in Betrieb kennenlernte und bei dieser Gelegenheit auf dem Schirm einer Fernsehröhre auch die Abbildung von Oberflächen (Diatomeen) mit meinem Raster-Elektronenmikroskop in hoher Tiefenschärfe sah, war der Nobelpreisträger Professor Dr. Max von Laue. Angeregt durch hochgradig aufgelöste Bilder sich teilender Bakterien, sprachen wir damals besonders über die zu erwartenden Konsequenzen aus der Entwicklung des Elektronenmikroskops sowie des Raster-Elektronenmikroskops für den Fortschritt der Biologie und vor allem der Zellforschung.

Wir erwarteten den hohen Gast am Haupteingang des Lichterfelder Gebäudes. Groß war unsere Überraschung, als der Besucher in sportlichem Dreß mit einem Rucksack über die Hintertreppe erschien. Er hatte vorher unerkannt sein Fahrrad an der Rückseite des Hauses abgestellt.

*Start ins Unglück,
Kriegstod meiner Brüder Ekkehard und Gothilo*

Vom Kriegsausbruch 1939 ist mir noch heute das Gefühl tiefster Depression gegenwärtig, das die Geschehnisse und Reden dieser Tage bei mir auslösten. Seit dem Simon-Eden-Besuch in Berlin hatte ich einen solchen Start in das Unglück erwartet. Mit Wehmut denke ich an die letzten Gespräche mit meinen beiden jüngeren Brüdern vor ihrer Abreise an die Front zurück. Sie wußten, welchem Schicksal sie entgegengingen. Wenige Monate später waren Gothilo und Ekkehard gefallen; der eine vor Warschau und der andere bei Rethel.

Mein Bruder Ekkehard war zuletzt Kompanieführer im Regiment 9 der Potsdamer Garnison, welches die Tradition des früheren ersten Garderegimentes fortsetzte. Sein Pate beim

Eintritt in dieses Regiment war Hennig von Tresckow, der nach dem Mißlingen des Attentates auf Hitler am 21. Juli 1944 seinem Leben ein Ende setzte. Von Tresckow war übrigens einer der Taufpaten meiner viel jüngeren Schwester Renata gewesen.

In einem 1988 von Martin Wein veröffentlichten Buch: »Die Weizsäckers – Geschichte einer deutschen Familie« findet sich eine Passage über dieses Regiment und meinen Bruder, welches seine schon vor Ausbruch des Zweiten Weltkrieges gegen Hitler gerichtete Grundhaltung beschreibt. Es war die gleiche Grundhaltung, die bei meinem Vater, unseren Vettern Erwin und Job von Witzleben und bei mir selbst bestand. Diese Passage aus dem Buch wird nachstehend zitiert, weil es sich hier um eine Darstellung von unabhängiger Seite handelt und historisch interessante Details in ihr mit zum Ausdruck kommen:

»Mit der Zeit änderte sich jedoch die politische Einstellung im Infanterieregiment 9. Das Offizierskorps sah sich in seinem besonderem Vertrauen gegenüber dem Obersten Befehlshaber gründlich getäuscht. Regimentsadjutant *Wolf Graf Baudissin*, in den fünfziger Jahren der Schöpfer des Leitbildes vom ›Bürger in Uniform‹, veranstaltete in Potsdam Kaminabende, bei denen das braune Gewaltsystem scharf kritisiert wurde. Der Reserveoffizier Fritz-Dietlof Graf von der Schulenburg, seit 1932 NSDAP-Mitglied, entfremdete sich 1938 endgültig der Nazibewegung, die er ursprünglich für ein Konglomerat aus Preußentum und Sozialismus gehalten hatte. *Oberleutnant Ekkehard von Ardenne*, ein enger Freund Heinrich von Weizsäckers, ließ am 9. November 1938 seine Kompanie antreten, erwähnte aber in seiner Rede den Anlaß – das Gedenken an Hitlers Putschversuch von 1923 – mit keinem Wort, sondern sprach nur über die Revolution vom 9. November 1918, um am Schluß hinzuzufügen: ›Und dann gibt es noch den 9. November 1923 ...‹ Die Ablehnung des Nationalsozialismus, die auf solche und andere Weise schon in den letzten Friedensjahren demonstriert wurde, nahm während des Zweiten Weltkrieges in der Potsdamer Einheit noch rapide zu, als Hitler die eigenen strategischen Fehler auf die Militärs abwälzte und sie danach schwer maßregelte.«

Der Kriegstod von Ekkehard von Ardenne (20. Mai 1940) und der fast gleichzeitige Kriegstod von Heinrich von Weizsäcker führte bald danach zum weiter unten besprochenen Besuch der Familie von Ardenne beim Staatssekretär E. H. von Weizsäcker.

So haben mich gegenüber den Männern des 20. Juli 1944 und des Widerstands stets Gefühle tiefer Verehrung bewegt. Sie setzten ihr Leben ein, um den verlorenen Krieg zu beenden, das heißt, um Millionen von Menschenleben beider Seiten zu retten. Sie verloren ihr Leben, aber doch nicht vergeblich. Was blieb, war der notwendig gewesene Versuch zur Rettung der Ehre für die Mehrheit der Bürger deutscher Nation in einer Phase der schlimmsten Greueltaten Hitlers und seiner Gefolgsleute in Deutschland. Es war das letzte große Aufleuchten des Preußentums.

Doch zurück zur Zeit des Kriegsausbruches.

Der Weiterbestand des Instituts während des Krieges erschien zunächst auf dem üblichen Wege über das Rüstungskommando gesichert, obwohl infolge meiner politischen Zurückhaltung gegen Ende 1939 keine speziellen Aufgaben von aktueller militärischer Bedeutung bearbeitet wurden.

Mein Buch »Elektronen-Übermikroskopie«

Meine ganze Kraft galt zu jener Zeit der Forschung am und mit dem Elektronenmikroskop sowie der Abfassung meines im Frühjahr 1940 herausgekommenen Buches »Elektronen-Übermikroskopie«. Dieses erste Buch über Technik und Anwendung der Elektronen-Übermikroskopie erschien noch während des Krieges in der Sowjetunion, in den Vereinigten Staaten und in Japan. Die japanische Ausgabe löste, wie mir Elektronenoptiker aus dem Fernen Osten später erzählten, die starke Orientierung der Industrie des Landes auf Elektronenmikroskope und Elektronenstrahlanlagen aus. Dieser Tatbestand führte 1979 zu einer Einladung der »Japanischen Gesellschaft für Elektronenmikroskopie«, bei der wir viele Provinzen des interessanten Inselstaates kennenlernten.

Ein großer Teil der Arbeiten, die in dem Buch zusammengefaßt sind, waren gemeinsam mit Mitarbeitern des Kaiser-Wilhelm-Instituts für physikalische Chemie geleistet worden. Auf Initiative des Leiters dieses Instituts, des Kolloidchemikers Professor Dr. Peter Adolf Thiessen, kam es zu einem Abkommen zwischen der Deutschen Forschungsgemeinschaft und meinem Institut. Bald darauf wurde ein weiterer Vertrag mit der von Professor Houdremont geleiteten Versuchsanstalt von Krupp in Essen abgeschlossen, der dazu führte, daß Krupps gesamte elektronenmikroskopische Forschung bei uns erfolgte. Außerdem bestand ja noch die Siemens-Vereinbarung. Diese Bindungen sicherten nicht nur die finanziellen Mittel für unsere Forschungen, sondern gaben der Tätigkeit einen Anstrich, der die Wichtigkeit des Instituts auch während des Krieges außer Zweifel stellte. Darauf mußte ich im Interesse meiner Mitarbeiter und der Erhaltung des bisher Geschaffenen Wert legen.

Während des Krieges erhielt ich einen Lehrauftrag zum Thema »Elektronenmikroskopie« an der Berliner Universität. Einer meiner Schüler war damals der spätere Rasterelektronenmikroskopiker G. Pfefferkorn.

Auszeichnung für die Pioniere der Elektronenmikroskopie durch die Preußische Akademie der Wissenschaften 1941 und der Physik-Nobelpreis 1986

Als die Preußische Akademie der Wissenschaften am 3. Juli 1941 unter Einflußnahme von Max Planck, Otto Hahn, Adolf Butenandt und Max von Laue die mehrgleisige Entwicklung der Elektronenmikroskopie durch die Verleihung der silbernen Leibniz-Medaille auszeichnete, wurde diese Auszeichnung nicht an einen einzelnen Wissenschaftler, sondern an eine Gruppe von Wissenschaftlern vergeben, die durch wesentliche Beiträge zur Entwicklung des Gebietes beigetragen haben. Zu dieser Gruppe gehörten Ernst Ruska, Hans Mahl, Max Knoll, Ernst Brüche, der unvergessene Bodo von Borries, Hans Boersch und auch der Verfasser dieser Zeilen. Ich erhielt die Auszeichnung damals für verschiedene Beiträge zur Entwicklung der Durchstrahlungs-Elektronenmikroskopie, für die Erschließung der Stereo-Elektronenmikroskopie und für die Erfindung des Raster-Elektronenmikroskopes, welches heute in der Forschung etwa die gleiche Bedeutung erlangt hat wie das Durchstrahlungs-Elektronenmikroskop.

Ich glaube, die Auszeichnung von Ernst Ruska mit dem Physik-Nobelpreis 1986 ist als eine späte Anerkennung für alle an der Entwicklung der Elektronenmikroskopie in der Pionierzeit beteiligten Wissenschaftler zu werten.

Denkwürdiges Gespräch mit Max Planck

Am 2. Februar 1940 besuchte Geheimrat Max Planck das Lichterfelder Institut und sah die mit dem Universal-Elektronenmikroskop erzielten Ergebnisse. Sein Freund von Laue hatte ihn neugierig gemacht. Plancks sonst stets ernster Blick hellte sich auf, als er die zahlreichen hochvergrößerten elektronenmikroskopischen Aufnahmen, die ersten Stereobilder aus dem Mikrokosmos und speziell die ersten Wiedergaben von chemischen Molekülen auf dem Leuchtschirm des Mikroskops erblickte.

Als Professor Planck sich verabschieden wollte, fragte ich, ob ich ihn nach Hause fahren dürfe. Er setzte sich neben mich in den Mercedes. Der Weg von Lichterfelde bis zu seinem Haus im Grunewald dauerte vielleicht nur eine Viertelstunde. In meiner Erinnerung spielt diese Fahrt jedoch eine besonders große Rolle, und der Gedankenaustausch mit ihm ist mir unvergeßlich geblieben.

Nobelpreisträger Max Planck, Mitbegründer der modernen Physik, auf dem Weg zur Besichtigung des Universal-Elektronenmikroskops im Lichterfelder Institut am 2. 2. 1940.

Dadurch, daß Geheimrat Planck meinen Arbeiten im Institut soviel Interesse entgegengebracht und sich sehr zugänglich gezeigt hatte, war ich ermutigt, ein ganz persönliches Gespräch mit ihm zu führen – in aller Offenheit. Vielleicht trug das enge Nebeneinander im Wagen mit zu diesem Wunsch bei. Natürlich hätten wir auch im Institut keine Zuhörer gehabt. Aber der begrenzte Raum des Autos vermittelte das Gefühl einer besonderen Vertrautheit, was unsere Unterhaltung offenbar erleichterte.

Auf dem Rücksitz lag der »Völkische Beobachter« mit dem Wehrmachtsbericht: »... Die deutsche Luftwaffe setzte die

Aufklärungstätigkeit gegen Großbritannien fort.« Max Planck hatte die Zeitung in die Hand genommen und sprach diese Zeilen laut nach. In jenem Augenblick stand in seinem Gesicht geschrieben, was er dachte. Ich fragte ganz spontan: »Was wird werden?«

»Das können Sie ja im ›Völkischen Beobachter‹ nachlesen. Wir fahren gegen England.« Sein Ton war sarkastisch. Den anschließenden Dialog habe ich so in Erinnerung:

Er fragte, wobei er mich von der Seite ansah: »Oder glauben Sie das nicht? Haben Sie Zweifel?«

»Ja«, antwortete ich. »Ich kenne Amerika. Die ungeheure industrielle Potenz dieses Landes.«

»Sie glauben also, Amerika wird uns eines Tages den Krieg erklären?«

»Ja«, gestand ich.

»Dann erwarten wir das gleiche. Die jetzigen militärischen Erfolge sollten einen Wissenschaftler, der kritisch zu denken gelernt hat, nicht täuschen. Leider täuschen sich noch immer sehr viele.« Nach längerer Pause fügte er hinzu: »Ich bin sehr besorgt.«

Max Planck zur Urankernspaltung

Daraufhin fragte ich: »Sie denken an die Hahnsche Entdeckung der Urankernspaltung? Was werden die Folgen sein?«

»Die Folgen werden unvorstellbar sein.«

Heute weiß ich nicht mehr, wie es mir möglich war, den Wagen an diesem Mittag sicher durch den Verkehr zu lenken. Planck hatte ein tiefernstes Gesicht. Und wie zu sich selbst sagte er: »Wenn dieses Machtmittel in unrechte Hände gerät ...« Er sprach den Satz nicht zu Ende.

Ich wollte etwas erwidern. Mir fiel nichts Besseres ein als: »Es ist die gewaltigste Energiequelle der Natur.«

»Ja«, entgegnete Planck, »und sie müßte zum Wohle der Menschheit eingesetzt werden.« Schweigen. Dann, was ich nie vergessen werde: »Aber es wird anders kommen.«

Als wir zu Beginn unserer Unterhaltung über die Kriegslage sprachen, mußte ich unwillkürlich an die Unterredung denken, die ich nach der Machtergreifung der Nazis mit meinem Freund Richard Wienstein führte. Schon damals war von ihm der Krieg und alles Schreckliche vorausgesehen worden. Planck kannte das »Dritte Reich« noch besser. Er hatte miterlebt, wie die Blüte der deutschen Wissenschaft in Tod, Elend und Emigration getrieben wurde.

So, wie damals das Gespräch mit Wienstein meine tiefe Skepsis gegen die nazistische Politik auslöste, ist der 2. Februar 1940 für mich ein Markstein geworden. Die ernsten Mahnungen Max Plancks ließen in mir die Erkenntnis reifen: Der wahnsinnige, von Hitlerdeutschland ausgelöste Krieg kann nur in einer Katastrophe enden.

Die Grundhaltung von Max Planck

Von Max Plancks hohem ethischem Verantwortungsgefühl war ich tief beeindruckt und begann, mir Gedanken darüber zu machen, wie der einzelne Forscher auf die Anwendung seiner Arbeitsergebnisse im Sinne der Menschlichkeit und des Fortschritts Einfluß nehmen kann. Max Planck wird oftmals als ein Mann beschrieben, der in seinem Urteil bis aufs äußerste abwägend und vorsichtig gewesen sei. Ich habe ihn so eigentlich nicht kennengelernt. Er war sicherlich zurückhaltend, bis er sich eine Meinung gebildet hatte. War er in seinen Überlegungen zu einem Ergebnis gekommen, vertrat er seine Überzeugung jedoch mit eindringlicher Bestimmtheit und seltener Zivilcourage. Das erlebte ich an manchen Abenden im Kreise seiner berühmten Kollegen. Aus dieser Haltung erklärt sich sein mutiger Gang zu Hitler nach 1933, um als Präsident der Kaiser-Wilhelm-Gesellschaft sein Veto gegen die Judenverfolgung einzulegen. Hitler hatte ihn stehenlassen.

Max Plancks Sohn wird hingerichtet

Plancks hohe Gesinnung, sein Widerstandsgeist gegen die Hitlerherrschaft wurde von seinen Angehörigen geteilt. Immer wieder muß ich daran denken, wie 1945 kurz vor Kriegsende Hermann Priebe vor uns stand, der Pfarrer mit dem zweifachen Doktortitel, der meine Frau und mich getraut hatte und mit dem die Familie meiner Frau schon seit langer Zeit befreundet war. Als er uns begrüßte, spürten wir sofort, daß er uns etwas Schreckliches sagen würde: »Plancks Sohn ist hingerichtet worden.« Wir saßen wie versteinert. Hitler hatte sich an seinem Widersacher gerächt, der menschliche Ungeist am menschlichen Geist. Erwin Planck, bis zur »Machtergreifung« Staatssekretär in der Reichskanzlei, hatte sich dem Widerstand angeschlossen, war am Entwurf einer Verfassung für ein Deutschland nach Hitler beteiligt und wurde drei Tage nach dem Attentat vom 20. Juli 1944 verhaftet. Der berüchtigte Volksgerichtshof verurteilte ihn zum Tode. Max Planck trug für den Rest seines Lebens schwer an dieser Last. Zum letzten Mal hatte ich ihn 1941 bei jener Akademiefeier gesehen, während der mir für meinen Beitrag zur Entwicklung des Elektronenmikroskops die silberne Leibniz-Medaille der Preußischen Akademie der Wissenschaften verliehen wurde.

Max Planck – der klare Formulierer

Max Planck, der kühle Denker, war auch ein großer Formulierer. Ich wüßte nicht, wer die Aufgaben des experimentellen Physikers gegenüber denen des theoretischen Physikers klarer und anschaulicher mit im Grunde so einfachen Worten hätte darlegen können wir er. »Es stellt sich immer dringender die Notwendigkeit einer zweckmäßigen Arbeitsteilung ein«, sagte er das letztemal vor Studenten am 28. März 1947 in einem Vortrag, der dank einer Bandaufnahme erhalten geblieben ist. »Der Experimentator steht in vorderster Linie. Er ist es, der die entscheidenden Versuche und Messungen ausführt. Ein Versuch bedeutet die Stellung einer an die Natur gerichteten Frage. Und eine Messung bedeutet die Entgegennahme der von der Natur darauf erteilten Antwort. Aber ehe man einen Versuch ausführt, muß man ihn ersinnen, das heißt: Man muß die Frage an die Natur formulieren. Und ehe man eine Messung verwertet, muß man sie deuten, das heißt: Man muß die von der Natur erteilte Antwort verstehen. Mit diesen beiden Aufgaben beschäftigt sich der Theoretiker.«

Plancks Aufzeichnungen

Das Spiel des Zufalls ließ die handschriftlichen Ausarbeitungen dieses großen Wissenschaftlers über die Vorlesungen, die er in seiner Studienzeit gehört hat, und seine persönliche wissenschaftliche Bibliothek bei Kriegsende in das Institut gelangen, das ich in der Sowjetunion leitete. Wegen der Luftangriffe hatte Professor Planck diese Dinge verlagert, und so waren sie schließlich in die Sowjetunion gekommen. Als die Aufzeichnungen eintrafen, ließ ich sie umgehend registrieren und sicher verwahren. Die Niederschriften beeindruckten und berührten mich tief. Sie zeichneten sich durch außergewöhnliche Übersichtlichkeit, Gründlichkeit und – durch gestochene Schrift aus. Als im Winter 1956/57 eine sowjetische Delegation bei uns weilte, regte ich an, diese persönlichen Dokumente aus der Hand des Schöpfers der Quantentheorie der Deutschen Akademie der Wissenschaften zur Verfügung zu stellen. Meine Bitte fand Gehör. Auf der Festsitzung der Deutschen Akademie der Wissenschaften zu Berlin aus Anlaß des hundertsten Geburtstages von Max Planck am 23. April 1958 wurden die handgeschriebenen Materialien und die Bibliothek zurückgegeben.

Zusammenarbeit mit Instituten anderer Fachrichtungen

Bis zur Inbetriebnahme des ersten Universal-Elektronenmikroskops beschränkte sich die Zusammenarbeit mit anderen Forschungsinstituten fast ausschließlich auf fachlich gleichartige Entwicklungsstellen. Eine solche Kooperation, die den Charakter eines Wettbewerbs hat, verlangt vom erfinderisch und publizistisch tätigen Wissenschaftler, wenn die Verbindung über mehrere Jahre stabil bleiben soll, ein besonderes Maß an Produktivität, Geschicklichkeit in der gegenseitigen Abgrenzung der Aufgaben und viel Diplomatie. Meine beiden Universal-Elektronenmikroskope – sie stellten mit ihren Zusatzeinrichtungen über mehr als ein Jahrzehnt die leistungsfähigsten Instrumente dieser Art dar – führten nun zu einer anderen Form des Zusammenwirkens, bei der Partner verschiedener Fachrichtungen einer möglichst effektiven Nutzung der Instrumente für die Forschung, also einem gemeinsamen Ziel zustreben und sich wechselseitig helfen. Die Interessen liegen nicht im Widerstreit miteinander, sondern ergänzen sich. Das fördert die Ergebnisse und schafft eine Atmosphäre, an die alle Beteiligten besonders gern zurückdenken.

*Projekt eines Panorama-Radargeräts
zur Abwehr von Luftangriffen*

Auf der Physikertagung 1936 in Bad Salzbrunn hatte ich über eine speziell für die Zwecke der Radartechnik entwickelte Elektronenstrahleinrichtung, den Polarkoordinaten-Oszillographen, referiert. Er war nicht nur für Meßzwecke, sondern auch für eine besondere Art von Fernsehen ausgezeichnet geeignet. Ein Freund der Familie, der Kurzwellen-Physiker Dr. H. E. Hollmann, wollte dieses Gerät in den ersten Kriegsmonaten für das Sehen mit sehr kurzen elektrischen Wellen verwenden; ein Thema, mit dem er sich schon früher beschäftigt hatte. Wir faßten den Plan, gemeinsam die Entwicklung eines Panorama-Radargeräts mit aller Energie durchzusetzen. Uns war die Möglichkeit, die neue Einrichtung zur Abwehr von Luftangriffen zu verwenden, so klar, daß wir unseren Vorschlag, erläutert durch allgemeinverständliche Zeichnungen und Fotos von Leuchtschirmfiguren, am 28. Oktober 1940 unmittelbar Göring unterbreiteten. Der lehnte jedoch ab, weil es sich bei dem Projekt um eine mehrjährige Entwicklung handle, die einzuleiten sich nicht mehr lohne, da der Krieg schon so gut wie gewonnen sei. Der »Reichsmarschall«, seit 1935 Oberbefehlshaber der Luftwaffe, schien 1940 überhaupt wenig an Maßnahmen zum Schutz gegen feindliche Angriffe aus der Luft interessiert zu sein. Mit unserer Anlage hätten die Echos angreifender Flugzeugverbände – heute eine Selbstverständlichkeit – auf weite Entfernung vom Erdboden aus geortet werden können.

Gleiche Lösung wie das Panorama-Radargerät der Alliierten

Die 1940 von uns eingereichte Anordnung ist fast bis in alle technischen Einzelheiten, sogar in der Wahl der Wellenlänge, mit jenem Gerät identisch, das etwa zweieinhalb Jahre später erstmals dem Oberkommando der Wehrmacht bekannt wurde, als eine entsprechend ausgerüstete Maschine der Alliierten bei Rotterdam abgeschossen worden war.

In England war Sir Watson-Watt zum gleichen Zeitpunkt wie wir zu den – im Gegensatz zu unserem Projekt freilich auf offensive Verwendung zugeschnittenen – technischen Lösungen gelangt und auf starkes Interesse der britischen Regierung gestoßen. Er war in den entscheidenden Anfangsstadien seiner Tätigkeit auf dem Gebiet der Radiowellenmessung mit Elektronenstrahlröhren in den Jahren vor 1933 durch Zusammenarbeit mit uns stimuliert worden. Bei seiner Konstruktion zeichneten sich auf dem Schirm einer Elektronenstrahlröhre im Flugzeug bei Dunkelheit und durch dichte Wolken die wichtigsten Konturen der überflogenen beziehungsweise anzugreifen-

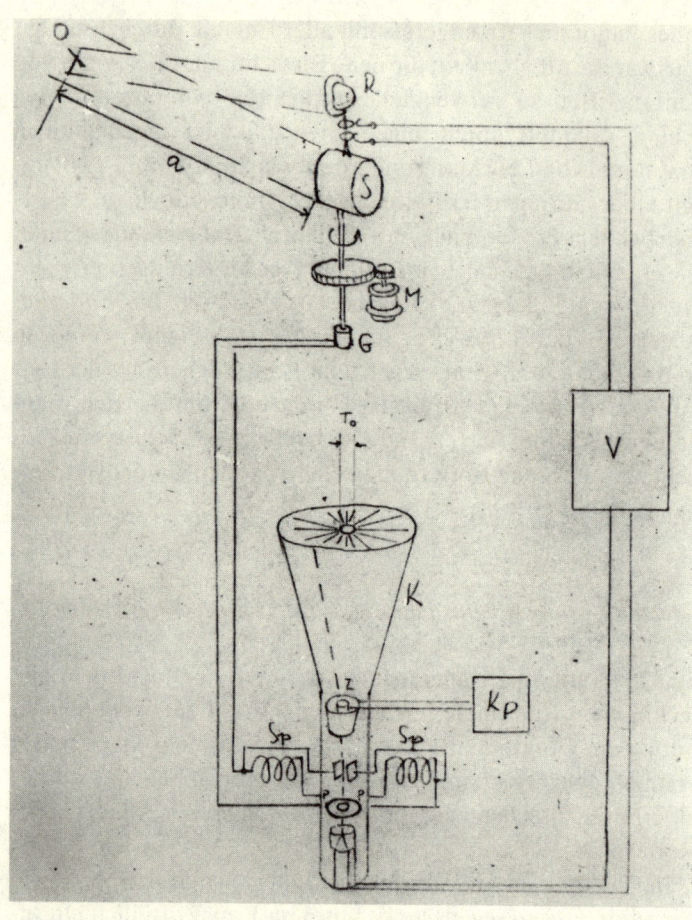

Prinzipzeichnung eines Panorama-Radargeräts mit rotierendem Zentimeterwellen-Richtstrahler und meiner Polarkoordinaten-Elektronenstrahlröhre. Sie war einem Vorschlag zur Verbesserung der Abwehr von Luftangriffen auf Städte an Hermann Göring am 28. 10. 1940 beigefügt. Der Vorschlag wurde abgelehnt, da eine mehrjährige Entwicklung nicht mehr für nötig befunden wurde.

den Städte und Gebiete ab. Die Steuerung des Bildinhalts erfolgte durch Wellen eines 9,2-cm-Impuls-Magnetronsenders mit Hohlraummagnetron nach Megaw, die vom Erdboden reflektiert wurden. Während des Krieges lief dieses Gerät in England unter der Geheimbezeichnung H2S-Radar.

Am 1. Januar 1944 schrieb Goebbels im »Völkischen Beobachter«: »Das scheinbare Abflauen des U-Boot-Krieges beruht auf einer einzigen technischen Erfindung auf seiten unserer Gegner. Sie auszuschalten sind wir nicht nur im Begriff, sondern wir sind überzeugt, daß dies auch in kurzer Frist gelungen sein wird.«

Zu spätes Interesse

Als das englische Panorama-Radargerät in Deutschland bekannt und die ganze deutsche Physik von Dönitz, nach Kriegsbeginn »Befehlshaber der U-Boote« und ab Januar 1943 Oberbefehlshaber der Kriegsmarine, zu seiner Bekämpfung aufgerufen wurde, erinnerte man sich unseres Vorschlags aus dem Jahre 1940 und zog uns zur technischen Analyse des bei Rotterdam erbeuteten Apparates hinzu. In diesem Zusammenhang hatten Dr. Hollmann und ich Besprechungen mit dem Beauftragten von Dönitz, Admiral Stummel, und dem Beauftragten für Hochfrequenzforschung, Staatsrat Dr. Plendl. Typisch für den Charakter der Großen jener Tage ist, daß Dr. Plendl, der mir seit über zehn Jahren gut bekannt war und mir wenige Tage vorher noch herzlich zur Geburt meines Sohnes gratuliert hatte, unseren schriftlichen Hinweis auf den von Göring nicht beachteten Vorschlag aus dem Jahre 1940 mit plötzlicher eisiger Zurückhaltung beantwortete.

Mir scheinen diese Dinge vor allem deshalb noch erwähnenswert, weil sie ein bezeichnendes Licht auf die menschenverachtende Haltung der faschistischen Führung und des von ihr repräsentierten Systems werfen. Wahrscheinlich hätte, entgegen der damaligen Hoffnung, auch unsere Erfindung keinen entscheidenden Schutz für die Städte gebracht. Heute muß unser ehrlicher Wunsch, das Leben deutscher Menschen verteidigen zu helfen, im Bannkreis jener aggressiven Politik zumindest als Illusion verdächtig erscheinen.

Keine Perspektive für die Atomphysik

Meine wissenschaftliche Faszination über die Hahnsche Entdeckung führte mich bald darauf in eine noch kritischere Position.

Während besonders in den Vereinigten Staaten die experimentelle und später die angewandte Kernphysik in den Jahren nach 1933 gewaltig gefördert und ausgebaut wurde, konnten die maßgebenden Atomphysiker in Deutschland eine großzügige staatliche Unterstützung in der gleichen Zeit nicht durchsetzen.

Der Grund dafür lag zum Teil in der Gleichgültigkeit der Staatsführung, zum Teil in der Unfähigkeit und dem mangelnden Durchsetzungsvermögen des für die Forschung verantwortlichen Kultusministers Rust und nicht zuletzt wohl auch darin, daß die führenden Atomphysiker von vornherein auf zeitraubende Versuche verzichteten, staatliche Unterstützung zu bekommen. Die wissenschaftlichen Führungsspitzen der großen Elektrokonzerne schienen ebenfalls die gewaltigen Zukunftsaussichten der Kernphysik nicht erkannt zu haben. Folglich wurden größere Atomumwandlungsanlagen in Deutschland weder entwickelt noch gebaut. Erst als die Bedeutung der Hahnschen Entdeckung durch einen Zeitschriftenartikel und dann am 15. August 1939 durch einen Aufsatz von Dr. Siegfried Flügge – zu dieser Zeit Mitarbeiter im Kaiser-Wilhelm-Institut für Chemie – in der »Deutschen Allgemeinen Zeitung« mit gefährlicher Offenheit dargestellt wurde, zeigten sich einige höhere Staatsstellen zeitweilig interessiert.

Atomumwandlungsanlagen wurden nicht fertiggestellt

Damals besuchte ich Professor Philipp, den Mitarbeiter von Professor Hahn, und versuchte ihn zu bewegen, eine Sonderunterstützung zum Bau größerer Atomumwandlungsanlagen für die Herstellung von künstlichen Radioisotopen zu beantragen. Er hielt diesen Weg für nicht opportun, da hierbei die für die Kaiser-Wilhelm-Institute zuständigen Instanzen übergangen worden wären. Zwei Jahre später leiteten Professor Hahn und seine Mitarbeiter doch noch über das Luftfahrtministerium solch ein Vorhaben ein, das aber nicht vollendet wurde – wobei die angloamerikanischen Luftangriffe sicher eine wesentliche Rolle gespielt haben.

Da das eigentlich zuständige Hahnsche Institut seine Forschungsbasis nicht erweiterte, machte ich Ende 1939 den Reichspostminister Ohnesorge in einem Schreiben und durch persönlichen Vortrag auf die ungeheure Bedeutung der Hahnschen und Straßmannschen Entdeckung für die Gewinnung von Elektro- und Wärmeenergie aufmerksam. Dieser Vorstoß blieb ebenfalls erfolglos.

Eine Möglichkeit, die zum Glück nicht realisiert wurde

Bei Besuchen in Dahlem und Lichterfelde hatte ich 1941 Professor Otto Hahn die Frage gestellt, wieviel Gramm des reinen Isotops Uran-235 zur Entfesselung einer momentan ablaufenden Kernkettenreaktion benötigt würden. Er antwortete mir: »Wenige Kilogramm.« In diesem absolut vertraulichen Gespräch vertrat ich die Auffassung, es sei technisch durchaus möglich, mit Hilfe hochgezüchteter magnetischer Massentrenner (die wir damals gedanklich und experimentell vorbereitet hatten), Uran-235-Mengen von einigen Kilogramm zu erhalten, wenn man dafür große Elektrokonzerne einsetzen würde.

Im Sommer 1942 dürfte es gewesen sein, daß der Reichspostminister Ohnesorge Hitler über seine Einschätzung der Lage informierte. Es kam zu der bekannten Szene, bei der Hitler sich an die anwesenden Militärs wandte und ironisch formuliert haben soll: »Sehen Sie, meine Herren, ausgerechnet mein Postminister offeriert mir heute die Wunderwaffe, die wir brauchen.« Kurz danach erfolgte ein Besuch von Ohnesorge bei mir in Lichterfelde. Ich erinnere mich noch deutlich an seine Worte: »Von jetzt ab resigniere ich und werde mich nur noch im Rahmen meines Ressorts für die Atomkernforschung interessieren und einsetzen.« –

Die vorstehenden nach dem Kriege bekanntgewordenen Fakten haben zu falschen Auffassungen zum Beispiel bei Robert Jungk und Rolf Hochhuth geführt, denen ich in einem Brief an Herrn Hochhuth vom 27. 6. 1988 entgegengetreten bin. Niemals ist Ohnesorge von mir oder meinen Mitarbeitern auf die technische Möglichkeit der Entwicklung einer Atombombe hingewiesen worden. Ich vermute, daß die Aktion von Ohnesorge bei Hitler in bezug auf die Atombombe durch schwedische Pressenotizen über Atombomben-Entwicklungen in den USA ausgelöst wurde. In diesem Zusammenhang kann auch die Tatsache von Bedeutung gewesen sein, daß Ohnesorge in Miersdorf bei Zeuthen einen großen weiteren kernphysikalischen Forschungsbereich aufgebaut hatte, den ich nie kennengelernt habe und dessen Arbeiten sehr geheimgehalten wurden.

Zu dieser Zeit verfügte ich zwar bereits über eine Hochstrom-Ionenquelle mit magnetischer Plasma-Führung und Verdichtung. Außerdem lag das Konzept für einen magnetischen Isotopentrenner vor, wie er von amerikanischer Seite nach Kriegsende in der »Physical Review«, USA, veröffentlicht wurde. Schließlich wäre es durch meine vertraglichen Beziehungen seit 1934 (Bildwandler, Elektronenmikroskopie) mit Siemens sehr naheliegend gewesen, die industrielle Kraft dieses Unternehmens für den Bau der magnetischen Isotopentrenner in Groß-Serie vorzusehen. Ich erinnere mich noch heute genau an diese Gedanken und Überlegungen, aber ich weiß auch genau, daß ich sie streng für mich behielt, d. h. sie mit

Ausnahme Otto Hahns, zu dem ich volles Vertrauen hatte, niemals einem Dritten mitteilte!

Die größte Gefahr, daß Hitler in den Besitz der Atombombe gelangen könnte, war im Juni und August 1939 gegeben. Wie erwähnt, hatte der theoretische Physiker S. Flügge, ein enger Mitarbeiter Otto Hahns, in der »Deutschen Allgemeinen Zeitung« auf die ungeheure Sprengkraft einer Uran-235-Atombombe hingewiesen. Bereits im Juni hatte Dr. Flügge in der Zeitschrift »Die Naturwissenschaften« wenige Monate nach der Bekanntgabe der Urankernspaltung durch Hahn und Straßmann die Frage erörtert: »Kann die Energie der Atomkerne technisch nutzbar gemacht werden?« Aber kein einziger aus dem Machtbereich Hitlers nahm diesen Aufsatz ernst. Ein neues Mal wirkte sich die geistige Begrenztheit und Wissenschafts-Feindlichkeit der damaligen Machthaber aus. In diesem Fall zum Glück für die Menschheit.

Der Flügge-Aufsatz löste eine starke Reaktion bei fast allen deutschen Kernphysikern aus und führte dazu, daß nunmehr größte Zurückhaltung in bezug auf Veröffentlichungen ähnlicher Art geübt wurde.

Unsere Lichterfelder, vom Minister Ohnesorge mit bedeutenden Mitteln finanzierten kernphysikalischen Arbeiten, waren von Anfang an scharf auf die Herstellung und Nutzung von radioaktiven und stabilen Isotopen ausgerichtet. Hierüber veröffentlichte ich 1944 im Springer-Verlag und 1948 in einem Moskauer Verlag mein Buch »Die physikalischen Grundlagen der Anwendung radioaktiver oder stabiler Isotope als Indikatoren«. Auch als ich einer Bitte Max von Laues folgend 1941 den politisch gefährdeten Kernphysiker Fritz G. Houtermans in mein Institut aufnahm, blieb die Indikatorenmethode unsere kernphysikalische Hauptthematik. Sie bildete eine hervorragende methodische Ergänzung zu unseren Arbeiten an der Entwicklung der Elektronenmikroskopie im Rahmen unserer Zusammenarbeit mit den Dahlemer Kaiser-Wilhelm-Instituten für Biochemie (Butenandt), Zellphysiologie (Warburg), Chemie (Hahn) und physikalische Chemie (Thiessen). Neben den Elektronenmikroskopen entstanden in dieser Zeit die 1-Millionen-Volt-Atomumwandlungsanlage, das 60-Tonnen-Zyklotron, Massenspektrometer, magnetischer Labor-Massentrenner, viele Meßanlagen und die Arbeit von Houtermans »Zur Frage der Auslösung von Kern-Kettenreaktionen« (August 1941), in der die Vorzüge des Plutoniums gegenüber dem Uran-235 als Kernspaltstoff vorausgesagt wurden. Unsere gegen Hitler gerichtete Grundhaltung führte jedoch dazu, daß wir in dieser Arbeit die gefährliche Erkenntnis so verschleiert darstellten, daß nicht einmal der unsere Forschungen finanzierende Reichspostminister Ohnesorge diese überraschende Entdeckung erkannte. Die Arbeiten von Houtermans hatten stets nur den Atomreaktor als Energiequelle zum Ziel. An dieser Stelle sei bemerkt, daß der im Kaiser-Wilhelm-Institut für Physik von dem sogenannten Uranverein aufgebaute Uranmeiler niemals in Gang kam (im Gegensatz zum Erfolg Enrico Fermis in den USA). Dies lag u. a. an der Fehlmessung eines Wirkungsquerschnittes des Kernphysikers Walter Bothe in Heidelberg.

Mein theoretisches Interesse an der Thematik einer momentan ablaufenden Kernkettenreaktion war schon Anfang 1942 bei einem abendlichen Besuch des Ehepaars von Weizsäcker stark gedämpft worden. Carl Friedrich von Weizsäcker unterrichtete mich damals darüber, er und Heisenberg seien zu dem Ergebnis gekommen, daß die Wirkungsquerschnitte für die Urankernspaltung bei hohen Temperaturen sehr stark abnehmen, so daß es nicht zu einer explosiv ablaufenden Kettenreaktion kommen könne. In diesem Irrtum blieben Heisenberg und von Weizsäcker bis zum Tag von Hiroshima befangen, wie ihre mit Tonband aufgezeichneten Äußerungen beim Eintreffen der Nachrichten vom Abwurf der ersten Atombombe auf Hiroshima beweisen. Nach dem Protokoll sagte Heisenberg damals: »Ich bin bereit zu glauben, daß es eine Hochdruck-Bombe ist, aber ich glaube nicht, daß sie etwas mit Uran zu tun hat, sondern daß es ein chemisches Ding ist, bei dem man die gesamte Explosionswirkung enorm verstärkt hat.« Mit Dankbarkeit gegenüber dem Schicksal kann rückblickend festgestellt werden, daß Zurückhaltung, Irrtümer und Zufälle ernste Initiativen zur Entwicklung einer Atombombe in Deutschland verhinderten.

Unausdenkbar, wäre unter Hitler die Atombombe gebaut worden! Durch die Unmenschlichkeit der Faschisten wäre für die Völker Europas und darüber hinaus für die gesamte Menschheit schlimmstes Unheil entstanden.

Die Indikatormethode mit radioaktiv markierten Isotopen

Mich hatte das Feld der Atomphysik so gepackt, daß ich nicht nachließ, auf seine wissenschaftliche Bedeutung hinzuweisen. Allerdings beschränkte ich mich 1940 darauf zu betonen, wie wichtig es sei, leistungsfähige Umwandlungsanlagen für die zukünftige kernphysikalische Forschung mit markierten Isotopen zu schaffen.

Die Intervention bei Ohnesorge 1939 hatte schließlich große Auswirkungen. Ich erhielt von ihm den Auftrag, im Lichterfelder Laboratorium eine 1-Millionen-Volt-van-de-Graaff-Anlage zu errichten. Sie war 1941 vollendet. Angeregt durch meine Pläne, gründete Ohnesorge außerdem im Bereich der Postverwaltung ein kernphysikalisches Institut in Miersdorf bei Zeuthen (nach 1950 Kernphysikalisches Institut der Deutschen Akademie der Wissenschaften Miersdorf bei Zeuthen), das zunächst eine Philips-Kaskaden-Generator-Anlage erhielt. 1940 wurde dann sowohl in meinem Institut als auch im Miersdorfer Institut der Deutschen Reichspost mit dem Bau einer 60-Tonnen-Zyklotron-Anlage und später in Lichterfelde einer Pilotanlage für magnetische Massentrennung mit Plasma-Ionenquelle begonnen. Damals wurde mir erneut, diesmal vom Minister, sehr nahegelegt, in die NSDAP einzutreten. Ich lehnte den Eintritt in die Nazipartei, wie 1932 mein Vater, wieder ab.

Bei den Versuchen mit der 1-Million-Volt-Anlage war es möglich, sie mit einer Elektronenquelle und am unteren Ende

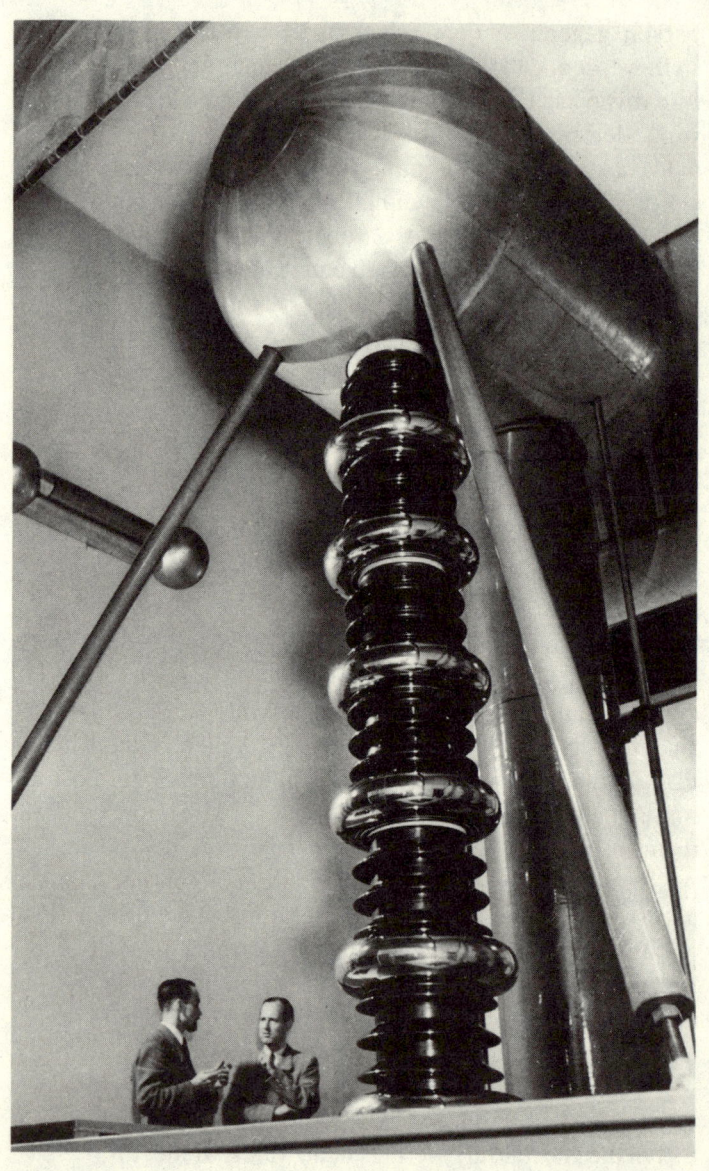

Die 1-Million-Volt-Atomumwandlungsanlage (Van-de-Graaff-Generator) im Hochspannungssaal des Lichterfelder Instituts.

des Entladungsrohres mit einem Lenardfenster zu armieren. So arbeitete sie als Elektronenstrahl-Generator. Wurde die Anlage angeschaltet, sahen wir im Meßbunker das magische blaue Leuchten eines zwei Meter langen Elektronenstrahles in der freien Atmosphäre. Ein unvergeßliches Bild gewaltiger, gebändigter Energie. Die Anlage war so konstruiert, daß am unteren Ende des Entladungsrohres ein Elektronenmikroskop angesetzt werden konnte. Leider kam es infolge der Kriegsereignisse nicht mehr zur Errichtung des geplanten 1 MeV-Elektronenmikroskops.

Strahlenschäden

Inzwischen war es mir geglückt, den Auskeimungsvorgang von Kartoffelbazillussporen im Übermikroskop abzubilden. Wohl in dem Gedanken, daß dabei die lebendige Substanz den viele Größenordnungen höheren Elektronendichten im Elektronenmikroskop standgehalten hatte, streckten ich und zwei meiner Mitarbeiter etwa für eine halbe Sekunde die rechte Hand in den 1-Million-Volt-Elektronenstrahl. Wir wußten, er dringt nicht tiefer als etwa 4 mm in das lebende Gewebe ein. Auch das mag zu unserer leichtsinnigen Handlungsweise beigetragen haben. Wir spürten nur ein leichtes Hitzegefühl.

Wie sich später herausstellte, hatte die ionisierende Wirkung einem hypothetischen Radiumpräparat von etwa 100 kg entsprochen.

In den folgenden Wochen und Monaten lernten wir drei Betroffenen Strahlenschädigungen auf so schmerzhafte und eindrucksvolle Weise kennen, daß wir für dieses Physiker-Leben gegen jede weitere Unbedachtheit beim Umgang mit Strahlen gefeit sein dürften. Verbrennungen dritten Grades riefen nach etwa vierzehn Tagen das höchste Interesse der Spezialärzte wach. Abgesehen von steif bleibenden Fingern traten jedoch keine anderen Dauerschäden auf, weil größere Gefäße unbestrahlt geblieben waren. Ich erwähne diese am eigenen

Leib gemachte Erfahrung, um die Notwendigkeit der modernen Strahlenschutz-Maßnahmen und Strahlenschutz-Gesetzgebung zu betonen. Außerdem hat das Erlebnis dazu beigetragen, mein fachliches Interesse an Strahlentherapie und am Krebsproblem wachzurufen.

Etwa um die gleiche Zeit geriet eine meiner Laborantinnen, die spätere Frau von Professor Haxel, in Lebensgefahr. Sie hatte ein Glasröhrchen mit unserem stärksten Radiumpräparat – wie sich zeigte, einem fehlerhaften – dicht vor ihrem Gesicht, als es explodierte. Ihr Leben verdankt sie wohl nur dem Umstand, daß sie zum kritischen Zeitpunkt nicht ein-, sondern ausatmete. So blieb, wie die Messungen erkennen ließen, die von ihrem Körper aufgenommene Menge an Radiumelement unterhalb des schädlichen Wertes.

Durch die Radiumexplosion wurde leider ein Teil unserer kernphysikalischen Laboratorien unbrauchbar, denn in dem betreffenden Raum und seiner Umgebung ergab sich trotz sofort eingeleiteter und erfolgreicher Wiedergewinnungsmaßnahmen, Auswechslung der gesamten Einrichtung und Neugestaltung der Zimmerwände und -böden eine für die empfindlichen Zählrohr-Apparaturen kritische Zunahme des sogenannten Nulleffektes.

Beschäftigung »belasteter« Personen

Im Gegensatz zu den staatlichen Instituten und den vom Staat kontrollierten beziehungsweise subventionierten Laboratorien der Industrie konnte ich dank der bemerkenswerten Toleranz des Postministers Ohnesorge, der einer der frühen Gefolgsleute Hitlers war, auch politisch »belastete« oder durch die »Arier«-Paragraphen betroffene Personen beschäftigen. In verschiedenen Fällen wurden mir sogar von Kollegen, die in ihrem eigenen Bereich nicht helfen konnten, Bitten übermittelt, denen wir im Rahmen unserer Einstellungsmöglichkeiten immer mit Freude entsprochen haben. Unsere Bereitschaft

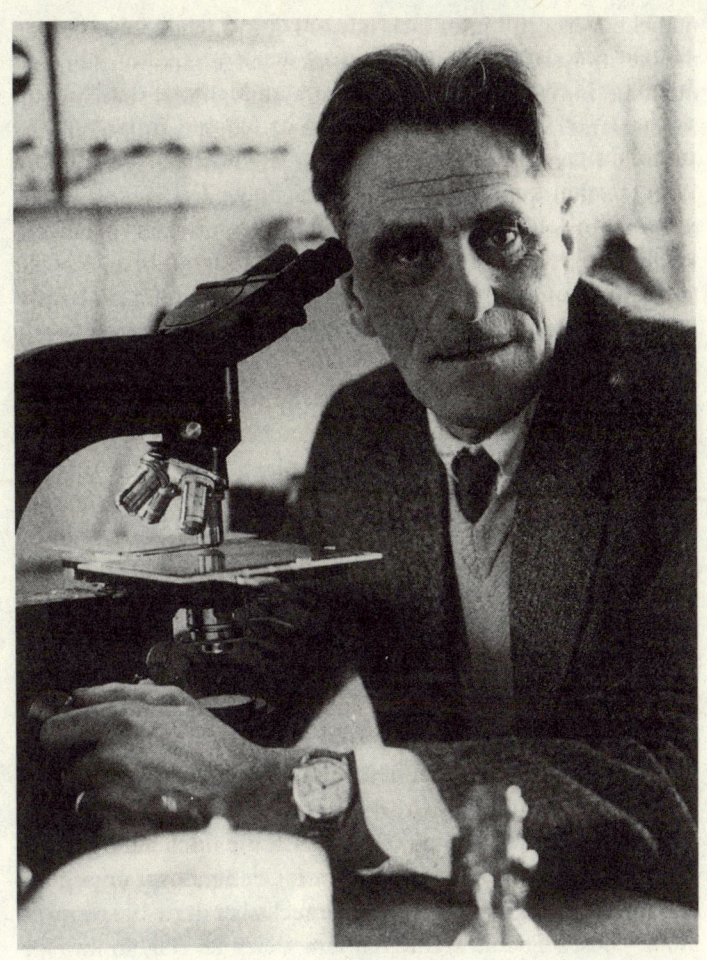

Der Kernphysiker F. G. Houtermans war durch Vermittlung von Max von Laue am 1. 1. 1941 in den Kreis meiner Mitarbeiter eingetreten und blieb dort bis zum Kriegsende.

dazu wurde auch Professor Max von Laue bekannt, der sich im Herbst 1940 an mich wandte. Er tat es für den Kernphysiker F. G. Houtermans, der bereits viele unerfreuliche Erlebnisse und manche Verhöre hinter sich hatte. Da in Lichterfelde gerade die kernphysikalischen Laboratorien aufgebaut wurden und mich die Indikatormethode mit radioaktiven und stabilen Isotopen immer stärker zu interessieren begann, erfüllte ich den Wunsch Max von Laues besonders gern. Auf die geschilderte Weise kamen später noch folgende gefährdete Personen unter den schützenden Schirm meines Institutes: der Kernphysiker Rausch von Traubenberg, Herr Biester, Herr Schreiber, Fräulein Feheling, Fräulein Streisand und Dr. Weitsch (siehe auch H. R. Sandvoß, Widerstand in Steglitz und Zehlendorf, Berlin 1933 bis 1945).

Houtermans als Mitarbeiter und Forscher

Houtermans trat am 1. Januar 1941 in den Kreis der Mitarbeiter des Lichterfelder Instituts ein und war dort bis kurz vor Kriegsende tätig. Während dieser Jahre ist er mit seinen phantasievollen, genialen Ideen eine der tragenden Säulen im Lichterfelder Team gewesen. Bald nach dem Krieg folgte dieser hervorragende Kernphysiker, für den sich schon Niels Bohr eingesetzt hatte, einem Ruf an die Universität Bern, wo er bis zu seinem Tod den Lehrstuhl für Physik innehatte.

Mit seinen früheren Arbeiten hatte Houtermans wichtige physikalische Grundlagen für die Entwicklung der Wasserstoffbombe geschaffen. In Lichterfelde beschäftigte er sich mit der Abschätzung des Energieverbrauchs bei der Isotopentrennung. Dieses Thema stellte ich ihm gleich zu Beginn im Hinblick auf die vermutete und später in den Vereinigten Staaten und in der Sowjetunion zur Gewißheit gewordene Bedeutung der Isotopentrennung für die Indikatorenmethode und für die Realisierung von Kernkettenreaktoren. Auch bei der Messung von Wirkungsquerschnitten für langsame Neutronen und 1942 durch eine Studie zur Isotopentrennung mit der Ultrazentrifuge (Uranhexafluorid, Trennfaktor, Druckverhältnisse und Transport) machte er sich verdient.

Die wichtigsten Ergebnisse seiner Tätigkeit faßte Houtermans in einem Geheimbericht »Zur Frage der Auslösung von Kern-Kettenreaktionen« zusammen, der damals allen maßgebenden deutschen Kernphysikern übermittelt wurde. In dieser Schrift aus dem Jahre 1941 sagte Houtermans die Spaltbarkeit durch Neutronen und die Perspektive des Plutoniums voraus. Er stellte die Überlegenheit des Plutonium-Verfahrens gegenüber der Spaltstoffherstellung durch Isotopentrennung dar und machte auf jenen Weg aufmerksam, der heute in den sogenannten Brutreaktoren als wohl rationellste Methode zur Energiegewinnung angewandt wird. Sie allein gestattet die vollständige Ausnutzung des Energieinhalts von natürlichem Uran. Es ist überraschend, diese Arbeit in den zusammenfassenden offiziellen Nachkriegsberichten kaum erwähnt zu finden, obwohl die Houtermansschen Untersuchungen sowohl von sowjetischen als auch von amerikanischen Wissenschaftlern mit größtem Interesse zur Kenntnis genommen wurden.

Das Lichterfelder 60-Tonnen-Zyklotron

Professor Houtermans, der bei seinen Messungen zunächst an die verhältnismäßig schwachen natürlichen Strahlenquellen gebunden war, setzte sich sehr für die Errichtung des 60-Tonnen-Zyklotrons in Lichterfelde ein. Außerdem war mit Professor Hahn besprochen worden, daß unsere Anlage auch seinem Dahlemer Kreis zur Verfügung stehen sollte. Ich hatte auf eine genauso gute Zusammenarbeit mit dem Hahnschen Kaiser-Wilhelm-Institut für Chemie gehofft, wie sie mit dem Thiessenschen Kaiser-Wilhelm-Institut für physikalische Chemie und dem Butenandtschen Kaiser-Wilhelm-Institut für Biochemie schon länger bestand. Leider ist es durch den Luftkrieg nicht mehr zur endgültigen Inbetriebnahme des Zyklotrons gekommen.

Blick in den großen Zyklotronbunker des Lichterfelder Instituts während des Zweiten Weltkrieges 1943/45. Im Vordergrund links: Das »Sekretariat«; links: das 60-Tonnen-Zyklotron; rechts: das Universal-Elektronenmikroskop und der Platz für das Massenspektrometer.

Bau der unterirdischen Laborbunker

Der Bau der Zyklotronanlage hatte sich inzwischen sehr positiv ausgewirkt. Die dazu notwendigen Strahlenschutz-Maßnahmen erforderten erhebliche Sorgfalt und gaben mir den Vorwand, 1941, das heißt zu einer Zeit, als dies noch möglich war, die sofortige Errichtung mehrerer großer unterirdischer Betonbunker durchzusetzen. In meiner damaligen Lage fühlte ich mein Institut besonders durch die vorausgesehenen Luftangriffe bedroht. Ich fürchtete sie um so mehr, weil ich die Leistungsfähigkeit der Industrien dieser Länder aus eigener Anschauung kannte.

Während die Parallelanlage der Reichspost in Miersdorf

oberirdisch installiert wurde, entstand unser Zyklotron in dem Hauptbunker von zehn mal zehn Meter Grundfläche, dessen Boden fast zehn Meter unter der Erdoberfläche lag. Über eineinhalb Meter starke Eisenbetonwände bildeten einen guten Strahlen- und Bombenschutz.

Daneben ließen wir noch zwei kleinere Bunker bauen, von denen der eine die 250-kW-Transformatorenstation aufnahm und der andere speziell als Luftschutzbunker diente. Wegen dieses Sonderzwecks gab es keine Verbindungstür zu den anderen unterirdischen Räumen. Er hatte auch nur eine Bodenfläche von etwa zwei mal drei Metern.

Diese Bauten waren Ende 1942, d. h. gerade rechtzeitig vor Einsetzen des verstärkten Luftkriegs, fertig geworden. Ehe der Bombenhagel Berlin erreichte, entschloß ich mich im Frühjahr 1943, die wertvollsten Apparate des Instituts und die wichtigsten Anlagen in arbeitsfähigem Zustand im großen Bunker aufzustellen. Den größten Teil der Wohnungseinrichtung ließ ich in den kleineren Bunker bringen. Dadurch konnte ich die Laboratoriums- und Wohnungseinrichtung trotz der Ereignisse, die nach dem Frühjahr 1943 über uns hereinbrachen, erhalten.

Der erste schwere Luftangriff

Den ersten schweren Luftangriff erlebten wir in Lichterfelde am 1. März 1943. An diesem Abend brannten unter anderem das Nachbarhaus und das nahe gelegene Laboratorium unseres Freundes Hollmann ab. Der Eindruck dieser Zerstörungen veranlaßte mich, sofort eine Reihe von Maßnahmen zu ergreifen, um unsere Gebäude möglichst zu schützen. So wurde zum Beispiel der gesamte Dachstuhl innen und zum Teil auch außen mit Glaswolle umkleidet, der Boden vieler Räume mit einer drei Zentimeter starken Sandschicht und teilweise mit Eisenblech und Glaswolle bedeckt; den Raum über meinem unverlagert gebliebenen Arbeitszimmer ließ ich gleichfalls mit Glaswolle auslegen.

Schutzmaßnahmen bewährten sich

Als ein Jahr später, Ende März 1944, ein »Bombenteppich« über unseren Stadtteil gelegt wurde und dabei mehrere Brandbomben in das Hauptgebäude einschlugen, verdankte ich diesen vorsorglich getroffenen Anordnungen, daß ich Werte von mehreren hunderttausend Mark retten konnte. Der Dachstuhl des Hauses und die oberen Räume brannten infolge meiner Maßnahmen sehr langsam ab, und so hatten wir genügend Zeit, die wichtigsten noch im Hause verbliebenen Sachen und Anlagen herauszuholen.

Da sich die Glaswolle auf dem Boden über meinem Arbeitszimmer mit Löschwasser vollsog, blieb dieser wichtige Raum vom Brand unberührt; ebenso gelang es, alle Werkstätten, die 1-Million-Volt-Atomumwandlungsanlage und das nicht in den Bunker verlegte 200-kV-Elektronenmikroskop zu erhalten. Am folgenden Tag fanden wir etwa alle fünf Meter Brandbomben auf dem Grundstück.

In dieser Brandnacht kam es darauf an, die eigenen Luftschutzkräfte unter Berücksichtigung der Windrichtung, der Lage von Brandtüren und Brandmauern im Gebäude und der bereitstehenden Löschwassermengen mit kühlem Kopf zu führen und immer wieder zu kontrollieren, ob die Anordnungen trotz der Aufregung auch wirklich ausgeführt wurden. Durch die Glaswolleverkleidung und die Räumung der oberen Etage blieben die Mauern völlig unbeschädigt und erwiesen sich beim wenig später mit Hilfe des Rüstungskommandos eingeleiteten Wiederaufbau als stabil genug, ein Eisenbetondach von 45 cm Stärke zu tragen. Bei Kriegsende war das Hauptgebäude mit allen komplizierten Institutsinstallationen wiederhergestellt und in betriebsbereitem Zustand.

Schon vor dem Brand hatten wir bei dem englischen Nachtangriff auf Lankwitz am 23. August 1943 die Wirkung sogenannter Luftminen nachhaltig gespürt. Damals fielen an der Grundstücksgrenze zwei dieser Sprengkörper, die das gerade fertiggestellte Gartenhaus und zwei Nachbargebäude zerstörten. Die Bewohner kamen mit dem Leben davon, weil sie unsere Bunker aufgesucht hatten.

Selenphotozellen zur Brandstellenmeldung

Wir hatten in sämtlichen Räumen, von den äußersten Ecken der Dachstühle bis zur untersten Etage, Selenphotozellen installiert, die zunächst in Parallelschaltung mit einem Galvanometer im Luftschutzbunker verbunden waren. Sobald bei einem Nachtangriff das Licht einer Brandbombe direkt oder indirekt eine der Selenzellen traf, schlug das Galvanometer kräftig aus; man konnte dann die Parallelschaltung aufheben, über einen Wahlschalter mit Raumbezeichnung sofort den Brandort bestimmen und das Feuer noch im Entstehen bekämpfen. Als unser Hauptgebäude getroffen worden war, funktionierte die Anlage ausgezeichnet, nützte uns jedoch nur begrenzt, weil mehrere Brandbomben mit Sprengladung ausgerechnet auf die Treppe unseres Bunkers gefallen waren und uns hinderten, ihn schnell zu verlassen.

Auf unserem Grundstück ließ ich zusätzlich an der Fahnenstange eine größere Selenphotozelle wasserdicht anbringen. Verbunden mit einem hochempfindlichen Galvanometer, zeigte sie im Bunker den Feuerschein von Brandbomben an, die in einem Umkreis von etwa einhundert Meter auftrafen. Sie diente zur örtlichen Vorwarnung.

*Informationstechnik über lokale Entwicklung
eines Luftangriffes*

Im Ausstieg des Luftschutzbunkers hatten wir ein kleines 2-Zoll-Fernrohr aus meiner Sternwarte mit einigen Spiegeln und einer starken Verkleinerungslinse von etwa fünfzehn Zentimeter Durchmesser kombiniert. Mit dem Instrument konnte man vom Bunker aus den Himmel in einem Raumwinkel von neunzig Grad ungefähr wie mit bloßem Auge betrachten. Durch diese optische Einrichtung sahen wir während der Angriffe, wann und wo die Markierungszeichen – damals allgemein Christbäume genannt – abgeworfen wurden und vor allen Dingen den Lichtblitz explodierender Bomben.

Die von den Detonationen im Verlauf der Angriffe verursachten Luftdruckschwankungen zeichneten wir seit Mitte 1944 mit einem umgebauten Barographen auf. Aus dem Zeitabstand zwischen Lichtblitz und Barometerreaktion ergab sich jeweils die Entfernung des Bombeneinschlages. Diese Hilfsmittel erlaubten uns, vor allem in Verbindung mit der gleichzeitig per Drahtfunkradio abgehörten Luftlagemeldung, ungefähr den jeweiligen Schwerpunkt des Bombardements und die noch bevorstehende Dauer einzuschätzen. Besonders die Barographen-Aufzeichnungen spiegelten eindrucksvoll die zunehmende Stärke der englischen Nacht- sowie der amerikanischen Tagangriffe gegen Kriegsende wider. Physik und Elektronik beschäftigten uns übrigens während der Fliegeralarme so sehr, daß keine Zeit zum Nachdenken über die Gefahren des Augenblicks blieb. Dadurch haben wir uns damals alle viel Nervensubstanz erhalten.

Deutsche »Luftkriegführung« 1944

Ungefähr Mitte 1944 kündigte der Präsident der Forschungsanstalt der Deutschen Reichspost, Gerwig, den Besuch des Generalinspekteurs der Luftwaffe Generalfeldmarschall Milch und des Postministers an. Thema des Besuchs sei die Frage, ob und wie man mit kernphysikalischen Strahlen feindliche Flugzeuge herunterholen könne. Ich äußerte so unverhohlenes Erstaunen über die Naivität der Fragestellung, daß der Besuch gar nicht zustande kam. Die Führung der Luftwaffe schien aber doch ernstere Absichten zu haben, denn im Januar 1945 suchte mich Dr. Baer vom Planungsamt des Reichsforschungsrates auf, um verschiedene technische Möglichkeiten zu diskutieren. Er hatte wenige Tage zuvor von Göring den Auftrag erhalten, die »physikalischen Methoden zur Bekämpfung feindlicher Bomber zu erforschen und zusammenzustellen«. Das zu einem Zeitpunkt, als die meisten deutschen Städte bereits in Schutt und Asche lagen!

Vernachlässigter Schutz der Zivilbevölkerung

Damals stellte ich mir die Frage, warum die deutsche Luftkriegführung nicht bei Bekanntwerden der Produktionsziffern der amerikanischen und englischen Flugzeugindustrie oder zumindest bei den ersten mit der Teppich-Taktik geflogenen Bombenangriffen der Gegner Forschung und Technik alarmierte. Einen Katalog von Maßnahmen zum Schutz der Zivilbevölkerung hätte man entwickeln oder, besser noch, die Einstellung des verbrecherischen und obendrein völlig aussichtslos gewordenen Krieges veranlassen müssen. Der »Reichsforschungsrat« konnte solche Aufgaben nicht lösen. Dazu war seine Einflußsphäre viel zu begrenzt. Diese Gedanken, die mich im Kern schon Anfang der dreißiger Jahre bewegt hatten, bedrängten mich während des Krieges besonders stark. Deswegen hatte ich Anfang 1942 einen Besuch des Postministers Ohnesorge benutzt, meine Überlegungen in dieser Richtung noch einmal mit allem Nachdruck auszusprechen. Bei der Unterredung waren der Staatssekretär im Postministerium Nagel und der Präsident des Reichspostzentralamtes Gladenbeck zugegen.

Ohnesorge meinte schließlich, er halte meine Ansichten prinzipiell für richtig und erkenne die Notwendigkeit der vorgeschlagenen Maßnahmen ohne Einschränkung an, aber nach den Erfahrungen, die er in letzter Zeit gesammelt habe, resigniere er. Gegenüber den Militärs und Hitler könne er sich nicht durchsetzen. Am Ende unseres Gesprächs stellte er meine Berufung in den Reichsforschungsrat in Aussicht. Sie erfolgte jedoch erst drei Jahre später durch ein Schreiben Görings vom 2. Januar 1945 und brachte für mich insofern einen informatorischen Gewinn, als ich mich in drei Kuratoriumssitzungen über den wirklichen Stand von Wissenschaft und Technik sowie über die bei Kriegsende aktuellsten technischen Probleme orientieren konnte.

Ich lehne Wernher von Brauns Angebot ab

Mein Institut beschäftigte sich während des Krieges – nicht zufällig – vorwiegend mit Themen der Grundlagenforschung. Hieraus resultierte eine gewisse Zurückgezogenheit. Trotzdem ergab sich manche Berührung mit wichtigen Persönlichkeiten im Mittelpunkt und am Rande des Geschehens. Zum Beispiel besuchte mich am 26. 2. 1943, 14 Tage nach dem Ende der Schlacht um Stalingrad, Wernher von Braun, um mich als Mitarbeiter für Spezialthemen der Raketentechnik zu gewinnen. Ich lehnte sein Angebot ab. Einer meiner besten jüngeren Mitarbeiter, der Physiker Gröttrupp, war schon 1940 nach Peenemünde gewechselt und einer der engsten leitenden Mitarbeiter Wernher von Brauns geworden. Bei Kriegsende ging er in die Sowjetunion und hat durch seine Kenntnis der V-2-Technik zum schnellen Aufbau der Raketen und Raketen-Steuertechnik in der SU beigetragen.

Eine Einladung in die Wilhelmstraße konnte ich nicht zurückweisen. Dort lernte ich Ribbentrop kennen, arrogant und unheilbringend, die Gräfin Ciano, den japanischen Botschafter Oshima, den italienischen Botschafter Alfieri und viele andere. Die einzige Freude auf diesem Empfang war die ausgiebige Unterhaltung mit dem Heidelberger Biochemiker Richard Kuhn.

Der Dichter Werner Bergengruen

Im Frühjahr 1943 besuchte uns der in Riga geborene Onkel meiner Frau, Werner Bergengruen. Eine der großen Leistungen dieses Dichters und Schriftstellers ist bekanntlich die Übersetzung von Leo Tolstois wunderbarem Werk »Krieg und Frieden« in die deutsche Sprache. Es war naheliegend, daß sich unsere Unterhaltung zuerst nur um die Ereignisse von Stalingrad, die Sowjetunion und das bevorstehende Ende des »Dritten Reiches« drehte. Der Gleichklang unserer Auffassungen und die Offenheit unserer Sprache bei dieser Begegnung haben einen unvergeßlichen Eindruck hinterlassen. Werner Bergengruens Worte: »In der Sowjetunion stehen tüchtigen Vertretern deines Faches alle Türen offen« trugen kurz vor Kriegsende zu meiner späteren Entscheidung für die Sowjetunion bei.

Dann wandte sich unser Gespräch Erinnerungen an das Berlin der zwanziger Jahre zu. Er erzählte von der Hilfe, die ihm der Dichter Meyer-Förster bei ersten schriftstellerischen Arbeiten gab, von Begegnungen mit Paul Lindau und von der Verehrung, die der Dichter Hermann Sudermann meiner Schwiegermutter Edith Bergengruen in ihren jungen Jahren entgegengebracht hatte.

Ferienheim Heringsdorf

Seit Anfang dieses Jahrhunderts ist unsere Familie mit Heringsdorf verbunden. Hier schrieb nach 1900 der Dichter Wilhelm Meyer-Förster, ein Großvater meiner Frau, sein damals weltweit aufgeführtes und in 28 Sprachen übersetztes Bühnenstück »Alt-Heidelberg« in einem kleinen erhaltengebliebenen Bauernhäuschen Labahnstraße 17. Er wurde 1925 Ehrenbürger von Heidelberg. Durch einen 1987 mit hohen Heidelberger Stellen geführten Briefwechsel wurden wir über die dortige Auffassung informiert, daß dieses Theaterstück im Zweiten Weltkrieg Heidelberg vor der Zerstörung durch Luftangriffe der Amerikaner bewahrt habe. Das soll damit zusammenhängen, daß Generalmajor William bei der Linden, Chef der US-Truppen vor Heidelberg, seit seiner Kindheit für das romantische Stück »Alt-Heidelberg« geschwärmt haben soll. Das könnte zutreffen. Ich selbst habe in den USA die überraschend starke Wirkung dieses Theaterstückes und der versunkenen Studentenromantik Heidelbergs auf USA-Bürger, die nach Europa reisten, kennengelernt. Statt Bomben wurden in Heidelberg Flugblätter abgeworfen mit der Aufschrift: »Wir werden Heidelberg verschonen, denn in Heidelberg wollen wir wohnen!«

In Heringsdorf errichteten wir um 1960 die schon erwähnte Volkssternwarte mit dem Original-Schmidt-Goerz-Spiegelteleskop und unser Ferienheim an der Strandpromenade. Das Heim wird multivalent für unsere Großfamilie und für Feriengäste genutzt. In meinem kleinen ruhigen Arbeitszimmer in diesem Haus habe ich fast jedes Jahr etwa sechzig Prozent des sogenannten Urlaubs verwendet, um ungestört an der Abfassung von Büchern und ihren Neuauflagen sowie von wissenschaftlichen Veröffentlichungen und Aufsätzen zu arbeiten.

Um das Leben im Ferienheim abwechslungsreich zu gestalten, ließen wir uns allerhand einfallen, speziell wenn neue Gäste eingetroffen waren. Bei der gemeinsamen Mahlzeit ertönte beim Gebrauch einer Büchse mit Kaffeesahne das Muhen einer Kuh, oder es wackelte der Teller, vom Tischnachbar mit einer kleinen Gummiblase und einem unsichtbar verlegten feinen Schlauch gesteuert; aus Töpfen für Senf, Salzmandeln oder Marmelade sprang beim Öffnen eine Art Schlange heraus; aus Messern klinkten die Schneiden aus, und Pfefferminzpackungen knallten laut, sobald man sie anhob und so weiter.

Großen Spaß gab es jedesmal in unserem Urlaubsleben, wenn einer aus der Enkelgeneration mit dem kunstvoll aufgesetzten Wachskopf des Frauenmörders Hamann aus dem alten Panoptikum an der Berliner Friedrichstraße gut getarnt durch einen Bademantel grüßend auf der Strandpromenade spazierte und wir anderen aus dreißig Meter Abstand die Wirkung auf Passanten beobachteten. Ähnliche Effekte sahen wir, wenn einer unserer jüngeren Gäste in der zufällig erhaltengebliebenen Uniform eines Leutnants des letzten Königlich-Sächsischen Garderegiments auf der Strandpromenade Spaziergänge unternahm.

Erzeugte ich gar bei Dämmerung mit dem Rubinlaser einen strahlend roten Fleck auf dem Steinpflaster der Strandpromenade, war das ein Höhepunkt. Stets blieben die Passanten dort stehen und diskutierten lange über die rätselhafte Naturerscheinung. Dann saßen meist zwei der Kinder hinter der verdeckenden Tannenhecke, oft ausgerüstet mit einem elektronischen Vogel variabler Lautgabe, um später über die ausgelösten Diskussionen und Theorien der Passanten zu berichten.

Premiere elektronischer Musik

Zwischen 1926 und 1932 erlebte ich die Anfänge der elektronischen Musik mit. Ich nahm teil an jener denkwürdigen Veranstaltung am Potsdamer Platz, zu der die größte Berliner Konzertdirektion 1926 eingeladen hatte. Es war die Premiere elektronischer Musik mit Vorführungen des Leningrader Professors Theremin. Er hatte ein Gerät konstruiert und spielen gelernt, bei dem eigenartige Interferenztöne mit wählbarer Höhe und Vibrato scheinbar aus der Luft gegriffen wurden. Kein Stuhl im Saal war leer geblieben. Unmittelbar neben mir saß Graf Arco, vor ihm Albert Einstein. In den vordersten Reihen waren mir Max Reinhardt und der berühmte Theaterkritiker Alfred Kerr sowie die musikinteressierte Nora von Siemens aufgefallen. Mitten im Saal entdeckte ich Gerhart Hauptmann, der aber während des Konzertes protestierend aufstand, und, seine weiße Mähne schüttelnd, hinausging. Wir waren uns einig: Die damalige Veranstaltung hat auslösenden Einfluß auf die Musikinstrumenten-Technik gehabt.

Professor Walter Nernst, der dabeigewesen war, konzipierte seinen Neo-Bechstein-Flügel. Ihm folgten bald mein guter Bekannter aus der Loewe-Zeit Dr. Friedrich Trautwein mit seinem Trautonium für synthetische Klangerzeugung sowie Dr. Oskar Vierling mit seiner elektronischen Orgel.

Eine unerfreuliche Begegnung

Zu den für mich unerfreulichsten Begegnungen während des Krieges gehört die mit Staatsrat Professor Esau. Mitte 1943 beendete ich das Manuskript für ein Buch über die beiden kernphysikalischen Indikatorenmethoden mit Isotopen, ein wichtiges Thema, das nach 1945 besonders für die biochemische und medizinische Forschung große Bedeutung erlangte. Professor Esau war damals Beauftragter für Kernphysik im Reichsforschungsrat. Ich hatte mich vor Beginn der Niederschrift bei ihm vergewissert, daß keine Bedenken gegen eine solche Veröffentlichung bestanden. Dennoch verhinderte er mit Hilfe einer Kontrollstelle im Propagandaministerium länger als ein Jahr das Erscheinen. In dieser Zeit veranstaltete er in Straßburg eine Tagung, die sich mit ganz ähnlichen Themen beschäftigte. Erst als Professor Esau zufällig abgelöst und Professor Gerlach Beauftragter für Kernphysik wurde, konnte meine Arbeit kurz vor Kriegsende gedruckt werden. Mit viel Glück rettete ich trotz des sich immer mehr verstärkenden Luftkrieges wenigstens einen Teil der Auflage noch rechtzeitig in einen Bunker. Damals ist das Buch in Deutschland offiziell nicht mehr erschienen. Eine russische Ausgabe kam 1948 heraus.

Vorsorge für die Zukunft

Im letzten Jahr der Hitlerherrschaft konzentrierte ich alle Kräfte auf das Ziel, bei Kriegsende über möglichst viele wichtige Spezialanlagen, Einrichtungen und arbeitsfähige Laboratorien zu verfügen. So entstanden auf Anregung von Walter Glaser – dem Mitbegründer der heutigen theoretischen Elektronenoptik – nach einem Besuch im Bunker das neue Universal-Elektronenmikroskop mit dem schon erwähnten Hochleistungsmagnet-Objekt und seiner Objektlage etwa im Feldmaximum, mit Feinstrahlkondensor und Objektkühlung sowie ein Registrier-Massenspektrometer. Die Arbeiten an der Zyklotronanlage und an einem magnetischen Isotopentrenner eigener Konzeption für hohen Massentransport forcierte ich ebenfalls. Bei dem Isotopentrenner handelte es sich um eine Versuchsanlage mit 2-Tonnen-Magnet, ringförmigem Trennmagnetfeld und zentral angeordneter Plasma-Dampf-Ionenquelle. Über eine sehr ähnliche Anlage berichtete 1947 in den USA die »Physical Review«. Die Tatsache, daß wir uns fast während des ganzen Krieges dem Thema Isotopentrennung theoretisch und – soweit es der Luftkrieg zuließ – der magnetischen Isotopentrennung auch experimentell widmeten, hat nach dem Krieg die Arbeitsrichtung des Forschungsinstituts, das ich in der Sowjetunion aufbaute und leitete, mit bestimmt.

Baupläne

Gegen Ende des Krieges war in Deutschland die Bautätigkeit selbst in Fällen, bei denen die volle Unterstützung des Rüstungskommandos sicher war, fast ganz zum Erliegen gekommen. Dennoch gelang es mir, nicht nur das abgebrannte Hauptgebäude in neuer, zweckmäßigerer Aufteilung wieder vollständig zu restaurieren, ich ließ sogar noch ein neues Laboratorium errichten. Die Baubehörde fragte ich allerdings nicht, und als Material wurden Steine aus der Ruine eines inzwischen erworbenen Nachbargrundstücks gewonnen. Das fünftausend Quadratmeter große günstig angrenzende Gelände hatte ich im Frühjahr 1944 gekauft. Damit wollte ich die Erweiterung des Instituts durch drei neue Gebäude unmittelbar nach dem Krieg vorbereiten. Der Dekan der bauwissenschaftlichen Fakultät der Technischen Hochschule, Professor Seeger, entwarf die Pläne dafür bis ins Detail. Sie wurden zwar dann in Lichterfelde nicht realisiert, halfen mir jedoch unmittelbar nach Beendigung des Krieges sehr, als ich in der Sowjetunion den Auftrag übernahm, ein großes Forschungsinstitut zu errichten.

Noch einmal werden unsere Anlagen besichtigt

Im Sommer 1944 besuchte uns Dr. Hermann von Siemens zum letzten Mal. In seiner Begleitung befanden sich Nobelpreisträger Professor G. Hertz und Professor K. Küpfmüller. Die Herren besichtigten im unterirdischen Bunker das neue Universal-Elektronenmikroskop, das Register-Massenspektrometer, das damals nahezu fertiggestellte 60-Tonnen-Zyklotron und die Versuchsanlage unseres magnetischen Isotopentrenners mit Plasma-Ionenquelle. Diese prominenten Wissenschaftler zeigten ein unverhohlenes Interesse an den Einzelheiten der Anlagen. Das gab mir die Gewißheit, über mehrere wichtige physikalische Spezialanlagen zu verfügen, die für die kommende Zeit eine solide Grundlage zur Fortsetzung der wissenschaftlichen Forschungsarbeiten sicherten.

Bald nach dem geschilderten Besuch war Professor Hertz noch einmal in Lichterfelde. Bei dieser Gelegenheit nahmen wir kein Blatt vor den Mund. Der Krieg war verloren. Wir besprachen Möglichkeiten, wie wir unsere Mitarbeiter in dem zu erwartenden Chaos bei Kriegsende am besten schützen konnten.

Ende Oktober 1944 – ein Erlaß Hitlers hatte schon im September das letzte Aufgebot aller »waffenfähiger« Männer zwischen 16 und 60 zum »Volkssturm« einberufen, Aachen war seit dem 21. Oktober in alliierter Hand – erläuterte ich meinen Mitarbeitern im Rahmen eines letzten Betriebsabends in Lichterfelde den Stand und die künftige Bedeutung unserer technischen Entwicklungen beziehungsweise Forschungen. Ich wollte ihnen damit einen geistigen Rückhalt in den bevorstehenden schweren Monaten geben und den Zusammenhalt unseres ganzen Kreises festigen. Dieser Abend hat wesentlich dazu beigetragen, daß die wichtigsten Mitarbeiter sich entschlossen, bei mir zu bleiben, als das Lichterfelder Institut unmittelbar nach dem Krieg in die Sowjetunion überführt wurde.

Eine folgenreiche Unterlassung

In meinem Buch über die beiden kernphysikalischen Indikatorenmethoden mit Isotopen hatte ich bei dem kurzgefaßten Dank für die Unterstützung unserer Forschungsarbeiten durch die Reichspost nur die Formulierung »Reichspostminister« benutzt und den Namen »Ohnesorge« weggelassen. Mitte Januar 1945, wenige Tage nachdem ich den Jahresbericht mit meiner Buchveröffentlichung übergeben hatte, wurden auf Anordnung von Ohnesorge sämtliche Verträge zum nächstmöglichen Termin (Ende 1945!) gekündigt, die mein Institut mit der Deutschen Reichspost verbanden. Professor Gladenbeck eröffnete mir in höherem Auftrag, ich sei »persona non grata« beim Herrn Reichspostminister geworden.

Die Vereinbarungen mit der Post bildeten damals die Hauptquelle für die Finanzierung unserer Forschung. Um niemand unnötig zu beunruhigen, hielt ich die Kündigung bis zum Kriegsende geheim. Nach Ende des Krieges erleichterte mir diese Kündigung den Übergang in die neue Zeit. Vielleicht war dies die Absicht von Ohnesorge gewesen.

Als die sowjetischen Truppen in den ersten Wochen des neuen Jahres näherrückten, trafen wir alle Vorbereitungen, um die engeren Mitarbeiter mit ihren Familien, die eigenen Angehörigen, das Institut und die Wohnung möglichst gut durch den bevorstehenden Kampf um Berlin zu bringen. Wir kaschierten die Bunkereingänge mit angebrannten Laborschränken und einem gewaltigen Schrotthaufen. Das Einstiegsloch in der Mitte des Gerümpelberges war durch ein zerknittertes Eisenblech verdeckt. Die Tarnung ist uns so gut gelungen, daß die Bunkereingänge später von keinem Uneingeweihten gefunden wurden.

Die Front erreicht Lichterfelde

Im April 1945 erreichte die Front Lichterfelde. Wir lebten und schliefen gemeinsam mit zahlreichen Familien von Mitarbeitern und Nachbarn in den Bunkern. Ein rechtzeitig vorbereiteter Brunnen sorgte für Wasser, die notwendigsten Lebensmittel hatten wir in vereinten Bemühungen beschafft, Wachskerzen und Notbeleuchtungsanlagen sicherten das Licht.

Auch gegen etwaige Plünderer war vorgesorgt. Tränengasampullen standen bereit, die im Kaiser-Wilhelm-Institut für physikalische Chemie fabriziert worden waren. Glücklicherweise brauchten wir sie nicht anzuwenden. Als weitere Vorsichtsmaßnahme hatten wir die verschiedenen unterirdischen Räume durch eine spezielle Telefonanlage miteinander verbunden. An den Grundstückszugängen verwiesen Schilder in russischer Sprache auf den Institutscharakter des ganzen Komplexes. Außerdem war, meinem Vorschlag entsprechend, mit den befreundeten Leitern verschiedener Kaiser-Wilhelm-Institute und Forschungseinrichtungen eine Art Schutzring verabredet worden; derjenige, der als erster prominenten sowjetischen Wissenschaftlern begegnete, sollte sich sofort für den Schutz aller angeschlossenen Institute einsetzen. Der Wert dieser Verabredung hat sich in den kritischen Tagen für uns und unsere Freunde eindrucksvoll bewiesen.

Der Schutzbrief

Es war am 27. April 1945 abends in einem Augenblick tiefster Depression. Die Kämpfe in unserem Bezirk verebbten. Gerade waren die Hilfeschreie eines in der Nähe Verwundeten verstummt, als die Nachricht vom Tod des Bruders eines Nachbarn eintraf, der mit uns im Bunker Zuflucht gesucht hatte. Da hörten wir das Brummen eines schweren Motors. Aus einem sowjetischen Panzerwagen stieg Professor Thiessen, der Leiter des Dahlemer Kaiser-Wilhelm-Instituts für physikalische Chemie, und winkte uns beruhigend zu. Er wurde von einem Major der Sowjetarmee begleitet – einem führenden Chemiker, wie sich später herausstellte. Der Major fertigte eine Art Schutzbrief für mein Lichterfelder Institut aus, und von diesem Augenblick an waren die Bunker ein noch begehrteres Asyl für die verängstigte Nachbarschaft. Den Schutzbrief ließ ich sofort originalgetreu mit unserer Kopiereinrichtung vervielfältigen und an den Kreis der Mitarbeiter verteilen.

Unsere Vereinbarung, an der sich neben Professor P. A. Thiessen auch Professor G. Hertz und Professor M. Vollmer beteiligt hatten, ist sicher nicht ohne Einfluß auf unser Nachkriegsschicksal in der Sowjetunion gewesen. Unter anderem führte sie wahrscheinlich dazu, daß Professor Hertz und ich in der Sowjetunion in enger örtlicher Verbindung blieben und gleichzeitig vor ähnliche Aufgaben gestellt wurden.

Nur geringe Kriegsschäden

Bei den Kampfhandlungen war nur eines unserer Nebengebäude von einer Granate beschädigt worden. Das ist nicht nur Glück gewesen. Schon zweieinhalb Monate vorher, als die unverantwortlichen »Verteidigungsmaßnahmen« für Berlin eingeleitet wurden, hatte ich um eine Besprechung mit dem zuständigen Kampfkommandanten, Generalleutnant Schroeder, gebeten. Er sagte mir nach Studium seiner Karte auf der Kommandostelle in der Lichterfelder Kadettenanstalt zu, bemüht zu bleiben, bei unserem Institut und den Bunkern keine wesentlichen Kämpfe entstehen zu lassen.

Ich erreichte das wohl nur deshalb, weil ich nachdrücklich auf die Bedeutung der Anlagen und Gebäude für den Wiederaufbau einer deutschen Forschung nach dem Krieg hinwies. Jedenfalls unterblieb in der Nähe der Bau von militärischen Stellungen, der Einbau von Flakgeschützen und vor allem die Verteidigung der unmittelbar gegenüberliegenden SS-Kaserne durch deren Besatzung.

»Lähmungsaktion« in letzter Stunde

Die sogenannte Lähmungsaktion, die nach Weisung des Berliner Rüstungskommandos darin bestehen sollte, in frontnahen Gebieten alle Anlagen durch Zerstörung von wichtigen Bestandteilen außer Betrieb zu setzen, gab mir die Möglichkeit, meine wichtigsten Mitarbeiter im kritischen Augenblick sogar vom »Volkssturm« frei zu halten und in den Bunkern verschwinden zu lassen. Ich brauchte sie eben für die wirksame Durchführung der Lähmungsaktion im letzten Augenblick. Zerstört wurde natürlich nichts!

Unsere Freistellungen vom »Volkssturm« riefen beim Ortsgruppenleiter der NSDAP eine derartige Feindschaft gegen mich hervor, daß er bei seinem letzten Gang in brauner Uniform unmittelbar vor dem Eintreffen der sowjetischen Panzerspitzen auf einen meiner Mitarbeiter schoß, der eine gewisse Ähnlichkeit mit mir hatte. Glücklicherweise traf die Kugel nicht, sondern schlug wenige Zentimeter neben dem Kopf meines Kollegen ein.

Keine Verlagerung nach dem Westen

Kurz vor dem Durchbruch der sowjetischen Armeen bei Küstrin, das am 8. März genommen wird, war mir, ohne daß ich darum gebeten hatte, vom Rüstungskommando eine Bescheinigung ausgestellt worden, die es mir ermöglicht hätte, zusammen mit meiner Familie sowie den meisten Anlagen und Dokumenten Berlin zu verlassen und einen Ort westlich der Elbe aufzusuchen. Ein Abtransport unseres gesamten Inventars aus den Bunkern in den Westen hätte damals sicher zu sehr großen Verlusten geführt. Ich folgte dieser Aufforderung nicht, was unter den damaligen Umständen keineswegs ungefährlich war. Ich wußte, wie die territoriale Abgrenzung zwischen der Sowjetunion und den Westmächten in Deutschland vorgesehen war. Ich entschied mich zum Bleiben – und damit für die sowjetische Seite. Die Richtigkeit dieses Entschlusses, der unsere und unserer Kinder Zukunft bestimmte, habe ich später immer wieder empfunden, je mehr ich mir der ganzen Tragweite meiner Entscheidung bewußt wurde.

Durch mein Verbleiben in Berlin-Lichterfelde handelte ich auch gegenüber meinen Mitarbeitern, die mir voll vertrauten, nach bestem Wissen und Gewissen. Ich ließ sie im kritischen Augenblick nicht allein, gab ihnen einen starken Rückhalt und wurde durch ihre Treue belohnt. Das so fest zusammengewachsene wissenschaftlich-technische Kollektiv mit seiner vielfältigen Tradition zerflatterte nicht im Sturmwirbel der Ereignisse.

Die im Laufe von zwanzig Jahren erarbeiteten Einrichtungen hatte ich mit viel Mühe über den Krieg gerettet. Ich war froh, daß sie für das weitere Wirken des Instituts voll zur Verfügung standen.

Die Wiedereinrichtung meines Lichterfelder Instituts

Sobald das Infanteriefeuer aufhörte – die letzten Granaten detonierten noch in der Nachbarschaft –, gingen wir, zunächst vorsichtig, jedoch nachdem wir den »Schutzbrief« besaßen, ganz offen dazu über, die Gebäude wieder betriebsbereit zu machen und mit dem auf die Bunker verteilten Inventar fertig einzurichten sowie die unterirdischen Laboratorien in einen für die weitere Arbeit zweckmäßigen Zustand zu bringen. Am 2. Mai hatten die Reste deutscher Truppen in Berlin kapituliert. Während Berlin und Umgebung bei Kriegsende nahezu überall Bilder stärkster Zerstörung und chaotische Zustände zeigten, befanden sich unsere Häuser mit ihren Laboratorien und der Wohnung bereits in einem fast friedensmäßigen Zustand. Die Fenster waren normal verglast, die Räume fertig gestrichen, die Labormöbel und die Wohnung eingeräumt, die wichtigsten Anlagen und Apparate an ihrem vorgesehenen Platz. Auch darin kam die innere Stärke unserer zusammengebliebenen arbeitsbereiten Gemeinschaft zum Ausdruck.

Generaloberst Machniow unterbreitet mir einen Vorschlag

Am 10. Mai 1945 erschien Generaloberst Machniow mit seinem Stab bei uns. Er war Beauftragter für den Sektor Wissenschaft und Technik und Verbindungsoffizier zur sowjetischen Akademie der Wissenschaften. Mitglieder dieser Gruppe waren, wie wir später erfuhren, die bekannten Professoren Artzimovich, Flerow, Kikoin und Migulin. Die sowjetischen Wissenschaftler dehnten die Besichtigung und die nachfolgende Besprechung über mehrere Stunden aus. Ihr Interesse fand seinen Grund in unseren Arbeiten am Elektronenmikroskop, die besonders Professor A. Joffé, der Senior der sowjetischen Physik, aufmerksam verfolgt hatte. Beeindruckend waren natürlich auch die kernphysikalischen Anlagen und die vollkommene Unversehrtheit der Laboratorien. Jahre danach sagte Professor Artzimovich, wir hätten wie eine einsame friedliche Insel im Chaos Berlins gewirkt.

Schon zu Beginn des Besuches war unser Grundstück durch eine stärkere Gruppe sowjetischer Soldaten unter Schutz gestellt worden. Diese Wache riegelte in den folgenden Tagen das Areal bei Tag und Nacht lückenlos ab.

Gegen Ende der Unterhaltung legte General Machniow mir nahe, bei den zuständigen Stellen der UdSSR einen Antrag auf wissenschaftliche Zusammenarbeit einzureichen. Ich schrieb ohne innere Vorbehalte ein Gesuch, das meiner einige Monate vorher getroffenen Entscheidung, keine Verlagerung vorzunehmen, genau entsprach. Hatte mir doch Professor Houtermans, der einige Emigrationsjahre in der Sowjetunion verbracht hatte, zeitweilig dort inhaftiert gewesen und 1940 »ins Reich« abgeschoben worden war, oft aus eigener Anschauung von der hohen Achtung erzählt, die in der Sowjetunion Menschen entgegengebracht wird, welche durch schöpferische Leistungen den Fortschritt von Naturwissenschaft und Technik fördern. Diese Erfahrung fand ich später immer wieder und oft in überraschender Form bestätigt. Außerdem hatte ich ausländische Rundfunksendungen abgehört und kannte die Verein-

Im Sekretariat mit meiner Sekretärin Frau Elsa Suchland, die von 1942 bis zu ihrem Tode 1982 40 Jahre an meiner Seite stand.

barungen aus dem Jalta-Abkommen Stalins, Roosevelts und Churchills vom Februar 1945, für zehn Jahre die Arbeit deutscher Spezialisten und Wissenschaftler den Siegerstaaten zur Verfügung zu stellen, um sie so durch ihre Leistungen zur Wiedergutmachung der angerichteten materiellen Schäden beitragen zu lassen.

Eine Umsiedlung des Lichterfelder Instituts in die Sowjetunion stand zwar nicht zur Debatte, doch war vom Tag des Gesprächs mit der Wissenschaftlerkommission an die Zukunft für uns fest vorgezeichnet.

Generaloberst Saweniagins Angebot

Am 19. Mai 1945 kam Generaloberst Machniow noch einmal zu mir. In seiner Begleitung befand sich der spätere Stellvertretende Ministerpräsident der Sowjetunion, Generaloberst Saweniagin, der Begründer von Magnitogorsk, einem der neuen wichtigsten Zentren der Eisenmetallurgie der UdSSR, im südlichen Ural gelegen. Mit diesem bedeutenden Mann sollte ich im folgenden Jahrzehnt alle großen Probleme und Fragen zu besprechen haben. Ich lernte ihn wegen seiner außerordentlichen Klugheit, Tatkraft und Menschlichkeit sehr schätzen. In schwierigen Situationen hat er uns deutschen Spezialisten gegenüber stets mit großem Verständnis und mit allem Entgegenkommen gehandelt, das ihm die Rücksichtnahme auf die Staatsinteressen der Sowjetunion erlaubte.

Bei dem Zusammentreffen am 19. Mai 1945 unterrichtete Generaloberst Saweniagin mich von dem Vorschlag seiner Regierung, Aufbau und Leitung eines großen, für die Sowjetunion arbeitenden, technisch-physikalischen Forschungsinstituts zu übernehmen.

Seine Thematik sollte sein: Feinstrukturforschung (Elektronenmikroskopie, Raster-Elektronenmikroskopie, verschiedene Arten der Mikroanalyse mit der Elektronen-Mikrosonde), Anwendung der Indikatormethoden mit radioaktiven und stabilen Isotopen (kernphysikalische Meßtechnik, magnetische Isotopentrennung und Massenspektrometrie), also eine Fortsetzung unserer Lichterfelder Forschungen. Ohne mehr als Sekunden zu zögern, akzeptierte ich diesen überraschenden Vorschlag.

Abflug in die Sowjetunion

Zwei Tage später, am 21. Mai 1945, fuhren meine Frau und ich in militärischer Begleitung durch das Trümmerfeld Berlins zum Flughafen Tempelhof. Von dort aus traten wir, gemeinsam mit meiner Sekretärin, Frau Elsa Suchland, meinem Schwiegervater, Alexander Bergengruen, und dem Biologen Dr. Wilhelm Menke als wissenschaftlichem Berater die Reise nach Moskau an. Als wir die Wälder überflogen, die noch von den Schlachten brannten, und die deutsche Grenze passierten, sagte Professor Artzimovich, der uns begleitete: »Sie werden bei uns in der Sowjetunion vieles ganz anders finden, als Sie es bisher gewohnt waren.« – Und so ist es auch gewesen. Mehr als genug sollte ich Gelegenheit bekommen, dies festzustellen und zu erleben.

Die Kinder und alles andere hatten wir relativ leichten Herzens in Lichterfelde zurückgelassen, denn wir reisten ja nur »zum Abschluß eines Vertrages für zwei Wochen in die Sowjetunion«. Aus diesen vierzehn Tagen ist dann eine 10jährige Internierung zur Leistung von Reparationen für Deutschland geworden.

3. Buch
Sowjetunion
1945–1955

Das Forschungsinstitut A
bei Suchumi

Ankunft in Moskau

Wir flogen Moskau in einer Douglas-Transportmaschine entgegen, die mit zwei Sofas und einigen Teppichen provisorisch für die Personenbeförderung hergerichtet worden war. Nach mehrstündigem Flug über unbekannte Weiten und schier endlose Wälder landeten wir auf dem Zentralen Militärflughafen Wnukowo. So wenige Tage nach Kriegsende herrschte hier außergewöhnlicher Betrieb. In kürzesten Zeitabständen starteten und landeten Maschinen.

Als wir das Rollfeld betraten, gesellte sich ein Mädchen vom dunklen Typ der Südkaukasierinnen zunächst wortlos zu uns. Später stellte sich heraus, daß sie uns als ständige Begleiterin und Dolmetscherin attachiert war. Nach einigen hundert Metern gemeinsamen Weges eröffnete sie die Unterhaltung mit den Worten: »Haben Sie Ihre Kinder nicht mitgebracht?« Eine Frage, die uns bald recht nachdenklich stimmte.

Während beim Abflug in Berlin schönstes Frühlingswetter geherrscht hatte, schneite und regnete es in Moskau, und auch das Bild der Straßen mit den bis auf die Trittbretter überfüllten Straßenbahnen trug nicht dazu bei, unsere Stimmung zu heben. Die Fahrt im Auto durch die Vorstädte, vorbei an den kleinen, damals noch typischen Holzhäuschen, dauerte lange. Schließlich erreichten wir einen am Moskwa-Kanal gelegenen Vorort mit Datschen, kleinen, von Gärten umgebenen Sommer- und Wochenendhäusern. Der Name dieses Vorortes, in dem wir die nächsten Monate verbringen sollten, lautete in der Übersetzung »Silberwald«.

Schöne Tage im Silberwald

Der Wagen bog von der Straße in ein hochumzäuntes Waldgrundstück ab und hielt vor einer dieser Datschen. Dann folgte Überraschung auf Überraschung. Ein ganzer Stab stand zu unserer Betreuung bereit: ein Koch mit weißer Mütze, zwei Hausmädchen und ein Heizer. Kaum hatten wir das für vierzehn Tage zusammengestellte Gepäck in den zugewiesenen Zimmern untergebracht, als wir zum Essen gebeten wurden.

Die Tür zu einem Speisezimmer öffnete sich feierlich. Strahlende Lichtfülle umfing uns, und eine weiß gedeckte, festlich anmutende Tafel nahm unsere Blicke gefangen. In der fast sechsjährigen Kriegszeit waren wir in bezug auf Ernährung zu äußerster Bescheidenheit gezwungen gewesen, und nun erwarteten uns hier lukullische Genüsse in völlig ungewohnter Quantität und Qualität: kräftige Suppe mit Sahne, gebratene Hühner, dazu hellstes Weißbrot, Butter, Aufschnitt in Fülle, mehrere Sorten Käse, Dessert, Wein, Wodka, Bier und Kaffee. Ein vollkommenes Souper, wie wir es selbst in den weit zurückliegenden Friedenszeiten kaum gesehen hatten.

Als wir die erste Überraschung überwunden hatten, gaben wir uns – wenn auch mit moralischen Hemmungen wegen der allgemein herrschenden Not und mit dem Gedanken an unsere ausgehungerten Angehörigen zu Hause – den dargebotenen Genüssen hin.

Bei dieser üppigen Verpflegung blieb es bis zum Ende des dreimonatigen Aufenthalts im Silberwald. Und das, obgleich die Bevölkerung der Sowjetunion nach Kriegsende pro Kopf weniger zu essen bekam, als selbst für die Versorgung der Kriegsgefangenen zur Verfügung gestellt wurde – das wußten wir damals allerdings noch nicht.

In der Moskauer Großen Oper

Bald nach der Ankunft, nur sechzehn Tage nach Kriegsende, reservierte man in der Moskauer Großen Oper eine Seitenloge für unsere Gruppe. Es wurde das Ballett »Schwanensee« von Peter Tschaikowski mit hervorragender Besetzung gegeben. Links neben uns saßen prominente Mitglieder der englischen Botschaft, rechts einige Angehörige der amerikanischen Vertretung – und wir als Deutsche, zwei Wochen nach Ende des Hitlerkrieges, dazwischen! Als unsere Nachbarn hörten, daß wir deutsch sprachen, warfen sie äußerst interessierte Blicke herüber. Vielleicht vermuteten sie, führende sozialistische deutsche Politiker zu sehen.

Nach den vielen Luftangriffen auf Berlin und den Schrecken des Krieges fühlten wir uns in eine andere Welt versetzt. Dieses Empfinden wurde noch erheblich stärker, als wir das Opernhaus verließen und zum ersten Mal seit Jahren wieder die helle Lichtflut abendlicher Straßenbeleuchtung bestaunten.

Bei einem zweiten Besuch der Großen Oper im August, kurz vor unserer Abreise nach dem Süden, erlebten wir den Augenblick, als die Nachricht von der Beendigung des kurzen Sowjetisch-Japanischen Krieges und damit vom Ende des Zweiten Weltkrieges eintraf. Die Vorstellung wurde unterbrochen, ein Sprecher gab das Ereignis feierlich bekannt, und das Orchester intonierte die Hymne der Sowjetunion.

Ich beginne, meine Biographie zu schreiben

Als sich Anfang Juni die zum Abschluß des Vertrages vorgesehenen vierzehn Tage dem Ende näherten, drängte ich immer energischer, aber vergeblich auf den Beginn der Verhandlungen. Unsere Dolmetscherin tröstete mich mit den Worten: »Ruhen Sie sich aus! Gehen Sie spazieren!«

So unternahmen wir regelmäßig weite Spaziergänge an der Moskwa und durch den Laubwald, der an den Datschen-Vorort grenzte. Die große sommerliche Hitze verführte gelegentlich dazu, uns in den kleinen versteckten, von zarten Birken umstandenen Teichen abzukühlen. Schleier der Dämmerung, die sich nach unvergeßlich schönen Sonnenuntergängen über uns ausbreiteten, ersetzten dabei die im Reisegepäck fehlende Badebekleidung. Dieses freie Badeleben behielten wir anfangs am Schwarzen Meer bei, bis die Kisten aus Berlin eintrafen und der Textil-Notstand beseitigt werden konnte.

Längere Zeit untätig zu sein, erzeugt bei mir Depressionen. Daher begann ich in der ersten Zeit des Wartens die vorliegende Biographie zu skizzieren. Um die erzwungene Ruhepause zu nutzen, bat ich um Schreibmaschine und Papier und verfaßte die ersten beiden Buchabschnitte hier im Silberwald. Danach wurde die Niederschrift bis zum heutigen Tage fortgesetzt.

Natürlich grübelte ich auch viel. Das Warten machte mich unruhig. Wie könnte der Vertrag aussehen, den ich schließlich über die Zusammenarbeit mit sowjetischen Stellen unterzeichnen würde? Vielleicht bedeutete diese Verzögerung, daß sich überhaupt alles geändert hatte?

Unsere Kinder kommen

Es war der zweiundzwanzigste Tag im Silberwald bei Moskau. Meine Frau sprach gerade tief betrübt über die Trennung von den Kindern. Wir ahnten nicht, daß uns einer der aufregendsten und zugleich schönsten Augenblicke bevorstand.

Ein Auto fuhr vor die Datsche. Ich höre noch die Worte meiner Frau: »Das wird der Lieferwagen sein. Oder ob sie dich endlich zu den Verhandlungen abholen?« Dann warf sie einen Blick aus dem Fenster und rief: »Das sind die Kinder und Renata und Gerda!« Tatsächlich stiegen unsere fünfjährige Beatrice und der zweijährige Thomas, meine Schwester Renata und meine angeheiratete Kusine, Frau Gerda Langsdorff, aus dem Wagen. Es war ein Wiedersehen, als seien seit unserem Abschied Jahre vergangen. Fragen und Antworten schwirrten durch den Raum: »Wie kommt ihr hierher?« – »Was war nach unserer Abreise aus Lichterfelde?« Und nun erfuhren wir, die wir noch auf den Beginn der Verhandlungen warteten: »Ein Güterzug mit dem ganzen Inventar aus den Bunkern, den Labors und der Wohnung ist unterwegs nach Moskau. Mitarbeiter aus Lichterfelde begleiten den Zug!«

Gerda Langsdorff fiel meiner Schwester ins Wort: »Noch am einundzwanzigsten Mai, zehn Minuten nach eurer Abfahrt zum Flughafen, begannen hundert sowjetische Soldaten zusammen mit uns und deinen Mitarbeitern alles einzupacken. Es sind siebenhundertfünfzig Kisten geworden. Als das Holz nicht mehr reichte, haben wir eine Kegelbahn aus der Nachbarschaft demontiert. Sogar das Sechzig-Tonnen-Zyklotron und die Eine-Million-Volt-Anlage sowie der große Transformator vom Höchstspannungs-Elektronenmikroskop kommen im Güterzug mit.«

Die kleine Beatrice ergänzte: »Auch alle unsere Spielsachen sind dabei, und es gab viel zu essen!«

Dann wieder meine Schwester, an mich gerichtet: »Die Arbeit im großen Bunker mußte für zwei Tage unterbrochen werden, weil in der Eile einige von deinen Tränengasampullen zerbrachen. Das war furchtbar komisch!«

Wir sind alle wieder vereint

Fast zuletzt, gewissermaßen am Rande, erfuhr ich eine immens wichtige Tatsache: Die meisten meiner Mitarbeiter und Helfer aus Berlin-Lichterfelde waren inzwischen im Sanatorium S'chodnja bei Moskau eingetroffen und warteten auf mich.

Wenige Tage darauf hatte ich dort die ersten Unterhaltungen mit ihnen und ihren Familien. Alle waren gut untergebracht und wurden ausgezeichnet verpflegt. Sie erzählten mir, daß sie beim Einpacken des Lichterfelder Inventars die komplizierten Geräte persönlich sachverständig verstaut hätten. Tatsächlich kamen auch die empfindlichsten optischen Instrumente, aber auch alle Gemälde und das Geschirr der Wohnung völlig unversehrt am endgültigen Bestimmungsort an.

Nach all diesen Nachrichten, die unsere Freunde mitbrachten, stand die ursprünglich vorgesehene Rückreise nach Berlin nicht mehr zur Diskussion. Mit dieser Möglichkeit hatte ich absolut nicht gerechnet. Deswegen waren zahlreiche Wertsachen und besonders teure technische Geräte in sehr schwer auffindbaren Verstecken geblieben. Wir konnten sie nur wiedererlangen, wenn eine Vertrauensperson noch einmal zurückfuhr. Dies durchzusetzen erwies sich als äußerst schwierig. Doch schließlich durfte meine Kusine, Frau Langsdorff, deren Charme General Saweniagin etwas beeindruckte, die wertvollen Dinge aus Lichterfelde holen.

Zu essen gibt es genug

Auch nach Ankunft der Kinder und der Mitarbeiter mußten wir noch eine Weile warten, bis ich zu den Verhandlungen gerufen wurde. Wir vertrieben uns die Zeit, so gut es eben ging. Während der Spaziergänge am Moskwa-Kanal trafen wir öfter auf deutsche Kriegsgefangene, die unter Bewachung Holzstämme aus Kähnen ausluden. Bei unserem reichgedeckten Tisch war es natürlich naheliegend, den Landsleuten Nahrungsmittel und Zigaretten zukommen zu lassen. Unbemerkt packten wir handliche Päckchen mit Brot, Brathühnern, Eiern, Tabakwaren und anderem und legten sie vorsichtig an heimlich verabredete Stellen. Einige Male glückte dieses Unternehmen, doch dann wurden die Wachmannschaften aufmerksam und arretierten mich. Ich mußte meine Wohnadresse angeben, und man brachte mich zu unserer Datsche, wo mein Erscheinen unter doppelter Bewachung erhebliche Bestürzung auslöste. Glücklicherweise klärte der für meine Sicherheit verantwortliche NKWD-Mitarbeiter den Offizier der Wachmannschaften über uns auf, und ich wurde mit einer freundlichen Ermahnung sofort wieder in Freiheit gesetzt.

Die Wahl fiel auf Grusinien

Ende Juni fanden in Moskau endlich die ersten Besprechungen statt. Ein Beauftragter der Regierung erklärte mir, unsere künftige Arbeitsstätte würde in der Sowjetunion liegen; den Ort für das Institut könnte ich selbst wählen: Moskau, die Krim oder Grusinien. Wir überlegten uns, daß die Schönheit der Natur die schöpferischen Kräfte sehr fördern kann, und entschieden uns trotz gewisser Bedenken wegen des Klimas für Grusinien. Ich bat darum, den Standort möglichst dort zu wählen, wo der Kaukasus besonders nahe an das Schwarze Meer heranreicht. Diesem Wunsch wurde entsprochen.

Suchumi, herrlicher Ort
an der kaukasischen Schwarzmeerküste

So haben wir dann fast zehn Jahre in Sinop bei Suchumi gelebt. Unser Sohn Alexander und viele Kinder der deutschen Gruppe sind hier geboren worden. Das nahe Meer, die subtropische Natur und die Berge waren immer wieder eine Quelle vieler Freuden. Haben wir doch später auf zahlreichen Autofahrten die kaukasische Riviera mit ihren Kurorten Sotschi, Gagra, Nowi Afon, Gudauta und Suchumi kennengelernt.

Unter all diesen Orten ist Suchumi der landschaftlich weitaus reizvollste, denn diese Stadt liegt an einer bezaubernden Meeresbucht, überragt von dem einzigartigen Panorama der schneebedeckten Gebirgskette des Zentralkaukasus. Wie keiner der anderen Kurorte ist Suchumi Ausgangspunkt für zahlreiche schöne Hochgebirgstouren, aber auch für kleinere Ausflüge. Nicht weit entfernt in südöstlicher Richtung, um Kutaissi, liegt die Kolchis des Altertums. Die Sage berichtet von diesem fruchtbaren Gebiet als dem Land, wo Milch und Honig fließen.

Unmittelbar nach der Entscheidung über den Standort des Instituts wurden mir Zeichnungen und Fotos von dem großen Intourist-Sanatorium Sinop bei Suchumi mit dem Auftrag übergeben, Pläne für die Umgestaltung der Gebäude zum Technisch-Physikalischen Forschungsinstitut und für notwendige weitere Instituts- und Werkstattbauten auszuarbeiten.

Zwei benachbarte Institute – ein großer Vorteil

Zu diesem Zeitpunkt hörten wir davon, daß auch Professor Dr. Gustav Hertz mit einer Gruppe von Mitarbeitern in die Sowjetunion kommen und den Auftrag, eine ähnliche Forschungsstätte zu organisieren, erhalten würde. Ich schlug vor, das Hertzsche Institut in der Nähe des unseren zu projektieren, und wies dabei auf die Vorteile einer solchen Entscheidung für die wissenschaftliche Zusammenarbeit beider Einrichtungen hin.

Meine Argumente wurden akzeptiert, und so etablierte sich Professor Hertz bald darauf in dem sieben Kilometer von Sinop entfernten Ort Agudseri.

Diese Nachbarschaft war tatsächlich äußerst wertvoll. In den folgenden Jahren konnten wir uns immer wieder gegenseitig geistig und materiell helfen. Das beeinflußte das Tempo der wissenschaftlichen Arbeiten positiv und befruchtete oft die wissenschaftlichen Ergebnisse. Außerdem entwickelten sich zwischen beiden deutschen Spezialistenkreisen menschliche Beziehungen, die in einem fremden Land, in dem wir kaum Kontakt mit der Außenwelt hatten, große Bedeutung erlangten. Es ergab sich ganz von selbst, daß Professor Hertz und ich viele wichtige, besonders menschliche Probleme der Mitarbeiter miteinander besprachen, bevor wir uns an die zuständigen sowjetischen Stellen wandten. Die Gemeinsamkeit des Handelns, die zwischen uns bis zur Rückkehr aus der Sowjetunion bestehen blieb, hat sich für beide Mitarbeiterkreise sehr günstig ausgewirkt.

Der Mißbrauch der Atomenergie wird furchtbare Realität

In den heißen Augusttagen wurden wir von den schrecklichsten Geschehnissen des Zweiten Weltkrieges, den amerikanischen Atombombenabwürfen auf die japanischen Städte Hiroshima und Nagasaki, unterrichtet. Entsetzt verfolgte ich alle Meldungen über die grauenvolle Wirkung dieser neuen Waffe. Ich fragte mich: Warum das? Der Krieg war doch schon entschieden. Weshalb mußten Hunderttausende Menschen sterben oder zum Siechtum verurteilt werden? Diese inhumane Kriegsführung der Amerikaner konnte ich nicht begreifen. Sie versetzte mir einen Schock, den ich lange nicht überwand.

In Japan war durch die Amerikaner vollzogen worden, was Max Planck vom Hitlerregime in Deutschland befürchtet hatte. Sollten nun unmenschliche Kräfte aus Übersee die Schreckensherrschaft des Faschismus in Europa ablösen? Das durfte einfach nicht geschehen! Wo aber lag nach dem schlimmsten aller Kriege die Kraft, die das verhindern konnte? Ich stellte mir erneut die Frage, welche Verantwortung ich als einer der Kenner von Physik und Technologien des Problems in dieser Situation zu tragen hatte. Mußte ich nicht meine Kräfte und Fähigkeiten einsetzen, um jene zu unterstützen, die einer derartigen Entwicklung entgegenwirken konnten?

Unser Institut und seine Aufgabe

Das Hauptgebäude des Sinoper Forschungsinstituts, ein früheres Sanatorium, umfaßte ungefähr hundert Räume, aufgeteilt in drei Stockwerke. Grundlage für die Planung des Instituts war die in Lichterfelde mit dem Beauftragten der sowjetischen Regierung besprochene wissenschaftliche Thematik, die eine Fortsetzung der in Berlin durchgeführten beziehungsweise begonnenen Arbeiten in vergrößertem Maßstab sein sollte. Im Laufe der Ereignisse verlagerten sich jedoch die Schwerpunkte, und die Zielsetzung wurde geändert.

Der Weg zu der radikalen Umstellung der künftigen Institutsthematik von der geplant gewesenen Elektronenmikroskopie, der Raster-Elektronenmikroskopie, der Mikroanalytik mit der Elektronensonde, der kernphysikalischen Markierungsmethoden mit radioaktiven und stabilen Isotopen zum neuen Hauptthema »Verfahren der industriellen Isotopentrennung« führte über Geschehnisse von großer Dramatik.

Wenige Tage nach Abwurf der ersten amerikanischen Atombombe am 6. August auf Hiroshima erschien in unserer Datsche im Silberwald Generaloberst Saweniagin und teilte mir im Auftrage Marschall Berijas mit, daß die ursprünglich vorgesehene Thematik des Instituts nicht mehr möglich sei, da die USA Atombomben entwickelt und diese in Japan erstmalig eingesetzt hätten. Dies zwänge die Regierung der Sowjetunion, als Arbeitsgebiet des Instituts unsere Mitwirkung bei der Entwicklung sowjetischer Atombomben vorzusehen. Obwohl der Abwurf der Atombombe bei mir viele Überlegungen ausgelöst hatte, wehrte ich mich lange gegen diese Entscheidung mit allen mir zur Verfügung stehenden Argumenten und ging dabei bis an die Zerreißgrenze der Verhandlung. Der General überzeugte mich, daß die Entscheidung unwiderruflich war und vor allem, daß sie im Interesse der Erhaltung des Weltfriedens lag. So mußte ich mich in die völlig veränderte Lage eindenken und mich mit dem Abschied von dem damals besonders fruchtbaren Feld der Elektronenmikroskopie abfinden.

Die unser Schicksal bestimmenden Minuten bei Berija

Mitte August 1945 hieß es ohne jede Voranmeldung: »Sie müssen sofort in die Stadt.« Erst auf der Fahrt erfuhr ich, daß es zu unserem höchsten Chef, Marschall Berija, dem gefürchteten Leiter des NKWD ging. Mich erschreckte diese Mitteilung nicht, denn ich war schon vorher zur Überzeugung gelangt, »im hohlen Zahn des Löwen lebe es sich am sichersten«. Nach kurzer Wartezeit wurde ich in einen Raum mit langem Tisch geführt, an dessen einem Ende sich der Marschall zu meiner Begrüßung erhob. Ich wurde gebeten, rechts neben ihm Platz zu nehmen, und saß damit einer Reihe von sowjetischen Kernphysikern und Wissenschaftlern gegenüber, die an der anderen langen Seite des Tisches Platz genommen hatten. Es waren dies u. a. die Professoren Kurtschatow, Alichanow, Galperin, Kikoin, Arztimovich und, wenn ich mich recht erinnere, die Generale Saweniagin und Machniow. Dann begann Berija die Sitzung mit den an mich gerichteten Worten: »Die Regierung der Sowjetunion wünscht, daß in dem Institut, dessen Direktor Sie werden, die Entwicklung unserer Atombombe stattfindet!«

Ich hatte etwa zehn Sekunden Zeit zum Nachdenken. Meine Antwort hatte etwa folgenden Wortlaut: »Den soeben geäußerten Vorschlag betrachte ich als eine große Ehre für mich, denn er ist zugleich Ausdruck eines ungewöhnlich großen Vertrauens in die Leistungsfähigkeit meiner Person. Die Lösung des Problems, um das es hier geht, hat aber zwei verschiedene Bereiche: 1. die Entwicklung der Atombombe selbst und 2. die Entwicklung des Isotopentrennverfahrens im industriellen Maßstab zur Gewinnung der Kernsprengstoffe wie Uran 235. – Die Isotopentrennung ist der eigentliche und sehr schwierige Engpaß der Entwicklung. Ich schlage deshalb vor, daß allein die Isotopentrennung zur Hauptaufgabe für unser Institut und die deutschen Spezialisten bestimmt wird und daß die hier vor mir sitzenden führenden Kernphysiker der Sowjetunion die Entwicklung der Atombombe als große Tat für ihre eigene Heimat vollbringen.«

Nach dieser Antwort zog sich Berija mit seinen Kernphysikern zu einer kurzen Beratung zurück. Dann teilte mir Marschall Berija mit, er sei mit der von mir vorgeschlagenen Aufgabenteilung einverstanden.

Im weiteren Teil der Sitzung ging es schon um Details. Ich wies darauf hin, daß für die Isotopentrennung in industriellen Maßstäben riesige Produktionsanlagen notwendig seien, was sicher aus den amerikanischen Berichten bekannt sei. Besorgt stellte ich die Frage, ob unter den gegebenen Bedingungen unserer Arbeit eine solche Unterstützung gewährt werden könne, damit der angestrebte Erfolg überhaupt möglich sei. Berija antwortete, die notwendige Unterstützung werde von der sowjetischen Regierung gegeben, und man werde von mir, aber auch von meinen Mitarbeitern, nicht mehr verlangen, als was ein einzelner Mensch zu leisten imstande sei.

Etwa anderthalb Jahrzehnte später, nach unserer Rückkehr aus der Sowjetunion, stellte Ministerpräsident Otto Grotewohl mich bei einem Staatsempfang dem sowjetischen Ministerpräsidenten Chruschtschow vor mit dem Hinweis auf mein zehnjähriges Wirken bei Suchumi. Chruschtschows spontane Reaktion: »Ach, Sie sind der Ardenne, der damals seinen Hals so geschickt aus der Schlinge gezogen hat!« Ich antwortete dem hohen Gast, das seien genau meine Gefühle beim Verlassen jener Sitzung mit Marschall Berija gewesen. Die Worte von Chruschtschow waren eine Bestätigung der Gefährlichkeit des »Zehn-Sekunden-Augenblicks« bei Marschall Berija 1945. Möglicherweise hätten wir die Heimat nicht wiedergesehen, wenn es beim ersten Thema geblieben wäre!

Schicksalsentscheidungen für weitere zugeteilte Spezialisten

Um die Entwicklung der Verfahren zur industriellen Isotopentrennung bewältigen zu können, sollten dem Hertzschen und unserem Institut Wissenschaftler, Techniker und Handwerker aus den Kriegsgefangenenlagern zugeteilt werden. Wahr-

Nobelpreisträger Professor Dr. Gustav Hertz. Von 1945 bis 1955 war er Direktor des Instituts G im benachbarten Agudseri. Die Nähe der beiden Institute ermöglichte einen intensiven Austausch wissenschaftlicher Informationen und Erfahrungen.

scheinlich rettete dieser Beschluß manchem der dafür herangezogenen Männer das Leben, denn schon wegen der unmittelbar nach Beendigung des Hitlerkrieges allgemein herrschenden Nahrungsmittelnot und der Seuchen, die unter den Gefangenen zunächst grassierten, war die Sterblichkeit in den Lagern extrem hoch. Das Schicksal der deutschen Kriegsgefangenen in der UdSSR und das ihrer Leidensgenossen, der sowjetischen Soldaten in deutscher Gefangenschaft, gehört zu den schwersten Hypotheken jenes von Hitler gewollten furchtbaren Krieges. Man hat erst jetzt damit begonnen, sie gemeinsam aufzuarbeiten. Die von mir ausgewählten deutschen Gefangenen lebten und arbeiteten unter in vielem unvergleichbaren Bedingungen. Dafür hatten sie allerdings damit zu rechnen, einige Jahre länger als ihre Kameraden in der Sowjetunion zu bleiben.

Professor Thiessen kommt zu uns

Schließlich gelang es mir noch, die Berufung von Professor Thiessen an das in Sinop aufzubauende Institut zu erreichen. Er hatte wenige Tage vorher mich brieflich darum gebeten. Ich bemühte mich besonders gern, diesen Wunsch zu erfüllen, weil ich ihm für die langjährige Förderung unserer elektronenmikroskopischen Arbeiten sehr zu Dank verpflichtet war. Außerdem bedeutete seine Anwesenheit in Sinop für mich eine große Hilfe, da mir klar war, daß so ein Mammutinstitut nicht von mir allein zu Höchstleistungen geführt werden konnte.

Die Reise nach dem Süden

Ende August kam der sehnsuchtsvoll erwartete Augenblick, der die Anweisung zur Abreise nach dem Süden brachte. Für die Fahrt wurde extra für uns ein Schlafwagen modernster Bauart zur Verfügung gestellt. Auf dem Bahnhof trafen wir die Ehepaare Hertz und Vollmer, die gemeinsam mit uns nach Suchumi reisen sollten.

Meine Kollegen Professor Hertz und Professor Vollmer

Die beiden Professoren und ich brachten ähnliche Voraussetzungen für die Aufgaben mit, die vor uns lagen. Wir besaßen alle drei praktische Erfahrungen, um wissenschaftliche Erkenntnisse in industrielle Produktionen umzusetzen.

Professor Gustav Ludwig Hertz hatte sich große Verdienste erworben, als er Anfang der zwanziger Jahre bei der Einrichtung der Philips-Forschungslaboratorien in Eindhoven entscheidend mitwirkte. Hier hatte er auf dem Sondergebiet der Hochzüchtung elektrischer Gasentladung gearbeitet und für die Klärung des Elementarvorgangs durch die Elektronenstoßmethode gemeinsam mit James Franck 1925 den Nobelpreis erhalten. Er war maßgeblich am Aufbau des Physikalischen Instituts der Berliner Technischen Hochschule beteiligt gewesen und hatte viele Jahre hindurch das große Forschungslaboratorium von Siemens geleitet. Von Professor Vollmer waren auf dem Fundament seiner bahnbrechenden physikalisch-chemischen Forschungen Produktionsverfahren entwickelt worden, die ihn eng mit der chemischen Industrie in Kontakt gebracht hatten.

Erinnerungen an berühmte Berliner Kolloquien

Auf der langen Bahnfahrt tauschten wir viele Erinnerungen miteinander aus. Häufiges Gesprächsthema bildeten die berühmten Kolloquien am alten Physikalischen Institut der Berliner Universität in den zwanziger und dreißiger Jahren. Hertz und Vollmer waren bedeutend älter als ich, und das, was sie dort sagten, hinterließ damals bei mir einen tiefen Eindruck. Hertz hatte eine besondere Art, das wissenschaftliche Gespräch in diesen Runden zu eröffnen, an denen Einstein, Planck, Nernst, von Laue, Pringsheim, Westphal und viele andere teilnahmen, die heute zu den Klassikern der Naturwissenschaften zählen. Ich höre noch heute, wie Professor Hertz meist mit den Worten begann: »Ich sage jetzt wahrscheinlich etwas sehr Dummes, aber ...« Und dann entwickelte er stets einen seiner geistvollen Gedankengänge!

Auch Professor Vollmer hatte an etlichen Kolloquien teilgenommen. Sein glänzender Disput mit Irving Langmuir über Fragen der Wanderung von Fremdatomen auf Oberflächen ist mir noch heute gegenwärtig. Der amerikanische Gelehrte war einer der zahlreichen Gäste, die es sich nicht nehmen ließen, bei ihren Berlin-Besuchen an einem der Abende mit Einstein, Planck und den anderen Kollegen teilzunehmen.

Die Rückschau auf ein, wie uns schien, goldenes Zeitalter der Physik wurde zuweilen von den Ehefrauen unterbrochen. Sie holten uns auf den Boden der Wirklichkeit zurück. Außerdem beanspruchten meine beiden Kinder, die mitfuhren, einen Teil der Zeit. Sie hatten natürlich Fragen über Fragen.

Doch immer wieder kreiste das Gespräch unter uns drei Männern um die in allernächster Zukunft zu lösenden Aufgaben. Professor Dr. Max Vollmer, der später nach seiner Rückkehr einige Jahre Präsident der Deutschen Akademie der Wissenschaften zu Berlin, der nachmaligen Akademie der Wissenschaften der DDR, war, sollte zunächst am Hertzschen Institut in Agudseri eine Arbeitsgruppe übernehmen. Später trennte er sich von Hertz und wirkte mit seinen Schülern, Dr. Richter und Dr. Bayerl, in der Nähe von Moskau.

Reisebilder

Die Reise nach Suchumi dauerte eine Woche. Wirklich, das russische Land war so weit, so unendlich groß, wie wir immer gehört hatten. Bis Armawir begegneten wir vielen zerstörten Städten, Dörfern, Ruinen von Bahnhöfen. Überall wurde aber aufgeräumt und aufgebaut, manchmal mit Hilfe deutscher Kriegsgefangener. Nur wenige Jahre später waren in dem gleichen Gebiet keinerlei Spuren des Krieges mehr zu entdecken.

Da die direkte Strecke nach Suchumi gesperrt war, fuhr der Zug am Nordrand des Kaukasus vorbei. Wir hatten wunderbares Wetter und konnten das schneebedeckte Massiv des Elbrus und in der Ferne einige Fünftausender der Zentralkette erkennen.

Am Kaspischen Meer

Bei sommerlicher Gluthitze erreichten wir eines Mittags die Ufer des Kaspischen Meeres. Fast orientalisch mutete hier die Bevölkerung mit ihren turbanartigen Kopfbedeckungen und ihren fremdartigen Verhaltensweisen an. Nach einer mehrstündigen Fahrt zwischen Kaspischem Meer auf der einen Seite und den felsigen Ausläufern des Kaukasus auf der anderen erblickten wir gegen Abend die Bohrtürme von Baku. Dann bog der Zug ins Innere des Landes ab – am Südrand des Kaukasus entlang. Am folgenden Mittag hielt er im schön gelegenen Tbilissi. Nachts ging die Reise weiter.

Erste Eindrücke von unserer neuen Heimat

Als der nächste Morgen graute, fuhren wir bereits durch die kaukasische Riviera mit ihren Teeplantagen, Eukalyptusbäumen, Mimosenhainen. Wir waren erstaunt über die üppige Vegetation, die sich da in voller Pracht vor uns ausbreitete. Bald kam auch das Schwarze Meer in Sicht, und unser Sonderwagen wurde zunächst einmal auf dem Bahnhof Suchumi abgestellt.

Einige Stunden mußten wir warten, dann hieß uns ein General, der mir auch in der ersten Periode des Institutsaufbaus zur Seite stand, in fließendem Englisch mit großer Liebenswürdigkeit willkommen.

Er brachte mich und meine Familie zu unserem künftigen Wohnhaus in Sinop – einem kleinen zweistöckigen Gebäude, das früher vom Großfürsten Michael genutzt wurde. Hier wurden wir von zwei unserem Haushalt zugeteilten Helferinnen vor einer reichgedeckten Tafel erwartet.

Danach führte der General uns durch das weite Institutsgelände. Der Eindruck war überwältigend. Das moderne, aus rötlichem Tuffstein errichtete Hauptgebäude des Institutskomplexes lag in einem großen Botanischen Garten von seltener Schönheit und Vielfalt.

Dieser Garten war in der Zarenzeit vom Großfürsten Michael, dem Onkel der letzten deutschen Kronprinzessin, eingerichtet worden. Die verschiedensten Palmenarten, Zypressen, Korkeichen, Kamelienbäume, Bananenstauden, Bambushaine, Feigenbäume und Oleanderbüsche gaben den parkähnlichen Anlagen ein wahrhaft südländisches Gepräge.

Das Institut A (von Ardenne) in Sinop bei Suchumi, in dem wir von 1945 bis 1955 arbeiteten.

Märchen und rauhe Wirklichkeit

Die tropische Natur, der tiefblaue Himmel, die unmittelbare Nähe des Schwarzen Meeres, der sorgfältig vorbereitete Empfang ließen mich glauben, in ein Märchen versetzt zu sein. Aber die vielen Fragen der Mitarbeiter, die schon einige Tage vorher in Suchumi angekommen waren, holten mich bald auf den Boden der Wirklichkeit zurück. Jetzt zeigte sich erst der ganze Umfang der übernommenen Aufgabe. Es galt nicht nur, Aufbau und Einrichtung des Forschungsinstituts zu organisieren, auch der Bau der Hilfsgebäude und Werkstätten, einer Elektrizitätsstation, eines kleinen Wasserwerkes, einer kleinen Gasanstalt und nicht zuletzt die Errichtung der Wohngebäude für die Mitarbeiter des ganzen Objekts und ihre Familien war zu planen.

Das Wirkungsfeld war so weit gesteckt, daß wir anfangs sogar die benachbarten Täler auf ihre Eignung zur Anlage einer Siedlung prüfen mußten. Dieser Ort, Kaschtak bei Kelassuri, ist dann an dem Platz gebaut worden, den ich vorgeschlagen hatte. Die Häuser liegen an den Hängen der Ausläufer des Kaukasus und bieten zum Teil eine wunderbare Aussicht auf das Schwarze Meer und die Bucht von Suchumi.

Wir richten uns ein

Viele Probleme standen in diesen Tagen vor uns. Nur einige seien erwähnt: Die Mitarbeiter brauchten zunächst eine vorübergehende Unterkunft. Die siebenhundertfünfzig Kisten aus Lichterfelde mußten ausgepackt und das Inventar erst provisorisch und danach endgültig in den Laboratorien und in unseren Wohnräumen aufgestellt werden. Die Ausrüstung für Laboratorien und Werkstätten war zu komplettieren. Die Bestelliste nahm den Umfang eines kleinen Buches an. Obwohl sie speziell auf unser Institut ausgerichtet war, wurde sie von der für uns zuständigen Verwaltung kurzerhand verdoppelt und in dieser Form gleich auch für das Hertzsche Institut in Agudseri benutzt.

Die Suche nach kriegsgefangenen deutschen Spezialisten

Jetzt war es an der Zeit, unseren Mitarbeiterstab zu ergänzen. Der Anstoß, für diese Ergänzung deutsche kriegsgefangene Spezialisten für die Institute A (Ardenne) und G (Hertz) bei Suchumi zu wählen, ging nicht von uns aus. Die Regierung der Sowjetunion teilte zur Beschleunigung des atomaren Patts und auf der Grundlage des Jalta-Vertrages (Berechtigung für die zehnjährige Einziehung deutscher Spezialisten nach Kriegsende) ein von ihr festgelegtes Kontingent unseren Instituten zu. Das Handeln von Professor Hertz und mir beschränkte sich dabei allein auf die Aufgabe, die fachliche Eignung der ausgewählten Spezialisten zu überprüfen. Wir führten sie in der selbstverständlichen Grundhaltung durch, menschliche Härten im Rahmen des Möglichen zu mildern.

Generaloberst A. P. Saweniagin, Begründer von Magnitogorsk, war der sowjetische Regierungsbeauftragte für die Institute A und G bei Suchumi. U. a. fand Ende 1945 mit ihm ein Gespräch über die Ausrüstung ballistischer Fernraketen mit Atomsprengköpfen statt.

So kamen der bekannte Gasentladungsphysiker Dr. Max Steenbeck und mit ihm noch zahlreiche weitere internierte Wissenschaftler an das Sinoper Institut. Auf dem gleichen Weg gelangte der Hauptteil der Laboranten, Feinmechaniker und Handwerker zu uns.

Das erste Kriegsgefangenenlager, das Professor Hertz und ich im Februar 1946 besuchten, lag bei Otschamtschire südlich von Suchumi. Wir erregten – begleitet von General Kotschlawaschwili in voller Uniform – unter den Lagerinsassen großes Aufsehen. Die Aufregung wuchs noch, als allmählich unsere Absichten bekannt wurden. Alle vorgesehenen Fachkräfte wurden einzeln in eine mit Hitler-Karikaturen ausgeschmückte Baracke geführt, in der Hertz und ich mit dem General und dem begleitenden Dolmetscher hinter einer Tischreihe Platz genommen hatten.

Schicksalsentscheidungen in wenigen Minuten

Für viele der Befragten bedeutete das Fünfminutengespräch die Entscheidung über ihr weiteres Lebensschicksal und die Zukunft ihrer Familie. Aber auch für Professor Hertz und mich war die Aussprache mit den künftigen Mitarbeitern eine sehr ernste Angelegenheit. Standen wir doch vor der Aufgabe, in diesem kurzen Wortwechsel einen Eindruck von den fachlichen und charakterlichen Eigenschaften der uns gegenübergestellten Menschen gewinnen zu müssen. Von der Richtigkeit der Entscheidungen konnte Erfolg oder Mißerfolg der uns übertragenen schwierigen Entwicklungsarbeiten abhängen.

General Saweniagin

Wie tief diese Auswahl in das Leben der Betroffenen eingreifen konnte, zeigte sich bald darauf, Anfang 1947, als die Regierung der UdSSR den aus der Kriegsgefangenschaft gekommenen Mitarbeitern auf meine Bitte die Möglichkeit gab, Frauen und Kinder nach Suchumi zu holen. Für viele war es ein schwerer Entschluß, den Antrag auf Übersiedlung ihrer Familien zu stellen. Den Ausschlag gab für die meisten die offizielle Äußerung General Saweniagins, daß die Rückkehr nach Deutschland nicht vor 1951 möglich sein würde. Ich selbst habe, wenn ich gefragt wurde, meinen Mitarbeitern geraten, ihre Angehörigen nach Suchumi kommen zu lassen, denn ich war der Meinung, gerade in schweren Zeiten sollte die Familie möglichst zusammen sein. Außerdem birgt eine Trennung über mehrere Jahre für manche Ehe die Gefahr der Entfremdung in sich.

Die mit der Organisation des Instituts und mit der Gestaltung der Lebensverhältnisse des deutschen Kreises zusammenhängenden Fragen waren schon im Oktober 1945 mit General Saweniagin durchgesprochen und von ihm entschieden worden. Diese Sitzung, an der nur noch meine Sekretärin und von sowjetischer Seite der Chef des Objekts teilnahmen, war insofern bemerkenswert, als sie im Salonwagen des Generals in der Zeit von zweiundzwanzig Uhr abends bis vier Uhr morgens stattfand. Das menschliche Verständnis General Saweniagins erleichterte mir damals die Vertretung der Interessen des deutschen Spezialistenkreises sehr.

Das Ende unserer Arbeit am Hauptthema »Industrielle Isotopentrennung« zeichnete sich 1950 ab. Von da an haben Professor Hertz und ich immer wieder die Überleitung aller Spezialisten ohne Familien in ein Quarantänelager und ihre baldige Rückführung in die Heimat gefordert.

Mein persönlicher Einsatz für die schnelle Rückführung der deutschen Spezialisten ging wiederholt bis an die Zerreißgrenze. Hierzu sei als Beispiel angeführt: Zu einem Zeitpunkt, als sich unsere Spezialisten schon längere Zeit im Zwischenlager befanden, warteten wir mit Ungeduld auf die Nachricht von ihrer Rückkehr in die Heimat. In dieser Phase wurden Hertz, Steenbeck, Thiessen und ich zu einer Gründungsfeier der Gesellschaft für Deutsch-Sowjetische Freundschaft eingeladen. Ich entwarf einen Brief, in dem ich zum Ausdruck brachte, daß wir die Gründung dieser Gesellschaft sehr begrüßen, aber nicht in der Stimmung wären, an einer Feier teilzunehmen, ehe wir nicht die Nachricht von der Rückführung der deutschen Spezialisten aus dem Zwischenlager in die Heimat erhalten hätten. Als dieser Brief übergeben werden sollte, waren meine Kollegen nicht mehr bereit, ihn mit zu unterzeichnen.

Trotzdem habe ich ihn, mit meiner alleinigen Unterschrift versehen, abgeschickt!

Schon wenige Tage später erhielt ich die Aufforderung, beim für uns zuständigen Beauftragten der Sowjetregierung zu erscheinen. Er sagte, daß er von hoher Stelle angewiesen sei, diesen Brief im Original an mich zurückzugeben. Mir selbst würde von dieser Stelle mit freundlichem Gesicht der Rat erteilt, keinen zweiten Brief dieser Art zu schreiben. Der Brief hatte seinen Zweck erfüllt, und ich erlebte wieder ein menschliches Verstehen, wenn man sich als verantwortlicher Leiter für seine deutschen Kameraden einsetzte.

Wir hatten Erfolg. Die Rückkehr der aus Lagern uns zugeführten Spezialisten lag Jahre vor unserer eigenen Rückkehr. Diese erfolgte im März 1955 gemäß Jalta-Vertrag, zehn Jahre nach unserem Eintreffen in Moskau.

Vortrag über die kinematische Theorie der Atombombe im Institut A

Etwa um 1942 wurde in den USA aus theoretischen Betrachtungen erkannt, daß es zur Atombombenexplosion notwendig ist, mit hoher Geschwindigkeit (durch explosive Mittel) mehrere Spaltstoff-Teilmassen zusammenzuführen, damit dann die Kettenreaktion explosionsartig abläuft. So entstand in den USA die kinematische Theorie der Atombombe, an der Dr. Klaus Fuchs mitgewirkt hat oder von der er im Rahmen seiner Mitarbeit Kenntnis erhielt.

Im Oktober 1945, in der Anlaufzeit unseres neuen Instituts, hielt der sowjetische Kernphysiker G. N. Flerow vor einem ausgesuchten Kreis der wissenschaftlichen Mitarbeiter einen Vortrag über die kinematische Theorie der Atombombe. Flerow hatte noch während des Krieges Stalin in einem Brief über die Möglichkeit der Atombombe informiert. Ich wunderte mich über das Thema des Vortrages, da die Institute bei Suchumi sich ausschließlich mit Isotopentrennung zu befassen hatten. Offenbar wurde ein besonderer Zweck verfolgt. Dieser Eindruck verstärkte sich, als uns nahegelegt wurde, Fragen zu stellen und uns kräftig an der Diskussion zu beteiligen. In einem Vorgespräch mit Flerow hatte ich festgestellt, daß er den Inhalt der geheimen Houtermans-Arbeiten über die Theorie der Kernkettenreaktionen kannte. Vielleicht erwartete man von unseren Diskussionsbeiträgen ergänzende Gesichtspunkte zu dem vorgetragenen Gegenstand. Durch ein später in Dresden mit Klaus Fuchs geführtes Gespräch bestätigte sich meine Vermutung, daß es sich um die von ihm an die SU gegebenen Spionage-Materialien handelte.

Geschichtliche Bedeutung der Beschleunigung
des nuklearen Gleichgewichts SU – USA nach dem
Zweiten Weltkrieg

Gleichzeitig mit der Übernahme der von Marschall Berija gestellten Aufgabe wurde uns allen klar, daß ein Erfolg unserer Arbeit maßgebend dazu beitragen würde, das nukleare militärische Gleichgewicht zwischen der Sowjetunion und den Vereinigten Staaten von Amerika herzustellen. Es war unsere Hoffnung, daß durch schnelle Schaffung des nuklearen Patts der Ausbruch eines nuklearen dritten Weltkrieges verhindert werden würde. Diese Auffassung bildete für uns alle die moralische Rechtfertigung für unsere Mitwirkung bei Schaffung der technischen Voraussetzung für den Bau von Kernwaffen. Deutlich erinnere ich mich an zahlreiche Diskussionen, die wir 1949 über die Gefahr eines nuklearen sogenannten Präventivkrieges der USA gegen die Sowjetunion führten. Es ist abzuschätzen, daß auch die schnelle Arbeit unseres Sinoper Spezialistenkreises bei der industriellen Isotopentrennung den Eintritt des nuklearen Gleichgewichtes vorverlegt hat. Das so frühe Erscheinen des Atomwaffenpotentials der Sowjetunion hat die USA überrascht und die nukleare Auseinandersetzung zwischen den beiden Hauptmächten verhindert.

Das Gespräch 1940 mit Max Planck und eigene Lebenserfahrung hatten mich bereits vorher von der Illusion weggeführt, daß eine Weiterentwicklung der Ethik und des Verantwortungsbewußtseins in den Ebenen der Macht das nukleare Inferno verhindern würde.

Zu diesem Thema stellte ich 1983 bei einem Besuch meines Vetters Wolf Graf Baudissin, dem damaligen Leiter des Hamburger Instituts für Friedensforschung und Sicherheitspolitik, die Frage: »Habe ich eigentlich aus deiner politischen Sicht richtig gehandelt, daß ich in der Sowjetunion zur schnellen Entwicklung der Isotopentrennung beitrug?« Seine Antwort war: »Ja, das ist auch aus unserer Sicht gut gewesen, denn hierdurch ist das nukleare Patt beschleunigt worden, welches in den zurückliegenden Jahrzehnten den Kernwaffenkrieg zwischen den USA und der Sowjetunion verhindert hat.«

Kurze Freude über zwei Motorboote

Um dem Botaniker und Strahlengenetiker die Meeresflora näherzubringen und unter den gegebenen Umständen unser Leben so angenehm wie möglich zu gestalten, hatte ich für das strahlenbiologische Laboratorium ein kleines Motorboot beantragt. Es wurde in jener Nachtsitzung auch von Saweniagin bewilligt. Knapp einen Monat später erhielt ich vom Chef des Objekts die Nachricht, auf dem benachbarten Bahnhof Kelassuri seien zwei Wasserfahrzeuge eingetroffen. Ich solle mir aussuchen, welches ich haben wolle. Das zweite sei für das Hertzsche Institut bestimmt. Wir fuhren sofort los und waren erstaunt, zwei große, hochseetüchtige Kajütenboote mit 200-PS-Chrysler-Motoren vorzufinden. Meine Hoffnung, daß auch die übrige bestellte umfangreiche Institutsausrüstung bald und in guter Qualität eintreffen würde, wurde dadurch gewaltig bestärkt. Wir freuten uns auf die Schwarzmeerfahrten. Leider sollte nie etwas daraus werden. Zunächst wartete ich eine Weile vergebens auf die Überführung der Boote. Als ich dann ein paarmal nachgefragt hatte, wo die Fahrzeuge blieben, erhielt ich die Auskunft, wir könnten sie nicht bekommen? Was war geschehen? Der Sicherheitsbeauftragte für unseren Institutsbereich hatte – vor allem wegen der nahen türkischen Grenze – Bedenken angemeldet. Die Motorboote waren nach Moskau zurückgeschickt worden.

Ein wohlbehütetes Dasein

Ungefähr zu dieser Zeit begannen sowjetische Soldaten, einen engmaschigen Stacheldrahtzaun einmal um das Institut selbst und dann um das übrige Areal zu ziehen, auf dem die Wohnhäuser standen. Nach dieser Maßnahme durften die deutschen Mitarbeiter und ihre Angehörigen das Gelände nur noch in sowjetischer Begleitung verlassen. Die Vorschrift galt sowohl für Einkäufe in Suchumi, die nun in Gruppen durchgeführt wurden, als auch für Ausflüge sowie gegenseitige Besuche zwischen beiden Instituten A (Ardenne) und G (Hertz). Erhebliche Schwierigkeiten traten zuweilen auf, wenn weniger Begleiter zur Verfügung standen, als für Erledigungen außerhalb des Objekts nötig gewesen wären. Aber wir mußten uns damit abfinden – wir waren schließlich nicht als Touristen hier. Dieses wohlbehütete Dasein hinter einer Umzäunung dauerte bis zur Einleitung unserer Rückkehr nach Deutschland, das heißt etwa neun Jahre.

Es war jetzt nicht mehr gestattet, irgendwelche Unterhaltungen oder Korrespondenzen mit Personen, die nicht zu unserem Kreis gehörten, zu führen. In den Briefen an Verwandte und Freunde wurden direkte oder indirekte Mitteilungen gestrichen, aus denen der Ort der Institute zu entnehmen gewesen wäre. Durch die strenge Zensur und vor allem durch die mehrmonatige Laufzeit der Briefe war die Verbindung mit der Heimat vorübergehend sehr lose geworden – ein Umstand, der häufig Depressionen auslöste. Heute weiß ich: diese für uns so schwerwiegenden Beschränkungen sind damals aus Geheimhaltungsgründen im sowjetischen Staatsinteresse unerläßlich gewesen. Wie notwendig und berechtigt die Sicherheitsmaßnahmen waren, geht auch daraus hervor, daß trotz allem im Laufe der Jahre erstaunlich viele Einzelheiten im Westen bekannt und zu einem Mosaik zusammengefügt wurden, aus dem gewisse Rückschlüsse gezogen werden konnten.

Wir mußten uns anpassen

Unsere Lebensumstände schufen in mancherlei Hinsicht außergewöhnliche Verhältnisse; vielleicht etwas gemildert durch die relativ hohe Zahl der in diesem Kreis vereinten Menschen.

Sympathien und Antipathien begannen eine sehr große Rolle zu spielen, Freundschaften und Feindschaften zeichneten sich mit einer Schärfe ab, wie sie im Leben unter Normalbedingungen sonst kaum auftreten.

Wir hatten uns einem Umgewöhnungsprozeß seltener Intensität zu unterziehen. Er betraf keineswegs nur die relativ eingeschränkte Bewegungsfreiheit, sondern wir mußten uns dem Leben an der Grenze Kleinasiens anpassen, uns von einer deutschen Großstadt auf ein ländliches Gebiet in der Sowjetunion umstellen. Hinzu kamen noch das ungewohnte subtropische Klima, die andersgeartete Ernährung und schließlich das enge Miteinanderleben besonders in der Anfangszeit, in der die Mitarbeiter noch in provisorischen Unterkünften wohnten. Es war sehr wichtig, diese Probleme durch eine Reihe von psychologisch richtig gewählten Maßnahmen zu lösen oder wenigstens auszugleichen, damit bei den Mitarbeitern und ihren Familien Arbeitsfreude, Gesundheit und Lebensfreude erhalten blieben.

Kleine Freuden brachten Abwechslung

Deswegen organisierten wir Feste aller Art, das heißt Kinderfeste, Kostümfeste und Sommerfeste im Botanischen Garten des Objekts, veranstalteten Schallplattenkonzerte und Klavierabende. Auf einem mit Unterstützung der sowjetischen Verwaltung selbstgebauten Tennisplatz fanden regelmäßig Turniere statt, und manch andere sportliche Wettkämpfe wurden ausgetragen. Auch das Badeleben am kaum hundert Meter entfernten Strand des Schwarzen Meeres sowie Ausflüge in die bergige Umgebung Suchumis brachten vielfache Abwechslung in unser Dasein.

Zur geistigen Anregung richteten wir Unterrichtszirkel für Russisch, Chemie, Physik, Mathematik und Politik ein. Es wurden populärwissenschaftliche Vorträge über aktuelle Themen gehalten. Den gleichen Zweck hatte die umfangreiche

Leihbibliothek, die mein Schwager Otto Hartmann in Berlin im Auftrag der sowjetischen Verwaltung zusammenstellte.

Fester Zusammenhalt, enge Verbundenheit

Aus dem gemeinsamen Streben und Erleben erwuchs auf dem Fundament der Achtung vor der fachlichen Leistung des anderen schon nach wenigen Monaten eine menschliche Verbindung seltener Stärke zwischen Wissenschaftlern und Handwerkern. Gerade der experimentell arbeitende Forscher im Bereich der Naturwissenschaften ist auf die Hilfe und das Können der Facharbeiter (zum Beispiel Mechaniker, Elektroniker, Glasbläser) angewiesen, die ihm die jeweils erforderlichen Spezialgeräte und Anlagen bauen. Der Wissenschaftler aus diesem Bereich fühlt sich daher schon unter normalen Umständen seinen handwerklichen Kollegen besonders eng verbunden. Wieviel mehr mußte dies in unserem abgeschlossenen Kreis der Fall sein.

Zehn Liter Eierlikör

Bei einem Sommerfest, das wir nur für die deutschen Mitarbeiter veranstalteten, herrschte aus finanziellen Gründen beträchtlicher Mangel an alkoholischen Getränken, denn die Kriegsgefangenen bezogen noch nicht ihr späteres normales Gehalt.

Dieses Übel wurde damals auf ganz unbürokratische Weise beseitigt: Im chemischen Labor standen für die Arbeit stets erhebliche Mengen reinen Alkohols zur Verfügung. Kollegen mit besten Fachkenntnissen fabrizierten davon hochprozentigen Eierlikör, den sie in einen 10-l-Glasballon abfüllten. Bis dahin war die Sache einfach. Die Schwierigkeit begann damit, diesen großen Behälter aus dem Institut herauszubringen, dessen Eingang Tag und Nacht durch sowjetische Soldaten bewacht wurde. Sie hatten strenge Anweisung, Materialien nur mit sorgfältig ausgefüllten Kontrollscheinen passieren zu lassen. Unsere findigen Berliner wußten sich aber zu helfen. Sie bildeten einen »Stoßtrupp« von zwei Mann. Einer setzte eine Gasmaske auf. Dann rannten beide heftig gestikulierend auf den Institutsposten zu. Der vorderste schrie schon von weitem: »Ostoroschno, jad!« (Vorsicht, Gift!), während der Gasmaskenträger die Flasche weit von sich weghielt und durch Gebärden die Gefährlichkeit des Inhalts betonte. Erschreckt wich der Posten zur Seite – und zehn Liter Eierlikör hatten die Wache passiert. Natürlich war die Stimmung auf dem Fest durch dieses – juristisch allerdings bedenkliche – Husarenstück gesichert.

Grusinische Feste an Gebirgsbächen

Einige Ausflüge unternahmen wir gemeinsam mit den sowjetischen Angehörigen des Instituts. An kleinen Gebirgsflüssen wurde stundenlang kampiert, und der reichlich fließende grusinische Wein trug viel zum engeren Kontakt zwischen sowjetischen und deutschen Mitarbeitern bei, der für die Arbeit so wichtig war. Solche Unternehmungen brachten für mich als Institutsleiter meistens einige Sonderbelastungen mit sich – zum Beispiel in bezug auf den Alkoholkonsum oder wenn ich von einer der Damen unserer sowjetischen Verwaltung zur Vorführung des grusinischen Messertanzes aufgefordert wurde.

Schallplattenabende im Botanischen Garten

Unvergeßlich blieb allen, die es miterlebten, eines der Hi-Fi-Schallplattenkonzerte im Freien. Auf Parkbänken unter Palmen und blühenden Kamelienbäumen verteilt saßen zum großen Teil erst kurz vorher zu uns gekommene Kriegsgefangene und hörten der Musik zu. In dieser späten Dämmerstunde bei fast tropischer Wärme schwirrten Hunderte Glühwürmchen umher und illuminierten mit ihren Lichtimpulsen den Park. Dabei erklang auch jenes bekannte Lied von Robert Schumann nach einem Heine-Gedicht, in dem von den beiden aus russischer Kriegsgefangenschaft zurückkehrenden Grenadieren die Rede ist.

... *frohe Feste*

Die Kostümfeste mit ihren Vorbereitungen und Überraschungen lenkten die Gedanken für Wochen in eine heitere Richtung. Es ist nur zu verständlich, wenn in einigen Fällen Mitarbeiter, die aus Kriegsgefangenenlagern direkt in das Milieu unserer Ferien kamen, Mühe hatten, die sprunghafte Wandlung ihrer Lebensbedingungen innerlich zu verarbeiten.

Auf Treppen wurden Rutschbahnen aus glatten Einlegebrettern von Ausziehtischen kunstgerecht improvisiert. So konnte man von einer Wohnetage in die andere mehr oder weniger sanft seinem Glück entgegenschweben. Hatte die Stimmung ihren Höhepunkt erreicht, geschah es gelegentlich, daß die Damen sogar auf den Schultern ihrer Kavaliere besagte schiefe Ebene hinabglitten.

Bei einem dieser Feste passierte die Sache mit dem vertauschten Ehemann. In vorgerückter Stunde hatte eine unserer reizvollsten jüngeren Ehefrauen auf dem Diwan eines durch kollektive Arbeit hervorgezauberten türkischen Zimmers eine Stellung à la Madame Recamier eingenommen. Sie war in einer lebhaften Unterhaltung begriffen, die ihre ganze Aufmerksamkeit gefangennahm, während ihr Ehemann durch liebevolles Streicheln ihrer Beine zu ihrem unterbewußten Wohlbefinden beitrug. Trotz der geringen Raumbeleuchtung hatte ein gegenübersitzender Freund des Hauses neidvoll diese ehemännliche Aktivität wahrgenommen. Ein Gedankenblitz, und beide vertauschten, unbemerkt von der betreffenden Dame, ihre Plätze und Tätigkeiten. Nunmehr amüsierte sich der Ehemann mit einigen aufmerksam gewordenen Festteilnehmern über die sich allmählich steigernden Bemühungen des Freundes. Erst nach zehn heiteren Minuten fand die Komödie mit einem lauten Schrei der Getäuschten ihr Ende.

Der Frauenmangel in unserem abgeschlossenen Kreise war ein ernstes menschliches Problem. Durch die vielen aus der Kriegsgefangenschaft zu uns gekommenen Mitarbeiter betrug das Verhältnis von Männern zu Frauen in unserer deutschen Gruppe 2:1.

Der Frauenmangel und das im subtropischen Klima verstärkte Kraftfeld Amors bewirkten in vielen unserer Familien die Integration von »Hausfreunden« mit extremer Hilfsbereitschaft. Tischdecken, Abwaschen, Einkäufe, die große Wäsche und manchmal sogar das Kinderhüten wurden zum großen Teil von den »Hausfreunden« übernommen. Die Lebensqualität der Hausfrauen schnellte sprunghaft in die Höhe. Bei unverheirateten Frauen erstreckte sich die Beziehung sogar in der Regel auf zwei »Hausfreunde« mit großer Hilfsbereitschaft.

Auf Institutsfesten priesen talentierte Minnesänger in geistvollen Gedichten die Vorzüge der sich entwickelnden bivalenten weiblichen Lebensweise.

Was man sich so erzählte

Wenn der in eine Kinderbadewanne eingefüllte und aus diesem Reservoir abgezapfte grusinische Wein die Zungen löste, wurden Geschichten aus vergangenen Zeiten erzählt. Was unser Werkstattleiter Willy Roggenbuck dann über seinen Busenfreund »Wasserwelle« berichtete, verdient hier wenigstens mit einer kleinen Episode festgehalten zu werden. Wasserwelle war ebenso wie der Werkstattleiter während des Zweiten Weltkrieges Versuchsmechaniker bei der Radargerätefertigung von Telefunken. Trotz seiner Unregelmäßigkeiten im Dienst wurde er von der Werkleitung u. k., »unabkömmlich«, gestellt und gehalten, weil seine vielen Streiche in ungewöhnlichem

Maße zur Verbesserung der Stimmung aller Beschäftigten beitrugen. Wasserwelle machte sich zum Beispiel nichts daraus, eines Tages mit verstellter Stimme bei der Betriebsleitung anzurufen: »Hier spricht der Vater von Herrn Wasserwelle. Ich muß Ihnen leider mitteilen, daß mein Sohn gestern durch einen Verkehrsunfall ums Leben gekommen ist.« Große Trauer im Werk. Sofort wurde gesammelt, um einen schönen Kranz zu beschaffen – und am nächsten Morgen erschien Wasserwelle wie immer, gesund an Leib und Seele, zur Arbeit.

Der vorstehende Fall erinnert mich übrigens an eine Mitteilung westlicher Nachrichtendienste, Professor Hertz und ich seien in der Sowjetunion ums Leben gekommen, während wir doch gerade unsere Institute bei Suchumi organisierten. So hatten wir beide die ungewöhnliche Gelegenheit, unsere eigenen Nachrufe lesen zu können.

Die verbrannte Sonntagsgans

Herzhaftes Gelächter löste immer wieder die Begebenheit mit der »Sonntagsgans« aus. Ein Physiker am Institut war schon damals ein großer Anhänger der Automation und pflegte die moderne Technik überall und oft auf verschlungensten Wegen einzusetzen, wenn er glaubte, damit seine Lebensbedingungen verbessern zu können. Für das Sonntagsmenü hatte seine Frau mit viel Beredsamkeit auf dem Suchumer Basar eine fette Gans erworben. Dieses Tier sollte im elektrischen Backofen gebraten werden.

Jede Familie verfügte über einen Elektroanschluß mit Sicherungsautomaten, die auf dem Treppenflur außerhalb der Wohnung angebracht waren. Zwecks optimaler Zeitausnutzung und Bequemlichkeit wollte der Mitarbeiter den in die späten Abendstunden verlegten Bratprozeß vom ehelichen Bett aus fernsteuern. Mit diesem Ziel fabrizierte er, als die im Kochbuch vorgesehene Zeit abgelaufen war, am Stecker seiner Nachttischlampe einen Kurzschluß. Daraufhin fiel der Automat der Hauptsicherung vorschriftsmäßig heraus, und der Abschluß des Bratprozesses schien gesichert zu sein.

Als jedoch die Hausfrau am Sonntagmorgen in die Küche ging und erwartungsvoll die Tür des Ofens öffnete, fand sie nur noch verkohlte Reste ihres zuvor so ansehnlichen Vogels. Die Erklärung für diesen programmwidrigen Ablauf der Dinge lag ganz einfach darin, daß ein anderer Hausbewohner den herausgesprungenen Sicherungsautomaten gesehen und kameradschaftlich wieder in Kontaktstellung gebracht hatte. Man sieht – dem Einsatz moderner Technik sind gelegentlich Grenzen durch nicht einkalkulierte Zwischenfälle gesetzt.

Der Austausch von Freizeitepisoden außerhalb der Arbeitsstunden war auch für mich ein kleiner Ausgleich für den Ernst und die Anstrengung bei der Lösung der wissenschaftlichen Probleme.

»Technische Sowjets« als Leistungsinstrument

Alljährlich wurden die Arbeitsergebnisse auf einem »Technischen Sowjet« ausgewertet und die Aufgaben für das kommende Jahr fixiert. Das Besondere dieser Zusammenkünfte lag darin, daß man oft in einer einzigen Sitzung über mehrere Vorhaben entschied. Gleichzeitig legte das Gremium die erforderlichen Durchführungsmaßnahmen fest. Ich habe erlebt, wie auf diese Weise Projekte von sehr großer wirtschaftlicher und staatspolitischer Bedeutung gründlich beraten und nach einem Sitzungsaufwand von nur wenigen Stunden in Gang gebracht wurden. Das war möglich, weil in den Technischen Sowjets zusammen mit führenden Wissenschaftlern und Ingenieuren auch die Leiter der zuständigen Industriewerke, die für die Administration maßgebenden Mitarbeiter und die entscheidungsberechtigten Mitglieder der Regierung anwesend waren. Alle hatten nur ein Ziel – den Fortschritt ihres Landes im Bereich der Atomwaffentechnik zu beschleunigen. Ich dachte damals, daß diese unbürokratische und glänzend funktionierende

Leitungsmethode auch in anderen wichtigen Bereichen der sowjetischen Wirtschaft angewendet würde.

Professor Kurtschatow

Eine der hervorragenden Persönlichkeiten in diesen Sitzungen war der Kernphysiker und Akademiemitglied Professor Igor Wassiljewitsch Kurtschatow. In ihm, der die Kernphysik und Kerntechnik in der UdSSR mit begründet hatte, begegnete ich einem bedeutenden Wissenschaftler, der durch Können und Tatkraft in den Nachkriegsjahren entscheidende Leistungen für die Sowjetunion vollbrachte. Er hat mich auch in menschlicher Hinsicht tief beeindruckt. Seine Fähigkeit, das Wesentliche sofort zu erkennen, seine stets sachliche Denkart und seine liebenswürdigen Umgangsformen befähigten ihn in hohem Maße, Mitarbeiter zu besonderen Leistungen anzuspornen. Als er 1960 starb, wurde seine Urne – wie schon wenige Jahre vorher die von Generaloberst Saweniagin – an der Kremlmauer beigesetzt.

Das Lichterfelder Inventar bleibt mein Eigentum

Schon bald nachdem wir unsere Tätigkeit in der UdSSR aufgenommen hatten, wurde von den zuständigen Stellen eine grundsätzliche Entscheidung gefällt, die für mich und den Aufbau des späteren Dresdner Instituts von größter Tragweite war: Mein ganzes bei Kriegsende nach Suchumi transportiertes Inventar des Lichterfelder Instituts sollte nicht als Reparationsleistung angesehen werden, sondern mein Privateigentum bleiben und bei der Rückkehr nach Deutschland wieder mitgenommen werden dürfen. Die Überführung erfolgte im Herbst 1954 ohne Schwierigkeiten. Diese Festlegung, die mir selbst und unserem Land erhebliche Werte erhielt, wurde wohl auch deswegen getroffen, weil das Inventar des Lichterfelder Laboratoriums vorwiegend von mir persönlich erarbeitet worden war, denn es stellte hauptsächlich den Gegenwert für Hunderte von Patenten dar, die meinen Namen als Erfinder tragen. Es war eine Regelung nach Verfassung und Gesetzen der Sowjetunion. Meine Entscheidung für Dresden (DDR) als Ort unseres künftigen Instituts hat die entgegenkommende Festlegung in Moskau sicher begünstigt oder sogar ermöglicht.

Drei Arbeitsgruppen, drei Verantwortungsbereiche

Ende 1945 trafen kurz nacheinander Prof. Dr. Thiessen und Dr. Steenbeck in Sinop im mir unterstellten Institut A ein. Schon wenige Tage später grenzten wir die Verantwortungsbereiche unter uns ab und teilten das Mammutinstitut in drei nahezu unabhängige, jede für sich gut steuerbare Arbeitsgruppen auf. Gleichzeitig wurde auch ihre wissenschaftlich-technische Thematik präzisiert und aufeinander abgestimmt. Dank dieser klaren Richtlinien und der Besonnenheit jener beiden bedeutenden Persönlichkeiten ist es in der langen Zeit unserer Zusammenarbeit trotz mancher schwierigen Situationen niemals zu ernstlichen Differenzen gekommen. Fast immer führte eine offene Aussprache zu einer einheitlichen Auffassung, die wir dann einzeln oder gemeinsam vertraten. Rückblickend bin ich besonders glücklich darüber, gerade Professor Dr. Thiessen und Dr. Steenbeck an meiner Seite gehabt zu haben. Ihre Arbeit hat entscheidend dazu beigetragen, daß wir alle Aufgaben erfolgreich erfüllen konnten.

Das Rückkopplungsprinzip bei der Leitung der Mitarbeiter

Bei der ständigen Suche nach den besten Organisationsformen, bei der Entscheidung vieler wichtiger persönlicher Fragen der etwa zweihundertköpfigen deutschen Gemeinschaft mußte ich die Erfahrung machen, daß »Regieren« gar keine einfache Sache ist – selbst wenn es sich nur um einen relativ kleinen Kreis von Menschen handelt. Erst allmählich fanden wir die unter unseren Verhältnissen psychologisch günstigsten Leitungsprinzipien heraus und lernten die Reaktionen auf Anordnungen, die erlassen wurden, abzuschätzen. Für ein solches in sich geschlossenes Kollektiv im Ausland die Verantwortung zu tragen, kann geradezu eine Schule der Menschenführung sein, denn unter den geschilderten Bedingungen sieht man selbst noch sehr deutlich die Auswirkung seiner Weisungen und Maßnahmen in ihren feinsten Verästelungen, und die vielfältige Kritik dringt noch unmittelbar ans Ohr der Leitung. Diese stabilisierende negative Rückkopplung schwächt sich mit zunehmender Größe der zu lenkenden Gruppe leider oft bedeutend ab. In solchen Fällen wird der Einbau eines unabhängigen Rückkopplungskanals, der die Informationen unverfälscht, das heißt mit schonungsloser Wahrheit von unten nach oben weiterleitet, zur dringenden organisatorischen Aufgabe. Wie weise handelten die Kalifen, als sie sich in geeigneten Zeitabständen verkleidet unter ihr Volk mischten, um seine Probleme und Ansichten wirklich ungeschminkt kennenzulernen. Sehr viele innere politische Spannungszustände, deren Auswirkungen ich miterlebt habe, hätten sich niemals entwickeln können, wenn der Informationsrückfluß mit hohem Gehalt an Wahrheit ausgereicht hätte. Um das Leiten in Wirtschaft und Politik zu optimieren, sollten viel stärker als bisher die Modelle der Kybernetik und der modernen Systemtheorie sinnvoll genutzt werden.

Auch daran mußten wir denken

Eines unserer schwierigsten organisatorischen Probleme in Sinop war die gerechte Verteilung des besonders anfangs sehr beschränkten Wohnraums an die Mitarbeiter und ihre Familien. Um es zu lösen, bildeten wir eine Kommission von Vertrauensmännern der drei Arbeitsgruppen und der Werkstätten, die heiß debattierte – und sich schließlich auf einen Vorschlag einigte, der nur noch bestätigt zu werden brauchte. Eine andere Methode, unnötige Mißstimmungen zu vermeiden, bestand darin, die Formulierungen geplanter Anordnungen mit den Vertrauensmännern der verschiedenen Gruppen vorher zu diskutieren – und vor allem stets auch die Begründung für ihre Notwendigkeit mit bekanntzugeben.

Professor Joffé, Nestor der sowjetischen Physik

Der Besuch von Akademiemitglied Professor Joffé, dem Nestor der sowjetischen Physik, leitete am 12. Oktober 1945 die wissenschaftliche Arbeit am Institut in Sinop ein. Wir führten eine lange Fachdiskussion über die Lösung der Aufgaben, die uns die sowjetische Regierung gestellt hatte.

Professor Joffé sah ich zum letzten Mal im Frühjahr 1958 bei einem Vortrag, den ich auf der Leipziger Physikertagung über meinen Elektronen-Anlagerungs-Massenspektrographen hielt. Sein Wissen und seine Tatkraft haben einen entscheidenden Einfluß auf die Entwicklung der sowjetischen Physik gehabt und ihren heutigen hohen Stand mitbegründet.

Joffé war in jungen Jahren einer der befähigsten Schüler Conrad Röntgens in München gewesen. Nach der Großen Sozialistischen Oktoberrevolution, als viele russische Physiker, die der Bourgeoisie verbunden waren, emigrierten, blieb er in seinem Petersburger Institut und bekam von Lenin den Auftrag, ein neues Fundament der physikalischen Forschung in der Sowjetunion aufzubauen. So wurde er der Organisator dieses unerhört wichtigen Wissensgebietes.

Professor Joffé war aber auch Hochschullehrer und hat die meisten der führenden sowjetischen Physiker ausgebildet. Die Professoren Kurtschatow, Alichanow, Alichanian, Krassin, Weksler, Artzimovich, Kikoin und etliche andere gehörten zu seinen Schülern. Viele der von ihm geprägten Wissenschaftler haben in den folgenden Jahren das Institut bei Suchumi besucht und unsere Ergebnisse mit kontrolliert.

Glasapparaturen oder Metallbauweise

Organisation und Aufbau des Instituts beanspruchten in der ersten Zeit meine Arbeitskraft sehr stark. Daher mußte mein wissenschaftlicher Stellvertreter, der Physiker Dr. Steudel, sehr selbständig handeln. Er war früher an Oszillographenröhren-Entwicklungen beteiligt gewesen und gewohnt, seine Versuche mit Glasapparaturen durchzuführen. Diese Methode wollte er auch im Rahmen der uns übertragenen Aufgabe, eine Großanlage für magnetische Isotopentrennung zu entwickeln, anwenden und ließ sich nicht davon überzeugen, daß in unserem Fall die Metallbauweise notwendig war. Ich sah mich gezwungen, ihn durch einen anderen Wissenschafter zu ersetzen.

Meinen alten Lichterfelder Mitarbeitern und mir schien die Metallkonstruktion für größere Vakuumanlagen selbstverständlich, und die vorausgegangene Entwicklung des 60-Tonnen-Zyklotrons, der Elektronenmikroskope und anderer Geräte hatte die Richtigkeit dieses Weges bestätigt. Wir wären in eine katastrophale Lage geraten, wenn ich nicht gleich zu Beginn meine Auffassung durchgesetzt hätte. Der magnetische Trenner, zu dem wir schließlich gelangten, war eine Großanlage in Metallausführung mit einer Vakuumkammer, die allein schon über zehn Tonnen Gewicht hatte. Sie wurde durch riesige Öldiffusionspumpen mit einem Saugvermögen von etwa zwanzigtausend Liter pro Sekunde evakuiert, und der dazugehörige Magnet wog zweihundert Tonnen.

Tisch-Elektronenmikroskop und Staatspreis

Ich erhielt zusätzlich die Aufgabe, ein Tisch-Elektronenmikroskop zu entwickeln. Die Konstruktionszeichnungen konnte ich schon bald abliefern. Etwa ein halbes Jahr später erschien im Januar 1947 der Chef unseres Objekts, eine prall mit Rubelscheinen gefüllte Aktentasche unterm Arm. Mir war ein Staatspreis verliehen worden.

Eine Rundfunksendung hat Folgen

Während die technisch-wissenschaftliche Arbeit zur Lösung der uns übertragenen Hauptprobleme auf vollen Touren lief, kursierten in westlichen Publikationsorganen zwei Berichte über uns, welche die Lebensbedingungen des deutschen Kreises recht nachhaltig beeinflußten. 1947 brachte die Rundfunkstation Jerusalem eine Sendung, in der die Namen der Hauptmitarbeiter meines Instituts lückenlos aufgeführt wurden, und etwa ein Jahr darauf erschien in Westdeutschland ein Aufsatz mit dem Titel »Im goldenen Käfig«. Er beschrieb nicht nur das Leben in Sinop, sondern brachte auch gewisse Einzelheiten über Institutsstruktur und Aufgabenbereich.

Strenge Vorschriften waren notwendig

Bald nach seinem Erscheinen wurde mir ein Zeitungsexemplar mit diesem Artikel vorgelegt. Als ich ihn gelesen hatte, wunderte ich mich nicht über die Verschärfung der Geheimhaltungsvorschriften. Tatsächlich wurden dann so strenge Maßnahmen getroffen, daß durch sie zeitweilig sogar die Arbeit selbst erschwert war. Ich informierte meine Mitarbeiter ohne jede Beschönigung über die Lage und erklärte ihnen die Ursache der neuen Anordnungen. Jeder von uns mußte, um selbst richtig zu handeln, den Ernst der Situation kennen. Immerhin kam es damals im Bereich des Sinoper Instituts A nicht zu schwerwiegenden Zwischenfällen, was ich mit auf diese offene Unterrichtung aller Institutsangehörigen zurückführe.

Kleine Ursache, große Wirkung

Die Befolgung der Geheimhaltungsvorschriften löste zuweilen auch heitere Ereignisse aus. So geschah bei einem der Technischen Sowjets über die Institutsarbeit in Moskau folgendes:

Für die Sitzung hatten Professor Dr. Thiessen, Dr. Steenbeck und ich weisungsgemäß ausführliche Jahresberichte mit viel Zahlenmaterial und den Plänen für das kommende Jahr ausgearbeitet. Immer wenn wir nach Moskau mußten, wohnten wir etwa vierzig Kilometer von der Stadt entfernt in dem idyllisch gelegenen abgeschlossenen Gebäudekomplex Osero. Dort hat sich übrigens auch Generalfeldmarschall Paulus nach seiner Gefangennahme mit anderen höheren Offizieren einige Zeit aufgehalten. Unsere durch Sonderkurier nach Osero gebrachten Unterlagen waren vorschriftsmäßig in den Panzerschrank eingeschlossen worden. Der Termin für die Abfahrt zum Technischen Sowjet rückte näher, aber zum Schrecken der Verantwortlichen fehlte der Schlüssel für den Safe. Ein Soldat der Wache hatte ihn an sich genommen, und es hieß, er sei spazierengegangen. Große Aufregung! Suchkommandos schwärmten aus. Nach etwa einstündigem Bemühen fand man den Soldaten mit seinem Mädchen und dem Panzerschrankschlüssel im Wald. Die anschließende Fahrt nach Moskau glich einem Autorennen; eine Reihe Minister und Mitglieder der Sowjetischen Akademie der Wissenschaften mußten ungefähr eine Stunde lang auf uns und unsere Berichte warten.

Zusammentreffen mit alten Bekannten in Osero

Wegen der Technischen Sowjets und anderer Besprechungen verbrachte ich durchschnittlich ein bis zwei Wochen pro Jahr in Osero. Der Aufenthalt dort hatte seinen besonderen Reiz durch das Zusammentreffen mit Professor Max Vollmer und seiner Gattin, die sich stets unermüdlich für das Wohlbefinden der Gäste aus dem Süden einsetzte. Hier traf ich unerwartet auch den Pionier auf dem Gebiet der Luftverflüssigung, Dr.-Ing. h. c. Paul Heylandt, den ich das letzte Mal vor dem Zweiten Weltkrieg bei einem gemeinsamen Rundfunk-Interview im August 1937, wenige Wochen nach der Lakehurst-Katastrophe des deutschen Luftschiffs LZ 129, mit dem greisen Luftschiffer

Professor Dr.-Ing. h. c. August von Parseval gesehen hatte. Dieses Rundfunk-Interview leitete übrigens ein Student namens Blüthgen, den ich dann 1957 in Ilmenau als Professor für Elektromedizin begrüßen konnte.

Bei den wiederholten Reisen nach Moskau beobachteten wir die rasante Entwicklung der Stadt in den Jahren zwischen 1945 und 1955. Es wurde sehr viel gebaut, und die Bevölkerung sah nicht mehr ärmlich aus wie unmittelbar nach Kriegsende. Hübsche Kleidung und fröhliche Menschen kennzeichneten das Straßenbild. Auch die gewaltige Zunahme des Autoverkehrs in Moskau war symptomatisch für den damals raschen ökonomischen Aufschwung des Landes.

Ein gewisser Dr. Ronald Richter

Aus fachlichen Gründen hatte eine Reise nach Moskau im Jahre 1951 einen etwas dramatischen Charakter: Eines Abends um dreiundzwanzig Uhr erschien ein Beauftragter der sowjetischen Verwaltung in unserem Sinoper Haus und eröffnete mir, ich möchte um drei Uhr morgens, also nur vier Stunden später, nach Moskau abreisen. General Saweniagin wünsche mich dringend zu sprechen. Auf der Fahrt stellte sich heraus: an Professor Hertz und Dr. Steenbeck war die gleiche Bitte gerichtet worden. Beide Herren kannten ebensowenig wie ich den Zweck des plötzlich arrangierten Aufbruchs. Wir hatten jedoch den Eindruck, es müsse sich um etwas ganz besonders Wichtiges handeln.

Erst im Arbeitszimmer von General Saweniagin beziehungsweise Professor Jemeljanow lüftete sich das Geheimnis. Meldungen waren eingetroffen, wonach es einem österreichischen Physiker, Dr. Ronald Richter, gelungen sein sollte, in einem Geheimlaboratorium des argentinischen Diktators Perón auf der Insel Huemul das Problem der geregelten Kernfusion praktisch zu lösen. Diese Nachricht verursachte bei unserer Moskauer Dienststelle beträchtliche Aufregung. Während der Besprechung trafen aus allen Teilen der Welt Stellungnahmen und Gutachten zu den spärlichen amtlichen Mitteilungen aus Argentinien ein. Wir wurden gefragt, was nach unserer Meinung von den Meldungen zu halten sei, und sollten uns über die Möglichkeiten, Plasma mit Temperaturen von mehreren Millionen Grad herzustellen, äußern.

Für den Fall, daß dieser Dr. Ronald Richter bei Perón der gleiche Dr. Ronald Richter sei, der im März 1943 im Kernphysikalischen Institut des Reichspostministeriums, welches ich damals leitete, eingestellt worden war, empfahl ich General Saweniagin, die ganze Angelegenheit nicht ernst zu nehmen. Ich hatte nämlich mit diesem Herrn ausgesprochen schlechte Erfahrungen gemacht und ihn trotz des kriegsbedingten Arbeitskräftemangels bald wieder entlassen müssen. Phantasie und wissenschaftliche Wirklichkeit vermischten sich bei ihm so sehr, daß man sich auf seine Arbeitsergebnisse nicht verlassen konnte. Sofort angeforderte Informationen über den Lebenslauf jenes Physikers in Argentinien ließen keinen Zweifel an der Identität mit meinem zeitweiligen Mitarbeiter aus Berlin-Lichterfelde. Damit war der Fall für uns erledigt. Professor Hertz, Dr. Steenbeck und ich konnten wieder nach dem Süden zurückreisen. Ich erinnere mich, von diesem Dr. Richter bereits 1943 in Lichterfelde den Gedanken gehört zu haben, man müsse mit Hochstrom-Gasentladungen die Vereinigung von leichten Kernen zu Helium versuchen. Damit bewegte er sich durchaus auf der richtigen Linie. Sein eines Wissenschaftlers unwürdiges Handeln lag darin, theoretische Spekulationen als reale Tatsachen auszugeben und sich durch unwahre Darstellung der Lage Mittel für experimentelle Entwicklungsarbeiten sowie persönliche wirtschaftliche Vorteile zu verschaffen.

Leningrad und das Werk »Elektrosila«

Während die Aufenthalte in Moskau stets nur wenige Tage dauerten, habe ich im damaligen Leningrad mehr als ein Jahr verbracht. Die vorübergehende Verlegung des Arbeitsortes nach dem Norden wurde 1949 notwendig, als unsere Entwicklungsarbeiten am magnetischen Isotopentrenner den Übergang zur Großanlage mit einem Elektromagneten von zweihundert Tonnen Gewicht verlangten. Ein solcher Großmagnet stand in einer der Hallen von »Elektrosila«. Dieses Werk ist in der Weltöffentlichkeit inzwischen besonders durch den Bau des 10-Milliarden-Elektronenvolt-Synchrophasotrons in Dubna an der Wolga bekannt geworden. Das leistungsfähige Kollektiv von Wissenschaftlern und Konstrukteuren, das wir hier bei »Elektrosila« in Aktion sahen, machte einen hervorragenden Eindruck. Vor dem ersten Weltkrieg war »Elektrosila« ein Betrieb von Siemens.

Großer Augenblick – das magnetisch geführte Plasma

In der Werkhalle erlebten wir einige recht dramatische Stunden. Ich denke besonders daran, wie die Trennanlage nach langen, vergeblichen Versuchen erst beim Besuch der Abnahmekommission der Regierung in Anwesenheit mehrerer Minister endlich mit der geforderten Betriebszeit einwandfrei arbeitete. Erregend war auch jener Augenblick, als wir, und mit uns auch sowjetische Wissenschaftler, wie zum Beispiel Professor Artzimovich, zum ersten Mal die scharf begrenzte Plasmasäule der Uranmetall-Ionenquelle isoliert im Raum des starken Magnetfeldes erblickten. Bei diesen Experimenten im Jahr 1949 mit Plasmaführung in homogenen und inhomogenen Magnetfeldern zeigte sich optisch und uns allen unvergeßlich die Ausschaltung der Wandeinflüsse bei einem erhitzten Plasma durch Anwendung starker Magnetfelder, eine Methode, die heute für die Kernfusionsforschung große Bedeutung erlangt hat. Professor Artzimovich, der bald darauf die Tokamak-Kernfusionsanlage konzipierte, hatte eine Stunde vor unserer magnetisch geführten Plasmasäule, tief in Gedanken versunken, gestanden.

Industrielle Kathodenzerstäubung mit dem Ringspalt-Plasmatron

Weitere Experimente mit Plasmaführung in inhomogenen Ringspaltmagnetfeldern führten fünfundzwanzig Jahre später bei ihrer Anwendung zur Kathodenzerstäubung zu einer extrem effektiven Zerstäubungsquelle (hohe Zerstäubungsrate bei fast beliebigen zu zerstäubenden Metallen, Möglichkeit reaktiver Zerstäubungen). Die Bedeutung des Ringspalt-Plasmatrons für die Beschichtungstechnik wurde in Europa zuerst von meinem Stellvertreter Siegfried Schiller und unserem Mitarbeiter Ulrich Heisig erkannt. Bereits in den Jahren 1976 bis 1980 wurden etwa zehn verschiedene Typen dieser Einheit gebaut und halfen uns entscheidend bei der Entwicklung industrieller Beschichtungsverfahren moderner Prägung für Mikroelektronik und Elektronik. Das Ringspalt-Plasmatron, welches eine neue Etappe der Beschichtungstechnik einleitete, kam ab 1980 auch bei der Beschichtung großflächiger Objekte wie Tafelglas, Folien und so weiter zum Einsatz.

Ab und zu ein Knall

Eine heitere Episode fällt mir aus unserer Arbeitsperiode bei »Elektrosila« ein: Während der Großmagnet in Betrieb war, ertönte ab und zu ein fürchterlicher Knall, der zunächst die völlige Zerstörung der Versuchsanlage vermuten ließ. Dieser akustische Vorgang fand aber jedesmal eine völlig harmlose Aufklärung. Einer unserer Physiker war leidenschaftlicher Pfeifenraucher und pflegte seine Tabakvorräte in einer großen

Eisenblechbüchse bei sich zu tragen. Gelegentlich schaffte es das starke Magnetfeld, ihm diese Blechbüchse aus der Tasche zu ziehen, und sie prallte dann mit entsprechendem Getöse auf eine der Polschuhflächen auf.

In der Kantine des Werkes fiel mir ein hübsches junges Mädchen auf, das mich bei meinem ersten Erscheinen dort wie ein Wundertier betrachtete. Als ich diskret nachforschte, erfuhr ich, daß dieses junge Menschenkind wissen wollte, wie ein »wirklicher Baron« aussieht. Es war unter den neuen gesellschaftlichen Verhältnissen herangewachsen, und ein Adliger gehörte für seine Vorstellung schon der Geschichte an.

Silvester im Hotel Ewropeiskii

Zwei Silvester haben wir in Leningrad miterlebt. Bekanntlich ist dieses Fest in der Sowjetunion die größte Familienfeier des Jahres, bei der ein geschmückter Tannenbaum selten fehlt. Eines dieser Feste begingen wir gemeinsam mit unseren sowjetischen Mitarbeitern und ihren Frauen sowie der für unsere Sicherheit verantwortlichen Begleitung. Wir wohnten damals im Hotel Ewropeiskii nahe dem Newski-Prospekt, und die sowjetischen Kollegen hatten für die Feier ein geräumiges Appartment gemietet, in dem es dann hoch herging.

Immer war Vorsicht geboten

In Leningrad durften wir die Wohnung nie allein verlassen. Zum Teil lag das sicher in einem Vorkommnis begründet, das sich gleich am ersten Tag meines Aufenthalts in dieser Stadt abspielte. Ich war damals im Oktober-Hotel am Moskauer Bahnhof untergebracht, und zwar zusammen mit den Regierungsbeauftragten für die Suchumer Institute, zwei Generälen. Kurz nach der Ankunft schlenderte ich, flankiert von diesen beiden hohen Offizieren, durch die Eingangshalle des Hotels.

Man sah mir wohl den Ausländer an, denn plötzlich kam ein eleganter Herr mit ausgestreckter Hand auf mich zu, um mich zu begrüßen. Kaum bemerkten die Generäle diese Absicht, als sie sich von beiden Seiten hindernd dazwischenschoben. Der Unbekannte war Vertreter einer großen englischen Tageszeitung und wollte mich interviewen.

Leningrader Kunstgenüsse

Leningrad, das seit 1991 wieder seinen traditionsreichen Namen Sankt Petersburg trägt, ist eine Reise wert. Wir haben es im Winter erlebt, als sich die Eisschollen auf der Newa türmten. Wir sind im Frühling durch den Puschkin-Park, den »Letnii Sad«, spaziert. Die Kinder erinnern sich besonders an ein großes Feuerwerk und manche lustige Vorstellung im kleinen Sommertheater. Die Admiralität, die Peter-Pauls-Festung und die Isaak-Kathedrale sind nur einige der bekanntesten historischen Bauten, welche die Konturen dieser einzigartigen, weiträumig gestalteten Stadt prägen.

Die größte Anziehungskraft besaßen für meine Frau und mich die Eremitage und das Winterpalais. Nicht weniger als dreißigmal weilten wir gemeinsam in dieser berühmten Gemäldegalerie. Jedesmal fanden wir neue Kunstwerke, ja sogar neue Räume, die uns vorher entgangen waren.

Anregung und Harmonie durch klassische Musik

Oft besuchen wir auch die Leningrader Philharmonie. Beeindruckend ist die wunderschöne Akustik und Ausgestaltung des ganz in weißem Marmor gekleideten Konzertsaals. So bedeutende Künstler wie David Oistrach und Svjatoslav Richter durften wir hier wiederholt erleben.

Selten vermag das dichterische Wort in mir gleich starke Empfindungen auszulösen wie die klassische Musik. In meinem Stereoplattenschrank haben »Der Rosenkavalier« von Richard Strauss und vom gleichen Komponisten das Duett aus »Arabella«, aber auch seine berühmten Liebeslieder ihren bevorzugten Platz. Daneben liegen die Platten von Beethoven: das Klavierkonzert Nr. 5, die Eroica, die Pastorale, die Neunte.

Ich empfinde mit denen, die sagen, von Beethovens Musik gehe eine starke moralische Kraft aus, die es verbietet, uns mit der einfachen Feststellung unseres Daseins zu bescheiden. Sie fordert bewußtes Tätigsein im Sinne des Humanismus. Alle Leidenschaften, die Musik entfacht, münden in befreiende Menschlichkeit und in dem Wunsch, Großes zu leisten!

Einstein über Musik

Freunden gegenüber habe ich mich im Gespräch über Musik oft auf eine Äußerung berufen, die Hedwig Born überliefert hat. Als sie einmal an Einstein die Frage richtete, ob sich prinzipiell alles auf physikalische Gesetzmäßigkeiten zurückführen ließe, erwiderte dieser: »Ja, das ist denkbar, aber es hätte doch keinen Sinn. Es wäre eine Abbildung mit inadäquaten Mitteln, so, als ob man eine Beethoven-Symphonie als Luftdruckkurve darstellte.«

Mein Verhältnis zum Sozialismus

Während des Leningrader Aufenthalts mußte ich vorübergehend getrennt von der Familie leben. Das Alleinsein war für mich völlig ungewohnt. Manchmal saß ich in meinem Zimmer im Hotel Ewropeiskii und hatte genügend Zeit, um über viele Probleme unseres Lebens nachzusinnen. In diesen Stunden der Besinnung, in denen mich auch die Leitung des großen Instituts in Sinop nicht unmittelbar belastete, überdachte ich meine bisherigen Entscheidungen. Ich hatte den Krieg, dem auch meine beiden Brüder zum Opfer fielen, als Instrument zur Lösung politischer Fragen tief verabscheuen gelernt und schätzte insbesondere nach den Gesprächen mit Max Planck und Otto Hahn ein, daß künftige militärische Konflikte noch unvergleichbar größere Tragik für die Menschheit bedeuten würden. Bei allen bewaffneten Auseinandersetzungen der neueren Zeit traf der weit überwiegende Anteil der Leiden stets die wenig begüterten Menschen, die Arbeiter und Bauern. Deshalb war ich damals der Überzeugung, daß nur ein von der Arbeiterklasse im Bündnis mit der Bauernschaft geführtes System wahrhaft für den Frieden sein konnte. Aus diesen Überlegungen heraus hatte ich meine Forschungen und die mit so viel Schwierigkeiten über den Krieg geretteten Anlagen für die Beschleunigung des atomaren Patts zur Verfügung gestellt. In meinen nachdenklichen Stunden und oft nach vorausgegangenen Gesprächen mit den Arbeitern und Wissenschaftlern bei »Elektrosila«, fern von der relativen Abgeschlossenheit unseres Daseins am Schwarzen Meer und in stärkerem direktem Zusammenleben mit den vom Krieg so schwer geprüften Leningradern gewannen diese Gedanken noch größere Klarheit. Die ruhige Zuversicht der sowjetischen Menschen in eine friedliche sozialistische Zukunft und ihr zielstrebiges einsatzbereites Wirken dafür übertrugen sich auf mich, ohne daß ich mir dessen anfangs bewußt geworden wäre. Hinzu kamen viele große und kleine Ereignisse, Beobachtungen, Freundschaften und Lösungen vieler sozialer Probleme, deren humanistische Zielsetzungen tiefen Eindruck bei mir hinterließen. So verstärkten gerade die Leningrader Monate meine positive Einstellung zum Sozialismus, damals. Aber ich gewann dabei auch den Eindruck, daß der Sozialismus erst am Anfang seiner Entwicklung mit vielen Unvollkommenheiten steht.

Alleinsein in Leningrad

Um mir die Stunden des Alleinseins zu verkürzen, las ich viel in den Werken unserer großen Dichter. Ich war reif geworden, die ganze Größe ihres Denkens und ihrer Darstellungskunst zu erfassen. Schließlich unternahm ich sogar selbst einige tastende Schritte auf dem Gebiet der Dichtkunst und Malerei. Es blieb jedoch bei diesen Vorversuchen, denn auf meine intensiven Anträge hin erschienen Frau und Kinder in der Stadt an der Newa. Wie gut hatten wir es in dieser Hinsicht gegenüber den aus den Kriegsgefangenenlagern zu uns gestoßenen Kollegen!

Amouröse Ruhestörung

Auch unter den sowjetischen Kollegen unseres Kreises war Amor wirksam und ließ sie vereinzelt in lauen Sommernächten gewaltige Hindernisse überwinden. Jedenfalls erwachten meine Frau und ich eines Nachts in Sinop vom Geräusch vieler Schritte, das durch die geöffneten Fenster ins Schlafzimmer drang. Wir warfen einen vorsichtigen Blick über das Balkongeländer. Das Haus war von einer halben Kompanie Soldaten lückenlos umstellt. Vor der Tür stand ein Offizier, an den ich mich nach einiger Zeit mit der Frage wandte, was diese nächtliche Truppenübung zu bedeuten habe. Er stellte die Gegenfrage, ob wir wüßten, wo sich der fremde Mann befinde, der durch eines der Fenster eingestiegen sei. Ein Wachposten habe ihn beobachtet. Ich erklärte, nichts bemerkt zu haben, woraufhin sich der Offizier für die Störung entschuldigte. Offenbar wurde das Haus nicht durchsucht, um uns nicht zu erschrecken. Es blieb aber weiter umzingelt, wenn auch in so vergrößertem Abstand, daß in der Dunkelheit nichts mehr zu erkennen war.

Als der Morgen dämmerte, entstand erneuter Lärm. Ein Unbekannter war aus dem Zimmer der unteren Etage gestiegen, in dem unsere gute Olga, die Betreuerin der Kinder, mit einer weiteren Hausangestellten schlief. Er wurde sofort von der Postenkette abgefangen und festgenommen. Später erfuhren wir, der nächtliche Eindringling war ein fremder Soldat gewesen, der ungeachtet aller damit verbundenen Risiken von der Straße her die scharf bewachte Umzäunung des Institutsgeländes durchbrochen hatte, um zu seiner Freundin zu kommen.

Erdbeben, Nordlicht, Stürme

Nicht immer waren die nächtlichen Ruhestörungen in Sinop so harmlos. Zweimal schreckten uns tektonische Erdbeben, die unsere Kronleuchter in kräftige Schwingungen versetzten und sogar Risse in der Wand verursachten. Erregend war vor allem das dumpfe Dröhnen, das den Erdstößen vorausging beziehungsweise sie begleitete.

Auch eine andere Naturerscheinung, die wir in der Sowjetunion kennenlernten, wird unvergeßlich bleiben: ein besonders starkes Nordlicht mit ständig wechselnden farbigen, meist grünen Draperien, das wir während einer der »weißen Nächte« in Leningrad sahen.

Ein ebenfalls sehr eindrucksvolles Bild bot das Schwarze Meer an stürmischen Tagen, wenn vier bis fünf Meter hohe Wellen gegen unseren Strand tobten. Die gewaltige Brandung wirbelte vom Meeresboden nicht nur Sand, sondern auch ziemlich große Steine auf. Dadurch kam leider ein tollkühner Schwimmer unserer deutschen Gruppe ums Leben.

Zehn Gräber ließen wir zurück

Dieser erste Unfall erschütterte uns alle sehr. Nachlässiger Umgang mit Giften, kindliches Spiel mit Streichhölzern und das Älterwerden der Mitarbeiter waren die Ursachen für weitere tragische Ereignisse. So hatte ich im Laufe der Jahre als Institutsleiter immer wieder die traurige Pflicht, am offenen Grab Abschied von den Dahingegangenen zu nehmen und die

Angehörigen in Deutschland zu unterrichten. Bei der Abreise 1955 blieben zehn Gräber auf dem schönen, auf einer Anhöhe gelegenen Friedhof Michailowka nördlich von Suchumi zurück.

Glücklicherweise hatten wir nicht auch noch Malariafälle mit letalem Ausgang, obwohl in den ersten Jahren etwa die Hälfte der Mitarbeiter an dieser heimtückischen Krankheit litt. Durch systematische Bekämpfung der Anophelesmücke ist es der Suchumer Gesundheitsbehörde in den Jahren nach 1947 gelungen, die Malariagefahr in diesem Gebiet fast vollständig zu beseitigen.

Gebirgsausflüge mit unserem Esel

Die schöne Lage Suchumis lockte besonders im Frühjahr und im Herbst, wenn der Himmel wochenlang wolkenlos bleibt, immer wieder zu kleinen Ausflügen in die Vorberge des Kaukasus. Bei einer dieser Unternehmungen erwarben wir zur Freude der Kinder einen jungen Esel. Das Tier war allen Jugendlichen des Mitarbeiterkreises bald ein geduldiger Spielgefährte. Es wurde in einem kleinen Holzstall unmittelbar neben unserem Haus untergebracht. Oft begleitete der Esel uns nach der Arbeitszeit auf Spaziergängen über die Vorberge, die hinter unserem Wohngebäude begannen, und tobte sich bei solchen Gelegenheiten kräftig aus. Manchmal galoppierte er kilometerweit über die Hänge, kehrte jedoch als kluges Tier stets zurück.

Der erste große Urlaub in Borschom

Schon bald nach der Ankunft in Sinop hatten wir mit dem Dienstwagen, der mir als Institutsdirektor während der ganzen Zeit in der Sowjetunion zur Verfügung stand, die Schönheiten unserer Umgebung erforscht. Häufig fuhren wir auf den guten

Unsere damals noch kleine Familie 1947 auf einer Autotour zur Kura bei Borschom in der Nähe von Tiflis.

Straßen längs der Küste nach dem wundervoll gelegenen Kloster Nowi Afon und den weiter entfernten modernen Schwarzmeer-Kurorten Gudauta, Gagra und Sotschi.

Die erste Urlaubsreise führte uns nach Borschom, einem

achthundert Meter hoch gelegenen Kurort nahe der türkischen Grenze. General Kotschlawaschwili bereitete den Aufenthalt dort vor.

Viele Wanderungen und Autotouren in die Täler und Berge der Umgebung des Kurorts haben wir damals gemacht. Sie führten uns durch Flußtäler mit alten Burgen und Schlössern und zu Dörfern, die zum Teil eintausendachthundert Meter hoch lagen. Wir besichtigten auch das als Museum eingerichtete frühere Schloß des Großfürsten Michael inmitten eines herrlichen Parks am Ufer der Kura

Die Fahrt zum »schönsten Tal der Erde«

Drei Jahre später unternahmen wir die schönste, aber auch gefährlichste Tour während unserer Zeit in der Sowjetunion – die Fahrt durch das Inguri-Tal im Zentralkaukasus. Dieses landschaftlich herrliche Gebiet im Inneren Swanetiens war uns von erfahrenen Alpinisten in begeisterten Superlativen als das »schönste Tal der Erde« gepriesen worden. In meteorologischer Hinsicht um etwa zwei bis drei Wochen zu spät, aber gerade noch vor Einsetzen der Regenzeit starteten meine Frau, Dr. Gernot Zippe, ich und zwei kräftige Begleiter am 2. Oktober 1950 mittags von Sugdidi aus mit einem offenen Willies-Personenkraftwagen (zirka dreißig Zentimeter Bodenfreiheit, Vierradantrieb).

Gefährliche Kurven

Bereits in den Vorbergen stieg die etwa einhundertsiebzig Kilometer weit mit Lastwagen befahrbare, damals sehr schmale Straße auf eine Höhe von mehr als einhundert Meter über dem scharf eingeschnittenen Flußbett des Inguri an. Zu ungefähr einem Drittel ihrer Länge war sie in steil abfallende felsige Bergwände eingehauen. Dadurch bestand Steinschlaggefahr.

An den zahlreichen Holzbrücken und balkonartigen Straßenausbauten ließen sich häufig deutlich Abnutzungserscheinungen erkennen. Außerdem gaben die dortigen Chauffeure vor unübersichtlichen Abschnitten nicht regelmäßig Signal. Das alles machte das Befahren dieser Strecke – die inzwischen zu einer modernen Hochgebirgsstraße mit allen notwendigen und möglichen Sicherungen ausgebaut wurde – damals wirklich recht gefährlich.

Gefährliches Nachtlager unter freiem Himmel

Bei dieser Hochgebirgstour waren uns die zwei Begleiter in vielen Fällen eine große Hilfe, besonders durch ihre Beherrschung der grusinischen Landessprache. In Russisch konnten wir uns mit der Zeit zwar fast fließend unterhalten, doch Grusinisch ist – außer den paar Gedichten und Liedern, die die Kinder in der Schule lernten und zu Hause aufsagten – bis zuletzt »ein Buch mit sieben Siegeln« geblieben. Wenige Kilometer hinter Chaischi wechselt die Fahrstraße von der südlichen auf die nördliche Seite des Inguri. Unweit der Brücke schlugen wir das erste Nachtlager unter freiem Himmel auf.

Kurz vor dem Einschlafen sah ich, wie sich hinter einem der Felsblöcke nacheinander die Konturen von drei Männerköpfen gegen den nächtlichen Himmel abzeichneten. Sie betrachteten aufmerksam Dr. Zippe, meine Frau und mich, die wir uns um das Lagerfeuer gruppiert hatten. Die zwei anderen schliefen – vom flackernden Schein des Feuers nicht erreicht und dadurch unsichtbar für die geheimnisvollen Späher – etwas abseits.

Meiner Frau rief ich leise zu: »Du, da sind drei Leute, die uns beobachten. Was wollen die wohl?« Sie sprang mit sportlichem Elan aus dem Schlafsack und alarmierte unsere Begleitung. Fast gleichzeitig stürmten drei verwegene Gestalten, wie sie in den Nachkriegsjahren in vielen Ländern zu finden waren, mit lauten Rufen auf uns zu. Ihre offenbar nicht gerade freundschaftlichen Absichten änderten sich jedoch sofort, als aus dem

Dunkel unsere bewaffneten Begleiter auftauchten und zu ihnen traten. Nach kurzem Disput setzten sich die drei an unserem Feuer nieder und zündeten als Symbol friedlicher Haltung ihre Pfeifen an. Wortlos rauchten sie bis zum letzten Pfeifenzug und verschwanden dann still wieder in der Nacht. Es sei ein äußerst gefährlicher Augenblick gewesen, erklärten anschließend unsere Begleiter.

Im Tal des Inguri

Die Fahrt am folgenden Tag brachte uns bald hinter Tawrali, wo der Inguri aus seiner südöstlichen Hauptrichtung abbiegt und nach Osten in das eigentliche innere Swanetien weiterfließt. Das vorher eng und tief eingeschnittene Tal öffnete sich hier weit. Ausgedehnte grüne Hochflächen, die nur von der schmalen Inguri-Schlucht durchschnitten sind, bilden den Vordergrund eines unerhört eindrucksvollen Hochgebirgspanoramas. Eingestreut in die fruchtbaren Hochflächen mit Mais- und Kartoffelfeldern und großen Viehherden liegen die überraschend zahlreichen Dörfer und Höfe mit ihren charakteristischen viereckigen Türmen. Die zehn bis zwanzig Meter hohen Wehrtürme stammen aus der noch nicht lange zurückliegenden Zeit, da die Männer dieses Tales Blutrache übten und sich so mit großem prozentualem Erfolg gegenseitig umzubringen pflegten. Viele der älteren Steinhäuser und Höfe gleichen daher kleinen Festungen.

Der Uschba

Gegen Mittag erreichten wir Betscho, das in einem etwa zehn Kilometer langen Seitental des Inguri liegt. An seinem Ende steigt das gewaltige Felsmassiv des Uschba viertausendsechshundertfünfundneunzig Meter empor. Nach Form und Lage erinnert der Berg von hier aus gesehen stark an das Matterhorn aus der Richtung Zermatt. Am 4. Oktober bestiegen wir auf bequemen, auch mit Tragtieren begehbaren Wegen den zum Uschba führenden Südostgrat bis ungefähr zum Einstieg in das Felsmassiv bei zirka zweitausendfünfhundert Meter Höhe. Leider war der Berg meist von Wolken eingehüllt, doch milderten herrliche Ausblicke, zum Beispiel auf die Gletscher der Leila-Kette, unsere Enttäuschung.

Ein Totengeleit

Am folgenden Morgen weckten uns in der Frühe schrille Klageschreie, die durch das Betscho-Tal hallten. Ein Fahrer, mit dem wir noch am Vortag gesprochen hatten, war mit seinem Auto von der schmalen Straße in die Tiefe gestürzt. Bald hatte sich ein großer Teil der Einwohner von Betscho am Dorfeingang versammelt und gab dem Toten das Geleit in sein Haus. An der Spitze des feierlichen Zuges schritt die Gruppe der Klageweiber, dann folgten die Träger mit der Bahre und, den Zug beschließend, die Männer des Dorfes mit glockenartigem Chorgesang.

Unvergeßliche Ausblicke

Am frühen Vormittag fuhren wir noch achtzehn Kilometer tiefer in das Inguri-Tal hinein bis Mestia, das am Fuße des sich dort steil erhebenden Tetnuld (4800 m) liegt. Dieser Abschnitt war einmalig und bildete zweifellos den absoluten Höhepunkt unserer Tour. Wir hatten eine klare Sicht, wie man sie meist nur nach starken Regenfällen erlebt. So erblickte man von einzelnen Aussichtspunkten gleichzeitig die gewaltigen Bergmassive des Koschtan-Tau (5151 m) und des Dych-Tau (5203 m) am Ende des Inguri-Tals, den dicht vor uns aufragenden Tetnuld sowie auf der gegenüberliegenden Südseite des Tales die Eismauer der Leila-Kette.

Eingerahmt von den im Schmuck des Neuschnees glänzenden Bergriesen, faszinierte das in kräftigen Herbstfarben getönte Tal mit den ungezählten Viehherden auf den Hochebenen und seinen romantischen Bauten uns bergbegeisterte Touristen. Das Wort vom »schönsten Tal der Erde« war nicht übertrieben. Eine vergleichbare Konzentration landschaftlicher Schönheiten habe ich nur auf dem Gornergrat mit seinem Rundblick auf Monte Rosa, Matterhorn und Weißhorn erlebt, allerdings fehlte am Gornergrat die herrliche Einsamkeit, die den Wanderer in der kaukasischen Bergwelt umgibt.

Kodori-Tal und Bagatski-Felsen

In besonders schöner Erinnerung bleibt auch ein mehrtägiger Ausflug, den wir 1951 durch das nahe bei Suchumi gelegene Kodori-Tal zum 2800 m hohen Kluchorski-Paß unternahmen. Das Tal zieht sich etwa achtzig Kilometer vom Meer bis ins Innere des kaukasischen Vorgebirges hin.

Kurz nach Zebelda verengt sich das Tal zu einer Bergspalte, in deren Tiefe tosend der Kodori schäumt. Die Fahrstraße verläuft hier in schwindelnder Höhe, eingehauen in den sogenannten Bagatski-Felsen, dessen Wildheit bereits in den Lebenserinnerungen von Werner von Siemens, der in diesem Tale Kupfer suchte, beschrieben worden ist. Der Weg war zu unserer Zeit noch so schmal, daß Autos ihn nur in einer Richtung passieren konnten. Im Laufe der Jahre haben wir diese Stelle mindestens dreißigmal überwunden und es in der Regel vorgezogen, dem Wagen zu Fuß zu folgen.

Zum Kluchorski-Paß

Etwa in der Mitte des Kodori-Tales liegt Lata mit einem großen Touristenlager, Ausgangsstation für zahlreiche Hochgebirgswanderungen in das Elbrus-Gebiet. Bald danach beginnen Seitentäler mit herrlichen Ausblicken auf Berggruppen, bedeckt von Gletschern und ewigem Schnee. Bei Wanderungen zum Kluchorski-Paß fuhren wir mit unseren Autos bis hinter Genze am Ende des Kodori-Tales, wo in etwa eintausendfünfhundert Meter Höhe die Suchumer Heerstraße aufhörte. Dort blieben Wagen und Chauffeure zurück, und vierzehn Personen begannen mit dem zwölf Kilometer langen Aufstieg zum Paß. Nach einstündigem Marsch sperrten die gewaltigen Reste einer Schneelawine den Weg, doch es lohnte sich, dieses Hindernis zu überwinden. Eine seltene Konstellation von Naturerscheinungen fesselte uns gleich darauf.

An dem steilen Felsen, der den Weg rechts begrenzte, mündete eine vielleicht zweihundert Meter lange, ziemlich ausgewaschene Rinne. Hoch oben sahen wir im freien Raum einen mehrere Meter dicken Wasserstrahl, der mit fast horizontaler Anfangsrichtung unter starkem Druck aus einer senkrechten Felswand kam. Dieses Wasser stürzte dann die Rinne herunter. Mehr als eintausend Meter über dem Riesenwasserspiel bildeten bizarr geformte Berggrate eine malerische Kulisse. Auch an anderen Stellen belebten donnernde Sturzbäche oder schleierartig aufgefächerte Quellen mit mehreren einhundert Metern Gefälle die Natur. Welch faszinierende Wildheit, welch gewaltige Maßstäbe hatte diese kaukasische Bergwelt!

Je weiter die Gruppe aufstieg, um so mehr traten Gletschergebiete ins Blickfeld. Kurz vor dem Kluchorski-Paß erreichten wir bei Einbruch der Dämmerung eine kleine Berghütte, in der ein Hirte mit seiner Familie wohnte. Wir wurden gastlich aufgenommen und übernachteten mit achtzehn Personen in dem sechzehn Quadratmeter großen Raum. Von der Unterkunft aus waren etwa ein Dutzend Gletscher zu überschauen. Dieses Panorama, das von einem schmalen, spitzen Berg in unmittelbarer Nähe beherrscht wurde, genossen wir in sternklarer Nacht bei Vollmondschein und früh bei Sonnenaufgang. Es ist allen unvergeßlich geblieben.

Der Nachbar-Paß

Am folgenden Morgen zogen unsere Frauen es vor, bei der Hirtenfamilie zu bleiben, während ich mit einer kleinen Gruppe weiter zum Nachbar-Paß kletterte, dessen Scheitel 2930 m hoch ist. Von hier bot sich ein einzigartiger Blick auf den nur dreißig Kilometer nordöstlich liegenden Elbrus. Der Weg zum Nachbar-Paß führte an deutschen Granatwerfer-Stellungen aus dem Zweiten Weltkrieg vorbei, neben denen noch unbenutzte Munition aufgestapelt lag.

Am Riza-See

Gut gefiel uns immer wieder der Aufenthalt am Riza-See, einem Bergsee im Westkaukasus, unmittelbar an der Zentralkette. Er hat fast ein Quadratkilometer Wasserfläche und ist nur etwa einhundert Kilometer von Suchumi entfernt. Über das Bsyb-Tal kann man ihn leicht erreichen. Der Riza-See ist ein sehr beliebter Ausflugsort für alle Besucher der kaukasischen Riviera. Meistens ist Sotschi Ausgangspunkt für solche Omnibusfahrten durch außerordentlich reizvolle Schluchten und über zahlreiche Serpentinen. An der Stelle, wo die Autostraße auf den See stößt, befand sich ein modernes Hotel mit einem wundervollen Ausblick auf das Wasser und die gegenüberliegende, hier etwa dreitausendfünfhundert Meter hohe, schneebedeckte Bergkette. Dieses Hotel wurde 1946 von dem Ministerium gebaut, dem wir deutschen Spezialisten unterstanden. Es galt als Kompensation für die beiden in Sinop und Agudseri zu Instituten umgewandelten Sanatorien.

Obwohl Baden, Angeln, Motorbootfahrten und Spaziergänge mancherlei Abwechslung brachten und der Riza-See in der Regel Endpunkt und Krönung der Fahrten bildete, haben wir ihn meist nur als Basis unserer Ausflüge betrachtet. Sie begannen stets zwei Kilometer oberhalb der sogenannten Quelle, die an der Fortsetzung der Autostraße etwa zwanzig Kilometer hinter Riza liegt. Da diese Straße noch höher, bis fast zur Baumgrenze führt, sind die Kletterpartien von dort aus nicht übermäßig anstrengend. Schon nach kurzem Fußmarsch gelang man zu vielen wundervollen Aussichtspunkten. Ich bin mit meiner Familie und meinen Mitarbeitern wohl mehr als ein dutzendmal in diesen einsamen Gegenden hinter Riza gewandert.

Die wilden Pferde

Bei einem Ausflug begegnete uns eine Herde von etwa hundert frei umherstreifenden Pferden. Wir hatten den Gipfel schon beinahe erstiegen, da sahen sieben Pferdeköpfe neugierig über die Bergkuppe herunter – ein phantastisches Bild. Oben umringte uns die ganze Meute, und der Leithengst nahm unmittelbar vor uns Angriffsstellung ein. Die Situation änderte sich sofort, als ich, die Methode der Berghirten nutzend, einen schweren Stein aufhob und damit zu werfen drohte. Nach dieser Geste rannten der Hengst und alle anderen Tiere den Weg zurück, den wir heraufgekommen waren. Der Anblick der vielen den Hang wild heruntergaloppierenden Pferde war unerhört eindrucksvoll.

Reiterfest in Suchumi

Aus den Erinnerungen an die Jahre in Grusinien sind auch die Reiterfeste nicht wegzudenken, die jeden Herbst auf einem großen Feld nordwestlich von Suchumi stattfinden. In langen schwarzen Karakulmänteln kamen die Teilnehmer auf rassigen Pferden von weit her geritten. Die gewaltige innere Kraft der Bergvölker des Südkaukasus – in die russische Geschichte haben sie sich oft genug mit blutigem Griffel eingeschrieben – konnten wir erahnen, wenn etwa tausend Reiter in ihren Nationalkostümen, massiert im Karree, bewaffnet und mit wehenden Fahnen über das Geld galoppierten. Bei diesem Schauspiel, das sich meist unter tiefblauem Himmel vor dem Hintergrund der schneebedeckten Zentralkette des Kaukasus vollzog, glaubten wir etwas von der aufregenden, aber auch todbringenden Romantik der Reiterangriffe in den Schlachten früherer Jahrhunderte zu spüren.

Neue Pläne und Vorbereitung der Rückkehr

Zusätzliche eigene Forschungsthemen

Im Jahre 1950 begann ich, zunächst im geheimen, neben der Hauptproblematik des Instituts selbstgestellte Themen zu bearbeiten. Dabei wählte ich solche Aufgaben, von denen vorauszusehen war, daß sie für die sowjetische physikalische Forschung von größerer Bedeutung sein und uns daher bis zur Rückkehr in die Heimat im schönen Sinop festhalten würden. Ich fürchtete die unproduktive Zeitspanne bei einem Ortswechsel, die bei der damals schon angekündigten Quarantänezeit sonst sicher eingetreten wäre. So, wie es bei Mitarbeitern anderer Institute der Fall war, hätten wir die kaukasische Riviera möglicherweise verlassen und in ein Industriegebiet mit ungünstigen Wohnverhältnissen übersiedeln müssen. Für mich wäre eine Ortsveränderung außerdem wegen des umfangreichen Inventars des Lichterfelder Instituts sehr schwierig gewesen. Vor allen Dingen aber wollte ich keine Zeit für wissenschaftliche Weiterarbeit verlieren.

Als Themen eigener Wahl möchte ich hier nur die Entwicklung von Hochstrom-Ionenquellen, die später unter dem Namen Uno- und Duoplasmatron-Ionenquellen in der Fachliteratur bekannt wurden, und die Erarbeitung von zwei Präzisions-Massenspektrographen für höchste Auflösungsvermögen erwähnen.

Die Duoplasmatron-Ionenquelle

Die Duoplasmatron-Ionenquelle war die einzige Ionenquelle mit fast hundertprozentiger Ionenausbeute. Sie hat sich daher später sehr schnell durchgesetzt. Fast hundert Arbeiten ausländischer Autoren sind inzwischen über diese Quelle publiziert worden. Bei den meisten großen Teilchenbeschleunigern der Kernphysik und der sogenannten Ionenimplantation fand sie Anwendung. Sogar für kosmische Raketen mit Ionenantrieb beziehungsweise mit Bahnkorrektur durch emittierte Ionenstrahlen scheint die Duoplasmatron-Ionenquelle praktisches Interesse gewonnen zu haben. Das schlußfolgere ich aus meiner Wahl zum Mitglied der Internationalen Astronautischen Akademie (Paris) im Jahre 1965. Als ich Max Steenbeck von dem Grundprinzip der Duoplasmatronquelle erzählte, äußerte er spontan: »Oh, dieser Gedanke wäre wert gewesen, von mir gedacht zu sein.« Das war die höchste Stufe seiner Anerkennung.

Der Präzisions-Elektronenstrahl-Oszillograph

Gegen Ende unserer Zeit in der Sowjetunion entwickelten wir den Präzisions-Elektronenstrahl-Oszillographen mit einem Schreibfleck etwa von 3 μm Durchmesser bei 9×12 cm^2 Schreibfläche, das entspricht 10^9 Bildelementen pro 10^2 cm^2 Schreibfläche. Dieses Gerät wurde dann in Dresden weiter verbessert und im späteren VEB RFT Meßelektronik Dresden produziert. Schließlich gehörte noch ein Röntgen-Taschendosimeter zu den auf eigene Initiative begonnenen Arbeiten. Die Erfahrungen, die wir bei der Bearbeitung der genannten Themen sammelten, waren auch für die künftige Tätigkeit in der Heimat wertvoll. Sie bildeten einen Teil des geistigen Fundaments, auf dem nach der Rückkehr das Forschungsinstitut in Dresden aufgebaut wurde.

»Initiative wie Ardenne«

Als der Beauftragte der Moskauer Verwaltung, General Kotschlawaschwili, schließlich diese außerplanmäßigen Forschungen und ihren bedeutenden Umfang entdeckte, gab es zunächst ernste Differenzen. Sogar der Hinweis, der Entwicklungsabschluß unserer Hauptaufgabe würde auf keinen Fall verzögert, beschwichtigte den formal durchaus berechtigten Unwillen des Generals nur wenig. Glücklicherweise änderte sich die Situation auf einem der Technischen Sowjets in Moskau sehr bald zu meinen Gunsten. Die Experimente waren zu diesem Zeitpunkt bereits so weit fortgeschritten, daß ich im Institutsbericht die Arbeitsprinzipien und einige der erstaunlichen Daten der Duoplasmatron-Ionenquellen bekanntgeben konnte. In der anschließenden Kritik des Jahresberichtes lobte der Vorsitzende des Technischen Sowjets mein Vorgehen und legte den anwesenden Leitern anderer Institute dringend nahe, »Initiative wie Ardenne« zu entwickeln.

Auf dem Sowjet war natürlich auch General Kotschlawaschwili anwesend und hörte das positive Echo. Von da an hatte ich bis zu unserer Rückkehr in der Themenwahl praktisch freie Hand. Dadurch konnten wir noch in Sinop die schwierige Standardisierung und Normierung der künftigen elektronenoptischen Anlagen erarbeiten. Zu dieser langjährigen Vorbereitung auf die Zukunft gehörte unter anderem auch die Entwicklung und Normierung zahlreicher vakuumtechnischer Bauelemente.

Zum wirtschaftlichen Aufstieg der Sowjetunion in den Jahren 1945 bis 1955

Immer wieder beschäftigte mich besonders die Frage nach den Wurzeln des wirtschaftlichen Aufschwungs, der sich seit dem Frühjahr 1945 vor unseren Augen in der Sowjetunion vollzogen hatte. Bei diesen Betrachtungen kristallisierte sich als eine Ursache heraus, daß im sozialistischen System der Sowjetunion damals eine Selektionsmethode realisiert wurde, welche besonders leistungsfähige Menschen an die Spitze von Staat, Industrie und Wissenschaft brachte. Während der zehn Jahre unseres Aufenthalts in der UdSSR unmittelbar nach dem Zweiten Weltkrieg wurde das Land zentral regiert, und selbst relativ unbedeutende Fragen mußten Moskauer Dienststellen zur Entscheidung vorgelegt werden. Merkwürdigerweise funktionierte das damals.

Eine weitere Ursache für den in den Jahren nach dem Krieg schnellen wissenschaftlich-technischen und industriellen Aufstieg der Sowjetunion auf vielen Gebieten schien mir die völlig offene und uneigennützige Zusammenarbeit aller jeweils in Betracht kommenden Wissenschaftler, Techniker und Spezialisten bei der Lösung wichtiger Aufgaben zu sein. Hier war eine methodische Überlegenheit des Sozialismus gegenüber dem kapitalistischen System festzustellen. Im Kapitalismus ist eine Zusammenarbeit dieser Art, besonders in den Frühstadien von Entwicklungen, die für das Tempo des Fortschritts doch oft ausschlaggebend sind, unmöglich. Immer wird dort die Konkurrenz zwischen den Werken und Konzernen offene Aussprachen der Beteiligten aus den verschiedenen Gruppen ausschließen.

Seit unserer Rückkehr 1955 habe ich auf den verschiedenen Reisen in die Sowjetunion mit Sorge die Rückwirkungen der wachsenden enormen Belastungen durch die nukleare und konventionelle Aufrüstung auf den Lebensstandard (Konsum) der Sowjetbürger beobachtet. Die Entwicklung mußte zwei Konsequenzen auslösen: Tiefgreifende Maßnahmen zur Steigerung des Nutzeffektes der sowjetischen Volkswirtschaft (Gorbatschow-Reformen) und Streben nach Entlastung der Volkswirtschaft durch Abrüstung. Hierzu möchte ich einen prophetischen Satz erwähnen, den unser sowjetischer Freund Jemeljanow bei seinem Dresdner Besuch im Februar 1967 formulierte: »Die allgemeine Abrüstung wird kommen, aber nicht durch Fortschritte im moralischen und ethischen Denken der Menschen, sondern durch harten wirtschaftlichen Zwang!«

Der Tod des Marschalls Berija

Nach Stalins Tod im März 1953 war Marschall Berija, der über NKWD und Atombombe verfügte, der mächtigste Mann in der Sowjetunion. Für das, was er vorhatte – wie es später offenbar wurde –, ist es ein Symptom, daß er bemüht war, den Nimbus Stalins abzuschwächen. Auf dieser Linie lag es auch, die berühmte Stalin-Datsche am Riza-See seinem Verwaltungsbereich zugänglich zu machen. So hatten wir 1953 das Glück, unseren Sommerurlaub auf dem einzigartigen Gelände und in den Räumlichkeiten der Stalin-Datsche verbringen zu können. Nur wenige Monate später stand ich ziemlich fassungslos vor der Nachricht vom Tode Marschall Berijas nach seinem Sturz im Juni und von seinen mißglückten Plänen.

Finanzielle Grundlage für die Zukunft

Zu Beginn des Jahres 1950 war von offizieller sowjetischer Seite verschiedentlich geäußert worden, die deutschen Spezialisten könnten nach Abschluß der Arbeiten und einer anschließenden zweijährigen Quarantänezeit in die Heimat zurückkehren. Damit ergab sich für mich zusätzlich die komplizierte, allerdings auch tief befriedigende Aufgabe, unser künftiges Leben vorzubereiten.

Der erste Schritt dafür war die finanzielle Grundlage. Wir hatten die Erlaubnis, einen erheblichen Teil der Gehälter auf eine Bank in der Deutschen Demokratischen Republik zu überweisen, und zwar mit dem sehr günstigen Wechselkurs zu einem Rubel gleich zwei Mark der Deutschen Notenbank. Mein Konto hatte sich außerdem beträchtlich erhöht, als ich 1947 einen Staatspreis und Ende 1953 den Stalinpreis verliehen bekam. Das ermöglichte mir, bis zur Rückkehr im Frühjahr 1955 mehrere Grundstücke mit großen, gut geeigneten Gebäuden zu erwerben und alles das aufzubauen, was uns dann nach unserer Rückkehr umgab.

Im August 1953 war plötzlich der Wechselkurs Rubel – Mark der Deutschen Notenbank für uns auf ein Viertel herabgesetzt worden. Das hätte für den Aufbau in Dresden einen schweren Schlag bedeutet. Die weitere Finanzierung des Vorhabens schien unmöglich. Glücklicherweise stimmten jedoch die sowjetischen Behörden nach einem von mir in dieser Sache an Walter Ulbricht gerichteten Brief einer Rücknahme der Kursänderung für alle noch in der UdSSR arbeitenden deutschen Spezialisten zu.

Die Schilderung dieser Einzelheiten scheint mir notwendig, weil sie die sehr ungewöhnliche Tatsache erklären, daß im sowjetischen System ein – wie sich noch zeigen wird – recht umfangreiches privates Forschungsinstitut heranwachsen konnte. Durch die beschriebene Finanzierung aus eigener Arbeit war der private Status meines Instituts in der DDR-Wirtschaft gesichert und politisch unangreifbar. Die Folge hiervon war Freiheit bei der Wahl der Forschungsthemen und bei der Anwendung marktwirtschaftlicher Methoden. Hier lag auch eine der Ursachen für die spätere hohe Effizienz des Instituts.

Nochmalige Entscheidung zwischen Ost und West

Gleich bei Beginn der Projektierung unserer Rücksiedlung aus der Sowjetunion mußten Fragen von grundsätzlicher Bedeutung für meine eigene Familie und die Mitarbeiter und ihre Familien beantwortet werden. Ich meine die erneut an mich herantretende Entscheidung zwischen dem Leben in der DDR oder im Westen, in der BRD. Damit hing natürlich auch die Wahl des künftigen Wohnorts zusammen.

Ohne zu schwanken, entschied ich mich für ein Leben in der Deutschen Demokratischen Republik, obwohl ich damit eine bedeutende finanzielle Belastung auf mich nahm. Wären wir an den alten Platz des Instituts in Berlin-Lichterfelde Ost – jetzt in Westberlin gelegen – zurückgekehrt, hätten uns die beiden fast zehntausend Quadratmeter großen Grundstücke mit ihren vier völlig wiederhergestellten Gebäuden und den unseren Arbeitsthemen angepaßten Installationen ohne Kosten zur Verfügung gestanden. Sie waren ja mein unbelastetes Eigentum geblieben. So aber war ich gezwungen, für den Aufbau unserer Existenz in der DDR neues Gelände mit geeigneten Bauten zu kaufen und große Beträge für den Umbau der Häuser sowie für die Installierung der Laboratorien aufzwenden.

Aber Voraussetzung dafür, daß ich bei der Rückkehr nach Deutschland das aus Institut und Wohnung in Lichterfelde stammende Inventar wieder mitnehmen durfte, war, daß das künftige Institut in der sozialistischen DDR errichtete. Weiter war ich der Auffassung, daß ich mit unserer wissenschaftlichen Arbeit deutschen Menschen in der DDR weit mehr helfen könnte als in der Bundesrepublik.

Außerdem erwartete ich trotz des privaten Status meines Instituts in der DDR eine kontinuierliche unbürokratische Förderung unser Forschung.

Auch aus heutiger Sicht war meine Entscheidung, in die DDR zu gehen, richtig gewesen. Beispielsweise wurden von 1959 bis zur Wende 1989, d. h. über 30 Jahre, die Forschungen zu den Grundlagen des Konzeptes der systemischen Krebs-Mehrschritt-Therapie, in den späteren Jahren durch etwa 1,5 Millionen Mark jährlich, gefördert. Diese Förderung erfolgte auf der Basis des Vertrauens der Gesundheitsminister in die Leistungsfähigkeit meiner Person und meiner Gruppe, zum Teil sogar gegen die Gutachten fachlich zuständiger DDR-Krebsforscher. Die Entwicklung und wissenschaftliche Fundierung des Konzeptes der systemischen Krebs-Mehrschritt-Therapie bis zur klinischen Reife durch die öffentliche Hand wäre in der Bundesrepublik kaum möglich gewesen. Mit Sicherheit wären durch die ständige schriftliche und mündliche Diskussion mit Gutachtergremien und wissenschaftlichen Beiräten sowie bei der Überwindung bürokratischer Hürden meine Kräfte stark geschwächt und von den eigentlichen kreativen Arbeiten abgelenkt worden.

Mein Verhältnis zum praktizierten Sozialismus

In den Jahren zwischen 1945 und 1955 erlebten wir in der Sowjetunion den in dieser Zeit bedeutenden wirtschaftlichen Aufschwung und die Friedenssehnsucht der sowjetischen Menschen auf allen Ebenen. Ich lernte das Industrie-Management von seiner besten Seite in den technischen Sowjets kennen. Ich erhielt einen tiefen Eindruck von den menschlichen und fachlichen Qualitäten der leitenden Persönlichkeiten, denen ich begegnete. Auch die Lebensweise, das harmonische Miteinander der Menschen, gefiel uns sehr. Dies alles zusammen und noch einiges mehr bewirkte, daß ich um 1955 das lebenswertere Leben und die bessere Zukunft im sozialistischen System sah. Das spiegelt sich auch in verschiedenen zu dieser Zeit verfaßten Passagen dieses Buches wider.

Schon bald nach unserer Rückkehr in die DDR gewann ich Einblick in Schwierigkeiten und ernste Mängel, die besonders im Bereich der Wirtschaft und der Ideologie lagen. Ich erlebte dann von Mitgliedern unserer damaligen Regierung (W. Ulbricht, W. Stoph, E. Apel), wie Besserungsvorschläge aufmerksam angehört wurden und es zu Taten kam (Beispiele: Gründung des Forschungsrates und verschiedener Technologie-Betriebe, Förderung der Elektronenstrahl-Technologien usw.). In dieser Zeit wandelte sich mein inneres Verhältnis zum realen sozialistischen System. Ich begann, unser System als noch im Jugendstadium befindlich, also weit vom Ende seiner Entwicklung entfernt, anzusehen. Unter Voraussetzung hinreichender Flexibilität der Ideologie erschien es mir möglich, durch Verbesserung der Grundstruktur und der Organisation des Staates, d. h. durch Reformen, große, noch latente Reserven zu aktivieren. Von der Vorstellung, daß der praktische Sozialismus durch tiefgreifende Reformen zu hoher, auch wirtschaftlicher Effizienz optimierbar sei, ist bei uns auch heute noch die PDS erfüllt.

Diese Vorstellung entsprach damals auch meiner Einschätzung, bis zwischen 1965 und 1972 liegende Ereignisse mich schwer enttäuschten. Reformvorschläge (z. B. Dokument über Systemtheorie des Regierens) blieben unbeachtet. Im Dezember 1965 erschoß sich Dr. Erich Apel, stellvertretender Vorsitzender des DDR-Ministerrats und Vorsitzender der staatlichen DDR-Planungskommission. Ich hatte ihn als hervorragenden Wirtschafts-Manager kennengelernt. Die Gründe für diesen tragischen Entschluß lagen in der ausweglosen Situation, sein Wirtschaftskonzept gegen die Vorstellungen von Dr. G. Mittag durchzusetzen, den Sekretär für Wirtschaft des ZK.

Apel nahm sich an dem Tag das Leben, an dem ein von ihm abgelehntes Handelsabkommen geschlossen wurde, das die DDR wirtschaftlich ganz an die Sowjetunion band.

Dieser Vorgang hat entscheidend dazu beigetragen, daß ich den realen Sozialismus zunehmend mit Skepsis betrachtete.

Erich Honecker, der sich kaum für Wirtschaft und Wissenschaft interessierte, seit dem erzwungenen Rücktritt Ulbrichts 1971 Erster Sekretär des ZK und 1976 erster Mann in Partei und Staat, übertrug die Leitung der DDR-Wirtschaft voll an den theoretischen Ökonomen ohne Wirtschaftserfahrung Günther Mittag. Die Entwicklung der DDR-Industrie war für zwei Jahrzehnte blockiert durch fast totale Gewinnabschöpfung mit fragwürdiger Verteilung. Dr. Mittag kam auf den dilettantischen Gedanken einer zentralen Steuerung von aufgeblähten Industriekombinaten und realisierte ihn. Die Wirtschaftsreformen nach dem Mauerbau vom August 1961 mit dem »Neuen ökonomischen System«, mit erweiterten betrieblichen Entscheidungsbefugnissen, rentabilitätsorientierter Wirtschaftspolitik und verstärkter Produktion für den Konsum wurden im Zuge der Wachstumskrise 1969/70 abgebrochen. Schließlich wurden 1972 die meisten noch existierenden mittelständischen, halbstaatlichen oder privaten Betriebe enteignet oder geschlossen. Bei mir erschien im gleichen Jahr der 1. Sekretär der Bezirksleitung Dresden, Werner Krolikowski, und wollte mit Macht einen unqualifizierten Bürokraten aus der Leitung der Dresdner SED in die Leitung meines privaten Instituts einsetzen. Zum großen Unwillen des späteren Politbüromitgliedes

Krolikowski lehnte ich dies allerdings strikt ab. Die Summe dieser Vorgänge bewirkte 1972 meine innere Abkehr vom in der DDR praktizierten Sozialismus.

In dieser kritischen Zeit brachten einige Mitarbeiter 1972/73 das große persönliche Opfer, gegen ihre innere Überzeugung in die Sozialistische Einheitspartei Deutschlands einzutreten. Über die Mitarbeit in den Werken unserer 60 Industriepartner erlebten wir unmittelbar den fortschreitenden Niedergang unserer Industrie, seit Dr. Mittag ganz die Zügel übernommen hatte. Wir sahen, wo wir hinblickten, das Absinken von Arbeitsmoral und Leistungswillen sowie immer häufiger lange Produktionsausfälle durch das Fehlen von Materialien und Zulieferungen. Diese Fakten bewirkten zwangsläufig eine schwere Demoralisierung der Betriebsangehörigen.

Kritikern meines Handelns zwischen 1972 und 1989 möchte ich sagen, daß ich auch in dieser Zeitspanne den Zwang empfand, mich in pragmatischer Form mit der Führung der DDR zu arrangieren. Ich hatte Verantwortung zu tragen, nicht nur für meine 500 Mitarbeiter und meine Familie, sondern auch für die Entwicklung meines Instituts und insbesondere die Durchsetzung unserer Therapien gegen den Krebs und die Energiemangel-Krankheiten. Mit meinen unten besprochenen Kritiken und Reformforderungen mußte ich auf geeignete Zeitpunkte, d. h. bis 1985 bzw. bis zum 12. und 16. 10. 1989, warten.

Wir wählen Dresden

Vorübergehend hatten wir Weimar als künftigen Wohnort in Erwägung gezogen. Die Nähe von Jena, Eisenach, dem Thüringer Wald und dem Harz reizten uns. Auch verbanden mich viele Jugenderinnerungen mit der Stadt an der Ilm. Wir entschieden uns am Ende jedoch aus einer ganzen Reihe von Gründen für Dresden. Wegen seiner großen Technischen Hochschule, der zahlreichen wissenschaftlichen Spezialinstitute und Bibliotheken sowie der vielen an diesen Instituten tätigen bedeutenden Wissenschaftler schien die Stadt für unsere Arbeit sehr geeignet. Damals beeinflußten sowohl die an Namen wie Barkhausen, Binder, Görges, Hallwachs, Toepler, Mierdel geknüpfte Tradition als auch die geistige Kraft der um 1955 hier tätigen Persönlichkeiten wie Görlich, Kienast, Peschel, Recknagel, Reichardt, Schwabe, Simon und andere unseren Entschluß.

Außerdem hatten sich in Dresden nach den Kriegszerstörungen und Reparations-Demontagen für die UdSSR, die erst gesenkt, dann 1954 ganz erlassen wurden, viele Industriebetriebe, Werkstätten und Handelszentren auf den Gebieten der Elektrotechnik, Nachrichtentechnik, Feinmechanik, Optik, Metallurgie, Glastechnik und Chemie etabliert. Wir konnten also hoffen, unser Kollektiv rasch mit tüchtigen Fachkräften zu ergänzen und bei der Arbeit gute Unterstützung durch die reibungslose Belieferung mit Spezialgeräten und Materialien sowie eventuelle Fertigungshilfen von seiten der örtlichen Industrie und Werkstätten zu finden. Auch die Bedingungen für die schnelle Überleitung unserer Forschungsergebnisse in die Produktion konnten hier in Dresden besonders günstig sein.

Diese Stadt zieht uns an

Für unser persönliches Leben erschien uns Dresden wegen seiner schönen Lage am Elbebogen und seiner landschaftlich so reizvollen Umgebung mit der nahen Dresdner Heide, der Sächsischen Schweiz und dem Erzgebirge besonders anziehend, aber auch sein Ruf als Stadt der Musik und bildenden Kunst bestärkte den Wunsch, dort zu wohnen. Natürlich trugen diese Zukunftsbilder sehr dazu bei, uns allen den bevorstehenden Abschied von der einzigartigen Landschaft der kaukasischen Riviera zu erleichtern.

Aus dem Buch von Richard Peter »Dresden – eine Kamera klagt an« kannten wir das Chaos der Zerstörung, das sich durch die Luftangriffe am 13./14. Februar 1945 über die Innenstadt der Elbmetropole herabgesenkt hatte. Aus der Ferne verfolgten wir mit Bewunderung die erfolgreichen Bemühungen und den Wiederaufbau dieser Stadt unter den so unendlich schwierigen Verhältnissen nach Kriegsende. Ich war tief beeindruckt, als uns die von dem damaligen Oberbürgermeister Walter Weidauer initiierte Entscheidung bekannt wurde, den total zerstörten Zwinger wiederzuerrichten. Dieser unter so unerhört komplizierten Lebensbedingungen im September 1945 gefaßte heroische Entschluß und die daraus erkennbare Geisteshaltung hatten erheblichen Anteil daran, in Dresden eine neue Heimat zu suchen.

Folgen unserer Wahl für die Stadt Dresden

Ohne daß wir es damals ahnten, ist durch unsere Wahl dem Gesicht Dresdens ein neuer markanter Zug eingeprägt worden. Das erfuhr ich von Oberbürgermeister Walter Weidauer, als er viele Jahre später bei einem feierlichen Anlaß zu uns sprach. Er sagte, durch meine frühzeitigen Vorbereitungen von der Sowjetunion aus und aufgrund der dadurch bedingten schnellen Betriebsbereitschaft des Instituts im Augenblick der Rückkehr sei ein Kristallisationszentrum für Kernphysik und Elektronik in Dresden gebildet worden. So habe unser Handeln die Regierung 1955 dazu angeregt, das Zentralinstitut für Kernphysik mit dem Atomreaktor in Rossendorf bei Dresden zu errichten, die Kerntechnische Fakultät an der Technischen Hochschule zu gründen und das Industriewerk VEB Vakutronik (später VEB Meßelektronik) dort aufzubauen.

Zu diesen Neugründungen kamen später aufgrund von Anregungen, die ich im Forschungsrat gab, noch der VEB Hochvakuum und das Institut für Radiologische Technik und Medizinische Elektronik hinzu. Schließlich hat aufgrund eines Gesprächs von Max Steenbeck und mir mit Walter Ulbricht die elektronische Datenverarbeitung (Robotron, Rafena) im Dresdner Raum einen bedeutenden Platz erhalten. Wir hatten darauf hingewiesen, daß das zentral geleitete sozialistische System von der elektronischen Datenverarbeitung größere Vorteile hat als das kapitalistische System. Vierzehn Tage später erfolgte der Beschluß im Ministerrat über die Gründung von Robotron. – Es war also in Dresden eine Art Gründungs-Kettenreaktion ausgelöst worden.

Übrigens startete und steuerte ich schon von Suchumi aus die Entwicklung des 2-Millionen-Volt-van-de-Graaff-Generators beim Dresdner VEB Transformatoren- und Röntgenwerk. Dadurch wurde die Fertigstellung dieser 1959 auch für uns selbst recht wichtig gewordenen Einheit sicher um mehrere Jahre vorverlegt.

Grundstückserwerb auf dem Weißen Hirsch

Ende 1950 bat ich meinen Schwager Hartmann, im schönsten Bezirk Dresdens, auf dem Weißen Hirsch, ein Gelände mit passenden Gebäuden zu suchen und möglichst schnell mit den ihm überwiesenen Beträgen (Ersparnisse, Staatspreise) zu kaufen. Voller Spannung öffneten wir damals alle aus Berlin kommende Post. Endlich, im Frühsommer 1951, traf der Brief mit dem ersehnten Angebot ein. Wieder stand in einem bedeutsamen Augenblick des Lebens das Glück auf meiner Seite. Gleich in der ersten Offerte präsentierte sich uns das Grundstück Weißer Hirsch, Plattleite 27/29, das schließlich im Februar 1952 unser Eigentum wurde. Lage, Ausdehnung und Schnitt des Areals sowie Größe und Architektur der Gebäude waren fast ideal. Auf dem Weißen Hirsch hätte sich kaum ein geeigneteres Objekt finden lassen. Mit tiefer Bewegung betrachtete damals die ganze Familie die Fotos und Zeichnungen. Jetzt begann das Pläneschmieden. Wie freute uns die Bemerkung in einem der Briefe, man könne vom Aussichtsturm des Hauptgebäudes auf Dresden und die Elbe herabblicken und über diesem Panorama, eingerahmt durch die Loschwitzer Höhen und die Ausläufer der Dresdner Heide, das Erzgebirge sehen! Auch die Mitteilung, daß an der langen rückseitigen Gartenfront eine romantische Schlucht läge, wurde sehr begrüßt.

Glückliche Umstände erlaubten zum Teil unmittelbar nach unserem Einzug, zum Teil einige Jahre später, die seitlich angrenzenden Nachbargrundstücke Plattleite 31 und die weiteren in Richtung Elbe liegenden Grundstücke Plattleite 25a, 19 und Zeppelinstraße 1, 2, 7, 8 und 10 ebenfalls zu erwerben. Das ermöglichte dann eine wirklich großzügige und sehr zweckmäßige Gestaltung des gesamten Instituts- und Wohnkomplexes. Die günstige Lage auf dem Weißen Hirsch hat sicher sehr zum außergewöhnlichen Nutzen unserer Arbeit für unsere Mitbürger beigetragen. Ich glaube, daß dieser Nutzen weit größeres Gewicht hat als die Beeinträchtigung des Bildes am Rande des Weißen Hirschs durch die stets mit dem Amt für Denkmalschutz abgestimmten Baulichkeiten des Instituts.

Ein Ziel: die Erhaltung der wissenschaftlich-technischen Tradition

Eine der wichtigsten Aufgaben für die Zukunft lag darin, menschlich und fachlich besonders geeignete Mitarbeiter für die Teilnahme an unserem Dresdner Projekt zu gewinnen. Nur auf diese Weise konnte es gelingen, die wertvollen technisch-wissenschaftlichen Traditionen des alten Lichterfelder Instituts und des großen Sinoper Instituts vereint und ohne fühlbare Lücken für unsere künftige Arbeit in Dresden zu erhalten. Das war nicht einfach, denn die feste Orientierung auf Dresden bedeutete damals auch für die Mitarbeiter die Entscheidung für das sozialistische System. Außerdem neigten manche Kollegen zu der irrigen Auffassung, eine enge Bindung an mich würde sie noch länger in der Sowjetunion festhalten. Trotz dieser Hemmnisse gelang es, bis zur Abreise einen großen Kreis besonders tüchtiger Fachkräfte zu überzeugen. Sie sind später nicht enttäuscht worden.

Unsere auf die Rückkehr ausgerichteten Pläne hatten

schließlich unter den Wissenschaftlern der Institute in Sinop und Agudseri so große Werbungskraft, daß sich noch ein zweiter Spezialistenkreis zusammenfand. Er bildete dann den personellen Kern des VEB Vakutronik (VEB RFT Meßelektronik Dresden).

Im Hinblick auf den neuen Beginn in der Heimat riet ich zu sparsamster Lebensführung in Suchumi und zu voller Ausnutzung der uns von sowjetischer Seite großzügig zugestandenen Geldüberweisungsmöglichkeiten. Zwar kursierte in diesen Jahren das boshafte Wort von den »Hungerleidern des Sachsenringes«, aber dafür fanden fast alle Mitglieder des »Dresdner Kollektivs« in der Heimat gut gefüllte Bankkonten vor. Ein Teil von ihnen, vor allem die fachlich wichtigsten Mitarbeiter, hatten durch meine Vermittlung auf dem Weißen Hirsch oder in der Nähe eigene Wohnhäuser gekauft. Den anderen wurden sehr schnell entsprechende Wohnungen zur Verfügung gestellt. Etliche dieser Gebäude und Räume waren bereits vor unserem Eintreffen durch Dresdner Dienststellen neu hergerichtet worden.

Ferngesteuerter Aufbau meines Instituts

Der im Frühjahr 1952 beginnende dreijährige Aufbau des ersten Instituts- und Wohnkomplexes auf dem Weißen Hirsch und die erwähnte Hilfe für die Mitarbeiter wären ohne eine permanente Interessenvertretung in der Heimat nicht möglich gewesen. Mein Schwager Hartmann übertrug unmittelbar nach dem Grundstückskauf Herrn Ingenieur Johannes Richter die Wahrnehmung unserer Angelegenheiten. Dieser widmete sich zuerst nebenberuflich und ab 1. Januar 1953 mit voller Arbeitskraft unseren Problemen.

Schon während der Kaufverhandlungen hatten wir anhand der Haus- und Grundstückszeichnungen die bis ins einzelne gehenden Pläne für die künftigen Laboratorien, Werkstätten und Wohnräume ausgearbeitet. In der Baubeschreibung, einem

Buch von mehr als hundert Seiten, fand sich jede Steckdose, jedes anzufertigende Labormöbel, der Aufstellort jedes Laborgeräts, die Anordnung jedes Möbelstücks und jedes Gemäldes im Raum genau bezeichnet. Über tausend Briefe steuerten den Aufbau aus der Ferne, und die allwöchentlich eintreffenden Fotos und Berichte von den Fortschritten waren eine sich immer wieder erneuernde Quelle von Freuden und angenehmen Aufregungen.

Meine Arbeit am »Wissensspeicher« beginnt

Für mich verging diese Übergangszeit besonders schnell, weil ich seit 1951 jede freie Stunde nutzte, um ein Tabellenwerk zusammenzustellen, in dem ich mich darum bemühte, unser gesamtes Fachwissen aufzuarbeiten, systematisch zu ordnen und in konzentrierter Form zu speichern. Ich hatte mich entschlossen, einen solchen Wissensspeicher zu schaffen, weil es für die einzelnen immer schwerer wurde, in den jeweiligen Spezialgebieten die wesentlichen Grundlagen und den wahren Entwicklungsstand mit allen Details zu überblicken. Mit Hilfe von Wissenschaft und Technik bemüht sich der Mensch, die Effektivität seiner Arbeit, seiner Maschinen, seiner Geräte, seiner Energiequellen so hoch wie möglich zu gestalten. In vielen Fällen ist dabei die natürliche Grenze, ein Nutzeffekt von hundert Prozent, nahezu erreicht worden. Wie aber steht es mit der Ökonomie der »geistigen« Arbeitsweise? Wir wollen diese Frage besonders an den Forscher richten, der stets wechselnde Probleme zu lösen hat und bei dem daher die Gefahr unrationeller Arbeitsweise viel größer ist als bei reproduktiven Wissenschaftlern und Technikern. Auf Grund einer ausreichenden Statistik auf den Gebieten der Elektronen- und Ionenphysik glaube ich behaupten zu dürfen, daß bei der Lösung von Forschungsaufgaben zu dieser Zeit oft mehr als fünfzig Prozent der Arbeitszeit mit dem Suchen von einmal gelesenen Literaturstellen, irgendwo veröffentlichten Formeln, Daten, Stoffeigenschaften, Arbeitsmethoden, Konstruktionsprinzipien und so weiter, aber auch mit der Wiederholung lange bekannter Berechnungen beziehungsweise Formelableitungen verlorengingen. Das galt für günstige Arbeitsbedingungen, bei denen dem Wissenschaftler eine ausgezeichnete Fachbibliothek zur Verfügung steht. Sind aber die entsprechenden Fachzeitschriften oder Bücher schwer oder gar nicht erreichbar, gestaltet sich die Forschungstätigkeit noch wesentlich unrationeller, und oft wird es nicht mehr gelingen, mit der immer schneller fortschreitenden Entwicklung des internationalen Wissensstandes Schritt zu halten.

Ich wählte für den aus der Praxis gestalteten Wissensspeicher die Form einer kombinierten Sammlung von Methoden, Formeln, Kurven, Daten, Konstruktionsbeispielen mit Literaturhinweisen und zum Teil Literaturauszügen. Das Werk ist in der zweiten Auflage 1962/1971 unter dem Titel »Tabellen zur angewandten Physik« in drei Bänden mit insgesamt etwa zweitausendfünfhundert Seiten in Berlin erschienen. Es gab aber noch andere Überlegungen, dieses Buch zu schreiben. In ihm sah ich einen gangbaren Weg, um auch den von meinen Mitarbeitern und mir im Laufe der zehnjährigen Sinoper Arbeit gesammelten Schatz »geheimer« Erfahrungen mit seinen wissenschaftlichen, technischen und konstruktiven Daten ziemlich lückenlos in die Deutsche Demokratische Republik mitnehmen zu können. Für dieses Ziel lohnte es sich, besonders große Anstrengungen und Belastungen auf sich zu nehmen.

Freundschaftliches Handeln von Professor Jemeljanow

Vor Beginn dieser Schreibtischarbeit, die mich damals bis an die Grenze des physischen Leistungsvermögen beanspruchte, hatte ich von Professor Jemeljanow die Zusage erhalten, das Manuskript des Buches mit in die DDR nehmen zu dürfen. Wenige Wochen vor der Abreise traf dann die offizielle Erlaubnis dazu ein. Darin konnte ich einen Beweis großen Vertrauens und ein besonderes Entgegenkommen sowohl mir als auch unseren Dresdner Plänen gegenüber sehen. Man wollte uns beim Start in der Elbestadt helfen. Einen weiteren sehr ungewöhnlichen Vertrauensbeweis erhielt ich, als mir einige Zeit nach unserer Rückkehr durch eine freundschaftliche Entscheidung von Professor Jemeljanow über die Sowjetische Botschaft in der Deutschen Demokratischen Republik eine umfangreiche Zusammenstellung von geheimen Konstruktionszeichnungen der in der Sowjetunion von uns entwickelten Anlagen und Geräte zugesandt wurde. Dieses mir von Jemeljanow erwiesene große Vertrauen hat mich zu dem Entschluß geführt, ihn niemals zu enttäuschen.

Auch die Elemente zum Bau von Elektronenstrahlkanonen hoher Strahlleistung und die Arbeiten zum Elektronenstrahl-Anlagerungs-Massenspektrographen, zum Präzisions-Elektronenstrahl-Oszillographen sowie die Normierung elektronenoptischer Anlagen und vakuumtechnischer Bauelemente gelangten, eingeordnet als praktische und geistige Werte in das umfangreiche Tabellenbuch, lückenlos nach Dresden. Das für unsere Arbeit maßgeschneiderte Tabellenwerk hat entscheidend zur Entwicklung und Effizienz unseres Instituts auf dem Weißen Hirsch beigetragen und hat, wie ich hörte, auch vielen Fachkollegen geholfen.

*Arbeitsbereitschaft des Dresdner Instituts
zum Zeitpunkt unserer Rückkehr*

Alle diese Maßnahmen – die Abfassung des Wissensspeichers, die Zusammenstellung des Mitarbeiterstabs, der mehrjährige ferngesteuerte Aufbau des neuen Instituts- und Wohnkomplexes sowie die Rücksendung des Inventars des Lichterfelder Instituts und der Wohnungseinrichtung mehrere Monate vor der Rückreise – waren auf ein Ziel ausgerichtet: Das Dresdner Forschungsinstitut sollte nach unserer Ankunft so schnell und so leistungsfähig wie möglich seine Tätigkeit zum Nutzen der Heimat aufnehmen. Durch unser Vertrauen in die Zukunft und die geschilderte Vorsorge gewannen wir wohl drei bis vier Jahre. Jedenfalls brauchten einige der gleichzeitig mit uns zurückkehrenden Wissenschaftler so lange, um ihre eigenen Institute zu planen, zu bauen und einzurichten. Wir aber hatten nicht nur die Jahre gewonnen, sondern gleichzeitig eine langfristige Arbeitsunterbrechung vermieden und blieben vorn im harten Wettrennen mit der Forschung anderer Länder.

Der Keim zu einer Anzahl späterer Erfolge liegt darin begründet.

Freunde in der Heimat

Dankbar möchte ich der Tatsache gedenken, daß in einer für unseren Aufbau kritischen finanziellen Situation am 20. Februar 1954 der damalige Präsident der Deutschen Akademie der Wissenschaften, Professor Dr. Friedrich, einen Beschluß der Akademie erwirkte, der unsere Institutsplanung in Dresden dringend befürwortete. Auch dem bekannten Gasentladungsphysiker, Akademiemitglied Professor Dr. Rompe, bin ich für die Unterstützung unserer Bemühungen in jenen Tagen zu großem Dank verpflichtet.

Wir packen

Mitte 1953 richtete ich im Parterre unseres Wohnhauses in Sinop eine kleine Tischlerei mit Kreissäge und Holzlager ein. Kistenbauen, Kistenpacken und Einschalungsarbeiten waren für die Zeitspanne von fast eineinhalb Jahren unser regelmäßiger abendlicher Sport, bis schließlich sowohl das Inventar meines früheren Laboratoriums aus Berlin-Lichterfelde als auch die Wohnungseinrichtung versandfertig bereitstanden.

In den letzten Monaten schliefen wir in seltsam spartanischen Betten, nur noch umgeben von regalartigen Möbeln, die wir in der Haustischlerei improvisiert hatten. An die Wand geklebte Bilder aus illustrierten Zeitschriften mußten uns die wohlverpackten Ölgemälde ersetzen.

Ende 1954 verließen die versiegelten Waggons mit den Kisten die benachbarte Station Kelassuri in Richtung Heimat. Bald darauf benachrichtigte uns ein Telegramm über das verlustfreie Eintreffen unserer Habe in Dresden. Wenige Tage später konnten wir schon Fotos von den bezugsfertigen Räumen auf dem Weißen Hirsch betrachten: Laboratorium und Wohnung – ausgestattet mit dem vorausgesandten und genau nach meinen Plänen aufgestellten Inventar.

Während dieser Monate interessierten wir uns alle besonders stark für die Vorgänge in der Heimat. Aus der Ferne hatten wir das Werden von zwei deutschen Staaten beobachtet und besorgt festgestellt, daß sie nicht – wie ich anfangs sehr stark hoffte – zueinander fanden, sondern sich immer mehr voneinander entfernten.

Der Abschied

Endlich, Mitte März 1955, häuften sich die Anzeichen, daß die Abreise unmittelbar bevorstand. Professor Jemeljanow traf aus Moskau ein, um uns zu verabschieden. Man lud uns noch ein letztes Mal mit unseren sowjetischen Mitarbeitern zu einem festlichen Abendessen ein. Nach alter russischer Sitte tranken wir Wodka, und viele große Abschiedsreden wurden gehalten.

Wir hatten fast zehn Jahre freundschaftlich, ohne ernsthafte Differenzen zusammengewirkt, das Institut A aufgebaut und die gestellten wissenschaftlichen Aufgaben gemeinsam gelöst. Viele gute Freunde hatten wir gewonnen, von denen uns die Trennung schwerfiel. Das Leben im Sozialismus war uns vertraut und lieb geworden. Die zehn Jahre in der Sowjetunion haben unser Leben bereichert. Am folgenden Morgen stand der Zug für die Abfahrt nach Moskau bereit. Ein letzter Blick streifte unsere Wirkungsstätte, die unter dem heutigen Namen

»Physikalisch-Technisches Institut Suchumi« bald auch international bekannt wurde.

Unsere Kinder haben in Grusinien eine helle unbeschwerte Jugend erlebt. Mein Sohn Alexander und manches Kind meiner Mitarbeiter sind hier geboren worden. Es ist nur natürlich, daß uns dies schöne Land mit dem nahen Schwarzen Meer, der südländischen Vegetation und den kaukasischen Bergen im Lichte einer zweiten Heimat erscheint.

Zwischenstation in Moskau

Nach der Ankunft in Moskau hatten wir Gelegenheit, den neuentstandenen Gebäudekomplex der Lomonossow-Universität zu besichtigen. Als ich vor den gewaltigen Hochbauten stand, mußte ich an manche Fahrten nach Moskau zurückdenken, die ich in den ersten Jahren meines Aufenthalts in der Sowjetunion unternahm. Damals hatte ich bei den Leninbergen nur kleine Holzhäuser gesehen, und nichts deutete die einzigartige Entwicklung an, die sich jetzt auf diesem Gelände vor Moskau vollzogen hatte. Auf der Rückfahrt bot sich vom gegenüberliegenden Moskwa-Ufer ein unvergeßlicher Blick auf den Kreml mit seinen goldenen Kuppeln, charakteristischen Türmen, Kirchen und Gebäuden im Glanz der winterlichen Sonne. Dann blieb der Omnibus auf der Uferstraße im hohen Schnee stecken. Erst wenige Minuten vor Abfahrt erreichten wir den Zug, der uns über Brest-Litowsk in die Deutsche Demokratische Republik bringen sollte.

In der neuen Heimat

Während der Fahrt klettert das Stimmungsbarometer immer höher, je mehr wir uns der deutschen Grenze nähern. Um die Nachmittagsstunde des 23. März treffen wir in Frankfurt an der Oder ein, wo uns der spätere Sekretär des Staatsrates, Herr

Eichler, als Beauftragter des damaligen Ersten Stellvertreters des Ministerpräsidenten, Walter Ulbricht, dem Ersten Sekretär des ZK der SED, und der Direktor der Deutschen Akademie der Wissenschaften, Professor Dr. Wittbrodt, erwarten. Bei dem anschließenden Essen ist zum erstenmal das »Dresdner Kollektiv« vereinigt, alle Spezialisten, die im neuen Institut mitarbeiten wollen. Ich werde gefragt, ob ich schon am übernächsten Tag in der Lage sei, den Besuch Walter Ulbrichts zu empfangen. Natürlich sage ich mit großer Freude zu.

Bald darauf steigen wir in einen bereitstehenden Sondertriebwagen nach Dresden. Bereits während der Eisenbahnfahrt werden die ersten Besprechungen geführt. In Cottbus begrüßt uns eine kleine Delegation mit Blumen. Alles ist wie im Traum. Als die Elbhöhen und die Türme Dresdens im Schein der abendlichen Sonne sichtbar werden, können wir uns fast nicht mehr beherrschen. Welch ein starkes Gefühl der Beglückung kann einen Menschen erfüllen, wenn er nach so langem Verweilen im Ausland wieder heimatlichen Boden betritt.

4. Buch
Dresden
1955–1990

Das Institut auf dem Weißen Hirsch

Die erste Nacht auf deutschem Boden

Als der Triebwagen auf dem Dresdner Hauptbahnhof eintraf, wurden wir schon von den ersten Mitarbeitern meines Instituts erwartet und feierlich empfangen. Das Auto stand bereit, um meine Familie und mich zu unserem Haus auf dem Weißen Hirsch zu bringen. Wir entschieden uns jedoch dafür, gemeinsam mit den Kameraden der Suchumi-Zeit im Omnibus zum Hotel Astoria zu fahren und dort die erste Nacht auf deutschem Boden zu verbringen. Gleich auf den Weißen Hirsch zu fahren, hatten wir fast ein wenig Angst: die Konzentration und Intensität an freudigen Eindrücken wäre zu groß gewesen. Auch ein Übermaß an Freude kann schädlich sein. Aus dieser Einsicht heraus verteilten wir die mit unserer Rückkehr verbundenen tief erregenden Erlebnisse bewußt auf mehrere Tage.

Das Abendessen im Astoria führte uns alle noch einmal zusammen. Daran schloß sich ein kurzes Orientierungsgespräch an, bei dem ein Vertreter vom Rat des Bezirkes Dresden und der schreckliche spätere Fernsehkommentator Karl Eduard von Schnitzler anwesend waren.

Wir staunen

Am nächsten Morgen mußte ich meine Frau beruhigen. Sie stand am Fenster und staunte, und mir ging es nicht viel anders: die deutschen Mädchen, die als Studentinnen der Technischen Hochschule zur Vorlesung gingen und in Scharen den Platz überquerten, sahen so ganz anders aus als die russischen Frauen, an deren Typ wir uns in den zurückliegenden zehn Jahren gewöhnt hatten. Andererseits muß das Äußere der eigenen Familie damals erheblich von der Dresdner Norm abgewichen sein, denn wir erregten bei den ersten schüchternen Ausgehversuchen beträchtliches Aufsehen. Vielleicht lag es an der altmodischen Kleidung, vielleicht waren aber auch die langen Zöpfe unserer großen Tochter daran schuld.

Zu Hause auf dem Weißen Hirsch

Nachdem wir Personalausweise erhalten hatten, brach ich mit meiner Familie zum Weißen Hirsch auf. Schon die Anfahrt längs des südlichen Elbufers mit dem Blick auf den Hirschberg war beeindruckend schön. Als das Auto dann vor dem Haus in der Plattleite hielt, standen die Hausangestellten am Eingang und überreichten uns nach alter Sitte feierlich Brot und Salz. Beim anschließenden Rundgang durch die Gebäude begrüßten wir jedes Möbelstück, jeden Gegenstand wie einen vertrauten Bekannten. Alles war genauso eingerichtet, wie es aus der Ferne geplant gewesen war.

Der Wissenschaftliche Direktor der Deutschen Akademie der Wissenschaften zu Berlin, Professor Dr. Wittbrodt, der in der Aufbauzeit oft geholfen hatte, ließ es sich nicht nehmen, uns auf diesem Rundgang zu begleiten. Als die Tür zum ehelichen Schlafzimmer geöffnet wurde, trat er erschrocken zurück und entschuldigte sich sehr verlegen. Er glaubte, auf dem Bett die Rückenpartie einer unbekleideten jungen Dame erblickt zu haben. Die optischen Gründe für diese Vision klärten sich schnell

Besuch von Walter Ulbricht – hier einige Jahre später bei der Begegnung auf einem Neujahrsempfang – am 26. 3. 1955, zwei Tage nach unserer Rückkehr aus der Sowjetunion.

auf. Wir hatten von Suchumi aus eine Kopie des berühmten Gemäldes »Venus mit dem Spiegel« von Velázquez etwa in Originalgröße anfertigen lassen. Dieses Bild stand noch ungerahmt so, daß es im gegenüber angebrachten Spiegel wirklich aussah, als ob die Venus auf dem Bett ruhe.

In den Laboratorien und Werkstätten fanden wir die alten Einrichtungen, ergänzt durch viele neuerworbene Anlagen und Maschinen, fertig installiert und betriebsbereit an den vorgesehenen Plätzen. So konnte zugleich mit unserer Ankunft am Freitag, dem 25. März 1955, auch die Arbeit auf dem Weißen Hirsch beginnen.

Walter Ulbricht besucht uns

Am folgenden Tag traf um elf Uhr vormittags der Erste Stellvertreter des Vorsitzenden des Ministerrates und spätere Vorsitzende des Staatsrates, Walter Ulbricht, ein. Er zeigte sich an unseren Plänen außerordentlich interessiert und blieb nach dem gemeinsamen Mittagessen sogar bis zum Nachmittag. Diese ausführliche Unterredung ist für die weitere Entwicklung des Instituts von entscheidender Bedeutung gewesen und hat, wie ich später erfuhr, auch großen Einfluß auf die Organisation der gesamten Kernphysik-Vorhaben im Dresdner Raum gehabt. Wir erhielten als Ergebnis der Besprechung einen Vertrag, der Staatsaufträge in bestimmter Höhe pro Jahr garantierte und so eine stabile finanzielle Basis für wirklich großzügige Forschungen bot. Damit war dem Institut bei erfolgreicher Arbeit eine schnelle Entwicklungsmöglichkeit gesichert.

In Walter Ulbricht war ich einem Mann der Tat begegnet, der schnell das Wesentliche erkannte, sich die Argumentation des Gesprächspartners aufmerksam anhörte und dann nicht lange mit der endgültigen Entscheidung zögerte. Ulbricht war die damals politisch bestimmende Persönlichkeit der DDR. Ich habe mir deswegen immer wieder erlaubt, aus meiner Sicht Empfehlungen über notwendige Maßnahmen, Veränderungen oder Festlegungen an ihn heranzutragen. Die Persönlichkeit Walter Ulbrichts wurde in der westlichen Welt lange Zeit sehr unterschätzt. Im Gegensatz zu ihm interessierte sich sein Nachfolger Erich Honecker kaum für Wissenschaft, Technik und Wirtschaft.

Ein nagelneuer SIS-Wagen

Eine besonders erfreuliche Folge des Ulbricht-Besuches zeigte sich eine Woche später, als der Oberbürgermeister von Dresden, Walter Weidauer, zu uns kam. Nachdem wir einige schwebende Fragen besprochen hatten, bat er mich, ihn zur Eingangstür des Hauses zu begleiten. Dort übergab er mir als Geschenk Walter Ulbrichts einen nagelneuen sowjetischen SIS-Wagen. Diese starke und sichere Limousine hat uns lange Zeit besonders bei den vielen Fernfahrten auf der Autobahn zwischen Dresden und Berlin ausgezeichnete Dienste geleistet. Unzählige Aufsätze und Briefe habe ich auf dieser Strecke, ungestört vom Getriebe des Instituts, in dem geräumigen SIS diktieren können.

Das Märchenbuch

Wenige Tage später lernten wir bei einem gemeinsamen Essen im benachbarten Luisenhof die Arbeiter und Handwerker kennen, die in den vorausgegangenen Jahren mit großer Sorgfalt das Institut auf dem Weißen Hirsch auf- und ausgebaut hatten. Während dieses harmonischen Beisammenseins, wo ich von unseren Zukunftsplänen erzählte, erhielt ich als Gastgeber feierlich ein schön gebundenes Buch überreicht, in dem auf mehr als hundert Seiten falsche, zum Teil recht unfreundliche Gerüchte verzeichnet waren, die uns und den Aufbau unseres Instituts in der Plattleite umgaben und die später in der westdeutschen Presse oft als »Wahrheiten« serviert wurden.

Beispielsweise war das Märchen aufgezeichnet, die Regierung der Deutschen Demokratischen Republik habe mir ein Bankkonto von unbegrenzter Höhe zur Verfügung gestellt, oder es stand dort, ich sei Besitzer eines Rennstalls. Phantastisch ist auch die Behauptung, Zwiebeln seien im Augenblick nur deswegen Mangelware, weil wir »soviel Zwiebelsaft für die Isotopenversuche benötigten«!

Wichtige Entscheidungen

Einen Monat nachdem wir in unseren Gebäudekomplex an der Plattleite eingezogen waren und ernsthaft mit der Arbeit begonnen hatten, kam der damalige Innenminister und spätere Ministerpräsident, Willi Stoph, zu uns. Wir besprachen die Einzelheiten zur Realisierung aller mit Walter Ulbricht verhandelten Maßnahmen. Bei diesem Besuch wurde von ihm auch der später VEB RFT Meßelektronik Dresden genannte Betrieb in der Dornblüthstraße auf einem Fabrikgrundstück, das bis zur Enteignung 1951 der Familie Pfefferkorn gehörte, offiziell gegründet. Unter der Leitung von Professor Dr. Werner Hartmann entwickelte er sich später zu einem bedeutenden Industriewerk. Zwischen unserem Forschungsinstitut und diesem Produktionsbetrieb bestand über viele Jahre eine vertragliche Bindung. Aufgrund dieser Vereinbarung übernahm das Werk die Fertigungen der Duoplasmatron-Ionenquelle, des Präzisions-Elektronenstrahl-Oszillographen und eines neuartigen magnetischen Isotopentrenners für hohen Massentransport bei nur zwanzig Tonnen Magnetgewicht.

Meine Wissensspeicher erscheinen

Mitte 1956 kamen die in der ersten Auflage eintausendvierhundert Druckseiten umfassenden Bände meines Wissensspeichers über Elektronenphysik, Ionenphysik und Übermikroskopie heraus. Daraufhin erreichte mich 1959 ein Weihnachtsgruß aus den Vereinigten Staaten, der mit den Worten endete: »Unbekannterweise von einem Physiker, der nicht mehr versteht, wie er so lange ohne Ihre beiden Tabellenbücher hat auskommen können.« Diese freundlichen Worte aus der Ferne deuteten das an, was wir selbst in unseren verschiedenen Forschungsabteilungen feststellten: Die Benutzung der Wissensspeicher führte zu einer erheblichen Zeitersparnis in unserer wissenschaftlich-technischen Tätigkeit.

Seit Mitte 1956 habe ich dann neben der Institutsarbeit im Durchschnitt pro Tag etwa eine Stunde aufgewandt, um die wichtigsten neuen Informationen aus allen uns interessierenden Bereichen zu ordnen, in Tabellenform aufzuarbeiten und in Manuskripte für weitere Auflagen und Bücher einzufügen. Infolge eines derartigen Dauerstudiums blieb ich selbst sowohl auf meinem sich rasch erweiternden Fachgebiet als auch in den neu hinzukommenden Disziplinen (zum Beispiel Medizin) fortwährend auf dem laufenden. Viele Anregungen und kombinatorisch-konstruktive Ideen verdanke ich dem Zwang zur täglichen Auswertung der ständig eintreffenden internationalen Fachliteratur.

Die laufend durchgeführte Aufbereitung aller für unsere Arbeit wesentlich erscheinenden Informationen führte dazu, daß mir nach persönlichem Maß geschneiderte Erfahrungs- und Informationsspeicher zur Verfügung standen, welche 1972 einen Umfang von fast fünftausend Seiten mit »Informationsblöcken« erreichten. Mein damaliges Handeln hatte im Zusammenwirken mit der Selbstanwendung der unten besprochenen »Sauerstoff-Mehrschritt-Therapie« für mich eine unerwartete schicksalhafte Folge: *das Ansteigen meiner persönlichen geistig-schöpferischen Leistungsfähigkeit mit zunehmendem Lebensalter.* Dieses Ansteigen spiegelte sich beispielsweise in der Zunahme der Zahl meiner wissenschaftlichen Veröffentlichungen pro Jahr wider. Aus modernen Forschungen über die Abnahme der Gedächtnisleistung des menschlichen Gehirns mit zunehmendem Lebensalter ergibt sich eine sehr einfache Erklärung. Danach nehmen nur das Kurzzeitgedächtnis und die Zugriffsfähigkeit zu ungeordneten Informationen kritisch ab, während das Langzeitgedächtnis und die Zugriffsfähigkeit zu geordneten Informationen (Informationsblöcken) nahezu voll erhalten bleibt. Weil ich selbst die Aufbereitung der Informationen vornahm, wurden sie in das Langzeitgedächtnis eingeprägt, und dadurch, daß dabei gleichzeitig die Ordnung der Informationen zu Blöcken erfolgte, wurde die sonst gegebene starke Abnahme der Zugriffsfähigkeit mit dem Alter vermieden. Da die Fähigkeit des kombinatorischen Denkens, solange ein guter O_2-Status (= energetischer Status) erhalten bleibt, nicht beeinträchtigt wird und der Schatz an Erfahrungen und Informationen mit dem Lebensalter ansteigt, mußte durch meine Handlungsweise auch aus theoretischer Sicht eine Zunahme der geistig-schöpferischen Leistungsfähigkeit mit den Lebensjahren resultieren. Bei der wachsenden Bedeutung der Computer in der kommenden Zeit sollten aus diesem individuellen Einzelbeispiel Schlußfolgerungen gezogen werden.

Als weiterer »Wissensspeicher« kam 1987 unser Buch »Effekte der Physik und ihre Anwendungen« hinzu.

Aufgaben, Ehrungen, Pflichten

Schon wenige Monate nach der Rückkehr aus der Sowjetunion hatte ich die Freude, in die Sektion Physik der Deutschen Akademie der Wissenschaften zu Berlin und gegen Ende des gleichen Jahres in der »Wissenschaftlichen Rat für die friedliche Anwendung der Atomenergie« berufen zu werden. Letzterer hatte unter anderem die Aufgabe, den Ministerrat bei allen die friedliche Anwendung der Atomenergie betreffenden Fragen, insbesondere bei den Entscheidungen zum Aufbau der Atomkraftwerke, zu beraten.

Anfang Juni 1956 wurde ich zum Honorarprofessor an der Elektrotechnischen Fakultät der Technischen Hochschule Dresden ernannt. Außer einer Vorlesung über Elektronen- und Ionengeräte habe ich weitere Verpflichtungen dieser Art an der Hochschule vermieden, um meine ganze Kraft für die Forschung, die Leitung meines Instituts und die zunehmende Tätigkeit in fachlichen und staatlichen Gremien zu reservieren.

Generalfeldmarschall Paulus zu Besuch

Anfang Mai 1955 suchte uns der ehemalige Generalfeldmarschall Paulus auf, der seit seiner Rückkehr aus der Sowjetunion ebenfalls auf dem Weißen Hirsch wohnte. Wir führten aufschlußreiche Unterhaltungen über die Tragödie von Stalingrad, über seine zu späte Entscheidung gegen Hitler, über die Ereignisse des 20. Juli 1944 und über seinen früheren Chef, den Generalfeldmarschall von Reichenau, den ich noch vom Berliner »Blau-Weiß«-Tennisklub aus der Zeit um 1935 gut in Erinnerung hatte. Die tragischen Ereignisse von Stalingrad, mit denen Paulus' Name in der Geschichte verbunden ist, hatten ihn zu einem tief überzeugten Gegner des Krieges werden lassen. Deshalb fand später gerade bei ihm eine Rede, die ich bereits im April 1956 vor dem Nationalrat der Nationalen Front über »Die Verwendung der für militärische Zwecke angehäuften Weltvorräte an Spaltmaterial zum Wohle der Menschheit« hielt, besonders starke Zustimmung.

Den Text dieser Ausführungen hatte ich auch an verschiedene mir von früher bekannte westdeutsche Atomphysiker gesandt, die sich dann im April 1957 zu der politisch sehr bedeutsam gewordenen gemeinsamen Erklärung der »Göttinger Achtzehn« vereinigten. Immerhin konnte ich bei einigen Unterzeichnern der Göttinger Erklärung ein freundliches Echo registrieren. Da es sich bei dieser Ansprache um meine persönliche Stellungnahme zu einer der Hauptfragen unserer Zeit handelt, die durch die nukleare Abrüstung jetzt große Aktualität gewinnt, soll sie im folgenden auszugsweise wiedergegeben werden:

*Meine im April 1956 gehaltene Rede
über die mögliche friedliche Verwendung
von Kernsprengstoffen*

»Über das furchtbare Inferno eines Atomkriegs, über das gigantische Ausmaß der Einzelereignisse sowie über ihre Plötzlichkeit und Unabwendbarkeit ist die bedrohte Menschheit noch bei weitem nicht ausreichend orientiert. Dies zeigt sich darin, daß die Reaktion auf diese Gefahr in der Weltöffentlichkeit bis zum heutigen Tage noch nicht genügt hat, um einen allgemeinen Verzicht auf die Anwendung von nuklearen Waffen als letztem Mittel der Politik zu erwirken.

Die Kriege der Vergangenheit konnten durch Waffenstillstand oder bedingungslose Kapitulation im Augenblick solcher Entscheidung beendet werden. Der Atomkrieg aber setzt sich weit über den Zeitpunkt seiner Entscheidung noch lange aus sich selbst heraus fort, nämlich zwei bis drei Halbwertzeiten der gefährlichen Radioisotope (bei Anwendung von Kobalt 60 zum Beispiel zehn bis fünfzehn Jahre). Jedoch besteht darüber hinaus noch eine noch viel länger wirkende Bedrohung des Menschengeschlechts. Das ist der Eingriff in die Erbanlage oder, präziser gesagt, die Auslösung von Mutationen durch Einwirkung der radioaktiven Strahlungen auf die Gene des Menschen. Über tausend Jahre, also vierzig Generationen, währt der tragische Tribut (Zunahme der Geburtenrate anormaler Kinder, nicht lebensfähiger Kinder oder zeugungsunfähiger Kinder), den die Nachfahren von strahlenexponierten Individuen für die eingetretenen Mutationen zu entrichten haben, wie der Zoologe H. J. Muller (Nobelpreisträger, USA) kürzlich begründet hat. Welch ungeheure Verantwortung trägt bei diesen furchtbaren Perspektiven die lebende Generation! Vor ihr liegt die gigantische Aufgabe, die Kräfte von Moral und Ethik in wenigen Jahren so zu vervielfachen, daß wir und viele auf uns folgende Generationen nicht zum Opfer des Mißbrauchs der von uns selbst geschaffenen Technik werden.

In einigen Staaten wird seit zum Teil mehr als zehn Jahren

mit Hilfe riesiger großindustrieller Werke sogenanntes Spaltmaterial, wie Uran 235 und Plutonium, in ständig steigenden Mengen produziert und angesammelt.

Dieses Spaltmaterial ist in erster Linie für Atomwaffen, das heißt für Atombomben, Atomgeschosse und so weiter sowie als Zünder für Wasserstoffbomben bestimmt. Außerdem wird in großen, ständig steigenden Mengen Uran 238 gewonnen, welches als Mantelmaterial der Wasserstoffbombe den Hauptanteil der Energieentwicklung bei ihrer Explosion beisteuert. Je länger diese Großproduktionen andauern, je mehr sich die Raketentechnik zur Weltraumschiffahrt hin entwickelt und je weiter die Steuerung von nuklearen Geschossen mit den Mitteln der neuesten elektronischen Rechentechnik und der Hochfrequenztechnik ausgebaut wird, desto größer wird das Unheil sein, welches bei kriegerischem Einsatz der Atomenergie über die Menschheit hereinbricht. Darum ist der Verzicht auf den Krieg als Mittel zur Entscheidung von Streitfragen und das Verbot der Atomwaffen die Schicksalsfrage, der die Menschen gegenwärtig gegenüberstehen. Endgültiger Verzicht auf den Krieg und Verbot der Atomwaffen sind die höchsten politischen Forderungen der Gegenwart, und ihre Erfüllung wird mit jedem Tag dringlicher.

Die britische Zeitung ›Manchester Guardian‹ vom 28. Februar 1956 berichtet, daß zum Beispiel allein die USA über Vorräte an Spaltmaterial verfügen, die ausreichen, 32500 Atombomben herzustellen. Legt man solche Zahlen zugrunde, so ergibt sich als düsteres Bild: Schon heute genügen mit hoher Wahrscheinlichkeit die Weltvorräte an spaltbarem Kernmaterial, um alle Großstädte auf der Erde zu zerstören. Das Verbot der Atomwaffen wird die Atomenergie aus einem Fluch fast sprunghaft in einen Segen für die Menschheit verwandeln, denn man könnte die riesigen, in Jahren aufgesammelten Vorräte an Spaltmaterial und an Uran 238 statt als Super-Explosivstoff für Tod und Vernichtung in den Atomkraftwerken der Zukunft als Super-Brennstoff zur Erzeugung von Elektroenergie und Wärmeenergie verwenden. Diese günstige physikalische Situation wird in den politischen Erörterungen gegenwärtig noch merkwürdig wenig betont. Man könnte also den zunächst für militärische Zwecke betriebenen gewaltigen Spaltmaterial-Aufwand, der den Lebensstandard der Völker auf beiden Seiten seit 1945 stark belastet hat, noch nachträglich und im Laufe der kommenden Jahrzehnte fast verlustfrei zum Wohle der Menschen einsetzen. Die Natur selbst hat unserer Generation hier einen Weg offengehalten, der uns vom Abgrund fort in eine gesicherte schöne Zukunft führen könnte.

Niemals ist in der Weltgeschichte ein für Kriegswerkzeug betriebener Aufwand so menschheitsfeindlich gewesen wie die Atombombenproduktion des vergangenen Jahrzehnts.

Niemals ist ein Aufwand dieser Größenordnung für Kriegswerkzeuge durch das eingetretene Gleichgewicht der furchtbaren Kräfte in kurzer Zeit so völlig sinnlos geworden.

Aber auch niemals in der Geschichte der Welt hat eine solche Möglichkeit wie heute bestanden, eine ursprünglich für militärische Zwecke vorgenommene Ausgabe, welche nach Hunderten von Milliarden Mark zählt, wieder zurückzuerhalten.

Kanonen konnte man eben nicht in landwirtschaftliche Maschinen, Explosivstoffe nicht in Kohle verwandeln, aber Spaltmaterial kann man in Wärme oder Elektroenergie umformen. In der nächsten Zeit muß unsere Generation die politischen Schlußfolgerungen aus den geschilderten Realitäten ziehen. Da sollte es dann keinen Menschen mit Verstand, Verantwortungsgefühl und moralischem Denken mehr geben, der den Tod von einigen hundert Millionen Kindern, Frauen und Männern stärker anstrebt als die endliche Erfüllung der ewigen Sehnsucht des Menschen, ›Friede auf Erden‹.

Möge eine solche Auffassung von der Lage bei immer mehr Völkern zur Grundlage ihres Wollens und Handelns werden.

Mögen die Stimmen beider Seiten sich auf der Basis solcher Überlegungen treffen. Dann werden die Lichter am politischen Horizont dieser Tage zu strahlendem Glanz im Zenit aufsteigen und die tiefen Schatten auslöschen, von denen die Gegenwart noch immer verdunkelt wird.«

*Wohin mit den bei Abrüstung freiwerdenden
nuklearen Sprengköpfen?*

Diese Rede beantwortete schon damals die jetzt von Millionen Menschen gestellte Frage: Wohin mit dem hochangereicherten Spaltmaterial der bei der Abrüstung zu vernichtenden nuklearen Sprengköpfe? Die ökonomisch zweckmäßigste Art der Vernichtung erscheint nach vorstehender Rede die Verdünnung des nuklearen Sprengstoffs und die Verwendung zur Erzeugung von Elektroenergie und Wärme in Kraftwerken hoher Betriebssicherheit zu sein.

Hierfür bietet sich bevorzugt der physikalisch relativ sichere Typ des »Hochtemperatur-Reaktors« an. Bei diesem Typ (Kugelhaufen-Reaktor) reißt im Falle eines Unfalls die Kernkettenreaktion von selbst ab, und die Nachwärme wird aufgefangen. Aus vorstehender Sicht, aber auch weil gewisse Technologien der Kernkraftwerke eine Brücke zur Energiegewinnung durch Kernfusion bilden, ist der Verfasser nicht für einen Ausstieg aus der Kernenergie.

Das furchtbarste Profil des nuklearen Krieges moderner Art

Seit dieser Rede 1956 hatte sich die Gefährlichkeit einer nuklearen Auseinandersetzung unvorstellbar verstärkt. Ich meine nicht allein die Überproduktion von nuklearen Sprengköpfen und von interkontinentalen Trägerraketen, die »overkill«-Situation. Ich denke besonders an die Erkenntnis, daß bei Ausbruch eines totalen Kernwaffenkriegs mit der *gleichzeitigen* Zündung eines ganzen Netzes von H-Bomben gerechnet werden mußte. Bei diesem Prinzip würde sich die Hitzeentwicklung auf der Erdoberfläche etwa verdreifachen und über einen ganzen Kontinent könnte alles oberhalb der Erdoberfläche vernichtet werden. Alle Flugbahnbestimmungen mit Radar und Schnellst-Rechnern würden durch den anfliegenden Raketenschwarm in chaotische Verwirrung geraten. Das gesamte System der Abwehr, auch wenn es gegen verschiedene Abschnitte der Flugbahnen unterschiedlich gestaltet ist, wäre ausgeschaltet. In einer Studie des amerikanischen Kernphysikers Wolfgang K. H. Panowski, die im Mai 1984 auf einem Symposium der Max-Planck-Gesellschaft vorgetragen wurde, finden sich folgende Angaben für 1984:

Zahl der strategischen
Atomwaffenträger   2400 SU   2250 USA
Zahl der strategischen
Atomsprengköpfe   12250 SU   12250 USA
(Bei beiden Waffenelementen erfolgte die Aufrüstung der USA etwa fünf Jahre vor der Nachrüstung der SU)
Zahl der damaligen sowjetischen Interkontinentalraketen mit Reichweiten über 10000 km: 6000.

Aus vorstehenden Fakten ist zu erkennen, daß offenbar bald ein *definitives* nukleares Gleichgewicht Ost – West von furchtbarem Profil bevorstand. Vom naturwissenschaftlichen und auch vom machtpolitischen Standpunkt mußte daher eine Fortsetzung der nuklearen Aufrüstung als sinnlos und den Lebensstandard der Völker belastende Verschwendung erscheinen. Bei der geschilderten Lage konnte es Anfang der 60er Jahre nur die Schlußfolgerung geben, daß die *Kulmination der nuklearen Rüstung* erreicht war und schrittweise mit der Abrüstung begonnen werden müsse.

Im Gefolge der Genfer Abrüstungskonferenz der 18 Mächte von 1962 kam es 1963 zu dem Teststopp-Abkommen der USA, der UdSSR und Großbritanniens über die Einstellung der Kernwaffenversuche in der Atmosphäre, im Weltraum und unter Wasser. Die nachfolgenden multinationalen Verhandlungen und Vereinbarungen führten bekanntlich über das Washingtoner INF-Abkommen, das im Dezember 1987 Generalsekretär Gorbatschow und Präsident Reagan unterzeichneten, zu den START-Verträgen von 1991 und 1993, die einen weiteren starken Abbau strategischer Nuklarwaffen vorsahen. Auch in den Vertrag des Pariser KSZE-Gipfeltreffens 1990 über die massive Verkleinerung der konventionellen Streitkräfte in Europa traten ja nach der Auflösung der Sowjetunion deren Nachfolgestaaten ein.

Otto Hahns berühmter Rundfunkvortrag

Jahre nach 1957, beim gemeinsamen Mittagessen im Hotel Bad Schachten nahe Lindau, erzählte mir Otto Hahn einige Einzelheiten aus der Zeit der Erklärung der Göttinger Achtzehn gegen die nukleare Aufrüstung. Es war wie früher in Berlin. Wieder empfand ich ganz unmittelbar seine menschliche Anteilnahme und Wärme sowie seine Liebenswürdigkeit und seinen Humor. Hahn erzählte uns, wie es zu seinem berühmten Vortrag im Westdeutschen Rundfunk gekommen war. Er wollte nicht länger zu den Gefahren eines Atomkrieges schweigen und schrieb 1955 einen Artikel über die Auswirkungen von Kobalt 60-Bomben, der vom Westdeutschen Rundfunk ausgestrahlt werden sollte. Das geschah aber zunächst nicht. Adenauer hatte interveniert.

Otto Hahn gab jedoch nicht auf und erreichte schließlich, daß er seinen Vortrag halten konnte. Er wurde in Dänemark, Norwegen und England gesendet, dann von der »Frankfurter Allgemeinen Zeitung« abgedruckt. Das bildete den Auftakt zu Hahns Aufruf an die Teilnehmer der Lindauer Nobelpreisträgertagung, eine Erklärung über die Gefahren des Mißbrauchs der Kernenergie zu unterzeichnen.

Die Reaktion des Verteidigungsministeriums der BRD

Otto Hahn erzählte mir, wie aufgebracht der seinerzeitige Verteidigungsminister der Bundesrepublik Deutschland, Franz Josef Strauß, war, der von ihm und einigen anderen Wissenschaftlern gebeten worden war, eine öffentliche Erklärung abzugeben, in der sich die Bundesrepublik verpflichtete, keine

Atomwaffen herzustellen oder zu lagern. Strauß warf daraufhin Professor Hahn vor, er unterstütze mit seinen Aktionen die Sowjetunion. Die Auseinandersetzung mit Franz Josef Strauß führte dann im April 1957 zu der vielbeachteten Presseerklärung der sogenannten Göttinger Achtzehn, in der führende westdeutsche Naturwissenschaftler eine Atombewaffnung ihres Landes ablehnten: Fritz Bopp, Max Born, Rudolf Fleischmann, Walther Gerlach, Otto Hahn, Ottto Haxel, Werner Heisenberg, Hans Kopfermann, Max von Laue, Heinz Maier-Leibnitz, Josef Mattauch, Friedrich-Adolf Paneth, Wolfgang Paul, Wolfgang Riezler, Fritz Straßmann, Wilhelm Walcher, Carl Friedrich Freiherr von Weizsäcker, Karl Wirtz.

»Die Erde ist ein völlig bedeutungsloser Planet!«

Die Erklärung der Göttinger Achtzehn hatte große Wirkungen gehabt und war weltweit kommentiert worden, obwohl sie gegenüber der ursprünglich vorgesehenen Fassung entschärft worden war. Als ich Otto Hahn darauf ansprach, daß es Strauß, unterstützt von Adenauer, Globke, Heusinger und Speidel, damals offenbar gelungen sei, ihn und die anderen zu dieser erheblichen Abschwächung ihrer Stellungnahme zu bewegen, entzog er sich der Antwort und nahm zu einer der vielen Anekdoten, die er immer parat hatte, Zuflucht: »Sie wissen doch«, sagte er, »was Einstein einem Zeitungsmann, der ihn fragte, ob man wirklich die Erde mit Hilfe der neuen Erfindungen auf dem Gebiet der Atomphysik in die Luft sprengen könne, geantwortet haben soll: ›Natürlich stimmt es. Aber das spielt doch gar keine Rolle. Die Erde ist ein völlig bedeutungsloser Planet.‹« Ich ging auf sein Lachen ein, und wir brachen dieses ernste Thema ab. Unsere Unterhaltung wanderte wieder einmal zu der alten Berliner Zeit zurück. Otto Hahn warf bedeutungsvoll ein: »Sie haben ja den großen Einschnitt in meinem Leben, den Ersten Weltkrieg, nicht miterlebt, waren damals noch zu jung. Wir aber haben alle nach dem Sturz der Monarchie gelernt, umzudenken. Manche schneller, andere langsamer.«

Otto Hahns menschliche Grundeinstellung

Ich glaube, es war selten, Otto Hahn über das reden zu hören, was ihn bewegte. Er war bekannt für scherzhafte Schilderungen, für liebenswürdige Übertreibungen und charmante Pointierungen. An diesem Abend in Lindau klang zwischen allen vergnüglichen Erinnerungen jedoch immer wieder ein ernster Ton an, der eine nachdenkliche Stimmung hinterließ. Otto Hahn kam noch einmal auf die Diskussion mit Adenauer und Strauß zurück und erklärte mir, die Veröffentlichung vom April 1957 sei das maximal Erreichbare gewesen, nicht nur in Anbetracht der Haltung von Adenauer oder Strauß, sondern auch im Hinblick auf manche seiner Kollegen, welche die politische Auseinandersetzung scheuten. Und dann ein Satz, für den ich ihm dankbar bin: »Es ist gut, daß du drüben das Möglichste für den Frieden versuchst.«

Er wechselte in diesem Gespräch mehrmals von »Sie« auf »Du«, von »Du« auf »Sie«.

»Kennen Sie Willstätter?« fragte er mich nach einer Weile.

»Den Chemiker? Seine Erinnerungen lese ich immer wieder. Sie gehören zu den Büchern, die ich nicht entbehren möchte.«

»Willstätter«, sagte Hahn, »hat damals standgehalten, hat einfach abgelehnt, bei der Entwicklung von Waffen für den Gaskrieg mitzumachen.«

Zunächst erriet ich nicht, was er meinte. Dann aber erzählte er von seiner Militärzeit, und ich erfuhr, er habe unter der Monarchie auf den Reserveleutnant verzichtet. Aus meinen Kindheitseindrücken, die ich ja in einem Offiziershaushalt gewann, kann ich abschätzen, was das in der damaligen Zeit bedeutet hat.

Ich lernte Professor Hahn an diesem Abend als einen Menschen kennen, der zeit seines Lebens durch und durch Zivilist gewesen ist. Er machte sich Vorwürfe, daß er im Ersten Weltkrieg an den Arbeiten für den Gaskampf mitgewirkt hatte. »Sie wissen ja, ich bin Chemiker, nicht Physiker, also war ich dran. Ich habe mir damals tatsächlich einreden lassen, der Einsatz von Gas würde den Krieg verkürzen. Ja, und sehen Sie, ein Mann wie Richard Willstätter – und der war ja auch Chemiker – hat sich dazu nicht hergegeben. Das gab es damals auch schon. Wir haben erst aus den Erfahrungen lernen müssen.«

Lise Meitner

Nach einer Weile sagte er – so, als spräche er zu sich selber: »Als Lise Meitner bei Nacht und Nebel Deutschland verlassen mußte, da wußten meine Frau und ich endgültig, was die Glocke geschlagen hatte. Fürchterlicher Gedanke, was hätte passieren können, wenn Scherrer und andere nicht geholfen hätten, sie heimlich, ohne Visum, über die Grenze nach Holland zu bringen.«

Die Kollegen hatten Lise Meitner immer als das »physikalische Gewissen« von Otto Hahn bezeichnet. An diesem Abend hatte ich für einen Augenblick das Gefühl, sie könne auch sein politisches Gewissen gewesen sein. Wieder begegnete ich dem hohen politischen Verantwortungsgefühl eines großen Wissenschaftlers und Humanisten. Ich erinnerte mich an eigene Gespräche mit Lise Meitner, die ich seit ihrem ersten Besuch im Lichterfelder Institut am 18. März 1928 kannte, und dann kam mir für Sekunden jene Unterhaltung ins Gedächtnis, die ich 1940 mit Max Planck geführt hatte.

Gemeinsam hatten bekanntlich Otto Hahn und Lise Meitner jene Versuche begonnen, die dann Ende 1938 Hahn und seinen Mitarbeiter Fritz Straßmann die Kernspaltung entdecken ließen – als solche erst erkannt von der Kollegin in der Emigration mit ihrem Neffen Otto Frisch.

Ein Gespräch mit Otto Grotewohl

Auf Grund meiner Rede vor dem Nationalrat hatte ich 1956 das erste eingehendere Gespräch mit dem damaligen Vorsitzenden des Ministerrates, d. h. Ministerpräsidenten unseres Staates, Otto Grotewohl. Der Gedanke, die Weltvorräte an Atomwaffen könnten auch für friedliche Zwecke genutzt werden, interessierte ihn lebhaft.

Grotewohl, der Sozialdemokrat in der Weimarer Republik, auch Minister des Landes Braunschweig, bis 1933 SPD-Reichstagsmitglied, dann unter dem NS-Regime zeitweilig politischer Häftling, hatte 1945 als Vorsitzender des Zentralausschusses der neu gegründeten SPD in Berlin bekanntlich maßgeblichen Anteil am 1946 vollzogenen, bis heute vieldiskutierten Zusammenschluß von SPD und KPD zur SED. Damals hatte er gemeinsam mit Wilhelm Pieck, der jetzt, seit 1949, Präsident der DDR war, den SED-Vorsitz übernommen.

Unsere Unterhaltung fand während einer festlichen Veranstaltung in Dresden statt. Nach den ersten Sätzen ergriff er meinen Arm und hakte mich unter. So durchquerten wir mehrere Male den Saal. Obwohl ich durch diese Geste ausgezeichnet werden sollte, fragte er vorher, ob mir solche Vertraulichkeit auch nicht unangenehm sei. Gerade durch diese liebenswürdige, feine Art, durch die menschliche Wärme seines Wesens hat Otto Grotewohl mich damals fester als durch Verträge mit unserem Staat verbunden. Später hatte ich noch oft Gelegenheit, mit ihm zu sprechen, bei meinen Bemühungen um die Gründung des Forschungsrates, auf der gemeinsamen Sechsländerreise im Januar 1959, im kleinen Kreis abends in seiner Wohnung in Berlin-Niederschönhausen, im Dresdner Klub und auf vielen Staatsempfängen. Niemals hat sich dabei das Bild meines ersten Eindrucks gewandelt. Auch die Frau des Ministerpräsidenten besaß diese seltene Gabe, die Herzen ihrer Mitmenschen sofort zu gewinnen.

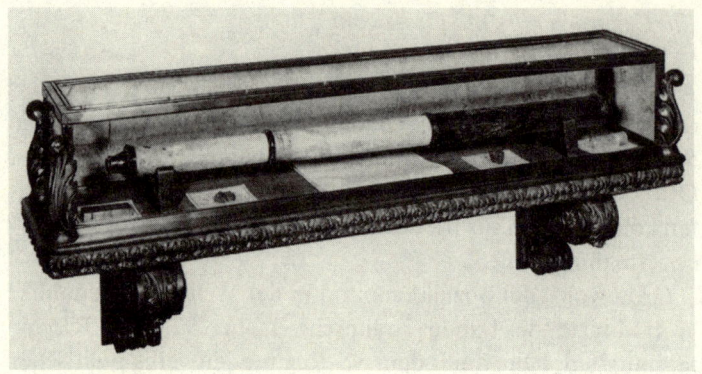

Ein wichtiges Gerät für die Geschichte des Fernrohrs: das von Galileo Galilei am 20. 3. 1629 zu Florenz signierte Fernrohr, das mir von einem Nachfahren der Familie geschenkt wurde.

Ein Fernrohr aus der Hand Galileo Galileis

Während der ersten Dresdner Jahre hatte ich einen sehr aufregenden Besuch. Kurz vor seinem Tod, dessen Nähe er wohl schon ahnte, kam Carlo Donadini, der Sohn des früheren sächsischen Hofrats Professor Ermengildo A. Donadini, zu mir. Er war der letzte Nachkomme eines alten Florentiner Guelfengeschlechts. Zu meiner großen Freude bot er mir ein einzigartiges Kulturdokument aus dem Besitz seiner Familie zum Geschenk an, ein terrestrisches Fernrohr aus der Hand Galileo Galileis. Die Übersetzung der Signatur auf dem Rohr lautet: »Ich, Galileo Galilei, schrieb dies mit eigener Hand am 20. März 1629 zu Florenz.« Nachdem ich dieses für die Geschichte des Fernrohrs so wertvolle Gerät erhalten hatte, untersuchte ich die Bauweise sowie den Strahlengang und berichtete darüber an Hand einer Röntgenaufnahme in der Zeitschrift »Optik«. Durch dieses Rohr sah ich dann den Jupiter mit seinen Monden so wie Galilei damals vor mehr als 300 Jahren!

Die Sternwarten Plattleite 27 und Zeppelinstraße 7

Ende 1956 ließ ich auf dem Institutsgelände an der Plattleite eine kleine Sternwarte mit drehbarer 4-m-Kuppel errichten, in der ein aus der Sowjetunion mit zurückgebrachter 20-cm-Zeiss-Refraktor aufgestellt wurde. Zehn Jahre später kam dann die in der Zeppelinstraße 7 am Elbhang gelgene größere Sternwarte mit 7-m-Kuppel und 25-cm-Zeiss-Refraktor hinzu, die vorzugsweise wissenschaftlichen Aufgaben diente. Die Betrachtung von Planeten, Kugelsternhaufen und der größeren Nebelflecke in Teleskopen dieser Abmessungen ist einer der besten Wege, um dem Menschen die gewaltigen Maßstäbe des Kosmos näherzubringen und ihn innere Bescheidenheit zu lehren.

Aus Dankbarkeit für die Hilfe der Stadt Dresden beim Aufbau des Instituts habe ich die kleinere Einrichtung für alle astronomisch interessierten Besucher zugänglich gemacht. Zehntausende, meist Schulkinder, haben hier im Laufe der Jahre die Schönheiten des nächtlichen Himmels kennengelernt. Im Innern der Kuppel sieht man eine künstliche Nachbildung des Wintersternenhimmels, die fluoresziert und alle mit bloßem menschlichen Auge sichtbaren Himmelskörper zeigt. Auf der schwarzen Kuppelinnenfläche mußten dafür insgesamt 2840 Sternnachbildungen mit photometrisch kontrollierten Helligkeitswerten und hoher Genauigkeit an den kartographisch richtigen Stellen befestigt werden. Da bei dieser Methode (wie bei der Malerei mit Fluoreszenzfarben) ein Kontrastumfang von mehr als 1000:1 möglich ist, entsteht ein einzigartig natürlicher Eindruck.

Dieses Ergebnis ermutigte mich, durch einen Kunstmaler Leuchtfarben-Lehrbilder ausgewählter astronomischer Objekte herstellen zu lassen und sie in den Sternwarten an der Plattleite und in Heringsdorf aufzuhängen. Auf sechzehn Tafeln wird das, was man sonst im Teleskop zu sehen bekommt, so gut nachgeahmt, daß den Gästen auch bei bedecktem Himmel oder am Tag ein intensiver Eindruck von den Wundern des Firmaments vermittelt werden kann. Diese Bilder, deren Fluoreszenz durch eine kleine Standard-Quecksilberdampflampe mit Schwarzglaskolben und ultraviolettem Licht erregt wird, sind später auch als Lehrmittel in unseren Schulen verbreitet worden.

Gründung des »Dresdner Klubs«

Im Zusammenhang mit der Gründung der Kernphysikzentren und dem Aufbau neuer Industrien im Bezirk Dresden hatte die Regierung den Gedanken gefaßt, im ehemaligen Lingner-Schloß am rechten Elbhang einen Klub für die schöpferisch tätigen Geistesschaffenden ins Leben zu rufen. Im Juni 1955 richtete der damalige Oberbürgermeister der Stadt, Walter Weidauer, die Bitte an mich, ihm Vorschläge für die Organisation des Klubs, die Verwendung der Räumlichkeiten im Lingner-Schloß sowie für besondere Einrichtungen zu unterbreiten. Meine Anregungen wurden dann nach Beratung mit den verschiedenen Interessentengruppen in den wesentlichen Punkten akzeptiert. Im März 1957 erhielt ich den ehrenvollen Auftrag, den Dresdner Klub zu eröffnen.

Die Zusammenführung schöpferischer Menschen
aus verschiedenen Fachgebieten

In meiner Eigenschaft als 1. Vorsitzender des Kuratoriums des Dresdner Klubs habe ich mich viele Jahre lang darum bemüht, durch Beratung und eigene Vorträge der Entwicklung dieses Unternehmens zu dienen. Auf ausdrücklichen Wunsch der Regierung sollte die Mitgliederzahl dieser Vereinigung begrenzt bleiben. Ihre berufliche Zusammensetzung unterschied sich vorteilhaft von so manchem Klub, den ich bis dahin kennengelernt hatte. Die verschiedenen Wissenschaftsgebiete waren durch zahlreiche bedeutende Persönlichkeiten aus der Technischen Universität, der Pädagogischen Hochschule, aus Institutionen der angewandten Kernphysik sowie der verschiedenen naturwissenschaftlich-technischen Forschungsinstitute und der Medizinischen Akademie Dresden vertreten. Viele Mitglieder gehörten der Industrie an. Diesem Kreis stand in harmonischer Ergänzung ein zweiter gegenüber, der Musiker, Schauspieler, Tänzer, Schriftsteller, Maler und Bildhauer umfaßte. Zu den beiden genannten, einander komplementären Gruppen gesellten sich als dritte Komponente Persönlichkeiten, die in der Politik, in der Volksarmee und im Staatsapparat tätig waren. Auf diese Weise bot der Dresdner Klub die in unserem Zeitalter zunehmender Spezialisierung der Wissenschaften und Künste so wichtige Möglichkeit, durch Vorträge, Diskussion und direkte Gespräche Querverbindungen zwischen den Vertretern der einzelnen Gebiete herzustellen. Aus dieser geistigen Wechselwirkung ergaben sich dann im Laufe der Zeit viele bedeutende Impulse, deren wirtschaftliche Auswirkungen die Investitionen für diese Einrichtung sicherlich weit übertroffen haben.

Höhepunkte des Klublebens waren Veranstaltungen, für die wir bekannte Persönlichkeiten gewinnen konnten wie den damaligen Vorsitzenden des Staatsrates Walter Ulbricht, den seinerzeitigen Verteidigungsminister Heinz Hoffmann, die Mitglieder des Politbüros des Zentralkomitees der Sozialistischen Einheitspartei Deutschlands, Professor Kurt Hager und Egon Krenz, die ehemaligen Präsidenten der Volkskammer Prof. Dr. Johannes Dieckmann, Gerald Götting und Horst Sindermann, den damaligen Außenminister Dr. Lothar Bolz, die langjährigen Minister für Gesundheitswesen Max Sefrin und Prof. Dr. Ludwig Mecklinger, den damaligen Präsidenten des Nationalrates Dr. Erich Correns, den ersten Sekretär der SED-Bezirksleitung Dresden Hans Modrow, den Vorsitzenden des Rates des Bezirkes Günther Witteck, den Oberbürgermeister Wolfgang Berghofer sowie die Professoren Theodor Brugsch, Werner Ludwig, Hermann Henselmann und schließlich Dr. Hermann Rühle.

Die Zusammenführung schöpferischer Menschen aus Politik, Wirtschaft, Wissenschaft und Kunst, das sich daraus entwickelnde Wissen um die Arbeiten des anderen, führte zu einem viel besseren Verständnis manch aktueller Probleme. Der ursprüngliche Zweck des Klubs, die Zusammenführung der Elite Dresden aus den verschiedenen Bereichen, war 1990 nicht mehr erfüllbar.

Themen und Ziele der Klubveranstaltungen

Das Themenspektrum der Vorträge reichte im ersten Jahrzehnt von Studien über die Stadt der Zukunft, den Wiederaufbau Dresdens, die innere Gestaltung der neuen Semperoper, neue Lösungen medizinischer und technischer Probleme bis zu Gesprächen mit dem Komponisten Werner Egk und aktuellen Foren über die innen- oder außenpolitische Lage.

Eine der ersten Vortrags- und Diskussionsveranstaltungen im Dresdner Klub beschäftigte sich mit der Frage, wie der Nutzeffekt der hohen Staatsausgaben für Forschung und Entwicklung verbessert werden könne. Von ihr gingen starke Impulse aus, die zusammen mit anderen gleichgerichteten Bestrebungen bald darauf zur Gründung des Forschungsrates der Deutschen Demokratischen Republik durch den Ministerrat führten.

Mit der Schaffung dieses Gremiums, das sich später zeitweilig zu einem Hilfsinstrument unserer Wirtschaftsführung entwickelte, wurden Bemühungen belohnt, deren Anfänge in den Herbst des Jahres 1956 zurückreichen. Seit damals hatte ich in Gesprächen mit der Leitung des Zentralamtes für Forschung und Technik, mit Walter Ulbricht, mit meinem früheren Kollegen aus Suchumi Professor Dr. Thiessen, mit dem damaligen Präsidenten der Akademie der Wissenschaften, Professor Dr. Vollmer, und schließlich in einem ausführlichen Schreiben an Ministerpräsident Otto Grotewohl immer wieder auf die Notwendigkeit solch eines wissenschaftlichen Beirates hingewiesen.

Berufung in den Forschungsrat

Unmittelbar nach seiner Gründung wurde ich im Juli 1957 in den Forschungsrat berufen. Als sein Mitglied konnte ich die Bildung des VEB Hochvakuum sowie der Zentralen Entwicklungsstelle für radiologische Technik und medizinische Elektronik in Dresden durchsetzen. Diese beiden Institutionen haben später kritische Lücken im Wirtschaftsgefüge unseres Staates ausgefüllt. Auch die Gründung des Betriebes »Molekularelektronik« habe ich vor etwa zwei Jahrzehnten sehr befürwortet. Ohne die damals gegründeten Industriebetriebe für Hochvakuumtechnik und Mikroelektronik hätte es keine Schlüsseltechnologien auf eigner industrieller Basis in der DDR gegeben. Trotz dieser frühen Gründungen konnten wir mit der ausländischen Entwicklung nicht Schritt halten.

Der Vorsitz des Forschungsrates wurde Professor Dr. Thiessen übertragen, der damit eine gewaltige Verantwortung und Arbeitslast auf sich nahm. Er hat diese schwere Aufgabe bis 1965 mit großer Energie und Gewandtheit gemeistert. Dann trat Professor Dr. Max Steenbeck seine Nachfolge in diesem Amt an, unter dessen Leitung das erste Atomkraftwerk der DDR gebaut wurde.

Als beratendes Organ des Ministerrates ist der Forschungsrat für fast alle bedeutsamen Vorhaben der Deutschen Demokratischen Republik in Wissenschaft und Technik zuständig gewesen. Über die zentralen Arbeitskreise und Kommissionen konnte er auf alle wichtigen Forschungs- und Entwicklungsprobleme Einfluß nehmen. Ich sehe es als eine wesentliche Bereicherung meines Lebens an, daß ich bei den Tagungen dieses Wissenschaftlerkollektivs regelmäßig mit den geistig führenden Persönlichkeiten der verschiedenen Fachsparten diskutieren durfte. Eine sehr harmonische Atmosphäre kennzeichnete alle unsere Sitzungen, Diskussionen und Gespräche. Fast stets herrschte reine Sachlichkeit. Man kannte nur das hohe gemeinsame Ziel und ordnete alles dem Willen zur gegenseitigen Hilfe unter.

Als gemeinsames Ziel stand vor uns, Wissenschaft und Forschung zum Wohle des Menschen einzusetzen. Unsere gesellschaftliche Umwelt, das Wirken dieses Gremiums im Sozialismus gaben mir die Garantie hierfür.

Schon in einer der ersten Sitzungen des Forschungsrates, bei der auch Minister und hohe Parteifunktionäre anwesend waren, hatte ich darauf hingewiesen, daß wir zu viele Wissenschaftler heranziehen und zu wenige junge Menschen den handwerklichen Berufen zuführen (Maurer, Schlosser, Mechaniker usw.). Ich monierte auch, daß den Meistern viel zuwenig Gesellen erlaubt wurden! Ich bemerkte, daß wir in Zukunft sehr viele gut ausgebildete Fachkräfte benötigen würden zur Errichtung unserer Gebäude und unserer Anlagen. Meine Mahnung blieb unbeachtet. Die falsche autoritäre Verplanung unserer Jugend in die Berufe hat sich inzwischen bitter gerächt.

Auslösung der Gründung des Dresdener Computer-Kombinates »Robotron«

Gemeinsam mit Max Steenbeck erfolgte in einem Gespräch mit Walter Ulbricht die Durchsetzung der folgenreichen Gründung des Dresdener Computer-Kombinates »Robotron«. In meiner Argumentation wies ich darauf hin, daß die Nutzung der elektronischen Rechen- und Speichertechnik für die zentral geleitete Planwirtschaft sehr viel wichtiger sei als für die Marktwirtschaft des kapitalistischen Systemes. Unser hoher Gesprächspartner verstand sofort, und schon 14 Tage später beschloß der Ministerrat die Gründung von »Robotron«.

»Systemtheoretische Betrachtungen zur Optimierung des Regierens«.
Vorschlag selbstoptimierender Regelkreise als Basisstruktur in der Wirtschaft. Rückkopplung ohne Informationsverfälschung von der Basis zur Leitungsebene.

Die gute Beziehung zu Walter Ulbricht, der nach dem Tod von Wilhelm Pieck 1960 Vorsitzender des neu geschaffenen Staatsrates geworden war, und die Absicht, notwendige Reformen durchzusetzen, ermutigten mich 1968, in einer Sitzung des Ministerrates und des ZK der SED an W. Ulbricht und G. Mittag ein gemeinsam mit F. Rieger ausgearbeitetes 58-Seiten-Dokument zu übergeben mit dem Titel: »Systemtheoretische Betrachtungen zur Optimierung des Regierens. Studie zur Regierungsstruktur im kybernetischen System der Gesellschaft.« Das Dokument enthielt bereits mehrere der am 16. 10. 1989 kurz vor dem Sturz Honeckers von mir im Kulturpalast Dresden öffentlich geforderten Reformen. Die Bedingungen in Berlin waren 1968 noch nicht reif für ein Herangehen an die Lösung der mit diesen Fragen verbundenen großen politischen und ideologischen Probleme.

Besuch von Professor Jemeljanow

Im Februar 1957 hatten wir die Freude, Professor Wassili Jemeljanow zusammen mit einigen führenden sowjetischen Wissenschaftlern und sowjetischen Kollegen aus der Suchumi-Zeit das erste Mal auf dem Weißen Hirsch zu empfangen. Die Gäste besichtigten das Institut und seine Einrichtungen mit großem Interesse. Dieses Zusammensein, das sich bis spät in die Nacht hinein ausdehnte, hat unsere langjährigen freundschaftlichen Beziehungen zu Professor Jemeljanow noch mehr vertieft. Mit innerer Anteilnahme folgten wir damals den Worten dieses bedeutenden und doch so bescheidenen, gütigen Mannes über Fragen der Weltpolitik.

Unser Freund Professor Wassili Jemeljanow (links), der lange auch in Genf und bei der internationalen Atombehörde in Wien die Interessen der Sowjetunion vertrat, bei seinem Besuch im Institut am 23. Februar 1957.

1935 war Professor Jemeljanow der Aufbau des ersten Elektro-Stahl-Werkes der Sowjetunion in Tscheljabinsk übertragen worden. Sein Wirken in dieser Stadt an den Osthängen des Südurals während des Zweiten Weltkrieges ist von geschichtlicher Bedeutung. Er war der Konstrukteur des Panzers T 34 mit der gegossenen Panzerkuppel.

Der verschluckbare Intestinalsender

Die Fortschritte der Transistortechnik erlaubten mir 1956, den verschluckbaren Intestinalsender, auch Endoradiosonde genannt, zu konzipieren. Das ist ein frequenzmodulierter Sender in Mikrobauweise, der aus der Speiseröhre, dem Magen oder dem Darmtrakt für die ärztliche Diagnostik wichtige Meßwerte an einen außerhalb des Körpers installierten Meßempfänger signalisiert. Auf diese Weise können die örtlichen Druck-,

Säure- und Temperaturwerte bei der Passage der Senderpille durch den Körper gemessen werden. Um bei Anwendung der Radiopille schnell einen umfassenden Einblick in die physiologisch bedingten und sehr charakteristischen Schwankungen dieser Werte zu erhalten, hatte ich den Empfänger gleich als Registrierapparat mit direkter Schreibung der Meßwertgruppen entwickelt.

Mein medizinischer Partner bei diesen Bemühungen, der Chef der Chirurgischen Klinik in Dresden-Johannstadt und Mitglied des Senats der Medizinischen Akademie »Carl Gustav Carus«, Professor Dr. med. H. B. Sprung, den ich durch den Dresdner Klub kennengelernt hatte, probierte das neue Diagnosegerät sofort in zahlreichen Versuchen unter variierten Bedingungen aus. Die Ergebnisse veröffentlichten wir unmittelbar danach gemeinsam. Unsere Arbeiten gehören zu den ersten Mitteilungen über die nach dieser Methode meßbar gewordenen typischen Erscheinungen in der Speiseröhre sowie im Magen- und Darmtrakt. Mit dem Bau des verschluckbaren Intestinalsenders erhielt die Innere Medizin ein neues Hilfsmittel für die Funktionsprüfung des gesunden und kranken Körpers in den genannten Bereichen und zum Beispiel für das Studium der Säurewerte in Abhängigkeit von Ernährung, Medikamenten, Zeit und Ort im Intestinaltrakt. Als äußere Anerkennung für die Erfindung der Endoradiosonde übertrug man mir auf der 2. Internationalen Konferenz für medizinische Elektronik in Paris 1959 die Leitung der Sitzung, in der dieses Thema behandelt wurde.

Eine neue Forschungsmethode: die EA-Massenspektrographie

In der Sowjetunion hatten wir in den letzten Jahren zwei Präzisions-Massenspektrographen für hohes Auflösungsvermögen geschaffen. Die dabei gesammelten Erfahrungen halfen mir unmittelbar nach der Rückkehr, als ich mit den Arbeiten an einem Elektronen-Anlagerungs-Massenspektrographen für die Molekulargewichtsbestimmung vielatomiger organischer Moleküle begann. Im Gegensatz zu den bis dahin gebauten Präzisions-Massenspektrographen kam bei diesem Gerät die Erzeugung der Ionen nicht durch Elektronenstoß, sondern durch den sanfteren Vorgang einer Anlagerung von negativen Ladungsträgern (Elektronen, negative Ionen) sehr kleiner kinetischer Energie zustande. Bei einer Ionisierung solcher Art erhält man nicht positive, sondern negative Ionen, und es unterbleibt in der Regel die Aufsplitterung der zu untersuchenden Moleküle in viele Bruchstücke kleiner Masse. Frühere tastende Vorstöße in dieser Richtung im Ausland waren an der sehr geringen Ausbeute der genannten Ionisierungsmethode gescheitert. Durch die Entwicklung der Ionenquelle für die Anlagerung negativer Ladungsträger mit einer um viele Größenordnungen höheren Effektivität wurde das Gebiet neu erschlossen und hat 1988 zur Gestaltung noch zarterer Ionisierungsmethoden angeregt.

Für die präzise Molekulargewichtsbestimmung vielatomiger organischer Moleküle, für die Untersuchung von Gemischen verschiedener Arten von Molekülen (zum Beispiel von Ölen), für die Analyse von bekannten oder unbekannten Naturstoffen, für die Abschätzung der Bindungskräfte zwischen den Atomen solcher Moleküle hat die Elektronen-Anlagerungs-Massenspektrographie als Forschungsmethode heute Bedeutung gewonnen. 1968 wurde sie für die Feinanalyse von Körperflüssigkeiten und der chemischen Zusammensetzung von Zellmembranen (Lipidspektren) eingesetzt. Sie eröffnete der medizinischen und biochemischen Diagnostik und Therapie neue Möglichkeiten. Unter anderem fanden wir große Unterschiede zwischen den Spektren der Membranlipide von Krebszellen und Normalzellen. 1971 faßte ich diese Arbeiten mit Dr. K. Steinfelder und Dr. R. Tümmler in einem Buch zusammen. Große Freude löste eine späte Würdigung dieser Forschungen in der »Zeitschrift für angewandte Chemie« 39 (1981) 635, aus. Diese Arbeiten fanden 1990 eine Fortsetzung durch das Bruker-Laufzeit-Massenspektrometer für Molekülmassen bis

10000. Die Verdampfung und Ionisierung erfolgte durch Laserstrahlung so zart, daß keine Aufsplitterung der Moleküle eintritt.

Der erste Dr. »honoris causa«

Im September 1958 wurde ich – völlig überraschend – für die Erschließung der EA-Massenspektrographie und für die Erfindung des Röntgenstrahlen-Schattenmikroskops 1939 von der Mathematisch-Naturwissenschaftlichen Fakultät der Universität Greifswald mit der Verleihung des Doktortitels »honoris causa« ausgezeichnet. Die würdige Feier im Auditorium maximum, der berühmten »Aula« der Greifswalder Universität, fand bei meiner Rückkehr ihre heitere Ergänzung mit einer Begrüßungszeremonie durch alle Mitarbeiter des Dresdner Instituts.

Tages Arbeit, abends Gäste ...

Auch auf dem Weißen Hirsch sind wir der Gewohnheit vorausgegangener Jahre treu geblieben, die ernste Arbeit ab und zu durch heitere Festlichkeiten zu unterbrechen. Bei solchen zwanglosen Zusammenkünften verwandelte sich gelegentlich das optische Laboratorium des Instituts für die Dauer einer Nacht in ein türkisches Zimmer mit den letzten Finessen orientalischer Lebensweise.

Viele der neu hinzugekommenen Dresdner Freunde trugen manches Mal durch geistvoll-humoristische Reden, kleine gesangliche oder schauspielerische Einlagen zur Steigerung der Stimmung der anderen Gäste bei. An eine Episode von einem Beisammensein, für das keine Kostümierung vereinbart war, denke ich mit leichtem Schmunzeln. Im feierlichen schwarzen Anzug erschien die Magnifizenz der Technischen Hochschule Dresden, der spätere Präsident der Kammer der Technik, unser Freund Horst Peschel. Bei der Begrüßung der Hausfrau schien ein unbekanntes Ereignis ihn seelisch zu erschüttern. Zur Überraschung der Gastgeber erklärte er, unbedingt noch einmal nach Haus zurückfahren zu müssen, und eilte die Treppe wieder hinunter. Wir stürzten ihm nach und erfuhren nun endlich die wahre Ursache seines seltsamen Benehmens. Seine Magnifizenz hatte bei der Verbeugung vor der Hausfrau bemerkt, daß er noch die häuslichen Filzpantoffeln trug. Glücklicherweise hatte er die gleiche Schuhgröße wie ich, und so konnte schnelle Hilfe gewährt werden.

Nationalpreis 1. Klasse und weitere Auszeichnungen

Am 7. Oktober 1958, dem »Tag der Republik«, erhielt ich die seit 1949 alljährlich verliehene höchste wissenschaftliche Auszeichnung unseres Staates, den Nationalpreis 1. Klasse »für wissenschaftliche Leistungen bei der Entwicklung der Wissenschaft in der Deutschen Demokratischen Republik und für bahnbrechende Arbeiten auf dem Gebiet der Elektronen- und Ionenphysik sowie der Hochfrequenztechnik und für Beiträge in der Literatur der Kernphysik«. Die Freude bei meiner Familie und mir war natürlich groß. Ich war glücklich über diese Auszeichnung, die mir zuteil wurde. Außerdem ermöglichte mir die mit dem Nationalpreis verbundene beträchtliche Summe, ein weiteres Nachbargrundstück zu kaufen und durch Ausbau des dazugehörigen Gebäudes unser Institut um einiges zu erweitern. Weitere Nationalpreise und manche andere Auszeichnungen kamen im Laufe der folgenden Jahrzehnte hinzu.

Studentische Ehrung

Kurz vor Weihnachten hatte ich in Meißen eine etwas ungewöhnliche Begegnung, die damals in dem engen Gäßchen, das vom alten Marktplatz zum Dom emporführt, erhebliches Aufsehen erregte. Nach Erledigung einiger geschäftlicher Dinge war ich mit meiner Sekretärin vor der Rückfahrt nach Dresden in eine Eisbar gegangen, die in der besagten kleinen Gasse liegt, um einige Erfrischungen zu bestellen. Plötzlich sah ich außen am Fenster einen jungen Mann mit bunter Papiermütze, der einen ebenso herausgeputzten Begleiter auf uns aufmerksam machte. Wenige Sekunden später waren es etwa hundert junge Leute, die uns durch das Fenster anstarrten. Dann drang eine Gruppe von ihnen in die Bar ein. Hintergründig schmunzelnd, denn meine Begleiterin war eine hübsche junge Dame, wurde mir eröffnet: »Herr Professor, Sie sind erkannt! Studenten der Dresdner Technischen Hochschule laden Sie zur Teilnahme an der Semester-Abschlußfeier im Meißner Burgkeller ein.«

Leider mußte ich dieses Angebot wegen anderer Verpflichtungen ablehnen, aber genügend vertraut mit studentischen Gedankengängen bei solchen Anlässen schob ich dem Sprecher einige Geldscheine unter seinen Papierhut zum besseren Gelingen des Festes. Kaum war das geschehen, erklang in der kleinen Straße aus hundert Kehlen ein dreifaches »Hoch soll er leben«. Der Chorgesang in und vor der Eisbar ging dann über in »Gaudeamus igitur« und wurde mit einigen anderen alten Studentenliedern fortgesetzt. Schließlich verschwand die fröhliche Sängerschar in Richtung Meißner Dom. Fast konnte man sich in längst vergangene Zeiten studentischer Romantik zurückversetzt fühlen.

Schönes altes Meißen mit den verwinkelten engen Gäßchen, mit dem Marktplatz und der nahen Vinzenz-Richter-Ecke, mit seinen vielhundertjährigen Bauten und dem alles beherrschenden Dom hoch über der Elbe! Welch ein Glück, daß die Bombergeschwader des Zweiten Weltkrieges an dieser malerischen Stadt vorbeigeflogen sind! Meißen könnte, weiterhin liebevoll aufgefrischt, das Rothenburg o. T. der neuen Bundesländer sein oder werden! Ende Dezember 1989 wurde ich Mitglied des gleichzeitig gegründeten Kuratoriums »Rettet Meißen – Jetzt!«.

Einladung zur großen Reise

Im Herbst 1958 kam für mich ein völlig überraschender Anruf: Der damalige Stellvertretende Ministerpräsident und Minister für Auswärtige Angelegenheiten, Dr. Lothar Bolz, fragte mich im Auftrag von Otto Grotewohl und Walter Ulbricht, ob ich bereit sei, als Mitglied der Regierungsdelegation an einer Reise des Ministerpräsidenten nach China teilzunehmen. Die Route würde über Ägypten, Syrien, Irak, Indien und Vietnam mit Zwischenaufenthalten von fünf bis zehn Tagen in den jeweiligen Ländern führen.

In einem abendlichen Gespräch mit meiner Frau wurde mir klar, wie reich mich das Leben bisher beschenkt hatte. Brachte doch seit Jahrzehnten fast jeder neue Tag aufregende Arbeitsergebnisse, Begegnungen mit bedeutenden Menschen und reizvolle Ereignisse in der privaten Sphäre. – Ich freute mich über das außergewöhnliche Angebot zu dieser großen Reise sehr.

Die große Reise

Ein kleines rosa Glücksschwein

Wenige Minuten vor der Abfahrt betrat ich noch einmal kurz mein Arbeitszimmer. Dabei entdeckte ich ein kleines rosa Glücksschweinchen auf meinem Schreibtisch. Die sofort eingeleiteten Erkundigungen nach dem aufmerksamen Spender blieben ohne Ergebnis. Besonders energisch bestritten meine beiden Sekretärinnen, in diesem Fall Initiative entwickelt zu haben, wobei aber jede die andere in Verdacht hatte. Schließlich stellte sich heraus, unser zweieinhalbjähriger Sohn Hubertus hatte den Talisman, der seinen Spielsachen entstammte, auf meinen Schreibtisch gelegt, als er wieder einmal Lutschbonbons aus der ihm wohlvertrauten rechten Schreibtischschublade stibitzte. So hat dann auch die weite Reise bis zu ihrem Ende unter einem glücklichen Zeichen gestanden.

Feierliche Verabschiedung

Nach einer Besprechung beim Ministerpräsidenten Otto Grotewohl über die politischen Ziele und die Aufgaben der einzelnen Mitglieder starteten wir am 4. Januar 1959 in früher Morgenstunde. Zur Regierungsdelegation gehörten Ministerpräsident Otto Grotewohl, der Stellvertretende Ministerpräsident und Außenminister Dr. Lothar Bolz, der Stellvertreter des Außenministers Sepp Schwab, der Stellvertreter des Ministers für Innen- und Außenhandel Gerhard Weiß und ich. Hinzu kamen noch achtundzwanzig Begleitpersonen (Chef des Protokolls, Botschaftsräte, Reporter von Presse, Fernsehen, Film und Funk, Sekretäre, Sicherheitsbeauftragte und so weiter). Ehe sich der große Vogel, eine sowjetische TU 104 mit zwei Düsentriebwerken, in die Luft hob, fand eine Verabschiedung mit Ehrenkompanie und Musikkapelle statt, die im Licht der Scheinwerfer besonders feierlich wirkte. Der damalige Erste Stellvertreter des Ministerpräsidenten, Walter Ulbricht, viele Mitglieder des Ministerrates und der Leitung des Staatsapparates sowie das diplomatische Korps hatten sich eingefunden und gaben uns ihre besten Wünsche mit auf den Weg.

Achtundzwanzig Tage dauerte diese Reise. Fünfundzwanzigtausend Kilometer waren es – und unzählige Menschen, Gesichter, Eindrücke, Erschütterungen, Tatsachen, Freuden und Hoffnungen, die jeden Reisetag bis zum Rand ausfüllten.

Aus meinem Reise-Tagebuch

Ich entnehme meinem Tagebuch:

4. Januar
Zwischenlandung in Budapest. Nachmittags afrikanische Küste, bald darauf Kairo. Auf dem Flughafen wird der Ministerpräsident mit militärischen Ehren von Vertretern der Regierung, den Diplomaten der befreundeten Länder und den Mitgliedern unserer Vertretung begrüßt, ein würdiger, aber zeitraubender Vorgang. Nasser gibt unserer Delegation im Kubbeh-Palast ein Abendessen. Hohe Auszeichnungen für unsere Delegation. Ich selbst wurde durch die Verleihung des Großkreuzes des Verdienstordens mit Band überrascht. (Es war ein Orden mit breiter Schärpe, so auffallend, daß ich ihn später nie getragen habe.)

Gespräch mit dem Vizepräsidenten und Verteidigungsminister.

5./6. Januar
Abstecher nach Port Said und El Ismailiya. Fahrt auf dem Nil. Ägyptisches Museum. Cheopspyramide von Gizeh. Ich referiere vor Naturwissenschaftlern und Mitgliedern der ägyptischen Atomenergie-Kommission.

7. Januar
Kurzer Aufenthalt in Damaskus. Essen mit dem Staatspräsidenten. Besichtigung des Basars und der Omajjaden-Moschee mit der Gedenkstätte für Johannes den Täufer.

8.–11. Januar
Vier Tage in Bagdad. Unterredung mit dem irakischen Ministerpräsidenten Kassem. Begeistertes Volk und herzlicher Empfang. Beim Festessen bewaffnete Sicherheitskräfte hinter den Vorhängen. Kassems Stellung offenbar sehr labil (bald nach unserem Besuch wird Kassem ermordet). Besichtigung einer Klinik. Vortrag vor Wissenschaftlern und Mitgliedern der Irakischen Atomenergie-Kommission. Besuch in Babylon.

12. Januar
Neu-Delhi. Wohnen im Palast des Maharadschas von Haidarabad. Nachmittags auf Einladung Professor Kotharis Vortrag vor Naturwissenschaftlern der Delhi-Universität. Abendessen im kleinen Kreis bei Premierminister Nehru. Unterhaltung mit Frau Indira Gandhi, der Tochter Nehrus, die mich durch ihre klugen Gedanken und ihr politisches Urteil sehr beeindruckte. Gespräch mit ihr über ein Indien-Buch, das mein Vetter Hans Brockhaus gerade übermittelt hatte.

13. Januar
Vorlesung im National Physical Laboratory auf Einladung Professor Krishnans. Kontakte zu maßgebenden Wissenschaftlern. Empfang im »Ashoka-Hotel« mit Nehru. Atompolitisches Gespräch mit Verteidigungsminister Menon.

14. Januar
Agra. Beim Grabmal Tadsch Mahal und in Kaiser Akkars »Rotem Fort«. Bauweise und Bäder eines Harems besichtigt. (Fünfundzwanzig Jahre später steht mein Sohn Alexander vor dem Tadsch Mahal und bewundert dieses schönste und größte Symbol menschlicher, den Tod überdauernder Liebe.)

15. Januar
Am Vormittag Fahrt zum Bhakra-Staudamm am Himalaja. Er dient sowohl der Energiegewinnung als auch der Bewässerung weiter Landstriche der Provinz Pandschab. Eines der größten wirtschaftlichen Unternehmen gegenwärtig in Indien. Mittagessen mit Ministern der Provinz Pandschab. Nachmittags nach Chandigarh. Le Corbusier demonstriert an dieser Stadt die Prinzipien moderner Städteplanung.

16. Januar
Wieder in Neu-Delhi. Besuch beim indischen Staatspräsidenten Prasad. Nachmittags Empfang durch ein Bürgerkomitee von Neu-Delhi, etwa tausendzweihundert Personen. Abends Flug nach Kalkutta. Mitternächtliche Fahrt durch die Straßen. Indien des Elends und der Hungersnöte: Zu Hunderten liegen die Menschen in Decken gehüllt auf den Straßen und schlafen.

17. Januar
Bei Sonnenaufgang nach Hanoi, der Hauptstadt der Demokratischen Republik Vietnam. Überschäumende Begeisterung beim Empfang. Wohnen im Palais des Staatspräsidenten Ho chi Minh. In der herzlichen inneren Grundstimmung spiegeln sich die Gemeinsamkeit der Ziele, die freundschaftliche Verbundenheit aller Mitglieder der sozialistischen Völkerfamilie. Ho chi Minh, Ministerpräsident Pham van Dong, General Giap und die anderen Minister sind Menschen mit ungezwungenem, offenem Wesen, mit denen sofort warmer menschlicher Kontakt entsteht. Abends Vorstellung im Stadttheater von Hanoi.

18. Januar
Große Kundgebung mit der Bevölkerung Hanois. Stadtbummel. Besichtigung von zwei Pagoden.

19. Januar
Fahrt zur Hafenstadt Hai-phong. Tropische Vegetation, bizarre Berge, Bananenplantagen und Reisfelder. Begeisterung beim Besuch einer Schule für fünfhundert Mädchen aus Südvietnam. Mittagessen beim Oberbürgermeister. Gespräche mit einer Gruppe von Spezialisten aus der DDR, die hier beim Aufbau der Werftindustrie und einer Glasfabrik mitarbeiten.

20. Januar
Mein 52. Geburtstag. Unsere ganze Reisegesellschaft bringt mir Liebenswürdigkeiten entgegen. Ministerpräsident Pham van Dong macht mir Geschenke. Vor allem überrascht mich Staatspräsident Ho chi Minh mit dem größten Strauß, den ich je erhielt: zweihundert der schönsten roten Rosen.

Hier möchte ich meine Tagebuchaufzeichnungen einmal unterbrechen, um einige Impressionen über Ho chi Minh wiederzugeben:
»Aber der Duft der Rose strömt in die Tiefen des Gefängnisses und belehrt die Häftlinge über Unrecht und Leid im Leben.«

Diese zwei Zeilen aus den Gedichten in seinem Gefängnistagebuch haben seit damals eine besondere Bedeutung für mich. Ho Chi Minh gehörte zu den seltenen Ausnahmemenschen, die angesichts der Not unserer Mitmenschen ihre Empfindungen in dichterische Sprache und ihre Einsicht in politische Wirksamkeit umzusetzen vermögen.
Er fragte mich nach meiner Familie und wollte wissen, ob ich schon Enkel habe. Ich wußte, daß er kinderlos war, aber eine ganz besondere Beziehung zu Kindern hatte, wie ja überhaupt für die Vietnamesen die Familie eine sehr große Bedeutung besitzt. Das drückt sich sowohl in der überall spürbaren Liebe zu den Kleinen als auch in der hohen Achtung vor alten Menschen aus. Nirgendwo anders habe ich das so stark empfunden wie in Hanoi.
Man hat mir erzählt, daß Ho Chi Minh nach der Unabhängig-

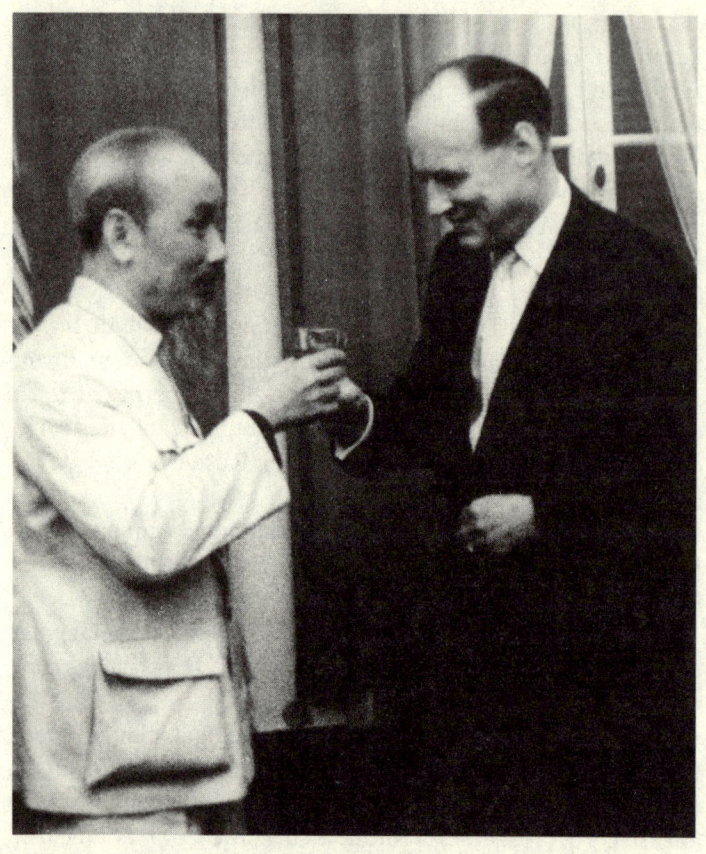

Auf der Sechsländerreise des Ministerpräsidenten der DDR 1959 durch Nah- und Fernost: Besuch bei Staatspräsident Ho Chi Minh in Vietnam am 20. Januar 1959.

keitserklärung im Jahre 1945 als Staatschef nicht etwa einen Appell an die Parteimitglieder, an die Soldaten oder an die Bürger, sondern an die Kinder des Landes gerichtet hat. Er sprach als Onkel Ho zu ihnen und schloß mit den Worten: »In diesem Jahr habe ich euch nichts anzubieten. Ich kann euch nur meine herzlichsten Küsse geben.«

Der erste Eindruck von ihm war: Liebenswürdigkeit, Höflichkeit, Zuvorkommenheit. Als Ho Chi Minh dann von Lenin sprach, wirkte er gespannter, zäher, unbeirrbarer. Minuten später, als der Name Gandhi fiel, glaubte ich, er habe von beiden etwas: von Lenin und von Gandhi. Ho Chi Minh vertrat die Ansicht, Menschen machen die Geschichte. Es fiel mir auf: Er sagte nicht »Männer«, sondern »Menschen«. Schwer zu sagen, ob er sich bei dieser Äußerung bewußt war, daß er zu den Großen der Welt zählte. Die Art, wie er sprach, leise, ohne Pathos, hinterließ eher das Gefühl, er halte andere für bedeutend, weniger sich selbst. Empfand ich die Art, wie er sein Gegenüber ansah, im ersten Augenblick als mild, so faszinierte mich bald der Wechsel im Ausdruck seiner Augen. Milde wechselte mit Härte, je nachdem, wovon er sprach. Hinter der Intelligenz seines Gesichtsausdrucks spürte man Weichheit, Toleranz, Weisheit. Seine eindrucksvolle Stirn und seine auffälligen, fast wild wirkenden weißen Haare machten ihn zu einer unverwechselbaren Erscheinung. Das, was ihn charakterisierte, würde ich zusammenfassend in einem Wort ausdrücken: Güte.

Natürlich sprachen wir von dem Leid seines Volkes. Der Eindruck, den ich aus diesem Teil des Gesprächs mitnahm, hat sich in mir im Lauf der Jahre zur Gewißheit verdichtet: Das Volk liebte ihn, weil er das Volk liebte.

Doch weiter in meinem Tagebuch:

21. Januar
Besuch in einem Krankenhaus und einer Oberschule, die teilweise mit Hilfe der Deutschen Demokratischen Republik eingerichtet worden ist. Feierliche Unterzeichnung des gemeinsamen Kommuniqués.

22. Januar
Nach großer Verabschiedungszeremonie Start zum Flug nach Peking. Nachmittags Empfang in der chinesischen Hauptstadt mit Fahnen, Blumen, Trommelwirbeln, Hochrufen, Hände-

klatschen, Militärmusik, Ehrenkompanie, Begrüßungsreden. Abendessen im kleinsten Kreis zu Ehren unserer Delegation bei Ministerpräsident Tschou En-lai. Großes Essen und feierlicher Zeremonie. (Über die Turbulenz der Nach-Mao-Zeit höre ich später von klugen Chinesen den Satz: »Es ist schade gewesen, daß Tschou En-lai vor Mao gestorben ist!«)

23. Januar
Nachmittags mehrstündige Verhandlung zwischen unserer und einer chinesischen Regierungsdelegation unter dem Vorsitz von Tschou En-lai. Abends Staatsbankett im modernen Peking-Hotel. Gespräch mit dem Oberbürgermeister über den französischen Architekten Le Corbusier und die Städte der Zukunft.

24. Januar
Vormittags auf Einladung von Minister Professor Tschien Sandschen, Direktor des Forschungsinstituts für Atomenergie bei der Akademie der Wissenschaften Chinas, Vortrag vor etwa hundertzwanzig Wissenschaftlern. Die anschließende Diskussion zeigt ein sehr hohes Niveau der leitenden Wissenschaftler, unter denen sich langjährige Schüler von Professor Rutherford (Cambridge), Professor Joliot-Curie (Paris), Professor Bothe (Heidelberg) und Professor Hoffmann (Halle) befinden. Rundgang durch die verschiedenen Gebäude des chinesischen Forschungszentrums für Atomenergie. Ungezählte junge Wissenschaftler und ihre Helfer bevölkern Gebäude und Gelände. Es ist wie der Blick auf einen Ameisenhaufen. (Wahrscheinlich bin ich einer der letzten europäischen Wissenschaftler gewesen, die dieses Forschungszentrum vor den sich anbahnenden Ereignissen sehen durfte.) Nachmittags Großkundgebung im Pekinger Sportpalast zu Ehren unserer Regierungsdelegation. Programm mit Tanz, Gesang und artistischen Vorführungen.

Empfang der Delegation aus der DDR beim Vorsitzenden der Volksrepublik China Mao Tse-tung in seinem Amtssitz in Peking am 27. Januar 1959.

25. Januar
Absoluter Ruhetag. Stadtbummel durch das alte Peking. Blick in die »verbotene Stadt«, den Winteraufenthalt der früheren chinesischen Kaiser. Einkauf von Geschenken.

26. Januar
Vormittags Vertretung unseres Ministerpräsidenten bei der Besichtigung der ersten Pekinger Werkzeugmaschinenfabrik. Nachmittags in einer Landwirtschaftsausstellung und Empfang beim indischen Botschafter in Peking aus Anlaß des zehnten Jahrestages der Befreiung Indiens.

27. Januar
Besprechung beim Vorsitzenden der Volksrepublik China, Mao Tse-tung, in seinem Amtssitz. Aus allen Worten von chi-

nesischer Seite klingt eine enge Verbundenheit zur Sowjetunion heraus. (Nichts deutete die später auftretenden Differenzen und den schließlich offenen Bruch der chinesischen Führer um Mao Tse-tung mit der Sowjetunion an.) Am Besprechungstisch sitze ich Mao Tse-tung gegenüber und verfolge gespannt die Unterhaltung zwischen ihm und Grotewohl. Sie drehte sich um die weitere Entwicklung der Verhältnisse in Afrika.

28. Januar
Besuch des außerhalb Pekings dicht vor den Bergen gelegenen Sommerpalastes der früheren chinesischen Kaiser. Am Nachmittag auf Einladung des chinesischen Ministeriums für Gesundheitswesen im Forschungsinstitut für Medizin der Akademie der Wissenschaften. Vortrag über medizinische Elektronik. Anschließend Empfang in unserer Botschaft. Außenminister Dr. Bolz und ich abends in einem Pekinger Theater: Dialoge, Gesänge, artistische Einlagen, buntfarbige Masken und Kostüme, fremdländischer Lärm einer Viermannkapelle.

29. Januar
Abschiedszeremonie mit Ehrenkompanie. Flug über die Chinesische Mauer, die Wüste Gobi, die Transsibirische Eisenbahnlinie und den zugefrorenen Baikalsee. Nach Zwischenlandungen in Irkutsk und Omsk gegen fünfzehn Uhr in Moskau. Gefährliche Landung bei kräftigem Schneetreiben und böigem Wind.

30. Januar
Abfassung des Reiseberichts und Abschlußbesprechung bei Ministerpräsident Otto Grotewohl, an der auch Walter Ulbricht und Heinrich Rau teilnehmen.

31. Januar
Letzter Reisetag. Um zwölf Uhr Moskauer Zeit startet unser Flugzeug. Nur Otto Grotewohl bleibt mit seiner Frau in der

Sowjetunion, um am XXI. Parteitag der KPdSU teilzunehmen. Am späten Nachmittag erreichen wir Berlin. Glückliches Wiedersehen nach einmonatiger Trennung. –

Diese Sechsländerreise des damaligen Vorsitzenden unseres Ministerrates, Otto Grotewohl, hat wesentlich zur Erhöhung des politischen Ansehens der Deutschen Demokratischen Republik auf internationaler Ebene beigetragen. Sie war ein erster und lange nachwirkender Schritt auf dem Weg zur Durchsetzung der allgemeinen diplomatischen Anerkennung der DDR.

Für die DDR

Überspringen einer Entwicklungsstufe der Vakuummetallurgie

Im Januar 1959, noch während unserer Reise, konzipierte ich die technische Lösung eines vakuummetallurgischen Verfahrens, bei dem die Metalle im Hochvakuum mit Hilfe eines in einer getrennten Kammer erzeugten Elektronenstrahles sehr hoher Leistung geschmolzen, entgast und gereinigt werden.

Meine Initiative war durch die Bemerkung Walter Ulbrichts ausgelöst worden, daß die DDR durch ein amerikanisches Embargo Schwierigkeiten in der Bereitstellung von Sondermetallen habe. Embargos haben zwei Seiten. Sie bewirken sehr oft das Gegenteil von dem, was beabsichtigt ist. Not macht erfinderisch. So ist es auch in diesem Fall gewesen. Ein Embargo, welches in der Regel nur zeitweilig zur Anwendung kommt, zwingt den betroffenen Teil meist dazu, sich so zu helfen, daß er für unbegrenzte Zeit auf die behinderten Lieferungen verzichten kann.

Durch die Konzeption des Elektronenstrahl-Mehrkammerofens wurde eine Entwicklungsstufe (Vakuum-Lichtbogenofen) erfolgreich übersprungen, für die besonders in den westlichen Ländern viel investiert worden war.

Von der wissenschaftlichen Planung bis zur Betriebsbereitschaft der ersten Großanlage (30- beziehungsweise 60-kW-Type) verging nur eine Zeit von sieben Monaten. Das hohe Tempo war möglich, weil eine völlig unbürokratische Leitungsmethode nach Art der schon früher erwähnten Technischen Sowjets angewandt und zur Lösung spezieller Probleme eine überbetriebliche Arbeitsgemeinschaft gebildet wurde. Bei dieser Form des Zusammenwirkens bemüht sich jeder Partner, die von seinem Werk oder seinem Institut übernommene Teilaufgabe im Interesse der Wirtschaft so schnell und so gut wie möglich zu lösen.

Der Elektronenstrahl-Mehrkammerofen

Im Oktober 1959 nahm der erste Elektronenstrahl-Mehrkammerofen in unserem Institut die Arbeit auf. Später wurden von uns Großanlagen mit vierzehn Meter Ofenhöhe und 1200-kW-Elektronenstrahlern konstruiert und gemeinsam mit dem VEB LEW »Hans Beimler« in Hennigsdorf gebaut. Sie schmelzen und entgasen Stahlblöcke bis zu zwanzig Tonnen. Einer der Öfen prägte das Vakuumstahlwerk im Edelstahlwerk Freital bei Dresden und war dann seit 1963 mit hohem Zeitausnutzungsfaktor (mehrere Schichten) laufend in Betrieb. Die Produktion dieser Anlage repräsentierte jährlich einen Betrag von fünfundzwanzig Millionen Mark. Dies bedeutet, daß die Anlage in den mehr als zwanzig Jahren ihres Betriebes Sondermetalle im Wert von einer halben Milliarde Mark hergestellt hat.

Die Entwicklung des Elektronenstrahl-Mehrkammerofen-Verfahrens wurde 1965 mit dem Nationalpreis 2. Klasse ausgezeichnet und ist dank der Tüchtigkeit meines Stellvertreters, Professor Dr. Siegfried Schiller, und weiter inzwischen herangewachsener jüngerer Mitarbeiter (Dr. Peter Lenk, die Konstrukteure Gerhard Jäger, Winfried Kunack, Manfred Pöhler und andere) zu einem großen ökonomischen und politischen Erfolg unserer wissenschaftlichen Arbeit geworden.

Das Mehrkammerofen-Verfahren gewinnt politische Bedeutung

In einem politisch kritischen Augenblick nach der ergebnislosen Genfer Viermächtekonferenz im August 1959 und während der wachsenden erneuten Spannungen um Berlin wurde die DDR durch dieses Verfahren bei zahlreichen wichtigen Sondermetallen unabhängig von der Einfuhr aus westlichen Ländern. »Einholen und Überholen« war die offizielle Devise gegenüber der Wirtschaft der Bundesrepublik, so daß – so Walter Ulbricht in jenem August 1959 – »die Überlegenheit der sozialistischen Gesellschaftsordnung bewiesen wird«. Für einige Spezialsorten verwandelten wir uns sogar vom Importeur zum Exporteur von Sonderstählen. Analysen des Eisen-Forschungsinstituts bewiesen, daß die mit den neuen Anlagen geschmolzenen Sonderstähle wesentlich höhere Festigkeitseigenschaften besaßen als die besten Schwedenstähle. In einer Rede, die der Vorsitzender des Staatsrates kurz nach Besichtigung unseres Ofens im Edelstahlwerk Freital auf dem 17. Plenum des Zentralkomitees der Sozialistischen Einheitspartei Deutschlands hielt, würdigte er die Bedeutung der von uns geschaffenen Möglichkeiten zur Erzeugung hochwertigsten Stahles für die Deutsche Demokratische Republik.

Auf Grund unseres Vorsprungs bestand die Chance, dem Staat durch Export der Mehrkammeröfen große Devisengewinne zu verschaffen. Als es dem zuständigen Minister in Moskau nicht gelang, Aufträge dafür mitzubringen, lud ich den früheren sowjetischen Metallurgen, Professor Samarin, zu einem Besuch ein. Die Eindrücke, die er bei der Besichtigung der Anlage während eines Schmelzprozesses gewann, führten dazu, daß eine in der Sowjetunion begonnene, aber noch nicht so weit gediehene Entwicklung abgestoppt und der Deutschen Demokratischen Republik ein Auftrag in der Hundertmillionen-Mark-Größenordnung erteilt wurde. Im Zusammenhang mit diesen Ereignissen entstand im Hennigsdorfer Werk »Hans Beimler« unter Mitwirkung unseres späteren Ministerpräsidenten Hans Modrow ein Produktionsschwerpunkt. Ein Teil des Werkes ging von der Diesel-Lokomotiven-Produktion zur Fertigung unserer Mehrkammeröfen über. Noch heute ist mir die freudige Reaktion der Hennigsdorfer Arbeiter in Erinnerung, als ich sie in der großen Werkhalle über die besondere Bedeutung ihres tatkräftigen Einsatzes bei der Fertigstellung der vielen Elektronenstrahl-Mehrkammeröfen für unsere Volkswirtschaft ausführlich informierte.

Ein 1200-kW-Elektronenstrahl-Mehrkammerofen für China

Den 1200-kW-Ofen in der Freitaler Ausführung hatten wir gleich doppelt gebaut, weil die Sowjetunion einen Auftrag auf den Ofen fest in Aussicht stellte. Als der zweite Ofen fertig hergestellt war, starb der beteiligte SU-Minister, und niemand konnte sich mehr an die gegebene Zusage erinnern. Werte in Höhe von sieben Millionen Mark lagen auf Eis. Deshalb bot ich 1965 dem mich besuchenden chinesischen Minister für Leichtmetall-Industrie den zweiten Ofen mit dem Hinweis an: »Eigentlich ist der Ofen für die Sowjetunion bestimmt, aber bei schneller Auftragserteilung kann er auch nach China zu dieser Zeit geliefert werden.« Vierzehn Tage später traf der Auftrag aus Peking ein. – Einige Jahre danach fragte ich wegen der entstandenen politischen Spannungen zwischen der Sowjetunion und China Walter Ulbricht, ob ich richtig gehandelt hätte, den Ofen nach China weiterverkauft zu haben? Er lachte und gab zur Antwort: »Ja, das haben Sie großartig gemacht!«

Die Technologie des Elektronenstrahl-Mehrkammerofens als Ausgangsbasis der weiteren Entwicklung unseres Instituts

Unsere im Ofen eingesetzten Hochleistungs-Elektronenstrahler erwiesen sich bis zum heutigen Tag als eine Spitzenentwicklung im Weltmaßstab von hoher Weltmarktfähigkeit. Hier wichen wir von unserem Prinzip ab, die Kapazität unserer Werkstätten nur für die Forschung zu reservieren. Exporte in die USA, SU, BRD, CSSR, nach Japan, England, Kanada, Indien, Südamerika wechselten sich ab, weil wir diese Strahler ständig verbesserten. In letzter Zeit halfen dabei Computer höchster Rechnergeschwindigkeit zur Darstellung und Optimierung der Elektronenbahnen im Strahler. Es entstanden Strahler für das Schmelzen von Metallen in Öfen verschiedenster Größe, für das Schweißen und Oberflächenhärten mit Elektronenstrahlen, für das Verdampfen beliebiger Metalle auf beliebige Unterlagen (multivalente Nutzung des Grundverfahrens), für das umweltfreundliche Beizen von Saatgut, für die Mikrobearbeitung von passiven Bauelementen der Mikroelektronik usw.

Die vorstehende Aufzählung informiert zugleich über die wichtigsten Richtungen industrieller elektronenstrahl- bzw. vakuumtechnologischer Verfahren, welche seit 1960 auf Basis der Tradition meiner Institute in Berlin-Lichterfelde und in der Sowjetunion sowie der Technologie der ersten Elektronenstrahl-Mehrkammeröfen für die Industrie unseres Staates entwickelt worden sind. Diese Technologie erschloß den Bau großtechnischer Vakuumanlagen, der Vakuumschleusen, bedampfungsgeschützter Fenster, betriebssicherer Dichtungen, von Steuer-, Transport- und Überwachungs-Einrichtungen sowie der dazugehörigen Meßanlagen.

Pressenotiz als Anregung

Ende 1959 brachte die gesamte Weltpresse eine wahrhaft sensationelle Meldung: »Bei der Explosion eines Düsenflugzeuges in der Luft ist ein Pilot (ohne Fallschirm) herausgeschleudert worden und hat das unwahrscheinliche Glück gehabt, in einen großen Heuhaufen zu stürzen. Die Folge seines Aufpralles ist nur ein Beinbruch gewesen.«

Mit diesem ungewöhnlichen Vorfall hatte die Natur selbst den Weg zur Lösung eines der großen technischen Probleme unserer Tage gewiesen: die konstruktive Gestaltung von Schnellverkehrsmitteln mit großer Fahrsicherheit für die Insassen. Der Fall des Fliegers zeigte mir damals, es gibt Bremsstoffe und Bedingungen, die auf einem Bremsweg in der Größenordnung von einem Meter die völlige Abbremsung eines mit mehreren hundert Kilometern pro Stunde bewegten menschlichen Körpers erlauben, ohne durch den Bremsvorgang kritische Körperverletzungen hervorzurufen.

Beiträge zur Entwicklung des »Sicherheitsautos«

Bei der erschreckend hohen und ständig wachsenden Zahl von Unfallopfern regte die Pressenotiz mich an, 1959 den Bau von Sicherheitsautos, das heißt von Kraftfahrzeugen mit »innerem Bremsweg«, vorzuschlagen und gemeinsam mit meinem Mitarbeiter Dr. Siegfried Panzer in mehrjährigen Untersuchungen die Entwicklung energieverzehrender Brennstoffe, Blechteile, Sicherheitsgurte und während des Unfalls sich explosionsartig aufblasender Kissen aus gefalteten Kunststoffolien zu betreiben.

Nachdem wir die Forschungsergebnisse in den Fachorganen veröffentlicht hatten, griffen das Fernsehen und zahlreiche in- und ausländische Zeitschriften unsere Anregungen auf. Bald begann man allgemein, sich mit der Einführung von inneren Bremswegen durch konstruktive Maßnahmen (günstig gestaltetes Knautschblech vor und hinter dem festen Fahrgastraum, Auskleidung des Fahrgastraums mit Bremskunststoffen und so weiter) im Kraftfahrzeug zu beschäftigen. Seit 1962 haben wir uns darum bemüht, die gefundenen Möglichkeiten im Automobilbau der Deutschen Demokratischen Republik praktisch durchzusetzen. Aber ich hatte keinen Erfolg. Die Planwirtschaft der DDR hatte wieder keine Lücken für das Neue! 1966 ging dann die Fahrzeugindustrie zögernd dazu über, einige Ergebnisse unserer Forschungsarbeiten anzuwenden: Sicherheitsgurte mit innerer Energieaufnahme, Innenauskleidung mit einem Schutzpolster aus halbhartem Polyurethanschaumstoff, Vermeidung von punktförmigem Angriff der Unfallsenergie auf den Körper der Insassen.

Belgien, das Land meiner Vorfahren

1959 nahm ich an der internationalen Konferenz über Medizinische Elektronik in Paris teil. Meine Reise dahin führte über Hamburg und durch Belgien. Die Tage in meiner Geburtsstadt an der Elbemündung brachten nach fast fünfundzwanzig Jahren ein freudiges Wiedersehen mit den vielen und inzwischen noch zahlreicher gewordenen Verwandten.

In Belgien lernte ich als Hauptrepräsentanten des dortigen Zweiges meiner Familie den Vetter Colonel Oscar d'Ardenne kennen. Er lebte mit seiner Frau auf einem kleinen burgartigen Schloß in Dahlem Visé bei Verviers. Als Hitler Belgien überfallen hatte, hielt das von Colonel d'Ardenne befehligte Fort Neuf Château bei Lüttich im Mai 1940 den härtesten Angriffen stand. Dafür wurde ihm bei der Gefangennahme vom deutschen General sein Degen zurückgegeben und ihm von belgischer Seite noch zu seinen Lebzeiten ein Denkmal gesetzt. In Verviers zeigte er uns die alten Häuser, in denen vor über hundert Jahren meine belgischen Vorfahren gelebt hatten. Beim Abschied geleitete der Vetter uns in seinem Wagen noch weit in das Ardennengebirge hinein, dessen dichte Fichtenwälder einen unvergeßlichen Eindruck hinterließen. Wir übernachteten in dem Städtchen Bouillon, das von einer Burg aus der Kreuzritterzeit beherrscht wird. Nachts sahen wir dies alte Gemäuer, in dem einst die Grafen d'Ardenne gehaust hatten, von Scheinwerfern mit Quecksilberdampflampen magisch angestrahlt.

Naturwissenschaftliche Forschung braucht leistungsfähige Werkstätten

Ein Forscher auf dem Felde der Naturwissenschaften befindet sich fast stets in einer Art Wettrennen mit Wissenschaftlern in konkurrierenden Einrichtungen. Die Wahrscheinlichkeit eines Erfolges wird deshalb stark erhöht, wenn sehr leistungsfähige Werkstätten mit hochqualifizierten Mitarbeitern (Traditionsträgern) ohne wesentliche Zeitverluste zur Verfügung stehen, um die benötigten Versuchseinrichtungen schnell herzustellen, abzuändern oder zu ergänzen. In dieser entscheidenden Frage ergab sich für uns 1960 mit Bau und Ausrüstung eines größeren

Werkstattgebäudes ein bemerkenswerter Fortschritt. In den folgenden Jahren wurden weitere bedeutende Werkstattkapazitäten durch unsere Zweigwerkstatt in Öderan und viele Kooperationspartner erschlossen. Ein sehr hoher Prozentsatz unserer Fertigung lag bei Kooperationspartnern. Das bedeutete eine große Reserve für Krisenzeiten!

Erweiterung des Institutskomplexes

Im Herbst 1959 wurden mir die in unserer Nachbarschaft gelegenen Grundstücke Zeppelinstraße 7 und 10a angeboten. Das Areal in der Zeppelinstraße 7, dessen Hauptteil früher dem Industriellen R. Lieberknecht gehört hatte, umfaßte eine Fläche von über siebzehntausend Quadratmetern.

Kurz vorher hatte der damalige Stellvertretende Oberbürgermeister von Westberlin, Herr Amrehn, mich bei einem Empfang aus Anlaß eines wissenschaftlichen Kongresses »abzuwerben« versucht. Natürlich berichtete ich über diesen Vorgang an hoher Stelle. Trotz meiner eindeutigen Haltung führte Otto Grotewohl mich einige Monate nach unserer »großen Reise«, als meine Frau und ich im Hause des Ministerpräsidenten eingeladen waren, etwas abseits von den übrigen Gästen. Er stellte mir die Frage: »Herr von Ardenne, können wir Ihrer auch ganz sicher sein?« Ich antwortete: »Herr Ministerpräsident, ich will Ihnen durch die Tat beweisen, daß ich und meine Familie für alle Zukunft mit unserem Staat verbunden sind. Ich bin bereit, meinen in Westberlin gelegenen, noch vor Kriegsende mit allen Installationen wiederaufgebauten wertvollen Lichterfelder Institutskomplex gegen ein räumlich etwa gleich großes Objekt auf dem Weißen Hirsch zu tauschen, das mir gerade von einer achtzigjährigen Dame angeboten worden ist, die gerne nach dem Westen zu ihren Kindern übersiedeln möchte.«

Unser Ministerpräsident war über die spontane Antwort erfreut und veranlaßte, daß mir bei der Freistellung des neuen

Gebäudes in der Zeppelinstraße 7 und vor allem bei seiner recht komplizierten baulichen Anpassung an die Zwecke meines Forschungsinstituts und des notwendig werdenden Wohnungsumzugs geholfen wurde. Mußte doch das, was an speziellen Installationen und Raumaufteilungen in Lichterfelde vorlag, dann von der Sowjetunion aus im Gebäude Plattleite 29 mit meinen privaten Mitteln hergerichtet werden, jetzt noch ein drittes Mal in der Zeppelinstraße zum großen Teil neu aufgebaut werden!

Zeppelinstraße 7

Bei dem Tausch ließ ich das neu erworbene Eigentum gleich auf die Namen unserer vier Kinder eintragen und übernahm die dafür fällig werdenden Steuersummen. Dadurch wollte ich sie enger mit dem Institut auf dem Weißen Hirsch verbinden. In die Zeppelinstraße 7 verlegte ich unsere Wohnräume, meine persönlichen Arbeitsräume und die für mich immer wichtiger werdenden Laboratorien für multidisziplinäre Medizin. Gleichzeitig sollten diese Maßnahmen dazu beitragen, die Werte des Instituts und die persönliche Habe zu trennen.

Das Haus Zeppelinstraße 7, das frühere Naumann-Schlößchen, hat sicherlich mit die schönste Lage in Dresden. Von seinen Balkons reicht der Blick an klaren Tagen von der Sächsischen Schweiz, den Bergen der Tschechoslowakei, übers Erzgebirge bis zu den Turmspitzen von Meißen. Gern läßt man von hier aus die Augen über den weiten Elbebogen schweifen, wenn Dampfer der »Weißen Flotte« mit Urlaubsgästen auf dem Strom dahingleiten, Segelflieger sich in die Luft erheben und ihre Kurven drehen oder Schafherden friedlich die Uferwiesen abgrasen. Und bei Nacht fasziniert das flimmernde bunte Lichtermeer Dresdens und seiner Vorstädte, das bei Vollmond einem Bild aus orientalischen Märchen gleicht. Kein Zufall, daß wir uns auf historischem Boden befinden. Eine 1883 erschienene Chronik enthält folgenden Kommentar, der sich unmittelbar auf die heutigen Grundstücke Zeppelinstraße 7 und 10a bezieht:

»Was den Weinberg anbelangt, so gehörte der obere Teil zu den Besitzungen des Königs August und war ein Lieblingsplatz von ihm. In Ansehung dieses Umstandes ließ auch Apotheker Hoffmann als nachfolgender Besitzer zum oberen Thore einen silbernen Schlüssel für den Gebrauch des Königs und der Königin anfertigen. Noch in späterer Zeit besuchten sie alljährlich einige Male den Weinberg. Auf der Höhe saßen sie da, vor dem Lusthause auf einer Bank und erlabten sich an der paradiesischen Aussicht.«

Wilhelm von Kügelgen und der »Napoleonblick«

Der in diesem Auszug erwähnte Apotheker Hoffmann hatte 1852 etwa auf der Mitte des Hanges ein bis heute erhalten gebliebenes Gebäude errichtet, von dem noch jetzt eine Treppe zu uns heraufführt. Vor anderthalb Jahrhunderten gehörten die Grundstücke zum Weinberg des Malers Gerhard von Kügelgen, der sein später abgerissenes Haus an der Stelle des Hoffmannschen gebaut hatte. In der bekannten Autobiographie Wilhelm von Kügelgens, den »Jugenderinnerungen eines alten Mannes«, finden wir folgende begeisterte Schilderung, die auf unsere Aussicht Bezug hat – und zum Teil auch die eigenen Gedanken ausdrückt, wenn wir von dieser bevorzugten Stelle den Blick ins Weite richten:

»Von hier aus stieg die mit Obstbäumen untermischte Weinanlage aufwärts bis zum Rücken des Berges und verlief dann weiter nach dem ›Weißen Hirsch‹ und der Bautzener Straße zu in Wiesen, Feld und Eichgestrüpp. Ich glaube nicht zu übertreiben, wenn ich sage, daß man von der Höhe mindestens sechzehn Quadratmeilen übersah mit noch einmal so viel Ortschaften, unzähligen Schlössern und Landhäusern, Wäldern und Feldern, Bergen und Tälern, den breiten Elbstrom mittend durchgeschlungen. Zählt man zu diesen Eigenschaften noch das pretium affectionis eigenen Besitzes, so konnte unser Weinberg, wie er eben war, uns schon als Paradies erscheinen, und was mußte es erst werden, wenn alle Neubauten und Verbesserungen hinzukamen, die noch im Plane lagen.«

Die obere Terrasse vor dem Haus Zeppelinstraße 7 soll jener Platz gewesen sein, von dem Kaiser Napoleon I. am 26. August 1813 die Schlacht um Dresden leitete. In der heutigen Bezeichnung dieses Flecks als Napoleonblick klingt diese Legende an.

Eine Romanze aus der Familienchronik

Bei einer solchen örtlichen Beziehung verdient folgende Romanze aus der Familienchronik, vor dem Vergessen bewahrt zu werden. Die Urgroßmutter einer meiner Tanten, in jungen Jahren ein Fräulein Caroline von Schachten, lebte in den zwanziger Jahren des vorigen Jahrhunderts in Wien. Während ihres Aufenthaltes dort trat ihr der junge Herzog von Reichstadt, der Sohn Napoleons I., näher, und es erwuchs zwischen den beiden eine tiefe Zuneigung. Als Caroline in ihre Heimat nach Schachten in Hessen zurückkehren mußte, fiel die Trennung schwer. Vergebens hatte sie bis zum letzten Augenblick auf einen Abschiedsgruß ihres Freundes gewartet, da traf kurz vor der Abfahrt ein Kurier ein und übergab ihr ein kleines Päckchen. In der Hoffnung, darin einen Brief zu finden, öffnete Caroline es und hielt enttäuscht nur einen Marzipanapfel in der Hand.

Heimgekehrt nach Hessen, heiratete sie bald darauf. Ihr Mann, ein dreißig Jahre älterer Diplomat, starb bereits 1841. Die Kinder wuchsen heran. Später nahm sie eines der Enkelkinder, das seinen Vater früh verloren hatte, ganz zu sich. Den Marzipanapfel des Herzogs von Reichstadt, der 1832 jung aus dem Leben schied, hatte sie über all die Jahre aufbewahrt. Er befand sich treu behütet in einer Glasvitrine, deren Schlüssel abgezogen in einem Versteck lag. Eines Tages war ihre Enkelin Luise allein in der Wohnung geblieben. Bei der Heimkehr fand

Großmutter Caroline ihren Schützling, der den Schlüssel aus seinem Versteck geholt hatte, vor der geöffneten Vitrine mit dem Marzipanapfel. Das Kind ließ den Apfel beim Eintreten der Großmutter erschrocken fallen. Er zerbrach, und ein Türkis-Ring seltener Schönheit fiel heraus. Nun endlich wußte die alte Frau, was der junge Sohn Napoleons I. ihr vor vielen Jahren hatte sagen wollen. Caroline starb 1885, ihre Enkelin Luise haben wir noch kennengelernt. 1988 besuchte uns ein Nachkomme der Caroline von Schachten, K. E. Graf Grote-Schachten, welcher die Episode bestätigte. Wie seltsam spielt doch zuweilen das Schicksal mit den Menschen!

Konzentration der Kräfte und Investitionen

Im Herbst 1959 zeichnete es sich immer deutlicher ab, daß die gute Verzinsung der Milliardenbeträge, die unser Staat für die Unterstützung von Forschung und industrieller Entwicklung in den vergangenen Jahren aufgewendet hatte, in Frage gestellt war. Viele Ergebnisse wurden zu langsam oder gar nicht in die Produktion überführt. Eine neue Entwicklungsetappe mit neuen Notwendigkeiten zeichnete sich ab. Deshalb unterbreitete ich im Winter 1959 Walter Ulbricht den Vorschlag, die Kräfte nicht mehr auf allzu viele Produktionszweige zu zersplittern, sondern die zur Verfügung stehenden Kapazitäten auf bestimmte ökonomisch günstige Schwerpunkte, besonders auf auszuwählende Spitzenergebnisse unserer Forschung, zu konzentrieren.

Konstruktive Kritik willkommen,
fand aber nur selten Beachtung

Bei den Unterredungen im kleinen Kreis und bei meinen öffentlichen Äußerungen zu diesem Thema bemühte ich mich, jener bekannten These Theodor Storms zu entsprechen: »Nur die haben ein Recht zu kritisieren, die ein Herz haben zu helfen.«

Die Konzentration der Kräfte und der Investitionen auf Objekte mit ausgesprochenem Pioniercharakter, die keine Konkurrenz auf dem Weltmarkt zu fürchten haben, gewährleistet bei der richtigen, zur Wirtschaftsstruktur passenden Auswahl, daß auch unter der Bedingung einer hohen einkalkulierten Gewinnquote der Auslandsabsatz über längere Zeit gesichert bleibt. Das gilt besonders dann, wenn bei allen Gliedern der Produktionskette, von der Forschung bis zum Vertrieb, laufend ein hohes Tempo aufrechterhalten wird. Außerdem muß die Fabrikation von Großserien angestrebt werden, die wiederum die Installation von mechanisierten und automatisierten Fertigungsstraßen dann erfordert. Schnelle Produktionsabläufe für größere Zeiträume zu garantieren, schien in diesem Zusammenhang eine der wichtigsten Forderungen zu sein. Meine eigenen Erfahrungen hatten mir immer gezeigt, daß die Beachtung des Zeitfaktors für das zu produzierende Objekt einen weit besseren Schutz auf dem Weltmarkt bildete als das beste Patent. Deswegen empfahl ich, bei der Organisation der Schwerpunktaufgaben fachlich gut fundierte, zeitsparende Leistungsmethoden nach Art der schon öfter erwähnten Technischen Sowjets anzuwenden und für die wichtigsten Komplexe Themen-Bevollmächtigte einzusetzen, die direkt der höchsten Regierungsebene unterstehen. Durch viele Aufsätze in Zeitungen und Zeitschriften, durch Reden auf der V. Bezirksdelegiertenkonferenz der Sozialistischen Einheitspartei Deutschlands in Dresden, auf dem 12. und 14. Plenum des Zentralkomitees der SED, auf dem III. Kongreß der Kammer der Technik und auf dem VI. Nationalkongreß der »Nationalen Front des demokratischen Deutschland« habe ich meine Ansichten geäußert. Ebenso legte ich in Einzelgesprächen mit Mitgliedern des Politbüros des Zentralkomitees der SED, mit dem Vorsitzenden des Staatsrates und Mitgliedern der Regierung in der Zeit zwischen 1959 und 1962 diese Gedankengänge immer wieder dar. Nur selten folgten Taten. Auf der Plenarsitzung des Forschungsrates im Frühjahr 1962 und wenige Monate später auf dem VI. Nationalkongreß der Nationalen Front forderte ich die Miteinschaltung der im Forschungsrat vereinigten Spitzenwissenschaftler mit Industrieerfahrung in die staatliche Exekutive und damit auch in die Verantwortung.

Die Mitverantwortung des Wissenschaftlers

Ich war der Meinung – und das sprach ich 1963 auf der Plenarsitzung des Forschungsrates offen aus –, daß man uns zur Verantwortung ziehen würde, wenn wir uns nicht selbst darum bemühten, im Wirtschaftsmechanismus unseres Staates eine gute Verzinsung der für Forschung und Entwicklung aufgewandten Milliardenbeträge zu erreichen. Ich schlug vor, viel stärker als bisher das Leistungsprinzip auch in die Wissenschaft hineinzutragen. Wo angemessene Leistungen der Wissenschaftler ausbleiben, dürfte man nicht vor Veränderungen zurückschrekken. Wie in der Landwirtschaft sollte man dort stärker düngen, wo laufend wertvolle Früchte heranwachsen, und dafür in ertragsarmen Bereichen entsprechend sparen. Ein turbulenter Meinungsstreit von drei Stunden war die Folge dieser offenen Worte.

Folgenreiche Regierungsmaßnahmen

Seit Anfang 1960 hatte eine Reihe von Regierungsmaßnahmen der Lage Rechnung getragen. Der Forschungsrat wurde umgestaltet und durch jüngere Mitglieder ergänzt. 1961 entstand im Staatssekretariat für Forschung und Technik, das später in das Ministerium für Wissenschaft und Technik unter Dr. Herbert Weiz und seinem Stellvertreter Klaus Herrmann umgewandelt wurde. Auf dem 17. Plenum des Zentralkomitees der SED im Oktober 1962 und auf dem VI. Parteitag der Sozialistischen Einheitspartei Deutschlands im Januar 1963 fielen dann Entscheidungen über eine Neuorientierung unserer Wirtschaft auf »weltmarktfähige, qualitäts- und bedarfsgerechte Produktion«. In unserer Gesetzgebung fanden diese Entscheidungen durch das »Neue ökonomische System der Planung und Leitung der Volkswirtschaft« ihren Niederschlag. Die Reden und Aufsätze, die ich zu diesem Thema verfaßte, erschienen im Frühjahr 1963 gesammelt in einem Band. Noch 25 Jahre später hatte der Inhalt dieses Bandes die gleiche Aktualität wie 1963. Diese Aktivitäten führten damals zu keiner Steigerung der Effizienz unserer Volkswirtschaft. Sie blieben, außer im eigenen Institut, fast unbeachtet.

Beschleunigung der Entscheidungsfindung

Bei in Neuland vorstoßenden Arbeitsergebnissen mit Pioniercharakter, die das höchste wissenschaftliche und wirtschaftliche Interesse verdienen, vergrößerten sich im Laufe der Jahre die Schwierigkeiten bei der Überleitung in die Nutzung. Das Fehlen von Industriepartnern, Mangel an Kapazitäten, Überlastung mit Tagesaufgaben usw. waren die Gründe. Die notwendigen Entscheidungen wurden zu langsam getroffen. Die entstehenden Zeitverluste (viele Monate bis mehrere Jahre) führten wiederholt zum Ausbleiben des Erfolges. Dies veranlaßte mich zu folgenden mahnenden Worten am 10. Juni 1981 auf der Plenarsitzung des Forschungsrates: »Was ist zu tun? Ich glaube, daß hierzu unser Mechanismus der Entscheidungsfindung optimiert und vereinfacht werden sollte: Mehr Mut zum Risiko, weniger Rückversicherung! Denken an das Ganze, nicht an die Sicherheit der eigenen Stellung! Bessere Wichtung der beteiligten Expertenurteile. Weniger Schematismus und Bürokratismus. Entscheidung nicht in riesigen Sitzungen, sondern (natürlich nach Anhörung aller Argumente eines breiten Kreises) im konstruktiven Gespräch mit nur drei, vier Partnern! Auch sollte zur schnellen definitiven Entscheidung jener kostbare Instinkt mit herangezogen werden, der sich in Jahrzehnten aus den Erfahrungen mit den Menschen, mit den Leistungsproblemen und mit der Entwicklung von Naturwissenschaften beziehungsweise Technik im Unterbewußtsein ausbildet.« Diese Empfehlungen besitzen heute nach der Wende in Staat und Volkswirtschaft mehr denn je Gültigkeit.

Walter Ulbrichts Hilfe

Am 19. Juli 1963 fand eine von mir erbetene Unterredung mit dem Vorsitzenden des Staatsrates, Walter Ulbricht, statt. Nur Professor Steenbeck, damals Vizepräsident der Deutschen Akademie der Wissenschaften und 1. Stellvertreter des Vorsitzenden des Forschungsrates, nahm außer mir daran teil. Zwei Stunden lang diskutierten wir über aktuelle Vorschläge zur Durchsetzung der Kräftekonzentration auf weltmarktfähige Erzeugnisse in den unteren Ebenen unserer Wirtschaftslenkung. In der Folge wurden administrative Maßnahmen getroffen, die unter anderem dazu beigetragen haben, eine Reihe von Entwicklungsergebnissen unseres Instituts mit außergewöhnlichem Tempo in die Serienproduktion zu überführen.

Im letzten Teil dieses Gesprächs betonten wir die Bedeutung technisch-wissenschaftlicher, beziehungsweise technologischer Traditionen in Instituten und Fertigungsbetrieben und wiesen auf die wirtschaftlichen Schäden hin, die durch ihre Unterbrechung entstehen können. Ich erinnerte daran, daß wir 1955 viel Mühe aufgewandt hatten, um die wichtigsten Mitarbeiter aus Sinop für das neue Institut auf dem Weißen Hirsch zu gewinnen und auf diese Weise die Traditionen in voller Breite zu erhalten. Da schaltete Walter Ulbricht sich lachend mit den Worten ein: »Wissen Sie eigentlich, daß ich Ihnen auch vor Ihrer Rückkehr sehr geholfen habe? Wir dachten damals, was ist das eigentlich für ein merkwürdiger Mensch; er will mit kapitalistischen Methoden im sozialistischen System arbeiten. Dann erkannten wir aber, daß Ihr Streben doch für die Sache des Fortschritts nützlich zu werden versprach.«

Silberne Hochzeit

Am 25. Oktober 1963 feierten wir im Kreis der Familie und unserer Freunde das Fest der silbernen Hochzeit. Ich möchte hier meine Tischrede zu diesem Anlaß wiedergeben, weil sie gewisse Einblicke in eine Sphäre gewährt, die in dieser Biographie nur selten anklingt, in Wirklichkeit aber im Leben jedes einzelnen von entscheidender Bedeutung ist. Ich meine die »private Sphäre«. Den Ausführungen stellte ich den Hinweis »nicht für Jugendliche unter achtzehn Jahren« voran: »Liebe Freunde und Freundinnen – mit und ohne Anführungsstriche, je nachdem, wie es ist!

Unter den vielen Persönlichkeiten von hohem Rang, die heute unserem Fest erst den richtigen Glanz verleihen, befindet sich als besonders respektable Erscheinung der Präsident der Kammer der Technik. Er kann nachher genauere Auskunft geben über das Wort, welches den weiteren Teil meiner Ausführungen beherrschen wird, über den Begriff ›Optimieren‹. Optimieren heißt, soweit ich es verstehe, eine Sache optimal gestalten; also auf solche Weise, daß es keine bessere Lösung mehr gibt. Man optimiert jetzt Verkehrsprobleme, man optimiert Fertigungsprozesse und noch vieles andere. Wir beide, Bettina und ich, haben mit dem Optimieren schon vor fünfundzwanzig Jahren begonnen, und zwar bei dem wichtigsten Problem im Leben des einzelnen, nämlich bei der Ehe. Die Optimierung einer Ehe fängt bei der Wahl des optimalen Ehepartners an. Die Reife dazu hat man nach den Erfahrungen, die ich in meinem Leben gesammelt habe, als Mann oft erst im Alter von fünfundzwanzig bis dreißig Jahren. Das ist gleichzeitig eine zarte Empfehlung an meine Söhne, die Partnerwahl erst ab ihrem fünfundzwanzigsten Lebensjahr zu treffen. Ich war einunddreißig Jahre alt, als Bettina und ich geheiratet haben. Und niemand, der hier anwesend ist, wird bestreiten, daß ich 1938 dieses Problem durch die Wahl von Bettina Bergengruen optimal gelöst habe.

Erlaubt mir ein paar Worte zu Bettinas Eigenschaften: Sie

hat ein gütiges frauliches Gemüt, dem die Herzen der Umwelt sofort entgegenschlagen. Sie ist eine friedliche harmonische Natur. Sie ist gar nicht prüde (auch das ist wichtig). Sie hatte 1938 sehr faszinierende Kurven, besonders wenn sie in ihrem kurzen Tennisröckchen vor mir in unseren niedrigen Sportwagen einsteig. Sie hat sich nach heute fünfundzwanzig Jahren in dieser Hinsicht kaum verändert. Ja, ihr lacht darüber, aber ich könnte das beweisen. Denn ich habe bereits auf der Hochzeitsreise in Voraussicht unserer heutigen Betrachtung durch eindrucksvolle Farb- und Stereobilder ihre Kurven unvernebelt festgehalten. Aber ich will einen weniger kandaulischen Beweis führen: Man kann auch aus der Gewichtskurve zu diesem Punkt viel entnehmen. Sie hat ihr Körpergewicht in fünfundzwanzig Jahren nämlich nur um zehn Prozent erhöht. Also ist sie auch noch als Großmutter jung. Sie fühlt sich jung und fühlt sich auch jung an. Sie ist temperamentvoll und ist bei allen Streichen, die mir einfallen, gleich mit dabei. Sie versteht, einem großen Haushalt vorzustehen, und kann Feste, wie das heutige, ankurbeln und feiern. Vor allen Dingen aber besitzt sie eine bestimmte, besonders für den Ehemann optimale Eigenschaft: Sie hat innerhalb der Grenzen der weiblichen Psyche Verständnis für die polyga ..., ich meine polytechnischen Instinkte des Mannes. –

Sie hat Kinder mit guten charakterlichen Anlagen das Licht der Welt erblicken lassen, die stets zu uns, ihren Geschwistern und unserem Staat gehalten haben. Das ist ein Wort des Dankes besonders an dich, Beatrice. Zu den charakterlichen Veranlagungen der Kinder möchte ich noch eine Episode, die sich gerade gestern mit Hubertus (sieben Jahre) abgespielt hat, erzählen:

Ich wollte, daß ihr heute eine saubere Straße vor unserem Hauseingang vorfindet. Gestern früh lagen aber, bedingt durch Ausschachtungsarbeiten für unser weiteres Bauprojekt 1964, noch ungefähr hundert große Steine lose auf der Straße. Ich gab daher Hubertus den Auftrag, mit seinem Freund Heinz diese Steine aufzusammeln und in die Baugrube zu werfen. Als ich zurückkam, war tatsächlich die Straße völlig sauber. Ich lobte ihn: ›Das habt ihr sehr gut gemacht‹ und sagte zu Hubertus: ›Hier hast du dreißig Pfennige, zwanzig Pfennige für dich und zehn Pfennige für deinen Freund Heinz!‹ Darauf wurde er sehr nachdenklich, sah mich mit seinen strahlend blauen Augen etwas verschmitzt an und meinte: ›Ja, Papi, aber eigentlich hat der Heinz mehr gearbeitet als ich.‹ Darauf wurde dann sein Lohn beibehalten und die Summe für Heinz entsprechend erhöht.

Nach dieser Abschweifung wollen wir noch einmal kurz auf die optimalen Eigenschaften der Mutter zurückkommen. Sie hat die seltene und für das Leben auf dieser Welt so wichtige Gabe, sich in das Denken und Fühlen anderer Menschen hineinversetzen zu können. Daher versteht sie auch zuzuhören, wenn andere reden!

Eine entscheidende Tatsache für den Erfolg bei der Optimierung unserer Ehe habe ich mir bis zum Schluß aufbewahrt. Bettina war in ihren jüngeren Jahren ein ausgesprochen leicht erziehbares Wesen. Es kommt nämlich auch bei der Gleichberechtigung der Frau, die ich voll anerkenne, für die Optimierung der Ehe darauf an, daß sich die jungen Eheleute einander anpassen. In unserem Fall hat Bettina das durch ihr großes Einfühlungsvermögen nie zu einem Problem werden lassen. Kurz und gut: Auf Gesundheit und Glück dieses für mich optimalen Eheweibes, das fünfundzwanzig sehr bewegte Jahre an meiner Seite ausgehalten hat, möchte ich euch bitten, das erste Glas Wein bis auf den Grund zu leeren.«

Bei genauer Betrachtung der Rede wird der aufmerksame Leser bemerken, daß die frivolen Passagen periodisch eingestreut sind. Empfindsame Naturen werden mir dies verzeihen, wenn ich noch ergänze, es handelt sich hier um ein bewußtes Ablenkungsmanöver. Diesen Kunstgriff anzuwenden war einfach opportun, weil meine Frau seit jeher eine tiefe Abneigung gegen das »Angefeiertwerden« und gegen allzu gefühlvolle Tischreden hat.

Mein Familienleben

Seitdem ich meine medizinischen Forschungen aufgenommen hatte und mit wachsender Intensität betrieb, mußte unsere Familie manche Opfer bringen. Allzuoft dauerte die Arbeit von sieben Uhr morgens bis in die späten Abendstunden, und die Wochenenden waren fast regelmäßig unentbehrlich, um die anstehenden Aufgaben zu erledigen. Die Leitung des Instituts mit seinen inzwischen fast 500 Mitarbeitern, die schöpferische wissenschaftliche Arbeit, die Erschließung und Aufbereitung der Informationen, die Auswertung der anfallenden Meßergebnisse und die daraus abzuleitenden Programme für die nächsten Versuche, die sich immer stärker ausweitende Korrespondenz, die Abfassung und Korrektur der Bücher sowie die vielen wissenschaftlichen Veröffentlichungen, die Arbeit in politischen, gesellschaftlichen und wissenschaftlichen Funktionen und Kommissionen – all diese Tätigkeiten ließen immer weniger Zeit für persönliche Belange übrig.

Meine Frau zeigte Verständnis für meine Situation und nahm mir, wo es ging, Belastungen ab. Es entwickelte sich eine Art Aufgabenteilung zwischen uns. Sie hat durch ihr stilles liebevolles Wirken viel zu den Ergebnissen meiner Arbeit beigetragen. »Kinderabende«, Familienausflüge, Rundgänge im Gelände mit den jeweils kleinsten Kindern oder Enkeln, Tennistreffen, Partys, Geburtstagsfeiern, Geselligkeiten mit Freunden, zu denen ich dann im letzten Augenblick, meistens vom Schreibtisch weg, geholt wurde, standen unter ihrer Regie. Große Freude bereiteten mir dann die knappen Stunden, in denen ich Ehemann, Vater, Großvater, Urgroßvater oder Freund unter Freunden sein durfte.

*Regelmäßige Kinderabende als Brücke
zwischen den Generationen*

In unserem großen Haus Zeppelinstraße 7 konnten wir durch Reduzierung unserer eigenen Wohnung auch die Wohnungen für die Familien meiner Söhne Thomas (vier Personen) und Alexander (vier Personen) unterbringen, wodurch wir uns den Bedingungen der DDR etwas angepaßt hatten. In unmittelbarer Nachbarschaft wohnen in eigenen kleinen Gebäuden die Familien meiner Tochter Beatrice (vier Personen) und meines jüngsten Sohnes Hubertus (vier Personen). Alle Kinder sind schon viele Jahre im Institut tätig. Zusammen bilden wir eine Art »Großfamilie« mit vielen gemeinsam genutzten Einrichtungen, wie Schwimmbad im Freien, Aussichtsterrasse, Garten mit vielen Obstbäumen, Sauna, großer Hauswerkstatt, italienischer Eismaschine, Ferienheim usw. Bei meiner Frau und mir war der tägliche Trubel stets so groß, daß die Zeit fehlte, uns in die Angelegenheiten der Kinder einzumischen.

Dies alles führte dazu, daß in unserer Großfamilie bis in die heutigen Tage hinein ein außergewöhnlich harmonisches Familienklima herrscht. Jeder hilft jedem, wenn es not tut. Zu diesem Umstand trägt sehr wesentlich bei, daß etwa einmal im Monat ein »Kinderabend« zusammen mit den Schwiegerkindern veranstaltet wird. Diese Methode ist unter den Verhältnissen der Gegenwart (Jugendprobleme) überall sehr empfehlenswert, denn sie stärkt in überraschend hohem Grade die viel zu lose gewordene Beziehung zwischen den Generationen. An solchen Kinderabenden werden bei Wein und Leckereien alle anstehenden Probleme durchgesprochen und gemeinsame Entscheidungen getroffen. Alle Kritiken und Klagen werden offen ausgesprochen, Differenzen bereinigt und alle Ereignisse diskutiert; und nicht zuletzt wird der Abend durch Austausch von amüsanten Klatschgeschichten belebt. Wenn wir nach solchen Abenden uns trennten, hatte wohl jeder von uns das Gefühl eines großen Gewinnes für sich und für die ganze Familie.

Die auf dem Weißen Hirsch in der Zeppelinstr. 7 und in zwei Nachbarhäusern harmonisch miteinander lebende Großfamilie (1988).

Begegnung mit den Künsten

Als 1955 die Sempergalerie im Dresdener Zwinger wieder aufgebaut wurde, durfte ich die Architekten zur technischen Frage der möglichst lichtreflexarmen Beleuchtung der Gemälde beraten. Jahre später, etwa 1970, wurde mir der Vorsitz des »Freundeskreises der Gemäldegalerie Neue Meister« angetragen, in welchem einige der Traditionen des früheren Sächsischen Kunstvereins fortgeführt werden. Da ich eine große Vorliebe für die romantische Malerei habe, nahm ich diese Aufgabe gern wahr. Es ging mir dabei die Freundschaft meiner Großeltern von Ardenne mit Max Liebermann sowie ihr enger Kontakt zu den Mitgliedern des vor der Jahrhundertwende sehr bekannten Düsseldorfer »Malkastens« durch den Sinn, der damals den Anlaß für das »Effi-Briest«-Schicksal meiner Großmutter Else von Ardenne lieferte. Aus dem Freundeskreis ist eine Veranstaltungsreihe »Begegnung der Künste« hervorgegangen, die zwei Jahrzehnte einen festen Platz im Kulturleben Dresdens gefunden hat. Ihr lag die Idee des langjährigen Direktors der Gemäldegalerie Neue Meister, Joachim Uhlitzsch, zugrunde, einem bedeutenden Gemälde ein musikalisches und literarisches Meisterwerk der gleichen Epoche gegenüberzustellen. Stets fand die von unserem Freunde Uhlitzsch in freier Rede durchgeführte Bildbetrachtung ungeteilte Aufmerksamkeit. Es war die neunzigste »Begegnung der Künste«, die in jenen Tagen stattfand, an denen, von den Dresdnern lang ersehnt, die Semperoper im alten Glanz wiedereröffnet wurde. Hierzu wurde das von Robert H. Sterl gemalte Porträt des Dresdner Strauss-Dirigenten Ernst von Schuch durch die schönste Partie aus dem Rosenkavalier, die »Überreichung der silbernen Rose«, sowie mit Texten Hugo von Hofmannsthals aus seiner Beziehung zu Richard Strauss umrahmt. Häufig werde ich befragt, welche Schöpfungen aus dem Reich der Künste einen starken Eindruck auf mich gemacht haben. Ich möchte dazu das einfache Gedicht »Über allen Wipfeln ist Ruh« von Goethe nennen. Aus der Malerei sind es beispielsweise Gemälde von Caspar David Friedrich und Carl Gustav Carus, und aus der Musik haben mich besonders die beiden Beethoven-Symphonien »Pastorale« und »Eroica« tief berührt. Wenn ich zurückdenke, so darf ich Johann Sebastian Bach nicht unerwähnt lassen, da ich ihm viele bewegte und besinnliche Stunden verdanke. Im Zusammenhang mit den Liebesliedern von Richard Strauss, die in meinen jüngeren Jahren eine Rolle spielten, denke ich häufig an den zum Schweigen mahnenden, in weißen Marmor gehauenen Amor von Falconet, vor dem wir oft in der Leningrader Eremitage standen.

Abgeordneter der Volkskammer

Im Sommer 1963 wurde die Frage an mich gerichtet, ob ich bereit sei, im Rahmen der Fraktion des Deutschen Kulturbundes für die Volkskammer zu kandidieren. Ich sagte trotz meiner hohen Beanspruchung zu, weil ich wußte, daß ich als Abgeordneter der obersten Volksvertretung noch besser der Entwicklung der Deutschen Demokratischen Republik dienen konnte.

So unterbreitete ich bald nach der Wahl den Vorschlag, auf die Strafverfolgung aller Bürger zu verzichten, die vor dem 13. August 1961, dem Mauerbau, die DDR illegal verlassen hatten, und einen entsprechenden Erlaß herauszubringen. In der zweiten Sitzung der Volkskammer teilte Professor Kurt Hager mir zu meiner großen Freude in offiziellem Auftrag mit, das Zentralkomitee der Sozialistischen Einheitspartei Deutschlands und der Staatsrat hätten meinen Gedanken zugestimmt. Schon in nächster Zeit würden sie verwirklicht werden. Durch die Volkskammersitzung vom 1. September 1964 ist dann der »Erlaß des Staatsrates über die Aufnahme von Bürgern der Deutschen Demokratischen Republik, die ihren Wohnsitz außerhalb der Deutschen Demokratischen Republik haben«, bestätigt worden. In Paragraph 2 heißt es: »Bürgern der Deutschen Demokratischen Republik, die vor dem 13. August 1961 unter Verletzung der gesetzlichen Bestimmungen außerhalb der Deutschen Demokratischen Republik Aufenthalt genommen haben, wird für diese Gesetzverletzung Straffreiheit gewährt.«

Mit dieser Maßnahme hatte unsere Regierung einen Beitrag zur Entspannung zwischen den beiden deutschen Staaten geleistet. Durch die Gewährung von Straffreiheit wurden dem genannten Personenkreis wieder Reisen in die DDR ermöglicht. Manchem, der inzwischen die westdeutsche Wirklichkeit kennengelernt hatte, erschien die Entwicklung in der DDR bei seinem Besuch in neuem Licht. Am 9. September 1994 gab dann der Ministerrat bekannt, daß DDR-Bürger im Rentenalter einmal im Jahr eine Besuchsreise in die Bundesrepublik machen konnten. – Seit 1963 bin ich über viele Wahlperioden bis 1990 Mitglied der Volkskammer gewesen. Die mit einem solchen Amt verbundenen Aktivitäten und zusätzlichen Pflichten habe ich dank meiner Sauerstoff-Mehrschritt-Therapie ohne Schwierigkeiten ableisten können. – Nur dank meiner Mitgliedschaft zur Volkskammer war es mir Ende 1989 möglich, durch mehrere Reden in diesem Haus mit frühen Reformvorschlägen zur politischen Wende beizutragen.

Wissensspeicher-Bücher
für die Schul- und Universitätsausbildung

Als Abgeordneter der Volkskammer hatte ich 1965 Gelegenheit, vor dem hohen Haus für die Rationalisierung der Schul- und Universitätsausbildung durch Schaffung von Wissensspeicher-Büchern in den grundlegenden Fächern einzutreten. Zweck dieser Bücher, die zum Beispiel bei Klausurarbeiten und Prüfungen eingesehen werden dürfen, ist es, das Auswendiglernen von Wissensstoff zu reduzieren und die Kapazität der jugendlichen Gehirne stärker für schöpferische, kombinatorische Denkleistungen zu reservieren. Meine Rede »Weniger passives Wissen, dafür mehr aktives Können« führte zu einer kleinen Sonderberatung im Arbeitszimmer des Volkskammerpräsidenten, an welcher der Vorsitzende des Ministerrates, Willi Stoph, Dr. Günter Mittag und der Sekretär des Staatsrates teilnahmen.

Volkskammerpräsident Professor Dr. Johannes Dieckmann

Freundschaftliche Beziehungen, die sich im Laufe der Jahre immer fester gestalteten, verbanden uns mit dem langjährigen Präsidenten der Volkskammer, dem 1969 verstorbenden Professor Dr. h. c. Johannes Dieckmann und seiner Familie. Regelmäßig wiederholten sich unsere abendlichen Gespräche mit ihm und seiner liebenswürdigen Gattin. Stets waren sie für uns eine Quelle fruchtbarer Anregungen. Viele wertvolle menschliche und politische Ratschläge verdanke ich ihm. Professor Dr. Dieckmann, ehemalig Mitarbeiter Gustav Stresemanns, 1945 Mitbegründer der Liberal-Demokratischen Partei Deutschlands (LDPD), besaß jene Eigenschaften, die den Politiker von Rang kennzeichnen: nüchterne Einschätzung der Realitäten, frei von Illusionen; Erkennen der großen bewegenden Fragen der Gegenwart, Übergang zur Tat dort, wo das Ziel greifbar war; auf Fakten gegründete Argumentation; Schlagfertigkeit und souveräner Blick für die Zusammenhänge, humanistisches Streben aus tiefer innerer Überzeugung; ein heißes Herz, das durch kühlen Verstand gezügelt wurde.

Daß eine solche Persönlichkeit in den ersten zwei Jahrzehnten unserer Republik an der Spitze der höchsten Volksvertretung stand und auch im Staatsrat an den großen Entscheidungen aktiv teilnahm, stärkte mein Vertrauen in unsere damalige Staatsführung. Leider wurden in den Jahren nach dem Tode Dieckmanns integre Persönlichkeiten dieses Formates zur Seltenheit in der obersten Ebene unseres Staates.

Das Travelboard-Büro verhindert meine Reise nach Toronto

Im Mai 1964 freute ich mich sehr über die Einladung, als »Opening Speaker« die »World Conference On Electron Beam Technology« in Toronto zu eröffnen. Die Karten für das Flugzeug nach Kanada waren schon beschafft, da verweigerte das damals bestehende Travelboard-Büro in Westberlin mir im letzten Moment die für die Reise notwendigen Dokumente. Mein Vortrag mußte verlesen werden. Der amerikanische Physiker W. Nottingham, der mich auf der Konferenz treffen wollte, fuhr vergeblich nach Toronto und besuchte uns dann im

Oktober des gleichen Jahres, wenige Wochen vor seinem Tode, in Dresden. Wir dankten ihm für zwei wissenschaftliche Kolloquien über uns interessierende Spezialfragen der Elektronenemission.

Rückfall in die Radiowellen-Romantik meiner Jugend

Nach dieser nüchternen Erzählung sei ein kleines heiteres Intermezzo gestattet. Weihnachten 1969 hatte ich einen Rückfall in meine jugendliche Vor-Radio-Periode von 1922/23: Ich schenkte mir einen Spezial-Radioempfänger (Weltempfänger) für alle Frequenzbereiche (den mein späterer Freund Dr. med. h. c. Erwin Braun gerade herausgebracht hatte) und schloß ihn im Schlafzimmer an eine auf dem Turm des Gebäudes installierte echte »Hochantenne« an. Wieder, wie vor fast fünfzig Jahren, faszinierte mich der Hauch der großen weiten Welt und besonders die Romantik des Nachrichtenverkehrs zwischen Küstenfunkstellen und Schiffen auf hoher See. Gute Bekannte aus alter Zeit, wie Rügen-Radio, Kiel-Radio, Norddeich-Radio und Scheveningen-Radio, waren immer noch in Aktion. Nur die Stationsrufzeichen hatten sich geändert, und die Sendefrequenzen waren von 0,5 Megahertz in bestimmte Bänder des 1,8- bis 8,8-Megahertz-Bereichs verlegt worden. Außerdem erfolgte ein großer Teil des Nachrichtenaustauschs mit den Schiffen nicht mehr durch – mir jetzt nur noch bis zum Tempo 50 BpM verständliche – Morsesignale, sondern per Telefonie.

Schon kurz nachdem ich die Anlage in Betrieb genommen hatte, belehrten uns folgende Wechselgespräche, daß die Sexwelle sich auch über die Radiowellen ausgebreitet hatte:

Aus naheliegenden Gründen wurden die Namen der Gesprächspartner verändert.

Erstes Gespräch – zwischen Seemann und Ehefrau: »Wenn ik övermorgen tu Hus komm, dann zieh' ik di glik din Büx ut, min seuten Deern.« – Antwort: »Na, da hab' ik ja man auch gar nix gegen, Karl. Tschüs.« Gleich danach dienstlich: »Hier Norddeich-Radio, Gesprächsdauer drei Minuten.«

Zweites Gespräch – zwischen Verlobter und Seemann: »Entschuldige bitte, daß ich dich anrufe, aber ich will das Mißverständnis sofort ehrlich klären. Als der Vetter plötzlich in Unterhosen so vor mir stand, wurde mir ganz schwach, und da ist es dann geschehen. Ich versteh' mich selbst nicht mehr. Das einzige, was ich sagen kann, ist, entschuldige, Heinz, es soll auch nie wieder vorkommen.« – Antwort: »Aus unserer Hochzeit wird nix, du Luder!« – Verlobte: »Aber das Essen ist doch schon für alle bestellt, und die vielen Einladungen! Ich komme morgen gleich mit dem ersten Zug nach Cuxhaven zu dir, Heinz.« – Antwort: »Na, dann komm man, wolln sehen, was sich machen läßt.« Ein Seufzer der Erleichterung beschließt diese Ausstrahlung der Antennen von Kiel-Radio.

Drittes Gespräch – zwischen Freundin und Seemann: »Franz, heiratest du mich nun oder nicht?« – Antwort: »Ich heirate nicht!« – Freundin bricht in Tränen aus: »Oh, du gemeiner Kerl, ich dreh' ganz durch. Ich hab' nur noch eine Bitte, ruf Mutti an und sag ihr das selbst.« – »Kiel-Radio, Gespräch beendet! Gesprächsdauer zwei Minuten.«

Drei Radiogespräche und drei Momentbilder aus dem Leben. Bei weiterem Sprech- und Morseempfang vom Seefunkdienst tauchen längst vergessene Namen auf wie »Roter Sand«, »Alte Liebe« in Cuxhaven, »Holtenau«, »Eckernförde« und dann der Dialekt – so gar nicht sächsisch! Man wird mir sicher verzeihen, denn meine Wiege stand ja in Hamburg.

Außergewöhnliche Besucher auf dem Weißen Hirsch

Die Zahl der Wissenschaftler aus Ost und West, die das Institut auf dem Weißen Hirsch besuchten, hatten mit dem Anwachsen der Mitarbeiterzahl auf fast fünfhundert und mit der dazu fast proportionalen Vermehrung unserer Forschungsthemen so stark zugenommen, daß wir manchmal etwas bremsen mußten, um allzu häufige Störungen zu vermeiden. Prominente Gäste, die meist hochinteressante wissenschaftliche Informationen mitbrachten, waren natürlich stets sehr willkommen. Einen Höhepunkt dieser Art bildete am 2. April 1965 der Besuch des Arzt-Kosmonauten Dr. h. c. Boris Jegorow, der durch unsere Forschungen an medizintechnischen und medizinischen Themen veranlaßt wurde.

Weitere unvergessene Besuche und Begegnungen auf unserem Wege seit 1955

Wenn ich in meinem kostbaren, 1928 begonnenen und über die Kriegswirren erhalten gebliebenen *Gästebuch* die nach März 1955 in Dresden erfolgten Eintragungen chronologisch durchgehe, so finde ich Namen aus Politik, Wirtschaft, Wissenschaft und Technik sowie die Eintragung mancher guter Freunde, die nicht mehr unter uns weilen. Einige dieser Namen seien genannt:
W. Ulbricht 26. 3. 1955, W. Weidauer 3. 4. 1955, L. Binder 3. 4. 1955, R. Rompe 15. 4. 1955, W. Stoph 23. 4. 1955, W. Friedrich 23. 4. 1955, B. Baade 16. 7. 1955, F. Selbmann 21. 12. 1955, H. Barkhausen 15. 1. 1956, M. Sefrin 31. 8. 1956, Th. Brugsch 19. 10. 1957, Perwuchin 28. 11. 1958, K. Lohmann 18. 8. 1959, K. Fuchs 25. 4. 1960, G. Götting 25. 5. 1961, K. Lüdemann 5. 7. 1961, L. Artzimovich 18. 12. 1963, B. Petrowski 27. 11. 1965, H. Hoffmann 13. 1. 1967, E. L. Dulles 17. 7. 1967, O. Warburg 6. 12. 1967, O. Westphal 2. 4. 1968, A. Paton 20. 9. 1968, Ch. de Duve 29. 4. 1970, E. Braun 24. 4. 1971, H. Druckrey 21. 7. 1971, F. Wankel 6. 1. 1973, V. E. Cosslett 30. 3. 1973, R. Kavetski 24. 4. 1973, R. Theile, S. Möllenstedt 2. 10. 1976, W. Scheler 29. 1. 1981, K. Hermann 25. 3. 1980, H. Pöschel 25. 3. 1980, W. Graf Baudissin 7. 11. 1980, G. Thews 6. 10. 1981, P. Vaupel 6. 10. 1981, E. Krenz 17. 12. 1981, H. Modrow 20. 1. 1982, B. Schönheit 20. 1. 1982, K. Seidel 22. 10. 1982, K. Zuse 29. 3. 1985, W. Hollmann 3. 8. 1985, W. Berghofer 20. 5. 1986,

Besuch des Nobelpreisträgers Christian de Duve, Entdecker der Lysosomen, am 20. 4. 1970 in Dresden. Rechts im Bild mein langjähriger Mitarbeiter Dr. P. G. Reitnauer.

L. Mecklinger 31. 7. 1986, H. O. Bräutigam 9. 12. 1986, K. Körber 20. 1. 1987, G. Mittag 20. 1. 1987, H. Weiz 20. 1. 1987, E. H. Graul 23. 1. 1987, R. Lüst 13. 4. 1987, W. Krjutschkow 18. 6. 1987, K. Biedenkopf 12. 1. 1989, H. Klinkmann 14. 4. 1989, W. Leisler Kiep 16. 6. 1989, K. Thielmann 22. 8. 1989, W. Jarowinski 24. 11. 1989, P. Oehme 4. 12. 1989, L. Späth 30. 1.

1990, L. de Maiziére 28. 2. 1990, A. Prinz von Sachsen 5. 4. 1990, W. Brandt 30. 4. 1990, Sir R. Dahrendorf 30. 4. 1990, Helmut Schmidt 4. 1. 1992. Über etliche dieser Persönlichkeiten und ihr Wirken habe ich näheres auch in meinem 1996 erschienenen Buch »Ich bin ihnen begegnet« berichtet.

Warum es keinen Nobelpreis für Mathematik geben soll

Auf der Internationalen Vakuumtagung in Stuttgart 1965 lernte ich den Chef des französischen Atomzentrums, Professor Dr. Debiesse, kennen. Bei einem Essen im kleinen Kreis erzählte er mir die Geschichte, warum es keinen Nobelpreis für Mathematik geben soll: Nobel sei mit einer um dreißig Jahre jüngeren Frau befreundet gewesen, die er in einem Tête-à-tête mit einem Mathematiker antraf. Dieses Ereignis soll ihn veranlaßt haben, bei der Nobelstiftung das Fach Mathematik in den Satzungen der Stiftung auszusparen. Kleine Ursache, große Wirkung.

Hoher Besuch zum 10. Jahrestag unseres Instituts auf dem Weißen Hirsch

Am 26. März 1965 waren zehn Jahre seit der Rückkehr aus der Sowjetunion vergangen. Aus diesem Anlaß empfingen wir den Besuch des Vorsitzenden des Staatsrates, Walter Ulbricht, mit seiner Gattin, der einen ganzen Tag den Problemen unserer Arbeit widmete. Es war regnerisch, und unser jüngster Sohn, Hubertus, hatte spontan einen Regenschirm requiriert, um Frau Lotte Ulbricht bei dem Rundgang durch das Institutsgelände gegen die reichlich herabfallenden Tropfen zu schützen. Als wir sie ein Dreivierteljahr später bei einem Empfang in Berlin wiedertrafen, beendetet sie unser Gespräch mit den Worten: »Grüßen Sie mir meinen Hubertus.«

Zum menschlichen Klima

Bei einem Empfang in der Sowjetischen Botschaft Anfang 1967 unterhielten wir uns zu Beginn mit der Witwe des 1964 verstorbenen früheren Ministerpräsidenten Otto Grotewohl. Sie, die an der Seite ihres Mannes stets im Mittelpunkt ähnlicher Veranstaltungen gestanden hatte, befand sich jetzt in der zweiten Reihe eines Menschenwalls, der sich bildete, als die Mitglieder unserer Regierung zusammen mit dem Botschafter der UdSSR den Festsaal durchquerten. In diesem Augenblick entdeckte der damalige sowjetische Botschafter P. A. Abrassimow Frau Grotewohl unter den Gästen, bahnte sich einen Weg zu ihr, hakte sie unter und führte sie in das Zentrum der Gesellschaft neben Erich Honecker und Willi Stoph.

Solche Episoden mögen, für sich betrachtet, unwesentlich erscheinen, aber sie sind Symptome für das Bestehen einer Kraft, die weitgehende Auswirkungen hat. Heiterkeit und Harmonie im menschlichen Zusammenleben gehören mit zu den starken Kraftquellen des Fortschritts. In einer solchen Atmosphäre entfalten sich schöpferische Initiative, Verantwortungsfreudigkeit und der Wille zur Tat. Auch für die Entwicklung der Wissenschaften hat ein solches Klima positive Auswirkungen – die Forschung ist speziell in ihren Anfangsstadien eine zarte Pflanze, die in besonderem Maß günstiger Bedingungen bedarf.

Unterschiedliche Auffassungen

Ein Erlebnis aus der Sowjetunion, von dem Professor Max Steenbeck berichtete, ist geeignet, die unterschiedlichen Denkweisen der sich gegenüberstehenden Systeme zu charakterisieren. Er hatte sich in Odessa einer schwierigen Staroperation unterziehen müssen, die Professor Filatow, der berühmte sowjetische Augenarzt, vornahm. Einige Tage danach fragte Max Steenbeck die ihn betreuende Krankenschwester nach den Kosten. Sie antwortete: »Die Operation ist kostenlos.« Darauf Steenbeck: »Im Westen hätte der Professor sich für das Honorar ein Auto kaufen können.« Die Entgegnung der Schwester berührte ihn tief: »Wer operiert dann aber die Armen?«

Ich verstand, warum Graf Arco seinen 60. Geburtstag in Moskau feierte

Während meiner Tätigkeit in der Sowjetunion beeinflußte mich in erster Linie unser Freund Professor Jemeljanow. Tiefe Eindrücke gewann ich aber auch durch das selbst in schwierigen Situationen unmittelbar nach Kriegsende bis zu ihrem Tode gleichbleibend herzliche und verständnisvolle Verhältnis führender sowjetischer Akademiker wie Professor A. Joffé, Professor I. W. Kurtschatow, Professor W. Weksler und vor allen Dingen Generaloberst Saweniagin zu uns. Ebenso ließen mich die vielen Begegnungen mit sowjetischen Forschern wie L. A. Artzimowich, B. Blochinzew, Flerow und die fast einjährige Mitarbeit im Leningrader Werk »Elektrosila« unter A. Komar die sozialistische Wirklichkeit in einem guten Licht sehen. Ich verstand jetzt, warum das Vorbild meiner Jugend, Graf Arco, der technische Direktor von Telefunken, 1929 seinen 60. Geburtstag in Moskau gefeiert hatte.

Dokumentarische Informationen vernichten Zerrbilder

Zur Formung meines politischen Weltbildes trug stark bei, daß ich mich immer wieder darum bemühte, solche Episoden, Äußerungen oder Handlungen großer Persönlichkeiten kennenzulernen, die unmittelbare Informationen über ihr Menschentum geben. Wo sich eine Gelegenheit ergab, versuchte ich, einen Blick hinter das öffentliche Wirken der schöpferischen politischen Persönlichkeiten, welche die Geschichte unseres Jahrhunderts gestaltet haben, zu werfen.

Die Anregung dazu ging auf eine Erfahrung zurück, die ich als junger Mensch machte. Ich hatte damals die berühmte Rede des Perikles auf die Gefallenen des Peloponnesischen Krieges gelesen, und über mehr als zwei Jahrtausende hinweg empfand ich die einzigartige menschliche Größe dieses griechischen Staatsmannes und des nach ihm benannten Perikleischen Zeitalters. –

In Gesprächen mit Abraham Joffé erfuhr ich manches über seine Begegnungen mit Lenin und die wissenschaftsorganisatorischen Aufgaben, die ihm von Lenin gestellt worden waren. – Mein langjähriger Freund Graf von Westphalen berichtete mir gewisse Begebenheiten aus dem Leben seines Großonkels Karl Marx, die dessen warmherzige Menschlichkeit auch in den kleineren Dingen des Lebens erkennen ließen. – Alfred Kurella erzählte uns bei Besuchen in unserem Hause viele Episoden über die einzigartige Persönlichkeit seines früheren Chefs Georgi Dimitroff.

Unvergeßlich ist mir von Karl Liebknecht, der bekanntlich bei Beginn des Ersten Weltkrieges als erster sozialdemokratischer Reichstagsabgeordneter den Mut aufbrachte, die Bewilligung weiterer Kriegskredite abzulehnen, ein Brief, den er am 18. März 1917 aus Luckau an seinen Sohn Helmi richtete. In diesem Brief, dessen Kenntnis ich dem früheren Präsidenten der Bauakademie der DDR, Professor Dr. Kurt Liebknecht, einem Neffen von Karl Liebknecht, verdanke, heißt es: »Ihr sollt die Matthäus-Passion hören – in klassischer Aufführung! Das wundervollste Werk auf dem Gebiet des Oratoriums. Die Noten hatte ich im Militärlazarett. Studiere sie vorher. Nicht ganz leicht zu verstehen. – Kontrapunkt und Fuge. Gleich der erste Satz: achtstimmiger Chor nebst Cantus firmus; durchblickt man das Zaubergewebe, ist man ganz berauscht vor Seligkeit. Nichts Süßeres, Zarteres, Rührenderes und in den Volksszenen – nichts Großartigeres kennt die Musik.«

Ich freue mich darüber, daß das Reiterstandbild Friedrich des Großen in Berlin am Beginn der Straße Unter den Linden wieder aufgestellt worden ist. Darin sehe ich einen Brückenschlag zu Traditionen, die zur Geschichte Preußens und Berlins aufbauend beigetragen haben. Will man die Größe von Charakter und Persönlichkeit dieses Königs direkt erkunden, so gibt es kaum einen besseren Weg dahin als das Studium seines Testamentes und vor allem seiner ergreifenden »Grabrede zum Tode des Prinzen Heinrich«. Mit dem Tode dieses neunzehnjährigen Neffen trug er alle seine Hoffnungen auf eine geniale Führung des preußischen Staates in der nächsten Generation zu Grabe – aber mit welchen Worten!

Solche direkten dokumentarischen Informationen vernichten schlagartig die in Jahrzehnten gezeichneten Zerrbilder politischer Persönlichkeiten. Man sollte viel häufiger die unmittelbaren Quellen studieren, die das wahre Menschentum der großen Geister der Geschichte offenbaren oder ahnen lassen.

Ein weiterer Besuch meines Freundes Jemeljanow

Eine Persönlichkeit, die sich in dem geschilderten Sinn aus tiefer Überzeugung für die Erhaltung des Friedens und eine weltweite Abrüstung einsetzte, war der frühere sowjetische Atomminister Jemeljanow, von dem ich schon wiederholt berichtet habe. Bei seinem zweiten freundschaftlichen Besuch im Februar 1967 sagte er, seine Pflichten als fliegender Diplomat hätten stark zugenommen, seit er in den »Ruhestand« getreten sei. Er war wieder auf dem Weg nach Genf. Der Verständigung zwischen Ost und West zu dienen und Entwicklungen entgegenzuwirken, die zu einem dritten Weltkrieg führen könnten, darin allein noch sah er seine Lebensaufgabe. Von amerikanischer Seite war er, wie er erzählte, gerade mit einem 100000-Dollar-Friedenspreis ausgezeichnet worden, dessen Annahme er jedoch unter Hinweis auf die Ereignisse in Vietnam abgelehnt hatte.

Diskussionsbeitrag zur Wissenschaftsförderung

Im Mai 1969 fand in Dresden die 9. Bezirksdelegiertenkonferenz der Sozialistischen Einheitspartei Deutschlands statt, an der auch der Vorsitzende des Ministerrates, Willi Stoph, verschiedene weitere Minister und hohe Staatsfunktionäre teilnehmen. Die Beratung befaßte sich besonders mit der Förderung von Spitzenergebnissen in Wissenschaft und Technik. Als Gast der Tagung erhielt ich Gelegenheit zu einem Diskussionsbeitrag. Aus meiner Rede möchte ich eine Passage zitieren:

»Spitzenergebnisse werden sich dort mit höherer Wahrscheinlichkeit einstellen, wo die Erfahrung, die Übersicht, das Fingerspitzengefühl, die Kenntnisse und umfassende Informationserschließung über die vielfältigen persönlichen Wissenschaftsbeziehungen der älteren Generation zusammenwirken mit der Arbeitskraft, dem Fleiß, dem gesunden, aber durch innere Bescheidenheit gemilderten Ehrgeiz und dem Können der jüngeren Generation. Ich glaube, daß es auch zu den Pflichten der älteren Wissenschaftlergeneration gehört, sich immer wieder durch eigene neue Ergebnisse von hohem Rang zu bewähren und zu behaupten. Niemals darf die großzügige Förderung, die unser Staat den Naturwissenschaften angedeihen läßt, dazu führen, daß einzelne Wissenschaftler in dieser Tatsache eine Art Lebensversicherung erblicken. Wer in dieser Frage versagt, sollte in allen Ehren abtreten und jüngeren Talenten seinen Platz übergeben. In unseren Universitäten, Hochschulen, Forschungszentren und auch in unserer Industrie können solche durch gesetzliche Maßnahmen zu begünstigende Auffrischungen den Boden für Spitzenleistungen verbessern. Für diejenigen, die in dieser Frage kein reines Gewissen gegenüber unserer Gesellschaft haben, sei ein Geheimnis zur Erhaltung der geistigen Frische verraten. Es stammt von dem bekannten Atomphysiker Enrico Fermi. Er empfahl, daß ein Wissenschaftler etwa alle zehn Jahre sein Arbeitsfeld wechseln solle.«

Meine berufliche Laufbahn entspricht ziemlich genau dieser Empfehlung.

Zur hier berührten Frage der Kreativität gibt es auch eine Äußerung des Begründers der Streßforschung.

Der Streßforscher Hans Selye über Intuition und Phantasie

Zwei Eigenschaften, die wohl nur schwer lehr- und erlernbar sind, zeichnen den bahnbrechenden Forscher vor den anderen wissenschaftlich Tätigen aus: Intuition und Phantasie. Der Streßforscher Hans Selye gibt in seinem Buch »Vom Traum zur Entdeckung«, welches er mir 1971 »mit kollegialen Grüßen« übersandte, Definitionen, über die es sich in unseren Tagen gezielter Wissenschaftsorganisation sehr nachzudenken lohnt. Selye schreibt:

»Intuition ist die Intelligenz des Unterbewußtseins; Intuition ist der Funken, an dem sich alle Formen der Originalität, des Einfallsreichtums und der Findigkeit entzünden. Sie ist die Erleuchtung, die notwendig ist, um das bewußte Denken mit der Phantasie zu verbinden. Die Definition für Einfall lautet: ›Eine verbindende oder klärende Idee, die sprunghaft ins Bewußtsein tritt als Lösung eines Problems, das uns intensiv beschäftigt.‹

Ich habe solche erleuchtenden Einfälle mit anderen diskutiert und fand, daß sie den meisten Wissenschaftlern ganz unerwartet beim Einschlafen oder während des Erwachens kamen oder manchmal auch, wenn sie mit etwas beschäftigt waren, das in gar keinem Zusammenhang mit der Sache stand, über die ihnen so plötzlich ein Licht aufging. Hat man angestrengt und bewußt nach einer Lösung gesucht, kann sie einem plötzlich während eines Spazierganges, beim Anhören einer Oper oder beim Zeitungslesen einfallen. Andererseits wird die Intuition durch physische Erschöpfung, irgendwelchen Ärger, störende Unterbrechungen oder unter dem Druck des Zeitmangels absolut blockiert.

Wir müssen zuerst anhand von Beobachtungen die Tatsachen sammeln und sie dann in unserem Gedächtnis aufbewahren. Dann können wir sie logisch ordnen, wie es unser rationelles Denken diktiert.

Dieses Verfahren reicht manchmal schon aus, um zu einer befriedigenden Lösung zu gelangen. Wenn aber die Tatsachen nach bewußtem Überlegen und Schlußfolgern kein harmonisches Bild ergeben, muß ... der Phantasie freie Hand gegeben werden.

Unter der Führung ungehinderter Phantasie entstehen dann, mehr oder weniger wahllos, unzählige Gedankenverbindungen, die Träumen gleichen – die der konventionelle Intellekt als töricht verwirft. Zeitweilig kommt aber eines der vielen zufälligen Tatsachenmosaike, die im Kaleidoskop der Phantasie gebildet werden, der Wirklichkeit so nahe, daß es einen erleuchtenden Einfall entzündet, dessen explosive Gewalt die Idee ins Bewußtsein schleudert.

Mit anderen Worten, Phantasie ist die Kraft des Unterbewußtseins, Tatsachen in neue Beziehungen zueinander zu setzen, während Intuition die Gabe ist, die brauchbaren Traumbilder ins Bewußtsein zu bringen.« Albert Einstein hat einmal den kurzen Satz geprägt: »Imagination is more important than knowledge«, womit er die Bedeutung der schöpferischen Phantasie besonders hervorheben wollte.

Ein Rückblick an meinem 60. Geburtstag

Mit den Fortschritten unserer medizinischen Forschungen, zu denen eine verhältnismäßig kleine Gruppe junger Mitarbeiter entscheidend beigetragen hatte, und mit anderen guten Ergebnissen auf den Spezialgebieten Ionenquellen, Elektronenstrahlschmelzöfen, Elektronenstrahl-Mikrobearbeitungstechnik, Vakuumbedampfungstechnik, Plasmatechnik, Elektronen-Anlagerungs-Massenspektrographie und biomedizinische Technik stand ich, vielleicht etwas verspätet, zum Zeitpunkt meines sechzigsten Geburtstags auf einem Höhepunkt wissenschaftlich-schöpferischen Wirkens. Bei einem Fernsehinterview am 20. Januar 1967 konnte ich zurückblickend sagen, es erging mir, wie es der indische Dichter Rabindranath Tagore schildert:

> Ich schlief
> und träumte,
> das Leben
> wäre Freude.
> Ich erwachte
> und sah,
> das Leben
> war Pflicht.
> Ich handelte
> und siehe,
> die Pflicht
> war Freude.

Physikalisch-technische Forschungen und Entwicklungen

Natürliche Selektionsvorgänge können zum Entstehen tüchtiger Forschungskollektive beitragen

Als wir 1955 aus der Sowjetunion zurückkehrten, stellte ich meinem kleinen, aber hochkarätigen Kollektiv die Aufgabe, jüngere Mitarbeiter einzuarbeiten und dadurch die wissenschaftlich-technische Tradition weiterzugeben. Diese Stafettenübergabe ist längst erfolgt, und eine neue Generation wurde zum wesentlichen Träger des Instituts. In dieser Phase geschah etwas Merkwürdiges. Beim Hinzukommen neuer Kräfte wurden die Tüchtigen von dem ungewöhnlichen Kernkollektiv angezogen und blieben, während die Untüchtigen sich in dem harten Leistungsklima nicht wohlfühlten und gingen. Es war wie beim Wachsen von Kristallen, wo Gleiches sich bevorzugt an Gleiches lagert. Hier zeichnet sich eine Lehre für die Organisation neuer Institutionen ab: Am Anfang sollte als Kristallisationskern und Traditionsträger die Zusammenstellung eines Kollektivs aus Mitgliedern besonders guter charakterlicher und fachlicher Qualifikation stehen!

Ursprünglich war die Struktur unseres Instituts auf eine kleinere Mitarbeiterzahl orientiert. Bedingt durch die Aufgaben, die wir für unsere Volkswirtschaft zu erfüllen hatten, zeigte sich, daß die optimale Zahl etwa bei fünfhundert lag. Dadurch wurde einerseits ein hinreichend großes Leistungsvermögen gesichert, so daß auch sehr große Aufgabenkomplexe zügig bearbeitet werden konnten. Andererseits blieb aber unser Institut noch klein genug, um die für unsere Aufgaben dringend notwendige Überschaubarkeit, Dynamik und Reaktionsfähigkeit gegenüber neuen Erkenntnissen und Forderungen zu behalten. Die Mitarbeiterzahl war seit 1970 bis zur Wende im wesentlichen konstant geblieben, jedoch hatte eine Entwicklung zu einem höheren Anteil an Hoch- und Fachschulkadern stattgefunden.

Aus den oben schon erwähnten ersten Arbeiten, insbesondere der Entwicklung des Elektronenstrahl-Mehrkammerofen-Verfahrens, entstand der Bereich der physikalisch-technischen Forschung, der um 1985 etwa 80 Prozent der Kapazität unseres Institutes umfaßte. 20 Prozent der Kapazität standen der medizinischen Forschung zur Verfügung.

Elektronenkanonen mit bis 1200 kW Strahlleistung

Die Formierung des Aufgabengebietes der Technologischen Forschung erfolgte auf der Basis der alten Tradition auf den Gebieten der Elektronen- und Ionenstrahltechnik und neuer volkswirtschaftlicher Erfordernisse. Unmittelbar auf der Tradition bauten die Hochleistungs-Elektronenkanonen auf, welche in Typen zwischen 30 und 1200 kW Strahlleistung eine Weltspitzenfertigung repräsentierten und mit hohen Stückzahlen in die Sowjetunion, in die USA, nach Japan, Indien, Brasilien und viele europäische Industrieländer exportiert wurden.

Die Entwicklung von Elektronenstrahl-Kanonen und -Mehrkammeröfen war in unserem Institut auch die Geburtsstunde für das Gesamtgebiet der Elektronenstrahltechnologie. Die Elektronenkanonen sind das technische Schlüsselelement für eine große Zahl von Anlagearten unseres Institutes, aber auch von vielen im Ausland entwickelten Anlagen.

Verschiedene Bereiche der Elektronenstrahltechnologie

In ausländischen Großanlagen für unser Elektronenstrahl-Mehrkammerofen-Verfahren kamen bis zu fünf Elektronenkanonen der Typen 600 und 1200 kW zum Einsatz.

1965 wurde die erste industrielle Elektronenstrahl-Schweißanlage in Betrieb genommen. Ihr folgten zahlreiche weitere, den jeweiligen Schweißaufgaben angepaßte Varianten. Dieses Verfahren ermöglichte Schweißungen, die mit der normalen Schweißtechnik nicht ausführbar sind.

1986 begannen wir, auf dem neuen Feld der Umschmelz-Veredelung mit Elektronenstrahlen tätig zu werden. Erstes Ergebnis war die Verdopplung der Lebensdauer von Dieselmotoren-Kolben.

Neuerdings gewinnt das Verfahren zur Härtung der Oberfläche von Metallen mit Elektronenstrahlen hoher Leistungsdichte schnell an Bedeutung. Wir sehen in diesem Verfahren eine interessante Reserve für die Zukunft unseres Institutes.

Weitere Bereiche der Elektronenstrahltechnologie sind in den folgenden Abschnitten kurz besprochen: Verfahren zur Beschichtung im Vakuum, Beizen von Saatgut mit Elektronenstrahlen und Einsatz von Elektronenstrahlen als masseloses, elektronisch steuerbares Mikro- und Makro-Werkzeug.

Die Jahre fruchtbringender und enger Zusammenarbeit mit der Industrie waren für unsere Kollektive auch eine Phase intensiven Lernens. Wirtschaftliches Denken und Orientierung auf Nutzung in der Industrie schon in der Forschungs- und Entwicklungsphase gewannen mehr Einfluß auf unsere Kollektive.

Entwicklung von Verfahren zur Beschichtung im Vakuum

Um die Mitte der sechziger Jahre erlebte die Bedampfungstechnik international einen großen Aufschwung. Höhere Produktivität von Verfahren und Anlagen sowie völlig neue Anwendungsgebiete waren ein Kennzeichen dieser Entwicklung. Der eigentliche Einstieg unseres Instituts in die Vakuumbeschichtung erfolgte in diesem Zusammenhang. Die erste kontinuierlich arbeitende Anlage mit Elektronenstrahlverdampfung wurde 1964 für die Keramischen Werke Hermsdorf entwickelt und gebaut. Besonders gefördert wurde die Vakuumbedampfung in der DDR durch einen Ministerratsbeschluß, der vom Vorsitzenden des Ministerrates Willi Stoph persönlich angeregt worden war. Als Folge dieses Beschlusses begann die forcierte Entwicklung der Bedampfung von Bandstahl, Flachglas, Folie und Papier. Auch bekannte Anwendungen wurden neu stimuliert. Bereits 1966 wurde eine Laboranlage zum versuchsweisen Bedampfen von Bandstahl mit Al mittels Elektronenstrahlen in unserem Institut in Betrieb genommen. Auf der Basis der Ergebnisse mit dieser Anlage erfolgten Entwicklung und Bau einer ersten Produktionsanlage, die 1971 im Kaltwalzwerk Bad Salzungen in die Produktion überführt wurde. Die technische Nutzung der Bedampfungstechnik für Bauglas (THERAFLEX), Folien und Papier begann im wesentlichen ebenfalls um 1970. In Zusammenhang mit den jeweiligen Anwendungen wurden auch Verdampferquellen und Anlagen weiterentwickelt.

Eine wesentliche Erweiterung der Vakuumbeschichtung stellt die Beschichtung unter Einfluß von Ionen und die Entwicklung des schon früher erwähnten Ringspalt-Plasmatrons für Kathodenzerstäubung fast beliebiger Metalle in industriellen Maßstäben dar. Auch für die Hochzüchtung dieses wichtigen Elementes konnten wir auf unsere früheren Erfahrungen mit der Plasmaführung in inhomogenen Magnetfeldern zurückgreifen.

Beizen von Saatgut mit Hilfe von Elektronenstrahlen

Das in der Landwirtschaft heute unverzichtbare Beizen von Saatgut erfolgt zur Zeit noch mit chemischen Mitteln, die als Schadstoffe im Boden bleiben und besonders infolge von Speichervorgängen eine erhebliche Umweltverschmutzung darstellen. Obwohl die Beizung mit Quecksilber enthaltenden Substanzen inzwischen verboten ist, bleibt der Verzicht auf chemische Beizung eine Forderung der Ämter für Umweltschutz. Seit 1986 entwickelten wir ein umweltfreundliches Verfahren zum Beizen von Saatgut (z. B. Weizen) mit Elektronenstrahlen. Das von uns geschützte Verfahren hat sich bei mehreren Versuchsernten und durch Realisierung mit hohem Saatgutdurchsatz sowie durch ökonomische Überlegenheit als erfolgreich erwiesen. Vor der Wende haben wir über diesen Erfolg wenig geredet. Wir wollten nicht, daß zu einem Zeitpunkt, wo wir noch über genügend Aufträge für mehrere Jahre verfügten, eine Auftragsflut für Beizanlagen über uns hereinbricht. Das hätte unsere Forschungen und Entwicklungen in anderen Bereichen blockiert.

Elektronenstrahlen als masselose, elektronisch steuerbare Mikro- und Makro-Werkzeuge

Bereits 1961 wurde, ausgehend von dem Elektronenstrahl-Mikrobohrgerät nach von Ardenne (1938 und 1953), die erste Elektronenstrahl-Bearbeitungsanlage gebaut. Dieses Gebiet weitete sich schnell aus und führte zu den programmgesteuerten Elektronenstrahl-Mikrobearbeitungsautomaten für die Massenfertigung passiver Dünnschicht-Bauelemente der Mikroelektronik. Eine Anzahl dieser hochproduktiven Anlagen (mehrere Generationen) wurden im Laufe der Jahre in den Keramischen Werken Hermsdorf aufgestellt. Unser gesamter Bedarf an passiven Bauelementen (z. B. präzise Widerstände) wurde von diesen Anlagen befriedigt.

Die Erfindung des Plasma-Feinstrahlbrenners

Im eigenen Institut, in unserer Metallindustrie und auf den Schiffswerften ging viel Zeit mit dem Trennen und Herausschneiden von Metallen verloren. 1960 kam mir die Idee, hierfür einen Plasma-Feinstrahlbrenner zu entwickeln, bei dem das Hochtemperatur-Plasma einer Hochdruckgasentladung so aus einer feinen wassergekühlten Düse austritt, daß sich ein Plasmastrahl von über 10000°C Temperatur und nur wenig über einen Millimeter Durchmesser bildet. Mit einem solchen Plasmastrahl lassen sich die sprödesten Sonderstähle und Metalle mit sehr hohem Schmelzpunkt (zum Beispiel Tantal) schneiden. Um die industrielle Nutzung dieser Methode zu demonstrieren, die durch meine Mitarbeiter Rudolf Pochert und Willy Roggenbuck weiterentwickelt wurde, hatte ich das Schmelzschneiden in unserem Fernsehen vorgeführt und Interessenten eingeladen. Am nächsten Tag mußte der Verkehr auf dem Weißen Hirsch geregelt werden. Etwa tausend Anlagen, gefertigt vom Betrieb Schweißtechnik Finsterwalde (Mansfeld-Kombinat), und fünf Goldmedaillen der Leipziger Frühjahrsmesse sind ein beredtes Zeugnis für den Erfolg meiner so einfachen Idee. In der DDR wurden einige hundert Betriebe der metallverarbeitenden Industrie und die Werften an der Ostsee mit den Brennern ausgerüstet. Wiederholt kamen Berichte über eine Steigerung der Arbeitsproduktivität auf eintausend Prozent! Etwa die Hälfte der Anlagen wurde nach Japan exportiert und diente dort der Rationalisierung des Schiffbaus. Mit den von uns entwickelten Anlagen der zuvor besprochenen Art wurde zwischen 1980 und 1989 in der DDR-Industrie ein Umsatz von etwa 1,3 Milliarden Mark jährlich erzielt. Diese außergewöhnliche Leistung für die Wirtschaft gab meinem Institut und mir ein politisches Fundament hoher Stabilität.

*Grundlagenforschung im Auftrage des
Ministeriums für Wissenschaft und Technik und des
Ministeriums für Gesundheitswesen*

Besonders positiv für das Schaffen allgemeiner Grundlagen haben sich die Aufträge des Ministeriums für Wissenschaft und Technik ausgewirkt. Sie ermöglichten es, Neuland zu beschreiten, ohne daß zu Beginn eine Anwendung bei einem bestimmten Industriepartner absehbar war.

Durch die Grundlagenforschung im Auftrage des Ministeriums für Wissenschaft und Technik und der Industrie konnten von uns wesentliche Beiträge zur Entwicklung des gesamten Fachgebietes Elektronenstrahltechnologie geleistet werden. Die DDR gehörte auf diesem Gebiet sowohl in bezug auf wissenschaftliche Ergebnisse als auch in bezug auf industrielle Nutzung zur Spitzengruppe. Auf dem Felde der Vakuumbeschichtung beschritt unser Institut Neuland beim Beschichten großer Flächen und bei der Entwicklung hochproduktiver Verfahren und Anlagen. Große Aufmerksamkeit haben wir auch der Entwicklung von Prozeßerweiterungen der Vakuumbeschichtung geschenkt. Ein besonderer Schwerpunkt sowohl in der Grundlagenforschung als auch in der technischen Entwicklung waren für uns die Elektronenkanonen und Quellen für die Vakuumbeschichtung großer Flächen.

Als Grundlagenforschung sind seit 1965 unsere Arbeiten an der Entwicklung der Krebs-Mehrschritt-Therapie und der Sauerstoff-Mehrschritt-Therapie angesehen und vom Ministerium für Gesundheitswesen mit etwa 1,5 Millionen Mark jährlich gefördert worden. Die jetzt nach 30 Jahren herangereiften Ergebnisse haben Pioniercharakter, die international zu großen Hoffnungen berechtigen. Die meist seit Jahrzehnten beteiligten Mitarbeiter sind Träger einer großen und kostbaren wissenschaftlichen Tradition, die auch aus nationalen Gründen nicht verloren gehen darf. Wie sehr uns dieser Gedanke bewegt, geht daraus hervor, daß wir mit unseren Medizinern die Schaffung einer wissenschaftlichen Schule für unsere in die Zukunft weisenden Forschungsrichtungen vorzubereiten begannen.

Patente und Publikationen

Ein quantitatives Maß für den Neuheitsgrad unserer Ergebnisse ist die Zahl der Erfindungen. Die erfinderische Tätigkeit hat breite Mitarbeiterkreise erfaßt. Auf den erläuterten Gebieten der technologischen Forschung wurden bisher fast dreihundert eigene Erfindungen genutzt. Die Zahl der von den Mitarbeitern zum Patent angemeldeten Erfindungen lag um 1990 bei etwa fünfundzwanzig pro Jahr. Der gesamte volkswirtschaftliche Nutzen im ersten Nutzungsjahr der bisher geprüften Patente betrug dreißig Millionen Mark. Die Zahl der Publikationen auf den genannten Fachgebieten liegt bei nahezu dreihundert. Eine Aufgabe dieser Publikationen war es, neue Ergebnisse zur Diskussion zu stellen und deren Einführung wissenschaftlich vorzubereiten.

Auch Erfolge können Schwierigkeiten verursachen

Im Frühjahr 1970 wurden wir merkwürdigerweise durch bedeutende Erfolge in der Forschungsarbeit vor eine sehr schwierige Situation gestellt. Unsere Hauptkraft konzentrierte sich auf damals etwa ein Dutzend Themen, die nach dem Leitsatz »Wo lohnt es sich am meisten?« ausgewählt worden waren. Fast gleichzeitig stellte sich bei allen diesen Aufgaben der Erfolg ein, und die Vertragspartner aus Industrie und Staatsapparat forderten daher ebenfalls zur gleichen Zeit, wir sollten umfangreiche Arbeiten der nachfolgenden Entwicklungsstufe übernehmen. Obwohl der Institutskomplex inzwischen auf vierzehn Einzelgebäude angewachsen war, überstieg die Summe der nur durch uns schnell zu erfüllenden Aufgaben unsere räumlichen Möglichkeiten, zumal die Anlagen immer größere Ausmaße annahmen. Aus diesem Grunde machten sich kurzfristig hohe Investitionen notwendig, die mir jedoch ohne Änderung des Institutsstatus ermöglicht wurden. Die Raumprobleme fanden die konstruktive Lösung durch die unverzügliche Errichtung einer Halle für Großgeräte (mit Krananlagen) hinter dem Garagengebäude der Zeppelinstraße 7 und durch den Bau eines Komplexes mit großzügig und zweckmäßig installierten Laboratorien in der Plattleite 19a. 1989 begann der Bau einer zweiten Halle doppelter Größe für die Erprobung der immer zahlreicher werdenden Großanlagen an unserem Ort.

*Unterstützung unserer Forschungen durch
Partei und Regierung*

Ende Mai 1972 gab mir der Stellvertretende Vorsitzende des Ministerrates, Dr. Herbert Weiz, im Auftrag der DDR Erich Honeckers einen Beschluß der höchsten Ebene bekannt. Er teilte mir entgegen vorausgegangenen Mitteilungen mit, daß der bisherige private Status meines Instituts bestehen bleiben soll. Gleichzeitig wurde mir empfohlen, die nach meinem Tode auftretenden Probleme in Abstimmung mit zuständigen Dienststellen testamentarisch zu regeln.

Zu einer Sendung des RIAS

Wenige Wochen nach der im vorausgehenden Absatz angedeuteten Entscheidung des Politbüros erhielt ich von einem meiner Mitarbeiter das Tonband einer Sendung des RIAS, die sich mit meiner Person beschäftigte. Nach einer sachlich gehaltenen Besprechung unserer Dresdener Forschungen formulierte der Sprecher des RIAS unter anderem wörtlich: »Mit der Ablösung Ulbrichts durch Honecker ist Manfred von Ardennes direkter Draht zur höchsten Entscheidungsinstanz in der DDR offenbar gerissen ... Unter Honecker ist Ardenne praktisch enteignet worden ... Und auch den gesellschaftspolitischen Anforderungen des SED-Staates hat sich der ›Rote Baron‹, wie man ihn mitunter – keinesfalls nur abschätzig gemeint – nannte, entzogen ...« Zu den drei Passagen dieser Sendung seien mir folgende Bemerkungen gestattet: Die direkte Verbindung zur höchsten Entscheidungsinstanz in der DDR war in der Tat bedeutend loser geworden. Die »Enteignung« meines Instituts hat in der von Erich Honecker geleiteten Sitzung *nicht* stattgefunden.

Die in den westdeutschen Massenmedien damals schon etwas abgenutzte Titulierung »Roter Baron« ist die Fortsetzung einer alten Tradition meiner Familie. Schon mein von mir hochverehrter Großonkel Paul Freiherr von Schoenaich († 7. 1. 1954) wurde in der Rechtspresse der Weimarer Republik häufig in gleicher Weise oder mit dem Titel »Roter General« bezeichnet. Er war der einzige General aus der kaiserlichen Armee, der nach dem Ende des Ersten Weltkrieges mutig Konsequenzen aus dem furchtbaren Geschehen zog. Er wurde Sozialdemokrat. Sein Buch »10 Jahre Kampf für Frieden und Recht« bezeugt seine Einstellung ebenso wie die Tatsache, daß er als Nachfolger der verehrungswürdigen Bertha von Suttner von 1929 bis zur Auflösung durch Hitler 1933 Präsident der bürgerlichen pazifistischen Deutschen Friedensgesellschaft war.

Das mit eigenen Kräften errichtete neue Institutsgebäude Zeppelinstraße 1

Um die umfangreicher werdende Erprobungsarbeit in unserem Institut zu sichern, wurde gemeinsam mit den Keramischen Werken Hermsdorf, dem Kombinat LEW Henningsdorf und dem Flachglaskombinat Torgau ein neues Gebäude auf dem Industriegelände errichtet. Wir sind stolz darauf, daß dieses große Gebäude mit eigenen Kräften errichtet worden ist, denn die Stadt Dresden konnte hierfür – bei allen guten Willen – keine Baukapazität zur Verfügung stellen. So haben dann Wissenschaftler, Konstrukteure, Laboranten, Mechaniker gemeinsam mit unserer kleinen Betriebs-Handwerkergruppe den Bau errichtet. Keiner schloß sich aus, zumal sich schnell verbreitet hatte, daß auch ich zwei Wagen mit Kies beladen und entladen hatte. Für mich war das eine multivalente Aktivität: Vorbildwirkung und gleichzeitig sehr gesundes Bewegungstraining! Durch den Neubau wurden auch bessere Voraussetzungen für die verstärkte zeitweilige Delegierung von Mitarbeitern der Partnerbetriebe in unser Institut geschaffen.

Aufstellung der etwa 480 Mitarbeiter in der Zeppelinstraße 7 anläßlich des 25jährigen Bestehens des Forschungsinstituts Manfred von Ardenne.

Prinzipien für Stärke und Fortbestand des Instituts lange über meine eigene Lebensdauer

Eine unabdingbare Voraussetzung für die Erhaltung von Effektivität und Leistungsfähigkeit meines Instituts war und ist die Sicherung der Leistungspyramide und die Sicherung einer kontinuierlichen Leistung. Als eine Art Vermächtnis wurde daher von mir festgelegt, daß:
1. die Personalstruktur allein durch die leitenden Mitarbeiter des Instituts bestimmt wird;
2. ein leitender Mitarbeiter zum Zeitpunkt seiner Berufung mindestens zehn Jahre erfolgreiche fachliche Tätigkeit innerhalb des Instituts nachweisen muß;
3. der Berufung des Institutsdirektors eine mindestens fünfzehnjährige erfolgreiche fachliche Tätigkeit auf physika-

lisch-technischem Gebiet im Institut vorausgegangen sein muß.

Die Anerkennung der Leistung, Harmonie zwischen den Mitarbeitern und charakterlich einwandfreies Verhalten mögen stets ein solches Arbeitsklima erzeugen, in dem außergewöhnliche Ergebnisse heranwachsen.

Im Herbst 1987 wurde mit dem Staat ein Vertrag geschlossen, der den Fortbestand unseres Instituts mit privatem Status über meine eigene Lebensdauer und die Kontinuität der Effizienz des Instituts im untergegangenen sozialistischen System gesichert hätte.

Medizinische Forschungen an großen ungelösten Problemen unserer Zeit*

Mein langer Weg zur medizinischen Forschung

Unsere Arbeiten über Elektronenröhrenverstärker für Meßzwecke, über Elektronenstrahl-Oszillographen, über elektronenoptische Geräte, über kernphysikalische Indikatormethoden, über Mikroelektronik und zur Entwicklung der Elektronenanlagerungs-Massenspektrographie organischer Moleküle zwangen mich seit 1929 dazu, mich in wechselnde Gebiete der Medizin und Physiologie einzuarbeiten.

Zwei Bücher über »Verstärkermeßtechnik« und das »Messen mit Elektronenstrahlröhren« waren vom Verfasser 1929/33 im Verlag Julius Springer erschienen. Ihr Inhalt trug auch bei zur Begründung der medizinisch-elektronischen Meßtechnik. Deshalb empfand ich es etwas grotesk, als über 50 Jahre später einige junge Mediziner in Unkenntnis dieser Bücher unsere Meßkunst und Messungen auf diesem Felde in Zweifel zogen. Um 1930 erhielt ich einige Anfragen, die wegen ihrer bedeutenden Konsequenzen bis heute in der Erinnerung blieben. Eine Anfrage zur Weiterentwicklung der kernphysikalischen Meßtechnik kam von Niels Bohr. Weitere Anfragen kamen von Hans Schaefer und anderen Physiologen zur Gestaltung von oszillographischen Einrichtungen für die Erforschung der Aktionspotentiale von Nerven. Hans Schaefer entdeckte damals mit meinen Geräten die Nervenaktionspotentiale, wie er mir vor einigen Jahren erzählte. Wir haben geholfen und ge-

---

* Die wissenschaftlichen Grundlagen sind in dem Buch: M. von Ardenne, Systemische Krebs-Mehrschritt-Therapie, Hippokrates Verlag Stuttgart, 1997, enthalten.

wannen Einblicke in das damals noch recht junge Gebiet der Nervenphysiologie.

Bald danach begann die Zeit, in der im Lichterfelder Institut Aufträge zur Herstellung von Spezialoszillographenröhren zur Aufzeichnung von Elektrokardiogrammen und von Vektorkardiogrammen eintrafen. Dieser Tatbestand nötigte zu einer gewissen Einarbeitung in die Probleme der Elektrokardiographie. Später flossen diese Arbeiten über vertragliche Beziehungen in die Entwicklungen der Elektrokardiographenabteilung von Siemens ein.

Meine Anfang 1934 erfolgte Erfindung des elektronenoptischen Bildwandlers löste eine intensive Beschäftigung mit den Problemen der medizinischen Röntgentechnik aus. Im gleichen Jahr kam eine Anfrage des Nobelpreisträgers für Physiologie oder Medizin Otto Warburg, ob ich bereit sei, für ihn ein Spektralphotometer mit durch geeignete Röhren-Verstärker stark erhöhter Meßempfindlichkeit zu bauen. Ich sagte zu. Es entstand in Zusammenarbeit mit dem Warburg-Schüler Erwin Haas das erste elektronische Spektralphotometer für enzymatisch-optische Messungen, mit welchem in der Folgezeit Warburg wichtige Entdeckungen (rotes Atmungsferment) und Arbeiten gelangen. Über Theodor Bücher, der nach Haas mit unserer Anlage bei Warburg arbeitete, führte unser Bemühen schließlich zu den industriell hergestellten elektronischen Spektralphotometern (Beckmann, Leitz). – Dieser Auftrag gab mir eine Vorstellung von der Bedeutung enzymatisch-optischer Messungen für die Biochemie und brachte mich mit Otto Warburg in enge Verbindung. Der Eindruck seiner Persönlichkeit bewirkte, daß ich seit 1934 den Warburgschen Veröffentlichungen zum Krebsproblem, die mich schon wegen ihres prägnanten Stils faszinierten, stets besondere Aufmerksamkeit widmete.

Durch die an anderer Stelle besprochene Erfindung des Raster-Elektronenmikroskops, die Entwicklung des hochauflösenden Universal-Elektronenmikroskops für Hellfeld-, Dunkelfeld- und Stereo-Betrieb sowie durch die Schaffung des ersten Ultramikrotoms (Keilschnittmethode) und die Einführung der Osmium-Färbemethode in die elektronenmikroskopische Präpariertechnik kam es ab 1937 zu einer Zusammenarbeit in großer Breite mit dem von Adolf Butenandt, dem nachmaligen Nobelpreisträger für Chemie, geleiteten Kaiser-Wilhelm-Institut für Biochemie, mit dem von Warburg geleiteten Kaiser-Wilhelm-Institut für Zellphysiologie und dem von Noak geführten Botanischen Institut der Berliner Universität. Aus dieser Zeit sind mir die Namen Friedrich-Freksa, Schramm, Melchers, Trunit, Augustin, Haas und Menke noch in lebhafter Erinnerung, zumal mit nicht wenigen von ihnen auch gemeinsame Veröffentlichungen erfolgten. In dieser Phase ergaben sich erste Einblicke in Probleme der Virusforschung, der Bakteriologie, der Chromosomenforschung und der Erforschung von Zellorganellen.

Die elektronenmikroskopische Erkundung der Feinstruktur von Zellen und Geweben des Organismus, die sich bis zum Ende des Zweiten Weltkrieges fortsetzte, fand während des Krieges ihre Ergänzung durch Arbeiten an der Markierungsmethode mit radioaktiven und stabilen Isotopen. Der Einsatz dieser Methode, über die ich bei Kriegsende ein Buch veröffentlichte, das später auch in der Sowjetunion erschien, konfrontierte mich wieder mit interessanten Aufgaben der Medizin, Biochemie und Physiologie.

Nach unserer Rückkehr aus der Sowjetunion kam es durch meine Freundschaft mit dem Chef der Chirurgischen Klinik der Medizinischen Akademie Dresden, Prof. Dr. Bernhard Sprung, zu vielen nachhaltigen Impulsen in Richtung Medizin und Medizintechnik. Aus unseren gemeinsamen Bemühungen entstand 1959 der schon an anderer Stelle besprochene verschluckbare Intestinalsender und 1962 der Operationssaal für Forschungszwecke der chirurgischen Klinik der Medizinischen Akademie Dresden. Für die Ausrüstung dieses Saales entwickelten wir im Institut zahlreiche elektronische Geräte für die oszillographische Vielkanal-Kreislaufüberwachung mit Fernsehröhren sowie *Hypo- bzw. Hyperthermiewannen* und *Herz-Lungen-Maschinen*. Für das umfangreiche technische Bauprogramm wurde unser neuer Institutsbereich »Biomedizinische Technik« in Dresden und in der Außenstelle Berlin geschaffen. Mit diesen Entwicklungen griffen wir damals weit in die Zukunft, denn erst etwa zehn Jahre später wurden Geräte dieser Art in das Produktionsprogramm der medizintechnischen Industrie, insbesondere für die Ausrüstung von Intensivpflegestationen, aufgenommen. Für die DDR brachten unsere Bemühungen wenigstens den Vorteil, daß es zur Serienproduktion der Herz-Lungen-Maschinen durch unsere Außenstelle als Standardausrüstung für alle Herzzentren unseres Staates kam. Leider konnten unsere elektronischen Geräte zur Patientenüberwachung, die ihrer Zeit weit voraus waren, infolge der Mängel unserer Planwirtschaft nicht zur Serienproduktion durchgesetzt werden.

Professor Navratils Interesse für unseren Operationssaal

Nachdem der Operationssaal fertig war, veröffentlichten wir eine Arbeit darüber, von der wir auch dem damaligen Minister für Gesundheitswesen einige Sonderdrucke überreichten. Er hatte unsere Forschungen auf dem Gebiet der multidisziplinären Medizin von Anfang an stark gefördert. Minister Sefrin nahm einen Sonderdruck mit auf die Reise in die Tschechoslowakische Sozialistische Republik zu dem bekannten Herzoperateur Professor Navratil. Zu diesem Zeitpunkt waren die Herz-Operationszentren bei uns noch nicht aufgebaut, während Navratil bereits eintausendfünfhundert Herzoperationen in tiefer Hypothermie an Kindern mit angeborenem Herzfehler durchgeführt hatte. Hauptziel der Reise Max Sefrins war es, das der Deutschen Demokratischen Republik zugebilligte Kontingent von nur sechs Herzoperationen pro Monat zu erhöhen. Im Lauf der Verhandlungen zeigte er auch die Bilder unseres Operationssaals. Professor Navratil interessierte sich für alle Einzelheiten, er ging so weit, die Dresdner Einrichtung als den realisierten Traum seines Lebens zu bezeichnen. Minister

Sefrin erzählte mir, der Eindruck des Berichtes und der bald folgende Besuch des tschechoslowakischen Mediziners in Dresden hätten sehr dazu beigetragen, daß die Navratilsche Klinik sich bereit erklärte, das Kontingent der monatlichen Herzoperationen auf zwanzig zu erhöhen. Ein solches Nebenergebnis unserer Arbeit machte mich natürlich sehr glücklich. Diese für unser Gesundheitswesen wichtigen Ergebnisse wurden durch meine Wahl zum 1. Vorsitzenden der Gesellschaft für Biomedizinische Technik (medizinische Elektronik) in der DDR und zum Mitglied des Wissenschaftlichen Rates des Ministeriums für Gesundheitswesen anerkannt.

Diesmal waren es besonders starke Eindrücke und Kräfte gewesen, welche mein persönliches Interesse in Richtung Medizin lenkten.

Hinzu kam noch, daß ich mit sehr guten Anfangserfolgen 1961 die Entwicklung von Ultraschall-Diagnoseanlagen nach dem Impuls-Echo-Prinzip (Ultraschall-Focoscan-Schnittbildverfahren) eingeleitet hatte, weil ich mir von diesem Verfahren als Ergänzung der Abbildung des Körperinneren mit Röntgenstrahlung eine sehr große Zukunft versprach. Leider konnten wir in diese Entwicklung nicht genügend Kräfte investieren, so daß wir, obwohl zu Beginn in vorderster Front, bald hinter der internationalen Entwicklung zurückblieben. Hier kam es erst sehr verspätet (zu spät) zur industriellen Produktion der von uns erschlossenen Ultraschall-Impuls-Echo-Schnittbildanlagen. Auch an diesem Beispiel wirkten sich die Mängel unserer Planwirtschaft aus. 1983 wurde ich wegen der Aktivitäten im Jahre 1961 zum Ehrenmitglied der Gesellschaft für Ultraschalldiagnostik der DDR gewählt, und ich hatte am gleichen Tag endlich die Freude, neue Ultraschall-Schnittbildgeräte aus der Fertigung des VEB Ultraschalltechnik Halle kennenzulernen.

Bei meinen vorstehend skizzierten Exkursionen in die Medizin hatte ich den Eindruck gewonnen, daß verschiedene wichtige Felder dieser Disziplin naturwissenschaftlich betrachtet sich noch in einer Art Jugendstadium befanden. In solchen Phasen mitzutun hatte mich auch bei meinen verschiedenen

Otto Heinrich Warburg (1883–1970), eine singuläre Erscheinung unter den großen Naturforschern dieses Jahr-

früheren Fachgebieten immer stark gereizt, weil ich die Hoffnung haben durfte, noch Grundlegendes zu finden.

Durch die aufgezählten Geschehnisse war der Boden für einen Wechsel des Fachgebietes zwar langsam, aber gründlich vorbereitet worden. Auch war nach dem Prinzip Enrico Fermis die 10-Jahres-Zeitspanne für einen Wechsel des Fachgebietes herangereift.

Zur endgültigen Entscheidung für den radikalen Wechsel zur Medizin bedurfte es jedoch der Überzeugungskraft einer außergewöhnlichen Persönlichkeit, an die wir in den folgenden Abschnitten erinnern wollen.

*Otto Warburg als singuläre Erscheinung unter den
großen Naturwissenschaftlern dieses Jahrhunderts*

Unsere Zeit braucht Vorbilder, zu denen die Menschen aufblicken können. Unter den großen Naturwissenschaftlern dieses Jahrhunderts war Otto Warburg, geboren in Freiburg/Br. am 8. Oktober 1883, durch seinen Werdegang, durch sein nur der Wissenschaft zugewandtes Leben, durch seine Arbeitsweise, durch seine vielen grundlegenden Entdeckungen und durch seine Entwicklung bahnbrechender Forschungsmethoden eine singuläre Erscheinung, unvergeßlich für alle, die das Glück hatten, ihm zu begegnen. Als Sohn des Physikers Emil Warburg, des Präsidenten der Physikalisch-technischen Reichsanstalt zu Berlin, hatte er in seiner Jugend im Kreise der Familie und des Freundeskreises seines Vaters (Planck, Lummer, Pringsheim, Nernst, van't Hoff, Einstein) tief miterlebt, wie Planck aus den Präzisionsmessungen Lummers u. a. über die spektralen Strahlungskurven des schwarzen Körpers das Wirkungsquantum h als eine der fundamentalsten Naturkonstanten berechnet. So wurde die Ansicht Maxwells (1877): »Der wichtigste Schritt für den Fortschritt einer jeden Wissenschaft ist das Messen von Größen« zum Leitsatz seines Handelns.

Biologie und Biochemie befanden sich am Anfang dieses Jahrhunderts im Jugendstadium ihrer Entwicklung. Grundprobleme des Lebens, wie Atmungs- und Gärungsstoffwechsel normaler und kranker Zellen, wie Photosynthese, warteten auf ihre Klärung. Hier schaltete sich Warburg 1923 mit seiner genial erdachten manometrischen Meßmethode ein und mit seiner Gewebeschnitt-Technik. Beide Methoden fanden sehr schnell eine weltweite Verbreitung und wurden für viele Jahrzehnte zu den Standardmethoden von Biologie und Biochemie. Warburg selbst leiteten diese von ihm immer weiter verfeinerten, quantitativen Methoden zu seinen großen Entdeckungen:
Entdeckung der aeroben Glykolyse der Krebszellen (1923)
Entdeckung des »sauerstoff-übertragenden, eisenhaltigen Atmungsfermentes Cytochrom-Oxidase« (1928)

Ermittlung des Quantenbedarfs der Photosynthese (1923).

Zu diesen Hauptergebnissen gesellten sich weitere fundamentale Entdeckungen, insbesondere, als von ihm das zeitsparende spektrometrische Verfahren zur Aufnahme fermentativer Wirkungspektren erdacht (1928) und elektronisch unter meiner Mitarbeit und der von E. Haas vervollkommnet (1935) wurde:

Entdeckung der Flavoproteine, des gelben Ferments (1932, 1938)

Entdeckung der Pyridinnucleotide und Identifizierung des Nicotinamid (1935, 1937)

Entdeckung der Kupferproteine (1937) usw.

Um vollständig zu sein, müßte die Aufzählung der Entdeckungen und erdachten Methoden von Warburg noch lange fortgesetzt werden. Aber das gehörte dann zu einem Bericht über sein wissenschaftliches Lebenswerk, der bereits von seinem großen Schüler Sir Hans Krebs, dem Entdecker des Citronensäurecyclus (Nobelpreis 1953) gegeben wurde.

Wenn man den Aufbau einer Wissenschaft mit der Errichtung einer Kathedrale vergleicht, so ergibt sich als Gemeinsamkeit, daß sehr wenige Baumeister und sehr viele Handwerker daran beteiligt sind. Otto Warburg wurde durch sein Lebenswerk zum maßgebenden Baumeister der modernen Biologie und Biochemie. »Warburg hat mehr als jeder andere zum Fortschritt von Biologie und Biochemie beigetragen«, formulierte A. Butenandt, Präsident der Max-Planck-Gesellschaft von 1960 bis 1971, einmal aus festlichem Anlaß.

Otto Warburg war Schüler des Nobelpreisträgers Emil Fischer, des führenden organischen Chemikers seiner Zeit. Ihm zu Ehren ließ Warburg später im Garten des Kaiser-Wilhelm-Instituts für Zellphysiologie ein Denkmal errichten. Für seine Entdeckung des aeroben Gärungsstoffwechsel der Krebszellen wurde Warburg 1927 zum Nobelpreis vorgeschlagen, der ihm aber erst 1931 für seine Entdeckung der katalytischen Rolle der Eisenporphyrine bei biologischen Oxydationen (Atmungsferment, Cytochrom-Oxydase) zuerkannt wurde.

Für die Identifizierung der Flavine und des Nicotinamids als Wasserstoffüberträger bei biologischen Oxydationen erhielt Warburg 1944 den Nobelpreis erneut, mußte ihn aber wegen des berüchtigten Hitler-Erlasses vom 30. Januar 1937 ablehnen: »Die Annahme des Nobelpreises wird ... für alle Zukunft Deutschen untersagt.«

Drei Schüler von Otto Warburg und zwei von deren Schülern wurden Nobelpreisträger: Hans Krebs, Fritz A. Lipmann, Severo Ochoa, Feodor Lynen und Hugo Theorell.

Warburg, der sich ganz der reinen Forschung widmete, hat nie einen Lehrstuhl innegehabt. Als man ihn für die Lehre zu gewinnen versuchte, lautete seine Ablehnung: »Habe ich nicht genug für den Nachwuchs getan? Fünf meiner Schüler haben den Nobelpreis erhalten!«

Als ein Student Warburg nach dem wichtigsten Ereignis in seinem Leben fragte, lautete die Antwort: »Die frühe Begegnung mit dem Genius, mit meinem Vater, dem Physiker Emil Warburg, und mit meinem großen Lehrer Emil Fischer, der mich 1903 in sein Laboratorium aufnahm.«

Als entscheidend für die Entwicklung eines jungen Forschers sah Warburg die Mitarbeit im Laboratorium eines bedeutenden Forschers, »if you observe carefully, what he does, you will learn how discoveries are made«!

Um bei der Forschung von möglichst hohem Ausgangsniveau zu starten, pflegte Warburg einen guten Kontakt zu den großen Gelehrten seiner Zeit.

In seinem ergreifenden Nachruf auf Otto Warburg schrieb Sir Hans Krebs:

»Wenn man Warburgs Beitrag zur Wissenschaft überblickt, wird man an die Worte des französischen Biologen Cuvier erinnert, der 1830 die Leistungen Humphry Davys mit denen anderer zeitgenössischer Chemiker verglich: ›Davy stieg auf wie ein Adler und beschien mit heller Fackel ein weites Feld der Chemie und Physik. Die anderen ließen ihre Lämpchen auf begrenzte Gegenstände leuchten. Davys Name steht über vielen Kapiteln, während die Namen der anderen in einzelnen Abschnitten zu finden sind.‹ Über die hervorragenden Leistungen Otto Warburgs läßt sich Ähnliches sagen.

Viele Ehren wurden Warburg zeit seines Lebens zuteil; aber die höchste und bleibendste von allen ist die Verehrung, Bewunderung und Zuneigung all derer, die ihm und seinem Werk begegnet sind und noch begegnen.«

Hinter seinem Werk stand eine außergewöhnliche Persönlichkeit, wie in der Naturforschung nur wenige in einem Jahrhundert der Menschheit geschenkt werden. Deshalb ist es für diejenigen, welche ihn persönlich kannten, eine Pflicht, solche Einzelheiten aus dem Leben Otto Warburgs vor dem Vergessen zu bewahren, die entweder für die Geschichte der Naturwissenschaften interessant sind oder deren Kenntnis der jüngeren Generation helfen kann.

Das Dahlemer Kaiser-Wilhelm-Institut für Zellphysiologie

In Baltimore, USA, hielt 1929 Warburg seinen tief in wissenschaftliches Neuland vordringenden Vortrag »Enzyme action and biological oxidation«. Nach dem Vortrag kam ein Mitglied der Milliardärsfamilie Rockefeller zu ihm und erklärte: die Rockefeller Foundation sei bereit, ihm in Berlin ein Institut nach seinen Wünschen zu errichten und jährlich für seine künftige Forschung eine Million Mark zur Verfügung zu stellen. Er brauche über die Verwendung des Jahresbetrages nicht abzurechnen! – Das war, noch dazu in den Jahren der großen Wirtschaftskrise, ein wohl einmalig gebliebener Fall einer zu Höchstleistungen anspornenden Forschungsförderung durch Gewährung von Vertrauen und geistiger Freiheit an einen genialen, nur für die Wissenschaft lebenden Menschen. Warburg konnte jetzt selbst die Arbeitsbedingungen bestimmen, von denen er maximale Effektivität seiner Forschung erwartete: die Größe seines Instituts; die Art und Zahl seiner Mitarbeiter; die Wahl seiner Forschungsthemen; die technische Ausstattung seiner Laboratorien und Werkstätten; die Minimierung der

Verwaltungsarbeit und aller anderen, nicht seiner Forschung dienenden Tätigkeiten.

Kurz nach Ausbruch des Ersten Weltkrieges meldete sich Warburg freiwillig zum Militärdienst bei einem Potsdamer Garderegiment. Er wurde an der Front verwundet und mit dem Eisernen Kreuz 1. Klasse ausgezeichnet. Er erreichte den Rang eines Leutnants und lernte als Ordonanzoffizier verschiedener Heerführer den »Umgang mit Menschen, gehorchen und befehlen«. Erst ein zu Beginn des letzten Kriegsjahres von Albert Einstein an ihn gerichteter Brief löste seine Rückführung von der Front zur Fortsetzung seiner Forschungen aus. Seit seiner Militärzeit hatte Warburg eine immer wieder in Gesprächen anklingende Vorliebe für alles Preußische gewonnen. Diese Vorliebe führte ihn dazu, daß er für sein zu errichtendes Institut als Vorbild die Außenarchitektur eines preußischen Herrenhauses in Groß-Kreuz (Mark Brandenburg) wählte. Dieses nach Entwürfen von G. W. von Knobelsdorff im Besitz der preußischen Familie von der Marwitz. 1931 war das nach diesem Vorbild in Berlin-Dahlem, Garystraße 32, errichtete Gebäude des Kaiser-Wilhelm-Instituts für Zellphysiologie einzugsfertig.

Die Arbeitsweise Otto Warburgs

Bei der Wahl seiner Forschungsthemen ließ Warburg sich von folgender, wiederholt von ihm zitierten Auffassung leiten: »Ein Wissenschaftler muß den Mut haben, die großen ungelösten Probleme seiner Zeit anzugreifen, und ihre Lösungen müssen durch Ausarbeitung unzähliger Experimente ohne kritische Zeitverluste vorangetrieben werden.« Im persönlichen Gespräch ergänzte er dann noch lächelnd: »Die Lösung der großen Probleme erfordert meist nicht viel mehr Arbeit als die Lösung kleinerer Aufgaben, aber der Erfolg ist so viel größer!«

Heute werden oft riesige Forschungszentren errichtet und erst im zweiten Schritt wird mit dem nicht selten ergebnislosen Suchen nach hochbefähigten Wissenschaftlern für ihre Leitung begonnen. Eine solche Reihenfolge führt in der Regel zu keinem guten Ende oder mindestens zu kostspieligen Zeitverlusten (Beispiel Krebsforschungszentrum Heidelberg). Bei der Gründung der Kaiser-Wilhelm-Institute in den ersten Dezennien dieses Jahrhunderts war die Reihenfolge umgekehrt. Erst, und nur, wenn eine Genialität verratende, kraftvolle Forscherpersönlichkeit gefunden war, begann, meist sogar nach seinen Wünschen, der Aufbau der Institute. Daß die Leiter ihre wissenschaftliche Umwelt selbst gestalten konnte, trug sehr zur späteren Auszeichnung fast aller Dahlemer KWI-Direktoren mit dem Nobelpreis bei. Die meisten dieser durch ihre Ergebnisse weltbekannt gewordenen Institute sind durch ihre Begründer sehr überlegt auf eine relativ geringe Größe beschränkt worden. Diese Tendenz war besonders bei dem Warburg-Institut zu erkennen.

Im Innern war sein Institut auf Arbeit aus- und eingerichtet. Außer einem bescheidenen Eß- und Schlafraum im Obergeschoß gab es keine Räume, die nicht der Arbeit dienten.

Warburg war sein ganzes Leben hindurch bestrebt, die Zahl seiner Mitarbeiter klein zu halten und dafür einen verhältnismäßig großen Anteil seiner finanziellen Mittel für die Austattung mit modernen physikalischen und chemischen Apparaten zu verwenden. Die Zahl seiner Mitarbeiter überstieg selten zehn bis zwölf, darunter zwei oder drei Akademiker, und der Rest überwiegend junge Techniker. Es gab bei ihm keinen Pförtner und keine Sekretärin. Die Schreibarbeiten erledigte er selbst auf der Schreibmaschine oder handschriftlich. Die gesamte Verwaltungsarbeit bewältigte der seit 1919 mit Warburg freundschaftlich verbundene Jakob Heiss.

Die geringe Zahl seiner Mitarbeiter ergab für Warburg einen entscheidenden Vorteil: Er kannte die in seinem Institut laufenden Arbeiten bis in die feinsten Einzelheiten. Jedem in Angriff genommenen Experiment kamen seine genialen Ideen und Methoden sowie seine Erfahrung zugute. Er bestimmte alle Experimente, legte ihre Randbedingungen fest und kontrollierte oft im Laboratorium ihre sorgfältige Durchführung.

Mehrmals am Tag oder mindestens gegen Abend ließ er sich, meist anhand der Meßprotokolle, berichten und zog dann die Schlußfolgerungen für die weitere Fortführung der Arbeiten. Bei meiner Mitarbeit 1934 im Institut zur Entwicklung des elektronischen Spektralphotometers im äußersten Kellerlabor des rechten Gebäudeflügels habe ich diesen Arbeitsstil kennen und bewundern gelernt. Diese Erfahrung trug fünfundzwanzig Jahre später dazu bei, daß ich im Rahmen meines 500-Mitarbeiter-Instituts in Dresden für meine medizinischen Forschungen abgetrennt ein kleines Institut mit relativ wenigen Mitarbeitern (vierzig Mediziner, fünfundfünfzig Medizintechniker und Handwerker) organisierte.

Nach dem Ausritt am frühen Morgen, stets gemeinsam mit Jakob Heiss, begann um neun Uhr die Arbeit Warburgs im Institut. Für die Mitarbeiter war es selbstverständlich, schon um acht Uhr fünfundvierzig am Arbeitsplatz zu sein. Die Mittagspause lag für Warburg und Heiss mit einem kurzen Mittagsschlaf zwischen dreizehn und fünfzehn Uhr dreißig. Wenn man als Gast häufiger am Mittagessen teilnahm, so bemerkte man eine erstaunliche Gleichförmigkeit des Speisezettels. Das Essen war auf die Erhaltung der Gesundheit, das heißt der Arbeitskraft, ausgerichtet: Suppe, Braten, Gemüse und am Schluß Zitronencreme, alles frisch aus von Warburg auf Kanzerogene kontrollierten Bezugsquellen. Kein mit Einsatz von Netzmitteln abgewaschenes Geschirr. – Am Abend verließ Warburg das Institut etwa um achtzehn Uhr dreißig. Es war selbstverständlich, daß die Mitarbeiter das Institut erst nach Warburg verließen, weil er für seine weitere Arbeit am Abend in seinem nahen Haus Garystraße 18 oft noch die letzten Versuchsdaten benötigte.

Jedes Jahr im August und September machte er zwei Monate »Ferien«, die er jedoch regelmäßig auch zur Niederschrift seiner Arbeiten und Bücher verwandte. Bis 1944 verbrachte er diese Zeit in seinem Landhaus in Nonnevitz auf Rügen, später im Hunsrück auf dem Gut »Wiesenhof«, das Jakob Heiss besitzt.

In der geschilderten Arbeitsweise Otto Warburgs spiegelt sich wider, wie sehr die Liebe zur experimentellen Naturwissenschaft die dominierende Leidenschaft seines Lebens war.

Ein Jahrzehnt mit Warburg als Lehrer und Helfer

Auf dem wichtigen Wegabschnitt unserer weiter unten besprochenen medizinischen Forschungen zwischen 1963 und 1970 hat uns besonders Otto Warburg immer wieder selbstlos unterstützt. Er ließ Sonderuntersuchungen an seinem Dahlemer Institut durchführen und förderte unsere Bemühungen durch seine Beratung, durch kritische Beurteilung der Ergebnisse, durch kurzfristige Besorgung von normalerweise schwer zu beschaffenden Spezialchemikalien aus dem Ausland, durch Einarbeitung in die von ihm geschaffenen Methoden, durch wichtige wissenschaftliche Informationen und schließlich sogar durch das Geschenk einer kostspieligen künstlichen Niere. Seine ungewöhnlichen Vertrauensbeweise haben mich immer wieder stark angespornt. Alles wollte ich daransetzen, um Professor Warburg nicht zu enttäuschen. Er sah, wie er einmal sagte, in mir seinen »letzten Schüler« und erwartete, daß durch unsere Arbeit endlich seine frühe Entdeckung des Gärungsstoffwechsels der Krebszelle als selektives Element einer klinisch erfolgreichen Krebstherapie praktisch genutzt werden würde. Diesem Ziel näherte ich mich endlich 1990 mit dem Konzept der systemischen Krebs-Mehrschritt-Therapie.

Seit 1962 bis zu Professor Warburgs Tod 1970 war ich fast jeden Monat für viele Stunden Gast im Dahlemer Max-Planck-Institut für Zellphysiologie. Wenn dann am langen Tisch in der Bibliothek mit meinem verehrten Vorbild und Lehrer das Gespräch begann, hatte ich das Gefühl, einer Persönlichkeit gegenüberzusitzen, wie sie im Bereich der Naturwissenschaften vielleicht nur alle hundert Jahre einmal zu finden ist, etwa einem Galilei oder einem Leibniz oder einem Faraday.

Warburg als Förderer der Dresdner Arbeitsrichtung

1966 nahmen meine Frau und ich als Gäste von Professor Otto Warburg an einer Tagung der Nobelpreisträger in Lindau teil. Diese Zusammenkunft war damals speziell der Biochemie und dem Krebsproblem gewidmet. Der Vortrag des zweiundachtzigjährigen Warburg zu den Ursachen der Krebsentstehung bildete den Höhepunkt der Tagung. Warburg begründete in seinem weltweit diskutierten Vortrag die Erwartung, daß eine Krebsprophylaxe möglich sein müsse bei Erhöhung des O_2-Stoffwechsels durch Sättigung der Zellen des Organismus mit den Wirkungsgruppen der Atmungsfermente, also insbesondere durch kontinuierliche hochdosierte Gabe von Vitaminen des B-Komplexes (Vitamin B_1 und so Verbesserung des O_2-Status). Sensationsgierige Reporter, die Warburg nach dem Vortrag vergeblich abzuwehren versuchte, mißverstanden unbewußt oder bewußt den wegweisenden Charakter der Warburgschen Ausführungen und versahen ihre Blätter mit den diskreditierenden Schlagzeilen: »Warburg sagt: Niemand braucht mehr an Krebs zu sterben!« In Wirklichkeit handelte es sich bei dem Vorschlag noch nicht um die Lösung dieses großen Problems der Medizin, sondern erst um den Hinweis auf einen einzuschlagenden Lösungsweg.

Professor Warburg begrüßte mich in seinem Vortrag zu meiner großen Überraschung namentlich unter der großen Zuhörerschaft und zitierte am Schluß seines Vortrags unsere auf seiner Linie liegenden Forschungen in Dresden zur Entwicklung der Krebs-Mehrschritt-Therapie.

Otto Hahn zum Warburg-Vortrag

Als ich damals in Lindau nach dem Plenarvortrag von Professor Warburg den Saal verließ, stand ich einer Wand von Reportern und Fotografen gegenüber. Warburgs Äußerung hatte genügt, mich in den Mittelpunkt des Interesses zu stellen. Ich wurde mit

Fragen bestürmt, lehnte aber jede Antwort ab, weil ich mich als Gast nicht befugt fühlte, Stellung zu nehmen. Gerade in diesem Augenblick tauchte Professor Otto Hahn auf, dem es Vergnügen machte, mich in solcher Situation zu sehen.

»Mensch, Manfred«, sagte er, »ich wußte gar nicht, daß du auch ein berühmter Mediziner bist.«

Warburg-Gedanken und -Anekdoten

Wenn man von Dresden kommend, mit freudiger Erwartung der nächsten Stunden, die Klingel am Eingang des Gebäudes Garystraße 32 betätigte, so öffnete, wer zufällig gerade der Pforte am nächsten sich aufhielt. Mal war es Warburg selbst in abgetragener grauer Strickjacke, mal war es Jakob Heiss oder einer der Mitarbeiter, wie Siegfried Lorenz, Karlfried Gawehn oder auch Warburgs Fahrer. Dann wurde man über eine kurze Treppe in den zentral gelegenen Bibliotheksraum des Instituts geleitet. Hier lagen auch die gerade erschienenen Zeitschriften rechts auf einem Tisch und daneben in einem Regal die Sonderdrucke der neuesten Institutsarbeiten aus. Warburgs Platz war stets am fensternahen Ende des langen, die Mitte des Raumes füllenden Tisches. Von diesem Platz aus regierte er sein Institut. Hier mußten die Mitarbeiter und auch ich Rechenschaft über das Geleistete abgeben.

War die wissenschaftliche Diskussion zu einem guten Ende gelangt, so sprach Warburg gern über Fragen allgemeiner Art, die ihn gerade bewegten. Manchmal erzählte er auch aus dem Schatz seiner vielen persönlichen Erinnerungen an Einstein, Planck, Lummer, Nernst oder an besondere Begebenheiten.

Während der Hitlerzeit stand Professor Warburg trotz seiner jüdischen Vorfahren unter dem Schutz des Reichsleiters Bouhler, weil Hitler wegen seiner vielen Reden und seit seiner Stimmband-Operation durch Professor von Eicken große Angst hatte, an Kehlkopfkrebs zu erkranken. Im Krieg wurden Warburgs Institut sogar holländische Gefangene zur Weiterführung der Arbeiten zur Verfügung gestellt. Professor Warburg ließ ihnen jeden Sonnabend eine Gans braten und eine Torte backen. Die Sache wurde denunziert, und der Professor erhielt einen Anruf von höchster Stelle. Bezeichnend für die wissenschaftliche Stellung Warburgs war die Formulierung des Anrufers: »Muß das sein?« Die Antwort lautete: »Ja, es muß sein.«

Die schon erwähnte Rückberufung von der Front im letzten Jahr des Ersten Weltkrieges erregte großes Aufsehen, so daß der vorgesetzte General sich beim zuständigen Kompaniechef erkundigte. Warburg berichtete schmunzelnd, der Wortwechsel zwischen beiden sei mit militärischer Kürze geführt worden: »Was macht dieser Warburg eigentlich?« Antwort: »Füttert Seeigel, Herr General!« Weitere Frage: »Was fressen Seeigel?« Antwort: »Eigentlich nichts, Herr General.« Worauf der General befriedigt das Thema wechselte.

Nach seiner Rückkehr von der Front stand Warburg vor der Notwendigkeit, sich für ein neues Forschungsthema zu entscheiden. Er fragte den berühmten Physico-Chemiker und späteren Nobelpreisträger Walther Nernst († 18. 11. 1941): »Was soll ich machen – Photosynthese oder Krebsforschung?« Die lakonische Antwort von Nernst soll gewesen sein: »Machen Sie Krebsforschung, Photosynthese geht ja!« Er befolgte diesen Rat.

Einmal kritisierte Warburg die häufig vertretene Meinung, Planck habe sein Wirkungsquantum durch rein theoretische Überlegungen gefunden. Dazu bemerkte er: »Richtig ist, daß Planck etwa zwanzig Jahre vergeblich versucht hat, auf rein theoretischem Weg das Gesetz der Strahlung des schwarzen Körpers abzuleiten. Nachdem jedoch Otto Lummer in der Physikalisch-Technischen Reichsanstalt mit Hilfe seines Bolometers die spektrale Verteilung der Strahlung des schwarzen Körpers bei definierten Temperaturen mit außergewöhnlicher Genauigkeit experimentell ermittelt hatte, dauerte es nur noch anderthalb Monate bis zur Entdeckung des Planckschen Wirkungsquantums und zur Aufstellung der Planckschen Strahlungsformel. Auch bei dieser großen Entdeckung, durch welche um die Jahrhundertwende das Atomzeitalter eingeleitet wurde, ist das Experiment und die Messung – die Frage des Forschers an die Natur – die eigentliche Grundlage des Fortschritts gewesen!«

In einer dieser unvergeßlichen Stunden sprach Warburg über seine Gedanken, wie der Staat den Fortschritt der Naturwissenschaften am wirksamsten unterstützen könne. Er meinte, trotz der so gewaltig zunehmenden Gesamtzahl der Wissenschaftler bleibe es doch eine relativ kleine Gruppe von Gelehrten, die wirklich bahnbrechende Ideen entwickle. Nach der Erfahrung seines Lebens komme es darauf an, die großen Forscherpersönlichkeiten in der Masse der jungen Wissenschaftler früh zu entdecken und sie durch gute Umweltbedingungen zu fördern, die höchste Konzentration und besten Nutzeffekt ermöglichen. In der weiteren Diskussion bestätigte er, daß wegen der wachsenden Aufsplitterung der Fachgebiete oft auch die Zuordnung von Spezialisten-Kollektiven zu solchen Umweltbedingungen gehöre. Abschließend betonte Warburg die Bedeutung der klaren objektiven Urteilsbildung über »das Neue« für den Fortschritt der Naturwissenschaften. Es sei eine stark differenzierte Wichtung der Stimmen aller an Einschätzung und Entscheidung Beteiligten notwendig, damit das Urteil richtig gefällt wird. »Hierbei haben manche Stimmen das millionenfache Gewicht der Stimmen anderer!«

Diese Worte erinnern an den Ausspruch des Biochemikers und Nobelpreisträgers Richard Willstätter zu dem speziellen Bereich der Wissenschaft: »Die Namen, die bestimmt sind, die Jahrhunderte zu überdauern, sind nicht zahlreich. – Wir können zu verordnen versuchen, daß alle Stimmen ... gleich zählen, aber die Natur hat es anders geordnet.«

Wenn Warburg nach solchen Erinnerungen und Betrachtungen in die obere Etage zum standardisierten Mittagessen ging, kam auch Jakob Heiss zu Wort. Ihm verdanke ich folgende Geschichte über Warburg und sein Reitpferd kurz nach Ende des Zweiten Weltkrieges: Warburg betrachtete den täglichen Reitsport als bestes Mittel zu seiner Gesunderhaltung. So kam es dazu, daß er schon bald nach der Eroberung Dahlems durch die sowjetische Armee im Mai 1945 sein Reitpferd Nixe bestieg, um seine gewohnten Ritte auf den Reitwegen in Dahlem und Umgebung wieder aufzunehmen. Aber gleich beim ersten Ausritt griff ein sowjetischer Soldat mit der Geste »Runter vom Pferd, das gehört mir!« in die Zügel von Nixe. Warburg fügte sich der Gewalt, war aber bald darauf vom Marschall der Sowjetunion Schukow zum Mittagessen eingeladen. Nach dem Essen fragte ihn der Marschall, ob er etwas für ihn tun könne? Warburgs Antwort: »Ja, ich möchte mein Pferd wiederhaben, das mir ein russischer Soldat weggenommen hat!« Daraufhin wurden alle Berliner Truppenteile der Sowjetarmee nach dem Pferd durchgekämmt, und tatsächlich, eines Tages steht die Stute Nixe, allerdings abgemagert, vor Warburgs Haus. – Bald danach verlassen die sowjetischen Truppen Dahlem, und es kommen die Amerikaner. Warburg setzt seine morgendlichen Ritte fort, aber nun kommt ein amerikanischer Soldat und beschlagnahmt Nixe für sich. Es wiederholt sich das Spiel. Warburg wird von General Clay, dem Oberbefehlshaber der amerikanischen Truppen, zum Mittagessen eingeladen. Die gleiche Frage, die gleiche Antwort: »Ich möchte mein Pferd wiederhaben, das mir ein amerikanischer Soldat weggenommen hat.« Auch die Suche bei den amerikanischen Truppen nach der Stute Nixe hat Erfolg. Wieder kommt der Augenblick, wo Nixe vor Warburgs Haus steht, nur ist sie diesmal wohlgenährt. – Jakob Heiss ergänzt dazu: »Wenn Warburg bei Russen eingeladen ist, erzählt er die Geschichte vom Ernährungszustand der heimgekehrten Nixe umgekehrt.« – Diese Episode aus der turbulenten Zeit bei Ende des Zweiten Weltkrieges wurde aufgezeichnet, weil sie zeigt, wie sehr die höchsten Vertreter der Wissenschaft über alle Grenzen hinweg als Bahnbrecher des Fortschritts gewürdigt werden.

Otto Warburgs Tod

1970 verlebten wir, wie schon viele Jahre zuvor, den Urlaub im August in unserem schönen Ferienheim an der Ostsee, das zwischen Heringsdorf und Bansin an der Strandpromenade liegt. Gleich in den ersten Tagen erreichte uns dort ein Telegramm mit der Nachricht: »Otto Warburg ging in den ewigen Schlaf.« Die Trauerfeier in der Dahlemer Dorfkirche bildete den würdigen Abschluß dieses reichen, so ganz der Forschung gewidmeten Lebens. Nachdem die ergreifenden Klänge von Beethovens »Die Himmel rühmen des Ewigen Ehre« verklungen waren, sprach Nobelpreisträger Professor Dr. Feodor Lynen mit tiefempfundenen Worten von dem inhaltsreichen Leben des am 1. August 1970 von uns gegangenen »Begründers der Biochemie«.

Als ich mich wenig später gemeinsam mit meinem Freund Otto Westphal dem offenen Grabe zum letzten Gruß näherte, meinte dieser, wir beide gehörten zu den wenigen Menschen, die noch unmittelbare persönliche Erinnerungen an die großen Wissenschaftler der zwanziger Jahre in Berlin hätten: an Max Planck, Albert Einstein, Walther Nernst, Max von Laue, Peter Pringsheim, Max Vollmer, Arthur Wehnelt und – Otto Warburg.

Wenige Monate nach Warburgs Tod saß ich ein letztes Mal am langen Tisch in der Bibliothek des Max-Planck-Instituts für Zellphysiologie. Hier eröffnete mir Jakob Heiss, es sei der Wunsch des Verstorbenen gewesen, daß ich den Schreibsekretär aus Nonnevitz erhielte, an welchem er in den »Ferien« seine Bücher und viele seiner Arbeiten niedergeschrieben habe, sowie, daß ich mir aus seiner persönlichen wissenschaftlichen Bibliothek all jene Bücher auswählen dürfte, die für unsere Forschungen nützlich sein könnten. Dann übergab Heiss mir mit innerer Bewegung den, wie er sagte: »schönsten« Brief Albert Einsteins an Otto Warburg als Geschenk: Dieses Schreiben stammt aus der Zeit des Ersten Weltkriegs und hat folgenden Wortlaut:

23. März 1918

Hoch geehrter Herr Kollege!
Sie wundern sich gewiß, von mir einen Brief zu bekommen, weil wir bis jetzt nur umeinander herumgegangen sind, ohne einander eigentlich kennenzulernen. Ich muß sogar befürchten, mit diesem Brief so etwas wie Unwillen bei Ihnen zu erregen; aber es *muß* sein.

Ich höre, daß Sie einer der begabtesten und hoffnungsvollsten jüngeren Biologen Deutschlands sind, und daß Ihr besonderes Fach gegenwärtig hier recht mittelmäßig vertreten ist. Ich höre aber auch, daß Sie draußen stehen an sehr gefährdetem Posten, so daß Ihr Leben beständig an einem Haar hängt! Jetzt schlüpfen Sie einmal bitte aus Ihrer Haut in die eines anderen sehenden Wesens und fragen Sie sich: Ist das nicht Wahnsinn? Kann Ihre Stelle da draußen nicht von einem phantasielosen Durchschnittsmenschen ausgefüllt werden, von der Sorte, von der zwölf auf ein Dutzend gehen? Ist es nicht wichtiger als die ganze große Keilerei da draußen, daß wertvolle Menschen erhalten bleiben? Sie wissen es selbst genau und geben mir recht. Gestern sprach ich mit Professor Krauss, der auch ganz meiner Auffassung ist und auch bereit, Sie für eine andere Tätigkeit reklamieren zu lassen.

Meine Bitte an Sie, die aus dem Gesagten entspringt, ist daher die, Sie möchten uns in dem Bestreben, Ihre Person zu sichern, unterstützen. Ich bitte Sie, mir nach einigen Stunden ernsthafter Erwägung ein paar Worte zu schreiben, damit wir hier wissen, daß unser Bestreben nicht an Ihrem Verhalten scheitern wird.

In der sehnlichen Hoffnung, daß in dieser Sache ausnahmsweise einmal die Vernunft siege, bin ich mit herzlichem Gruß
Ihr ergebener A. Einstein
Haberlandstraße 5
Berlin W.

Aufgrund der intensiven Bemühungen Einsteins wurde Warburg durch Professor Krauss reklamiert und nahm noch im

Sommer 1918 seine wissenschaftliche Tätigkeit wieder auf. Es ist faszinierend, diesen Brief zu lesen. Deutlich zeigt er, wie weitreichend Albert Einstein seine Verantwortung gegenüber den Wissenschaften und der Gesellschaft auffaßte. Dieser Pflichtenkreis umschloß nicht nur die uneigennützige Förderung talentierter junger Menschen, sondern erstreckte sich – wenn es not tat – auch auf den Schutz eines hochbegabten jungen Wissenschaftlers vor sinnlosen Gefahren. Ich bin sehr glücklich, diesen Brief zu besitzen. Meine Freunde, die mich besuchen, wissen ohnehin, wie sehr ich Albert Einstein verehre. Jeder, der in Dresden auf dem Weißen Hirsch unser Haus betritt, bleibt vor dem Einstein-Bild stehen, das in der Eingangshalle den schönsten Platz hat. Hermann Hensel hat es für mich gemalt. Er war Physiker und hat Einstein noch selber gehört.

Der Einstein-Brief, der Arbeitsplatz Warburgs und die ausgewählten Bücher befinden sich in der »Museumsecke« des Konferenzzimmers unseres Hauses auf dem Weißen Hirsch. Diese besonderen Gegenstände aus dem Nachlaß Otto Warburgs erinnern uns jeden Tag an diesen großen Gelehrten und Menschen.

*Otto Warburg löst meinen Wechsel
zur medizinischen Forschung aus*

Anfang 1959 erschien in der Zeitschrift »Die Naturwissenschaften« von Otto Warburg ein Aufsatz, in dem ein neuer Weg zur Krebsbekämpfung erwogen wurde. Sein Vorschlag, den Unterschied im Katalasegehalt von Normalzellen und Krebszellen auszunutzen, interessierte mich sehr, war aber klinisch schwer realisierbar. Daher fand meine hierzu im Herbst 1959 veröffentlichte Konzeption für Verwirklichung des Therapieverfahrens beim Menschen durch tiefe Unterkühlung und Wasserstoffsuperoxyd im Gefäßsystem bei Warburg ein lebhaftes Echo. Mir imponierte bei dem Warburg-Vorschlag, daß im Gegensatz zu den üblichen Krebstherapien ein Element echter Selektivität (Unterschied im Katalasegehalt) therapeutisch genutzt werden sollte.

Warburgs Interesse bewirkte daß ich am 17. Dezember 1959 vor der Klasse Medizin der Deutschen Akademie der Wissenschaften einen Vortrag mit dem Titel »Über ein Vorhaben zur Krebszellenvernichtung durch H_2O_2-Einwirkung auf von roten Blutzellen nahezu befreites und tief unterkühltes Körpergewebe« hielt. Zu dieser Sitzung war die gesamte medizinische Prominenz der Akademie – von Brugsch, Felix, Katsch, Kraatz bis Warburg – erschienen. Nach Beendigung der Diskussion führte Otto Warburg mich etwas abseits und stimulierte durch folgende liebenswürdige Äußerung meinen Mut zum Handeln: »Hören Sie bitte jetzt genau zu! Ich glaube, die Forschung am Krebsproblem wird Ihre größte Lebensleistung werden, noch größer und noch bedeutsamer als alle Dinge, die Sie bereits geschaffen haben.«

Damals habe ich das nicht ganz ernst genommen. Aber wenn ich heute die Ergebnisse unserer 1963 begonnenen intensiven Forschungen zur Krebs-Mehrschritt- und Sauerstoff-Mehrschritt-Therapie und die Fülle unserer Veröffentlichungen auf diesem Felde betrachte, muß ich zugeben, Otto Warburgs prophetische Worte auf der Akademiesitzung im Dezember 1959 sind vielleicht doch richtig gewesen.

Die medizinische Forschung wird zu meiner Hauptaufgabe

1963 waren die biomedizinisch-technischen Vorarbeiten für eigenes Handeln nahezu abgeschlossen. Seitdem hat das Krebsproblem und die Forschung auf angrenzenden Gebieten der Medizin einen sehr großen Teil meiner persönlichen Kräfte in Anspruch genommen. Die Intensität, mit der wir uns dieser Richtung widmeten, geht schon daraus hervor, daß im Januar 1967 insgesamt vierzig, Mitte 1971 bereits einhundertsechsundzwanzig und 1990 über vierhundert wissenschaftliche Arbeiten zu diesem Thema vorlagen, bei denen ich als Autor oder Mitautor zeichnete. Gegenwärtig wird in den hochentwickelten Industrieländern der Erde jeder dritte Mensch krebskrank, und jeder fünfte stirbt daran. Diese Krankheit, die durch unerbittliches Fortschreiten meist starker Schmerzen und in der Endphase oft auftretende furchtbare Zerfallerscheinungen gekennzeichnet wird, verläuft in der Regel sehr grausam. Der Kampf gegen den Krebs ist deshalb eine der wichtigsten Aufgaben unserer Zeit im Zeichen der Humanität. Bei der Arbeit an diesem Problem bildet die Erkundung und Gestaltung von klinisch gangbaren Wegen zur selektiven Vernichtung der Krebsgeschwülste einschließlich der Tochtergeschwülste oder noch besser die Verhinderung ihrer Entstehung eine der größten, erregendsten, zugleich aber schwierigsten Forschungsaufgaben des 20. Jahrhunderts.

Welche Umstände gaben uns 1963 die Kühnheit, als zunächst Außenseiter der Medizin viele Lebensjahre diesen komplizierten medizinischen Aufgaben zu widmen? Ich habe bereits erwähnt: Der erste starke Impuls, auf diesem Felde tätig zu sein, ging von Otto Warburg aus. Aber mußte es nicht abschrecken, daß seit vier Jahrzehnten, das heißt seit der Entdeckung des Gärungsstoffwechsels der Krebszellen durch Warburg, kein Fortschritt von definitivem Charakter bei der Bekämpfung des Krebses gelungen war? Mußte es nicht wie ein Lotteriespiel mit minimaler Gewinnchance erscheinen, wenn man den Versuch einleitete, mit etwa fünfundzwanzigtausend Krebsforschern, denen wohl weltweit Milliarden Forschungsgelder zur Verfügung standen, zu konkurrieren? Was hat uns angesichts dieser Lage den Mut zum Handeln gegeben?

Was gab mir den Mut zur Krebsforschung?

Es war die Erkenntnis, daß die Morgenröte jener großen Zeit anbrach, da die Medizin und die exakten Naturwissenschaften mit ihrer quantitativen, durch Messung und Rechnung gekennzeichneten Arbeitsweise ihr Bündnis zum Heile der Menschheit schließen würden. Es war die Einschätzung, daß zur Bekämpfung der Krebskrankheit gerade nach den jahrzehntelangen vergeblichen Anstrengungen der klassischen Medizin und Biochemie ein Versuch unter starker Mitbeteiligung physikalischer und mathematischer Methoden besonders gute Erfolgsaussichten haben würde. Hierin bestärkte uns die fast triviale Einsicht, eine Heilung der fortgeschrittenen Krebskrankheit könne nur durch therapeutische Maßnahmen extrem hoher Selektivität gelingen. Damit das Geschwulstwachstum nach der Therapie nicht wiederauflebt, müssen nicht nur im Primärtumor, sondern auch in allen Tochtergeschwülsten, die sich im Organismus gebildet haben, die Krebszellen etwa im Verhältnis von 1 Million : 1 abgetötet werden. Das haben besonders die Forschungen Hermann Druckreys gelehrt.

In der Radiotechnik wird die hohe Gesamtselektivität durch zwei Methoden herbeigeführt: durch die Verkettung vieler aufeinander abgestimmter selektiver Elemente (etwa Schwingungskreise) und durch die Anfachung einer Kettenreaktion (Rückkopplung). Diese beiden Methoden auf die Verhältnisse im lebenden, am Krebs erkrankten Organismus sinnvoll zu übertragen, erschien mir zugleich als Aufgabe und theoretischer Lösungsweg zur Heilung. Damit war die Bezeichnung »Mehrschritt«-Therapie zur Kennzeichnung selektiver Therapien mit anhaltender Wirkung gefunden, die inzwischen international zu einer Art Schutzbezeichnung für unsere Methoden wurde.

Später fügte ich den Namen »systemisch« hinzu, um deutlich zu machen, daß bei dieser Krebsbehandlung der gesamte Organismus einbezogen ist. So entstand als vollständiger Name »systemische Krebs-Mehrschritt-Therapie« oder abgekürzt sKMT.

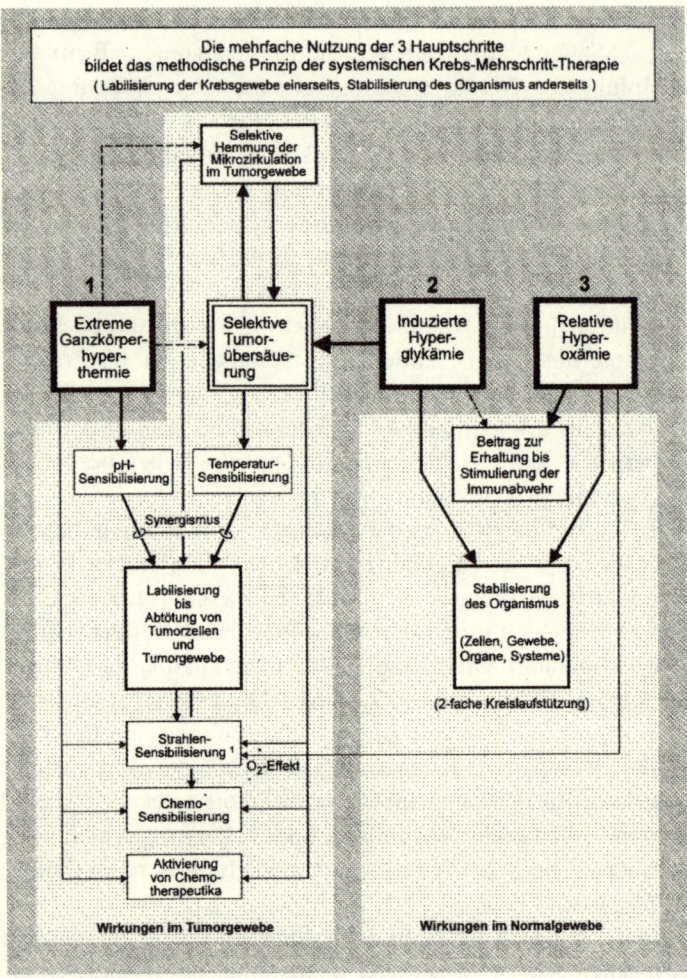

Die systemische Krebs-Mehrschritt-Therapie, deren gute Verträglichkeit heute durch über 700 Behandlungen bewiesen ist, strebt eine hohe Selektivität durch die sinnvolle Verkettung vieler selektiver physiologischer Mechanismen an. Zur Verstärkung der therapeutischen Effizienz habe ich bereits 1987 auf einem Kongreß in Berlin einen Vortrag gehalten und im Februar 1987 bei der Zeitschrift »Radiobiologia/Radiotherapia«

Das 1964 entstandene Grundkonzept der systemischen Krebs-Mehrschritt-Therapie (sKMT)

Das Grundkonzept der systemischen Krebs-Mehrschritt-Therapie, zu dem ich Mitte der 60er Jahre gelangte und das bis zum heutigen Tage beibehalten wurde, enthält drei Hauptschritte:
extreme Ganzkörperhyperthermie
+ induzierte Hyperglykämie
+ relative Hyperoxämie.

Die neue und entscheidende Maßnahme in diesem Konzept war die Kombination der extremen Ganzkörperhyperthermie mit der induzierten Hyperglykämie. Während bei der Ganzkörperhyperthermie die Körperkerntemperatur auf etwa 42 °C über 60 bis 90 Minuten erhöht ist, wird bei der Hyperglykämie der Blutzuckerspiegel drastisch auf etwa 400–500 mg % angehoben. Die hierfür notwendige Infusion von Glukose führt während der Extremhyperthermiephase zur Stimulierung der von Warburg entdeckten aeroben Glykolyse der Krebszellen und dadurch zu einer selektiven Übersäuerung der Krebsge-

eine Arbeit eingereicht mit dem Titel »Effizienzsteigerung hochdosierter Halbkörperbestrahlung durch Kombination mit Krebs-Mehrschritt-Therapie«. Aus finanziellen Gründen und wegen mangelnder Unterstützung konnte leider bisher dieser Vorschlag, bei dem die Strahlenwirkung durch Hyperthermie und Hyperglykämie wesentlich verstärkt wird, noch nicht realisiert werden. Eine weitere Entwicklung des sKMT-Konzeptes 1996 ist der Vorschlag, die Hauptbehandlung im Abstand von etwa 4 Wochen noch zweimal zu wiederholen. Ich wünsche mir, daß jene Krebskranken mit Metastasen, die sich im Stadium konventionell nicht mehr kontrollierbarer Progression ihrer Krankheit befinden, Vertrauen zu meiner Ganzkörpertherapie hoher Selektivität gewinnen.

* Durchführung von Halbkörperbestrahlung zum Zeitpunkt der stärksten Tumorübersäuerung (pH-Minimum).

webe. Diese gegenüber dem Normalgewebe selektive Übersäuerung bewirkt eine Erhöhung der Wärmeempfindlichkeit der Krebsgewebe um etwa 1,5 °C, wodurch der therapeutische Effekt der Ganzkörperhyperthermie verstärkt wird. Nach einer vieljährigen Latenzzeit wurde die Kombination von extremer Ganzkörperhyperthermie und induzierter Hyperglykämie auch von anderen Arbeitskreisen angewendet, allerdings oft, ohne daß wir zitiert wurden.

Die relative Hyperoxämie ist im Grundkonzept als dritter Schritt vorgesehen, um zusammen mit der Glukoseinfusion eine Stützung des Kreislaufs herbeizuführen sowie um stärkend auf die körpereigene Abwehr zu wirken.

Das Konzept der sKMT wurde von mir im Heidelberger Krebsforschungszentrum auf dem Festkolloquium zu Ehren des 75. Geburtstages des Chirurgen und Krebsforschers Prof. Karl-Heinrich Bauer am 25. 09. 1965 vorgetragen. Die erste Bekanntgabe des Grundkonzeptes erfolgte allerdings bereits am 05. 06. 1965 auf der Jahrestagung der Berliner Physiologischen Gesellschaft, die unter der Leitung des ATP-Entdeckers Prof. Karl Lohmann stattfand. Bei diesem Vortrag war neben den Professoren Burk, Jung, Kraatz und Rapoport auch Otto Warburg anwesend.

Das Urteil Otto Warburgs über das Grundkonzept der systemischen Krebs-Mehrschritt-Therapie

Wegen der Bedeutung des Warburgschen Urteils über mein Therapiekonzept seien im folgenden die Worte Otto Warburgs, gesprochen in der Berliner Physiologischen Gesellschaft, hier wiedergegeben, wenngleich ein Zitieren seiner Sätze unbescheiden ist:

»Zunächst möchte ich ein paar Worte an Sie richten. Als Sie vor einigen Jahren nach Dahlem zu mir kamen und Ihren Wunsch zum Ausdruck brachten, daß Sie sich der Krebsforschung widmen wollten, hab ich sofort das Gefühl gehabt, daß

```
MAX-PLANCK-INSTITUT                    BERLIN 33 DAHLEM
FÜR ZELLPHYSIOLOGIE                    GARYSTR.32
                                       1. 4. 67
```

Lieber Herr von Ardenne!

Ich muss sagen, dass ich Sie bewundere, wenn ich das Buch durchblättere. Sie sind in den wenigen Jahren durchaus an die Spitze der Krebsforschung vorgedrungen und jedenfalls kenne ich kein einziges Buch in der gesamten Krebsforschung, in dem ein anderer das Therapie-Problem mit der gleichen Energie und Vielseitigkeit angegriffen hätte. Mein Instinkt sagt mir, dass Ihnen auf die Dauer der Sieg sicher ist. Sie können jetzt nur noch _einen_ Fehler machen: dass Sie, entmutigt durch zuviel Widerstand, zu früh aufgeben. Vielleicht kann ich in dieser Hinsicht nachahmenswert sein. Je mehr Widerstand ich fand, umso mehr griff ich an und umso besser wurden meine Waffen.
"In Staub mit allen Feinden Brandenburgs!"

Herzlichst

Otto Warburg

Das Urteil Otto Warburgs über das Therapiekonzept in einem Brief vom 1. April 1967.

Sie der richtige Mann sind – aus vielen Gründen. Ich muß sagen, daß der Vortrag, den Sie soeben hier gehalten haben, diesen Eindruck von mir voll und ganz bestärkt hat. Ich glaube nicht, daß es in Deutschland, daß wir in Deutschland irgend jemanden haben, der das, was Sie hier geleistet haben, machen könnte.«*

Nach Erscheinen meiner Buchveröffentlichung »Krebs-Mehrschritt-Therapie« (1. Auflage) erhielt ich von Otto Warburg im April 1967 einen ungewöhnlichen, mich sehr ermutigenden Brief, der als Faksimile wiedergegeben ist. Durch seine so positive Beurteilung meiner Bemühungen gab mir Otto Warburg viel Kraft und Mut zum Durchhalten der Forschung bis zur klinischen Reife 1990.

25 Jahre Forschung zu wissenschaftlichen Grundlagen und zur Optimierung der systemischen Krebs-Mehrschritt-Therapie

In den folgenden Abschnitten werden einige Darstellungen zu wissenschaftlichen Details unserer Krebstherapie gebracht, die über den Rahmen einer Autobiographie hinausgehen. Hierzu habe ich mich entschlossen, weil fast jeder Leser im Verlauf seines Lebens mit dem Problem Krebs in seinem Umfeld konfrontiert wird, da in den Industrienationen etwa jeder vierte Mensch an Krebs stirbt.

Es wurde schon darauf hingewiesen, daß die zentrale und neue Maßnahme der systemischen Krebs-Mehrschritt-Therapie in der Kombination von extremer Ganzkörperhyperthermie und induzierter Hyperglykämie zu sehen ist. Auf der Basis umfangreicher In-vitro- und In-vivo-Untersuchungen wurde vorgeschlagen, diese Maßnahme im Rahmen einer Krebstherapie zu nutzen; sie wurde in diesem Kontext 1968 veröffentlicht.

Dieser Gedanke wurde von K. und J. Overgaard aufgegriffen und erst 1975 publiziert, nachdem K. Overgaard im Juni '69 mein Dresdner Institut besucht und ich ihm meine Ergebnisse

---

* Wiedergabe nach Tonbandaufzeichnung

zur sKMT in allen Einzelheiten mitgeteilt hatte. Es sollte sogar zu einer Zusammenarbeit kommen. Um so enttäuschender war es für mich, als ich 1975 und 1976 in amerikanischen Krebszeitschriften zwei Arbeiten von J. Overgaard fand, denen das Konzept der sKMT zugrunde lag und in welchen die Kombination von Hyperthermie mit selektiver pH-Senkung in den Krebsgeweben durch Vervielfachung des Blutglukosespiegels beschrieben war ohne unsere Dresdner Arbeiten zu zitieren. Diese Art von Plagiat war für mich eine neue negative Erfahrung, denn auch ein schriftlicher Hinweis führte bei Jens Overgaard zu keiner Veränderung seiner hinweislosen Zitationen.

In mehr als 25 Jahren Forschung wurde mein Therapie-Grundkonzept weiterentwickelt und optimiert. Dieser langen Zeitspanne bedurfte es, um eine selektive, auf die Krebsgewebe gerichtete Therapie zu entwickeln und um verschiedene Schicksalsschläge und Widerstände zu überwinden. Die Bemühungen endeten in einer sinnvollen Vernetzung und Mehrfachnutzung der drei Hauptschritte. Im Einzelnen sind den drei Hauptschritten der sKMT die folgenden Wirkungen zuzuordnen:

Extreme Ganzkörperhyperthermie
- Beitrag zur thermischen Schädigung
- Verstärkung der durch Hyperglykämie verursachten selektiven Übersäuerung der Krebsgewebe
- Beitrag zur selektiven Hemmung der Mikrozirkulation in den Krebsgeweben im Zusammenwirken mit der Hyperglykämie
- Beitrag zur Stimulierung der körpereigenen Krebsabwehr

Induzierte Hyperglykämie
- Erzeugung einer selektiven Übersäuerung der Krebsgewebe bis herab zu Mikrometastasen durch Stimulierung des von Otto Warburg entdeckten aeroben Gärungsstoffwechsels der Krebszellen mit Hilfe einer Steigerung der Blutglukosekonzentration auf 400–500 mg %. Dadurch Verbesserung der Bedingungen für die Auslösung der lysosomalen Zyto-

lyse-Kettenreaktion, bei der aus absterbenden Krebszellen freigesetzte lysosomale Enzyme auch zur Schädigung benachbarter Krebszellen führen können.
- Beitrag zur azidotischen Schädigung der Krebszellen
- selektive Erhöhung der Wärmeempfindlichkeit der Krebszellen
- selektive Steigerung der Strahlenempfindlichkeit der Krebszellen
- selektive Steigerung der Empfindlichkeit der Krebszellen gegen Kanzerostatika, insbesondere mit erhöhter Wirkung im Sauren
- Beitrag zur selektiven Hemmung der Mikrozirkulation in Krebsgeweben im Zusammenhang mit der Extremhyperthermie, d. h. zur Abtötung von Krebszellen durch Aushungern
- Beitrag zur Stützung des Herz-Kreislauf-Systems während der den Körper hochbelastenden Phase der extremen Ganzkörperhyperthermie
- Beitrag zur Stabilisierung der Normalzelle und Senkung ihrer Wärmeempfindlichkeit und damit Stabilisierung von Organfunktionen
- Beitrag zur Stabilisierung des Immunsystems

Relative Hyperoxämie
- Beitrag zur Stützung des Herz-Kreislauf-Systems während der den Körper hochbelastenden Phase der extremen Ganzkörperhyperthermie durch hohen, dem vergrößerten Atemzeitvolumen angepaßten O_2-Fluß
- Beitrag zur Stabilisierung der Normalzellen und Senkung ihrer Wärmeempfindlichkeit (Beziehung zwischen Sauerstoffversorgung, Energiestatus und Thermosensibilität)
- keine Schwächung der Krebsgewebe-Übersäuerbarkeit durch Hyperglykämie infolge der niedrigen Sauerstoffwerte in Tumoren, selbst bei Sauerstoff-Applikation
- Beitrag zur Stabilisierung des Immunsystems.

In den zweieinhalb Jahrzehnten der Therapieentwicklung wurden in unserem Laboratorium viele experimentelle Studien an Kleintieren durchgeführt. Dabei wurden Fragen bearbeitet zur Übersäuerung von Krebsgewebe, zur Abhängigkeit der Übersäuerung vom Volumen des Krebsgewebes und vom Timing, zu den Grenzen der Übersäuerbarkeit von Krebszellen, zum Einfluß der Übersäuerung auf die Empfindlichkeit der Krebszellen gegenüber Wärme, ionisierender Strahlung sowie Zytostatika und zur Verstärkung der Übersäuerung durch Extremhyperthermie und Pharmaka sowie durch Blutdrucksenkung.

Weitere Studien bezogen sich auf die Hemmung der Mikrozirkulation in den Krebsgeweben durch Übersäuerung und Extremhyperthermie, und wieder andere befaßten sich mit der Wirkung der Therapie bei Tiertumoren. Eine Kette von Untersuchungen hatte die Stimulierung des Immunsystems, also der körpereigenen Abwehr zum Gegenstand.

Wir wissen heute, daß die Zellauflösung und der nachfolgende Kettenreaktionsmechanismus der Zellenschädigung auf winzigen Zellorganellen, den sogenannten Lysosomen, beruht. Die von Professor Christian de Duve mit Hilfe des Elektronenmikroskopes und der Dichtegradienten-Ultrazentrifuge entdeckten Lysosomen enthalten in einem Membranbläschen von wenigen zehntausendstel Millimeter Größe die Lyse-Enzyme (Verdauungs-Enzyme) der Zelle. Wird zum Beispiel durch spezifisch gegen die Lysosomenmembran gerichteten Attacken dieses Membranbläschen zerstört, werden die lysosomalen Enzyme freigesetzt. Erfolgt dies im nicht übersäuerten gesunden Gewebe, passiert wenig, weil die Enzyme kaum aktiviert werden. Erfolgt die Freisetzung jedoch im hoch übersäuerten (gärenden) Gewebe (zum Beispiel Tumorgewebe), werden die zahlreichen Enzyme aus den Lysosomen so stark aktiviert (aufgegiftet), daß nicht nur der natürliche zelleigene Lysemechanismus schnell abläuft, sondern darüber hinaus die lysosomalen Enzyme aus empfindlichen Zellen zur Vernichtung unempfindlicher (benachbarter) Krebszellen sowie zum Verschluß und zur Lyse angrenzender feinster Blutgefäße beitragen. Damit wird

Unser Kollektiv für systemische Krebs-Mehrschritt-Therapie 1984.

die lysosomale Kettenreaktion der Krebszellenschädigung existent, die erst abreißt, wenn das nicht übersäuerte gesunde Gewebe erreicht ist. Durch Mitschädigung der feinsten Blutgefäße löst schließlich die Kettenreaktion die angestrebte homogene Großnekrose im Krebsgewebe aus.

In der langen Zeitspanne zwischen 1965 und 1990 lief eine Reihe von Entwicklungen zur Gestaltung der Extremhyperthermie-Technik und der Einrichtung zur Patientenüberwachung. Nach der Erwärmung des Patienten durch eine Zweikammer-Warmwasserwanne in den 60er Jahren und Überlegungen zur extrakorporalen Hyperthermie Anfang der 70er Jahre studierten wir von Mitte der 70er bis Mitte der 80er Jahre die Erwärmung mittels verschiedener statischer und bewegter Hochfrequenzfelder. All diese Erfahrungen mündeten in die Entwicklung einer Anlage, welche eine hautverträgliche, wassergefilterte Infrarot A-Strahlung zur Erwärmung des Patienten nutzt und der wir den Namen IRATHERM gaben. Diese in unserem Bereich Biomedizinische Technik von der Arbeitsgruppe um Dr. Obst geschaffene Ganzkörperhyperthermieanlage stellte einen deutlichen Qualitätssprung gegenüber allen vorangegangenen Hyperthermietechniken dar und steht heute im klinischen Einsatz als IRATHERM®2000 bereits in der dritten Generation zur Verfügung.

Tragische Ereignisse am Beginn der sKMT-Forschung

Als ich mich unter Warburgs Einfluß der Krebsforschung zuwandte, war mir von Anfang an klar, daß die experimentelle Forschung zur Gestaltung einer selektiven Krebstherapie nur unter der Bedingung erfolgreich sein könnte, daß ein leistungsfähiger und leistungswilliger klinischer Bereich zur Verfügung stand. Diese Bedingung war am Anfang unserer Bemühungen auf dem neuen Gebiet in fast idealer Weise erfüllt. Ich hatte damals in meinem Freund Professor Dr. med. Bernhard Sprung, dem Chef und Gestalter der neuen Chirurgischen Klinik der Medizinischen Akademie Dresden, einen für unsere Thematik begeisterten tatkräftigen und äußerst erfahrenen Mediziner nicht weit entfernt von unserem Institut zur Seite. Wie anders wäre die Entwicklung der sKMT verlaufen, wenn dieser Freund aus der Breslauer Schule des Krebsforschers K.-H. Bauer am Leben geblieben wäre! Aber er starb in einem Augenblick, als gerade die sKMT-Arbeit in dem für ihn und mit ihm in seiner Klinik geschaffenen Operationssaal für Forschungszwecke beginnen sollte, ein Opfer seines Berufs. Er hatte sich bei einer Operation ein zweites Mal mit Salmonellen infiziert.

Danach hatten wir das weitere Unglück, daß auch sein aufgeschlossener und unserer Zusammenarbeit innerlich zustimmender Nachfolger Professor Dr. med. Richard Kirsch nach langem Leiden, das die geplante gemeinsame Arbeit sehr behinderte, 1971 ebenfalls starb. So kam es, daß ich gezwungen

An der Loipe mit Dr. med. Hans Bernhard Sprung, Begründer und Direktor der Chirurgischen Klinik der medizinischen Akademie Dresden und wichtigster Mitarbeiter an der sKMT von 1959 bis 1963. H. B. Sprung starb am 12. 4. 1963.

war, meinen klinischen Partner außerhalb Dresdens zu suchen.

Nach vorbereitenden Arbeiten an der Universitätsfrauenklinik in Greifswald erklärte sich 1973 der Erfinder des Wankelmotors, Felix Wankel, bei einem Besuch in unserem Hause damit einverstanden, die Mittel für Aufbau und Betrieb einer klinischen sKMT-Gruppe in der Karl-Olga-Klinik in Friedrichshafen am Bodensee bereitzustellen. Der Aufbau dieser Gruppe erfolgte unter der medizinischen Leitung von Professor Dr. med. Schostok. Die Arbeit begann mit so guten Anfangserfolgen, daß Professor Schostok ihre Fortsetzung mit großer Begeisterung plante und vorbereitete. In diesem Augenblick erschien in der Presse ein offener Brief gegen mein Vorhaben aus dem Heidelberger Krebsforschungszentrum (Institut für Nuklearmedizin). Dieser im Juli 1973 geschriebene Brief torpedierte das gut angelaufene Vorhaben, denn bei Wankel entstanden durch den Angriff so starke Zweifel, daß er seine finanzielle Unterstützung zurückzog. Wieder war die klinische sKMT-Forschung vom Unglück verfolgt. Diese diskriminierende Aktivität des Heidelberger Krebsforschungszentrums ist aus heutiger Sicht als ein sehr denkwürdiger, wissenschaftlich abwegiger und schädlicher Vorgang einzuschätzen. Jahre zuvor hatte ich, wie oben erwähnt, das sKMT-Konzept im Heidelberger Krebsforschungszentrum zum 75. Geburtstag seines Gründers K.-H. Bauer auf seinem Festkolloquium vorgetragen, und wiederholt sind wir Gäste im Hause von K.-H. Bauer gewesen. – 1982 wurde ich von der Leitung des Heidelberger Krebsforschungszentrums zu einem sKMT-Vortrag eingeladen, nachdem inzwischen die Hyperthermie und ihre synergistische Kombination mit Hyperglykämie auf zahlreichen internationalen Krebshyperthermiekonferenzen als eine in die Zukunft weisende Methode erkannt und behandelt worden war.

Ablehnung unserer Hauptarbeit durch die führende USA-Zeitschrift »Cancer« und meine Reaktion

Die medizinischen Forscher in den USA nehmen in deutscher Sprache veröffentlichte Arbeiten und Bücher kaum noch zur Kenntnis. Noch weniger werden sie zitiert. Zur Sicherung unserer Prioritäten (42,2 °C-Hyperthermie, Selektive Krebsgewebe-Übersäuerung durch Hyperglykämie, Kreislaufunterstützung durch O_2-Gabe hohen Flusses + Hyperglykämie, sKMT Hyperthermietechnik) in den USA und international reichte ich daher die Hauptarbeit über den fortgeschrittenen sKMT-Entwicklungsstand 1978 bei der führenden amerikanischen Krebszeitschrift »Cancer« ein. Etwa ein Jahr später erhielt ich das Manuskript mit einer erschütternd oberflächlichen Begründung zurück. Meine Reaktion war die sofortige Veröffentlichung des englischen Manuskripts in der führenden japanischen Krebszeitschrift (Jpn. J. Clin. Oncol.), die Einrichtung einer eigenen Druckerei und der Nachdruck der in Japan erfolgten Veröffentlichung mit einer Auflage von zweitausendfünfhundert Exemplaren. Der Sonderdruck wurde an die bedeutendsten Onkologen der anderen Kontinente versandt. Unsere Prioritäten waren auf diese Weise fast ebensogut gesichert wie durch eine Veröffentlichung in der Zeitschrift »Cancer«.

Als Krönung unserer sKMT-Arbeiten empfand ich die offizielle Anfrage der International Clinical Hyperthermia Society (durch ihren Vorsitzenden Warren Dennis), ob man das 11. Annual Meeting aus Anlaß meines achtzigsten Geburtstages in Dresden abhalten könne. Diese Anfrage wurde durch unser Ministerium für Gesundheitswesen positiv beantwortet.

Ein Teil der hier nicht verschwiegenen Konflikte erklärte sich zweifellos daraus, daß wir die Probleme der Medizin von unüblichen Richtungen aus angingen. Gerade diesem Tatbestand verdankten wir aber die Aussicht, Neues zu entdecken. So ist es auch bei der Sauerstoff-Mehrschritt-Therapie bzw. -Immunstimulation gewesen.

Erste klinische Erfahrungen mit der sKMT nach 1990
bei nur einmaliger Behandlung

In den vergangenen zweieinhalb Jahrzehnten hat es verschiedene Pilotbehandlungen mit der sKMT gegeben. Dabei wurden bereits ermutigende Einzelergebnisse beobachtet, wie bei der Behandlung eines Klarzellensarkoms am Knie von etwa zwei Kilogramm Tumormasse mit dem sKMT-Konzept des Jahres 1977. Drei Wochen nach der sKMT-Behandlung war vom Tumor nichts mehr zu sehen.

Zum Zeitpunkt der Wiedervereinigung Deutschlands trat auch bei unseren Arbeiten die entscheidende Wende ein. Sie ergab sich aus dem Zusammentreffen mehrerer Ereignisse:

– Erstmals eröffnete sich für uns die Möglichkeit der Einrichtung einer eigenen Klinik für systemische Krebs-Mehrschritt-Therapie am Rande unseres Institutsgeländes auf dem Weißen Hirsch in der Schillerstraße 12b.

– Es gelang in Dr. med. D. Steinhausen einen versierten Internisten und Anästhesisten als Leiter meiner Klinik zu gewinnen. Dank seiner Erfahrung als Intensivmediziner leitete er mit Mut und zugleich Vorsicht die Mehrzahl der sKMT-Behandlungen seit Eröffnung unserer eigenen Klinik Anfang 1991.

– Für die Erwärmung der Patienten im Rahmen des Extremhyperthermieschrittes war eine neue, den Patienten schonende Technik, die IRATHERM® 2000-Anlage, entwickelt worden. Diese Anlage erlaubte und erlaubt ein störungsfreies, einfaches Monitoring des Patienten während der Hyperthermiebehandlung und dem Arzt einen jederzeit freien Zugang zum Patienten. Außerdem ist durch die offene Gestaltung der Anlage die von der Hyperthermie ausgehende psychische Belastung für den Patienten minimiert worden.

Es sei betont, daß die reine systemische Krebs-Mehrschritt-Therapie, also ohne Kombination mit Chemotherapie oder Strahlentherapie, im Gegensatz zu den konventionellen Krebstherapien keine Schwächung der körpereigenen Krebsabwehr

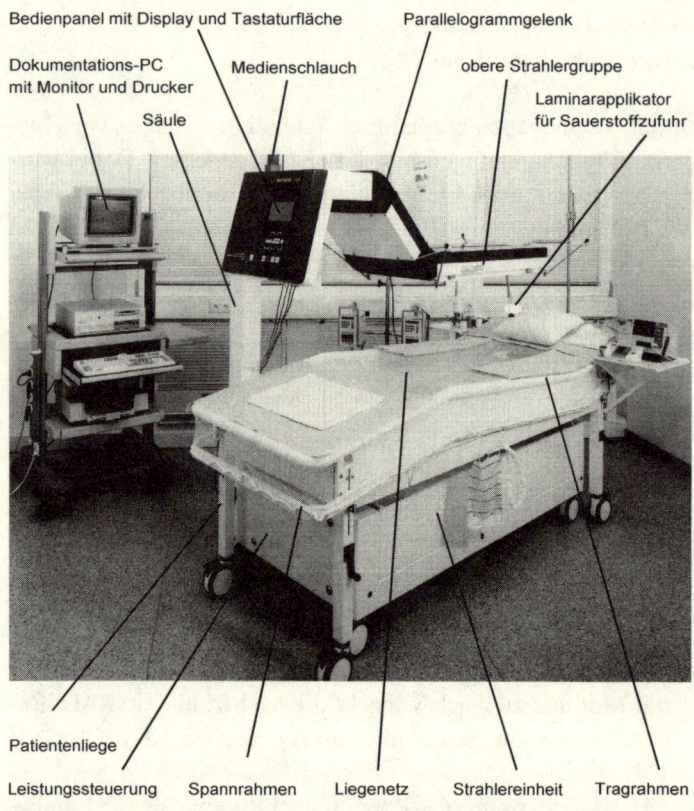

Blick auf die in unserem Institut entwickelte und in Serie gefertigte IRATHERM 2000-Anlage für die extreme Ganzkörperhyperthermie.

bewirkt. Außerdem wird die sKMT durch Maßnahmen der Sauerstoff-Mehrschritt-Immunstimulation vor und nach Durchführung der stationären Hauptbehandlung ergänzt. Als besonders wichtig schätze ich diese Ergänzung nach der Hauptbehandlung ein: zur Vernichtung eines möglichst großen Anteils der die Therapie überlebenden Krebszellen durch die körpereigene Abwehr. Darüber hinaus dient sie einerseits zur

Konditionierung der durch die vorangegangenen konventionellen Behandlungen geschwächten Krebspatienten und andererseits zur Beschleunigung der Entgiftung von Abbauprodukten der durch die Therapie vernichteten Krebszellen.

Die größte schädigende Wirkung auf die Krebszellen ist nach unseren Überlegungen dann gegeben, wenn zeitgleich eine möglichst hohe Temperatur und ein niedriger pH-Wert in den Krebsgeweben realisiert werden. Dazu muß man mindestens eine Stunde vor Beginn der Hyperthermiephase mit der Infusion der hochkonzentrierten Glukoselösung beginnen, da die Diffusion der Glukose in die Gewebe und die anschließende Milchsäurebildung Zeit benötigen. Möglichst kurz nach Beendigung des 42° C-Plateaus der extremen Ganzkörperhyperthermie sollte auch der im Konzept 1996 vorgesehene Therapieschritt der Schwachdosis-Halbkörperbestrahlung, bei niedrigstem pH-Wert, vorgesehen werden. Die hierbei erforderliche Strahlendosis könnte bei etwa 1,5 bis 4 Gy und 10 Minuten Dauer liegen. Als Strahlenquellen wären Linearbeschleuniger oder Kobalt-Kanonen denkbar.

Mit über 100 Behandlungen wurde in einer klinischen Phase I-Studie 1994 die gute Verträglichkeit der systemischen Krebs-Mehrschritt-Therapie nachgewiesen und es wurden erste Eindrücke von der therapeutischen Wirksamkeit einer einmaligen Behandlung gewonnen. Fast alle Patienten hatten metastasierte Malignome und befanden sich im Stadium der Progression, welche mit konventionellen Krebstherapien nicht mehr aufgehalten werden konnte. Die meisten Behandlungen wurden mit einer moderaten, also niedriger dosierten Chemotherapie kombiniert, da aus Veröffentlichungen anderer Arbeitsgruppen hervorging, daß einige Chemotherapeutika unter Hyperthermie eine verstärkte Wirkung aufweisen. Es zeigte sich, daß in einer Vielzahl der Fälle die systemische Krebs-Mehrschritt-Therapie unseren Krebskranken Hilfe geben konnte. Unsere Ärzte beobachteten Verbesserungen der Lebensqualität, die Milderung von Tumorschmerzen, eine temporäre Hemmung der Progression oder gar Rückbildung von Tumoren und Metastasen sowie Verbesserungen von Tumormarkern. Wir lernten aus diesen Frühergebnissen, was bereits mit einer einmaligen Behandlung erreichbar ist, aber auch, daß wir uns mit den Ergebnissen der einmaligen Behandlung dieser Art noch nicht zufrieden geben durften. Deshalb gingen wir im Konzept 1996 dazu über, mindestens zwei Wiederholungen der Hauptbehandlung im Zeitabstand von etwa 2 bis 4 Wochen zu empfehlen. Außerdem scheint mir die Einführung des bereits im Konzept des Jahres 1987 erwähnten Schrittes der Halbkörperbestrahlung dringend geboten. Die Realisierung der Halbkörperbestrahlung wird uns allerdings für die nächste Zeit noch aus finanziellen Gründen verwehrt sein.

Durch Behandlungswiederholungen in kurzem Zeitabstand und die Hinzunahme des Schrittes der Halbkörperbestrahlung wird die Wahrscheinlichkeit erhöht, daß die Zahl der überlebenden Krebszellen unter die Schwelle der körpereigenen immunologischen Krebsabwehr sinkt. Die Ausgangszahl der Krebszellen darf dabei nicht hoch sein. Erst wenn eine solche Reduktion der Krebszellzahl erreicht wird, kann von einer echten Heilung gesprochen werden.

Fernziel ist natürlich der Einsatz der systemischen Krebs-Mehrschritt-Therapie im Frühstadium der Erkrankung. Denn es macht, nach Kenntnis der guten Verträglichkeit der Therapie, keinen Sinn, so lange zu warten, bis die Tumormasse bzw. die Metastasen einen Umfang angenommen haben, dem alle anderen Behandlungsmethoden chancenlos gegenüberstehen. Ein Einsatz unserer sKMT im Frühstadium der Krebserkrankung erscheint mir auch gerade deshalb als sinnvoll, weil zu diesem Zeitpunkt im allgemeinen noch keine schwerwiegende Depression der körpereigenen Abwehr durch z. B. strahlentherapeutische Maßnahmen oder mehrere Zyklen einer Chemotherapie vorliegt. Somit besteht eine erhöhte Chance, neben der direkten Schädigung der Krebszellen durch die extreme Hyperthermie und Hyperglykämie die selbstheilenden Kräfte des Organismus mittels der Hyperthermie zu aktivieren.

Ein endgültiges Urteil über die therapeutische Wirksamkeit

der systemischen Krebs-Mehrschritt-Therapie wird jedoch erst in einigen Jahren möglich sein, wenn kontrollierte Studien, z. B. unterstützt durch die Deutsche Krebshilfe, durch von uns unabhängige Dritte, wie Universitätskliniken, ihren Abschluß gefunden haben.

Einige Schwierigkeiten in den ersten Jahren nach der Wiedervereinigung

Tragisch ist, daß unsere Bemühungen um eine neue Krebstherapie seit der Wende nur wenig Unterstützung fanden, so daß ich seit 1990 die sKMT-Forschung stark reduzieren mußte.

Aus diesem Grund schufen wir frühzeitig die gemeinnützige

»Prof. Manfred von Ardenne Forschungsförderungsgesellschaft e.V.«,

damit steuerbegünstigte Spenden für die Forschung möglich wurden. Und tatsächlich gelang es auch, daß einige Freunde, Bekannte und auch Stiftungen die Krebsforschung finanziell unterstützten. Besonders dankbar hervorheben möchte ich die Jöster-Stiftung, die durch den Vorstand der Kreissparkasse Köln, Herrn Krämer, schon frühzeitig die Chancen erkannt hatte, die für Krebspatienten in der sKMT stecken. Außerdem wurde uns große Hilfe zuteil durch die Firmen Loewe und Bahlsen sowie durch unsere Bekannten, die Familien Colani, Neef und Burgel. Insgesamt kann ich feststellen, daß durch diese uneigennützige Hilfe etwa 25% der entstandenen Forschungskosten aufgefangen wurden, 75% mußten unter erheblichen Opfern durch meine bis an die Grenze des Möglichen belasteten Kinder finanziert werden.

Eine Hauptschwierigkeit ergab sich in der Frage der Finanzierung von kontrollierten Studien zum Wirksamkeitsnachweis der sKMT. Ein so kleines Institut wie das unsere kann die Kosten einer kontrollierten Studie nicht selbst tragen, denn unsere Klinik kann nur durch die Kostenerstattung der sKMT-Behandlungen durch Patient oder Krankenkasse existieren. In kontrollierte Studien eingebundene Patienten sind aber grundsätzlich von den Behandlungskosten freizustellen. Hinzu kommt, daß wir wegen der noch fehlenden Anerkennung unserer Therapie durch den entsprechenden Bundesausschuß nicht in den Bettenplan des Landes Sachsen aufgenommen werden können und daher keine Grundfinanzierung über Tagessätze durch die Kostenträger (Krankenkassen) gegeben ist.

Im Sommer 1994 eröffneten wir gemeinsam mit Kölner Bekannten in ihrer Stadt eine Klinik für sKMT. Diese Unternehmung währte nur zwei Jahre, weil es uns nicht gelang, eine Ärztegruppe aufzubauen, die den Pioniergeist der Dresdner übernahm und durch Dialog und Leistung versuchte, das Vertrauen der Ärzteschaft dieser Region zu gewinnen – eine bittere Erfahrung, die alle Beteiligten viel unnötige Kraft gekostet hat.

Ich möchte nicht unerwähnt lassen, daß die ganze Gruppe, die sich um die Anerkennung der sKMT bemüht, einer außerordentlich hohen Belastung ausgesetzt ist. Da ist die tägliche Arbeit der Ärzte und des Klinikpersonals zu nennen, die ausschließlich Krebspatienten im fortgeschrittenen Stadium zu betreuen haben. Da muß aber auch der ständige Kampf um die Anerkennung der sKMT genannt werden, der allzuoft mit heftigen Angriffen einhergeht, die mitunter wenig qualifiziert sind.

Die mangelnde Unterstützung unserer Forschung ist besonders bedauerlich, weil die erwähnten sKMT-Weiterentwicklungen, letztlich zum Schaden der Krebskranken, bisher nicht realisiert werden konnten, obwohl sie schon seit Jahren konzipiert sind. Ich denke hierbei besonders an die angesprochene Hinzunahme des Schrittes der Halbkörperbestrahlung zum sKMT-Konzept. Trotzdem gebe ich die Hoffnung nicht auf, daß gute Therapieergebnisse in der Zukunft zu einer angemessenen Förderung unserer Arbeiten am Krebsproblem führen werden.

Warum sehe ich in der systemischen Krebs-Mehrschritt-Therapie mit Halbkörperbestrahlung die Krönung meiner Lebensarbeit?

Bereits die in unserer Klinik durchgeführten Einmal-Behandlungen mit sKMT haben gezeigt, daß wir auf dem richtigen Wege, aber noch nicht am Ziel sind. Ich persönlich bin überzeugt davon, daß die Ergänzung der sKMT durch den schon 1987 von mir vorgeschlagenen Schritt der Halbkörperbestrahlung uns nahe an das Ziel heranbringen wird.

Es geht hier nicht um die Realisierung und Prüfung einer reinen Hypothese, sondern um die sinnvolle Nutzung von experimentell bestätigten Wirkungen:

1. die auf Hyperthermiekongressen und in der Literatur bestätigte Verstärkung der Wirkung ionisierender Strahlung durch Hinzunahme der Hyperthermie in das Behandlungskonzept
2. die noch wenig bekannte und genutzte Verstärkung der Strahlenwirkung durch Hyperglykämie bzw. selektive Übersäuerung der Krebsgewebe.

Zum letztgenannten Punkt liegt die experimentelle Erfahrung in der Strahlenheilkunde vor, daß übersäuertes Gewebe, wie es beispielsweise bei Entzündungen auftritt, bereits durch Bestrahlung mit stark herabgesetzten Dosen vernichtet wird. Zu diesem Problem war ich schon Ende der 60er Jahre durch Gespräche mit dem Jenaer Professor Frunder darüber informiert worden, daß im entzündeten Gewebe eine Übersäuerung mit erniedrigtem pH gegeben ist. Weiter hatte ich etwa um 1973 ein durch Dr. Erwin Braun ermöglichtes Gespräch in der Schweiz mit dem Nestor der Strahlenheilkunde Professor Zuppinger. Er informierte mich damals über die experimentelle Erfahrung, daß bei entzündetem Gewebe nur etwa ein Drittel der Strahlendosis im Vergleich zum Normalgewebe ausreicht, um dieses Gewebe zu vernichten. Außerdem wußten wir aus unseren eigenen veröffentlichten Messungen und aus Messungen fremder Autoren, daß Krebsgewebe bis herab zur Größe von

Mikrometastasen von etwa 1,5 mm^3 Größe durch den Hyperglykämieschritt der sKMT übersäuerbar sind.

In meinem schon zitierten 1987 auf einem Krebskongreß gehaltenen Vortrag hatte ich vorgeschlagen, bei Halbkörperbestrahlung die selektive Sensibilisierung der Krebsgewebe gegen Strahlung durch Hyperglykämie zu nutzen und auf den Fortschritt hingewiesen, der durch die Ergänzung der sKMT mit dem Halbkörperbestrahlungsschritt mit Sicherheit zu erwarten ist. Obwohl inzwischen ein Jahrzehnt vergangen ist, hat dieser Vorschlag kaum Beachtung gefunden.

Bei meinem hohen Alter ist nicht sicher, ob ich klinische Behandlungen mit der systemischen Krebs-Mehrschritt-Therapie, ergänzt durch den Schritt der Halbkörperbestrahlung und Behandlungswiederholungen im Zeitabstand von wenigen Wochen, noch erleben werde. Vielleicht ist deshalb dieses Konzept 1996 ein Art Aufforderung oder Vermächtnis an Vertreter der jungen Onkologengeneration, die ohne Vorurteile danach streben, den Krebskranken auf neuem, effizientem Wege zu helfen.

Krebsbehandlung mit der Kombination Extremhyperthermie und Strahlentherapie

Bevor es zur Anwendung der Halbkörperbestrahlung kommt, wird die bereits in kontrollierten Studien geprüfte Kombination von lokaler Hyperthermie und lokaler Strahlentherapie in den klinischen Alltag Einzug halten. Darüber hinaus sollten zwei einfach zu realisierende Schritte, die der selektiven Strahlensensibilisierung der Krebsgewebe durch induzierte Hyperglykämie als auch die Nutzung unserer IRATHERM 2000 Hyperthermietechnik zur systemischen Erwärmung des Organismus, dringend zur weiteren Effizienzerhöhung der Strahlentherapie zum Einsatz kommen.

Die Weisheit der Natur

Die Weisheit der Natur ist unendlich. Was bedeutet dagegen die höchste Weisheit des Menschen. Uns bleibt nichts, als aufmerksam und in tiefer Bescheidenheit die unerschöpfliche Natur zu belauschen, die sich in der für uns Menschen kaum vorstellbaren Zeitspanne von vielen hundert Millionen Jahren durch Evolution entwickelt hat. In ihr liegt die ergiebigste Quelle von Entdeckungen und Taten vieler großer Talente, wie die Geschichte der Naturwissenschaften an zahlreichen Beispielen erkennen läßt.

So haben sich bei der systemischen Krebs-Mehrschritt-Therapie viele in ihr vereinigte selektive Therapiemechanismen aus der Beobachtung, Nutzung, Intensivierung und Vernetzung natürlicher Vorgänge ergeben. – Und so ist auch die Sauerstoff-Mehrschritt-Therapie mit ihren verschiedenen Prozeßvarianten als ein Nebenergebnis unserer Krebsforschung entstanden, über die in den folgenden Kapiteln berichtet wird.

Energielage des Körpers und Gesundheit

Beim Auto ist die Frage nach der augenblicklichen Energielage, das heißt, nach der Höhe der Kraftstoffreserve im Tank, fast eine Selbstverständlichkeit. Beim menschlichen Organismus, wo die Beantwortung dieser Frage oft viel größere Bedeutung hat, wird eine Frage des Patienten an seinen Arzt über die augenblickliche Energielage seines Körpers nur ein mitleidiges Lächeln auslösen – außer bei führenden Sportmedizinern und Physiologen. Trotz der großen Fortschritte in der naturwissenschaftlichen Denkweise ist in der Medizin die Betrachtung des gesunden oder kranken Organismus aus energetischer Sicht in diesem Jahrhundert bisher fast völlig unterblieben. Hier besteht eine große Lücke der Forschung. Deutlich zeichnet sich die tiefe Kluft zwischen den zu exakten Wissenschaften heranwachsenden Disziplinen der Physiologie und Sportmedizin einerseits sowie der angewandten Medizin andererseits ab. Wir haben uns bemüht, zur Auffüllung dieser tiefen Kluft beizutragen.

Jeder Vorgang in den Systemen, Organen, Geweben, Zellen und Zellorganellen des menschlichen Organismus verbraucht Energie, meist in Form chemischer Energie (energiereiche Phosphate ATP, CP). Zunehmender Energiemangel muß in den genannten fünf Bereichen zu Funktionsstörungen, Funktionsausfällen (Lähmungen) und schließlich zum Tod der Zellen führen. Wo der Energiemangel zuerst pathogene Auswirkungen hat und wie die Reihenfolge der weiteren Auswirkungen ist, hängt von der zufälligen Verteilung der individuellen Engpässe im Organismus ab. Die Verteilung der Engpässe ist sehr verschieden, und daher sind die Auswirkungen von Energiemangel im Organismus sehr unterschiedlich. Eine Therapie, welche Energiemangel mildert oder beseitigt, muß daher von außergewöhnlicher bzw. sogar von befremdlicher Universalität sein.

In jüngster Zeit ist der Verfasser dazu übergegangen, den energetischen Status (entsprechend einer maximalen ergometrischen Leistung von 2 min Dauer) und seine Dynamik in den Vordergrund von Betrachtungen über Leistungsreserven, Abnahme dieser Reserven bei Krankheiten, Streß und fortschreitendem Alter sowie über Reservenzunahme durch Sauerstoff-Mehrschritt-Therapie, Bewegungstraining und Urlaub zu stellen. Auch in den folgenden Überlegungen wird die in der Medizin noch sehr ungewohnte Betrachtung des menschlichen Organismus und Lebens aus energetischer Sicht bevorzugt. Der Einfachheit halber wird im folgenden zur Kennzeichnung des energetischen Status ausschließlich von der mechanischen ergometrischen Leistung (gemessen in Watt) gesprochen.

*Die Abnahme der Leistungsreserven bzw.
des Energiestatus mit dem Lebensalter*

Die Abhängigkeit der maximalen Energieumsatzrate (und der maximalen O_2-Aufnahme) sowie der mechanischen Leistungsreserve (gemessen über 2 min mit einem Fahrradergometer) vom Lebensalter charakterisiert das energetische Schicksal des Menschen. In der Jugend liegt im Mittel der Energiestatus bei 230 (männlich) bzw. 160 (weiblich) Watt. Im Alter von 65 Jahren ist der mit einem Fahrradergometer gemessene Energiestatus im Durchschnitt bereits auf 150 (männlich) bzw. 120 (weiblich) Watt abgefallen. Schuld an dieser Verschlechterung hat die eintretende Abnahme der Herzleistung und der Atemmuskulatur. Auffallend ist der Knick der Kurve beim Alter von 65 Jahren, welcher eine schnellere Abnahme nach Überschreitung dieses Alters erkennen läßt. Es ist der Zeitpunkt im Leben, wo der Mensch meist in seinen Ruhestand tritt, die Bereitschaft bzw. Fähigkeit zu kraftvoller Lebensweise abnimmt und der Schwund von Muskelmasse einsetzt. In dieser letzten Lebensphase kann die Wahrscheinlichkeit eines früheren Todes durch permanente Hochhaltung des Status der körpereigenen Abwehr (Sauerstoff-Mehrschritt-Immunstimulation) und durch (Verabredung mit einem Arzt über die) Bereithaltung einer Sauerstoff-Station für den Fall einer Erkrankung bedeutend verringert werden. Im Alter von 100 Jahren ist im Mittel der Energiestatus auf nahe Null abgesunken und der Tod infolge Energieaufzehrung zu erwarten. Bei 100 Jahren ist also im Mittel ein Tod auch ohne Beanspruchung bzw. Erschöpfung der Leistungsreserven durch Krankheiten vorauszusehen. Ob schon früher der Tod durch Energiemangel ausgelöst wird, hängt davon ab, von welchen Krankheiten (Höhe der Belastung in Watt) und zu welchem Zeitpunkt (momentane Höhe der Leistungsreserve in Watt) der Patient befallen wird.

Man sollte meinen, daß diese Tatbestände, welche sicher einen wesentlichen Beitrag zum Altern des Körpers liefern, und ihre Ursachen im ersten Kapitel aller Lehrbücher über Geriatrie abgehandelt werden müßten. Aber man wird wohl, wie ich, vergeblich nach einem solchen Kapitel suchen.

Die Sauerstoff-Mehrschritt-Therapie (SMT) und ihr Unterschied gegenüber anderen O_2-Einsätzen in der Medizin

Während unserer Forschungen zu den wissenschaftlichen Grundlagen der systemischen Krebs-Mehrschritt-Therapie entstand die Sauerstoff-Mehrschritt-Therapie (SMT).

Die SMT hat sich seither im deutschsprachigen Raum fast flächendeckend durchgesetzt. Hierzu hat eine Kettenreaktion durch Personen beigetragen, welche an therapeutischen Behandlungen oder auch an prophylaktischen Prozessen interessiert sind. Zu dieser Kettenreaktion kommt es, weil nach Sauerstoff-Mehrschritt-Therapie-Behandlungen eine Verbesserung des Energiestatus bzw. der mechanischen Leistungsreserven eintritt und die Behandelten den bewirkten Kräftegewinn so stark empfinden, daß sie im Kreis von Familie, Freunden und Bekannten für die neue Therapie werben. Beschleuniger dieser Entwicklung waren auch die »Ärztegesellschaft für Sauerstoff-Mehrschritt-Therapie«, die unzähligen Ärzte für Naturheilverfahren und Heilpraktiker, die durch ihre naturorientierte Denkweise sehr schnell den Wert der SMT für ihre Patienten erkannt haben, und unser Partner, die Firma Oxicur Medizin Technik. Dieser organisiert Informationsveranstaltungen für Ärzte und Anwender sowie die Lieferung von Geräten und Ausrüstungen für die verschiedenen SMT-Varianten.

Aufgabe der Sauerstoff-Mehrschritt-Therapie ist, wie bereits gesagt, die anhaltende Erhöhung des Energiestatus und oft auch des O_2-Status des Organismus für viele Monate. Gegenüber den Einsätzen von Sauerstoff im Notdienst und bei Lungenkranken (O_2-Langzeittherapie), wo die ausgelöste Wirkung nur während der O_2-Applikation gegeben ist, bleibt bei der Sauerstoff-Mehrschritt-Therapie die Wirkung auch nach

Ende der O_2-Applikation bestehen. Es ist daher scharf zwischen der Sauerstoff-Mehrschritt-Therapie und den anderen O_2-Einsätzen in der Medizin zu unterscheiden.

Die Wirkung hält allerdings nur solange an, wie der Patient den erzielten Energiegewinn für den Übergang zu einer kraftvolleren Lebensweise nutzt.

Das überraschende Anhalten dieser Wirkung erklärt sich sowohl durch einen von mir entdeckten, durch Sauerstoffgabe ausgelösten Schaltvorgang am venösen Ende der Blutkapillaren, als auch durch eine (gemessene) Vergrößerung des Atemzeitvolumens bzw. der Atemmuskulatur. Einzelheiten hierzu sind in meinen drei Büchern über diese Therapie besprochen.

Konzept der Sauerstoff-Mehrschritt-Therapie

Das Phänomen der anhaltenden Wirkung der SMT entdeckten wir 1977 aus Messungen des arteriellen und venösen Sauerstoffpartialdruckes in Abhängigkeit von der Zeitdauer der O_2-Applikation. Dabei zeigte sich, daß die O_2-Werte nicht mehr weiter verbessert werden können, sobald eine bestimmte Sauerstoffmenge appliziert ist, deren Volumen von der körperlichen Belastung während der Applikation abhängt. So entstand das Konzept des Standardprozesses mit 36 Stunden Applikation von Sauerstoff mit einem Fluß von 4 l/min. Meist werden diese Stunden über 18 Tage mit je 2 Stunden-Sitzungen verteilt. Zur Verbesserung der O_2-Nutzung wird vor jeder Sitzung eine Kombination von 30 mg Vitamin B_1 und 250 mg Magnesiumorotat verabreicht. Außerdem erhält der Patient oder Kurende zum verbesserten Schutz vor Sauerstoffradikalen 1 g Vitamin C und 400 mg Vitamin E. Der SMT-Standardprozeß hat den Vorteil, daß er auch von älteren geschwächten oder bewegungsbehinderten Patienten oder Kurenden angewendet werden kann, weil er ohne wesentliche körperliche Belastung auskommt. Eine Intensivvariante der SMT ist der 15 min-Schnellprozeß, bei dem eine Belastung von etwa 100 Watt auf einem Fahrradergometer und einer Sauerstoffgabe mit hohem Fluß von etwa 30 l/min vorgesehen ist. Er wird an vier aufeinanderfolgenden Tagen absolviert. Neben dem Schnellprozeß gibt es drei weitere Intensivvarianten mit verringerter körperlicher Belastung und verringertem O_2-Fluß, wobei die Behandlungsdauer auf 5 Tage (5 Sitzungen zu etwa je 1 Stunde) begrenzt ist. Die Reduzierung der Behandlungszeit wird durch eine Intensivierung des Stoffwechsels im gesamten Körper mittels Erhöhung der Körperkerntemperatur erreicht (SMT-Sauna, Sauerstoff-Kohlensäure-Mehrschritt-Kur, IRATHERMprozeß).

Zur Durchführung des 36 Std./18 Tage-SMT-Standardprozesses gehört besonders die technische Einrichtung zur Bereitstellung des Sauerstoffs. Ich habe schon 1970 ein an der Steckdose betriebenes Gerät zur Selektion des Sauerstoffs aus der Atmosphäre für einen O_2-Fluß von 4 l/min entwickeln lassen. Leider war es nicht möglich, die Fertigung dieser O_2-Konzentratoren in der DDR-Industrie durchzusetzen. Inzwischen sind kostengünstige einfache Geräte dieser Art in den USA und in Deutschland entwickelt worden, die von der Firma Oxicur bezogen werden können.

Sauerstoff-Mehrschritt-Therapie und Energiestatus

Jede Funktion in den Zellen, Geweben und Organen unseres Körpers benötigt Energie. Deshalb kann sich eine Schwächung des Energiestatus in allen Bereichen unseres Organismus schädlich auswirken. Eine Herabsetzung des Energiestatus ergibt sich bei Krankheiten, bei starkem und lange anhaltenden Streß und in höherem Alter.

In diesem Zusammenhang ist darauf hinzuweisen, daß die mechanische Leistungsreserve, die mit dem sogenannten PWC-Test der Sportmedizin leicht meßbar ist, mit dem Lebensalter ständig absinkt.

Bei männlichen Probanden beispielsweise im Alter von 50 Jahren gelingt es in der Regel, die mechanische Leistungsreserve durch eine Sauerstoff-Mehrschritt-Therapie-Kur um 30 Watt zu erhöhen. Etwa den gleichen Gewinn bewirkt, wie aus der sportmedizinischen Literatur zu entnehmen ist, ein dreimonatiges anstrengendes Bewegungstraining. Durch die hohe Verträglichkeit und den viel geringeren Zeitaufwand ist in dieser Frage eine Überlegenheit der Sauerstoff-Mehrschritt-Therapie-Kur gegenüber dem Ausdauertraining festzustellen.

Die Wirkungen der Sauerstoff-Mehrschritt-Therapie

Große Bedeutung hat die Bekämpfung von Durchblutungsstörungen durch die Sauerstoff-Mehrschritt-Therapie erlangt. Die Milderung von Durchblutungsstörungen in den unteren Extremitäten durch Sauerstoff-Mehrschritt-Therapie wird in einer kernphysikalischen Arbeit mit der Xenon-Clearance-Methode bewiesen. Über die Milderung von Durchblutungsstörungen der Netzhaut durch unsere Therapie berichtet eine Dissertationsschrift: Sabine Bischoff-Paßmann, Einfluß der Sauerstoff-Mehrschritt-Therapie bei unterschiedlichen Retinopathien. Inaugural-Dissertation, Freie Universität Berlin 1994.

Auf dieser Linie liegen auch die Befunde über die Herabsetzung der Häufigkeit und Stärke von Angina pectoris-Anfällen sowie die Befunde zur Bekämpfung von Migräne.

Auch im Rahmen unserer systemischen Krebs-Mehrschritt-Therapie-Behandlungen haben wir die Sauerstoff-Mehrschritt-Therapie erfolgreich eingesetzt. Vor der Hauptbehandlung: zur Konditionierung von durch die vorausgegangene konventionelle Krebstherapie geschwächten Patienten, sowie nach der Hauptbehandlung: zur Beschleunigung der Entgiftung der Abbauprodukte von vernichteten Krebsgeweben.

Weitere Beispiele für bedeutende Wirkungen der SMT bilden die Bekämpfung des Asthma bronchiale, Bekämpfung von Leberschädigungen, Beschleunigung der Heilung von Knochenbrüchen und Wundheilung. Bekämpfung von Hypertonie (hoher Blutdruck), Beschleunigung der Rehabilitation nach schweren Erkrankungen (z. B. Herzinfarkt), Operationen, Infekten, Vergiftungen, Senkung der Nebenwirkungen und Erhöhung der Hauptwirkung von Medikamenten, Senkung der Nebenwirkungen von Chemotherapien bei Krebsbehandlungen usw.

Die genannten Wirkungen sind an Tausenden von Patienten in vielen hundert SMT-Zentren beobachtet worden. Das hat dazu geführt, daß sich meine Therapie im deutschsprachigen Raum schnell durchgesetzt hat und laufend weiter durchsetzt. Mir bleibt unbegreiflich, daß noch 1996 einige Pulmologen öffentlich erklärten, die Sauerstoff-Mehrschritt-Therapie habe keine Wirkungen und sei wissenschaftlich nicht begründet. Offenbar sind diese Pulmologen der Meinung, daß nicht sein kann, was nicht sein darf.

Weitere Varianten der Sauerstoff-Mehrschritt-Therapie

Die Leistungsfähigkeit sinkt ab, auffällige Müdigkeit ist zu beobachten und nicht selten werden auch Menier-Anfälle (Drehschwindel) ausgelöst, wenn der Blutdruck zu niedrig ist. In vielen Fällen kann der Blutdruck anhaltend normalisiert werden, wenn folgender Prozeß unter ärztlicher Aufsicht angewendet wird: Auf nüchternen Magen werden 0,5 g Nikotinsäureamid und 0,5 g Vitamin C eingenommen. 20 min danach beobachtet man den sogenannten Flash-Effekt (starke Rötung des Gesicht-Hals-Bereiches). Über die Zeitdauer des Flash-Effektes (50–100 min) wird dann Sauerstoff mit einem Fluß von etwa 10 l/min appliziert. Nach 14 Tagen wird der gleiche Prozeß wiederholt. Nach dieser Behandlung haben wir häufig für Monate bis Jahre einen renormalisierten Blutdruck des Patienten gemessen.

Bei zweimaliger Wiederholung pro Jahr dürfte eine Prophylaxe gegen Krebs gegeben sein, wenn der 36 Std./18 Tage-Standardprozeß in den ersten Tagen durch die Gabe von Immun-

Im »Zentrum für Sauerstoff-Mehrschritt-Therapie«, Dresden, Zeppelinstraße 8 (Von Ardenne Institut für Angewandte Medizinische Forschung GmbH).

modulatoren (z. B. Thymusextrakten) ergänzt wird (Sauerstoff-Mehrschritt-Immunstimulation).

In dem neben unserem Institut in der Zeppelinstr. 8 errichteten Zentrum für Sauerstoff-Mehrschritt-Therapie, in dem alle SMT-Varianten angeboten werden, wird auch eine Sauerstoff-Kohlensäure-Mehrschritt-Kur durchgeführt, bei der zu den Wirkungen der SMT die bekannten Wirkungen einer Kohlensäure-Kur hinzukommen. Es sind dies die Verbesserung der Hautdurchblutung und die Erhöhung der Durchblutung innerer Organe. Da bei dieser Variante auch eine moderate Hyperthermie erzeugt wird, genügen fünf in einer Woche durchgeführte Behandlungen, um die anhaltende Anhebung des Energiestatus zu bewirken.

Gegen Hypertonie, Rückenschmerzen, Sklerodermie und einige Leiden des rheumatischen Formenkreises hat sich die

Kombination einer moderaten Hyperthermie bis 38,5° C Körpertemperatur mit und ohne Sauerstoffgabe bewährt. Zur Erzeugung der moderaten Hyperthermie dient hierbei die mit Wasser gefilterte Infrarot A-Strahlung der in unserem Institut entwickelten IRATHERM 1000-Anlage.

Forschungen und ein Weg zur Bekämpfung des akuten Herzinfarktes

Zusammen mit meinem Mitarbeiter P. G. Reitnauer studierten wir die verschiedenen physiologischen Bedingungen, die beim Ablauf eines am Rattenherzen durch Einschnürung einer Koronarie künstlich herbeigeführten Herzinfarktes eintreten. Wir führten mit unserer feinen Mikro-pH-Glaselektrode (0,1 mm lange bewegliche Meßspitze) rückwirkungsfrei Messungen des pH-Verlaufes im Infarktbereich des Herzmuskels nach Auslösung des Infarktes durch. Wir fanden, daß die beobachtete starke pH-Absenkung durch Gabe von g-Strophanthin wieder rückgängig gemacht werden konnte. Ferner konnten wir feststellen, daß die Schädigung des Herzmuskels erst nach etwa 20 min irreversibel wurde.

Für die orale Gabe des schon erwähnten Herzglykosids g-Strophanthin am Menschen war bekannt, daß eine große Streuung der Wirkung dieses Glykosids zu beobachten war. Deshalb ermittelten wir in einer speziellen Untersuchung die Gründe für die starke Streuung der Wirkung. Wir fanden als Ursache die Verdünnung des Glykosids mit einer unterschiedlichen Speichelmenge. Deshalb entwickelte ich zusammen mit der Firma Apotheker Herbert KG Wiesbaden das Strophanthin-Präparat »Strodival spezial« mit hohem Strophanthin-Konzentrat in einer öligen Suspension. Verteilte man nunmehr den Inhalt dieses Präparates auf die abgetrocknete Zunge, so ergab sich eine sichere Wirkung des g-Strophanthins. Zur Bekämpfung des akuten Herzinfarktes empfehlen wir daher den durch Angina pectoris-Anfälle vorgewarnten Patienten, stets eine Notfallpackung mit Strophanthin-Kapseln bei sich zu tragen. Sie können dann selbst, lange bevor der gerufene Notarzt eintrifft und womöglich das Infarktgeschehen irreversibel wird, durch perlinguale Applikation des Inhaltes von 2 Kapseln den akuten Infarkt abbremsen.

Wahrscheinlich hätte die forcierte Untersuchung und Bestätigung dieser Erkenntnisse durch kompetente Dritte sowie eine allgemeine Anwendung dieser Empfehlung viele Menschenleben retten können. Aber auch hier wurden der Arzt Berthold Kern, der schon langjährige positive Erfahrungen mit der Gabe von g-Strophanthin hatte, und ich von Vertretern der Schulmedizin heftig angegriffen, die immer noch an der Koronarverschlußtheorie als alleiniger Ursache für Herzinfarkte dogmatisch festhielten. Ein sehr persönliches Indiz für die Richtigkeit dieses Weges war, daß ich selbst bei Freunden zwei Fälle erlebte, wo sofort nach Beginn eines heftigen Angina pectoris-Schmerzes zwei Strodival-spezial Kapseln aus der mitgeführten Notfallpackung entnommen und dann perlingual auf der abgetrockneten Zunge verteilt wurden. Anschließend verschwand der Schmerz.

Die besprochene Empfehlung ist gegenwärtig genauso aktuell wie vor Jahrzehnten bei Abschluß unserer Infarktforschung.

Mit vorstehenden Ausführungen beende ich den hoffentlich nicht zu ausführlich geratenen Bericht über meine Bemühungen auf dem Felde der Medizin.

Reisen und Begegnungen

Vortragsreisen zur Bekanntmachung der Ergebnisse unserer medizinischen Forschung

Die schnelle Überleitung in Produktion und Nutzung war bei den meisten oben erwähnten Entwicklungen des physikalisch-technologischen Bereichs unseres Instituts gesichert. Eine völlig andere Situation besteht bei solchen medizinischen Forschungsergebnissen, die keinen Industriepartner haben oder brauchen. Von dieser Art waren die meisten unserer oben besprochenen Ergebnisse. Die Erfahrung hat gelehrt, daß dann eine Beschleunigung der Nutzung nur durch wissenschaftliche Überzeugung der Basis, also des maßgebenden und behandelnden Arztes möglich ist, aber fast niemals durch Anweisungen. Diese Erfahrung war die Grundlage für die verschiedenen Maßnahmen, welche ich kombinierte, auch um die Nutzung unserer medizinischen Forschungsergebnisse wenigstens im europäischen Gesundheitswesen noch selbst mitzuerleben. Meinem Ziel, die Basis für unsere Gedanken und Methoden zu gewinnen, näherte ich mich stetig mit nachstehender Reihenfolge der Maßnahmen:

1. Veröffentlichung des Ergebnisses in einer wissenschaftlichen Zeitschrift. (Neuerdings oft Vorausdruck in der eigenen Druckerei.) Auch zusammenfassende Veröffentlichungen in Buchform. Sicherung der Priorität.
2. Vortrag auf einem medizinischen Symposium oder Kongreß passender Themenrichtung. Weitere Absicherung, daß die Erstinformation an die maßgebenden Forscher, Hochschulmediziner und Ärzte geht. Auch Vortrag in großen medizinischen Gesellschaften oder Zentren (Universitäten, Kliniken und so weiter).
3. Bekanntgabe des Ergebnisses und evtl. der Art seiner Nutzung bei Arzt und Patient in einem Abstand von ein bis zwei

Monaten zu 1. und 2. (Information der behandlungsbedürftigen Patienten und der durch 1. und 2. noch nicht erfaßten Ärzteschaft). Erzeugung einer die Durchsetzung beschleunigenden Nachfrage durch den interessierten Patientenkreis.
4. Persönliche Vorträge mit Lichtbildern vor interessierten Ärzten und Patienten mit anschließender Diskussion und Fragenbeantwortung (Veranstaltungen mit etwa fünfhundert bis eintausend Teilnehmern). Wirksamster Weg zur Überzeugung der Basis.
5. In Sonderfällen, wo das Forschungsergebnis den Patienten sofortige Hilfe von schicksalhaftem Rang geben kann, habe ich über das Fernsehen und andere Massenmedien den Patienten die Zusendung von Materialien (für Patient und Arzt) zur sofortigen praktischen Nutzung des Ergebnisses angeboten.

Immer wieder hatte ich beobachtet, daß Skepsis gegenüber unseren Ergebnissen sich in freundliche Duldung oder sogar Mitarbeit wandelte, sobald ich Gelegenheit hatte, darüber zu berichten, was wir wirklich tun. Unmittelbar vor einem Krebs-Mehrschritt-Therapie-Vortrag vor der medizinischen Gesellschaft der Universität Köln am 15. September 1976 sagte mir R. Gross, Vizepräsident der Deutschen Krebsgesellschaft, als Leiter der Veranstaltung: »Sie müssen wissen, die Hälfte der Teilnehmer sind Ihre Gegner.« Dann stand ich am Vortragspult eines großen Saales vor Hörern mit skeptischen Gesichtern. Während meines Vortrages sah ich, wie in den Gesichtern die Skepsis in Interessiertheit überging.

In der anschließenden Diskussion ließ sich keine gegnerische Stimme hören, so daß R. Gross zum Abschluß formulierte: »Wir haben heute die selektive Krebstherapie des Jahres 1986 kennengelernt!« – Der Verlauf dieser wichtigen Veranstaltung erschien mir als Beweis dafür, daß ein persönlicher Vortrag mit anschließender kritischer Diskussion den wirksamsten Weg zur Information und Überzeugung der Basis darstellt. Diese Einschätzung ist der Grund, warum ich 1972 damit begonnen habe, jedes Jahr ein bis drei multivalente Vortragsreisen mit zahlreichen Einzelzielen zu unternehmen. Im Zuge der wachsenden Anerkennung unserer Dresdner Forschungen durch die Schulmedizin verlagerten sich die Veranstaltungen seit 1988 immer häufiger in den Bereich von Universitätskliniken, Akademien und Kongressen.

Viele dieser Reisen, die auch uns immer wieder wichtige wissenschaftliche Informationen vermittelten, sind durch unseren langjährigen Freund, den Industriellen Dr. med. h. c. Erwin Braun (Engelberg, Schweiz) und die Erwin-Braun-Gesellschaft für Präventivmedizin (Basel) ermöglicht worden. Hierdurch hat er ein unvergeßliches Verdienst um die Beschleunigung der Nutzung unserer medizinischen Forschungsergebnisse im Gesundheitswesen. Ich wünsche ihm, daß die sehr konservative Schweizer Medizin recht bald die Bedeutung seiner in die Zukunft weisenden Taten von Engelberg und Basel sowie seine edlen Motive erkennt und anerkennt.

Bei medizinischen Prozessen hoher Wirksamkeit sind die vom Patienten empfundenen Besserungen so stark, daß er im Kreis seiner Familie, seiner Freunde und seiner Bekannten für diese Prozesse spontan wirbt und agitiert. Das löst eine Art Kettenreaktion des Patientenzustromes aus. Aber auch Kettenreaktionen bedürfen der Initialzündung. Und der wirksamste Weg, diese Initialzündung auszulösen, sind, wie oben dargelegt, Vortragsreisen mit einer Folge gut gewählter Einzelziele sowie die Information der betroffenen Patienten über Massenmedien, insbesondere über das Fernsehen.

Eine Vortragsreise zu Krebsforschungszentren der Sowjetunion

Bei der Entwicklung der Grundlagen der systemischen Krebs-Mehrschritt-Therapie war im Herbst 1972 ein gewisser Abschluß erzielt worden. Aus diesem Grunde freute ich mich ganz besonders, als ich vom Ministerium für Gesundheitswesen der

Mein unvergessener Freund und Förderer der systemischen Krebs-Mehrschritt-Therapie, Dr. med. Erwin Braun (1921–1992).

Sowjetunion die Einladung erhielt, in vier verschiedenen Hauptzentren für experimentelle und klinische Krebsforschung Kolloquien über die Fortschritte unserer Forschungen abzuhalten. Die Reise fand im November 1972 statt und ging über Moskau nach Leningrad und Minsk.

Sie führte mich vor allem mit dem damaligen Leiter der sowjetischen Krebsforschung, Professor Blokhin, dem Organisator des großen Krebsforschungszentrums der Sowjetunion in Moskau, zusammen. Diese Institution, welche fast die Ausdehnung eines Stadtteils erreicht, wurde mir gezeigt. Aber ich sah auch die anderen Zentren, die sich alle speziell dem Kampf gegen die Krebskrankheit widmen. Sehr imponierte mir die zweckmäßige, experimentelle und klinische Arbeiten zusammenführende Struktur der Einrichtungen. Vor allem aber erhielt ich tiefe Eindrücke von der Weltverbundenheit der leitenden sowjetischen Onkologen, die ich kennenlernen konnte:

Professor Blokhin (Moskau), Professor Sergejew (Moskau), Professor Rakow und Professor Seitz (Leningrad) und die Onkologen des damals von Professor Alexandrow geleiteten Minsker Zentrums.

Ich denke mit großer Befriedigung an die Aufgeschlossenheit in den Gesprächen und an das wissenschaftliche Klima der Kolloquien zurück. Wieder empfand ich, wie in der Zeit meiner Tätigkeit als Direktor des Forschungsinstituts bei Suchumi, daß die »Unvoreingenommenheit gegenüber dem Unüblichen« ein faszinierendes Kennzeichen der sowjetischen Wissenschaft ist.

Im Minsker Institut für Onkologie

Mein Besuch in Minsk diente der Vertiefung einer bereits bestehenden Zusammenarbeit und war zugleich ein Gegenbesuch. Was ich hier zu dem Problem der klinischen Erprobung des damaligen Krebs-Mehrschritt-Therapie-Konzepts erfuhr, übertraf alle meine Erwartungen.

In fast idealer Weise fand ich die Voraussetzungen für experimentelle und klinische Forschung erfüllt: ein erstaunlich großes, tief für die Thematik begeistertes und in harmonischer Zusammenarbeit gemeinsam dem hohen Ziel dienendes Kollektiv; erfahrene Onkologen, Chirurgen, Biochemiker, Biologen, Physiker und viele, viele Helfer. Neben dem Krebs-Mehrschritt-Therapie-Trakt mit Hyperthermieanlage für Aufwärmung in zwei Stufen (Körperkern 40,5 °C, Tumorregion 42 bis 43 °C) und hervorragend ausgebildeter Meß-, Steuer- und Regeltechnik aus eigenen Werkstätten lag unter anderem ein weiterer Trakt mit dem 25-MeV-Elektronen-Linearbeschleuniger, einem Betatron für Rotationsbestrahlung und einer Kobaltkanone. Es standen alle Einrichtungen für die Erprobung auch der radiologischen Variante des Krebs-Mehrschritt-Therapie-Konzeptes bereit.

Bei der Diskussion an der Hyperthermieanlage wurde mir

von dem Leiter der Krebs-Mehrschritt-Therapie-Gruppe, Dr. S. S. Fradkin, ein mich beglückendes Geschenk übergeben. Es stammte von einer talentierten dreiundzwanzigjährigen Malerin, die neunzehn Monate vorher als inkurable Krebspatientin, dem Tode nahe, in das Klinikum eingeliefert worden war. Man hatte dann im Zuge der klinischen Forschung die Schrittkombination des Krebs-Mehrschritt-Therapie-Konzeptes mit Hyperglykämie (Stand Anfang 1970) an ihr erprobt. Fast zwei Jahre später malte sie nach einem Foto ein Bild von mir und schrieb auf die Rückseite die Widmung: »Dem verehrten Professor M. von Ardenne von der nun gesunden L. S.« 1974 ließ sie mich grüßen mit der Nachricht, sie habe soeben geheiratet.

Die auf dieser Reise gehaltenen Vorträge haben sicher zu dem breiten Einsatz der Krebs-Mehrschritt-Therapie in der Sowjetunion, über den 1987 auf dem 2. Dresdner Hyperthermie-Symposium berichtet wurde, beigetragen.

Einen weiteren großen Anteil an der positiven Situation in der Sowjetunion hatte die nach dem Besuch von R. Kavetski in Dresden am 24. April 1973 eingeleitete und vertraglich geregelte langjährige Zusammenarbeit mit dem Kavetski-Institut für Onkologie der Ukrainischen Akademie der Wissenschaften in Kiew.

Eine Vortragsreise zu Krebsforschungszentren der USA

Gemeinsam mit dem Freunde Dr. med. h. c. Erwin Braun und meinem Mitarbeiter Dr. Winfried Krüger (Immunologie, Biochemie) unternahmen wir im April/Mai 1975 eine 20tägige Reise in die USA. Wie sehr hatte sich in den fast fünfzig Jahren seit meiner letzten USA-Reise die Skyline New Yorks verändert! An die Stelle der Romantik neuntägiger Schiffsreisen war das Erlebnis der schnellen Flugreise über den Atlantik getreten.

Unser erster Besuch galt in New York dem berühmten Memorial Sloan Kettering Cancer Centre, dessen Präsident da-

*Vortragsreise zu Krebsforschungszentren der USA 1975:
Besuch in New York bei Robert A. Good, dem damaligen
Präsidenten des Memorial Sloan Kettering Cancer Center am
6. 5. 1975.*

mals Robert A. Good war. Mein vor der Leitungsebene (Lloyd Old, Herbert F. Oettgen, Joseph Bucheral, Eric Hahn und so weiter) über den Entwicklungsstand der Krebs-Mehrschritt-Therapie gehaltener Lichtbildervortrag begegnete hohem Interesse. Sicher haben er und die weiteren Vorträge dazu beigetragen, daß in den USA der Einsatz des Hyperthermie-Schrittes in der Krebstherapie ab etwa 1977 schnell wachsendes Interesse fand und daß ab 1985 auch unsere selektive Schrittkombination Hyperthermie und Hyperglykämie immer häufiger diskutiert und genutzt wurde.

Wenige Tage später hielt ich den gleichen Vortrag vor einem fast leeren Hörsaal im National Cancer Institute in Bethesda/Maryland. Nur ein paar alte Bekannte wie Dean Burk, P. M. Gullino waren erschienen. Unser Weg interessierte in Bethesda niemanden. Er lag ja zu weit ab von dem Üblichen!

Im Gegensatz zu dieser Enttäuschung in Bethesda fand mein Vortrag im Medical Centre der Universität Alabama in Birmingham außergewöhnliche Resonanz. Im voll besetzten Hörsaal entdeckte ich Erwin Haas, mit dem ich 1934 bei Warburg zusammengearbeitet hatte.

Ein Vortrag im Mount Sinai Medical Centre unter Professor Holland und H. E. Nieburgs in New York beschloß meine KMT-Aktivitäten in den USA.

Ein Wiedersehen mit dem Nobelpreisträger Christian de Duve in unserem am Central Park gelegenen »Plaza«, ein letztes Gespräch mit Wernher von Braun über Mondlandung und Krebsforschung, ein letztes Wiedersehen mit dem alten Freunde V. K. Zworykin und seiner Frau in seinem Hause in Princeton sowie ein unvergeßlicher Abend bei Peter Florin, dem damaligen ständigen Vertreter der DDR bei den Vereinten Nationen, bildeten den Abschluß dieser Reise.

Die Reisen nach England, Holland und Belgien

Im Frühjahr 1978 führte mich ein Vortrag auf dem Internationalen Hyperthermie-Meeting am British Institute of Radiology nach London. Der Vortrag hatte das Ziel, unseren Weg der systemischen Krebs-Mehrschritt-Therapie bekanntzugeben und gleichzeitig zur Sicherung der Priorität beizutragen. – Zwei Tage vorher waren wir von einem Abgeordneten des Unterhauses, der Anfang des gleichen Jahres zusammen mit Abgeordneten des englischen Unter- und Oberhauses unser Dresdner Institut besucht hatte, zum Mittagessen im Parlamentsgebäude eingeladen. Im Parlamentsgebäude gewannen wir tiefe Eindrücke von jenem Milieu, das Ausdruck britischer Traditionen ist. Das setzte sich fort, als wir am Tage darauf an einer Sitzung der Royal Society teilnahmen und dann ein längeres Gespräch mit dem Präsidenten der Royal Society, Lord Todd, über mein Krebs-Mehrschritt-Therapie-Konzept hatten.

Weitere unvergeßliche Eindrücke prägten sich ein, als wir der Einladung unseres alten Freundes aus der Elektronenmikroskopzeit V. E. Cosslett nach Cambridge folgten. Cosslett war als führender Elektronenphysiker Englands in der Nachfolge von Lord Ernest Rutherford und Thompson Direktor des berühmten Cavendish-Laboratoriums der Universität Cambridge geworden. Er zeigte mir in seinem Institut die erhalten gebliebenen Hörsäle und Arbeitsräume, in denen einst Maxwell, Heaviside, Raleigh, Rutherford und andere berühmte Männer der englischen Physik gewirkt hatten.

Die Rückreise aus England erfolgte über Holland, wo ich über die gleiche Krebs-Mehrschritt-Therapie-Thematik wie in London an der medizinischen Fakultät der Universität Limburg in Maastricht und im Cancer-Institute Antony vyn Leuwenhoek in Amsterdam sprach. In Amsterdam sah ich unter meinen Hörern auch den Vorsitzenden des Forschungrates der Niederlande, Professor Kistemaker, wieder, einen alten Bekannten aus der Zeit unserer Arbeiten über Isotopentrennverfahren.

1989 führte mich eine Vortragsreise nach Belgien, in das Land meiner Vorfahren.

Die zuvor erwähnten Reisen hatten neben der Prioritätssicherung meist die wissenschaftliche Information der zuständigen Spezialisten über unsere Ergebnisse zum Ziel. Eine besondere Absicht war dabei, den Beginn eigener Arbeiten nach dem Konzept der Krebs-Mehrschritt-Therapie in den betreffenden Ländern anzuregen. Wir wissen heute, daß besonders in der Sowjetunion dieses Ziel in überraschender Breite erreicht worden ist und daß auch in den USA bedeutende Entwicklungen ausgelöst worden sind.

Bei allen zurückliegenden Reisen wurde von mir betont, daß unsere Arbeiten sich noch für längere Zeit im Forschungsstadium befinden, um bei krebskranken Patienten keine vorläufig noch nicht erfüllbaren Hoffnungen zu erwecken. Die vielen Veranstaltungen hatten als Nebeneffekt, daß uns zahlreiche für die weitere Arbeit äußerst wertvolle Sonderdrucke und Anregungen zugingen. – Die zunehmende Zahl von Einladungen aus dem In- und Ausland zwang seit einigen Jahren immer häufiger dazu, die Vortragspflichten jüngeren sprach- und sachkundigen Mitarbeitern zu übertragen.

Reisen durch die BRD, die Schweiz und Österreich zur Beschleunigung der Nutzung unserer Ergebnisse im Gesundheitswesen dieser Länder

Die zahlreichen Reisen, die ich selbst seit 1976 in die BRD, in die Schweiz und nach Österreich unternahm, hatten ein anderes und sehr konkretes Ziel. Bei ihnen sollte durch nicht zu schwer verständliche Lichtbildervorträge vor progressiven Ärzten (meist aus dem Bereich der Naturheilkunde) und zugleich vor Patienten der baldige Beginn von Behandlungen nach den Konzepten der Sauerstoff-Mehrschritt-Therapie und der Sauerstoff-Mehrschritt-Abwehrstimulation ausgelöst werden. Es war mir klar, daß gerade der persönliche Vortrag dies

Kolloquium über die systemische Krebs-Mehrschritt-Therapie unter Leitung des Nobelpreisträgers Feodor Lynen im Max-Planck-Institut für Biochemie München am 24. 9. 1976.

erreichen konnte. Hatte doch eine wissenschaftliche Analyse des Klinikers Rudolf Gross über die »Bewältigung der Wissenslawine durch den Arzt« gerade ergeben, daß gegenwärtig nur wenige Prozent der medizinischen Fachliteratur zur Kenntnis genommen werden.

Natürlich mußte sich der wesentliche Inhalt der gehaltenen Vorträge wiederholen. Trotzdem langweilte ihre Abhaltung weder mich noch meine oft geduldig zuhörende Frau, weil ich die Gewohnheit hatte, frei zu sprechen, weil in schneller Folge hinzukommende neue Ergebnisse den Inhalt modifizierten und weil die Diskussion am Schluß ein lokales Kolorit erzeugte. Zweifellos hatten diese Veranstaltungen wesentlichen Anteil an dem schnellen Entstehen der großen Zahl von Zentren für Sauerstoff-Mehrschritt-Therapie. Einige dieser Vorhaben waren so großzügig und mutig organisiert, daß ich der an mich gerichteten Bitte, bei der Eröffnung einer Einrichtung einen Einführungsvortrag zu halten, glaubte entsprechen zu müssen. Besonders möchte ich das einzigartige Kurzentrum von Karl Rödhammer in Vigaun bei Salzburg und die Zentren von Dr. Wolf in Bad Wildungen, von Dr. Holzhüter in Hamburg-Harburg und verschiedene ambulante Zentren in internationalen Hotels erwähnen.

Immer wieder trafen wir auf diesen Reisen interessante und bedeutende Persönlichkeiten wieder oder lernten sie kennen, wie K. Bahlsen, E. Bahr, K. H. Biedenkopf, N. Brock, A. Butenandt, H. Druckrey, R. Gross, R. Haas, W. H. Hauss, H. Nixdorf, W. Hollmann, H. Howald, K. F. Körber, E. H. Krokowski, O. Lafontaine, H. Lasch, D. W. Lübbers, G. Schimert, H. Schmid-Schönbein, H. W. Schreiber, G. Thews, P. Vaupel, A. de Weck, W. Wicker, W. Wilmanns, A. Zuppinger.

Einen sehr ungewöhnlichen Reisetag erlebten meine Frau und ich im März 1984. Als Gäste des Industriellen Dr. Körber waren uns die schönsten Räume im berühmten Hamburger Hotel Vier Jahreszeiten gegeben worden. Kaum waren wir angekommen, klingelte das Telefon: Kammersänger Theo Adam, unser guter Freund aus Dresden, wohnte im gleichen Hause und hatte wenige Stunden später einen Liederabend. Theo Adam wendet die Sauerstoff-Mehrschritt-Therapie seit Jahren zur Hebung des O_2-Status seines Organismus an. Am Tage vor vielstündigen, also seine Stimme hoch beanspruchenden Auftritten ist er sogar dazu übergegangen, seine Sauerstoffsituation durch den 15-min-O_2-Mehrschritt-Prozeß prophylaktisch anzuheben. In dieser Frage ist er ein Vorbild für Sänger oder Sängerinnen, welche sich den Glanz ihrer Stimme möglichst lange erhalten wollen.

Eine außergewöhnliche Japanreise mit wichtigen Auswirkungen

Zu einem großen Erlebnis wurde unsere sechzehntägige Vortragsreise 1979 nach Japan, auf der mich meine Frau und mein Sohn Thomas begleiteten. Ich hatte die Aufgabe und die Ehre, als erster Wissenschaftler aus der Deutschen Demokratischen Republik auf Einladung der jungen Kulturgesellschaft Japan–DDR in diesem Rahmen tätig zu sein. Die Hauptschwierigkeit lag darin, die traditionell hohe Achtung der Japaner vor der deutschen Wissenschaft und Medizin mindestens nicht zu enttäuschen. Die Vortragsveranstaltungen führten uns mit extremer Programmdichte von dem bereits schneebedeckten Norden Hokkaidos bis in den warmen Süden des Landes mit seinen Mandarinenbäumen. Die Veranstaltungen erfolgten an der Iihei-Universität Tokio, an der Hokkaido-Universität in Sapporo, an der Universität Osaka, an der Kyushu-Universität in Hakata, an der Tokai-Universität in Tokio, vor der japanischen Gesellschaft für Elektronenmikroskopie in Kyoto und vor dem Nationalen Krebszentrum in Tokio.

Höhepunkte der Reise bildeten konstruktive, von der DDR-Botschaft vorbereitete Gespräche mit führenden japanischen Persönlichkeiten, wie Präsident Inayama (Nippon Steel), Präsident Irobe (Kulturgesellschaft Japan–DDR und Kyowa Bank), Magnifizenz Professor Dr. h. c. Matsumae (Gründer der Tokai-Universität), Präsident Matsuda (Kyoho Tsusho Kaisha) und vielen anderen. Beim Empfang, den unser Botschafter mir gab, war es meiner Frau und mir gelungen, ein mit dem Kaiserhaus verwandtes Ehepaar durch gezielte Gespräche für die Sauerstoff-Mehrschritt-Therapie zu interessieren. Zahlreiche Interviews, welche ich Tage davor japanischen Zeitungen gegeben hatte, halfen dabei. Als Folge dieser Initiative (man muß tätig sein!) erhielt ich die Einladung, in der Kaiserlichen Residenz den Arzt des Kaisers und Leiter seines Biologischen Laboratoriums (und Museums), Dr. Hatsuki, über Wesen und Wirkungen der Sauerstoff-Mehrschritt-Therapie zu informieren. Schon am folgenden Tage wurde mir mitgeteilt, der Tenno habe die übergebenen Sonderdrucke gelesen und bäte darum, daß bei meiner nächsten Japanreise ein Gespräch mit mir eingeplant wird.

Ich hatte als erster Bürger unseres Staates die kaiserliche Residenz betreten dürfen und war durch das Interesse des Kaisers ausgezeichnet worden.

Zu weiteren Höhepunkten der Reise gestalteten sich Veranstaltungen der Japanischen Gesellschaft für Elektronenmikroskopie. Anfang 1940 hatte ich das erste zusammenfassende Buch über Elektronen- und Raster-Elektronenmikroskopie veröffentlicht. Die japanische Ausgabe hatte, wie immer wieder betont wurde, die Bildung des industriellen Schwerpunktes »Bau von Elektronenmikroskopen« in Japan damals ausgelöst. Viele Male wurde ich gebeten, meinen Namen in Exemplare der japanischen Ausgabe einzuschreiben, so auch von Professor Hashimoto, dem Präsidenten der Japanischen Gesellschaft für Elektronenmikroskopie. Aber sein Buch war stark angebrannt. Die Nachfrage ergab, daß Hashimoto als junger Student 1945 in Hiroshima gerade das Buch studierte, als die Atombombe explodierte. Er überlebte, weil eine mit Wasser gefüllte Badewanne, in die er spontan hineinsprang, damals zufällig neben ihm stand. Seine Familienangehörigen wurden alle getötet! In seinem Institut gab mir Hashimoto an einem von ihm umgebauten Jeol-100-ke V-Eletronenmikroskop direkte Einblicke in die Dynamik der atomaren Mikrowelt.

Unvergeßliche Eindrücke erhielten wir von dem japanischen »way of life«: Achtung vor Alter und Leistung, Pflege der Tradition, hohe Arbeitsmoral, minimale Arbeitsstellenfluktuation, Höflichkeit, Organisationskunst, Zielstrebigkeit und liebenswürdigste Gastlichkeit. Ich gewann das Bild eines Industriestaates hoher Stärke, wo die Fähigkeit zu konzentriertem und kreativem Handeln immer noch im Stadium aufbauender Entwicklung ist. Der minimale Anteil der Rüstungsausgaben im japanischen Staatshaushalt begünstigt diese Entwicklung. Japan zeigte sich als ein Partner, mit dem zusammenzuarbeiten sehr perspektivreich erschien.

Mit meinem Vortrag in Tokio über die systemische Krebs-Mehrschritt-Therapie im Nationalen Krebszentrum steht folgender Vorgang in Beziehung:

Wie bereits erwähnt, hatte die führende amerikanische Krebs-Zeitschrift »Cancer« mein Manuskript über die systemische Krebs-Mehrschritt-Therapie mit der Begründung zurückgeschickt, ihre Gutachter hätten sich gegen den Abdruck ausgesprochen. Ich habe dann das Manuskript sofort an die führende japanische Krebszeitschrift »Japan Journal of Clin. Oncology« eingereicht. Der Aufsatz wurde dort ohne Zeitverlust 1980 in Heft 10 abgedruckt.

Diese Veröffentlichung in Japan dürfte u. a. dazu beigetragen haben, daß 1996 japanische Onkologen auf dem »VII. International Congress on Hyperthermie Oncology« in Rom als erste unabhängige ausländische Gruppe über eigene mehrjährige Erfahrungen mit Behandlungen nach dem sKMT-Konzept berichteten. In ihrer Präsentation hatten sie die Dresdner Pionierarbeiten fair zitiert. Bei einem Besuch in unserem Institut unterrichteten sie uns über ihre eindrucksvollen Ergebnisse auf der Basis von mehreren kurzfristigen Therapiewiederholungen in ihrer Tokyoter Klinik für Ganzkörperhyperthermie. Sie erreichten bei ihren Krebspatienten mit fortgeschrittenen Karzinomen im Stadium der Metastasierung eine Ansprechrate von 75% auf die sKMT und eine Verbesserung der Lebensqualität nach Durchführung der sKMT von 79%.

Unsere Reise nach Zermatt

Mit Zermatt in der Schweiz verbinden mich mehrere Erinnerungen und Erlebnisse. Schon in der Jugend hatte mich die dramatische Geschichte der Erstbesteigung des Matterhorns stark bewegt. – 1932 hatte ich meine Großmutter, deren Lebensschicksal Fontanc zu »Effi Briest« anregte, zu einer Reise nach

Zermatt eingeladen. Sie war eine große Freundin der Schweizer Alpen (siehe ihre Besteigung des Schesaplana als erste Frau). Aber sie hatte auch in ihrem hohen Alter noch nicht die Walliser Alpen mit dem Matterhorn kennengelernt. Als wir in Zermatt eintrafen, verhinderten dunkle Regenwolken den Blick auf die Berge. Trotzdem fuhren wir mit der Bergbahn zum Gornergrat. Kurz vor dem Ziel durchbrach unsere Bahn die Wolkendecke, und von einem Augenblick zum anderen standen unter blauem Himmel das Matterhorn und die schneebedeckten umgebenden Berge vor unseren Augen. Es war ein in seiner Schönheit und Plötzlichkeit unvergeßbares Erlebnis, das ich gemeinsam mit meiner geliebten Großmutter hatte.

Fast 60 Jahre später wurde ich von meinem Freund Norbert, dem Besitzer des Hotels »Excelsior«, der ein Zentrum für fast alle Varianten der Sauerstoff-Mehrschritt-Therapie in Zermatt eingerichtet hatte, zu einem Vortrag über meine Therapie eingeladen. Bei dieser Reise und schönstem Wetter fuhren wir mit der Standseilbahn durch einen schräg nach oben gebauten Tunnel bis zu der in 2290 m über dem Meeresspiegel errichteten Sunnegga-Sonnenterrasse. Von dieser Stelle aus bietet sich für den Touristen der wahrscheinlich schönste Ausblick auf die Welt der Schweizer Berge. Der Blick schweift hier vom Monte Rosa (4634 m) über den Liskamm (4527 m) zu Castor (4226 m) und Pollux (4091 m), zum Breithorn (4160 m), zum Kleinen Matterhorn (3883 m) und dem Theodulgletscher, zum steil in die Höhe ragenden Matterhorn (4478 m) und endet rechts beim Weisshorn (4505). Der Blick nach unten richtet sich auf den Gornergletscher.

Eine weitere Zermatt-Attraktion ist ein Flug mit dem Hubschrauber zum Gipfel und zur Umgebung des Matterhorns. Dieser Flug und ein Besuch des Bergsteigerfriedhofs von Zermatt rief erneut die Erinnerung wach an die Erstbesteigung des Matterhorns 1865.

Ehepaare sollten ihren Urlaub stets gemeinsam verbringen

Alle Urlaube bis zur Gegenwart und auch alle größeren Reisen zu wissenschaftlichen Vorträgen habe ich mit meiner Frau gemeinsam unternommen.

Im Gegensatz zu uns hatte ein befreundetes Ehepaar nach 20jähriger Ehe beschlossen, getrennt in den vierwöchigen Sommerurlaub zu fahren. Sie hofften dadurch ihrer etwas eintönig gewordenen Ehe neue Impulse zu verleihen. Er fuhr an die Ostsee, sie nach Oberitalien. Er lernte eine hübsche junge Schauspielerin kennen und ein Seitensprung war die Folge. Gegen Ende des Urlaubs erfaßte ihn ein sehr schlechtes Gewissen und er beschloß, den Seitensprung zu beichten. Er tat dies nach der Rückkehr in der Erwartung einer schrecklichen, mehrtägigen Auseinandersetzung. Zu seiner Überraschung reagierte seine Frau mit Heiterkeit und der kurzen Antwort: »Eins zu Eins.« Bis zur Gegenwart lebt dieses Ehepaar in guter Harmonie. So kann es auch sein, aber mit gewissem Risiko bei dieser Variante.

Lieber R. L., verzeih bitte, daß ich eure getrennte Urlaubsreise als Beispiel anführe. Ich wollte hierdurch dem Rat an meine Leser, den Urlaub stets gemeinsam zu verleben stärkeres Gewicht geben.

Der 80. Geburtstag und das mit ihm verbundene
2. Dresdner Hyperthermie-Symposium

Meinen 80. Geburtstag betrachtete ich als Tag des Dankes an Familie, Freunde und Mitarbeiter sowie als eine gute Gelegenheit, um für unsere Arbeit wichtige Wünsche durchzusetzen. So ist es auch gewesen. Am frühen Morgen sammelten sich die Mitarbeiter des Instituts vor dem Eingang unseres Hauses Zeppelinstraße 7. Es begann mit der Rede meines Stellvertreters S. Schiller und mit meiner allen Mitarbeitern dankenden Antwort. Nach kurzer Familienfeier erschienen die Vertreter unserer vielen Partner aus Industrie, Wissenschaft und Behörden sowie Freunde und die engeren Mitarbeiter. Dabei überraschte mich unser Freund Dr. Kurt Körber, der meine Auszeichnung durch den Senat meiner Geburtsstadt überbrachte, mit der weiteren Nachricht, daß in Hamburg-Bergedorf ein Platz nach mir benannt worden sei.

Dann begann um dreizehn Uhr die mehrstündige Begegnung mit der Delegation aus Berlin, an der Spitze das Mitglied des Politbüros des Zentralkomitees der SED, Dr. Günter Mittag, begleitet vom Minister für Wissenschaft und Technik, Dr. Herbert Weiz, vom Minister für Gesundheitswesen, Professor Dr. Ludwig Mecklinger, Minister Klaus Herrmann und den ZK-Mitgliedern Hermann Pöschel sowie Hans Modrow, dem Ersten Sekretär der Bezirksleitung Dresden der SED. Wir hatten für diesen Besuch eine Ausstellung über die wichtigsten Ergebnisse unserer Arbeit vorbereitet. Der Tag endete im Festsaal von Schloß Rammenau bei Bischofswerda mit einer Feier, die von Familie und Freunden mit viel Liebe, Phantasie und Fleiß zu einem lange nachwirkenden Erlebnis gestaltet wurde.

Am zweiten Tag nach dem Geburtstag begann das dreitägige 2. Dresdner Hyperthermie-Symposium. Die Teilnehmer waren Onkologen und Radiologen aus vierzehn Staaten. Es wurden fünfzig Vorträge gehalten. Dabei zeigte sich, daß seit unserem Beginn 1964 die Hyperthermie als Element einer Krebsbekämpfung mit mehreren Schritten international Anerkennung gefunden hat. Auch registrierte ich mit großer Freude, daß endlich der zweite Schritt meines Krebs-Mehrschritt-Therapie-Konzeptes von 1965, die selektive Übersäuerung der Krebsgewebe durch Hyperglykämie, von immer mehr Kliniken anerkannt und genutzt wurde. Ich hatte die Vernachlässigung dieses in vielen Veröffentlichungen beschriebenen selektiven Schrittes nie verstanden, weil dieser die Wirkung der Hyperthermie durch selektive Wärmesensibilisierung um etwa 1,5 °C verstärkt und weil er auch eine tatkräftige selektive Strahlensensibilisierung (Faktor 2,5!) aller Krebsgewebe des Organismus bewirkt. Der weitere Schritt meines Konzeptes, die Sauerstoff-Mehrschritt-Abwehrstimulation, begegnete auf dem Symposium wegen der Erschließung sofortiger Hilfe für viele Krebskranke so großem Interesse, daß mit mehreren Kliniken eine Zusammenarbeit verabredet wurde. – Ein Vortrag aus der Radiologischen Klinik der Leipziger Universität gab die Anregung zu meinem Konzept der Schwachdosis-Halbkörperbestrahlung mit selektiver Strahlensensibilisierung aller Krebsgewebe durch Hyperglykämie und selektiver Desensibilisierung aller Normalgewebe durch Sauerstoff-Mehrschritt-Therapie. Dieses auch an anderer Stelle besprochene Konzept könnte das Tor öffnen zu einer systemischen, den ganzen Körper erfassenden Strahlentherapie des Krebses. Wann werden Behandlungen nach diesem neuen radiologischen Konzept endlich studiert?

Musik und Liebe

1992 wurde mir bei einem Fernsehinterview die Frage gestellt: »Wie ist Ihre Haltung zur Musik?« Meine zum Teil etwas vom Thema abweichende Antwort lautete: »Die großen Kompositionen, welche die Seele ergreifen, können den Hörer in bestimmten Augenblicken auch zu großen eigenen Gedanken leiten. Mich selbst bewegten besonders die Kompositionen von Beethoven, Mozart, Händel und Richard Strauss. Bei Ihrer Frage fällt mir eine Äußerung des Krebsforschers und Nobelpreisträgers Charles Huggins ein, der einst gefragt wurde: ›Welche Mittel braucht die Krebsforschung?‹ Seine Antwort lautete etwa: ›Den schöpferischen Geist. Sehen Sie, die Beethoven'sche Pastorale kann man nicht einmal für 100 Millionen Dollar kaufen.‹«

Die moderne elektronische Musik mit ihren unendlichen Klangmöglichkeiten mag ich nicht, obwohl ich viele ihrer Pioniere, wie Professor Theremin (1927), Dr. Trautwein (1930), Dr. Vierling (1933) u. a. persönlich kennengelernt habe. Unermeßlich viel verdanke ich der klassischen Musik, z. B. den Sinfonien Beethovens. Die wohl schönste Musik ist für mich der »Rosenkavalier«, der dem seltenen Zusammenwirken von zwei Genies zu verdanken ist: dem Komponisten Richard Strauss und seinem Textdichter Hugo von Hofmannsthal. Vollkommen ist für mich die »Überreichung der silbernen Rose«, die Transformation der jungen menschlichen Liebe in die Welt der Töne.

Die Liebe, die gelungenste Erfindung der Natur, hat mir in allen Phasen meines Lebens immer wieder die Kraft gegeben, mehr zu leisten, als die Umwelt erwartete.

Im »Rosenkavalier« geht Hofmannsthal bei der Darstellung der Marschallin und ihres Pagen auch auf den Abschied von der Liebe mit fortschreitenden Jahren ein. Ich bin nicht der Auffassung, daß dieser tragische Abschied so hart und plötzlich verlaufen muß wie im »Rosenkavalier«.

Erlauben Sie einem in die späteren Jahre gelangten Menschen, älteren Ehepaaren einen wohlgemeinten Hinweis zu geben. Ich meine, daß eine tiefe Liebe, die das Leben erst lebenswert werden läßt, bis zu dem Augenblick fortgesetzt werden kann, da die Dämmerung zum ewigen Schlaf beginnt.

Begegnungen mit Politikern als Lehrstunden und Erlebnis

Die Geschehnisse und Trends in der nationalen und internationalen Politik lassen sich dann am deutlichsten erkennen, wenn die Möglichkeit besteht, Informationen aus Presse und Fernsehen zu kombinieren mit Informationen aus Gesprächen und Diskussionen mit führenden Politikern der Zeit. Deshalb hat mich der Gedankenaustausch mit solchen Persönlichkeiten in der Weimarer Republik, in der Hitlerzeit, in unserer Sowjetunion-Zeit und in der fünfunddreißig Jahre erlebten DDR-Zeit stets stark interessiert. Wenn hier von Erlebnissen dieser Art im letzten Jahrzehnt berichtet wird, so mag an erster Stelle die Begegnung mit dem Alt-Bundeskanzler und Staatsmann Helmut Schmidt stehen.

Begegnung mit dem früheren Bundeskanzler Helmut Schmidt

Der von mir gefundene Zusammenhang zwischen Energie- bzw. O_2-Status und sehr starkem Streß ist das Thema, welches den Abend dieses Tages im Haus von Dr. Körber in Hamburg-Bergedorf ausfüllt. Vor der Fahrt in seine Wohnung führt uns Dr. Körber durch die Hallen seines großen Werkes zur Herstellung von hochautomatisierten Spezialmaschinen. Bald darauf erscheint in seinem Büro der frühere Bundeskanzler Helmut Schmidt. Dann fahren wir mit Blaulichtbegleitung zum Haus von Dr. Körber und haben das Erlebnis einer vierstündigen Unterhaltung im kleinsten Kreise mit diesem hohen Politiker. Beiläufig erwähnt der Bundeskanzler a. D., der bekanntlich einen Herzschrittmacher trägt: »Wenn ich noch ein Jahr länger im Amt geblieben wäre, würde das sicher meinen Tod bedeutet haben.« Ich gebe den Hinweis, daß nach unseren Messungen die Sauerstoff-Mehrschritt-Therapie ein sehr wirksames Mittel ist, um besser als durch zeitraubende Urlaube und Kuren die Folgen von starkem und lange anhaltendem Streß zu bekämpfen.

Nach dem medizinischen Gespräch gehen wir zu anderen Themen über. Ich informiere den früheren Bundeskanzler darüber, daß ich mich etwa im Juni 1957 im Auftrage von Walter Ulbricht und Otto Grotewohl im Westberliner Haus meines Schwagers Otto Hartmann mit meinem Vetter, dem vormaligen Hamburger Ersten Bürgermeister und Senatspräsidenten Dr. Kurt Sieveking, getroffen habe, um ihm die Botschaft zu übermitteln, daß unsere Seite mit Billigung durch die Sowjetunion einer Konföderation zwischen beiden deutschen Staaten zustimmen würde. Sieveking nahm diese Mitteilung mit großer Freude entgegen, aber Adenauer war gegen eine solche Lösung, und Dr. Sieveking wurde bei Adenauer zur persona ingrata. Obwohl Helmut Schmidt meinen Vetter Dr. Sieveking schon aus seiner Zeit als Hamburger Bürgermeister gut kannte, war ihm dieser Vorgang neu. Wie erinnerlich, blieb bei den Verhandlungen Bundeskanzler Adenauers im September 1955 in Moskau über die Normalisierung der deutsch-sowjetischen Beziehungen und die Rückführung der letzten deutschen Kriegsgefangenen die Frage der Wiedervereinigung, wie schon alle Jahre seit Kriegsende, ungelöst. Zwar hatte sich die Sowjetunion dafür ausgesprochen, aber das Bestehen zweier Staaten als Realität betont. Kurz darauf wurde der Alleinvertretungsanspruch der Bundesrepublik für ganz Deutschland mit der Hallstein-Doktrin zum außenpolitischen Grundsatz erklärt. Anfang 1956 verabschiedeten beide deutsche Seiten Gesetze zur Bildung nationaler Armeen. Chruschtschows Abrechnung auf dem XX. Parteitag der KPdSU im Februar mit den Verbrechen Stalins, Studentenunruhen an der Berliner Humboldt-Universität, die darauf folgenden Maßnahmen und vollends der Volksaufstand in Ungarn machten wohl, so die heutige Sicht, das Jahr 1956 und die unmittelbare Zeit danach nicht geeignet für den Konföderationsvorschlag. – Dieser Abend mit seinen vielen weiteren Gesprächen gehört für mich zu den interessantesten Erlebnissen der letzten Jahre.

Begegnung mit dem Vize-Premierminister
der Vereinigten Arabischen Emirate
Prinz Handan Bin Mohamed al-Nahyan

Bei der im Juli 1984 in Warnemünde erfolgten Besprechung mit dem Vize-Premierminister und ehemaligen Gesundheitsminister der Vereinigten Arabischen Emirate ging es ebenfalls um Methodik und Möglichkeiten der SMT. Mein Gesprächspartner war schon vor unserem Treffen zu der Einschätzung gelangt, daß in dem heißen Klima und bei der bewegungsarmen Lebensweise des arabischen Raumes an die Dresdner Therapie große Hoffnungen geknüpft werden dürfen. Wieder gehörten auch die Folgen des starken Dauerstresses bei vieljährigem Regieren und die Milderung dieser Folgen zum Thema. Wenige Wochen später, nach sehr erfolgreicher O_2MT-Behandlung des Ministers, wurde mir zum Dank ein Fest in Köln gegeben.

Begegnung mit Bundespräsident Richard von Weizsäcker am 6. 9. 1985 auf der Berliner Funkausstellung.

*Begegnung mit dem Präsidenten
der Bundesrepublik Deutschland Richard von Weizsäcker
und Wiedersehen mit seinem Bruder Carl Friedrich*

Anfang September 1985 besuchte ich die Westberliner Funkausstellung, um mich über Fortschritte der Fernsehtechnik mit hoher Auflösung (verdoppelter Zeilenzahl) sowie mit stereoskopischer Bildwiedergabe zu informieren. Weiter interessierten mich besonders die auf der Ausstellung gezeigten Entwicklungen zu der sich anbahnenden Möglichkeit des Empfangs vieler Fernsehprogramme von Satelliten. Bei meinem Rundgang durch die Ausstellung traf ich zufällig mit dem Bundespräsidenten Richard von Weizsäcker zusammen.

Dieser eröffnete das Gespräch mit den Worten: »Ihr gefallener Bruder Ekkehard war mein Kompaniechef im Potsdamer Regiment 9. Sehr streng, aber ich glaube, noch strenger gegen sich selbst.« Ich vertrat die Auffassung, unsere beiden 1940 fast gleichzeitig gefallenen Brüder wären sicher 1944 im Widerstand gegen Hitler dabei gewesen. Von Weizsäcker stimmte zu. Ich erinnerte an die Stunden nach dem Tode unserer Brüder in Berlin mit seinem Vater, seiner Mutter, seiner Schwester Gräfin Eulenburg und seinem Bruder Carl Friedrich. Wir sprachen bei diesem Besuch damals auch über die denkbaren furchtbaren Folgen der Hahnschen Entdeckungen der Kernspaltung, die keine zwei Jahre zurücklag. Ich bedauerte, daß unsere freundschaftliche Beziehung zu seinem Bruder Carl Friedrich nach unserer Rückkehr aus der Sowjetunion keine Fortsetzung fand und erwähnte, daß wir seine Rede zum 8. Mai 1985 mit vielen zustimmenden Gedanken gelesen hätten. Der Bundespräsident kam noch auf die langjährige, schon oben im Buch erwähnte Freundschaft unserer beiden gefallenen Brüder und seiner Großmutter mit meiner Großmutter Else von Ardenne in Lindau zu sprechen. Abschließend bat ich ihn, seinem Bruder Carl Friedrich herzliche Grüße auszurichten!

Den Physiker und Philosophen Carl Friedrich von Weizsäcker sah ich nur wenig später 1986 nach fünfundvierzig Jahren bei einem Empfang wieder, den der Ständige Vertreter der Bundesrepublik Deutschland in der Deutschen Demokratischen Republik, Staatssekretär Bräutigam, gab. Carl Friedrich von Weizsäcker hielt dort eine tiefgründige Rede zur zentralen politischen Frage der Erhaltung des nuklearen Weltfriedens. Die Mitglieder des SED-Politbüros Hermann Axen und Kurt Hager waren ebenfalls zugegen. In der nachfolgenden Diskussion, an der auch ich mit in diesem Kapitel referierten Gedanken teilgenommen hatte, erinnerte Carl Friedrich von Weizsäcker an das offene, von tiefen Sorgen erfüllte Gespräch 1941 im Haus seiner Eltern.

Am 26. 5. 1989 gab die »Bunte Illustrierte« unter der Überschrift »Warum mögen Sie Weizsäcker nicht?« dem Republikanerchef Franz Schönhuber Raum für eine aggressive Äußerung gegen den wiedergewählten Bundespräsidenten Richard von Weizsäcker. Diese Äußerung stand nach meinen persönlichen

Erlebnissen im Jahre 1940 mit dem Vater des Bundespräsidenten, Staatssekretär E. H. von Weizsäcker, im Widerspruch mit der Wahrheit. Schönhuber meinte, der Bundespräsident arbeite seine Familie auf, aber nicht Deutschland. Diese böse Behauptung empörte mich. Ich schrieb folgenden Leserbrief an die BUNTE: »Nach dem fast gleichzeitigen Kriegstod der Freunde Heinrich von Weizsäcker und Ekkehard von Ardenne (meinem Bruder) fand ein Besuch von Mitgliedern unserer Familie im Hause des Staatssekretärs von Weizsäcker statt, bei welchem u. a. auch sein Bruder Carl-Friedrich von Weizsäcker zugegen war. Der Staatssekretär wußte aus einer Rede meines Bruders, die er am 9. 9. 1938 als Kompaniechef im Potsdamer Infanterieregiment 9 hielt, daß unsere Familie eine Anti-Hitler-Haltung kennzeichnete und daß er also frei sprechen konnte. In dem damaligen Gespräch, das auch die folgenden Hahnschen Entdeckungen berührte, spiegelte sich überzeugend seine innere Gegnerschaft zu Hitler und dem Chef seines Außenministeriums, von Ribbentrop, wider. Ich erinnere mich noch deutlich an die Worte des Staatssekretärs: ›Wo es geht helfen, Entscheidungen günstig beeinflussen und alles tun, um Schlimmeres zu verhüten!‹ Ich habe damals große Bewunderung für Persönlichkeiten wie Staatssekretär von Weizsäcker empfunden, welche trotz ihrer starken inneren Antihaltung auf ihren hohen Posten blieben und ihren Einfluß unter Einsatz ihres Lebens nutzten, um alles gegen Hitler Machbare zu unternehmen und zu helfen. Ich habe es sehr bedauert, daß wir während des Nürnberger Prozesses gegen Staatssekretär von Weizsäcker keine Gelegenheit hatten, als Zeugen über unsere Erlebnisse auszusagen, weil wir zu dieser Zeit in der Sowjetunion interniert waren.«

*Begegnung mit dem Ministerpräsidenten des Saarlandes
Oscar Lafontaine*

Zu einem Vortrag in Saarbrücken über die Forschungsergebnisse unseres Instituts war ich Anfang November von dem damaligen Oberbürgermeister dieser Stadt (und Physiker) Oscar Lafontaine eingeladen worden. Wir tauschten am Mittagstisch Erinnerungen von unseren Reisen in den Süden der Sowjetunion und Erfahrungen über die zwei Seiten einer Embargo-Politik aus. Die Unabhängigkeit und Kreativität seines Denkens hinterließen bei mir einen tiefen Eindruck.

*Begegnungen mit W. Graf Baudissin, E. Bahr, K. H.
Biedenkopf, M. Gräfin Dönhoff, K. von Dohnanyi, Walther
Leisler Kiep und L. Späth sowie mit W. Brandt und
R. Dahrendorf in politisch stark bewegter Zeit*

Die großen gemeinsamen Gefahren und Probleme, die unerbittlich vor der gesamten Menschheit stehen (Zerstörung der Umwelt, klimatische Veränderungen, Erschöpfung der Ressourcen, Hunger in der Dritten Welt, Überbevölkerung, ideologische und religiöse Probleme, Effizienzfragen der Volkswirtschaften usw.) führen zu einem ungeheuren Handlungsdruck in Weltpolitik und nationaler Politik. Entscheidende Entwicklungstendenzen polen sich um, und Weichen werden umgestellt: Abrüstung statt Aufrüstung, Abbau der Feindbilder, Vertrauen statt Mißtrauen, Umprofilierung der Rüstungsindustrie auf friedliche Produktionen, wirtschaftliche Zusammenarbeit statt Konfrontation, ideologische und ökonomische Veränderungen zur Herabsetzung des Wirtschaftsgefälles zwischen West und Ost usw. In einer so bewegten Zeit muß jeder sein Bestes geben, um zu helfen. Sie verheißt der Jugend in Ost und West eine helle Zukunft.

Um die oft tief liegenden wahren Ursachen von Fehlentwicklungen oder Unvollkommenheiten besser von den ausgelösten

Symptomen unterscheiden zu lernen, d. h. um die Ansatzpunkte für Hilfen und das eigene Mitmachen leichter zu finden, sind in solchen Zeiten Gespräche mit bedeutenden Politikern und Wissenschaftlern von großem Wert.

Erlebnisse dieser Art begannen 1983 mit dem Wiedersehen meines Vetters Wolf Graf Baudissin, Bundeswehrgeneral und Nachfolger C. F. von Weizsäckers als Leiter des Hamburger Instituts für Friedensforschung und Sicherheitspolitik. Seine Worte: »Man muß alles tun, was das Ost-West-Verhältnis stabilisiert, und alles bekämpfen, was destabilisierend wirkt!« sind mir unvergeßlich. Sie gaben eine klare Wegweisung zum Handeln für die Erhaltung des Weltfriedens.

Mit seinem Nachfolger in der Leitung des Hamburger Instituts für Friedensforschung und Sicherheitspolitik, dem sozialdemokratischen Politiker Egon Bahr, hatte ich 1988 in Dresden einen sich ergänzenden Informationsaustausch zum sehr aktuell gewordenen Thema »Konversion der Rüstungsindustrie«. Über Möglichkeiten zur Organisation von Aktivitäten der Fach- und Wirtschaftsexperten dieser Richtung hatte ich schon vorher mit Dr. Körber sehr konkrete Wege diskutiert. Aus schon oben besprochenen Gründen konnte ich den von Bahr vertretenen Standpunkt für einen Austritt aus der Kernenergie nicht teilen.

Tiefe Einblicke in Details des von Gorbatschow seit 1986 betriebenen Umgestaltung und Modernisierung des sozialistischen Systems der Sowjetunion verdanke ich Videobändern von Sitzungen des von Dr. Körber 1987 in Budapest und 1988 in Berlin-West organisierten »Bergedorfer Gesprächskreises« sowie mündlichen Ergänzungen zu diesen und weiteren Treffen von Dr. Körber selbst.

An der 85. Sitzung des Bergedorfer Gesprächskreises in Dresden am 14. 1. 1989 zu Fragen des Umweltschutzes habe ich mit Vorschlägen teilgenommen. Bei dieser Gelegenheit lernte ich den westdeutschen CDU-Politiker Kurt H. Biedenkopf, den Neffen meines Partners Manfred Dunkel in der Leybold-von-Ardenne-Oszillographengesellschaft (1934), kennen. Bei seinem mehrstündigen Besuch mit seiner Frau in unserem Haus und dann wenige Wochen später in Bonn, Mitte März und im Dezember, faszinierte mich dieser Politiker durch seine tiefgründige Analyse der weltpolitischen Lage und vieler Geschehnisse der Tagespolitik. Er bestätigte mir meine Auffassung, daß die in der Sowjetunion eingeleiteten großen Veränderungen gesetzmäßig und nicht umkehrbar, sogar ohne die mutige Persönlichkeit M. Gorbatschows weiterlaufen würden. Auch Biedenkopfs These »Glasnost ist wichtiger als Perestroika!« leuchtete mir sofort ein. Hatte ich doch bei der Durchsetzung der Sauerstoff-Mehrschritt-Therapie im Kleinen die gleiche Erfahrung gemacht. Die Durchsetzung des Neuen erfolgt am schnellsten durch Information, offenen Meinungsstreit und Aktivierung der Basis, die dann in großer Breite den Fortschritt erzwingt. – Auch die Visionen dieses faszinierenden Politikers zum künftigen wirtschaftlichen Zusammenschluß der beiden deutschen Staaten erfüllten uns mit großen Hoffnungen. – Wir haben uns dann periodisch immer wieder getroffen. Bemerkenswert war sein Entschluß, bereits Anfang 1990 eine Professur an der Universität Leipzig anzunehmen. Als ich bei einem Interview des Deutschlandfunks Anfang März 1989 gefragt wurde, was jetzt die DDR am nötigsten brauche, war meine Antwort wegen des an anderer Stelle besprochenen Mangels an erfahrenen großen Persönlichkeiten: »Wir brauchen tausend Biedenköpfe!« Ich sehe in Biedenkopf einen der fähigsten politischen Analytiker, die ich in meinem Leben kennengelernt habe.

Im gleichen Jahr, wenige Wochen später, hatten wir die Freude, als Gast in unserem Hause den Bonner Politiker W. Leisler Kiep, den Sohn des uns aus der Berliner Tenniszeit bekannten Widerstandskämpfers, mit Familie zu haben. – Ebenso wie bei den vorausgegangenen Begegnungen mit Klaus von Dohnanyi pendelte das Gespräch zwischen Erinnerungen an Geschehnisse in der Hitlerzeit und konstruktiven Überlegungen über das künftige Zusammenkommen der beiden deutschen Staaten. Natürlich wurde in diesen Gesprächen auch

Nach der Wahl Kurt Biedenkopfs zum Ministerpräsidenten von Sachsen am 14. 10. 1990.

über die Aussichten und Folgen der großen in der Sowjetunion ablaufenden Wandlungen diskutiert.

Sehr viel gegeben haben uns die wiederholten Begegnungen mit Marion Gräfin Dönhoff in Dresden und Hamburg. Bei ihr fand ich politischen Weitblick und weibliche Güte in seltener Weise miteinander vereint. Man muß ihre Bücher gelesen haben, um ermessen zu können, welche großen charakterlichen und geistigen Werte durch Tradition in den alten bedeutenden Familien von Generation zu Generation weitergereicht werden.

Bald nach der Wahl der neuen Volkskammer im März 1990 hatten wir das Erlebnis eines Besuches des Alt-Bundeskanzlers Willy Brandt sowie von Sir Ralph Dahrendorf und Dr. Kurt Körber. Im Gespräch kam Dr. Körber auch auf die Frage: Wie kann der in der Bundesrepublik Deutschland gegenwärtig praktizierte Kapitalismus mit sozialer Marktwirtschaft verbessert und vervollkommnet werden? Körber meinte, daß die materielle Nutzenmaximierung, die für die operative Wirtschaft notwendig ist, leider auch die Lebensform des Kapitalismus zunehmend beherrscht und damit in unserer kulturellen Entwicklung die ethische Verantwortung untergräbt. Um dieser Entartung entgegenzuwirken, sollten die im Kapitalismus reichgewordenen Persönlichkeiten dazu bewegt werden, erhebliche Anteile ihres Vermögens in gemeinnützige Stiftungen einzubringen. Über die Art des Anreizes zu solchen Leistungen gegenüber der Gesellschaft, der die im menschlichen Charakter liegende Eitelkeit berücksichtigen müsse, haben wir dann noch lange diskutiert. Ich glaube, daß hier ein Weltproblem des 21. Jahrhunderts angesprochen wurde, denn eine der im kommenden Jahrhundert zu lösenden Aufgaben wird es sein, die Kluft zwischen Reich und Arm zu verringern und zu überbrücken.

Begegnungen auf einem festlichen Freiburger Symposium

Bei einer unserer Reisen folgten wir der Einladung Hansjürgen Staudingers zu dem aus Anlaß des fünfundsechzigsten Geburtstages von Otto Westphal am 1. Februar 1978 veranstalteten Festsymposium, das unter dem Thema »Reflexionen über Wissenschaft« stand. Otto Westphal, Sohn des Physikers Wilhelm Westphal – der Freund von Max Planck, Albert Einstein, Gustav Hertz und anderen aus der großen Berliner Physikära am Anfang dieses Jahrhunderts –, hatte in Freiburg als langjähriger Leiter des unter der Präsidentschaft von Adolf Butenandt gegründeten Max-Planck-Instituts für Immunbiologie wissenschaftliche Leistungen von außergewöhnlichem Rang erbracht. Viele neue Erkenntnisse auf dem Gebiet der Immunchemie, insbesondere von Bakterien, verdanken wir seinem Arbeitskreis, so auch die Reindarstellung und Strukturaufklärung der bakteriellen Fieberstoffe (Pyrogene). Bei den daraus resultierenden klinischen Untersuchungen zur sogenannten unspezifischen Therapie mit bakteriellen Reizstoffen kam er

Besuch unseres Freundes Otto Westphal, langjähriger Leiter des Max-Planck-Instituts für Immunbiologie in Freiburg, am 2. April 1968. Professor Westphal war zeitweilig auch Direktor des Heidelberger Krebsforschungszentrums.

schon frühzeitig in freundschaftlichen wissenschaftlichen Kontakt mit Max Bürger und seiner Klinik in Leipzig. Er war Gründer und viele Jahre Vorsitzender der Gesellschaft für Immunologie. In der Max-Planck-Gesellschaft war er unter anderem Vorsitzender der Biologisch-Medizinischen Sektion, Vorsitzender des Wissenschaftlichen Rates und Mitglied des Senats. Nach seiner Emeritierung (1982) übernahm er noch für einige Zeit die wissenschaftliche Leitung des großen Krebsforschungszentrums (DKFZ) in Heidelberg, wo wir ihn, auch für eine großes Seminar, besuchten. Wir hatten uns zuerst bei Otto Warburg in Dahlem getroffen.

Das ihm zu Ehren gegebene Freiburger Festsymposium war mit seinen Vorträgen und den vielen Gesprächen ein lang nachwirkender geistiger Höhepunkt in unserem Leben. Niemals sonst war mir eine solche Konzentration von Bahnbrechern der

Wissenschaft aus aller Welt, von Nobelpreisträgern und von erfolgreichen Forschern begegnet.

Am Beginn des Symposiums stand der Vortrag des Nobelpreisträgers Manfred Eigen über »Sprache und Lernen auf molekularer Ebene«. Dieser Vortrag enthielt in neuer Darstellungsweise die Theorie Manfred Eigens über die Evolution des Lebens aus wenigen chemischen Molekülen. Ich, und sicher mit mir viele andere, glaube, daß diese Theorie Eigens, die er ja ständig weiter ausbaut, zu den größten Geistesleistungen unseres Jahrhunderts gehört, vergleichbar mit den großen Taten Darwins oder Plancks oder Einsteins. In der Welt ist dieses Ergebnis deutscher Forschung leider noch nicht genügend erkannt, vielleicht, weil es nicht ganz einfach zu verstehen ist und Fleiß erfordert, den Gedankengängen Eigens im Detail zu folgen. Kann es etwas Bewundernswerteres geben als die theoretische Aufklärung, wie die Natur im optimierenden Wechselspiel zwischen Fehlformen und der Selektion des Überlegenen es im Laufe von vielen Hundertmillionen Jahren fertig bringt, aus einfachen chemischen Molekülen Organismen, wie zum Beispiel den Menschen, entstehen zu lassen?

Einen zweiten unvergeßlichen Höhepunkt des Symposiums bildete die Rede des schon vom Tode gezeichneten Wilhelm Bernhard, Paris, über »Geist und Ungeist in der Wissenschaft«. In tiefergreifenden Worten ging er auf den gegenwärtigen Wandel im Wesen und in der Ausübung der Wissenschaften ein. Es war wie ein Vermächtnis an die nächste Generation.

Ein mit seltener Beredsamkeit gestalteter Epilog des Anglisten Rudolf Haas bildete den würdigen Abschluß der feierlichen Stunden. Das Festsymposium vereinte eine internationale Elite aus Medizin, Biologie, Biophysik, Biochemie und Immunologie. Viele der Informationen, die ich in Freiburg erfuhr und erfragte, waren daher ein großer Gewinn für unsere Dresdner Arbeiten. Unsere Aufmerksamkeit wurde noch stärker auf den Weg der O_2-Mehrschritt-Abwehrstimulation und auf die Frage einer Bekämpfung der Metastasierung des Krebses gelenkt. Für uns waren die beiden Freiburger Tage zugleich ein Wiedersehen mit vielen Freunden und Bekannten und ein Kennenlernen von Persönlichkeiten, deren bedeutende wissenschaftliche Leistungen ich schon seit Jahren bewundert hatte.

Gute Freunde und erbitterte Feinde – heute

Nach einer oben zitierten, von Diogenes stammenden Erkenntnis soll der Mensch gute Freunde oder erbitterte Feinde haben. Am besten aber soll es jenen gehen, die von Menschen beider Arten umgeben sind. Zu diesen Auserwählten durfte ich mich auch in meinen späteren Lebensjahren rechnen.

Einen Kraft schenkenden Gruß von Freunden erhielt ich 1981 von der Nobelpreisträgertagung aus Lindau von Sir Hans Krebs, Konrad Lorenz, Linus Pauling und Graf Bernadotte. Von einem der Unterzeichner, Konrad Lorenz, hatte ich in einer Dankesrede Worte gefunden, die auch genau für mein Leben Gültigkeit hatten. Sie lauteten:

»Es gibt zwei glückliche Menschensorten: die freischaffenden Künstler und die Grundlagenforscher, denn sie tun nur das, was ihnen am meisten Spaß macht und kriegen erstaunlicherweise auch noch Geld dafür. So ist es auch in meinem Fall gewesen. Ich tat, was mir Spaß machte, und alles andere machte meine Frau.« – Während meines Lebens habe ich immer wieder die Initiative ergriffen und oft viel Zeit aufgewendet, um Freunde zu gewinnen und Freundschaften zu schließen, aufrechtzuerhalten, zu pflegen und zu vertiefen. In der beruflichen Sphäre war es immer ein beglückender Vorgang, wenn aus Gegnern durch überzeugende Argumentation und Messungen Freunde und Mitkämpfer wurden.

Auch in der Zukunft werden wir weiter die uneigennützige Hilfe von Freunden in Deutschland und im Ausland brauchen, die schon in der Vergangenheit immer wieder aktiv wurden, wenn es galt, der Durchsetzung unserer Forschungsrichtung zu dienen.

Unsere Arbeit an den Methoden zur Bekämpfung der grausamen Krebskrankheit hätte ich oft so gerne mit mehr Hilfskräften und stärkerem technischen Aufwand großzügiger durchgeführt, um das hohe Ziel schneller zu erreichen. In meinem Alter muß ich mehr als andere auf Tempo achten! Vielleicht haben wir das Glück, gelegentlich an dieser speziellen Frage interessierten Förderern oder Mitstreitern zu begegnen?

Endphase der Aufrüstung, Abrüstung und Konversion

Die Umstellung von der Aufrüstung zur Abrüstung und zu vertrauensvoller Ost-West-Zusammenarbeit

Aus gleichen Ursachen ist in fast allen sozialistischen Staaten, die auf der Grundlage des Marxismus-Leninismus diktatorisch regiert wurden, in den letzten Jahren fast gleichzeitig ein tiefgreifender politischer Wandel ausgelöst worden. Der Wandel wurde sowohl von oben (Sowjetunion, Michail Gorbatschow) als auch von unten, vom Volk (DDR, Ungarn, CSSR, Bulgarien, Rumänien usw.) eingeleitet. Gemeinsames Kennzeichen dieser Umgestaltungen war die rapide Annäherung an eine wirtschaftliche Katastrophe in diesen Staaten und eine radikale Abwehr von den Ideen des Kommunismus bei Regierungen und Bürgern.

Diese Veränderungen, zu denen auch die großen Belastungen durch Ausgaben für Aufrüstung und Militär beitrugen, haben das gegenseitige Verstehen und die Beziehungen zwischen Ost und West wesentlich gefördert. Sie sollten daher zur Erhöhung der Abrüstungsbereitschaft in der Welt beitragen. Besondere Bedeutung würden sie in einer Welt gewinnen, die durch Abrüstung die Verschwendung gigantischer Summen für militärische Zwecke beendet.

Durch einen ganzseitigen Beitrag im »Neuen Deutschland« hatte ich am 9. April 1985 auf die Sinnlosigkeit der amerikanischen Investitionen von vielen hundert Milliarden Dollar in dem sogenannten SDI-Plan hingewiesen, die strategische Verteidigungsinitiative zur Abwehr von Raketenwaffen im Weltraum, die Präsident Reagan im Januar 1985 als Forschungsprogramm verkündet hatte. Meine Hauptargumente waren: 1. Der Abwehrvorhang wird um so durchlässiger, je mehr Raketen gleichzeitig in einem Schwarm anfliegen, weil dann sowohl die Bestimmung der Anflugbahnen mit Radar als auch die Abwehr mit Gegenraketen in ein Chaos geraten. 2. Durch Atom-U-Boote, die in die Nähe der USA-Küste geführt werden, ist es möglich, zwei Phasen des dreiphasigen SDI-Systems zu unterlaufen. 3. Technologische Mängel des SDI-Systems sind im Frieden nicht überprüfbar und daher kaum vermeidbar. 4. Die Leistung verschiedener zugrundegelegter physikalischer Prozesse reicht nicht aus für die vorausgesetzte Wirkung. 5. Die militärische Aufrüstung im Weltraum bedingt eine so gigantische Steigerung der Rüstungskosten, daß die Finanzierung über lange Zeiten nicht möglich ist. 6. Die Leistungen modernster Computer und der noch zu gestaltenden hochdiffizilen Software reichen für den Ernstfall nicht aus. 7. Außer bei sehr aufwendiger idealer Abschirmung aller elektronischen Bauteile könnte eine einzige, gut positionierte Atomexplosion im Weltraum die Steuerelektronik des Gegners außer Betrieb setzen. Mit vorstehenden Einschätzungen befand ich mich in Übereinstimmung mit vielen Physikern, zum Beispiel mit dem Nobelpreisträger Hans Bethe (USA) und dem Akademiker Boris Rauschenbach (Sowjetunion). Meine Überlegungen fanden ein sehr positives Echo, zu meiner Freude auch bei einigen Politikern von hohem Rang.

Kein Bewohner dieses Planeten kann mit gutem Gewissen gegen die nukleare Abrüstung sein, nachdem im Januar 1986 die Explosion des US-Raumtransporters Challenger und im April 1986 die Katastrophe von Tschernobyl klar gezeigt haben, daß auch die Sicherheitsmechanismen von Hochtechnologien versagen können. Jede einzelne der bis vor kurzem etwa vierzigtausend abschußbereiten Nuklearraketen ist in ihrer Wirkung wesentlich gefährlicher als der Unfall im Tschernobyl-Atomkraftwerk, wobei hinzukäme, daß bei Versagen ihres Sicherheitsmechanismus mit nicht geringer Wahrscheinlichkeit das nukleare Inferno ausgelöst würde. In diesem Zusammenhang ist auch auf die sehr ernstzunehmenden Betrachtungen des sowjetischen Akademikers Boris Rauschenbach über »Die

Möglichkeiten des Ausbruchs eines unerklärten nuklearen Konflikts« (Wissenschaftliche Welt 31, 1987, Heft 1) hinzuweisen. Die Menschheit hat einfach »Glück« gehabt, daß bisher nie ein solches Versagen eingetreten ist. Aber nicht länger darf die Welt in dieser Schicksalsfrage der Menschheit auf ihr Glück vertrauen. Der einzige Ausweg aus dieser gefährlichen Situation ist der Abbau aller Kernwaffenpotentiale auf nahezu Null. Deshalb löst es tiefe Freude und Zuversicht aus, daß die Epoche der beinahe tödlichen Konfrontation zu Ende gegangen ist. Die Zeit ist jetzt reif für die industrielle Umstellung zur Abrüstung in Ost und West.

Dokumentationen zur Erhöhung der Abrüstungsbereitschaft in der westlichen Welt

Vor der politischen Entscheidung für eine Abrüstung standen in der westlichen Welt bestimmte Probleme, auf die ich in einem Brief vom 29. Dezember 1986 an den damaligen Präsidenten des Friedensrates der Deutschen Demokratischen Republik, Professor Drefahl, hingewiesen habe. In meinem Brief hatte ich die Ansicht geäußert, daß die Ausarbeitung detaillierter Dokumentationen über die Umprofilierung der Industrie für militärische Produktionen auf Werke für Produktionen, die friedlichen Zwecken dienen, einen Schlüssel bildet zur Erhöhung der Abrüstungsbereitschaft. Solche Dokumentationen würden es Rüstungskonzernen und Betrieben erleichtern, mit nichtmilitärischen Produktionen gleiche Gewinne zu erzielen. Auf dieser Basis könnten sie sich zur Umprofilierung bereit finden. Ich erinnere an den im 2. Buch erwähnten Brief vom 4. Februar 1960 des späteren Vizepräsidenten der USA, Hubert H. Humphrey, an mich mit seiner Anregung, über die Umprofilierung der militärischen Elektronik auf medizinische Elektronik nachzudenken.

Das Bereitstehen detaillierter Dokumentationen könnte die Praxis der Abrüstung entscheidend erleichtern. Die Praxis der mit sehr hohen Kosten verbundenen und daher staatlich zu subventionierenden Umprofilierung (Konversion) ist deswegen kompliziert, weil dabei keine Arbeitslosigkeit entstehen darf und weil das Spektrum der nichtmilitärischen Produktionen auf langlebige gewinnbringende Themen ausgerichtet werden muß, die außerdem zur Struktur der vorhandenen Produktionseinrichtung des einzelnen Werkes sowie zur Struktur des Absatzmarktes, der Konkurrenzangebote und der Rohmaterialsituation passen muß.

Hier ist eine äußerst schwierige Planungsaufgabe zu lösen, bei der Wissenschaftler aus zahlreichen Industriestaaten mit Übersicht über viele Fachgebiete sich mit Ökonomen und Politikern zusammenfinden müssen. Die Wissenschaft wird einen Hauptbeitrag zu liefern haben, zu dessen Gestaltung in einem ungewöhnlich hohen Grade Phantasie, perspektivisches Denken, Kreativität, Erfahrung, Fleiß sowie solide Kenntnis der Rüstungsindustrien und weiterer Bereiche gegenwärtiger Forschung notwendig sind.

Besonders aussichtsreiche Arbeitsfelder
für unsere Kinder und Enkel

Die zu erarbeitenden Dokumentationen erfüllen noch eine andere wunderbare Aufgabe, und das ist ein weiterer Grund, diese Problematik hier zur Sprache zu bringen: Sie werden zugleich Dokumentationen über besonders aussichtsvolle Arbeitsfelder für unsere Kinder und Enkel sein (Berufswahl!). In mehrfacher Hinsicht lohnt es sich also, an die intensive Bearbeitung dieser großen Aufgabe, wo, wie überall, der Teufel im Detail liegt, heranzugehen. Wenn die Konzepte zur weltweiten Abrüstung akzeptiert sind, und das ist unsere Hoffnung und Erwartung, dann werden Summen in der Höhe von vielen hundert Milliarden Dollar für Produktionen frei, welche dem Wohl der Menschheit dienen. So stellt sich die Frage: Können Beträge solcher Höhe von den umprofilierten Industrien effizient umgesetzt werden? Die Überzeugung, daß diese Frage mit »ja« zu beantworten ist, ergibt sich schon aus folgendem gemeinsam mit meinem Sohn Alexander hergestellten Katalog zukunftssicherer Arbeitsbereiche, der sich aus der engen Sicht unserer Forschung als bescheidener Denkversuch ableiten läßt:

Versuch eine Kataloges zukunftssicherer Arbeitsbereiche:

1. Umweltschutz
– drastische Reduzierung der Schadstoffemission;
– effektivere Nutzung natürlicher Ressourcen;
– Verwertung von Industrieabfällen (konsequentes Recycling);
– Beseitigung von Umweltschäden;
– Durchsetzung ökologisch sinnvoller Produktionsmethoden in der Landwirtschaft;
– auf Schadstoffquellen hinweisende moderne Analysemethoden.

2. Energietechnik
– Nutzung alternativer Energiequellen (Wasser-, Sonnen-, Windenergien);
– Energiegewinnung aus Kernsprengstoffen in angepaßten Atomkraftwerken (z. B. Hochtemperaturreaktor großer physikalischer Sicherheit), also die Wiedernutzung von Kernsprengstoffen, die ursprünglich für militärische Zwecke entwickelt worden sind, jetzt für friedliche Zwecke;
– Übergang zu Atomkraftwerken mit höchster Systemsicherheit, zum Beispiel vom Typ Hochtemperaturreaktor;
– Erschließung der Erdwärme;
– Energiegewinnung durch Kernfusion;
– Nutzung des Wasserstoffs als chemischer Energieträger (Speichermethoden).

3. Bekämpfung der Bevölkerungsexplosion,
Entwicklungshilfe
- Bereitschaft zu kinderarmen Familien durch Beseitigung der Not, durch Geburtenregelung;
- Bekämpfung des Hungers durch Bereitstellung angepaßter Ausrüstung und Qualifizierung für Eigenproduktion;
- Unterstützung bei der Entwicklung des Gesundheitswesen;
- punktuelle Hilfe bei speziellen hochtechnologischen Problemen (zum Beispiel Meerwasserentsalzung in Trockengebieten).

4. Gesundheitswesen
- Förderung gesunder Lebensweise (Ernährung, sportliche Betätigung);
- Minderung von physischem Distreß (intaktes Familienleben, Wohnverhältnisse, Freizeitgestaltung);
- Entwicklung der Präventivmedizin (Steigerung von körperlicher Energie und Abwehr);
- Verbesserung der Patientenversorgung;
- Verbesserung der Betreuung alter Menschen;
- Weiterentwicklung der Medizintechnik (Diagnostik, künstliche Organe und so weiter);
- Bekämpfung noch nicht beherrschter Krankheiten;
- Hirnforschung, Stoffwechselforschung mit NMR-Tomographen;
- Gewinnung neuer Biopharmaka (Gentechnologie).

5. Ausbildungswesen
- Milderung der Vermassung in der Ausbildung;
- Anpassung der Ausbildung an die individuellen Fähigkeiten der Schüler (freie Wahl der Fächer und so weiter);
- betonte Entwicklung von Kreativität (Förderung des Dialogunterrichts);
- Förderung Hochbegabter (Spezialkurse und Schulen, wechselseitige Stimulierung von Talenten).

6. Elektronik und Kommunikation
- Weiterentwicklung von Hardware und Software in großer Breite für Computer (anwenderspezifische Hardware und Software, künstliche Intelligenz);
- Weiterentwicklung digitaler Kommunikations- und Informationstechniken;
- zügiger weltweiter Ausbau der Kommunikations- und Informationsnetze (Telefon, Telefax, Bildtelefon, Bildschirmtext, Hochzeilenfernsehen und so weiter);
- Erhöhung der Informationsqualität.

7. Bauwesen
- Anpassung der Städte- und Wohnstrukturen an die physischen und psychischen Bedürfnisse des Menschen;
- Modernisierung der Infrastruktur (Ver- und Entsorgungsnetze, Kommunikationsnetze und so weiter);
- Einführung neuer Technologien im Bauwesen (Baustoffe, Wärmeisolation und so weiter).

8. Verkehrswesen
- Modernisierung und Erweiterung der Fernverkehrsnetze für Mensch und Güter;
- Modernisierung und Erweiterung der Nahverkehrsnetze für Mensch und Güter (drastische Reduzierung des individuellen Autoverkehrs durch Schaffung attraktiver Nahverkehrssysteme).

9. Verschiedenes
- Anwendung von rohstoffsparenden Beschichtungstechniken;
- Schaffung neuer Werkstoffe (synthetische Metalle, Metallkeramik, Whisker-Werkstoffe, Supraleiter für »Normaltemperaturen« und so weiter).

Diese Beispiele mögen genügen, um einige Wegrichtungen der zu schaffenden Dokumentationen anzudeuten.

Welcher wunderbaren Zukunft würde die Menschheit entgegengehen, wenn Ost und West darin fortfahren, statt wie früher ihre Kräfte in militärische Rüstungen zu verschwenden, nach Abbau des Mißtrauens gemeinsam die großen Gefahren, welche im kommenden Jahrtausend die ganze Menschheit bedrohen, zu bekämpfen. Wie würde sich alles zum Guten wandeln, wenn die Wissenschaften, Techniken und Industrien beider Seiten und die der übrigen Staaten, sich vereinen würden (Musterbeispiel Kernfusion), um die vielen den Lebensstandard kommender Generationen bestimmenden Weltprobleme zu lösen!

Politische Aktivitäten von der Ulbricht-Zeit bis zur Wende

*Vorschläge zu Maßnahmen und Reformen
in der Ulbricht-Zeit (1955 bis 1970)*

Aus mehreren Gründen, die schon früher besprochen wurden, hatten wir Dresden und damit die DDR als Heimat für Familie und Institut gewählt. Dabei hat auch das Miterleben des wirtschaftlichen Aufschwunges in der Sowjetunion in den Nachkriegsjahren zwischen 1945 und 1955 eine Rolle gespielt.

Die DDR hatte die Hauptlast der Reparationen getragen, während die Wirtschaft der BRD durch die bedeutenden Mittel des Marshallplanes unterstützt wurde. Aus Mitteln dieses von den USA entwickelten und getragenen europäischen Wiederaufbau-Programms, rd. 13 Milliarden US-Dollar bis 1952, erhielten die Bundesrepublik und West-Berlin 1,7 Mrd., 1 Mrd. floß dann zurück. Als wir 1955 aus der Sowjetunion nach Deutschland zurückkehrten, fanden wir insbesondere daher ein großes Wirtschaftsgefälle BRD–DDR vor. Ein Hauptziel der DDR-Regierung mußte es sein, dieses Gefälle zu verringern. Nach dem Vorbild Sowjetunion hatte sich die DDR-Regierung für eine zentralisierte Planwirtschaft entschieden. Ihr Funktionieren mußte entscheidend davon abhängen, wie weit es gelang, die Produktionslücken zu schließen, welche in einer Planwirtschaft zu schweren Störungen führen und sich unvermeidbar bilden, weil sie auch mit moderner Computer- und Speichertechnik nicht voraussehbar und ausfüllbar sind. Zur Füllung dieser kritischen Marktlücken boten sich zwei Möglichkeiten an:

1. Die Erhaltung oder Neugründung von mittleren und kleineren Betrieben, auch auf privater Basis. Dieser Weg verdient den Vorzug, denn vor allem von Betrieben dieser Art gehen

auch der Fortschritt und die Innovation aus. Die DDR-Regierung lehnte die Beschreitung dieses Weges leider ab und schritt sogar um 1972 zur Schließung der wenigen noch übriggebliebenen mittleren und kleineren Betriebe und ließ dabei kaum Ausnahmen zu.
2. Konzentration unserer begrenzten Kräfte und Kapazitäten auf Spitzenerzeugnisse hoher Weltmarktfähigkeit. Durch Massenproduktion und Export – Erschließung von Devisen, mit denen die Marktlücken über Importe gefüllt werden könnten.

Nur der zweite Weg erschien in der DDR damals durchsetzbar. Die Bedeutung von Wissenschaft und Technik für den Fortschritt der Volkswirtschaft in unserer Zeit war von der DDR-Regierung früh erkannt worden. Das zeigen die Milliardenbeträge, welche jährlich für Forschung und Entwicklung bereitgestellt wurden. Es war bald erkennbar, daß diese hohen Beträge nur wenig zur Entwicklung unserer Volkswirtschaft beitrugen. Die Regierung brauchte zu dieser Frage Beratung. In der Akademie der Wissenschaften der DDR, die zur Beratung zuständig gewesen wäre, befanden sich nur wenige Mitglieder mit Industrieerfahrung. Deshalb schlug ich gemeinsam mit meinen Kollegen Prof. Thiessen und Prof. Steenbeck aus der SU-Zeit, wie schon erwähnt, 1957 Walter Ulbricht die Gründung eines Forschungsrates vor, der Wissenschaftler mit Industrieerfahrung vereinen sollte. Besonders in seiner Anfangszeit hat dieser Forschungsrat zu Fortschritten unserer Wirtschaft beigetragen, z. B. zeigten sich damals Walter Ulbricht und Erich Apel stets sehr aufgeschlossen gegenüber den gegebenen Empfehlungen. Es kam zur Gründung von Schlüsselbetrieben unserer Volkswirtschaft, wie VEB Vakuumstahlwerk Freital, VEB Hochvakuum Dresden, Institut für Molekularelektronik Klotzsche, VEB Meßelektronik »Otto Schön« Dresden, VEK Robotron usw. Ulbricht konnte zuhören, war bereit, anderen Ansichten zu folgen, wenn die Argumente ihn überzeugten. Er war auch an den Details von Wissenschaft und Technik interessiert.

Im Gespräch mit Dr. Erich Apel (rechts), dem Stellvertreter des Ministerpräsidenten, auf der Wirtschaftskonferenz des Ministerrates im Jahre 1963. Links: der Sekretär der Abteilung Wirtschaft im ZK der SED Dr. Günter Mittag.

Zu Dr. Erich Apel, dem stellvertretenden Ministerpräsidenten und damaligen Vorsitzenden der Staatlichen Plankommission, hatte ich eine engere Beziehung. Ein talentierter Mitarbeiter von mir, Helmut Gröttrupp, war bei Kriegsbeginn zu Wernher von Braun nach Peenemünde gegangen und hatte nach dem Krieg das deutsche Spezialistenteam für die Interkontinentalraketenentwicklung in der Sowjetunion angeleitet. Apel hat dort unter ihm gearbeitet. Er hatte bei Gröttrupp die hohe Schule des wissenschaftlich-technischen Managements gelernt und hatte dann erst ein Ökonomiestudium absolviert. Er war ein hervorragender, das Wesentliche schnell erkennender und dem Fortschritt zugewandter Wirtschaftsführer.

Während der Zeit, als Apel in Berlin in hoher Funktion

wirkte, unterbreitete ich im Forschungsrat und auf Konferenzen die Vorschläge, welche ich 1963 in der Schrift »Wege zur Steigerung der Weltmarktfähigkeit unserer industriellen Erzeugnisse« zusammenfaßte. Es war mein erster Versuch zur Auslösung von Maßnahmen und Reformen in unserer Volkswirtschaft. Über dieser Schrift standen die Worte: »Geschrieben im festen Glauben an die schöpferische Intelligenz und die nie versiegende Arbeitskraft der Werktätigen in der Deutschen Demokratischen Republik.«

In meiner Schrift mahnte ich:

»In vielen unserer Industriewerke besteht die Gefahr, daß die Produktionseinrichtungen veralten. Oft exportieren wir modernste Maschinen und vergessen die Ausrüstung unserer eigenen Fabriken, wo die gleichen Maschinen einen weit höheren Nutzen ergeben würden. Bei vielen unserer Werke besteht eine anormal kleine Investitionsquote. Um die ständige Erneuerung unserer Produktionseinrichtungen besser sicherzustellen, sollte man mindestens dazu übergehen, unseren Industriewerken, insbesondere den Werkleitungen, einen bestimmten Prozentsatz der erzielten Gewinne zur unbürokratischen, freien, eigenen Entscheidung für Investitionen zu überlassen.«

Erich Apel hatte meine Warnungen sofort verstanden, und er war es auch gewesen, unter dessen Patenschaft die Pionierentwicklung meines Elektronenstrahl-Mehrkammerofens schnell zur exportfähigen Großproduktion ausgeweitet wurde. Das Prinzip der Konzentration unserer Kräfte auf Spitzenprodukte hoher Weltmarktfähigkeit bewährte sich. Das Vorbild, der Präzedenzfall, war geschaffen. Aber es blieb beim Präzedenzfall, infolge des Todes von Erich Apel.

Der Leiter der Staatlichen Plankommission, Erich Apel, hatte nach einem Streit mit Dr. Günter Mittag über grundsätzliche Fragen der weiteren Gestaltung unserer Wirtschaft in seinem Dienstzimmer durch einen Pistolenschuß im Dezember 1965 seinem Leben ein Ende gesetzt. Der Übergang der Leitung unserer Volkswirtschaft von Apel auf Günter Mittag bedeutete eine Weichenstellung auf dem Gleise, welches nach den Erfolgen des Mitte 1963 eingeführten »Neuen Ökonomischen Systems der Planung und Leitung der Volkswirtschaft« mit der Stabilisierung und Stärkung der DDR-Wirtschaft zur zweitstärksten Industriemacht unter den sozialistischen Ländern schließlich im Laufe der Jahre die DDR einer wirtschaftlichen Katastrophe entgegenführte. Im Gegensatz zu Apel hatte Dr. Mittag das komplizierte Managemant bei dem Vorantreiben technischer und wirtschaftlicher Entwicklungen niemals erlebt. Er hatte das Fach Ökonomie im Geschwindschritt an der Verkehrshochschule Dresden absolviert und war infolgedessen hauptsächlich ein Theoretiker. Gegen Ökonomen, die nach ihrem Hochschulstudium unmittelbar als Leiter von Wirtschaft und Industriebetrieben eingesetzt wurden und ohne praktische Erfahrungen mit Verantwortung beladene Aufgaben übernahmen, war ich seit jeher mißtrauisch. Ich gebe zu, daß es vielleicht auch Ausnahmen gibt, besonders wenn der Betreffende die Lücken in seiner Ausbildung schnell ausfüllt.

Im eigenen Institut verfügt beispielsweise der ökonomische Direktor (Dr. ök., Dipl.-Phys. Peter Lenk) nach meiner Vorstellung über eine fast ideale Ausbildung: Physikstudium, viele Jahre Praxis sowohl bei der Entwicklung neuer technologischer Verfahren als auch bei der wirtschaftlichen Leitung aller Bereiche des Institutes. Schließlich Studium und Dr.-Dissertation über die ökonomischen Probleme der Leitung des Institutes.

Bei Dr. Mittag wirkte sich für unsere Volkswirtschaft besonders unheilvoll aus, daß er seine mangelhaften Konzepte mit großer Selbstherrlichkeit, autoritär, oft sogar gegen den Ministerrat durchsetzte.

So kam es zu unserer mit unüberschaubarem Bürokratismus erfüllten zentralistischen Planwirtschaft sowie zum Fehlen der Wahrheit bei der Berichterstattung von der untersten zur obersten Ebene. Unter dem Eindruck des Effizienzrückgangs unserer Wirtschaft und Industrie, den wir von unserem Institut her bei sehr vielen Partnern beobachteten, verfaßte ich gemeinsam mit meinem Mitarbeiter, dem Mathematiker Frank Rieger, 1968 ein sechzigseitiges Dokument: »Systemtheoretische Betrachtungen zur Optimierung des Regierens«, das wir W. Ulbricht und Dr. Mittag übergaben. Leider führte das Dokument nicht zu Taten, die in Richtung Marktwirtschaft wiesen.

Das Dokument enthielt Reformvorschläge, die Jahre später erneut von mir aufgegriffen wurden, z. B. den Vorschlag, zur Einführung selbstoptimierender Regelkreise an der Peripherie, also bei den Betrieben überzugehen. Ich empfahl damit die Übertragung der Verantwortung an die Betriebe, d. h. die Abkehr von der zentralistischen Planwirtschaft. Ein anderer Vorschlag bezog sich auf die Sicherung wahrheitsgetreuer Informationen nach oben durch Rückkoppelung von der Basis zur Spitze.

Aktivitäten und Vorschläge
zu Reformen in der Honecker-Zeit (1971 bis 1989)

Eine starke Änderung der Situation trat 1971 ein, als Erich Honecker Walter Ulbricht als Erster Sekretär des ZK der SED ablöste. Honecker widmete sich bis zu seinem Sturz im Oktober 1989 persönlich in erster Linie der Außen- und Friedenspolitik. Auf diesem Felde lagen die Schwerpunkte seiner Bemühungen. Aber sogar in diesem Bereich zeigte er wiederholt eine erstaunliche politische Instinktlosigkeit. Zum Beispiel erklärte er in seiner Antwort auf die Rede des sowjetischen Staats- und Parteichefs Michail Gorbatschow anläßlich der Feiern, es waren die letzten, zum 40. Gründungstag der DDR noch am 7. 10. 1989, in der DDR werde es keine Reformen geben! Weiter verlieh er die damalige höchste Auszeichnung der DDR, den Karl-Marx-Orden, an den wenige Monate später wegen seiner Verbrechen gegen das rumänische Volk hingerichteten Diktator Ceaușescu.

Für Wissenschaft und Technik interessierte er sich nicht. Während seiner fast zwanzigjährigen Amtszeit hat er z. B. unser Institut niemals besucht und auch kein einziges Gespräch mit uns über Themen aus Wissenschaft und Technik geführt.

Sehr fern lagen ihm auch die Probleme der Volkswirtschaft und ihrer Lenkung. Hier überließ er (leichtfertig) die Leitung der Dinge völlig dem Mitglied des Politbüros Dr. oek. Günter Mittag.

Dr. Mittag ließ eine weitgehende Abschöpfung der von der Industrie erzielten Gewinne vornehmen. Auch bei unserem Institut wurde der Gewinn mit 90% versteuert. Diese Abschöpfung bedeutete die totale Blockierung der Weiterentwicklung und der Modernisierung in der Industrie. Diese über fast zwanzig Jahre andauernde Regelung führte auch zu einer völligen Überalterung der Produktionseinrichtungen in der gesamten Industrie. Dieser unbegreifliche Faktor unserer Wirtschaftslenkung hat ganz wesentlich dazu beigetragen, unsere Wirtschaft schließlich an den Rand eines Abgrundes zu führen. – Ein weiterer Kardinalfehler von Dr. Mittag war die autoritäre Durchsetzung der zentralen Planung der von ihm immer stärker aufgeblähten Kombinate. Als diese zentralistische Steuerung wegen der Kompliziertheit und Vielfalt an der Peripherie nicht funktionierte, wurde auf immer mehr Bürokratismus (Plankennziffern) ausgewichen, wodurch eine weitere Schwächung der wirtschaftlichen Effizienz erfolgte.

Eine weitere sehr schädliche Maßnahme war 1972 die weitgehende Enteignung oder Schließung mittelständischer oder kleiner bzw. halbstaatlicher mittelständischer Betriebe. Mit einem hohen Anteil tragen die Betriebe dieser Art zur Volkswirtschaft bei. Sie hatten besondere Bedeutung in der Planwirtschaft der DDR gehabt, weil durch sie die schmerzlichen Lükken gefüllt werden konnten, die bei dieser Wirtschaftsform unerbittlich erzeugt werden. Zusammenfassend läßt sich aussagen, daß Dr. Mittag seit dem Machtantritt von Honecker bei den drei genannten für die Volkswirtschaft entscheidenden Fragen genau das Gegenteil von dem getan hat, was notwendig gewesen wäre, um die industrielle Leistungsfähigkeit der DDR anzuheben und das kritische Wirtschaftsgefälle zwischen BRD und DDR zu senken.

Seit etwa 1975 berichteten die Mitarbeiter meines Instituts

über fortschreitende Verschlechterung der Situation bei unseren Industriepartnern. Bei der Aufstellung unserer großen vakuumtechnologischen Produktionsanlagen in der Industrie hatten sie meist mehrere Monate Gelegenheit, das intime Geschehen dort zu beobachten. Zum Beispiel stellten sie fest: Demoralisierung durch erzwungene Arbeitspausen infolge Ausbleiben von Materialien, Zulieferungen oder Ersatzteilen; ferner ein Absinken von Leistungswillen und Arbeitsmoral mit Symptomen wie lang ausgedehnte, sich oft am Tage wiederholende Arbeitszeitverluste durch Frühstücks-, Mittags- und Kaffeepausen sowie durch Einkäufe. Viele sparten, da ihr Gehalt ja gesichert war, ihre Arbeitskraft für ertragreiche Schwarzarbeit in den Abendstunden auf usw. usw. Oft wurden die Mitarbeiter unseres Instituts mit ihrer hohen Arbeitsmoral und ihrer nicht selten bis in die späten Abendstunden fortgesetzten »Inbetriebsetzungsarbeit« sogar als Störenfriede empfunden und ihnen notwendige Hilfen vorenthalten. Als um 1985 Meldungen dieser Art über die Situation bei unseren etwa sechzig Industriepartnern sich immer mehr häuften, fühlte ich als Mitglied des Forschungsrates, als Mitglied der Volkskammer und ganz allgemein aus Verantwortung gegenüber meinen durch die negative Entwicklung zunehmend geschädigten Mitbürgern die Verpflichtung, mein Schweigen zu brechen.

Öffentlich habe ich auf dem 12. Parlament der FDJ am 23. 5. 1985 gefordert, neue ideologische und gesetzliche Wege zu beschreiten, um die darniederliegende Arbeitsmoral und den Leistungswillen aller Bürger und besonders der Jugend stark anzuheben. Diese Rede hatte sowohl bei meinen jugendlichen Hörern als auch bei den anwesenden Mitgliedern des Politbüros des ZK der SED ein positives und außergewöhnliches Echo, aber ich wurde wieder dadurch enttäuscht, daß es nicht zu Taten kam.

Nach dem 12. FDJ-Parlament beschloß ich, die seit 1968 herangereiften Vorschläge zu konkreten Reformen und Maßnahmen wegen ihres revolutionären Charakters nicht öffentlich zur Diskussion zu stellen. Es mußten erst einflußreiche Mitstreiter

Bei einer Rede auf dem XII. Parlament der FDJ am 23. 5. 1985 hatte ich mit großer Offenheit über die Mißstände in der Wirtschaft der DDR gesprochen und Veränderungen gefordert.

gewonnen werden, möglichst aus dem Machtzentrum, d. h. dem Politbüro des ZK der SED.

Am 17. 12. 1981 hatte Egon Krenz, damals 1. Sekretär des Zentralrats der »Freien Deutschen Jugend« (FDJ), der sozialistischen Massenorganisation der Jugend der DDR, und Vollmitglied des ZK der SED, unserem Institut einen längeren Besuch abgestattet und sich über die erzielten Forschungs- und Entwicklungsergebnisse ausführlich informiert. Bei dieser Gelegenheit lernten wir ihn als einen Menschen kennen, der gegenüber dem Neuen große Aufgeschlossenheit zeigte und sich

z. B. auch für die tieferen Gründe der hohen Effizienz unseres Instituts für Volkswirtschaft und Wissenschaft interessierte. Dieses Erlebnis und die Überlegung, daß ein junges Mitglied des Politbüros leichter für die Durchsetzung von Reformen zu gewinnen sei als die anderen, viel älteren Mitglieder, waren die Veranlassung, daß ich am 31. 10. 1985 den nachstehenden Brief, an dem zu Teilfragen auch meine Söhne Thomas und Alexander mitgewirkt hatten, mit Vorschlägen zu tiefgreifenden Reformen und Maßnahmen an Egon Krenz richtete.

Elektronenstahl-Technologie	Forschungsinstitut
Vakuumbeschichtung	Manfred von Ardenne
Plasma-Technologie	Dresden
Biomedizinische Technik	
Biomedizinische Grundlagenforschung	Prof. Dr. h. c. mult.
Sondergebiete	Manfred von Ardenne

Herrn
Egon Krenz
Mitglied des Politbüros
des Zentralkomitees der SED
1020 Berlin
Karl-Marx-Platz

Dresden, den 31. Oktober 1985

Lieber, verehrter Herr Krenz,

die Anregung zu diesem Brief gab mir die freundliche Erinnerung an Ihren Besuch meines Institutes am 17. 12. 1981 und die offenbar positive Aufnahme meiner Diskussionsrede auf dem Parlament der Freien Deutschen Jugend am 23. 5. 1985. Der Brief richtet sich ganz persönlich an Sie, lieber Herr Krenz, als Vertreter der jungen Generation im Politbüro. Der Brief, der in einer ruhigen Stunde gelesen werden sollte, dient nur einem Ziel, dem Wunsch zu helfen.

Die Zeit reift unerbittlich heran, wo wir, um dem kalten Krieg der USA und der wachsenden Konkurrenz auf dem Weltmarkt wirksamer zu begegnen, gezwungen sein werden, auf neuen Wegen die sehr großen, noch latent im sozialistischen System liegenden Reserven umfassend zu aktivieren. (Erich Honecker: »Optimierung der Effizienz unserer Volkswirtschaft!«)

Für diese Aktivierung dürften im Vordergrund stehen:
1. Reserve: Wandlung der gegenwärtig in sehr vielen Betrieben und Einrichtungen völlig unzureichenden Arbeitsmoral in höchste Arbeitsmoral eines jeden Staatsbürgers.
2. Reserve: Schaffung von Bedingungen und Strukturen für die Erzeugung von hohem Leistungswillen bei jedem Staatsbürger.
3. Reserve: Schaffung von in sich geschlossenen Basisstrukturen (Betrieben, Einrichtungen), die unter hoher Eigenverantwortung ihre Effizienz selbst optimieren und bei Nichtfunktionieren untergehen.

Die notwendige Aktivierung dürfte sich nur durch Maßnahmen erreichen lassen, die eine stärkere Anpassung der marxistisch-leninistischen Ideologie* an die in unserem Jahrhundert so tiefgreifend veränderten Zeitverhältnisse und an das kaum veränderbare Durchschnittsprofil des menschlichen Charakters zur Grundlage haben. Hierzu ist auf bekannte gewisse Entwicklungen in der Sowjetunion, in China und in Ungarn zu verweisen. »Das Bewährte muß sich wandeln, um das gute Alte zu bleiben!«

Wie immer liegt auch hier der Engpaß in der Erarbeitung der konkreten Details. Viele Beratungen werden hierzu notwendig sein, in denen auch die weiteren Folgen der in Erwägung gezogenen Maßnahmen zu diskutieren wären. Als Aktivierungs-Maßnahmen seien hier nur als Beispiele genannt:
1. Fachliche Leistung als Hauptmaßstab für Entlohnung, berufliche Stellung, Anerkennung (Parteizugehörigkeit erwünscht, aber nicht Bedingung).
2. Kündigungsrecht bei Personen, die auf Kosten von Arbeitskollegen oder der Gesellschaft leben. (Schutz vor Mißbrauch dieses Rechts!) Folge wäre das Entstehen von Arbeitslosen, denen nur ein mäßiges Unterstützungsgeld gegeben werden sollte, auch um den Anreiz für Rückkehr in produktive Tätigkeiten mit hohem Lohn-Niveau zu geben.

---

* In diesem Zusammenhang sei auf die jetzt schon etwa 70 Jahre zurückliegenden »Ideologie-Anpassungen« durch Lenin verwiesen.

3. Beseitigung heutiger Mißverhältnisse zwischen den produktiven und unproduktiven Kräften in Betrieben und Einrichtungen (Senkung Bürokratie, Senkung Gemeinkosten). Höhere Gehälter im produktiven Bereich, Prämierung von Umschulungen.
4. Das von frühester Kindheit im Menschen ausgeprägte Streben nach Besitz könnte dadurch berücksichtigt und genutzt werden, daß kleinere Privatbetriebe (Privatinitiative) in größerer Zahl zugelassen werden (mit progressiver Besteuerung!), um die nicht durch zentrale Planung ausfüllbaren Lücken in der Volkswirtschaft, im Handel, bei den Dienstleistungen und vor allen Dingen in der Industrie zu schließen. Einplanung der Ausrüstung dieser Betriebe! – In diesem Zusammenhang ist auf die Beobachtung hinzuweisen, daß auch im kapitalistischen System eine der Hauptquellen des Fortschritts in der Kreativität und der Leistung von Kleinbetrieben zu finden ist.
5. Allmähliche Zurückfindung zum Geld als Maßstab für Leistung, wirtschaftlichen Erfolg oder Mißerfolg usw.
6. Nutzung der in Anlage I dargelegten Gedanken zum Problem »Systemtheorie des Leitens«. Dieser Vorschlag läuft darauf hinaus, eine durch schonungslose Wahrheit gekennzeichnete Informationsrückkopplung Basis-Leitung zur Selbstoptimierung der Basisstrukturen (Betriebe, Einrichtungen) in das sozialistische System einzubauen. Die naheliegende Befürchtung, daß die Einführung selbstoptimierender Strukturen Konflikte mit der Ideologie des Marxismus-Leninismus herbeiführen kann, ist abwegig, wenn von Anfang an darauf geachtet wird, daß die entscheidenden ideologischen Randbedingungen in dem systemtheoretischen Ansatz eingebaut werden. Die Einführung der verzerrungsfreien Informationsrückkopplung Basis-Leitung dürfte eine der Voraussetzungen sein für Dezentralisation und Delegierung von Verantwortung an die peripheren Basisstrukturen.

Jüngste Fortschritte der Naturwissenschaften scheinen sogar einen wissenschaftlich konkreten Weg zur Auffassung optimaler Strukturen der sozialistischen Ideologie und Volkswirtschaft zu weisen. Ich denke dabei an die tiefen Einblicke, die vor allem die neuere Biochemie erschlossen hat, wie die Natur den so komplizierten menschlichen Organismus organisiert. Danach enthält der menschliche Organismus Tausende von geschlossenen Regelkreisen, die sich unter eigener Verantwortung selbst optimieren. Nur größere Organkomplexe werden zentral (vergleichbar ZK der SED!) über das Nervensystem kontrolliert und mitgesteuert (siehe hierzu Maßnahme 6).

Sollten Sie, lieber verehrter Herr Krenz, den Inhalt dieses Briefes als (noch) zu weitgehend einschätzen, so legen Sie ihn auf Eis oder erinnern Sie sich bitte an den einen oder anderen Vorschlag, wenn die Zeit herangereift ist. Ich weiß, was für eine Fülle nur mit großem Fleiß durchführbarer Aufgaben ich hier angesprochen habe. Aber ich vertraue auf die Kraft und den Tatendrang der jungen Generation!

Es ist klar, daß Ihnen in Ihrer hohen Stellung die Zeit fehlen muß, den Inhalt meines Briefes und die Anlage I gründlich auszuwerten. Aber Sie haben sicher in Ihrer Umgebung einen jungen und klugen Mitarbeiter, der den Inhalt für Sie ausloten könnte. Ich würde mich freuen, diesem Mitarbeiter für spezielle Erläuterungen zur Verfügung zu stehen.

Anlage Systemtheorie der Regierung	Mit allen guten Wünschen, für Sie persönlich, Ihr ganz ergebener *Manfred von Ardenne*

Dieser Brief enthielt zum Teil in wörtlicher Übereinstimmung die Reformvorschläge meiner vier Jahre später Mitte Oktober 1989 im Dresdner Kulturpalast und in der Volkskammer gehaltenen Reden. Auf mein Schreiben vom 31. 10. 1985 erhielt ich das nachstehend ebenfalls im Original wiedergegebene, positiv gehaltene Antwortschreiben von Egon Krenz. Trotz der in ihm enthaltenen Ankündigung kam es wieder nicht zu fortwirkenden Taten.

SOZIALISTISCHE EINHEITSPARTEI DEUTSCHLANDS
Zentralkomitee
Haus des Zentralkomitees am Marx-Engels-Platz
1020 Berlin · Ruf 202 – 0

Mitglied des Politbüros

Forschungsinstitut
Prof. Dr. h. c. mult.
Manfred von Ardenne
8051 Dresden
Zeppelinstraße 7

Sehr verehrter Herr Manfred von Ardenne!

Ihr Brief vom 31. Oktober 1985 hat mich sehr erfreut. Ich danke Ihnen herzlich.

Mit den darin dargelegten Gedanken habe ich mich sehr gründlich beschäftigt. Ich werde Ihrem Rat folgen und das Material einem Genossen zur Auswertung geben, der sich intensiv mit diesen Problemen beschäftigt.

Wenn meine Planung aufgeht, werde ich Anfang des Jahres (vielleicht im Februar) an einer Konferenz in Dresden teilnehmen. Ich würde mich vorher mit Ihnen in Verbindung setzen, um möglicherweise ein Gespräch mit Ihnen über Ihren Brief zu engagieren.

Ich hoffe sehr auf Ihre Zustimmung. Ich wünsche Ihnen alles Gute – wenn auch noch etwas verfrüht – doch schon jetzt die besten Wünsche zum Jahreswechsel.

Mit freundlichen Grüßen

Egon Krenz

Berlin, 29. November 1985

Immerhin scheint es jedoch so, daß das in dieser Sache wahrscheinlich aufgeschlossenste Mitglied des Politbüros angesprochen worden ist, denn nachträglich hörte ich, daß er sich mit dem damaligen Minister für Wissenschaft und Technik, Dr. Herbert Weiz, etwa drei Stunden über die Einzelheiten des Briefes beraten haben soll.

Erst nach diesem Briefwechsel erhielt ich Kenntnis von der neuen Politik von Michail Gorbatschow in der Sowjetunion, welche durch die Begriffe Glasnost und Perestroika gekennzeichnet ist. Ich verfolgte das revolutionäre Handeln dieser einzigartigen Persönlichkeit mit viel Respekt und großer Aufmerksamkeit.

Sehr überraschend stattete mir am 18. 6. 1987 der Minister für Staatssicherheit der Sowjetunion Krjutschkow einen Besuch ab. Er interessierte sich besonders für meinen Brief an Egon Krenz vom 31. 10. 1985 und für die Antwort, die ich von Krenz erhielt. Vielleicht wollte man in Moskau wissen, welches Mitglied des DDR-Politbüros einer Diskussion um Reformen am nächsten stand.

Als ich bald darauf Egon Krenz in einer Sitzungspause der Volkskammer über diesen ungewöhnlichen Besuch und das Interesse unseres hohen Gastes an dem Briefwechsel mit ihm informierte, bat er mich dringend, über den ganzen Vorgang zu schweigen. Er befürchtete offenbar Schwierigkeiten mit anderen Mitgliedern des Politbüros, wenn sie von diesen Vorgängen Kenntnis erhielten.

Reformvorschläge und andere Beiträge zur politischen Wende in der DDR

Fakten vor dem Honecker-Sturz am 18. Oktober 1989

Nach einigem Hin und Her erklärte sich die Schriftleitung der Zeitschrift »Die Weltbühne« bereit, meinen Aufsatz »Ungenutzte Reserven aktivieren« in der Ausgabe vom 20. 6. 1989 abzudrucken. Ich begann, öffentlich Reformen zu fordern. In dem mit Kritik beladenen Aufsatz wurde eine Abwandlung unserer Ideologien mit Berücksichtigung des menschlichen Egoismus vorgeschlagen, um die Motivation von Arbeitsmoral und Leistungswillen zu verbessern. Weiter wurde die Durchsetzung der Wahrheit auf allen Ebenen verlangt mit wahrer Information nach oben an die Leitungen und ebenso nach unten an die Basis. Schließlich wurde die Einführung selbstoptimierender Regelkreise als hocheffiziente Grundstruktur an der Basis unserer Volkswirtschaft erneut gefordert. Diese Forderung bedeutete, daß die Verantwortung aus dem Zentrum an die Peripherie, also an die Betriebe verlegt werden sollte, d. h. eine Abkehr von der hochzentralisierten Planwirtschaft zur Marktwirtschaft. Zahlreiche Leser verstanden die Kritik an dem Bestehenden und meine Empfehlungen zu Veränderungen. Zu diesem Zeitpunkt zeichnete sich immer stärker ab, daß wir uns mit großen Schritten einem Kollaps der Volkswirtschaft näherten.

Ich benutzte sogar die Gelegenheit einer Dankesrede zur Verleihung der Ehrenbürgerschaft der Stadt Dresden am 26. 9. 1989 dazu, um mein Betroffensein über den Zustand unserer Wirtschaft zu betonen und wieder auf die Notwendigkeit einer Reform der Organisation und Grundstruktur des Staates hinzuweisen.

Glückwunsch von Oberbürgermeister Wolfgang Berghofer am 26. 9. 1989 zur Ehrenbürgerschaft der Stadt Dresden.

Kurz vorher hatte ich am 1. 9. 1989 am Ende einer Volkskammersitzung an Egon Krenz folgende Worte gerichtet: »Ich möchte Sie heute mit Nachdruck an meinen Brief vom 31. 10. 1985 mit meinen konkreten Vorschlägen zu Reformen erinnern. Sie müssen jetzt offensiv handeln und den Reaktionen zuvorkommen, welche demnächst an der Basis zu erwarten sind.« Krenz hörte aufmerksam zu. Wieder führte mein Hinweis zu keinen Aktivitäten. Vielleicht waren diesmal wieder die Machtverhältnisse im Politbüro schuld daran sowie der in dieser Zeit Krenz verordnete Urlaub und seine China-Reise.

Die Wende im sozialistischen Lager, die von der Politik Michail Gorbatschows eingeleitet worden war, seit Mai nicht mehr nur Parteichef der KPdSU sondern auch Staatspräsident, brach sich allenthalben Bahn. In Polen hatten sich Regierung und Opposition zu Gesprächen am Runden Tisch zusammengefunden. Die 7 Jahre verbotene Gewerkschaft »Solidarität« war wieder zugelassen worden und hatte bei den Wahlen im

April einen großen Erfolg erzielt. In Ungarn hatte sich das ZK der Kommunistischen Partei für ein Mehrparteiensystem ausgesprochen. In Prag war es im August zu großen Demonstrationen gekommen. In Berlin hatten zur Ausreise entschlossene DDR-Bürger schon im Januar die Ständige Vertretung der Bundesrepublik besetzt und hatten die Zusicherung baldiger Ausreise erreicht. Wie in der BRD-Vertretung in der DDR waren im August/September die Botschaften in Prag und Budapest Stationen dramatischer Massenflucht geworden. Ungarn öffnete dafür am 11. September die Grenze nach Österreich.

Die von mir erwarteten Reaktionen des Volkes der DDR hatten eingesetzt. In immer größerer Zahl verließen legal oder illegal Bürger unseres Staates, meist im jugendlichen Alter und mit guter beruflicher Ausbildung, unser Land. Die immer mächtiger werdenden Kundgebungen in allen wichtigen Städten der DDR brachten die Unzufriedenheit des gesamten Volkes mit der jahrzehntelangen Diktatur des Politbüros der SED und mit der mangelhaften Wirtschaftsführung zum Ausdruck.

Am 6. und 7. 10. war es in Dresden – hier ausgelöst durch den Sturm der Ausreisewilligen seit dem 3. 10. auf die durch Dresden fahrenden Züge mit Botschaftsflüchtlingen –, wie auch in anderen Städten der DDR im Zuge der »Montagsdemonstrationen« zu Massenkundgebungen gekommen, die von der Polizei und der Staatssicherheit mit Knüppeln und Gewalt bekämpft wurden. Nichts beleuchtet den Ernst der damaligen Lage besser als die Information, daß zu diesem Zeitpunkt Anweisungen erfolgten über die Freistellung von Bettenkapazitäten in Krankenhäusern für Verwundete sowie über den Einflug von Ärzten zur Versorgung von Verwundeten. Die Lage entwickelte sich bedrohlich. Am 7. 10. kam es in Dresden wie in Berlin, wo Honecker zur selben Stunde noch die Errungenschaften des DDR-Sozialismus pries, und Michail Gorbatschows Appell zu Reformen ignorierte, zu blutigen Auseinandersetzungen und schweren Übergriffen der bewaffneten Kräfte. Daß es durch die Besonnenheit und den Mut einiger weniger gelungen ist, die gewaltsamen Auseinandersetzungen schlagartig abzustoppen, ist ein Tatbestand von historischem Gewicht. Nach den mir zugegangenen Informationen gebührt das Verdienst für den unblutigen Verlauf unserer Revolution Hans Modrow, Wolfgang Berghofer und Superintendent Ziemer, denen es am 8. 10. lokal in Dresden gelang, die leitenden Persönlichkeiten von Polizei und Staatssicherheit von der Notwendigkeit des völligen Verzichts auf Gewalt zu überzeugen.

Am 9. 10. hatte dann die gleiche Überzeugungsarbeit auch in Leipzig Erfolg. Unter dem Eindruck dieser lokalen Vorgänge in Dresden und Leipzig sowie unter der Einflußnahme von Modrow und Berghofer soll dann auch Egon Krenz als oberster Chef von Armee, Staatssicherheit, Polizei und Kampfgruppen sich zu einer zentralen Anweisung über Gewaltlosigkeit entschieden und die schon ausgestellten Befehle zur Durchsetzung der zentralen Macht zerrissen haben.

In diesen Tagen befand ich mich auf einer Vortragsreise in der Bundesrepublik, welche in Hamburg endete. Die Nachrichten aus Dresden und die erschütternden Berichte im Fernsehen über die Flucht unserer Jugend aus der DDR veranlaßten mich, in der BILD-Zeitung vom 12. 10. 1989 und gleichzeitig in der Wochenzeitung »Die Zeit« Interviews zu geben, in denen ich die Notwendigkeit tiefgreifender Reformen begründete. Das folgende Wochenende in Dresden habe ich dann dazu benutzt, um eine Rede zu formulieren mit sieben konkreten Reformvorschlägen, deren Realisierung schwerwiegende Veränderungen in der Gesetzesgebung unseres Staates und in der marxistischen Ideologie der SED forderten. Eine Möglichkeit, die konzipierte Rede vor der Dresdner Öffentlichkeit zu halten, ergab sich schon am Montag, dem 16. 10. 1989, also zwei Tage vor dem Sturz Honeckers. An jenem 16. Oktober kam es fast in der ganzen DDR zu Demonstrationen: 120000 Menschen strömten in Leipzig zusammen, 10000 in Dresden und Magdeburg, 5000 in Halle. Freie Wahlen, Presse- und Reisefreiheit waren die Forderungen.

Zufällig war für diesen Tag schon seit längerem eine auf wenige Worte beschränkte Mitwirkung von mir in einer heiteren

Veranstaltung der Urania im Kulturpalast Dresden vorgesehen. Eine halbe Stunde vor der Veranstaltung erbat ich ein Gespräch mit dem verantwortlichen Regisseur. Ich eröffnete ihm, daß ich nicht an dem heiteren Teil der Veranstaltung teilnehmen würde, aber um sein Einverständnis ersuche, daß ich unmittelbar anschließend eine Rede ernsten Inhalts zu den blutigen Vorgängen auf der Prager Straße am 7. und 8. Oktober halten könne. Ohne zu zögern erklärte der Veranstaltungsleiter sein Einverständnis und erklärte, daß er seine Einwilligung besonders gern gebe, da er selbst mit tiefer Empörung die Blutspuren auf der Prager Straße gesehen und bei eigenen Mitarbeitern schwerste Übergriffe der Sicherheitskräfte im Anschluß an die Kundgebung vom 8. 10 erlebt habe.

Ich hielt dann im Dresdner Kulturpalast vor etwa zweitausendfünfhundert Dresdnern die nachstehende Rede, welche dank des Muts der Chefredaktion im vollen Wortlaut an den folgenden Tagen von allen Dresdner Zeitungen und einigen Berliner Zeitungen abgedruckt wurde:

Rede am 16. 10. 1989, zwei Tage vor dem Honecker-Sturz im Kulturpalast Dresden im Rahmen der Urania

Liebe Mitbürger!
Die Stellungnahmen aus dem Politbüro zu den von großen Teilen unserer Bürger und auch von Parteimitgliedern erhobenen Forderungen nach Reformen unseres sozialistischen Systems habe ich mit großer Aufmerksamkeit verfolgt. Dabei habe ich den Eindruck gewonnen, daß der Ernst der Situation bis zur Stunde in Berlin noch nicht erkannt ist. Es wurde nichts über die Einleitung wesentlicher Taten und Veränderungen mitgeteilt.

Seit vielen Jahrzehnten und heute noch sehe ich das sozialistische System als noch weit vom Ende seiner Entwicklung entfernt an. Es verfügt noch über sehr bedeutende Reserven, welche aber nur aktiviert werden können durch Verbesserung der Organisation und Grundstruktur des Staates sowie Anpassung der Ideologie des Marxismus an die seit 1918 veränderte Welt und an die Schwächen des menschlichen Charakters. Ich habe besonders zu Problemen unserer Wirtschaft noch zu Zeiten Walter Ulbrichts 1968 in verschiedenen Dokumenten und auch später 1985 sehr intensiv auf tiefgreifende Mängel hingewiesen und damit meine Vorschläge verbunden. Allerdings geschah dies nicht in der Öffentlichkeit und stets unter dem Leitsatz von Theodor Storm »Nur der hat ein Recht zu kritisieren, der ein Herz hat zu helfen«. Unter diesem Leitsatz standen auch die Anregungen, die ich 1963 in meiner Buchveröffentlichung »Wege zur Steigerung der Weltmarktfähigkeit unserer industriellen Erzeugnisse«, 1987 auf dem XII. FDJ-Parlament und 1989 in der »Weltbühne« gab. Heute ist die Zeit reif und der volkswirtschaftliche Zwang zu Änderungen in großer Härte gegeben.

Selbstverständlich haben wir uns bemüht, im eigenen Institut diese Vorschläge zu berücksichtigen, gemeinsam mit von hohem Leistungswillen erfüllten Mitarbeitern. Das Ergebnis war eine außergewöhnliche, durch Wandel aber durchaus noch weiter optimierbare Effizienz meines Instituts für die Wirtschaft unseres Landes. Wir arbeiten heute mit sechzig Industrieländern landesweit zusammen und haben infolgedessen einen umfassenden Einblick in die Verhältnisse innerhalb unserer Wirtschaft.

Hier und heute sehe ich es als meine Pflicht an, mein Betroffensein über den Zustand unserer Wirtschaft und besonders auch über die Qualität unserer Massenmedien nicht zu verschweigen.

Was ist eigentlich das Problem dieser Tage? Es gilt, durch sorgfältig ausgearbeitete, weitgreifende Reformen unser sozialistisches System für alle Bürger unseres Staates so attraktiv zu gestalten, daß überall Arbeitsmoral und Leistungswille intensiv motiviert werden und unsere Jugend überzeugt und begeistert die Lösung der Aufgaben mit vorantreibt. – Es gilt weiter, durch tiefgreifende Reformen das gesunkene Leistungsvermögen unserer Industrie und Volkswirtschaft sprunghaft so anzuheben, daß eine hohe Effizienz in allen Bereichen der Wirtschaft entsteht. Damit würde das Tor geöffnet zu Exporten mit Devisenerlösfaktoren, bei denen man sich nicht mehr schämen muß.

Wie stets, so steckt auch hier der Teufel im Detail. Vor welche Probleme sind wir praktisch gestellt bei der konkreten Gestaltung der Reformen? – und ich benutze den Begriff »Reformen« wiederholt ganz bewußt, da es für kleine Kurskorrekturen zu spät ist. Schon wenn ich mich auf vordringliche, zur Hebung unserer Volkswirtschaft zu fordernde Reformen beschränke – und für diese glaube ich eine gewisse Zuständigkeit zu haben –, bin ich darüber erschüttert, wie tief unsere Vorstellungen von den gegenwärtig bei uns im zentralen wirtschaftspolitischen Bereich üblichen Vorstellungen abweichen. Aber dieser Tatbestand darf uns nicht entmutigen, zumal wir viel Kraft gewinnen aus dem Erleben, wie Michail Gorbatschow in der Sowjetunion um die Weiterentwicklung des sozialistischen Systems in Richtung höherer wirtschaftlicher Effizienz kämpft.

Mit der Absicht zu helfen, möchte ich abschließend offen aussprechen, welche Reformen, allerdings nur nach meiner persönlichen Auffassung, mir als notwendig und wichtig erscheinen, um die latent im sozialistischen System liegenden Reserven wirksam werden zu lassen:

1. Abkehr vom hochbürokratischen Zentralismus, also der zentralen Planwirtschaft, und Übertragung der vollen Verantwortung an die Peripherie, d.h. die Betriebe und Firmen. Dies bedeutet systemtheoretisch den Übergang zu selbstoptimierenden, geschlossenen Regelkreisen im peripheren Bereich des Staatsgefüges sozialistischer Marktwirtschaft.
Die mangelnde Leistungsfähigkeit unserer Volkswirtschaft nach vierzig Jahren Möglichkeit zur Optimierung im Frieden (!) hat bewiesen, daß der hochbürokratische Zentralismus auch bei Nutzung moderner Computer- und Infor-

mationsspeichertechniken nicht in der Lage ist, die erforderlichen Prozesse an der Basis optimal zu steuern und zu meistern.
2. Aufteilung der unbeweglichen Kombinate. Gründung und Förderung von mittleren und kleineren Betrieben zur Auffüllung der durch die Planwirtschaft entstandenen Lücken.
3. Allmähliche Zurückfindung zum Geld als Maßstab für Leistung, wirtschaftlichen Erfolg oder Mißerfolg. Abbau der meisten Subventionen.
4. Beseitigung heutiger Mißverhältnisse zwischen den produktiven und unproduktiven Kräften in der gesamten Wirtschaft, d. h. drastischer Abbau von Verwaltung und Bürokratie. In diesem Zusammenhang sehe ich höhere Gehälter im produktiven Bereich und Prämierung von Umschulungen.
5. Gehaltsreduktion oder Kündigung bei Personen, die durch schlechte Arbeitsmoral auf Kosten von Arbeitskollegen oder der Gemeinschaft leben.
6. Echte fachliche Leistung und charakterliche Eignung als Hauptmaßstab beruflicher Karriere, Entlohnung und Anerkennung. Für die Leitungskader ist Parteizugehörigkeit nicht mehr Bedingung.
7. Durchsetzung der Wahrheit bei der Information der Basis über die Massenmedien. Es muß zu einer Förderung und Nutzung der konstruktiven Kritik kommen. Hierbei muß endlich die konstruktive Kritik als eine unverzichtbare Quelle des Fortschritts erkannt und respektiert werden.

Es steht außer Frage, daß die angesprochenen Reformen nicht ohne schwerwiegende Veränderungen in der Gesetzgebung unseres Staates realisiert werden können.

Das fortschrittliche Alte muß sich wandeln,
damit es das fortschrittliche Neue wird!

Manfred von Ardenne

Für mich selbst war dieses Geschehen im Dresdner Kulturpalast ein mich tief bewegendes Ereignis. Niemals vorher hatte ich erlebt, daß nach fast jedem gesprochenen Satz eine längere Unterbrechung durch den anhaltenden Beifall notwendig war, und niemals vorher war ich am Ende einer Veranstaltung von einer so intensiven Äußerung der Zustimmung umgeben. Die Ursache für soviel Begeisterung war, daß zum ersten Mal und in aller Öffentlichkeit die notwendigsten Reformen sehr konkret dargestellt und ihre schnelle Realisierung gefordert wurden. Ein Tabu wurde gebrochen, denn Honecker war zu diesem Zeitpunkt, wenn auch nur noch kurz, an der Macht. Daß die Reformen so konkret und so früh ausgesprochen wurden, hat dazu geführt, daß dieser Dresdner Veranstaltung und auch meiner Rede vom 13. 11. 1989 in der Volkskammer ein außergewöhnliches Echo in den Massenmedien der DDR und der westlichen Länder zuteil wurde.

Gleichzeitig hatte ich dem 1. Sekretär der Bezirksleitung der SED Dresden, Hans Modrow, dem Oberbürgermeister von Dresden, Wolfgang Berghofer, und dem damaligen Stellvertretenden Vorsitzenden des Staatsrates, Manfred Gerlach, Kenntnis von dem Inhalt meiner Rede gegeben. Ich erhielt volle Zustimmung, obwohl Honecker noch über die formelle Macht im Staate verfügte.

Die Partei stand nicht mehr hinter ihm. Als er sich auch in den Krisensitzungen des SED-Politbüros gegenüber allen Reformvorschlägen taub stellte, beantragten mehrere Politbüromitglieder seine Ablösung. Am 18. Oktober trat bekanntlich Honecker von seinen Parteiämtern zurück, »aus gesundheitlichen Gründen«. Egon Krenz wird sein Nachfolger als Generalsekretär des ZK der SED. Am 24. Oktober büßte Honecker auch seine Ämter als Staatsratsvorsitzender und Vorsitzender des Nationalen Verteidigungsrates ein.

Tags zuvor hatten 300000 Menschen erneut in Leipzig demonstriert. Krenz, jetzt auch Staatsratsvorsitzender, suchte in den nächsten Tagen zu beschwichtigen und kündigte Reformen an. Mehr als eine halbe Million DDR-Bürger demonstrierten dennoch in Berlin. Am 7. November tritt die DDR-Regierung zurück. Zwei Tage später, am Abend des 9. November, jenem historischen Datum deutscher Geschichte, verkündet Politbüromitglied Günter Schabowski in Berlin: Die Grenzen der DDR werden geöffnet. Die Mauer ist gefallen, nach 28 Jahren.

Fakten nach dem Honecker-Sturz am 18. Oktober 1989

Bei der nächsten Volkskammersitzung am 13. 11. 1989 hielt ich als Mitglied der Kulturbundfraktion die nachstehende Rede, in der die zur Vertrauensbildung in die Staatsführung notwendigen Reformen und insbesondere die Reformen zur Erhöhung der Effizienz unserer Volkswirtschaft konkret dargestellt und aufgelistet wurden. In der gleichen Sitzung war Hans Modrow, auch zu meiner eigenen großen Freude, per Handzeichen zum Ministerpräsidenten der DDR gewählt worden.

Rede vor der Volkskammer 13. 11. 1989
Fraktion Kulturbund   *Originaltext*
Prof. Dr. h. c. mult. Manfred von Ardenne

Sehr verehrte Abgeordnete!

Die tägliche Abwanderung vieler junger Menschen nach Jahren der Enttäuschung und die Öffnung unserer Grenzen zwingen dazu, durch tiefgreifende Reformen unsere Bürger schnell zu überzeugen, daß sie und ihre Kinder in unserem Land jetzt einer guten, durch wirtschaftlichen Aufbau erfüllten Zukunft entgegensehen können. In der gegenwärtigen Lage kann man Vertrauen nicht durch Worte, sondern nur durch Taten gewinnen. Solche sind in der faszinierenden Öffnung unserer Grenzen und der atemberaubenden Wandlung unserer Medienpolitik gegeben. Sie sind bereits Geschichte. Ich möchte im

folgenden weitere Reformen fordern, von deren Realisierung wesentliche Beiträge zur Vertrauensbildung in die Staatsführung zu erwarten sind. Ich fordere:
- die Zulassung und Entfaltung unabhängiger Parteien und alternativer Gruppierungen,
- die Einführung freier, geheimer Wahlen, die dem Wähler erlauben, zwischen verschiedenen Programmen und Kandidaten zu entscheiden, mit demokratischer Kontrolle in jedem Stadium der Wahl,
- Unabhängigkeit und weitgehende Entscheidungsfreiheit für den Ministerrat.

Lassen Sie mich an dieser Stelle einige sehr persönliche Bemerkungen machen.

Ich bin sehr froh darüber, daß gerade Hans Modrow für das zur Zeit so schicksalsschwere Amt des Ministerpräsidenten vorgeschlagen wurde. Über sechzehn Jahre hinweg haben wir ihn in Dresden als klugen und dynamischen Wirtschaftsstrategen kennengelernt, der auch in komplizierten Situationen den Kopf oben behält und den Tatsachen ins Gesicht sieht.

Zur Frage der Vertrauensbildung fühle ich mich verpflichtet, hier zwei weitere unbekannte Fakten ohne Kommentar bekanntzugeben:

In einem Brief an Herrn Krenz vom 31. 10. 1985 hatte ich die meisten der in dieser Rede genannten Reformen vorgeschlagen. In seiner Antwort vom 29. 11. 1985 bekundete Herr Krenz großes Interesse an dem Inhalt dieses Briefes und teilte mit, daß er sich »sehr gründlich mit den dargelegten Gedanken beschäftigt hat«.

Bei einem Besuch des Ministers für Staatssicherheit der UdSSR Krjutschkow am 18. 6. 1987 in meinem Haus stand dieser Briefwechsel im Mittelpunkt unseres Gesprächs. – Die Zeit zum Handeln war bei der damaligen Machtstruktur im Politbüro der SED noch nicht gekommen.

Weitere schnell durchführbare Maßnahmen im Zuge der Reformen sind der Abbau von unverdienten Privilegien und die Auswechslung schädlicher, inkompetenter Leitungskader. Ein gutes Beispiel für schnelles Handeln war die Entfernung des Herrn von Schnitzler aus unserem Fernsehen.

Die längerfristig zu realisierenden Reformen beziehen sich hauptsächlich auf die Effizienzerhöhung unserer Volkswirtschaft. In dem erschreckenden Wirtschaftsgefälle BRD/DDR dürfte eine der Hauptursachen in der Abwanderung junger Menschen zu sehen sein.

Für Effizienzfragen unserer Wirtschaft glaube ich etwas zuständig zu sein, da wir in die Verhältnisse bei fast sechzig Industriepartnern unseres Instituts Einblick haben. Hier sei erwähnt, daß die jährliche Warenproduktion bei unseren Industriepartnern auf der Grundlage unserer Arbeitsergebnisse heute einen Wertumfang von 1,3 Milliarden Mark bereits überschritten hat.

Zur Erhöhung der Effizienz unserer Volkswirtschaft schlage ich folgende Reformen vor:

1. Abkehr vom hochbürokratischen Zentralismus, d. h. drastische Einschränkung der zentralen Planwirtschaft und Übergang zu einer sozialistischen Marktwirtschaft. Dabei muß die volle Verantwortung an die Peripherie, d. h. auf die Betriebe und Firmen übertragen werden. Systemtheoretisch bedeutet das den Übergang zu selbstoptimierenden, geschlossenen Regelkreisen im peripheren Bereich des Staatsgefüges.

    Die mangelnde Leistungsfähigkeit unserer Volkswirtschaft nach vierzig Jahren Möglichkeit zur Optimierung im Frieden (!) hat bewiesen, daß der hochbürokratische Zentralismus auch bei Nutzung moderner Computer- und Informationsspeichertechniken nicht in der Lage ist, die erforderlichen Prozesse an der Basis optimal zu steuern und zu meistern. Stets bleiben bei der innovationsfeindlichen überzentralisierten Planwirtschaft Lücken mit katastrophalen Auswirkungen für die Volkswirtschaft bestehen.

2. Aufteilung unbeweglicher zentralgeleiteter Kombinate und aller bezirksgeleiteten Kombinate sowie Gründung mittlerer und kleinerer Betriebe, auch auf privater Basis, zur Auf-

füllung der durch die zentrale Planwirtschaft entstandenen Lücken.

Durch geeignete Gesetzgebung ist die Gründung und das Betreiben von mittleren und kleinen Betrieben attraktiv zu gestalten. Dazu gehört auch die Berücksichtigung des existentiellen Wettbewerbs.

3. Zurückfindung zum Geld als Maßstab für Leistung, wirtschaftlichen Erfolg oder Mißerfolg. Schrittweiser Abbau der meisten Subventionen, wobei soziale Härten auszuschließen sind. Die Konvertierbarkeit der Währung muß das langfristige Ziel unserer Wirtschaftspolitik sein. In diesem Zusammenhang ist zu fragen, ob das in der Verfassung verankerte Außenhandelsmonopol des Staates noch seine Berechtigung hat.
4. Beseitigung heutiger Mißverhältnisse zwischen den produktiven und unproduktiven Kräften in der gesamten Wirtschaft, d. h. drastischer Abbau von Verwaltung und Bürokratie. In diesem Zusammenhang sehe ich eine entscheidende Senkung der Gemeinkosten, leistungsgerechte Gehälter im produktiven Bereich und Prämierung von Umschulungen.
5. Gehaltsreduktion oder Kündigung bei Personen, die durch schlechte Arbeitsmoral auf Kosten von Arbeitskollegen oder der Gemeinschaft leben.
6. Echte fachliche Leistung und charakterliche Eignung als Hauptmaßstab beruflicher Karriere, Entlohnung und Anerkennung. Für die Leitungskader ist Parteizugehörigkeit nicht mehr Bedingung.
7. Anpassung der marxistischen Ideologie an den menschlichen Charakter und die modernen Zeitverhältnisse. Der dadurch ausgelöste Wandel dürfte einen besonders großen Beitrag zur so notwendigen Motivation von Arbeitsmoral und Leistungswillen liefern.

Historische Augenblicke der Dimension, wie wir sie in diesen Wochen durchleben, sind selten, in ihrer Gewaltlosigkeit und Besonnenheit vielleicht einmalig.

Es ist eine Chance, und vielleicht die letzte, in unserem Teil Deutschlands zu einem menschlich würdigen und attraktiven Sozialismus zu finden. Ich warne daher vor halbherzigen Schritten.

Das Gebot der Stunde sind radikale Veränderungen in der Struktur von Wirtschaft und Gesellschaft.

Manfred von Ardenne

Schon in seiner Mitteilung vom 16. 11. 1989 bzw. zu Beginn der Debatte über die Regierungserklärung zur Polen-Reise des Bundeskanzlers und zur Entwicklung in der DDR zitiert der SPD-Bundestagsabgeordnete Egon Bahr die letzten drei Absätze aus vorstehender Rede. Er zieht aus meinen Worten die Schlußfolgerung: »Der Dialog und das Aufeinander-Hören zwischen Bundestag und Volkskammer beginnt, sich zu lohnen, und kann auch eine neue Dimension bekommen.«

Daß zum Zeitpunkt der höchsten Krise, Anfang November 1989, Dr. rer. oec. Hans Modrow zum Ministerpräsidenten der DDR bestimmt wurde, hatte mehrere Gründe: Seine schweren Meinungsverschiedenheiten mit Honecker und dem alten Politbüro sowie seine Forderung nach Reformen waren bekanntgeworden. Sein geschicktes und offenes Auftreten im Herbst 1989 vor den Fernsehkameras in Stuttgart hatte ihm viele Freunde in Ost und West gewonnen. Er war ein Wirtschaftler, der nicht nur die übliche Hochschulausbildung absolvierte, sondern auch die lebensnahe Ausbildung in der Praxis. So hat er beispielsweise 1963 den Beginn der Produktion unserer Elektronenstrahl-Mehrkammeröfen im VEB LEW Hennigsdorf in großen Serien miterlebt. Er hat dann über sechzehn Jahre als 1. Sekretär der SED-Bezirksleitung Dresden uns immer wieder bei Problemen unseres Instituts beratend und helfend zur Seite gestanden. In dieser Zeit habe ich ihn hoch schätzen gelernt als klugen und dynamischen Wirtschaftsstrategen, der die Fähigkeit besitzt, das Wesentliche sofort zu erkennen und dann schnell zu handeln. Die Lauterkeit seines Charakters ließ bald Empfindungen der Freundschaft zum Menschen

Modrow entstehen. Das zuletzt Gesagte kann ich auch für den Oberbürgermeister von Dresden, Wolfgang Berghofer, bekunden. Die Größe ihrer Leistung für uns wird sichtbar, wenn man den Vergleich zieht mit der Wende in Rumänien, wo in ihrer Bürgerkriegsphase etwa zwanzigtausend unschuldige Menschen im Dezember 1989 getötet wurden. In diesem Zusammenhang muß auch der Anteil der Kirche (Orte der Sammlung z. B. Kreuzkirche Dresden, Nicolaikirche Leipzig usw.) an der geistigen Vorbereitung der Wende sowie ihrem unblutigen Verlauf (Beschwichtigung und Mahnung zur Besonnenheit) in Dankbarkeit hervorgehoben werden.

Nach dem Sturz Honeckers war der Ministerrat unabhängig und hatte im Gegensatz zu früher weitgehende Entscheidungsfreiheit. Aber er trug damit auch die volle Verantwortung. Besonders Ministerpräsident Dr. Hans Modrow stand vor einer Fülle sehr schwerer Aufgaben, für deren Lösung es kaum Vorbilder gab. Kreativer Geist, Mut und Tatkraft zur Ablösung des Alten, kluge und schnelle Zuarbeit durch integre Personen des Nahbereichs sowie Beratung durch bewährte Fachkräfte aus allen beteiligten Gebieten waren von Nöten.

Am 1. 12. 1989 wurde der Beschluß gefaßt, den Führungsanspruch der SED aus der Verfassung zu streichen. In derselben Sitzung meldete ich mich in der Volkskammer erneut zu Wort und stellte in nachstehender Rede den Antrag auf Neugliederung der DDR in die fünf, 1952 aufgelösten traditionellen Länder. Dieser Antrag fand ein sehr starkes Echo in der Öffentlichkeit. Es war von großer Aktualität, weil eine Aufteilung nach den traditionellen Ländern eine Brücke bildete zu der immer intensiver diskutierten Konföderation beider deutscher Staaten. Weiter dürfte auch der Identitätszuwachs bei der Bevölkerung, der mit einer Länderbildung einhergehen würde, zum Echo beigetragen haben.

Meine verschiedenen Aktivitäten zur Durchsetzung von Reformen in der DDR hatten offenbar das Ohr unserer Bevölkerung erreicht. Das zeigte mir ein freundliches Erlebnis beim Verlassen der Volkskammersitzung am 11. 1. 1990. Dort hatte sich, organisiert von der Opposition, eine Menschenkette um die Volkskammer gebildet, welche die Abgeordneten beim Verlassen der Kammer für einige Zeit behinderte. Als ich mich dieser Kette gegenüber sah, ertönte von mehreren Stimmen: »Ach, Sie sind es, Herr Professor«, und die Kette öffnete sich.

Rede vor der Volkskammer 1. 12. 1989
Fraktion Kulturbund *Originaltext*

Sehr verehrte Abgeordnete!

Erlauben Sie mir drei kurze Bemerkungen:

1. Zur Veränderung der Wirtschaft:
Am 17. 11. 1989 wurde der neue Ministerrat vorgestellt. Durch Unabhängigkeit und weitgehende Entscheidungsfreiheit repräsentiert er heute die höchste Macht, und in seiner Hand liegt die Verantwortung für die anstehenden Wirtschaftsreformen. Beunruhigend ist, daß heute, nach 14 Tagen, noch nicht die Konturen einer Konzeption bei dem zuständigen Minister sichtbar geworden sind.

Bei dieser Einschätzung beziehe ich mich auf die Fernsehdiskussion am 28. 11. 1989. Haben wir doch gerade alle erlebt, wie infolge der schlechten Steuerung unserer Volkswirtschaft durch Dr. Mittag wir an den Rand einer Wirtschaftskatastrophe geführt worden sind. – Wann werden in diesem so wichtigen Bereich Kompetenz, Programm und Entscheidungswille sichtbar?

2. Zur Situation im Nahbereich der Minister:
Gegenwärtig ist in einigen Ministerien eine erschreckende Resistenz des alten Apparates gegenüber dem neuen Minister zu beobachten, zum Teil beispielsweise durch die stellvertretenden Minister und den Beamten der darunter liegenden Ebene.

Ich möchte diesen Ministern Mut machen, in ihrem Nahbereich energisch aufzuräumen und Männer ihres Vertrauens und ihres Denkens einzusetzen.

Lassen Sie mich in abgewandelter Form zitieren: »Wer dazu nicht die Kraft hat, den bestraft das Leben!«

3. Zur Verwaltungsreform:
Wir haben die Unzulänglichkeiten und den Mißbrauch der Zentralmacht auf allen Gebieten erlebt, in Wirtschaft, Kultur, Rechtsprechung usw.! Das Ziel ist jetzt Abbau der Zentralmacht und Erhöhung der Verantwortung im peripheren Bereich.

Das verlangt die Zerstörung der alten Verwaltungsstrukturen bei Reduzierung des Verwaltungsaufwandes. Hierzu erscheint es aktuell, sich auf die erste Verfassung der DDR vom 7. Oktober 1949 zu besinnen, in welcher die Aufteilung des Staates in Länder tief verankert war, in Länder, welche historisch und ethnisch gewachsen sind.

Ich zitiere Artikel 1 der ersten Verfassung der DDR:
»Deutschland ist eine unteilbare demokratische Republik; sie baut sich auf den deutschen Ländern auf.

Die Republik entscheidet alle Angelegenheiten, die für den Bestand und die Entwicklung des deutschen Volkes in seiner Gesamtheit wesentlich sind; alle übrigen Angelegenheiten werden von den Ländern selbständig entschieden.«

»Zur Vertretung der deutschen Länder wird eine Länderkammer gebildet.«

Heute glaube ich, daß 1952 die Abschaffung der Länder in unserer Republik auf dem Hintergrund der Machtphilosophie »Teile und herrsche!« erfolgt ist.

Eine Verwaltungsgliederung der DDR in die traditionellen fünf Länder brächte neben den verwaltungsmäßigen Vereinfachungen den Vorteil, daß die alten, weniger reformfreudigen Staatsstrukturen automatisch aufgelöst werden. Außerdem würde die Länderbildung unseren Menschen bei ihrer Identitätsfindung helfen.

Ich beantrage deshalb in Übereinstimmung mit nicht wenigen in dieser Sache Gleichgesinnten bei der Verfassungskommission im Rahmen der Verwaltungsreform eine Neugliederung der Deutschen Demokratischen Republik in die fünf traditionellen Länder.

So, wie sich durch die Öffnung der Grenzen das Leben aller Bürger der DDR grundlegend geändert hat, so ist in der Volkskammer durch den Fortfall der gefährlichen Kontrolle des vom Präsidium herabblickenden Politbüros der SED bei Abstimmungen für alle Abgeordneten ein tief empfundener Wandel eingetreten. Das Fenster mit Aussicht auf eine gute Zukunft ist für jung und alt weit geöffnet worden!

Manfred von Ardenne

*Aktivitäten und Ereignisse vor der Wahl
der neuen Volkskammer*

Für die Gesamtleistung unseres Instituts hat sich sehr positiv ausgewirkt, daß ich mit fortschreitendem Alter das Management des physikalisch-technologischen Bereichs ganz meinem Stellvertreter überließ und meine Kräfte auf unsere medizinische Forschung konzentrierte. Wir praktizierten beide seit zwanzig Jahren den militärischen Leitsatz »Getrennt marschieren, vereint schlagen«.

Bei einem Besuch des Ministerpräsidenten von Baden-Württemberg, Dr. Lothar Späth, am 30. 1. 1990 in unserem Institut, ging unser Gast besonders auf meinen Antrag in der Volkskammer auf Wiedereinführung der DDR-Aufteilung nach Ländern und auf Fragen der regionalen Zusammenarbeit ein. Ich benutzte die Gelegenheit, um personelle Hilfe aus der BRD bei einer der schwierigsten Fragen der Wende anzuregen. Es war der katastrophale Mangel an großen integren Persönlichkeiten mit Erfahrung und hohem Können für die leitenden Funktionen in unserem Staat, d. h. im Ministerrat, in den Ministerien, in unserer Industrie und Volkswirtschaft, im Ausbildungswe-

sen, in der Wirtschaft usw. Der Mangel war deswegen so stark, weil folgende Ursachen zusammenwirkten:
1. Viele der fähigsten Persönlichkeiten sind in den ersten Jahren nach Gründung der DDR aus unserem Lande von der SED vertrieben worden (Beispiele Genscher, Mischnick, Körber und sehr viele Industriemanager und Entwickler). In der stalinistischen Phase unmittelbar nach Kriegsende ist eine große Zahl von Industrieführern, Inhabern von Betrieben und Menschen in leitenden Positionen als politische Gegner ermordet worden. Das enthüllten die 1990 auf dem Boden der DDR entdeckten Massengräber.
2. In einem hohen Prozentsatz ist hochtalentierten Schülern höhere Schulausbildung verwehrt worden, weil sie keine Arbeiterkinder waren oder christlich erzogen wurden (Junge Gemeinde usw.).
3. Die Zulassung zum Hochschulstudium erfolgte bevorzugt an Absolventen, die (aus Karrieregründen) bereit waren, Mitglied der SED zu werden, und an solche Schüler, die möglichst in allen Fächern die Zensur 1 hatten (Auswahl der Untalentierten).
4. Die leitenden Stellungen in Wirtschaft, Industrie, Ministerien, Ausbildung usw. blieben fast ausschließlich nur Mitgliedern der SED vorbehalten. Nichtmitgliedern der SED war es daher unmöglich, Erfahrungen in der Leitung von Wirtschaft, Industrie und Ämtern zu sammeln.

Weil diese Ursachen über mehrere Jahrzehnte wirkten, hatte sogar Modrow bereits Schwierigkeiten, die Mitglieder seines Ministerrats günstig zu wählen. Die Mangel-Frage sollte unmittelbar nach der Wahl der neuen Volkskammer an erster Stelle gut gelöst werden. Da wir über Persönlichkeiten mit praktischen Erfahrungen mit der sozialen Marktwirtschaft nicht verfügten, war Hilfe aus der Bundesrepublik notwendig. Deshalb habe ich am 30. 3. 1990 in unseren Medien die schnelle Einladung erfahrener Fachleute als Berater empfohlen. Dann sollte es gelten, folgende Bereiche zu optimieren: Ministerrat, die Minister-Stellvertreter, die Helfer im Nahbereich der Minister,

Unser Tee-Nachmittag am Wahlsonntag, dem 18. 3. 1990. Von links: der frühere Intendant des Hamburger Opernhauses Professor Rolf Liebermann, Frau Hélène Liebermann, Manfred von Ardenne, Bettina von Ardenne, Dr. Kurt Körber und Frau Loki Schmidt.

die Leiter in den künftigen Länderverwaltungen sowie in Wirtschaft und Industrie.

In schwerer Sorge um die schnelle Lösung des vorstehenden Schlüsselproblems der Zukunft unserer Bürger habe ich mehrstündige Gespräche am 17. 2. 1990 mit dem Vorstand der SPD der DDR und am 28. 2. 1990 mit dem Vorsitzenden der CDU, Lothar de Maizière, geführt. Ferner übermittelte ich bei diesen Gesprächen im Auftrag von Dr. Körber seinen Vorschlag, aus dem Verkauf von Staatsbesitz 25 % in eine gemeinnützige Gesellschaft für soziale Leistungen einzubringen.

Der Wahlsonntag am 18. 3. 1990

Am »freien« Sonnabend vor dem großen Tag war es wieder turbulent bei uns zugegangen: mehrere unangemeldete Besucher.

Der historische »Adams Gasthof« in Moritzburg brauchte Hilfe, um wieder den Status eines Privatbetriebes zu erlangen. Ein Anruf meines Partners in der medizinischen Akademie Dresden, Prof. Fleischer, erfreute mich durch die Nachricht, daß vom Zentralen Gutachterausschuß beim Ministerium für Gesundheitswesen die Genehmigung für die Behandlung von Krebspatienten nach dem Konzept 1989 der systematischen Krebs-Mehrschritt-Therapie eingetroffen sei und daß bei ihm sechs noch gut konditionierte Krebspatientinnen mit beginnenden Metastasen für die Behandlungen bereit wären. Das war das lange erwartete grüne Licht für die klinische Erprobung meiner Therapie.

Am folgenden Tag, dem 18. 3. 1990, fanden die ersten freien und geheimen Wahlen in der DDR statt. Als wir früh das Wahllokal besuchten, fanden wir dort unsere Söhne Thomas und Alexander als Helfer vor. – Nachmittags hatten wir einige Freunde aus Hamburg zum Kaffee bei uns: Dr. Kurt Körber, den Intendanten Professor Rolf Liebermann und seine Frau sowie Loki Schmidt, die Frau des Alt-Bundeskanzlers Helmut Schmidt, der auch kommen wollte, dann aber aus Hamburg nicht mitgeflogen ist, weil ihm gesundheitliche Bedenken wegen der Interviewwünsche auf der abendlichen Wahlparty im Hotel Bellevue kamen. – Danach ging es um 18.00 Uhr gemeinsam zur Wahlparty. Dort hatte ich positive Gespräche zu wichtigen Institutsfragen mit unserem Oberbürgermeister Berghofer und dem Hamburger Oberbürgermeister Voscherau. – Dann, als die Wahlresultate eintrafen, mußte ich fünf Fernsehaufnahmen und sieben Interviews standhalten. Ich verstand das Fernbleiben von Helmut Schmidt.

Von den Wählerstimmen hatte die CDU 40,9%, die SPD 21,8% und die PDS 16,3% erhalten. Der Zorn unserer Bürger über vierzig Jahre linker SED-Zwänge hatte das Pendel weit nach rechts ausschlagen lassen. So wurde dieser Wahltag ein wichtiger Schritt zur Einheit Deutschlands.

Wer nach dieser Wahl, so war meine feste Überzeugung, noch unsere Heimat verläßt, der erkennt nicht die Zeichen der Zeit. Er sieht nicht, welch fruchtbares Feld er verläßt. Er bemerkt nicht, wie sehr seine Kräfte dazu beitragen könnten, den trotz ungeahnter, größter Schwierigkeiten voraussehbaren wirtschaftlichen Aufstieg bald zu erleben und mit außerordentlichen Vorteilen daran zu profitieren.

Damit diese Zukunft schnell zur Gegenwart wird, ist es notwendig, daß wir alle gemeinsam nach dem bekannten Mahnspruch von Albert Matthäi in den »Reden an die Deutsche Nation« unser Leben führen:

»Und handeln sollst du so, als hinge von dir und deinem Tun allein das Schicksal ab der deutschen Dinge und die Verantwortung wäre dein!«

Mögen die nachstehenden, an meine jüngeren Leser gerichteten Worte möglichst viele heranwachsende Talente an eine glückliche Lebensbahn heranführen und ihnen dabei helfen, daß sie in ihrem schweren beruflichen Wettkampf mit den geistigen Schrittmachern des Auslandes höhere Plätze erringen.

Mehr geben als nehmen:
Einige Leitsätze für
erfolgreiche und harmonische Lebensführung

Im Zurückschauen möchte ich versuchen, etwas von den Prinzipien der Lebensführung und Lebenskunst zu erkennen, die ich bewußt oder unbewußt befolgt habe und die mir bei der glücklichen Gestaltung meines Weges halfen. Diese will ich besonders den jüngeren unter meinen Lesern zurufen, obwohl ich eigentlich immer wieder gesehen habe – auch bei meinen eigenen Kindern –, daß guter Rat erst dann ernsthaft befolgt wird, wenn eigene, oft teuer erkaufte Lebenserfahrung ihn bestätigt hat.

Eine gute Gesundheit ist Voraussetzung für kraftvolles Tun, weil Energiemangel, das heißt Sauerstoffmangel des Organismus, die Ursache für viele Krankheiten, Leiden, Krisen und Beschwerden ist. Daher kommt es schon zur Verhinderung des Krankwerdens darauf an, für einen guten Energiestatus des Körpers zu sorgen. Das Mittel dafür ist in den jüngeren Jahren des Lebens der Sport. Ein euren späteren Jahren wird die Entwicklung der Medizin eine große Zahl von speziellen Zentren für Sauerstoff-Mehrschnitt-Therapie zur Verfügung stellen, in denen ein abgesunkener Energiestatus anhaltend mit wenig Zeitaufwand wieder angehoben werden kann.

Entwickelt bei allen Dingen des Lebens einen unversiegbaren Optimismus, denn »sich im voraus kränken, heißt, der entfernten Not zur Ankunft Flügel schenken«!

Habt stets eine heitere Einstellung zum Leben und seinen Zwischenfällen! Sorgt für Harmonie in den engeren Lebensbezirken!

Laßt nie eine ernste Differenz über die Nacht andauern!

Denkt stets daran, daß Einigkeit und, wenn es nottut, gegenseitige Hilfe in der Familie zu den stärksten Kraftquellen im Lebenskampf gehören. Niemals sollten hier kleinliches Denken oder Neid als Störfaktoren auftreten!

Wenn ihr mit oder ohne Schuld anderen Menschen Leid zugefügt habt, so versucht, durch vermehrte Güte und Liebe diese Tatsache schnell zu kompensieren!

Seid einfach und natürlich! Erringt wertvolle Freunde und haltet ihnen die Treue.

Verträumt nicht euer Leben, sondern erlebt eure Träume!

Sucht euch große Vorbilder, studiert ihr Leben und versucht, ihnen nachzueifern!

Nutzt jede Stunde so aus, daß ihr sie später gut verwendet findet.

Handelt immer so, daß ihr euch nicht zu schämen braucht, würde euer Handeln im Blickfeld der Öffentlichkeit stehen!

Vergeßt nie, daß wegen der großen Aufnahmefähigkeit des jungen Gehirns die Freizeit im jugendlichen Alter sehr viel kostbarer ist als im späteren Leben!

Verschwendet eure Zeit nicht, sondern verwendet sie zum Lernen! Nutzt sie zum Lesen guter, belehrender und bildender Bücher, zum Anhören von Fachvorträgen, zum Basteln oder zum Experimentieren, wo sich nur Gelegenheit dazu ergibt!

Man wird in der Regel nur das im Leben mehr erreichen, was man selbst mehr leistet.

Unterscheidet Wesentliches von Unwesentlichem!

Wählt große Aufgaben. Aber sie müssen Forderungen der Zeit entsprechen und müssen im Rahmen der nationalen Strukturen von Wissenschaft und Wirtschaft durchführbar sein.

Wo die Menschen nicht mehr hinsehen und was jedermann für fertig geklärt hält, verdient oft am meisten, untersucht zu werden.

Verfolgt mit hartnäckigem Fleiß, immer besseren Ideen und zäher Ausdauer das einmal gesteckte Ziel, bis ihr es erreicht habt! Nur die Tat zählt!

Beobachtet mit großer Sorgfalt (Messungen!) die Natur, studiert die Beeinflußbarkeit von Naturvorgängen und was die Natur zuläßt. Wo die Natur nicht will, ist die Forschung umsonst!

Haltet einer einmal für richtig erkannten Sache die Treue!

Versucht, euren Lebensberuf so zu wählen, daß er euren Neigungen nahekommt!

Resigniert nie, sondern tragt durch Initiative, konstruktive Kritik und schöpferisches Handeln zur Beseitigung von Unvollkommenheiten und zum Fortschritt bei!

Wenn ihr etwas für euch Neues kennenlernt, so betrachtet es nie als eine abgeschlossene Entwicklung, sondern mit der geistigen Grundhaltung: »Alles ist verbesserbar, alles läßt sich noch weiter optimieren!« Bringt dann, wenn es sich lohnt, Mut und Kraft zur schöpferischen Tat auf!

Nehmt nicht Partei, um eure Karriere zu beschleunigen, sondern aus tiefer innerer Überzeugung. Seid Vorbild durch große Leistungen und Taten, dann beschleunigt ihr auf ehrliche, dauerhafte Weise eure Entwicklung!

Trefft eine notwendige Entscheidung sofort!

Habt Mut zum Erleben!

Empfindet Freude auch an kleinen Dingen!

Nutzt, was die Gegenwart euch bietet. Trauert nicht um Versäumtes, denn Vergangenes ist nicht mehr zu ändern!

Zeigt Güte und menschliche Wärme, besonders gegenüber Schwächeren! Zeigt echte Bescheidenheit, innerlich und auch im äußeren Auftreten! Talent haben ist kein Verdienst, sondern eine Gnade!

Habt Ehrfurcht vor der Weisheit des Alters und vor dem Großen, das euch immer wieder in der Natur und bei den Menschen begegnet!

Seht ein hohes Ziel darin, in den beruflichen und den privaten Lebensbezirken immer mehr zu geben als zu empfangen, denn gerade dieser für die Umwelt unerwartet kommende Überschuß ist es, der als Glück auf eure eigene Lebensbahn zurückstrahlt!

Ich bin davon überzeugt:

Nach Jahrhunderten nationalistischer Irrungen mit unzähligen Kriegen könnte Europa jetzt endlich einer heilen, friedlichen Zukunft entgegengehen. Voraussetzung hierfür wäre allerdings, daß die Großmächte mit dem Ziel zusammenwirken, niemals mehr mit Gewalt die politischen Fragen zu entscheiden. Der Zusammenschluß der Großmächte in dieser Frage sollte im Laufe der Zeit zu einer Art Weltregierung führen. Das Beispiel Jugoslawien zeigt, daß es trotz der Machtfülle der Großmächte nicht gelingt, Kriege bei der Lösung regionaler Probleme auszuschalten oder abzustoppen. Ein Weg zur Verhinderung von Kriegen würde ein internationales Abkommen sein, welches die Herstellung, Speicherung und den Verkauf von Waffen für Länder außerhalb der Grenzen der Großmächte verbietet und bestraft. 1889 schrieb Bertha von Suttner ihr mahnendes Buch »Die Waffen nieder« – unverstanden in einer hochgerüsteten Welt. Möge diese Mahnung zum Kennzeichen der Menschheitsentwicklung im kommenden Jahrtausend werden.

Und am Ende noch eine Mahnung zu wohlabgewogener Härte in Gestalt des bekannten Goethe-Wortes:

>Allen Gewalten
>Zum Trutz sich erhalten
>Nimmer sich beugen
>Kräftig sich zeigen
>Rufet die Arme
>Der Götter herbei!

5. Buch
Die Jahre nach der Wiedervereinigung Deutschlands
1990–1995

Die Wende als Katastrophe für unser privates Forschungsinstitut

Vor der Wende entstanden in unserem Forschungsinstitut viele wirtschaftlich bedeutungsvollen Innovationen, insbesondere in den Bereichen Elektronenphysik, Ionenphysik, Plasmaphysik, Vakuummetallurgie und Beschichtungstechnik, Medizintechnik und Medizin. Die hohe Innovationsdichte in unserem Institut mit seinen 500 Mitarbeitern mag darauf zurückzuführen sein, daß wir in unserem Privatinstitut auch in der DDR-Zeit die Arbeitsthemen oft nach Intuition oder durch Selektion von Kundenwünschen frei wählen konnten, manche marktwirtschaftlichen Prinzipien in unserem Management bereits anwendeten und uns nicht zuletzt ein außergewöhnlich gutes Arbeitsklima erhalten konnten. Dies führte dazu, daß die Produktionsergebnisse und Auswirkungen unserer Anlagen und Entwicklungen in der Volkswirtschaft der DDR, wie schon erwähnt, etwa 1,3 Mrd. Mark jährlich erreichten. Dazu ein Blick auf den Staatshaushalt: 1987 z. B. betrug er 260 Mrd. Mark, zu denen die volkseigene Wirtschaft rd. 80 % beisteuerte. Der private Charakter unseres Forschungsinstituts, noch mehr aber seine einzigartige wirtschaftliche Effizienz, waren ein Einzelfall in der DDR und gaben uns ein sicheres Fundament.

Die Finanzierung unserer Arbeiten erfolgte hauptsächlich durch Entwicklungsaufträge aus der volkseigenen Industrie. Zur Zeit der Wende betrug die Höhe der Aufträge etwa 140 Mill. Mark. Unsere wissenschaftliche Forschung wurde durch das Ministerium für Wissenschaft und Technik und das Ministerium für Gesundheitswesen der DDR mit Beträgen von etwa 2,5 Mill. Mark jährlich finanziert. Hinzu kamen noch die Einnahmen aus Exporten nach den USA, Japan, Indien usw. Aber die Exporteinnahmen waren von untergeordneter Bedeutung und wurden zudem in DDR-Währung ausgezahlt.

Eine DDR-spezifische, sehr ungewöhnliche Belastung bildete der extrem hohe Lagerbestand an Material und Bauteilen, der notwendig war, um kurze Lieferzeiten zu sichern. Die umfangreichen Lagerhaltungen zwangen zu hohen Bankkrediten. Dieser Umstand wurde uns bei der Wiedervereinigung zum Verhängnis. Nach der Wende konnten Bauteile und Materialien aus DDR-Zeiten nicht mehr eingesetzt werden und mußten deshalb nahezu auf Null abgewertet werden. Demgegenüber blieben die Verpflichtungen gegenüber der Bank erhalten und beliefen sich auf ca. 7,5 Mill. DM (Altschulden) – ohne Gegenwert.

Die Wende die wir herbeigesehnt hatten, wurde für uns zu einer wirtschaftlichen Katastrophe. Dem Zusammenbruch der ehemaligen volkseigenen Industrie folgte die einseitige Aufkündigung nahezu aller, zumeist längerfristig abgeschlossenen Verträge. Neue Aufträge kamen gar nicht erst zustande. Bestehende Forderungen aus erbrachten Leistungen wurden von unseren früheren Vertragspartnern nur noch zu einem geringen Teil beglichen. Das Ministerium für Wissenschaft und Technik sowie das Ministerium für Gesundheitswesen der DDR stellten Tätigkeit und Zahlungen ein. Ungeachtet dessen waren die Gehaltszahlungen für 500 Mitarbeiter zu leisten, Banken verlangten die Verzinsung und Sicherung der Tilgung der 7,5 Mill. Mark Altschulden. Die Entlassung von etwa 300 Mitarbeitern, zu der wir uns schweren Herzens entschließen mußten, erforderte eine Abfindung in Höhe von 1,5 Mill. DM.

Alles zusammengenommen standen wir 1990 in einer tiefen Talsohle, aus der man nur durch fremde Hilfe herauskommen konnte – so schien es jedenfalls.

In den ersten Monaten nach der Wirtschafts-, Währungs- und Sozialunion der beiden deutschen Staaten zum 1. Juli 1990 waren wir noch der Auffassung, daß die Politiker, welche die gesetzlichen Regelungen für die Vereinigung erarbeiteten, nicht nur über die Fortführung aussichtsreicher volkseigener Betriebe nachdenken würden, sondern daß auch die privaten Unternehmen bei den Überlegungen Berücksichtigung finden würden. Man schuf zwar noch zu DDR-Zeiten die Treuhandanstalt, um den Übergang der 8000 volkseigenen Betriebe in die private Wirtschaft zu realisieren, der oft genug mit einer Reduzierung der auf den Betrieben liegenden Altschulden verbunden war. Für die Altschuldenproblematik der privaten Unternehmen hatten die Politiker jedoch keine vergleichbare Regelung geschaffen.

Wir standen der paradoxen Situation gegenüber, daß die privatwirtschaftlich orientierte Bundesrepublik umfangreiche Maßnahmen zur Privatisierung volkseigener Betriebe ergriff, die wenigen privaten Unternehmen, welche die verschiedenen Verstaatlichungswellen der DDR-Wirtschaft überlebt hatten, aber mit ihren Existenzproblemen allein ließ.

Ich möchte hier klar herausstellen, daß die Altkreditschulden der privaten Unternehmen der ehemaligen DDR nicht das Resultat eines wirtschaftlichen Fehlverhaltens dieser Unternehmen waren, sondern der Mangelwirtschaft zuzuschreiben waren.

Die Anpassung an die Marktwirtschaft
Helfer aus der Not: die Nutzung von Innovationen

Bei der geschilderten Krisensituation verlor ich nicht den Mut, weil ich zunächst der Auffassung war, daß die Regierung der Bundesrepublik, der die neugegründeten Länder und damit die

DDR im Oktober 1990 beitraten, alles tun müsse, um Entstehen und Nutzung von kreativen Innovationen zur Bekämpfung der neuen Arbeitslosigkeit und insbesondere der Jugendarbeitslosigkeit zu unterstützen. Ich erwartete deshalb schon mit dem Blick auf diesen Problemkreis Kontaktaufnahme und Förderung durch die in Bonn zuständigen Persönlichkeiten. Diese Annahme war falsch, es regte sich kein Interesse, es kam zu keinem Treffen. Wir standen alleingelassen auf weiter Flur.

Glücklicherweise erlaubten die zahlreichen, über die Jahrzehnte durch Kauf erworbenen Institutsgrundstücke am Weißen Hirsch die Absicherung hoher Bankkredite. Deshalb konnten wir die Anpassung an die Marktwirtschaft nach eigenen Auffassungen vornehmen. Die Belegschaft des Institutes von vormals 500 wurde auf etwa 220 Mitarbeiter reduziert. Diese Mitarbeiter verteilten sich auf die drei neuen Ardenneschen Unternehmen:

– Forschungsinsitut von Ardenne OHG
  Geschäftsführer: Dr. Thomas von Ardenne
– Von Ardenne Anlagetechnik GmbH
  Geschäftsführer: Dr. Peter Lenk
– Von Ardenne Institut für Angewandte Medizinische Forschung GmbH
  Geschäftsführer: Prof. Manfred von Ardenne und Dr. Alexander von Ardenne.

sowie die
– Fraunhofer-Einrichtung für Elektronenstrahl und Plasmatechnik.

Die Verwertung kreativer Innovationen, über die wir in großer Zahl als geistige Reserve verfügten, hohe Motivation der Mitarbeiter und eine flankierende Vermietung unserer Immobilien führten zu einer Stabilisierung in der schwierigen Übergangsphase. Insbesondere durch die Von Ardenne Anlagentechnik GmbH wurden rechtzeitig bedeutende neue Aufträge aus westlichen und fernöstlichen Ländern akquiriert. Dadurch entwickelte sich dieser Bereich sehr schnell zu einer tragfähi-

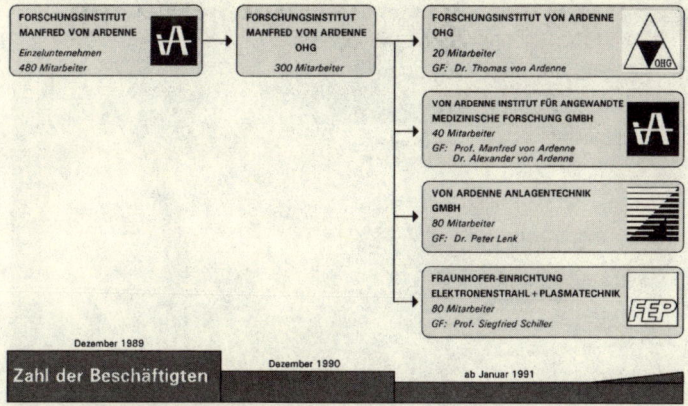

Anpassung des Forschungsinstituts Manfred von Ardenne an die Bedingungen der Marktwirtschaft

gen Stütze, die das Überleben des technisch-physikalischen Sektors unserer neuen Unternehmen sicherte.

Für die Bundesrepublik Deutschland
Die Von Ardenne Anlagentechnik GmbH

In die Von Ardenne Anlagentechnik GmbH mit meinem Freund und Mitarbeiter seit 1962, Dr. Peter Lenk als Geschäftsführer wurden 60 besonders erfahrene und mit unserer wissenschaftlich-technischen Tradition gut vertraute Mitarbeiter des alten Institutes übernommen. In unseren besonders schweren Jahren von 1990 bis 1995 hat diese Gesellschaft mit der Entwicklung von technologisch anspruchsvollen Anlagen durch ihre Produktion und durch Exporte so erfolgreich gearbeitet, daß sie entschieden bei der Überwindung unserer finanziellen Krise helfen konnte und 1996 sogar in Weißig, 6 Kilometer entfernt vom Weißen Hirsch, auf einem 3200 m^2-Grundstück eine weitere Betriebsstätte errichten mußte.

Der Geschäftsführer der Von Ardenne Anlagentechnik GmbH, Dr. Peter Lenk, ist gleichzeitig Physiker mit jahrzehntelanger Erfahrung in unserem Institut und Wirtschaftswissenschaftler.

1996 erhöhte sich die Produktion und Auftragslage so stark, daß die in Weißig erworbene große Halle nicht mehr ausreiche und eine Grundstückserweiterung erforderlich wurde.

Die schnelle Entwicklung unserer Von Ardenne Anlagentechnik GmbH beruhte auf der Verwertung von Innovationen hoher wirtschaftlicher Bedeutung, die als Reserve aus früherer Zeit bereitstanden. Hierzu gehörte die Aufbringung von Vielfachschichten mit außergewöhnlichen optischen, thermischen und mechanischen Eigenschaften und bestimmten Strukturen auf beliebige Träger im Vakuum. Aber auch die Herstellung von Elektronenstrahlkanonen mit Strahlleistungen bis zu 1200 kW für die Gewinnung hochreaktiver bzw. hochschmelzender Metalle in Elektronenstrahl-Mehrkammeröfen hatte international ihre Bedeutung unverändert erhalten. Zu etwa 80 % war

Das Sputtersystem LS 440S: eine der von der »Von Ardenne Anlagentechnik GmbH« hergestellten elektronenstrahl- und plasmatechnologischen Anlagen.

unsere Von Ardenne Anlagentechnik GmbH schon nach kurzer Zeit mit bedeutenden Exportaufträgen ausgelastet. Wir konnten schon bald nach der Wende aus eigener Kraft den ausscheidenden Mitarbeitern die gesetzliche Abfindung von etwa 1,5 Mill DM zahlen und die verbliebenen 4,5 Mill. DM Altschulden ablösen. Auf diesem Hintergrund und unterstützt durch Lieferungen unserer IRATHERM 2000- und IRATHERM 1000-Anlagen für Ganzkörper- bzw. moderate Hyperthermietechnik konnte auch die Gesellschaft Von Ardenne Institut für Angewandte Medizinische Forschung GmbH mit ihrer Klinik am Hang des Weißen Hirsches in Dresden ausgebaut werden.

Als erfreuliche Zwischenbilanz der Von Ardenne Anlagentechnik mag gelten, daß bei uns der Bau von elektronenstrahl- und plasmatechnologischen Großanlagen heute in der Bundesrepublik etwa den gleichen Umfang hat wie in der DDR-Zeit. Hoffnungen auf eine besonders starke weitere Entwicklung habe ich für die nächste Generation: Es ist die Produktion von umweltfreundlichen Beschichtungsanlagen für die Herstellung von Großflächen-Solarzellen mit hohem Nutzeffekt und großer Klimabeständigkeit.

Für die Gesamteinheit unserer Gesellschaften sind gegenwärtig viele aussichtsvolle Vorhaben eingeleitet oder konkret mit Partnern geplant, so daß wir mit großen Erwartungen und voller Hoffnungen unserer Zukunft entgegensehen.

Entwicklungen im Bereich der Von Ardenne Institut für Angewandte Medizinische Forschung GmbH

Im Jahre 1991, dem ersten Wirtschaftsjahr unserer neustrukturierten Unternehmen haben wir in unserer »Medizin GmbH« die Klinik für systemische Krebs-Mehrschritt-Therapie in Betrieb genommen. Damit waren drei Bereiche gegeben: die Biomedizinische Technik, die klinische Forschung und die Klinik. Der Bereich Biomedizinische Technik hatte insbesondere zur Aufgabe, Geräte und Apparaturen zu entwickeln und zu produzieren, die zur Durchführung der in unserem Institut entstandenen Therapien notwendig sind.

Ich habe die Hoffnung, daß mit fortschreitender Zeit durch Fertigung und Verkauf von unseren IRATHERM 2000- und IRATHERM 1000-Hyperthermieanlagen die gegenwärtigen Probleme bei der Finanzierung unserer medizinischen Forschung behoben oder wenigstens gemildert werden. Erste Zeichen in dieser Richtung deuten sich durch ein stetig wachsendes Interesse von Medizinern an unseren Hyperthermietechniken an.

Im Jahre 1993 eröffneten wir als vierten Bereich ein »Zentrum für Sauerstoff-Mehrschritt-Therapie«. Freunde und Bekannte drängten mich, als Inaugurator dieser inzwischen weit verbreiteten Behandlungsmethode, am Ursprungsort einen

Standard zu setzen. Dieser Wunsch nach Gründung eines SMT-Zentrums an unserem Institut fiel insbesondere deshalb auf fruchtbaren Boden, weil sich Informationen mehrten, daß vielerorts die Sauerstoff-Mehrschritt-Therapie (SMT) in einer Programmierung und Form angeboten wird, die nicht mit unseren wissenschaftlichen Erkenntnissen übereinstimmt. Durch unser SMT-Zentrum haben wir Patienten und Kurenden eine preiswerte Möglichkeit zur Nutzung dieser Therapie eröffnet, natürlich unter medizinischer Betreuung durch langjährig erfahrenes Fachpersonal. Unsere Patienten kommen inzwischen nicht nur aus unserer Dresdner Umgebung, sondern deutschlandweit und inzwischen auch aus dem Ausland zu uns.

Die Finanzierung der Arbeiten und der durchaus bescheidenen Gehälter meiner Mitarbeiter allein aus den eigenen Leistungen heraus bereitete im Bereich der Medizin erhebliche Schwierigkeiten. Wohl konnten die Kosten der Klinik durch die Behandlung von Krebspatienten nahezu gedeckt werden, der Verkauf von medizintechnischen Einrichtungen lief jedoch erst an. Die Forschung an der Weiterentwicklung unserer Therapie, die naturgemäß nur Ausgaben bedeutete, mußte aber stark gedrosselt werden.

Es war befremdend für mich, zu erleben, wie andere Krebsforschungsvorhaben in Deutschland mit großen Beträgen unterstützt wurden und unsere Arbeiten, deren Ergebnisse doch den Krebspatienten in vielen Fällen bereits unmittelbar zugute kamen, von offizieller Seite keine Unterstützung fanden. Vorstöße beim Bundesministerium für Forschung und Technologie und bei der Deutschen Krebshilfe im Jahre 1990 mit der Bitte um Unterstützung blieben damals erfolglos.

In Kenntnis dieser Situation gründeten wir noch 1991 eine gemeinnützige »Manfred von Ardenne Forschungsförderungsgesellschaft e.V.« mit dem Ziel, Finanzmittel zu erschließen, um im Rahmen klar formulierter Projekte die Forschung zur systemischen Krebs-Mehrschritt-Therapie fortzuführen. Da wir jede öffentliche Kampagne ablehnten, galt es, Mäzene, Stiftungen oder einfach Menschen zu finden, deren Vertrauen in unsere medizinischen Leistungen gewonnen werden konnte. Hier sind stellvertretend die Namen Luigi Colani, Margot und Gerhard Neef/Karlsruhe, die Bahlsen-Stiftung und Herr Johnen/Aachen zu nennen, die uns in ungewöhnlicher Weise unterstützten. Im Frühjahr 1992 hatten wir eine schicksalhafte Begegnung mit Hans-Peter Krämer/Köln, einem weit über seine Tagesaufgaben als Volkswirtschaftler hinausschauenden Menschen. Er erkannte bereits nach wenigen Stunden Diskussion mit unserer Dresdner Gruppe, daß hier eine neue Möglichkeit zur Behandlung von Krebskranken heranreift. Durch seine Aktivität und die unermüdliche Sekundanz seiner klugen Frau kam es zu einer permanenten Unterstützung unserer Krebsforschung durch die Kölner JÖSTER-Stiftung und die Gründung einer zweiten Klinik für sKMT im Sommer 1994 in Köln. Leider haben sich die Ziele dieser Klinik mit den zu uns gestoßenen Medizinern nicht verwirklichen lassen, so daß sie im April 1996 wieder geschlossen werden mußte.

Die finanziellen Mittel, die nunmehr in der Forschungsförderungsgesellschaft bereitstanden, haben uns darin bestärkt, die Forschungen zur systemischen Krebs-Mehrschritt-Therapie fortzusetzen, wenngleich gezwungenermaßen auf niedrigerer Flamme. Beim Rückblick aus dem Jahre 1996 kann eingeschätzt werden, daß etwa 25% der ausgegebenen Forschungsmittel durch die Fördergesellschaft abgedeckt wurden, den Rest finanzierten die Familien von Ardenne aus unerfreulich wachsenden Bankkrediten heraus.

Im Bereich unserer biomedizinischen Technik lag die Sache ganz anders. Dort wurden wir als mittelständisches Unternehmen vom Sächsischen Staatsministerium für Wirtschaft und Arbeit unter Leitung von Minister Schommer gefördert. Diese unverzichtbare Förderung ermöglichte Grundlagenuntersuchungen als Basis von Weiterentwicklungen zu unseren Hyperthermieanlagen. Mit Dankbarkeit können wir heute feststellen, daß auch das Sächsische Staatsministerium für Soziales, Gesundheit und Familie uns mit Rat und Tat zur Seite stand. Für wissenschaftliche Beratung und Hilfen in diesen

Im Kreise meiner Kinder: (von rechts) Beatrice Döhler, Alexander, Hubertus und Thomas von Ardenne.

Jahren sind wir den Professoren Otto Westphal (Montreux), Peter Vaupel (Mainz), Hermann Druckrey (verst., Freiburg), Peter Altmeyer (Bochum), Roland Felix (Berlin), Hanno Riess (Berlin) sowie Priv.-Doz. Dr. Peter Wust (Berlin) und Dr. Dr. Dieter Hager (Bad Bergzabern) zu großem Dank verpflichtet.

Meine ältesten Söhne Thomas und Alexander
stellen sich erstmals für Führungsaufgaben zur Verfügung

In der DDR-Zeit hatten meine beiden ältesten Söhne es strikt abgelehnt, Leitungsfunktionen im Institut zu übernehmen. Um von den politischen und wirtschaftlichen Funktionären als gleichwertige Partner akzeptiert zu werden, wäre ihr Eintritt in die SED Voraussetzung gewesen. Dieser Schritt war für meine Söhne unakzeptabel, und so arbeiteten sie ca. 20 Jahre erfolgreich im technisch-physikalischen Bereich des Instituts als Entwickler und Projektleiter. Nach der Wende standen sie zur Übernahme von Leitungsfunktionen zur Verfügung und ich konnte sie als Geschäftsführer für unsere OHG (Dr. Thomas von Ardenne) und unser Institut für Angewandte Medizinische Forschung (Dr. Alexander von Ardenne) gewinnen. Somit wechselte mein Sohn Alexander, wie früher auch ich, von der Physik in die Medizin. Für den außergewöhnlichen Einsatz meiner beiden Söhne bei der Bewältigung der auch für sie neuen Aufgaben bin ich sehr dankbar.

Innovationen als Maßnahme gegen Arbeitslosigkeit

In neuester Zeit beschäftigen mich häufig Gedanken zur Lösung zweier komplizierter und sehr aktueller sozialer Probleme. Es sind dies Überlegungen zur Förderung des Entstehens von Innovationen als wesentlicher Beitrag zur Bekämpfung der Arbeitslosigkeit sowie Gedanken zur künftigen Mitfinanzierung von Altersrenten durch von den Rentnern weiterhin selbst erbrachte Leistungen.

Die seit Jahren immer noch weiter wachsende hohe Arbeitslosigkeit von zur Zeit über 4 Mill. Menschen in Deutschland ist ein Alarmsignal, das Taten und gemeinsame Anstrengungen ungewöhnlicher Art herausfordert. Betroffen sind von der Arbeitslosigkeit vor allem die älteren Mitbürger, aber auch unsere junge Generation.

Die europaweite Arbeitslosigkeit resultiert aus dem Zusammenwirken vieler Ursachen. Der Mangel an Arbeitsplätzen ist auch eine der Folgen der Fortschritte auf dem Gebiet der Automatisierungstechnik (Zurückdrängung der körperlichen Arbeit), der Computertechnik (Erleichterung der geistigen Arbeit) und in Deutschland auch Folge der Wende. Es ist anzunehmen, daß die negativen arbeitsplatzpolitischen Auswirkungen der fortschreitenden Automatisierungs- und Computertechnik in der Zukunft noch zunehmen.

In der DDR hatte sich vollends in der zweiten Hälfte der 80er

Jahre zunehmend gezeigt, daß die vermeintliche soziale Stabilität mit der Auszehrung und dem Niedergang der ökonomischen Substanz erkauft war. Zum Zeitpunkt der Wende erwies sich die Hoffnung auf die osteuropäischen Märkte als Hauptabnehmer der Industrieproduktion und auch auf die Westmärkte als Trugschluß. Unsere ostdeutsche Wirtschaft brach weitgehend zusammen und war meist nicht in der Lage, jetzt die Löhne und Gehälter in DM zu erwirtschaften. Auch die Milliarden-Unterstützungen aus den westdeutschen Ländern vermochten die Folgen direkter oder verdeckter Arbeitslosigkeit nicht hinreichend zu mindern.

8000 ehemals staatseigene und volkseigene Betriebe, über 40 000 Betriebsstätten mit vier Millionen Beschäftigten standen im Jahre 1990 zur Privatisierung an. Bekanntlich lautete das Fazit nach viereinhalb Jahren Tätigkeit der Treuhandanstalt, daß rund die Hälfte der Beschäftigten umgesetzt oder »freigesetzt« wurde. Nahezu 20 % fanden, wenigstens zunächst, keinen neuen Arbeitsplatz. Aber hohe Investitionszusagen bei der Privatisierung und 1,5 Millionen Arbeitsplatzzusagen bereiteten den Boden für eine Aufwärtsentwicklung der Ostwirtschaft mit modernen Fertigungsstrategien.

Welches gewaltige Ausmaß und welche einschneidenden Auswirkungen für die Menschen in den neuen Bundesländern auf dem Territorium der ehemaligen DDR die Veränderungen des Wirtschaftssystems hatten, sei auch mit den folgenden Daten in Erinnerung gerufen: Bis Ende 1994 wurden rd. 14 500 Betriebe und Betriebsteile verkauft, davon über 800 an ausländische Investoren. In der Regel waren die ehemaligen Kombinate und VEB-Unternehmen dafür in neue kleinere Strukturen aufgelöst worden. Über 80 % der verkauften Unternehmen gingen an mittelständische Firmen, 4300 an frühere Eigentümer. Über 3600 Betriebe wurden stillgelegt. Der Einnahmen/Ausgabensaldo, d. h. das Gesamtdefizit der Treuhandanstalt, somit die Leistungen aller deutschen Steuerzahler beliefen sich Ende 1994 auf etwa 270 Mrd. DM. Bewundernswert und ermutigend bleibt trotz aller Unzulänglichkeiten, Kritikpunkte und persönlicher Opfer, wie die ehemaligen DDR-Bürger sich der neuen Situation einer freien Marktwirtschaft stellten und was in ganz Deutschland bis heute dafür geleistet wurde. Die Transferleistungen von West- nach Ostdeutschland seit 1990 dürften bald 1 Billion DM erreicht haben.

Aber es bleibt auch jenseits der deutschen Sondersituation im Gefolge der Einheit eine Fülle noch zu lösender Probleme. Man versetze sich in den durch Verzweiflung geprägten Seelenzustand eines jungen Menschen, wo immer in Deutschland, der die Schule durchlief, sein Abitur absolvierte, dann mit großem Einsatz im Laufe von mehreren Jahren seine Berufsausbildung bzw. sein Studium an der Universität abgeschlossen hat und aus der negativen Reaktion auf viele Dutzend Bewerbungsschreiben erkennen muß, daß er für längere Zeit arbeitslos sein wird. Tiefe Depressionen und Gefühle der Nutzlosigkeit sind die Folge, und nicht selten liegt in diesen Zusammenhängen auch die Quelle für Terrorismus, Jugendkriminalität und Drogensucht. Auch für Ältere, welche die Aufgabe haben, für Frau und Kinder zu sorgen und ihnen eine gute Zukunft zu gestalten, führt länger anhaltende Arbeitslosigkeit oft zu einem Leben ohne Hoffnungen und mit Fehlhandlungen. Die Bekämpfung der Arbeitslosigkeit muß daher zu den Hauptproblemen der gegenwärtigen Politik, von Wirtschaft und gewerkschaftlichen Aktivitäten gehören.

Ein Problem besonderer Art ist die gegenwärtig zu beobachtende Arbeitslosigkeit auch unter dem akademischen Nachwuchs. Die Aussicht, nach Abschluß des Studiums keine Arbeit auf dem studierten Fachgebiet zu erhalten, überschattet bei vielen Studenten schon heute das Studium. Bei der großen Zahl der Studierenden ist durch die Vermassung des Studiums der enge Kontakt zu den Professoren und Lehrern meist verlorengegangen. Die Gemeinschaft steht vor der Frage »Wie kann dieser Entwicklung abgeholfen werden?«, und der Einzelne steht dann vor der Frage »Wie kann ich mir helfen?«

Ein Weg, der mit hoher Wahrscheinlichkeit zur Lösung des persönlichen Problems führt, sind außergewöhnliche Leistungen, die zu allen Zeiten, aber erst recht in schwierigen Zeiten gefragt sind. Aus der Erfahrung ist zu lernen, daß außergewöhnliche Leistungen dort entstehen, wo sich mehrere talentierte Studenten zum gemeinsamen Studium und zu in die Tiefe gehenden Diskussionen zusammenfinden. Eine noch fruchtbarere Form lernte ich in den ersten Dezenien dieses Jahrhunderts kennen, als noch viele Hochschullehrer in engen geistigen Beziehungen zu ihren Studenten standen. Oft hat dies dazu geführt, daß sich eine Elite und berühmte Schulen, angeführt von bedeutenden Lehrern, herausbildeten.

Bei der Zukunftssicherung sollte man die studentischen Verbindungen nicht unterschätzen, weil dem Gemeinschaftsgefühl oft auch eine soziale Mitverantwortung für den Kommilitonen bzw. Corpsbruder entspringt.

Eine der Ursachen für die Arbeitslosigkeit dürfte darin liegen, daß ein zu großer Anteil der öffentlichen Mittel durch Sozialleistungen absorbiert wird. Diese Leistungen zu senken und dem zugeordnet eine größere Bescheidenheit in der Lebensführung dürfte unvermeidlich werden. Es ist eine Binsenweisheit, daß der beste Weg zur Bekämpfung der Arbeitslosigkeit ist, neue Arbeitsplätze zu schaffen. Von der Tradition her bestehen in Deutschland hierfür gute Chancen durch Innovationen, Erfindungen und durch Bereitschaft zu Investitionen. Entsprechende Aktivitäten entwickeln sich aufgrund der Erfahrung »Not macht erfinderisch« in erster Linie in Betrieben kleiner und mittlerer Größe. Deshalb sollte der Staat durch die Bemessung der Besteuerung vor allem auch diese Betriebe fördern und ihnen auch die Möglichkeit zu Investitionen und Neugründungen erschließen. Erfreulicherweise sind es mittlerweile kleine und mittlere Unternehmen in Ostdeutschland, die gegen den allgemeinen Trend und gegen die Entwicklung in den alten Bundesländern in den letzten Jahren weit mehr als 100 000 neue Arbeitsplätze geschaffen haben.

Sparmaßnahmen in den Verwaltungen, in der Industrie und in der Wirtschaft werden sicher künftig noch die Arbeitslosigkeit erhöhen. Möglichkeiten, nützlich zu arbeiten, sind auch in der Gegenwart in großer Zahl gegeben. Hier sei nur als Beispiel die Beseitigung des Verkehrsstaus in den größeren Städten Deutschlands und auf Autobahnen angesprochen. Durch den Bau von neuen Verkehrswegen und Verkehrsmitteln könnten mehrere Ziele erreicht werden. In diesem Zusammenhang sei auch auf den Bau von Untergrundbahnen in unseren Großstädten, von Tunneln, von Brücken usw. hingewiesen. Die Durchführung solcher Bauvorhaben in ganz Deutschland könnte auch der Wirtschaft helfen. – Ein anderes Beispiel für die Erschließung neuer Arbeitsplätze ist der Bau von Wohnungen mit niedrigen Mieten.

Das Problem ist die Finanzierung dieser dem ganzen Lande dienenden Arbeiten. Hier kommt es darauf an, auf intelligentem Wege ein gutes Management zu finden. Ich bin fest davon überzeugt, daß diese Aufgabe von kreativen Persönlichkeiten praktikabel gelöst werden kann. Wahrscheinlich werden die Investitionen zur Finanzierung der umfangreichen Arbeiten sich bald als rentabel erweisen. Gegenwärtig wird viel über mögliche Wege zur Bekämpfung der Arbeitslosigkeit diskutiert, aber noch zu wenig in aussichtsvoller Richtung gehandelt.

Ein aktuelles soziales Problem, über dessen Lösung es immer wieder nachzudenken gilt, ergibt sich aus der Tatsache, daß auch in den kommenden Jahrzehnten in der Bevölkerung Deutschlands der Anteil alter Menschen gegenüber dem Anteil der arbeitenden Bevölkerung sehr stark zunimmt. Dadurch wird es immer schwieriger, die Renten der älteren Menschen aus Arbeit und Leistungen der arbeitenden Bevölkerung zu finanzieren. Deshalb dürfte es sich kaum vermeiden lassen, daß die heute aus dem Berufsleben völlig ausscheidenden Altersrentner durch eigene Leistungen zu ihrer Rente weiterhin beitragen.

In diesem Zusammenhang muß darauf hingewiesen werden, daß mit Erreichung des Rentenalters die Fähigkeit zu weiteren, dem Alter angepaßten Leistungen für die Gesellschaft keineswegs schlagartig endet. Oft wird sogar der Zwang zur Beschäftigungslosigkeit nach Erreichung des Rentenalters als tragisches Ereignis empfunden und führt häufig zu persönlichen Krisen. Mindestens für die Fortsetzung geistiger Tätigkeiten ist der Mensch nach Erreichen des Rentenalters fähig. Durch seine große Berufserfahrung, durch die Ruhe zur Besinnung, durch eine gewisse Weisheit des Alters und durch den Tatbestand, daß das Langzeitgedächtnis im Alter kaum abnimmt, ist der Altersrentner meist noch durchaus in der Lage, angepaßte Aufgaben erfolgreich zu bearbeiten. Hier kann ich auf viele eigene positive Erfahrungen in den 25 Jahren seit Erreichung meines Rentenalters verweisen. Vielleicht könnte die unveränderte Phantasie und Erfahrung der Altersrentner auch zum Entstehen von Innovationen beitragen. Die Diskussionen zur Frage der angepaßten Einschaltung von Altersrentnern in die berufliche Arbeit stehen erst in ihren Anfängen. Regelungen und Empfehlungen sind zu erarbeiten, Beispiele zu schaffen. Wahrscheinlich sind gezielte Förderinstrumente zur Motivation oder Prämierung von besonderen Leistungen erforderlich. In der Öffentlichkeit ist noch viel Arbeit zu dieser Frage zu leisten.

Da die Ursachen der geschilderten Entwicklung nicht zu beseitigen sind und, abgesehen von den deutschen Besonderheiten, nahezu ganz Europa treffen, gewinnt die Erfahrung vorrangige Bedeutung, daß wirtschaftlich interessante Innovationen eine äußerst wirksame Waffe gegen die Arbeitslosigkeit darstellen. Diese Erkenntnis hat sich im Bereich der politischen Führung bereits allgemein durchgesetzt. Man muß sich aber bemühen, daß die Bildung und Umsetzung von Innovationen auf geeigneten Wegen schnell und intensiv gefördert wird. Die Zielsetzung ist klar, aber die große, noch ungenügend beantwortete Frage ist: Wie läßt sich das Entstehen von Innovationen fördern? Es ist dies eine Frage von erheblicher Kompliziertheit. Voraussetzung für Antworten und Lösungen sind gründliche Kenntnisse über das Entstehen von Innovationen.

Wenn ich die Initialzündung für unsere Innovationen reflektiere, so erkenne ich eine große Mannigfaltigkeit von Anstößen. Häufig waren es Kundenwünsche, anregende Diskussionen mit Partnern, wirtschaftliche Zwänge, Erfüllung von Forderungen der Zeit, Optimierungswünsche, Umgehung von Importschwierigkeiten, neuartige Nutzung physikalischer Effekte und Prozesse usw.

In manchen Fällen kam die Motivation zum Handeln einfach aus Phantasie und Neugier. Hier sei nochmals an das bekannte Wort von Albert Einstein erinnert: »Imagination is more important than knowledge«. Ich denke, es wäre ein Brainstorming sinnvoll, ja notwendig, bei dem kompetente, mit Phantasie begabte und im Leben erfolgreiche Persönlichkeiten unterschiedlicher Disziplinen sich der angesprochenen Thematik widmen.

Auf den Weltmärkten und allen Feldern von Wissenschaft und Technik gibt es gerade heute Beispiele genug für die Chancen ideenreichen, mutigen und tatkräftigen Handelns. Das »Wirtschaftswunder« der Bundesrepublik ist ein herausragender Beleg aus der Nachkriegszeit. Es sollte gelingen, unsere gegenwärtigen Schwierigkeiten zu überwinden und Deutschland und Europa weiterhin in der Spitzengruppe wirtschaftlichen und sozialen Fortschritts zu sehen. Die Wissenschaft wird sich diesen Rang neu zu erobern haben. Hier ging in jüngster Zeit viel Terrain verloren.

Am 3. 11. 1995 wurde ich mit Frau und Sohn Alexander zur Eröffnung des Bonner Deutschen Museums eingeladen. Ich sah bei dieser Gelegenheit Konrad Zuse, den Erfinder des Computers wieder, der neben mir saß. Dem Museum hatte ich die Elektronenkanone für 1200 kW Elektronenstrahl-Leistung zur Verfügung gestellt, mit der im Edelstahlwerk Freital von 1962 bis 1990 u. a. viele tausend Tonnen Edelstahl und porenfreies Titan erschmolzen worden sind. Diese Hochleistungs-Elektronenkanonen, die ich in meiner Quarantänezeit in der Sowjetunion konzipiert habe, stellen auch heute noch international eine Spitzenleistung dar und sind beispielsweise in den USA, in Japan und Rußland in großen Elektronenstrahl-Mehrkammeröfen im Einsatz.

Bei der Eröffnungsfeier in Bonn sprach ich nur noch wenige

Freunde und Bekannte aus der alten Zeit. Ich traf dort auf eine neue mir unbekannte Generation. Mit wehmütigen Gedanken erinnerte ich mich an die großen, nicht mehr lebenden Menschen, denen ich begegnet bin und die uns oft halfen: an Lee de Forest, Graf Arco, Nernst, Planck, Hahn, Straßmann, Warburg, Krebs, Butenandt, Druckrey, Küpfmüller, Jemeljanow, Zworykin, Cosslett und andere. Sie sollten uns ein Beispiel für schöpferische Innovationskraft sein.

6. Buch
Rückblick und Erfahrungen

Die Anpassung an den Wandel der Wissenschaften
in unserem Jahrhundert

Meine Lebensspanne, in welche die Geschichte meines Forschungsinstitutes eingebettet ist, beginnt in der Kaiserzeit und setzt sich fort 1918 in der Weimarer Republik, 1933 in der Hitlerzeit, 1945 in der zehnjährigen Internierungszeit zur Ableistung von Reparationen für Deutschland in der Sowjetunion; dann ab 1955 in der Deutschen Demokratischen Republik und schließlich ab 1990 in der Bundesrepublik Deutschland.

In diesem Buch habe ich versucht, beim Gang durch das Geschehen auch Gedanken zu äußern und Beziehungen darzustellen zwischen Entwicklungen und Ereignissen, die meinen Lebensweg und mein Handeln wesentlich bestimmt haben. Einiges darf ich zusammenfassend noch einmal herausstellen.

Auf den meisten Gebieten von Naturwissenschaften und Technik hat bekanntlich im Laufe unseres Jahrhunderts ein tiefgreifender Wandel stattgefunden. Ein Beispiel hierfür ist die Elektronik. Am Beginn der Elektronik war die Elektronenröhre das Hauptelement. Dann kamen der Transistor und der integrierte Schaltkreis. Schließlich ging die Entwicklung durch Einführung der fotografischen Methode in die Halbleitertechnik zur Mikrominiaturisierung über. Durch Anwendung von strukturbestimmter Strahlung mit immer kürzerer Wellenlänge ist die Miniaturisierung auch heute noch nicht beendet. Das Hochschulstudium an Elektronenröhren der Jahre um 1930 war schließlich nutzlos geworden. Welche Möglichkeit gab es, um die wissenschaftliche Ausbildung der starken Änderung der Wissenschaften anzupassen?

Als eine sehr persönliche Form des Studiums, die sich dem Wandel der Wissenschaften anpaßt, hatte sich für mich folgende Variante bewährt: Vier Semester Hochschulstudium der Grundlagen, dann permanente Fortsetzung des Studiums im Beruf an den wechselnden Aufgaben des Tages und am Wechsel der Wissenschaften. Dies erlaubte nicht nur die Anpassung an den Wandel der Wissenschaften, sondern führte zu einer außergewöhnlichen Intensität des Studierens mit sehr tiefer Einprägung in das Gedächtnis, weil die Umsetzung des Erlernten unmittelbar folgte und weil ein Studium an aktuellen Problemen viel leichter fällt als an theoretischen Zusammenhängen, die vielleicht irgendwann im späteren Leben den Weg kreuzen.

Äußere Umstände waren die Ursache für dieses lebenslange Studium. Durch den häufigen Wechsel meiner Arbeitsgebiete war das Spektrum der zu lösenden Aufgaben von ungewöhnlicher Breite. Das Studium an den »Aufgaben des Tages« war daher besonders effizient. Dieser individuellen Methode glaube ich einen Teil der Erfolge meines Lebens zu verdanken. Wie schon früher erwähnt, war mir durch Geheimrat Nernst die Immatrikulation an der Berliner Universität ohne Abitur (Primareife) erschlossen worden. Ich absolvierte dann 1925/26 ein Vier-Semester-Grundlagenstudium von Mathematik, Physik und Chemie. Aber der Wunsch, aktiver an der damals stürmischen Entwicklung der Rundfunktechnik teilzunehmen, bewirkte den vorzeitigen Abbruch der Studienzeit an der Universität.

Die Nutzung des Entstehens neuer Bereiche von Wissenschaft und Technik

Die Chance, zur schöpferischen Gestaltung von Wissenschaft und Technik beitragen zu können, besteht bevorzugt während der Phase des Entstehens neuer Bereiche. Nur muß man erkennen, wann Fortuna lächelnd zuwinkt und dann zur Tat schreiten. Unser Jahrhundert ist reich an Gelegenheiten dieser Art gewesen. Mit kreativen Ideen und Entwicklungen, mit Erfindungen, intelligenteren Konzepten und fortschrittlichen Konstruktionen konnte zur Gestaltung der heranwachsenden Gebiete beigetragen werden. Schöpfungsakte sind die Quelle tiefer Freuden. Erinnert sei hier daran, daß der Komponist Friedrich Händel in Freudentränen ausbrach, als ihm die Melodie des »Halleluja« für seinen Messias einfiel; wir brauchen nur an das Glück der Mutter nach der Geburt ihres gesunden Kindes zu denken. Es sind Augenblicke im Leben der Menschen, in denen sie Berührung mit der ewigen Schönheit oder der Unsterblichkeit haben.

Äußere Umstände oder Phantasie und Neugier haben bewirkt, daß ich in den verschiedenen Jahrzehnten immer wieder Freuden der geschilderten Art erleben durfte. Unvergessen sind für mich die Augenblicke des Entstehens des heutigen Fernsehens mit Elektronenstrahlröhren, der Erfindung des Raster-Elektronenmikroskops, der Idee des elektronenoptischen Bildwandlers und des Konzeptes der systemischen Krebs-Mehrschritt-Therapie.

Wiederholter Wechsel der Arbeitsgebiete als Mittel,
den fachlichen Horizont zu erweitern

Meine Neigung, von Zeit zu Zeit das Arbeitsgebiet zu wechseln, um geistig frisch zu bleiben, die wechselnden Bedingungen in unserem Jahrhundert und die lange Dauer von sieben Jahrzehnten meines Berufslebens bewirkten, daß sich mir viele Gebiete erschlossen. 42 Bücher und über 700 Veröffentlichungen geben Auskunft über die Themen der betriebenen Forschungen und Entwicklungen. Mit dem häufigen Wechsel der Aufgaben habe ich unbewußt der transdisziplinären Entwicklung der Wissenschaften und Technik vorausgelebt. Diese vollends in den letzten Jahrzehnten dieses Jahrhunderts sich anbahnende Tendenz wird auch durch die gewaltige Zunahme der Studentenzahlen begünstigt.

Einige meiner Arbeits- und Fachgebiete der folgenden Liste sind wie viele andere in diesem Jahrhundert entstandene neue Wissenschaftsbereiche interdisziplinärer Art. Genannt seien hier die »medizinische Elektronik« und die »Medizintechnik«, weil diese »Disziplinen« mir bei der Lösung medizinischer Probleme sehr geholfen haben und mich viele Jahre beschäftigten.

- Elektronische Schallplattenaufnahme-Technik   1924
- Rundfunk-Technik
  (Widerstandsverstärker, Loewe-Dreifachröhre)   1925
- Hi-Fi-Technik (Endverstärkung, Elektroakustik)   1926
- Breitbandverstärkung (Meßtechnik, Grundelemente der späteren elektronischen Fernsehtechnik)   1926
- Elektronenstrahl-Oszillographie (Elektronenstrahlröhre mit hellem und scharfem Schreibfleck. Grundelemente der späteren elektronischen Fernsehtechnik)   1929
- Ultrakurzwellen-Technik, Vielfachrundfunk
  (Vorläufer der Ultrakurzwellen-Satellitentechnik)   1930
- Fernsehtechnik mit Elektronenstrahlröhren
  (Realisierung und erste Vorführung auf der Berliner Funkausstellung 1931)   1930
- Radar-Technik (Polarkoordinaten-Oszillograph usw.)   1933
- Bildwandler-Technik (Röntgenbildwandler, Nachtsichtgeräte)   1934
- Elektronenrastermikroskopie (Erfindung und erste Realisierung des Raster-Elektronenmikroskops) 1936
- Elektronenmikroskopie-Technik (Rekordauflösungsvermögen, Erfindung des Stereo-Elektronenmikroskopes, Erhitzungs-Elektronenmikroskopie) 1939
- Industrielle Isotopentrennungstechnik   1945
- Ionenquellen-Technik (Erfindung Duoplasmatronionenquelle)   1953
- Verschluckbarer Intestinalsender
  (Diagnose: Magen-Darm-Trakt)   1957
- Hochleistungselektronenstrahler-Technik   1957

- EA-Anlagerungsmassenspektrographie 1958
- Vakuummetallurgie (Elektronenstrahl-Mehrkammerofen) 1959
- Elektronische Patientenüberwachungs-Technik 1961
- Ultraschallbild-Technik für Patientendiagnose (Sonographie) 1961
- Plasmafeinstrahlbrenner-Technik 1963
- Vakuumbeschichtungs-Technik 1963
- Konzept der systemischen Krebs-Mehrschritt-Therapie hoher Verträglichkeit und Selektivität, Optimierung bis zur klinischen Reife 1965
- Konzept der Sauerstoff-Mehrschritt-Therapie 1977
- Klinische Phase der systemischen Krebs-Mehrschritt-Therapie 1990–96

Ich sah bei meiner Arbeit unter wechselnden Bedingungen und politischen Systemen es stets auch als meine besondere Pflicht an, meine Familie und meine Mitarbeiter zu schützen, Traditionen und Kontinuität zu wahren und die größtmögliche Freiheit bei der Wahl unserer Arbeitsthemen zu sichern. Die Lösung dieser Aufgaben gelang in den wesentlichen Punkten trotz der Durchquerung zahlreicher Gefahrenzonen. Sie sind in diesem Buch benannt. Die Jahre unter dem politischen System der DDR sollten als jüngst vergangene Epoche noch einmal Erwähnung finden.

Die Zeit in der Deutschen Demokratischen Republik

Der Ministerpräsident der DDR, Otto Grotewohl, und der erste Mann der SED, Walter Ulbricht, waren von der Sowjetunion aus über die politische Bedeutung der Entwicklungen meines Instituts in Sinop unterrichtet worden. Aufbau und Entwicklung des privaten Forschungsinstituts auf dem Weißen Hirsch wurden daher bis zum Tode von Grotewohl (1964) und Ulbricht (1973) stark gefördert. Die Entwicklung verschiedener, schon oben beschriebener Innovationen von wirtschaftlichem Rang begleitete das Wachstum des Institutskomplexes.

Als Honecker 1971 die Macht in der DDR übernahm, änderte sich die Situation für mich grundlegend. Etwa ein Jahr darauf versuchte, wie erwähnt, der 1. Sekretär der Dresdner SED-Bezirksleitung, Werner Krolikowski, in die Leitung meines Instituts einen hohen Parteifunktionär hineinzudrücken. Ich lehnte dieses Ersuchen ab. Darauf erfolgte einige Zeit später die Weisung Honeckers an den Minister für Wissenschaft, Dr. Weiz, die Überleitung des Instituts in den volkseigenen Besitz zu organisieren. Verhandlungen über die Einzelheiten eines solchen Besitzwechsels fanden in Berlin mit Dr. Weiz statt. Sie wurden jedoch plötzlich nicht mehr fortgesetzt. Später erfuhr ich, daß wahrscheinlich Ministerpräsident Stoph die Überleitung in volkseigenen Besitz verhindert hatte. Diese Vorgänge zeigten indirekt die ablehnende Haltung Honeckers mir gegenüber. Natürlich wurde die gegenseitige Ablehnung bei den wenigen Begegnungen mit Honecker auf öffentlichen Veranstaltungen nicht sichtbar.

Die Freiheit in der Wahl der Forschungsthemen hat zu vielen Innovationen geführt, die starke Auswirkungen auf die Volkswirtschaft der DDR hatten. Hieraus ergab sich eine gewisse Stabilität meiner Stellung in der DDR, welche immer wieder Vorschläge zu Veränderungen, Kritiken und ernste Warnungen erlaubte. Am Ende der DDR-Zeit konnte ich feststellen, daß es mir wie schon unter dem NS-Regime und in den Jahren in der Sowjetunion gelungen war, Familie und Mitarbeiter an den Klippen der Zeit vorbeigesteuert sowie die wissenschaftliche Tradition gepflegt und bedeutend erweitert zu haben.

Gedanken zum Abschluß meiner »Erinnerungen«

Mit einigen guten Erinnerungen und mit Hoffnungen für eine positivere Entwicklung im nächsten Jahrtausend möchte ich meine Autobiographie beschließen.

Am Beginn unserer Internierung in der Sowjetunion 1945 hatten wir die Vorstellung, daß nur das atomare Gleichgewicht zwischen West und Ost den nuklearen Weltfrieden sichern könnte. Diese Vorstellung hat sich bestätigt. Bis zur Gegenwart, d. h. über mehr als 50 Jahre, besteht der nukleare Weltfrieden. Unermeßliches Leid ist den Familien in den gefährdeten Staaten erspart geblieben.

Heute bin ich glücklich darüber, daß die bedrohlichen Spannungen zwischen den Vereinigten Staaten von Amerika und Rußland und den übrigen Nachfolgestaaten der ehemaligen Sowjetunion fortgefallen sind und beide gemeinsam die wesentlichsten Teile ihrer Kernwaffen verschrotten und gleichzeitig auch dazu übergegangen sind, die chemischen Waffen zu vernichten.

Trotz mehrerer begrenzter Kriege und der vielen Gewaltakte habe ich den Eindruck, daß in kommenden Zeiten die Politik weniger durch Waffengewalt als durch den Verstand geleitet werden wird. Froh bin ich darüber, daß ich die Anfänge des Vereinigten Europa miterleben darf.

Die Erfüllung eines im letzten Jahrzehnt der DDR von mir gehegten Wunschtraumes war es, daß ich die Wiedervereinigung der beiden deutschen Staaten noch erleben durfte. Mich beglückte dieser Vorgang auch deswegen, weil ich darin eine neue Chance für die Zukunft der nächsten Generationen, auch meiner Familie und für die Entwicklung unserer Institutsgesellschaften sah.

Eine andere erfreuliche Entwicklung war es zu erleben, wie unsere ältesten Söhne Thomas und Alexander mit außergewöhnlichem Fleiß, Menschenkenntnis und kreativem Geist die Leitung von zwei unserer Einrichtungen übernahmen und die Tradition so fortsetzen. Die durch meine Söhne eintretende Entlastung erlaubte es mir, die verbliebenen Kräfte wieder auf die medizinische Forschung zu konzentrieren und noch einige Manuskripte abzufassen und abzuschließen.

Nützliche Tätigkeiten am Abend meines Lebens

Schon oben wurde darauf hingewiesen, daß in der Zukunft unsere Mitbürger auch nach Erreichung ihres Rentenalters durch an das Alter angepaßte Tätigkeiten einen Teil ihrer Rente mitverdienen müssen. Eine solche gesetzliche Regelung ist unvermeidlich wegen der ständigen Zunahme der Zahl älterer Bürger und wegen der begrenzten finanziellen Leistungsfähigkeit unseres Staates.

Ich selbst habe in meinem Leben diese künftige Regelung schon vorweggenommen. Seit dem Rentenalter von 65 Jahren habe ich bis zur Gegenwart 24 weitere Jahre die Leitung meines Forschungsinstituts inne gehabt und nach der Wende gemeinsam mit meinem Sohn Alexander die Geschäfte meines Instituts für Angewandte Medizinische Forschung geführt.

Ein schroffer Übergang in den Ruhestand wäre für mich eine Strafe gewesen. So aber haben mir eine Reihe wissenschaftlicher Arbeiten, wichtige Entscheidungen und Fortschritte bei der Gestaltung des Konzeptes der systemischen Krebs-Mehrschritt-Therapie gezeigt, daß auch im Rentenalter für mich noch Aufgaben zu lösen waren.

Nach meinen schon besprochenen Erkenntnissen über die rapide Verschlechterung der energetischen Situation des Organismus (mit Auslösung extremer Müdigkeit und Bewußtseinstrübung) bei Beendigung des Lebens sehe ich meiner letzten Stunde mit Gelassenheit entgegen. Tieftraurig ist dann nur der endgültige Abschied von jenen Menschen, die über viele Jahrzehnte Glück und Sonnenschein in den Ablauf der Tage gebracht haben.

Die letzten Jahre habe ich mit der Abfassung verschiedener Buchmanuskripte verbracht. Die Arbeit an diesen Büchern war ein intensives Gehirntraining, das sicher die zu rasche Degeneration meiner Denkfähigkeit im hohen Alter verhinderte. Im Vordergrund steht hier die Bearbeitung und Erweiterung meiner Autobiographie.

Obgleich ich 1972 vor der Publikation der ersten Auflage

Die Arbeit an den Büchern: an meinem 89. Geburtstag mit meiner Sekretärin Frau Jutta Neumeister.

meiner Autobiographie einer sehr unerfreulichen Zensur durch den Verlag der Nation ausgesetzt war, habe ich mich entschlossen, jene von mir letztlich akzeptierten, z. T. recht opportunistisch ausgefallenen Passagen nicht zu korrigieren, gleichsam als Zeitbild stehen zu lassen. Allerdings habe ich jetzt hier und da ergänzende Informationen eingefügt.

Nach der Lektüre der nun vorliegenden Autobiographie wird der Leser vielleicht besser verstehen, weshalb ich bei der Rückkehr nach der Internierung in der Sowjetunion die DDR und Dresden als Standort für das Privatinstitut auf dem Weißen Hirsch wählte, und er wird vielleicht auch verstehen, daß öfter auch gegen die eigene innere Überzeugung zum Schutze der Familie und der Mitarbeiter und zum Schutz der Arbeit eine gewisse Anpassung an das System notwendig war, in dem wir lebten.

Ein weiteres Buch, das sich an die jüngere Generation wendet und besonders auch den eigenen Kindern und Enkeln Ratschläge für ihr Leben geben soll, behandelt Weisheiten und Aphorismen, die ich in sieben Jahrzehnten gesammelt habe.

Weltweit hat das Fernsehen im Bereich von Politik und Unterhaltung extreme Bedeutung erlangt. Aber in diesem Medium ist kaum über das Entstehen der heutigen Fernsehtechnik mit Elektronenstrahlröhren berichtet worden. Diese Unterlassung veranlaßte mich zu einem Buch über persönliche Erinnerungen an das Entstehen des Fernsehens mit Elektronenstrahlröhren.

Als wissenschaftliche Grundlage für die Behandlungen in unserer Krebsklinik habe ich mit außergewöhnlicher Unterstützung durch meinen langjährigen Mitarbeiter Dr. rer. nat. P. G. Reitnauer eine Monographie über die systemische Krebs-Mehrschritt-Therapie abgefaßt. Dieses Buch war dringend notwendig zur Unterrichtung von Onkologen und betroffenen Krebspatienten über die physiologischen Hintergründe und Überlegungen zu meiner Therapie sowie den aktuellen klinischen Stand unserer Arbeiten.

Viel Freude war für mich die Arbeit an »Ich bin ihnen begegnet«: Erinnerungen an Menschen, die das Leben in unserem Jahrhundert veränderten, Wegweiser der Wissenschaft, Pioniere der Technik und Köpfe der Politik. Immer wieder kamen während der Niederschrift Erinnerungen an beglückende Stunden aus dem Dunkel des Vergessens. Stets habe ich meine Begegnungen mit bedeutenden Menschen, die das Schicksal im überreichen Maße gewährte, als ein großes Geschenk angesehen.

Mit Abschluß der Arbeiten an den erwähnten Büchern war für mich der schreckliche Zeitpunkt des Ruhestandes erreicht, aber ich hatte Glück. Zwei interessante Aufgaben ergaben sich noch unerwartet.

Auf der Grundlage von drei Patentanmeldungen entstand eine Zusammenarbeit mit der Mikroskopabteilung der Firma Carl Zeiß Jena. Es handelte sich um die Entwicklung eines Ultraviolett-Vakuummikroskops von durch die kurze Wellenlänge der Strahlung (100 bis 200 mµ) ermöglichter hoher Auflösung. Das neue, im Rahmen einer Vereinbarung mit Zeiß entwickelte Instrument sollte der Untersuchung von Lebensvorgängen mit um den Faktor 4 erhöhter Auflösung dienen. Von mir war besonders an die Untersuchung der Lebensvorgänge an Zellverbänden, Zellen und Zellstrukturen gedacht sowie an die Untersuchung der Lebensvorgänge bei Bakterien und Viren. Es würde mich freuen, wenn die Nutzung dieses Ultraviolett-Vakuummikroskops, die zuerst bei der Universität Dresden und an ihrer Medizinischen Fakultät liegen soll, zu interessanten Entdeckungen führte.

Eine zweite Aufgabe war die Entwicklung und der Einsatz eines Ergometers, gemeinsam mit Herrn Dr. Beck der Firma ERGOLINE, das sowohl in liegender als auch stehender Körperposition den Energiestatus des Organismus zu bestimmen erlaubt. Zweck dieses Gerätes ist die Diagnose des Energiestaus bei Krankheiten und Schwächezuständen.

Die beiden Aufgaben eröffneten die Aussicht auf eine intensive Beschäftigung bis zum Ende meiner Tage.

Der 90. Geburtstag

Der 90. Geburtstag am 20. Januar 1997 brachte eine Kette von unerwarteten Freuden für mich. In Feierstunden erfolgte am 29. 11. 96 in Riesa und dann am 24. 01. 97 in Freital bei Dresden die Namensgebung zweier Schulen mit »Manfred von Ardenne-Gymnasium«. Diese Namensgebung hat mich besonders berührt, da sie zu meinen Lebzeiten erfolgte – ein nicht ganz alltäglicher Vorgang.

Ein Geschenk von großer Bedeutung sah ich in der Tatsache, daß an diesem Tage das Manuskript unseres Buches über die

Der Oberbürgermeister der Stadt Dresden, Dr. Herbert Wagner, überbringt die Glückwünsche der Stadt zum 90. Geburtstag.

systemische Krebs-Mehrschritt-Therapie (Hippokrates-Verlag Stuttgart) durch meinen Freund und Mitarbeiter Dr. P. G. Reitnauer fast zum Abschluß gebracht worden war. Dargestellt sind nicht nur die wissenschaftlichen Grundlagen meiner Therapie, sondern auch die zur Steigerung ihrer Effizienz geplanten Maßnahmen der Frühbehandlung sowie der Komplettierung des Therapiekonzeptes durch Hinzunahme des Schrittes der Halbkörperbestrahlung. Zusammen mit der durch die Krebshilfe geförderten Studie am Virchow-Klinikum der Berliner Humboldt-Universität handelte es sich bei allen anlaufenden oder geplanten Studien um Arbeiten, deren Ergebnisse erst nach mehreren Jahren zu erwarten waren. Ich hatte Zweifel, daß ich dieses noch erleben würde. Deshalb lag mir sehr daran, daß die wissenschaftlichen Grundlagen meiner Therapie für die kommende Generation in konzentrierter Form bereitgestellt wurden.

Am Morgen des 20. Januar hatte ich, nach Glückwünschen der Familie die Freude, etwa 200 Gästen, zumeist alten Bekannten, die Hände zu drücken, was mir bei meinem labilen Gesundheitszustand nicht leicht fiel. Besonders freute ich mich über den Glückwunsch unseres Oberbürgermeisters Dr. Wagner und über die schriftlichen Glückwünsche des Bundespräsidenten, der Ministerpräsidenten von Sachsen, Nordrhein-Westfalen und Brandenburg sowie des Oberbürgermeisters von Hamburg, der Gräfin Marion Dönhoff und vieler anderer.

Am Abend waren die Familie und der Kreis der Freunde zu einer kleinen Festtafel vereint. Hier habe ich die Gelegenheit genutzt, in einer Tischrede meiner Frau für die vielen Taten zu danken, mit denen sie mir geholfen hat, unser kompliziertes Leben seit 1938 zu meistern. Ich erinnerte an unsere »Effi Briest«-Großmutter, die von allen, die das Glück hatten, sie kennenzulernen, hoch verehrt wurde. Ich bat alle Kinder, Enkel und Urenkel die gleiche tiefe Verehrung jetzt meiner Frau entgegenzubringen, die durch ihr Vorbild unsere Nachkommen zu guten und tüchtigen Menschen erzogen hatte.

Eine Kritik, die mich zum Schmunzeln brachte und zum Nachdenken anregte

In ihrer Ausgabe vom 19. 01. 1997 brachte die »Welt am Sonntag« einen Kommentar zu meinem 90. Geburtstag mit der Kritik: »Kein Orden«.

Weitere Auszeichnungen in meinem Leben sind wahrlich nicht erforderlich. Nachdenklich macht mich allerdings, daß es in unserem Lande Entscheidungsträger gibt, die wenig Verständnis für den von mir genommenen Weg haben.

Oft gelangen Menschen, wenn ihnen Informationen fehlen, zu oberflächlichen oder falschen Urteilen. Deshalb möchte ich einem besonders einschneidenden politischen Vorgang in meinem Leben einige ergänzende Informationen hinzufügen.

Bettina und Manfred von Ardenne im Jahre 1996.

Meine wahrscheinlich wichtigste Tat in unserer Zeit

Wir bereits erwähnt, erhielt ich unmittelbar nach dem Abwurf der Atombomben auf Hiroshima und Nagasaki in einer Sitzung mit Marschall Berija von der sowjetischen Regierung Anweisung, im Rahmen der Reparationen für Deutschland ein Institut zu organisieren und zehn Jahre zu leiten, in dem die industriellen Methoden zur Gewinnung von nuklearen Sprengstoffen zu entwickeln seien. Wir haben dann in dem bei Suchumi gelegenen Institut A diese Aufgabe erfolgreich ausgeführt, wobei wir das Glück hatten, daß uns die Arbeit auch aus ethischen Gründen als gerechtfertigt erschien: Sie trug zur Beschleunigung des atomaren Gleichgewichts zwischen den USA und der Sowjetunion bei. Das atomare Patt war 1949 mit der Zündung der ersten sowjetischen Atombombe erreicht, und zwar schneller, als die amerikanische Militärführung dies erwartete.

Der spätere sowjetische Atomminister Professor Jemeljanow hat mir bei einem seiner Besuche in Dresden erzählt, daß die sowjetische Regierung das Jahr 1949 als besonders gefährlich im Sinne eines möglichen amerikanischen nuklearen Präventivschlages angesehen hat. Deshalb sehe ich unseren Beitrag zur Beschleunigung des atomaren Patts als meine wichtigste Tat, zu der mich der Zufall der Nachkriegsereignisse geführt hatte, an. Der Einsatz von Nuklearwaffen, deren Vernichtungspotential schon wenige Jahre nach Hiroshima um mehr als das Tausendfache gesteigert worden war, hätte eine ungekannte Dimension von Leid über die Menschheit gebracht.

Nach dem Urteil des sicher kompetenten Natogenerals und späteren Chefs des Instituts für Friedensforschung und Sicherheitspolitik in Hamburg, Wolf Graf Baudissin, hat das rechtzeitige Entstehen des atomaren Patts seit 1949 bis zur Gegenwart den nuklearen Frieden in der Welt erhalten. Baudissin äußerte sogar, daß die von uns den Russen gegebene Hilfe *auch aus westlicher Sicht* notwendig gewesen sei.

Unsere erfolgreiche Arbeit in der Sowjetunion veranlaßte die Regierung der DDR, die Errichtung eines *privaten* Forschungsinstituts im sozialistischen System zuzulassen und die Entwicklung des Instituts bis zur Wende 1989 zu fördern.

Mein Glaube an ein unerforschbares allgegenwärtiges Schöpfungsprinzip der Natur

In letzter Zeit bewegten mich besonders Gedanken über die biologischen Wunder, die das menschliche Leben von der Zeugung bis zum Tode begleiten.

Seit Urzeiten werden die nach Erkenntnis suchenden Menschen in eine Welt von Wundern hineingeboren. Bei der Suche nach der Kraft und den Bedingungen, welche diese entstehen ließen, gilt es, Beispiele zu betrachten: Das durch die beteiligten Dimensionen von Masse, Raum und Zeit bedeutendste Beispiel ist die Entstehung des Universums, das nach einem punktförmigen Ereignis seit Milliarden von Jahren sich mit nahezu Lichtgeschwindigkeit ausdehnt. Die Neubildung von Sternenmassen als Folge dieser Ausdehnung, die Entwicklung von Neutronensternen höchster Massendichte, die Bereitstellung der Energie für diese Vorgänge im Universum: In all diesen Geschehen spiegeln sich Wunder von unbegreiflicher Größe.

Von besonderem Interesse für den Menschen sind die mit dem Leben zusammenhängenden und sein eigenes Leben ermöglichenden biologischen Geschehnisse. Das Entstehen einer Welt der Pflanzen, der Tiere und des Menschen im Laufe von einigen hundert Millionen Jahren ist nur durch das Zusammenwirken einer unendlichen Vielfalt von Wundern zu verstehen. In der Pflanzenwelt ist das Heranwachsen unzähliger verschiedenster, sich fortpflanzender Arten aus dem Samenkorn das große Geheimnis. Bei Tier und Mensch ist es letztendlich unbegreiflich, wie aus dem Samen und den in ihm enthaltenen Genen immer wieder Kreaturen weitgehender Ähnlichkeit mit vorausbestimmten Eigenschaften entstehen.

Den Rang eines Wunders haben z. B. auch die Schöpfung des Auges, die Bildung des Gehörsinns, das Entstehen des Kehlkopfes mit seinen Stimmbändern, die Bildung des Geruchssinnes, des Tastsinnes, des Schmerzes, die Bildung der verschiedenen Organe und des Blutkreislaufes, die Herausbildung der Zellen mit ihrer sehr differenzierten Struktur, vor allen Dingen aber die Entwicklung des Gehirns mit seiner Vernetzung der Nervenzellen und seiner Fähigkeit zu denken.

Wir erkennen, erst dem Zusammenwirken einer Vielzahl von unbegreifbaren Wundern verdankt der Mensch seine Existenz.

Die Existenz und das Überwältigende der Wunder haben auf fast allen Kontinenten unserer Erde, zum Teil unabhängig, zur Bildung von Religionen geführt, in deren Mittelpunkt der

Glaube an einen oder auch mehrere Götter steht, welche alle Weisheit und Macht dieser Welt seit den Anfängen ihres Bestehens in sich vereinigen.

Meine Sicht liegt etwas anders.

Ich glaube in tiefer Demut an ein Schöpfungsprinzip, welches die Natur mit ihren vielen unbegreifbaren Wundern seit ihrem Ursprung, zu allen Zeiten und in allen Orten des Universums beherrscht.

Ich glaube, daß das allgegenwärtige schöpferische Wirken der Natur sich in der über viele hundert Millionen Jahre andauernden Evolution unseres Planeten widerspiegelt – einer Evolution mit der Bevorzugung und damit Selektion des Besseren.

Mit diesem Bekenntnis möchte ich die Erinnerung an mein Leben in einem trotz aller Leiden der Menschen bevorzugten Jahrhundert der Menschheitsentwicklung beschließen.

Auszeichnungen

03. 07. 1941 Silberne Leibniz-Medaille der Preußischen Akademie der Wissenschaften
02. 01. 1945 Berufung in den Reichsforschungsrat
08. 01. 1947 Staatspreis der UdSSR
31. 12. 1953 Stalinpreis der UdSSR
26. 07. 1955 Mitglied der Sektion Physik der Deutschen Akademie der Wissenschaften
10. 11. 1955 Mitglied des Wissenschaftlichen Rates für friedliche Anwendung der Atomenergie beim Ministerrat der DDR
01. 06. 1956 Honorarprofessor an der Technischen Hochschule Dresden
15. 07. 1957 Mitglied des Forschungsrates der DDR
07. 12. 1957 Ernst-Moritz-Arndt-Medaille
18. 04. 1958 Friedensmedaille der DDR
25. 09. 1958 Dr. rer. nat. h. c. der Universität Greifswald
07. 10. 1958 Nationalpreis 1. Klasse
04. 01. 1959 Großkreuz des Verdienstordens der Vereinigten Arabischen Republik
27. 05. 1961 Präsident der Gesellschaft für biomedizinische Technik
02. 11. 1962 Mitglied des Wissenschaftlichen Rates des Ministeriums für Gesundheitswesen der DDR
07. 10. 1965 Nationalpreis 2. Klasse
15. 12. 1965 Mitglied der internationalen astronautischen Akademie Paris
12. 05. 1970 Lenin-Medaille der UdSSR
29. 10. 1973 Hans-Bredow-Medaille
12. 12. 1978 Dr. med. h. c. Medizinische Akademie Dresden
20. 06. 1979 Ehrenmitglied des Forschungsrates der DDR
01. 12. 1981 Barkhausen-Medaille der Technischen Hochschule Dresden

20. 01. 1982	Vaterländischer Verdienstorden in Gold der DDR
22. 09. 1982	Dr. paed. h. c. Pädagogische Hochschule Dresden
25. 10. 1983	Ehrenmitglied der Gesellschaft für Ultraschalltechnik
19. 02. 1984	Ehrenmitglied der Ärztegesellschaft für Sauerstoff-Mehrschritt-Therapie
11. 04. 1986	Wilhelm-Ostwald-Medaille der Sächsischen Akademie der Wissenschaften
02. 06. 1986	Richard-Theile-Medaille der Deutschen Fernsehtechnischen Gesellschaft
09. 07. 1986	Ernst-Abbe-Medaille der Kammer der Technik der DDR
24. 04. 1987	Medaille für Kunst und Wissenschaft des Senates der Stadt Hamburg
15. 05. 1987	Ernst-Krokowski-Preis der Gesellschaft für biologische Krebsabwehr
03. 03. 1988	Ernst-Haeckel-Medaille der Urania
21. 10. 1988	Diesel-Medaille in Gold München
25. 11. 1988	Friedrich-von-Schiller-Preis Hamburg
26. 09. 1989	Ehrenbürger von Dresden
15. 07. 1993	Colani Design France Preis

Statt eines Nachworts:
Ein Mann des Jahrhunderts

Friedrich Dieckmann

Laudatio auf Manfred von Ardenne zur Namensgebung des Manfred-von-Ardenne-Gymnasiums in Riesa am 29. November 1996

Meine Damen und Herren, liebe Schüler des Manfred-von-Ardenne-Gymnasiums,

der Mann, nach dem Sie heute Ihre Schule benennen, ist in mehr als einer Hinsicht ein Mann des Jahrhunderts, dieses zwanzigsten Jahrhunderts, das man das Jahrhundert der Moderne genannt hat, um seine vom Bruch mit alten Lebens-, Produktions-, Verkehrs- und Kulturformen gezeichnete, von Luxus und Elend, maßlosen Fortschritten und maßlosen Verwüstungen bestimmte, zutiefst brüchige Beschaffenheit zu kennzeichnen. Manfred von Ardenne (das -e am Ende des Namens ist ein stummes e, der Name stammt aus dem Französischen) ist ein Mann des Jahrhunderts von Geburtsjahr und Lebensalter her. Als er 1907 in Hamburg geboren wurde, wo sein Vater Offizier und Ingenieur zugleich war, da war Deutschland ein in der Blüte nicht nur der äußeren Macht, sondern auch der geistig-künstlerisch-wissenschaftlichen Potenz stehendes Kaiserreich, das im Konzert der alten europäischen Kolonialmächte um einen »Platz an der Sonne« kämpfen zu müssen glaubte, obschon es voll in der Sonne stand; diese Hybris war sein Verhängnis. Heute, an der Schwelle seines neunzigsten Geburtstags, lebt Manfred von Ardenne in dem fünften deutschen Staat seines Lebens, eine Zahl, die ein Maß für die extreme Besonderheit deutscher Existenz in diesem Jahrhundert gibt. Vier der fünf deutschen Staaten, die er erlebt und durchmessen hat, stießen sich mit der Emphase von Umbrüchen, von Revolutionen jeweils voneinander ab; der eine verstand sich immer als die Negation seines Vorgängers und bezog seine Legitimation davon, daß er glaubte, es ganz anders zu machen als der verfemte Vorläufer.

Unter extrem wechselhaften historisch-politischen Bedingungen hat Manfred von Ardenne das Seine getan und die jeweilige geschichtliche Konstellation nach dem Maß des Möglichen und des Verantwortbaren ins Verhältnis zu einer Produktivität gesetzt, für die er sich von Jugend an ungewöhnliche Bedingungen zu verschaffen gewußt hatte. Obgleich ein Mann der Technik, der angewandten Wissenschaft mit ihrem hohen apparativen Aufwand, hatte er von jeher entscheidenden Wert darauf gelegt, einen Status einzunehmen, der dem des Malers oder des Schriftstellers mehr glich als dem des Physikers und Erfinders: er ist zeit seines Lebens ein freischaffender Naturforscher gewesen. Viele haben ihm die damit verbundene Freiheit geneidet und versucht, sie ihm zu vergällen, aber er hat die Position der Unabhängigkeit stets zu behaupten gewußt, sogar im Sozialismus und sogar nach dessen Untergang; auch dadurch ragt er aus der Schar bedeutender Erfinder in diesem Jahrhundert heraus.

Alle Entscheidungen seines Lebens, auch der Entschluß von 1945, in der Sowjetunion einen Teil der Schuld abtragen zu helfen, die eine von Deutschland entfesselte Kriegsfurie über dieses Land und seine Völker gebracht hatte, auch der Entschluß von 1955, sein Wissen und Forschen einem deutschen Staat zu verknüpfen, auf dem die Last des Krieges soviel schwerer lag als auf dem in jeder Hinsicht begünstigten Westdeutschland – alle diese Lebensentscheidungen hat er von der Position der Souveränität aus gefällt; das machte ihr Gewicht aus. Obschon er in der DDR immer auf seiten nicht nur des technischen, sondern auch des gesellschaftlichen, also demokratischen Fortschritts stand, auf seiten der Reform und der Öffnung also, hat ihm das manche Anfechtung eingetragen. Er ist dem mit der

Überlegenheit eines Mannes entgegengetreten, der sich in seinen Entscheidungen immer frei gefühlt hatte. Man kann an seinem Lebens- und Schaffensweg lernen, daß Freiheit etwas ist, das man nicht geschenkt bekommt, sondern das man sich nehmen, das man sich erobern muß.

Es wäre allerdings ein Mißverständnis, wollte man die so erworbene Autonomie mit Unabhängigkeit verwechseln. Auch der Freieste handelt und lebt in einem bestimmten Feld gesellschaftlicher und politischer Verhältnisse, über das er nicht verfügen kann. Die Freiheit, welche sich über das wirklich Gegebene entschlossen hinwegsetzt, kann die des Helden ebenso wie die des Narren sein. Naturforscher haben zu beiden Kategorien kein Verhältnis. Sie sind vollauf damit beschäftigt, etwas zu tun, was der philosophische Begründer der modernen Naturwissenschaft, der Engländer Francis Bacon, vor vierhundert Jahren in das Wort gefaßt hat: *Natura parendo vincitur*, die Natur wird durch Gehorchen besiegt. Das Genie des Erfinders und Entdeckers ist eins des Horchens und *Ge*horchens; es ist *die Natur der Dinge*, in die er denkend und fühlend hineinhört, um sie zu ergründen und sich ihre Beschaffenheit dienstbar zu machen.

Eine Schule nach Manfred von Ardenne zu benennen, ist nicht nur ein schönes, es ist auch ein waghalsiges Unterfangen. Denn es muß gesagt werden: dieser leidenschaftliche Naturergründer war kein guter Schüler. In seinen Erinnerungen, die das Panorama seines Lebens und Wirkens entfalten, kann man es nachlesen: seine Interessen waren so einseitig naturwissenschaftlich ausgerichtet, daß er als Sechzehnjähriger den Übergang in die nächsthöhere Klasse verfehlte. Nicht nur durch die Einseitigkeit der Selbstausbildung hatte er seine Lehrer verwirrt, sondern auch durch erfindungsreiche Untaten; einmal flog während des Unterrichts ein mit Natrium gefülltes Tintenfaß in die Luft. Heute gibt es keine Tintenfässer in der Schule mehr; der Spielraum für Experimente hat sich verengt. Auch liegen heute keine Maschinengewehre mehr auf der Straße wie im Herbst 1918 in der Reichshauptstadt Berlin, wo ein verlorener Krieg in eine Revolution überging; so ist die Gefahr gering, daß des elfjährigen Manfred Umgang mit einem solchen Gerät Nachahmer findet. Von Soldaten in der Bedienungstechnik unterwiesen, brachte er in der Dämmerung das herrenlose Schießzeug in der Wohnung eines Schulkameraden in Stellung und nahm die Turmuhr des gegenüberliegenden Mädchenlyzeums unter Feuer. Ich kenne kein einprägsameres Bild für das Wesen einer Revolution als dieses: den Schuß in die Uhr; aus der Französischen Revolution erzählt man sich von erwachsenen Schützen dasselbe. Der elfjährige Manfred handelte, ohne es zu wissen, als praktizierender Geschichtsphilosoph. Daß das Ganze auch eine unbewußte erotische Komponente hatte (nicht zufällig richtete sich der Feuerstoß gegen die Uhr einer Mädchenschule), steht dazu nicht im Widerspruch.

Solche und andere Geschichten in Hülle und Fülle finden Sie in dem Lebensbuch Ihres Namenspatrons, das »Sechzig Jahre für Forschung und Fortschritt« oder, in einer neueren Ausgabe, einfach »Die Erinnerungen« heißt. Die Stationen einer rastlosen Forscher- und Erfinderarbeit erscheinen hier im Zusammenhang einer Lebensgeschichte, die unter glückhaften Sternen stand, im engeren Kreis der Ehe, der Familie und im weiteren der Lehrer, Anreger, Freunde. Kaum eine der Forscherpersönlichkeiten, von denen in diesem Jahrhundert in Physik und Technik bedeutende Wirkungen ausgegangen sind, ist Manfred von Ardenne unbekannt geblieben; viele von ihnen wurden zu Freunden und Förderern. Wenn eine Schule sich seinen Namen beilegt als den eines Mannes, dessen Wirken seit mehr als vier Jahrzehnten jenem sächsischen Raum verbunden ist, der vor sechs Jahren zu unser aller Genugtuung als ein staatlich-zusammenhängender wiedererstanden ist, darf sie sich fragen, was die, welche diese Schule besuchen, von ihrem Namenspatron lernen können und was nicht.

Was man *nicht* von ihm lernen kann, ist mit jenem Wort bezeichnet, das in der schlichten Bezeichnung *Ingenieur* verborgen liegt: das Wort Genie. Man sagt heute nicht mehr so, sondern spricht lieber von Hochbegabung, Spezialbegabung, kreativer Fähigkeit und ähnlichen nutzbaren Dingen. Gemeint ist die wunderbare Fähigkeit, sich in einem objektiven Feld – sei es dem der Natur oder der Kunst oder wohl gar der Politik – sich so zwanglos-vertraut, so intim und souverän zu bewegen, als sei es das eigne und gehöre einem ganz persönlich an. Solche Gabe, die dazu befähigt, in Neuland des Ausdrucks oder der Erkenntnis vorzustoßen, kann man, mit Hilfe von Elternhaus und Schule, entwickeln und ausbilden, erlernbar ist sie nicht. Man darf sie anstaunen und sich, wo immer sie erscheint, an ihr als einer Gabe Gottes erfreuen.

Was man von Manfred von Ardenne, dessen Erfindungen und Entdeckungen von Großtaten auf dem Gebiet des frühen Radios und des Fernsehens bis hin zu medizinischen Entwicklungen von großer Tragweite reichen, – was man von diesem Meister praktischer Naturergründung fürs Leben lernen kann, sind andere Dinge. Es ist vor allem: der Mut zu sich selbst, zu den eigenen Anlagen, den eigenen Talenten. Jeder hat sie, es kommt darauf an, sich zu ihnen zu bekennen, um sie auszubilden und sich und andern nutzbar zu machen. Was man von Manfred von Ardenne lernen kann, ist Selbstvertrauen. Hinzuzufügen wäre: die Leidenschaft der Produktion, die tätige Neugier, die Kraft der Beharrlichkeit und die Lust am Neuen, am Unerprobten mit all seinen Risiken und Verheißungen – ein Abenteurertum, das sich durch Disziplin verwirklicht.

Der späte Nietzsche, ein unglücklicher Autor, hat das Wort vom »Willen zur Macht« geprägt. An Manfred von Ardennes Leben tritt etwas Besseres zutage: der Wille zum Glück, die Entschlossenheit zum Glück; beides hat ihn ein Leben lang beflügelt. Ihn und andere: denn der Wille zum Glück ist keine bloß selbstverliebte und egozentrische Eigenschaft, er ist mitteilsamen und werbenden Charakters. Er sucht andere in den Bann einer Produktivität zu ziehen, die bei diesem rastlos Tätigen von früh an darauf gerichtet war, den Menschen das Leben zu erleichtern und zu erhöhen, ob er nun eine Röhre erfand, vermittels derer man – unerhörte Idee! – entfernte Begebenheiten sehen konnte, oder ein Mikroskop, das die Strukturen der Materie tiefer als vorstellbar bloßlegte.

Daß der Drang, der Trieb, durch technische Erleichterungen das Leben der Menschen nicht nur zu verbessern, sondern gleichsam zu vervielfältigen, das eine ist und das, was die menschliche Gesellschaft daraus macht, das andere – das ist der Zwiespalt, man kann auch sagen: die Tragödie des die Fähigkeiten des Menschen zauberisch steigernden Fortschrittsstrebens. Aller technischer Fortschritt als eine Magie im Wirklichen und Rationalen ist zweideutig in sich selbst, Segen und Fluch in sich bergend und freisetzend. Die Welt der Erfindungen behebt diese Grundsituation der menschlichen Existenz nicht, sondern verschärft sie nur. So bedarf der Forscher, der Erfinder mindestens sosehr wie der Künstler jener metaphysischen Instanz, die Thomas Mann in seinen späten Jahren mehr als einmal berufen hat, sie steht auch am Ende des »Faust«: der Instanz der Gnade. Dies zu wissen, zu empfinden bedarf es jener Demut, die allen großen Geistern eigen ist; man erkennt sie geradezu daran.

Gnade, Begnadung, das sind von Grund auf religiöse – es sind in besonderem Maß christliche Begriffe. Manfred von Ardenne hat sich zeit seines Lebens als aktiver Christ verstanden; es gehört zu den Grundfesten seiner geistigen Existenz. Sein Christentum ist nicht von dogmatischer Art; es ist demjenigen Goethes verwandt und wie dieses von der Demut dessen gespeist, dem es erlaubt wurde, tiefer als andere in das Innere der Natur und ihrer Kräfte zu sehen. Von dem dreiundsiebzigjährigen Goethe stammt ein Wort, das wie ein Richtmaß für alle sinnvolle Naturergründung erscheint; Manfred von Ardenne, der schon in jungen Jahren ein großes Fernrohr erwarb, um in die Tiefen des Sternenhimmels zu blicken, hat es sich auf seine Weise zugeeignet. Es findet sich in den Notizen »Zur Morphologie« und lautet: »Die Wissenschaft hilft uns vor allem, daß sie das Staunen, wozu wir von Natur berufen sind, einigermaßen erleichtere; sodann aber, daß sie dem immer gesteigerten Leben neue Fertigkeiten erwecke zu Abwendung des Schädlichen und Einleitung des Nutzbaren.«

Ich gratuliere Ihnen zu Ihrem Namenspatron!

Personenregister

Abderhalden, Emil 93
Abrassimow, Piotr A. 391
Adam, Theo 479
Adalbert, Max 103 f.
Adenauer, Konrad 330 f., 488
Alexandrow, N. N. 472
Alfieri, Dino 214
Alichanian 267
Alichanow, Abram Isaakowitsch 241, 267
Altmeyer, Peter 561
Amrehn, Franz 367
Apel, Erich 299 f., 511–514
Arco, Georg, Graf von 83, 96 ff., 217, 392, 569
Ardenne, Adela von (geb. Mutzenbecher) 16 f., 21, 25, 59
Ardenne, Alexander von 10 f., 237, 312, 351, 380, 506, 519, 545, 554, 561 f., 568, 577 f.
Ardenne, Armand von 164 ff., 381
Ardenne, Beatrice von (s. Döhler, Beatrice)
Ardenne, Benjamin 19
Ardenne, Bettina von (geb. Bergengruen) 10 f., 18 ff., 50 f., 158 ff., 163, 190, 215, 228, 234 f., 276, 279, 283, 348, 367, 376 ff., 379 f., 478–480, 484, 544, 568, 583 f.
Ardenne, Egmont, Baron von 16, 18 bis 20, 22 f., 37, 50, 53 f., 74, 107, 146 f., 151, 183, 201
Ardenne, Ekkehard von 50, 182 ff., 490 ff.
Ardenne, Else (Elisabeth) von (geb. Plotho, von) 34 f., 162 ff., 381, 482 f., 491, 583
Ardenne, Gothilo von 182

Ardenne, Hubertus von 10 f., 349, 377 f., 380, 390, 561
Ardenne, Magdalena von 17, 24
Ardenne, Margot von 22
Ardenne, Oscar d' 366
Ardenne, d' (Frau) 366
Ardenne, Pia von 161
Ardenne, Renata von 183, 235
Ardenne, Thomas von 10 f., 235, 380, 480, 519, 545, 554, 561 f., 577
Arnold 122 f.
Artzimovich, Lev. A. 93, 226, 228, 241, 267, 273 f., 388, 392
Asher 110
August 369
Augustin 413
Axen, Hermann 491

Baade, B. 388
Bach, Johann Sebastian 382
Baer, Reinhold 212
Bahlsen, K. 479
Bahr, Egon 479, 493 f., 538
Baird, John Logie 93, 127 ff.
Banneitz 153
Barkhausen, Heinrich 93, 115, 302, 388
Baudissin, Graf von 74
Baudissin, Wolf Graf von 74 f., 183, 254, 388, 493 f., 585
Bauer, Karl-Heinrich 438, 445, 447
Bayerl 246
Becher, Johannes R. 148
Beck, Dieter 581
Beckmann, Wilhelm 163, 412
Bedford 131, 145
Beethoven, Ludwig van 277, 382, 430, 486 f.

597

Bergengruen, Alexander 228
Bergengruen, Bettina (s. Ardenne, Bettina von)
Bergengruen, Edith 215
Bergengruen, Werner 158, 215
Berger, Hans 111, 113
Berghofer, Wolfgang 337, 388, 526, 528, 533, 539, 545
Berija, Lawrenti P. 240ff., 254, 296, 584
Bernadotte, Graf Lennart 500
Bernhard, Wilhelm 499
Bethe, Hans A. 148, 503
Bieberbach 83
Biedenkopf, Kurt H. 389, 479, 493–496
Biester 206
Binder, G. 302
Binder, L. 388
Binnig, G. 173
Bismarck, Ferdinand Fürst von 78
Bismarck, Otto Fürst von 13, 78
Blochinzew, B. 392
Blohm, Hermann 19
Blokhin, N. N. 471 f.
Blüthgen, Joachim 271
Boersch, Hans 174, 186
Bohr, Niels 45, 110, 206, 411
Bolz, Lothar 337, 348 f., 358
Bopp, Fritz 330
Born, Hedwig 277
Born, Max 45, 148, 330
Borries, Bodo von 174 f., 177, 179, 186
Bothe, Walter 93, 200, 356
Böttcher 36
Bouhler, Philipp 426
Brandt, Willy 390, 493, 496 f.
Brauchitsch, Manfred von 135 f.
Braun, Erwin 93, 386, 388, 455, 470 f., 473
Braun, Wernher von 93, 214, 475, 512

Bräutigam, H. O. 389, 491
Brecht, Bertolt 148
Bredow, Hans 72, 115
Brock, Norbert 479
Brockhaus, Hans 351
Bronk, Otto von 129
Bruch, Walter 129, 131
Brüche, Ernst 186
Brugsch, Theodor 337, 388, 433
Brüning, Heinrich 155
Bücher, Theodor 412
Bucheral, Joseph 475
Bülow, Bernhard von 13
Burgel (Familie) 453
Bürger, Max 93, 498
Burghard 19
Burk, Dean 438, 475
Butenandt, Adolf 46, 93, 185, 199, 207, 413, 418, 479, 497, 569

Canaletto, Antonio 10
Canaletto, Bernardo 9–12
Carus, Carl Gustav 382
Ceaușescu, Nicolae 515
Chruschtschow, Nikita S. 242, 489
Churchill, Sir Winston 157, 227
Ciano, Edda, Gräfin von 214
Clay, Lucius 429
Colani, Luigi 453, 560
Correns, Erich 337
Cosslett, V. E. 174 f., 388, 476, 569
Crewe, A. V. 173
Curtius, Ernst 142
Cuvier, Georges Baron de 419

Dahrendorf, Ralph 390, 493, 496 f.
Darwin, Charles 499
Davy, Humphry 419
Debiesse 390
Debye, Peter 93, 140
Dennis, Warren 448
Dieckmann, Johannes 337, 384 f.
Dieckmann (Frau) 385

Dietrich, Marlene 148
Dimitroff, Georgi 393
Diogenes 116, 500
Döhler, Beatrice (geb. v. Ardenne) 10f., 235, 377, 380, 561
Dohnanyi, Klaus von 493, 495
Dominik, Hans 164
Donadini, Carlo 334
Donadini, Ermengildo A. 334
Donath, Friedrich 38, 49
Dönhoff, Marion Gräfin von 493, 496, 583
Dönitz, Karl 195
Drefahl, Günther 504
Druckrey, Hermann 93, 388, 435, 479, 561, 569
Dulles, Eleanor Lansing 388
Duncumb 175
Dunkel, M. 494
Duve, Christian de 93, 388f., 443, 475

Ebert, Friedrich 70
Eden, Anthony 155, 182
Edison, Thomas Alva 101, 157
Egelhaaf, Gottlob 147
Egk, Werner 338
Ehrhardt, Heinrich 164f.
Eichler, Heinz 313
Eicken, von 426
Eigen, Manfred 499
Einstein, Albert 46f., 83, 139, 148, 157, 217, 245, 277, 330, 397, 417, 421, 426, 430ff., 497, 499, 568
Engl, Jo Benedict 100, 122
Esau, Abraham 218
Eulenburg, Philipp Fürst zu 14
Eulenburg, Gräfin 491

Falconet, Étienne Maurice 382
Falkenhayn, Erich von 21
Falkenhayn, Erika von 21
Faraday, Michael 116, 424
Feheling 206

Felix, Roland 433, 561
Fermi, Enrico 200, 395, 416
Feuchtwanger, Lion 148
Filatow, Wladimir P. 391
Fischer, Emil 418f.
Fleischer, Jürgen 545
Fleischmann, Rudolf 330
Flerow, Georgi N. 226, 253, 392
Florin, Peter 475
Flügge, Siegfried 93, 196, 199
Fontane, Theodor 162, 482
Forest, Lee de 93, 100f., 569
Fox, William 122
Fradkin, S. S. 473
Franck, James 244
Friedrich, Caspar David 382
Friedrich, W. 310, 388
Friedrich II. (der Große) 393f.
Friedrich-Freksa, Hans 93, 413
Frisch, Otto 332
Fritsch, Willy 105
Frunder, Horst 455
Fuchs, Klaus 253, 388

Galilei, Galileo 157, 334, 424
Galperin 241
Gandhi, Indira 351
Gandhi, Mohandas Karamchand, gen. Mahatma 355
Gawehn, Karlfried 426
Geiger, Hans 93
Geißler, Horst Wolfram 159
Genscher, H.-D. 543
Gerlach, Walther 77, 154, 218, 330, 533
Gerwig 212
Giap 352
Gladenbeck 213, 221
Glaser, Walter 218
Globke, Hans 330
Goebbels, Joseph 195
Goethe, Johann Wolfgang von 382, 550

Goetz, Curt 100, 104
Good, Robert A. 474 f.
Gorbatschow, Michail 328, 494 f., 502, 515, 524, 526 f., 531
Görges, Hans 302
Göring, Hermann 146, 150 f., 193 f., 213 f.
Görlich, Hans-Kurt 302
Götting, Gerald 337, 388
Gramatzki 139, 151 f.
Graul, E. H. 389
Gross, Rudolf 469, 478 f.
Grote-Schachten, K. E. Graf 371
Grotewohl, Otto 242, 333, 338, 348 f., 358, 367, 391, 488, 575
Grotewohl (Frau) 333, 358, 391
Gröttrupp 214, 512
Gründgens, Gustaf 104
Grundig, Lea 148
Grundig, Max 133
Gullino, P. M. 475

Haas, Erwin 412 f., 418, 475
Haas, Rudolf 479, 499
Haber, Fritz 119
Hager, Dieter 561
Hagenbeck, Carl 12
Hager, Kurt 337, 383, 491
Hahn, Eric 475
Hahn, Otto 93, 150, 185, 188, 196–199, 207, 278, 329–332, 425 f., 429, 491, 569
Hallwachs 302
Handan Bin Mohamed Al-Nahyan 489
Händel, Georg Friedrich 486, 573
Harden, Maximilian 14
Hartmann, Eduard von 37 f.
Hartmann, Alma von 37
Hartmann, Otto 258, 304, 306, 488
Hartmann, Werner 320
Hartwich, E. 162 f.
Harvey, Lilian 105

Hashimoto 481
Hatsuki 480
Hauptmann, Gerhart 217
Hausdorf 81
Hauss, W. H. 479
Haxel, Otto 204, 330
Heaviside, Oliver 476
Heine, Heinrich 260
Heinert, H. 89
Heisenberg, Werner 93, 154, 200, 330
Heisig, Ulrich 274
Heiss, Jakob 422 f., 426, 428–430
Helmholtz, Hermann von 46, 93
Hensel, Hermann 432
Henselmann, Hermann 337
Herrmann, Klaus 373, 388, 485
Hertz, Gustav Ludwig 93, 220, 223, 238 f., 243–246, 249–252, 256, 262, 271 f., 497
Hertz (Frau) 244
Herzog 77
Heusinger, Adolf 330
Heylandt, Paul 270
Hindenburg, Paul von 164
Hitler, Adolf 109, 147, 149 f., 154 f., 183 f., 189 f., 197–201, 204, 213, 220, 323, 366, 408, 426, 491 f.
Hochhuth, Rolf 198
Ho Chi Minh 352–355
Hoff, Jacobus Henricus van't 417
Hofmannsthal, Hugo von 382, 487
Hoffmann 369
Hoffmann 356
Hoffmann, E. T. A. 12
Hoffmann, Heinz 337, 388
Holland 475
Hollmann, H. E. 26, 192 f., 195, 209
Hollmann (Frau) 26
Hollmann, Wildor 388, 479
Holzhüter 479
Honecker, Erich 300, 318, 391, 407, 515 f., 520, 525, 527–529, 533 f., 538 f., 576

Houdremont 185
Houtermans, Fritz G. 199f., 205–207, 226, 253
Howald, H. 479
Huggins, Charles 486
Humphrey, Hubert H. 167, 504

Inayama 480
Irobe, Yoshiaki 480
Ives, H. F. 93

Jäger, Gerhard 361
Jahn, Friedrich Ludwig 28
Jaray 136
Jarowinski, W. 389
Jegorow, Boris 388
Jemeljanow, Wassili 271, 295, 308f., 311, 341f., 392, 394, 569, 585
Joffé, Abraham 45, 93, 120, 226, 267, 392f.
Johnen, Heinz-G. 560
Joliot-Curie, Frédéric 356
Jung, F. 438
Jungk, Robert 198

Kappelmeyer, Otto 70
Karolus, August 131
Karpf, von 78
Kassem, Abdal-Karim 351
Kassner 140–144, 150
Katsch 433
Kavetski, R. 388, 473
Kern, Berthold 38, 467
Kerr, Alfred 217
Kienast 302
Kiep, Walther Leisler 389, 493, 495
Kikoin, Isaak K. 226, 241, 267
Kirsch, Richard 445
Kisch, Egon Erwin 148
Kistemaker, Jacob 476
Klasche, Günther 115
Klinkmann, H. 389
Knobelsdorff, G. W. von 421

Knoll, Max 168, 186
Komar, A. 392
Kopfermann, Hans 330
Körber, Kurt 93, 389, 478f., 485, 488, 494, 496f., 543ff.
Kortner, Fritz 11
Kothari 351
Kotschlawaschwili 250, 283, 294
Kraatz, Helmut 433, 438
Krämer, Hans-Peter 453, 560
Krassin 267
Krauss 431
Krauss, Werner 103f.
Krebs, Hans 418f., 500, 569
Krenz, Egon 337, 388, 518f., 522ff., 526, 528, 533, 535
Krishnan 351
Krjutschkow, W. 389, 524, 535
Krokowski, Ernst H. 479
Krolikowski, Werner 300f., 576
Kruckow, A. 109, 124
Krüger, Winfried 473
Kügelgen, Gerhard von 369
Kügelgen, Wilhelm von 369
Kuhn, Richard 214
Kunack, Winfried 361
Küpfmüller, K. 220, 569
Kurella, Alfred 393
Kurtschatow, Igor W. 93, 241, 264, 267, 392

Lafontaine, O. 479, 493
Langmuir, Irving 245
Langsdorff, Gerda 235f.
Lasch, H.-G. 479
Laue, Max von 83, 93, 154, 157, 182, 185f., 199, 205f, 245, 330, 430
Le Corbusier 351, 356
Leibniz, Gottfried Wilhelm 424
Leitz, Ernst 42, 412
Leitz, Ernst II 42
Lenard, Philipp 157
Lenin, Wladimir I. 120, 267, 355, 393

Lenk, Peter 361, 514, 554 ff.
Lieberknecht, R. 367
Liebermann, Max 381
Liebermann, Rolf 544 f.
Liebermann (Frau) 544 f.
Liebknecht, Helmi 393
Liebknecht, Karl 14, 393
Liebknecht, Kurt 393
Lindau, Paul 215
Lindbergh, Charles A. 99
Lindemann, F. A. 157
Lipmann, Fritz Albert 419
Löffler, Fritz 10
Loewe, David 108 ff.
Loewe, Siegmund 60 f., 70, 72, 89, 91 f., 102, 108, 130, 141
Lohmann, Karl 388, 438
Lohmann, Werner 93
Lorenz, Emil 119 f., 124, 127, 170
Lorenz, Konrad 500
Lorenz, Siegfried 426
Lübbers, D. W. 479
Lüdemann, K. 388
Ludendorff, Erich 148
Ludwig, Werner 337
Lummer, Otto 417, 426 f.
Lüst, R. 93, 389
Lynen, Feodor 419, 430, 478

Machniow 226 f., 241
Mahl, Hans 186
Maier-Leibnitz, Heinz 330
Maizière, Lothar de 390, 544
Mann (Brüder) 148
Mao Tse-tung 356 ff.
Marconi, Guglielmo 97
Marwitz, von der (Familie) 421
Marx, Karl 393
Massary, Fritzi 104
Massolle, Joseph 100, 120
Matsuda, Shigeo 480
Matsumae 480
Mattauch, Josef 93, 330

Matthäi, Albert 546
Maxwell, James Clerk 417, 476
McMullen 172
Mecklinger, Ludwig 337, 389, 485
Meitner, Lise 93, 332
Melchers 413
Mengershausen, von 22
Menke, Wilhelm 228, 413
Menon 351
Meyer, Max Wilhelm 38
Meyer-Förster, Wilhelm 14, 158, 215
Meyerhof, Otto 93, 119
Michael, Großfürst 247, 283
Mierdel 302
Migulin, Vladimir V. 226
Milch, Erhard 212
Miller, Oskar von 39
Mischnick, Wolfgang 543
Mises, von 83
Mittag, Günter 300 f., 341, 384, 389, 485, 512–516, 540
Modrow, Hans 337, 362, 388, 485, 528, 533 ff., 538 f., 543
Möllenstedt, S. 93, 388
Möller, Hans Georg 115
Mozart, Wolfgang Amadeus 486
Mühsam, Erich 148
Muller, H. J. 324
Mutzenbecher, Matthias 18 f., 23, 53
Mutzenbecher, Adela (s. Ardenne, Adela von)
Mutzenbecher, Franz Matthias 23

Nagel 213
Nairz, Otto 38
Napoleon I. 370 f.
Nasser, Gamal Abd el- 350
Navratil, Ian 414 f.
Neef, Gerhard 453, 560
Neef, Margot 453, 560
Nehru, Jawaharlal 351
Nernst, Walther 83, 93, 157 f., 217, 245, 417, 426 f., 430, 569, 572

Nernst (Frau) 158
Nesper, Eugen 71 f.
Neumeister, Jutta 579
Nieburg, H. E. 475
Niekisch, Ernst 148
Nixdorf, Heinz 93, 479
Noak 413
Nobel, Alfred 390
Nottingham, Wayne B. 385 f.

Obst, 444
Ochoa, Severo 419
Oehme, P. 389
Oettgen, Herbert F. 475
Ohlendorff, Elisabeth von 78 f.
Ohlendorff, Heinrich von 18, 78 f.
Ohnesorge, Wilhelm 115, 146,
   149–152, 166, 197–201, 204,
   212 f., 221
Oistrach, David 276
Old, Lloyd 475
Opel, Adam 137
Opel, Fritz von 137 f.
Oshima 214
Overgaard, Jens 440 f.
Overgaard, K. 440

Paneth, Friedrich-Adolf 330
Panowski, Wolfgang K. H. 328
Panzer, Siegfried 365
Papen, Franz von 147
Parin, Vasilij V. 93
Parseval, August von 271
Paton, A. 93, 388
Paul, Wolfgang 330
Pauling, Linus 500
Paulus, Friedrich 154, 270, 323
Perikles 393
Perón, Juan Domingo 271 f.
Perwuchin, Michail 388
Peschel, Horst 302, 346
Peter, Richard 302

Petersen 78
Petrowski, B. 388
Pfefferkorn, G. 185, 320
Pham van Dong 352 f.
Philipp 150, 197
Pieck, Wilhelm 333, 341
Pirani, Marcello von 93
Planck, Erwin 190
Planck, Max 45, 83, 86, 93, 154,
   185–191, 239, 245, 254, 278, 417,
   426 f., 430, 497, 499, 569
Plendl 195
Plotho, Else von (s. Ardenne, Else
   von)
Plutarch 116
Pochert, Rudolf 404
Pocock, Carmichael 145
Pohl, Robert 93
Pöhler, Manfred 361
Pöschel, Hermann 388, 485
Prasad 352
Priebe, Hermann 190
Pringsheim, Ernst 417
Pringsheim, Peter 83, 245, 430
Puckle 131, 145

Rakow 472
Raleigh 476
Rapoport, Samuel Mitja 438
Rathenau, Walther 157
Rau, Heinrich 358
Rauschenbach, Boris 503
Reagan, Ronald 328, 502
Recknagel 302
Reichardt, W. 302
Reichenau, Walter von 153 f., 323
Reichstadt, Herzog von 370
Rein 59
Reinhardt, Max 103, 217
Reitnauer, P. G. 389, 466, 580, 582
Renn, Ludwig 148
Ribbentrop, Joachim von 214, 492
Ricci, Corrado 10

603

Richter 122f.
Richter 246
Richter, Johannes 306
Richter, Ronald 271f.
Richter, Svjatoslav 276
Rieger, Frank 341, 514
Riess, Hanno 561
Riezler, Wolfgang 330
Rockefeller (Familie) 420
Rödhammer, Karl 479
Roggenbuck, Willy 261, 404
Rohrer, H. 173
Rompe, R. 310, 388
Röntgen, Wilhelm Conrad 120, 267
Roosevelt, Franklin Delano 227
Rühle, Hermann 337
Runge, Wilhelm T. 96
Ruska, Ernst 93, 173ff., 177, 179f., 186
Rust, Bernhard 196
Rutherford, Ernest 45, 356, 476

Samarin 362
Sandvoß, H. R. 206
Saweniagin, A. P. 227f., 236, 240f., 250f., 255, 264, 392
Schabowski, Günter 534
Schachten, Caroline von 370f.
Schachten, Luise von 371
Schaefer, Hans 411
Schäfer 110
Schäffer 81
Schapira 63, 114
Scheer, Reinhard 142
Scheler, W. 388
Scherrer, Paul Hermann 23, 332
Schiller, Friedrich von 37
Schiller, Siegfried 274, 361, 484
Schimert, G. 479
Schleicher, Kurt von 142
Schlenk 83
Schmid-Schönbein, H. 479
Schmidt 83

Schmidt, B. 138
Schmidt, Helmut 155, 390, 487f., 545
Schmidt, Loki 544f.
Schnitzler, Karl-Eduard von 315, 536
Schoenaich, Paul von 408
Schommer, Kajo 560
Schönheit, Bodo 388
Schönhuber, Franz 491f.
Schostok, Paul 447
Schramm 413
Schreiber 206
Schreiber, H. W. 479
Schroeder 223
Schroeder, von 147
Schröter, Fritz 93, 127, 129
Schuch, Ernst von 382
Schukow 429
Schulenburg, Fritz-Dietlof Graf von der 183
Schumann 153
Schumann, Robert 260
Schwab, Sepp 349
Schwabe, Kurt 302
Seeger 219
Sefrin, Max 337, 388, 414f.
Seghers, Anna 148
Seidel, K. 388
Seitz 472
Selbmann, F. 388
Selye, Hans 396
Sergejew 472
Severing, Carl 127
Shakespeare, William 37
Siemens, Hermann von 177, 179, 220
Siemens, Nora von 217
Siemens, Werner von 38, 287
Sieveking, Kurt 488
Simon 155, 182
Simon 302
Sindermann, Horst 337
Skaupy, Franz 110f.
Sommerfeld, Arnold 45, 93
Späth, Lothar 389, 493, 542

Speidel, Hans 330
Spieß 38
Sprung, H. Bernhard 343, 413, 445 f.
Stalin, Jossif W. 227, 253, 296, 489
Stark, Johannes 157
Staudinger, Hansjürgen 497
Steenbeck, Max 93, 250, 252, 265, 270 ff., 293, 303, 339 f., 375, 391 f.
Steinfelder, K. 344
Steinhausen, D. 110, 449
Sterl, Robert H. 382
Steudel 268
Stoffel, Max 141, 143 f.
Stoph, Willi 299, 320, 384, 388, 391, 395, 402, 576
Storm, Theodor 371, 530
Straßmann, Fritz 197, 199, 330 ff., 569
Straus, Oscar 12
Strauß, Franz Josef 329 ff.
Strauss, Richard 277, 382, 486 f.
Streisand 206
Stresemann, Gustav 155, 385
Stummel 195
Suchland, Elsa 227 f.
Sudermann, Hermann 215
Suttner, Bertha von 408, 549 f.
Szegö 83

Tagore, Rabindranath 139, 398
Tesla, Nikola 33
Tetzner, Karl 115
Theile, Richard 388
Theorell, Hugo 419
Theremin, Loon 217, 486
Thews, Gerhard 388, 479
Thielmann, Klaus 389
Thiessen, Peter Adolf 185, 199, 207, 222 f., 244, 252, 265, 270, 338, 339, 511
Thirring 93
Thompson 476
Thomson, George P. 154

Todd, Lord 476
Toepler 302
Tolstoi, Leo 215
Toselli, Enrico 12
Traubenberg, Rausch von 206
Trautwein, Friedrich 217, 486
Tresckow, Henning von 21, 183
Trunit 413
Tschaikowski, Peter 233
Tschien, San-dschen 356
Tschou En-lai 356
Tümmler, R. 344
Tyndall, John 116

Uhlitzsch, Joachim 382
Ulbricht, Walter 297, 299 f., 303, 313, 337 f., 340 f., 348, 350, 358, 360 f., 371, 375, 388, 390, 407, 488, 510 f., 515, 530, 575
Ulbricht, Lotte 390

Vaupel, Peter 388, 479, 561
Velázquez, Diego 317
Vierling, Oskar 218, 486
Vogt, Hans 93, 100, 122
Vollmer, Max 158, 223, 244 ff., 270, 338, 430
Vollmer (Frau) 244, 270
Voscherau, Henning 545

Wachtel, Horst 34
Wagner, Herbert 582 f.
Walcher, Wilhelm 330
Wankel, Felix 93, 388, 447
Warburg, Emil 417, 419
Warburg, Otto 23, 93, 154, 199, 388, 412 f., 416–434, 437–441, 445, 498, 569
Watson-Watt, Robert A. 93, 120, 144 f., 193
Weber, Hans H. 181
Weck, A. de 479
Wehnelt, Arthur 83, 118, 130, 430

Weichart 80
Weidauer, Walter 303, 318 f., 336, 388
Wein, Martin 183
Weisenborn, Günter 148
Weiß, Gerhard 349
Weitsch 206
Weiz, Herbert 373, 389, 407, 485, 524, 576
Weizsäcker, Carl Friedrich von 93, 200, 330, 490 ff., 494
Weizsäcker (Frau) 491
Weizsäcker, E. H. von 184, 492
Weizsäcker, Heinrich von 183 f., 492
Weizsäcker, Richard von 490 ff.
Weizsäcker, Viktorie von 162, 491
Weksler, W. 93, 267, 392, 490 ff.
Westphal, Otto 93, 245, 388, 430, 497 f., 561
Westphal, Wilhelm 83, 497
Westphalen, Carl, Graf von 393
Wicker, Werner 479

Wienecke, B. 70
Wienstein, Richard 148, 155, 189
Wilhelm II. 13 f., 21. 78
Willstätter, Richard 331 f., 428
Wilmanns, W. 479
Wirtz, Karl 59, 330
Wittbrodt 313, 316
Witteck, Günther 337
Witzleben, Erwin von 49, 183
Witzleben, Job von 183
Wolf, S. H. 479
Wust, Peter 561

Ziemer, Christof 528
Zippe, Gernot 283 f.
Zuckmayer, Carl 103 f.
Zuppinger, A. 455, 479
Zuse, Konrad 93, 388, 568
Zweig, Arnold 148
Zworykin, Vladimir K. 93, 132 f., 166 f., 475, 569
Zworykin (Frau) 132, 475

Bildnachweis

Bundesarchiv Bild 183-F 0108/32/2N (Junge): S. 317
Bundesarchiv Bild 183/B 0624/09/5 Zühlsdorf: S. 512
Rolf Grosser: S. 556, 557, 582
Hamburger Abendblatt, Klaus Boding: S. 544
Sächsische Zeitung/Wolfgang Wittchen: S. 561
© VG Bild-Kunst, Bonn 1997 (Urheber: Christoph Wetzel): S. 162

Alle anderen Abbildungen stellte freundlicherweise der Autor zur Verfügung.